U0191356

计算机科学丛书

原书第3版·典藏版

自动机理论、语言和计算导论

[美] 约翰·E. 霍普克罗夫特（John E. Hopcroft）
拉杰夫·莫特瓦尼（Rajeev Motwani）
杰弗里·D. 乌尔曼（Jeffrey D. Ullman） 著 孙家骕 等译

Introduction to Automata Theory, Languages, and Computation

Third Edition

机械工业出版社
CHINA MACHINE PRESS

图书在版编目（CIP）数据

自动机理论、语言和计算导论：原书第3版：典藏版 /（美）约翰 · E. 霍普克罗夫特（John E. Hopcroft），（美）拉杰夫 · 莫特瓦尼（Rajeev Motwani），（美）杰弗里 · D. 乌尔曼（Jeffrey D. Ullman）著；孙家骕等译 . -- 北京：机械工业出版社，2022.4（2024.3 重印）
（计算机科学丛书）
书名原文：Introduction to Automata Theory，Languages，and Computation，Third Edition
ISBN 978-7-111-70429-4

I. ①自… II. ①约… ②拉… ③杰… ④孙… III. ①自动机理论 ②形式语言 IV. ① TP301

中国版本图书馆 CIP 数据核字（2022）第 048730 号

北京市版权局著作权合同登记 图字：01-2020-6843 号。

本书是形式语言、自动机理论和计算复杂性方面的经典之作，是在国际上得到广泛认可的计算机理论和计算机工程专业的教材。书中涵盖了有穷自动机、正则表达式与语言、正则语言的性质、上下文无关文法及上下文无关语言、下推自动机、上下文无关语言的性质、图灵机、不可判定性以及难解问题等内容。本书注重定义、定理的准确性和严格性，注重形式化和严格的数学推理能力的培养，同时在定义和证明中运用直观的方法说明抽象概念，借助许多图表帮助传达思想，并包含大量难度各异的示例和习题，便于学生加深对内容的理解。

本书适合作为计算机专业高年级本科生及研究生计算理论课程的教材和教学参考书。

出版发行：机械工业出版社（北京市西城区百万庄大街 22 号 邮政编码：100037）

责任编辑：姚 蕾	责任校对：殷 虹
印 刷：固安县铭成印刷有限公司	版 次：2024 年 3 月第 1 版第 2 次印刷
开 本：185mm×260mm 1/16	印 张：23.75
书 号：ISBN 978-7-111-70429-4	定 价：119.00 元

客服电话：（010）88361066 88379833 68326294

译者序

理论计算机科学是推动计算机技术向前发展的强大动力。自动机、形式语言、可计算性和相关方面内容构成的计算理论，是理论计算机科学的基础内容之一。学习、研究这些内容，不仅为进一步学习、研究理论计算机科学所必需，而且对增强形式化能力和推理能力有重要作用，这些能力对从事计算机技术中的软件形式化等研究，是不可缺少的。

本书是由John E. Hopcroft、Rajeev Motwani和Jeffrey D. Ullman三位计算机学者合作编写的，是非常著名的理论计算机科学著作之一，是世界各国广泛采用的计算机理论专业和计算机工程专业的优秀教材之一。它主要介绍形式语言、自动机、可计算性和相关方面内容，特别注意定义、定理的准确性和严格性，这有利于培养学生形式化和严格的数学推理的能力。本书第1版于1979年发行。第3版有一个新的特色，那就是增加了一套由Gradiance公司开发的在线作业系统。教师可以利用它给学生安排课后作业，或者给那些没有选课的学生提供一个特殊的综合课程(不是由老师申请开设的课程)，使得他们可以利用这些课后作业作为练习和指导。然而遗憾的是，Gradiance在线作业系统只适用于购买原版教材的北美地区学生，中国学生还不能使用这个系统，因此，我们在翻译第3版的过程中，对涉及Gradiance系统的内容进行了删减。

这个译本是根据原书第3版翻译的。参加本书翻译工作的有：孙家骕，负责全书的详细修改和统稿；刘明浩，负责第1～3章及前言、目录的翻译；孙自然，负责第4、5章的翻译；王啸吟，负责第6、7章的翻译；王华，负责第8、9章的翻译；侯姗姗，负责第10、11章及索引的翻译。为了与本书第2版中译本使用的名词、术语保持统一，在翻译过程中我们参考了由刘田、姜晖和王捍贫完成的本书第2版中译本。

由于我们的能力有限，难免有不当之处，敬请读者不吝赐教。

前　言

在1979年出版的本书第1版的前言中，Hopcroft和Ullman对于下面的事实感到惊诧不已：与1969年他们写第一本书时的情形相比，自动机这一专题已经有了突破性进展。的确，1979年版的书中包含许多在以前的著作中找不到的主题，篇幅增加了大约一倍。如果读者有兴趣把本书与1979年版的那本书做比较，就会发现，正如20世纪70年代的汽车那样，本书是“外看大，内看小”。从表面看起来像是退步，但是我们有理由对此变化感到高兴。

第一，在1979年，自动机和语言理论还是一个比较活跃的研究领域。那本书的主要目的是鼓励擅长数学的学生为这个领域做出新的贡献。然而今天，直接针对自动机理论的研究几乎已经销声匿迹（相反，更多的是对其应用的研究），因此也就没有理由继续保持1979年那本书的简洁和高度数学化的风格。

第二，近年来，自动机和语言理论的角色已经发生了很大的变化。在1979年，自动机还主要是研究生水平的专题，那时我们假定的读者是高年级研究生，特别是使用这本书后几章的那些读者。然而到了今天，它已经成为本科生课程的主要内容。正是基于这个原因，本书在编排时必须假定读者只有很少的预备知识，因此必须比前一版本的书提供更多的背景知识介绍和论证的细节。

第三，计算机科学在过去的几十年里已经发展到了几乎无法想象的程度。在1979年，我们可能会觉得经受得起下一轮技术考验的材料太少了，以至于排满课程计划都很难，然而今天，却有非常多的子科目在竞争本科生课程的有限空间。

第四，计算机科学如今已经发展成为更加职业化的科目，在许多学习它的学生中存在着严重的实用主义倾向。但我们仍然相信，自动机理论的方方面面是各种新兴学科的重要工具，并且也相信，无论学生多么倾向于只去学习那些最能直接赚钱的技术，但在典型的自动机课程中，那些理论的和有利于拓宽思维的习题依然可以保持其价值。然而，为了保证这个科目在计算机科学专业学生的课程表中继续占有一席之地，我们认为有必要在强调数学理论的同时强调应用。因此，我们把上一版中许多比较深奥的主题换成了本版中如何使用这些思想的例子。虽然自动机和语言理论在众多编译器上的应用如今已经广为人知，以至于这些内容通常已经包含在介绍编译技术的课程中，但是还存在一些较新的用途，包括用来验证协议的模型验证算法以及采用上下文无关文法的模式的文本描述语言等，本书对此进行了补充说明。

本书用法

本书适用于本科三年级以上学生的一季度或一学期的课程。在斯坦福大学，我们把这份讲义用在CS154课程（即自动机和语言理论课程）中。这是一门一季度的课程，Rajeev和Jeffrey都曾经教过。由于授课时间有限，第11章不包括在授课范围以内，其他一些材料（比如较难的多项式时间归约等内容）也省略了。本书的网站（参见下面）包括CS154课程的笔记和教学大纲等材料。

几年前我们发现，许多进入斯坦福大学的研究生都学过一门不包括难解性理论的自动机理论课程。由于斯坦福大学的全体教员相信，对于每一位计算机科学家来说，仅仅停留在知道“NP完全意味着需要花费很长时间”这一层面是远远不够的，充分了解这些思想是十分必要的，所以就有了另外一门课程CS154N，选这个课的学生可以只学习第8～10章。他们实际上学习的是CS154课程大约后三分之一部分的内容，以此来满足CS154N课程的要求。即使在今天，我们仍然发现，每个季度都有一些学生采取这种优化的课程选项。由于这样做几乎不需要额外的努力，所以我们推荐使用这种方法。

预备知识

为了最好地使用本书，读者应当学过一门关于离散数学（如图、树、逻辑、证明技巧等）的课程。我们还假设读者学过一些有关程序设计的课程，熟悉常见的数据结构、递归和主要系统组件（如编译器）的作用等。这些预备知识一般应当包含在大学一、二年级计算机科学课程计划中。

习题

本书包含大量的习题，几乎每个章节都有。我们将较难的习题或其中的某一部分用单个叹号标出，最难的则用两个叹号标出。

某些习题或其中的某一部分标有星号。对于这部分习题，其解答方法可以通过本书的网页获得。这些解答可以公开获得，只限于进行自我检查。需要注意的一点是，在少数情况下，习题B要求修改或改编对另一个习题A的解答。如果A的某些部分有解答，那么你就可以预期B的对应部分也有解答。

Gradiance 在线作业[⊖]

本书第3版有一个新的特色，即增加了一套由Gradiance公司开发的在线作业系统。教师可以利用它给学生安排课后作业，或者给那些没有选课的学生提供一个特殊的综合课程（不是由老师申请开设的课程），使得他们可以利用这些课后作业作为练习和指导。Gradiance系统所提供的问题和普通问题的形式一样，但会对你提交的解决方案进行检查。如果你提交的答案不正确，系统将会提供一些针对性的建议或反馈意见，以帮助纠正你的解决方案。只要你的老师允许，就可以重复尝试，直到达到满意的分数为止。

所有在北美地区购买这本书第3版的读者，都将自动获得这项Gradiance在线作业服务的授权。更多的信息，请访问Addison-Wesley网站 www.aw.com/gradiance 或者发邮件给 computing@aw.com 。

万维网上的支持

本书的主页是http://www-db.stanford.edu/~ullman/ialc.html。其中包含带星号习题的解答、已

⊖ Gradiance系统对中国学生不适用，因此第3版译文中删除了有关该系统的内容。——编辑注

知的勘误表、后备材料等。我们希望提供所教CS154课程的所有笔记材料，包括课后作业、习题解答和考试等。

致谢

Craig Silverstein关于“如何进行证明”的讲稿为本书第1章中的一些材料提供了借鉴。对本书第2版手稿（2000年）的评论和勘误来自Zoe Abrams、George Candea、Haowen Chen、Byong-Gun Chun、Jeffrey Shallit、Bret Taylor、Jason Townsend和Erik Uzureau等。

同时，我们也收到了很多有关本书第2版内容勘误的电子邮件，这些读者的名字已经写进了那一版本在线勘误表的致谢中。然而，我们还是希望把那些提出了书中出现的重大错误的人员公布出来，他们是：Zeki Bayram、Sebastian Hick、Kang-Rae Lee、Christian Lemburg、Nezam Mahdavi-Amiri、Dave Majer、A. P. Marathe、Mark Meuleman、Mustafa Sait-Ametov、Alexey Sarytchev、Jukka Suomela、Rod Topor、Po-Lian Tsai、Tom Whaley、Aaron Windsor 和Jacinth H. T. Wu。

非常感谢他们的帮助。当然，剩下的错误都由我们负责。

J. E. H.

R. M.

J. D. U.

纽约州，艾萨克；加州，斯坦福

目　录

Introduction to Automata Theory, Languages, and Computation, Third Edition

自动机：方法与体验

自动机理论研究抽象计算装置或“机器”。在20世纪30年代计算机出现之前，图灵研究过一种抽象机器，这种机器具备了今天计算机的所有能力，至少在计算能力上是这样的。图灵的目标是精确地描述一条界线，这条界线区分计算机能做什么和不能做什么；图灵的结论不仅适用于抽象的图灵机，也适用于今天的真实机器。

在20世纪四五十年代，许多研究者研究过更简单类型的机器，今天称为“有穷自动机”。起初建议用这些自动机来为人脑功能建立模型，后来发现这些自动机对于1.1节提到的各种其他目的也极为有用。在20世纪50年代后期，语言学家乔姆斯基（N. Chomsky）开始研究形式“文法”。尽管这些文法不是严格意义上的机器，但与抽象自动机有密切关系，而且目前是一些重要软件部件（包括部分编译器在内）的基础。

在1969年，库克（S. Cook）扩展了图灵对什么能被计算和什么不能被计算的研究。库克设法分离出了两类问题：一类是计算机能有效解决的；另一类是计算机理论上能解决，但实际上要花费太长时间，以致除了非常小的问题实例以外，计算机是毫无用处的。后一类问题称为“难解的”或“NP-难的”。计算机硬件一直遵循着计算速度呈指数增长的规律（摩尔定律），但这也不太可能显著地影响解决难解问题大实例的能力。

所有这些理论进展都直接影响了计算机科学家今天的工作。有些概念，比如有穷自动机和某些类型的形式文法，用于设计和构造重要类型的软件。另一些概念，比如图灵机，则帮助我们理解能期待软件做什么。特别是，难解问题的理论允许推断是否有可能“正面”处理一个问题，编写解决这个问题的程序（因为这个问题不属于难解的一类），或者是否需要找到某种方法来迂回处理这个难解的问题：找近似算法、用启发式算法或者用某种其他方法来限制程序解决这个问题所花费的时间。

本章作为入门性的内容，首先从概述高级自动机理论的内容和用途开始。本章许多篇幅用来总结证明技术和发现证明的技巧。这些内容包括：演绎证明、命题变形、反证法、归纳证明以及其他重要概念。最后一节介绍一些贯穿自动机理论的概念：字母表、串以及语言。

1.1 为什么研究自动机理论

有几个理由解释了为什么自动机和复杂性的研究是计算机科学核心的重要部分。本节要向读者介绍主要的动机并概括本书讨论的主要主题。

1.1.1 有穷自动机简介

有穷自动机是许多重要类型的硬件和软件的有用模型。从第2章开始会看到如何使用这些概念的例子。目前只列出一些最重要的类型：

1. 数字电路的设计和性能检查软件。
2. 典型编译器的“词法分析器”，也就是说，把输入文本分解为诸如标识符、关键字和标点符号等逻辑单元的编译器部件。
3. 扫描大量文本（如收集到的网页）来发现单词、短语或其他模式的出现的软件。
4. 所有类型的只有有穷个不同状态的系统（比如通信协议或安全交换信息的协议）的验证软件。

很快就会遇到各种类型自动机的精确定义，非形式化的介绍从概述有穷自动机是什么和做什么开始。可以认为许多系统或部件（如上面列举的那些）始终处在有穷个“状态”之一。状态的目的是记住系统历史的有关部分。由于只有有穷个状态，在一般情况下不可能记住整个历史，所以必须仔细地设计系统，以记住重要的历史部分而忘记不重要的。只有有穷个状态的好处是，用固定的资源就能实现系统。例如，可用硬件将其实现为电路，或者实现为简单形式的程序，这种程序只查看有限的数据就能做出决定，或者用代码本身中的位置来做出决定。

例1.1 也许最简单的非平凡有穷自动机是两相开关。这个装置记住处在“开”状态或“关”状态，允许用户按按钮，这个按钮根据开关状态起不同作用。也就是说，如果开关处在关状态，按这个按钮就变成开状态；如果开关处在开状态，按这个按钮就变成关状态。

这个开关的有穷自动机模型如图1-1所示。对所有的有穷自动机都一样，状态用圆圈表示。在这个例子中，命名了状态on（开）和off（关）。状态之间的箭头用“输入”来标记，表示作用在系统上的外部影响。这里两个箭头都用Push（按）来标记，表示用户按这个按钮。这两个箭头的含义是：无论系统处在什么状态，当收到输入Push时，就进入另一个状态。

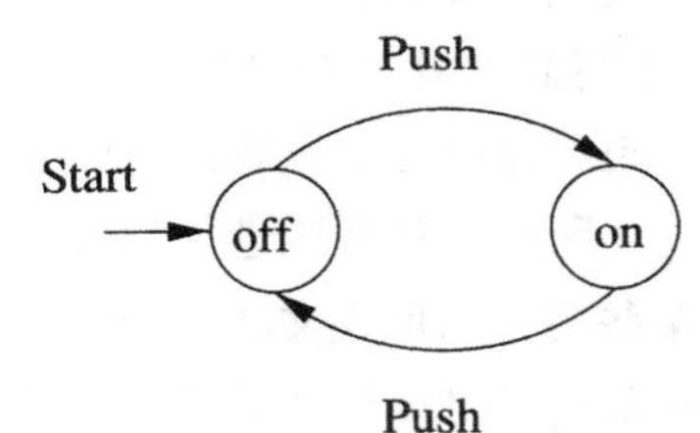

图1-1 为两相开关建立模型的有穷自动机

把一个状态指定为“初始状态”，即系统开始时所处的状态。在这个例子中，初始状态是off，习惯上用单词Start（开始）和一个指向这个状态的箭头来说明初始状态。

通常需要说明一个或多个状态是“终止”或“接受”状态。在经历一个输入序列后进入这些状态之一，说明这个输入序列在某种程度上是好的。例如，可以认为图1-1中的on状态是接受状态，因为在这个状态下，这个由开关控制的装置将会运行。习惯上用双圆圈来说明接受状态，但在图1-1中没有做这样的说明。 □

例1.2 有时候，一个状态记忆的内容比一个开关选择要复杂得多。图1-2显示另一个有穷自动机，它可能是词法分析器的一部分。这个自动机的任务是识别关键字`then`。因此这个自动机需要5个状态，每个状态表示在单词`then`中目前已经到达的不同位置。这些位置对应于这个单词的前缀，范围从空串（即一点也没有看见这个单词）到整个单词。

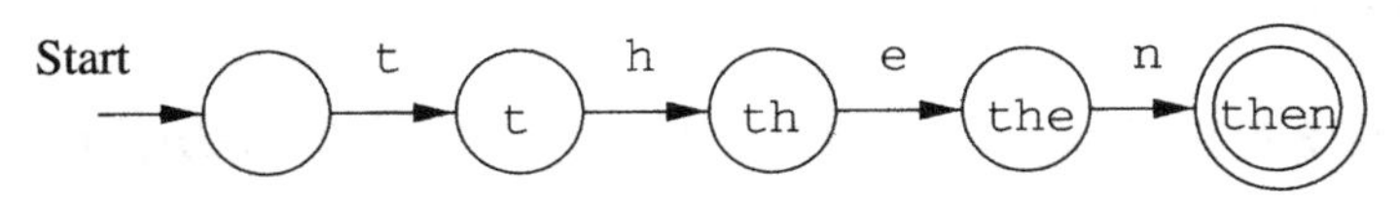

图1-2 为识别then建立模型的有穷自动机

在图1-2中，用目前已经看到的then的前缀来命名5个状态。输入对应字母。可以想象，词法分析器每次检查正在编译的程序的一个字母，要检查的下一个字母就是自动机的输入。初始状态对应空串。每个状态在then的下一个字母上转移到对应于下一个更长前缀的状态上。当输入拼写了单词then时，就进入了名为then的状态。由于这个自动机的任务是识别何时已经看到了then，所以可认为这个状态是唯一的接受状态。 □

1.1.2 结构表示法

有两种不像自动机但在自动机的研究和应用中起重要作用的重要记号。

1. *文法*在设计某种软件时是有用的模型，这种软件处理带递归结构的数据。最著名的例子是"语法分析器"，即处理典型程序设计语言中递归嵌套特征的编译器部件，这些特征比如是表达式（如算术表达式、条件表达式等）。例如，像$E \Rightarrow E + E$这样的文法规则提出，把两个表达式用加号连起来就形成一个表达式；对于真正的程序设计语言如何构造表达式来说，这条规则是典型的。第5章将介绍通常所说的上下文无关文法。
2. *正则表达式*也表示数据的结构，特别是文本串。在第3章将会看到，正则表达式描述的串模式恰好与有穷自动机描述的一样。这些表达式的风格与文法的风格有显著不同。这里只举一个简单的例子。UNIX风格的正则表达式`'[A-Z][a-z]*[ ][A-Z][A-Z]'`表示首字母大写的单词后面跟着一个空格和两个大写字母。这个表达式表示文本中城市和州的模式，如`Ithaca NY`。这个表达式不能表示有多个单词的城市名，如`Palo Alto CA`，这可以用更复杂的表达式

   `'[A-Z][a-z]*([ ][A-Z][a-z]*)*[ ][A-Z][A-Z]'`

   来表示。在解释这种表达式时，只需要知道`[A-Z]`表示从大写字母A到大写字母Z的字符范围（即任意的大写字母），用`[ ]`表示单个的空格字符。而且，符号*表示"任意多个"前面的表达式。括号用来对表达式各部分进行分组，而不表示所描述的文本中的字符。

4

1.1.3 自动机与复杂性

对计算局限性的研究来说，自动机是必不可少的。正如本章前言所述，有两个重要问题：

1. 计算机到底能做什么？这种研究称为"可判定性"，计算机能解决的问题称为"可判定的"。第9章讨论这个主题。
2. 计算机能有效地做什么？这种研究称为"难解性"，计算机用不超过输入规模的某个缓慢增长函数的时间所能解决的问题，称为"易解的"。通常，把所有的多项式函数当作"缓慢增长的"，而把比任何多项式都增长得快的函数看作增长得太快了。第10章讨论这个主题。

1.2 形式化证明简介

如果在20世纪90年代以前的任何时候，在高中学习平面几何，就很可能不得不做一些详细的"演绎证明"，即用详细的步骤和理由序列来证明命题的正确性。对于为什么在高中学习这个数学分支来说，几何有实用的一面（例如，要为房间买到大小合适的地毯，就要知道计算矩形面积的公式），但学习形式化证明方法也是同样重要的理由。

20世纪90年代，美国的流行趋势是把证明当作对命题的个人感觉。感觉要使用的命题是正

确的，这是好事，但在高中不再掌握重要的证明技术了。但证明还是每个计算机科学家需要理解的东西。某些计算机科学家采取极端的观点：程序正确性的形式化证明应当与编写程序本身同步进行。作者怀疑这样做是否有成效。另一方面，有人说在程序设计的原理中不包括证明。这个阵营经常提出这样的口号："如果不能肯定程序是正确的，就运行这个程序来测试一下。"

作者的立场处在这两种极端之间。程序测试肯定是必要的。但是，测试只能走这么远，因为不可能在每个输入上测试程序。更重要的是，如果程序是复杂的，比如说棘手的递归或迭代，那么在进行循环或递归调用函数时，若不能理解正在干什么，就不太可能写出正确的程序代码。当测试说明代码不正确时，仍然需要修改代码。

5

要形成正确的迭代或递归，就要建立归纳假设；形式化或非形式化地推导出这个假设与迭代或递归是相容的，这样做是有帮助的。理解正确程序的工作过程，这个过程与用归纳法证明定理的过程实质上是一样的。因此，在提供某种类型软件的有用模型之外，学习形式化证明的方法学，这成了自动机理论课程的传统。也许比起计算机科学的其他核心课题来说，自动机理论本身有着更多自然和有趣的证明，既有*演绎*类型（有根据的步骤的序列），也有*归纳*类型（带参数命题的递归证明，证明用到带"较小"参数值的命题本身）。

1.2.1　演绎证明

前面说过，演绎证明包含命题序列，其正确性导致从某个初始命题（称为*前提*或*已知命题*）得出"*结论*"命题。证明中每一步都必须根据某条公认的逻辑原理，利用已知的事实或演绎证明中前面的一些命题，或利用这两者的组合。

前提可能为真也可能为假，这通常依赖于参数值。前提常常包含几个独立命题，用逻辑AND（与）联结。在这些情况下，就说每个命题是一个前提或已知命题。

当从前提H到结论C时，所证明的定理是命题"如果H，则C"。说C是从H*演绎*出来的。形如"如果H，则C"的一个示范定理会解释这些要点。

定理1.3　如果$x \geqslant 4$，则$2^x \geqslant x^2$。 □

非形式化地说明定理1.3为真，这是不难的，但形式化证明要求用归纳法，将其留给例1.17。首先注意，前提H是"$x \geqslant 4$"。这个前提有参数x，因此前提既不为真也不为假。实际上，前提的正确性依赖于参数x的值，例如，H对于$x = 6$为真，对于$x = 2$为假。

同样，结论C是"$2^x \geqslant x^2$"。这个命题也用参数x，对于特定的x值为真，对于其他值为假。例如，C对于$x = 3$为假，因为$2^3 = 8$，不大于$3^2 = 9$。另外，C对于$x = 4$为真，因为$2^4 = 4^2 = 16$。对于$x = 5$，命题也为真，因为$2^5 = 32$，不小于$5^2 = 25$。

读者也许能看出这个直观论证，这个论证表明：只要$x \geqslant 4$，结论$2^x \geqslant x^2$就为真。我们已经看到，对$x = 4$，结论为真。当x增长到大于4时，每次x增加1，左边的2^x就翻一倍。但右边的x^2按照比值$\left(\frac{x+1}{x}\right)^2$来增长。如果$x \geqslant 4$，则$(x + 1)/x$不可能大于1.25，因此$\left(\frac{x+1}{x}\right)^2$不可能大于1.5625。由于$1.5625 < 2$，每次$x$增长到大于4，左边的$2^x$就比右边的$x^2$增长得多。因此，只要从类似$x = 4$这样的值开始（这个值已经满足不等式$2^x \geqslant x^2$），就可以让$x$任意增长，仍然满足这个不等式。

6

现在完成了定理1.3非形式化但精确的证明。在介绍“归纳”证明之后，例1.17还要回到这个证明，使之更加精确。

定理1.3与所有相关的定理一样，涉及无穷多个相关事实，在这个例子中是命题：对所有整数x，“如果$x \geqslant 4$，则$2^x \geqslant x^2$”。事实上，不需要假设x是整数，但这个证明表明，从$x = 4$开始，反复让x增加1，所以实际上只讨论了x是整数的情况。

用定理1.3来帮助推导其他定理。下一个例子考虑一个简单定理的完整演绎证明，证明用到定理1.3。

定理1.4　如果x是4个正整数的平方和，则$2^x \geqslant x^2$。

证明　证明的直观想法是，如果前提对x为真，即x是4个正整数的平方和，则x必定至少是4。因此，定理1.3的前提成立，由于相信定理1.3，就可以说定理1.3的结论也对x为真。这个推理可表示成一个步骤序列。每个步骤要么是所要证明定理的前提或一部分前提，要么是从一个或多个前面的命题得出的命题。

“得出”的意思是，如果某个定理的前提是前面的命题，则这个定理的结论为真，就可以写下来作为证明中的一个命题。这条逻辑规则通常称为*假言推理*，即如果知道H为真，并且知道“如果H，则C”为真，就可以得出结论C为真。也允许用某些其他逻辑步骤来从一个或多个前面的命题产生命题。例如，如果A和B是两个前面的命题，则可以推出并写下命题“A且B”。

图1-3显示证明定理1.4所需要的命题序列。一般不用这种风格的形式来证明定理，但这样做有助于认识到证明是非常明确的命题列表，每个命题都有精确的理由。在步骤(1)中，重复了定理的一个已知命题：x是4个整数的平方和。如果在证明中给所提到的未命名的量命名，这常常是有帮助的，在这里已经这样做了，给4个整数命名为a, b, c和d。

	命　题	理　由
1	$x = a^2 + b^2 + c^2 + d^2$	已知
2	$a \geqslant 1; b \geqslant 1; c \geqslant 1; d \geqslant 1$	已知
3	$a^2 \geqslant 1; b^2 \geqslant 1; c^2 \geqslant 1; d^2 \geqslant 1$	(2) 和算术性质
4	$x \geqslant 4$	(1)、(3)和算术性质
5	$2^x \geqslant x^2$	(4) 和定理1.3

图1-3　定理1.4的形式化证明

7

在步骤(2)中，写下了定理前提的其余部分：每个被平方的值至少是1。从技术上说，这个命题表示4个不同的命题，每个命题对应于所涉及的4个整数之一。然后，在步骤(3)中注意到，如果某个数至少是1，则这个数的平方也至少是1。用命题(2)成立的事实和“算术性质”作为理由。也就是说，假定读者知道或能证明一些关于不等式如何工作的简单命题，比如命题“如果$y \geqslant 1$，则$y^2 \geqslant 1$”。

步骤(4)用到命题(1)和(3)。命题(1)说：x是所讨论的4个平方之和，命题(3)说：每个平方至少是1。再用众所周知的算术性质，就得出：x至少是1+1+1+1，即4。

在最后的步骤(5)中，用到命题(4)，即定理1.3的前提。定理1.3本身就是写下其结论的理由，因为其前提是前面的命题。由于作为定理1.3结论的命题(5)也是定理1.4的结论，现在就证明了定理1.4。就是说，已经从这个定理的前提开始，设法演绎出了这个定理的结论。　□

1.2.2 求助于定义

在前面两个定理中，前提中用到的都应当是熟悉的术语，例如，整数、加法和乘法。在许多其他定理中，包括自动机理论的许多定理，在命题中用到的术语可能具有不明显的含义。一种在许多证明中推动证明的有用方法是：

- 如果不能肯定如何开始证明，就把前提中的所有术语都换成这些术语的定义。

下面是一个定理的例子，一旦把这个定理的命题用初等术语表达出来，这个定理证明起来就是简单的。这个定理用到下面两个定义：

1. 一个集合S是*有穷的*，如果存在一个整数n，使得S恰有n个元素。写成$\|S\| = n$，其中用$\|S\|$表示集合S中元素的个数。如果集合S不是有穷的，就称S是*无穷的*。直观上，无穷集合是包含了比任意整数都要多的元素的集合。

8

2. 如果S和T都是某个集合U的子集，则当$S \cup T = U$且$S \cap T = \varnothing$时，T是S的（关于U的）补集。就是说，U的每个元素恰好是在S和T其中的一个中。换句话说，T恰好包含那些不在S中的U的元素。

定理1.5 设S是某个无穷集合U的有穷子集，设T是S关于U的补集，则T是无穷的。

证明 直观上，这个定理说，如果有某种东西的无穷供应（U），取走了有穷个（S），则仍然还剩下无穷多个。首先重新叙述这个定理的事实，如图1-4所示。

原始命题	新的命题
S是有穷的	存在整数n，使得$\|S\| = n$
U是无穷的	不存在整数p，使得$\|U\| = p$
T是S的补集	$S \cup T = U$且$S \cap T = \varnothing$

图1-4 重新叙述定理1.5的已知事实

现在仍然束手无策，所以要用一种称为“反证法”的常用证明技术。在1.3.3节要进一步讨论的这种证明方法中，假设结论是假的，然后用这个假设和部分前提来证明前提中一个已知命题的否定命题。于是就证明了不可能让前提中所有部分都为真，同时让结论为假。剩下来的唯一可能性是，每当前提为真时，结论就为真。就是说，定理为真。

在定理1.5的情况下，结论的否定是“T是有穷的”。假设T是有穷的，并且前提中说S是有穷的命题，即对于某个整数n来说$\|S\| = n$。同样，把T是有穷的假设重新叙述成：对于某个整数m来说$\|T\| = m$。

现在已知命题之一说$S \cup T = U$且$S \cap T = \varnothing$。这意味着，U的元素恰好是S和T的元素。因此，U必定包含$m + n$个元素。由于$m + n$是整数，已经证明了$\|U\| = m + n$，就得出了U是有穷的。更准确地说，证明了U的元素个数是某个整数，这是“有穷”的定义。但U是有穷的这个命题与U是无穷的已知命题是矛盾的。因此用结论的否定命题证明了与已知命题之一的矛盾，根据“反证法”原理，可以得出这个定理为真。 □

证明没有必要如此烦琐。既然看到了这个证明背后的想法，就用几行字来重新证明这个定理。 9

带量词的命题

许多定理都涉及使用量词“所有”和“存在”的命题，或者类似的变形，比如“每个”代替“所有”。这些量词出现的顺序影响命题的含义。把带多个量词的命题看作两个选手（“所有”与“存在”）之间的“游戏”，这两个选手轮流指定定理中提到的参数的值，这样做常常是有帮助的。“所有”必须考虑所有可能的选择，所以“所有”的选择通常保留为变量。但是，“存在”只需要选择一个值，这个值可能依赖于选手们以前所选择的值。量词在命题中出现的顺序决定谁先选择。如果最后一个选择的选手总是能够找到某个允许值，则这个命题为真。

例如，考虑“无穷集合”的另一种定义：集合S是*无穷的*，当且仅当对所有整数n来说，存在S的一个子集T恰好具有n个元素。这里，“所有”是在“存在”前面，所以必须考虑一个任意整数n。现在，“存在”需要选择一个子集T，可以使用关于n的知识来这样做。例如，如果S是整数集合，“存在”就可以选择子集$T = \{1, 2, \cdots, n\}$，因此无论n是什么都获得胜利。这就是整数集合是无穷的一个证明。

下面的命题看起来像“无穷”的定义，但这个命题是*不正确的*，因为它颠倒了量词的顺序：“存在集合S的一个子集T，使得对于所有n来说，集合T恰有n个元素”。现在，给定集合S，比如整数集合。选手“存在”可以选择任何集合T，如选择了$\{1, 2, 5\}$。对于这个选择，选手“所有”必须证明：对于每个可能的n来说，T都有n个元素。但是，“所有”不可能这样做。例如，对于$n = 4$来说就做不到，事实上对于任何$n \neq 3$来说都做不到。

证明（定理1.5） 已知$S \cup T = U$且S与T不相交，所以$\|S\| + \|T\| = \|U\|$。由于S是有穷的，对于某个整数n来说$\|S\| = n$；由于U是无穷的，不存在整数p使得$\|U\| = p$。所以假设T是有穷的，也就是说，对于某个整数m来说$\|T\| = m$。则$\|U\| = \|S\| + \|T\| = n + m$，这与不存在整数$p$等于$\|U\|$的已知命题相矛盾。 □

1.2.3 其他定理形式

定理的“如果–则”形式在典型的数学领域中是最常见的。但是，我们也看到把其他形式的命题当作定理来证明。本节检查命题的最常见形式以及通常要如何来证明这些命题。 10

1.2.3.1 *说“如果–则”的方式*

首先，有许多类型的定理命题看起来与简单的“如果H，则C”形式是不同的，但实际上说的是同样的东西：如果前提H对给定的参数值为真，则结论C对同样的值为真。下面是“如果H，则C”可能在其中出现的某些其他形式：

1. H蕴涵C。
2. H仅当C。
3. C当H。

4. 只要H为真，就得出C。

还可以看到形式(4)有许多变种，比如“如果H成立，则得出C”，或者“只要H成立，C就成立”。

例1.6　定理1.3的命题可能以下列4种形式出现：

1. $x\geqslant 4$蕴涵$2^x\geqslant x^2$。
2. $x\geqslant 4$仅当$2^x\geqslant x^2$。
3. $2^x\geqslant x^2$当$x\geqslant 4$。
4. 只要$x\geqslant 4$，就得出$2^x\geqslant x^2$。 □

而且，在形式逻辑中常常看到，用运算→来代替“如果-则”。也就是说，在某些数学文献中，命题“如果H，则C”可能出现为$H\rightarrow C$。本书不采用这种方法。

1.2.3.2　当且仅当命题

有时候发现形如“A当且仅当B”的命题。这种命题的其他形式是：“A iff B”[⊖]“A等价于B”或“A恰好当B”。这种命题实际上是两个“如果-则”命题：“如果A，则B”和“如果B，则A”。要证明“A当且仅当B”，可以证明这样两个命题：

1. 当部分：“如果B，则A”，以及

11

2. 仅当部分：“如果A，则B”，这个命题常常叙述成等价形式“A仅当B”。

可以按照任意次序来给出这些证明。在许多定理中，一部分肯定比另一部分容易，习惯上先给出容易的那个方向，在证明过程中不再考虑这个方向。

在形式逻辑中可能看到，运算↔或≡表示“当且仅当”命题。也就是说，$A\equiv B$和$A\leftrightarrow B$与“A当且仅当B”的意思一样。

证明要多么形式化？

这个问题并不容易回答。证明的底线在于，证明的目标是，说服别人（无论是给读者批改作业的人还是读者自己）相信在证明代码中所使用的策略的正确性。如果它是有说服力的，那就足够了；如果不能说服证明的“听众”，那这个证明就省略得太多了。

证明的不肯定性一部分来源于听众所具有的不同知识。因此，在定理1.4中假设读者懂得全部算术，能够相信像“如果$y\geqslant 1$，则$y^2\geqslant 1$”这样的命题。如果读者不熟悉算术，作者就需要在演绎证明中用一些步骤来证明这些命题。

但是，证明中有些东西是必需的，省略这些东西肯定会让证明变得不恰当。例如，对于不以已知命题或前面命题为根据的命题，任何使用了这种命题的演绎证明都是不恰当的。当进行“当且仅当”命题的证明时，必须保证对于“当”部分有一个证明，对于“仅当”部分有另一个证明。另一个例子是，归纳证明（1.4节讨论）要求有基础部分的证明，以及归纳部分的证明。

当证明“当且仅当”命题时，重要的是记住“当”和“仅当”部分都必须得到证明。有时

⊖　“当且仅当”的缩写iff不是一个单词，为了行文简捷，在某些数学专著中采用这个缩写。

候会发现，把“当且仅当”分解成一系列几个等价式，也是有帮助的。也就是说，要证明“A当且仅当B”，可能先证明“A当且仅当C”，再证明“C当且仅当B”。只要记住每个当且仅当步骤都必须证明两个方向，这个方法就奏效。在任何一步只证明一个方向都会使整个证明无效。

下面是一个简单的“当且仅当”证明的例子。它用到的记号如下：

1. $\lfloor x \rfloor$，实数x的下取整，即小于或等于x的最大整数。

2. $\lceil x \rceil$，实数x的上取整，即大于或等于x的最小整数。

12

定理1.7　设x是实数，则$\lfloor x \rfloor = \lceil x \rceil$当且仅当$x$是整数。

证明　（仅当部分）在这部分中，假设$\lfloor x \rfloor = \lceil x \rceil$，试图证明$x$是整数。利用下取整和上取整的定义，注意到$\lfloor x \rfloor \leqslant x$和$\lceil x \rceil \geqslant x$。但是，已知$\lfloor x \rfloor = \lceil x \rceil$。因此，在第一个不等式中用下取整代替上取整就得出$\lceil x \rceil \leqslant x$。由于$\lceil x \rceil \leqslant x$和$\lceil x \rceil \geqslant x$都成立，根据算术不等式的性质就得出$\lceil x \rceil = x$。由于$\lceil x \rceil$总是整数，在这种情况下$x$也必定是整数。

（当部分）现在，假设x是整数，试图证明$\lfloor x \rfloor = \lceil x \rceil$。这部分是容易的。根据下取整和上取整的定义，当$x$是整数时，$\lfloor x \rfloor$和$\lceil x \rceil$都等于$x$，因此彼此相等。□

1.2.4 表面上不是“如果–则”命题的定理

有时候，会遇到表面上没有前提的定理。一个例子是三角学中众所周知的事实。

定理1.8　$\sin^2\theta + \cos^2\theta = 1$。□

实际上，这个命题的确有前提，该前提包含了为解释这个命题所需要知道的所有命题。特别是，隐藏的假设是：θ是一个角，因此正弦和余弦函数具有对于角度的通常含义。从这些术语的定义以及勾股定理（直角三角形中，斜边的平方等于另外两边的平方和），就能证明这个定理。本质上，这个定理的“如果–则”形式其实是：“如果θ是一个角，则$\sin^2\theta + \cos^2\theta = 1$”。

1.3 其他的证明形式

本节讨论另外几个关于如何构造证明的主题：

1. 关于集合的证明。

2. 反证法。

3. 反例证法。

13

1.3.1 证明集合等价性

在自动机理论中，经常要证明定理说，用两种不同方法构造的集合是相同的集合。通常，这些集合都是字符串集合，把这些集合称为“语言”，但在本节，集合的属性并不重要。如果E和F是两个表示集合的表达式，命题$E = F$就意味着所表示的集合是相同的。更准确地说，E所表示的集合中每个元素都属于F所表示的集合，F所表示的集合中每个元素也都属于E所表示的集合。

例1.9　并运算的交换律说明，可用任意顺序取两个集合R和S的并，即$R \cup S = S \cup R$。在这种

情形下，E是表达式$R \cup S$，F是表达式$S \cup R$。并运算交换律说明$E = F$。 □

可以把集合等式$E = F$写成一个当且仅当命题：元素x属于E，当且仅当x属于F。结果就是，对于断言两个集合相等的命题$E = F$，看到了这种命题的证明轮廓；这种证明遵循了任何当且仅当证明的形式：

1. 证明：如果x属于E，则x属于F。
2. 证明：如果x属于F，则x属于E。

作为这种证明过程的一个例子，来证明并对交的分配律。

定理1.10 $R \cup (S \cap T) = (R \cup S) \cap (R \cup T)$。

证明 所涉及的两个集合表达式是$E = R \cup (S \cap T)$和$F = (R \cup S) \cap (R \cup T)$。依次证明定理的两个部分。在“当”部分，假设元素$x$属于$E$，证明$x$属于$F$。这部分总结在图1-5中，用到了交和并的定义，假设读者熟悉这些定义。

	命　题	理　由
1	x属于$R \cup (S \cap T)$	前提
2	x属于R或x属于$S \cap T$	(1) 以及并的定义
3	x属于R或x同时属于S和T	(2) 以及交的定义
4	x属于$R \cup S$	(3) 以及并的定义
5	x属于$R \cup T$	(3) 以及并的定义
6	x属于$(R \cup S) \cap (R \cup T)$	(4)、(5) 以及交的定义

图1-5 定理1.10“当”部分中的步骤

然后，要证明定理的“仅当”部分。在这里，假设x属于F，证明x属于E。这些步骤总结在图1-6中。由于现在已经证明了当且仅当命题的两个部分，所以证明了并对交的分配律。 □

	命　题	理　由
1	x属于$(R \cup S) \cap (R \cup T)$	前提
2	x属于$R \cup S$	(1) 以及交的定义
3	x属于$R \cup T$	(1) 以及交的定义
4	x属于R或x同时属于S和T	(2)、(3) 以及关于并的推理
5	x属于R或x属于$S \cap T$	(4) 以及交的定义
6	x属于$R \cup (S \cap T)$中	(5) 以及并的定义

图1-6 定理1.10“仅当”部分的步骤

1.3.2 逆否命题

每一个“如果–则”命题都有一种等价形式，在某些情况下等价形式更容易证明。“如果H，则C”命题的*逆否命题*是“如果非C，则非H”。一个命题与其逆否命题是同时为真或同时为假的，故可证明其中一个来证明另一个。

为了看出为什么“如果H，则C”与“如果非C，则非H”是逻辑等价的，首先，要考虑四种情况：

1. H和C都为真。
2. H为真、C为假。
3. C为真、H为假。
4. H和C都为假。

只有一种方式使“如果–则”命题为假，即在情形(2)中，前提为真、结论为假。对于其他三种情形，包括对于结论为假的情形(4)，“如果–则”命题本身都为真。

现在考虑对于哪些情形，逆否命题“如果非C，则非H”为假。要使这个命题为假，前提“非C”必须为真，结论“非H”必须为假。但是恰好C为假时，“非C”为真；恰好H为假时，“非H”为真。这两个条件又都是情形(2)。这说明，在四种情形的每一种当中，原命题与其逆否命题同时为真或同时为假，即二者是逻辑等价的。

14 ~ 15

对集合说“当且仅当”

前面说过，陈述集合表达式等价性的定理都是当且仅当命题。因此，定理1.10可以叙述为：元素x属于$R \cup (S \cap T)$，当且仅当x属于$(R \cup S) \cap (R \cup T)$。

另一种常用的集合等价性表达式使用措辞“所有并且只有”。例如，定理1.10也可以叙述为：$R \cup (S \cap T)$的元素是所有并且只有属于$(R \cup S) \cap (R \cup T)$的元素。

逆　命　题

不要混淆术语“逆否命题”与“逆命题”。“如果–则”命题的*逆命题*是“另一个方向”。也就是说，“如果H，则C”的逆命题是“如果C，则H”。不是像逆否命题那样与原命题等价，逆命题与原命题不等价。实际上，当且仅当证明的两个部分总是某个命题及其逆命题。

例1.11　回忆一下定理1.3，其命题是“如果$x \geqslant 4$，则$2^x \geqslant x^2$”。这个命题的逆否命题是“如果非$2^x \geqslant x^2$，则非$x \geqslant 4$”。利用“非$a \geqslant b$”与“$a < b$”相同这个事实，用更顺畅的话来表述，这个逆否命题就是“如果$2^x < x^2$，则$x < 4$”。□

当要求证明一条当且仅当定理时，在一个部分使用逆否命题，这允许有几种选择。例如，假设要证明等价性$E = F$。不去证明“如果x属于E，则x属于F”和“如果x属于F，则x属于E”，还可以把一个方向写成逆否命题。一种等价证明形式是：

- 如果x属于E，则x属于F；如果x不属于E，则x不属于F。

在上述命题中，也可以交换E和F。

1.3.3 反证法

16

另一种证明形如“如果H，则C”命题的方法是证明命题

- “H与非C导致矛盾”。

也就是说，从同时假设前提H和结论C的否定开始。通过证明从H和非C逻辑地得出已知为假的东西，来完成证明。这个证明形式称为*反证法*。

例1.12 回忆一下定理1.5，那里证明了带有前提H的“如果-则”命题，H =“U是无穷集，S是U的有穷子集，T是S关于U的补集”。结论C是“T是无穷的”。下面用反证法来证明这个定理。假设“非C”，即假设T是有穷的。

这个证明就是从H和非C导出错误。首先从“S和T都是有穷的”这个假设来证明U也一定是有穷的。但由于在前提H中说U是无穷的，一个集合不能同时是有穷的和无穷的，所以已经证明了这个逻辑命题“假”。用逻辑术语来说，既有命题p（U是有穷的），又有其否定命题，“非p”（U是无穷的）。然后利用“p与非p”在逻辑上等价于“假”这个事实。 □

要证明为什么反证法在逻辑上是正确的，回忆一下1.3.2节，H和C的真值有四种组合。只有第二种情形（H真、C假），让命题“如果H，则C”为假。通过证明H和非C导致错误，就证明了情形2不可能发生。因此，仅有的H和C的真值组合，就是让“如果H，则C”为真的三种组合。

1.3.4 反例

在实际生活中，不会有人告诉我们去证明一条定理。倒不如说，面对着似乎为真的东西，比如实现一个程序的策略，需要判断这个“定理”是否为真。为了解决这个问题，可以轮流地试图去证明这个定理，如果证明不出，就试图去证明这个命题是假的。

定理一般都是关于无穷多种情形（可能是参数的所有值）的命题。的确，严格的数学约定只把有无穷多种情形的命题才尊称为“定理”；而把没有参数或者只有有穷多种参数值的命题称为“*事实*”。为了证明一个所谓的定理不是定理，只要证明在任何一种情形之下为假，就足够了。这种情况类似于程序，因为如果一个程序甚至只在一个预期正常工作的输入上不能正确运行，则一般认为这个程序是有错误的。

证明一个命题不是定理，要比证明这个命题是定理容易一些。前面说过，如果S是任意命题，则“S不是定理”本身就是无参数的命题，因此可看作事实而非定理。下面是两个例子，第一个是明显的非定理，第二个是还不能断定为定理的命题，在解决其是否为定理的问题之前，需要一些研究。

17

所谓的定理1.13 所有素数都是奇数。（更形式化地说：如果x是素数，则x是奇数。）

否证 整数2是素数，但2是偶数。 □

现在，讨论涉及模算术的一个“定理”。有一个重要的定义必须首先给出。如果a和b都是正

整数，则$a \bmod b$就是a除以b的余数，也就是说，对于某个整数q，使得$a = qb + r$在0与$b-1$之间的唯一整数r。例如，$8 \bmod 3 = 2$，$9 \bmod 3 = 0$。先提出来再确定为假的这个“定理”是：

所谓的定理1.14 不存在整数对a和b，使得$a \bmod b = b \bmod a$。 □

当需要处理成双的对象时，比如这里的a和b，利用对称性常常有可能化简对象之间的关系。在这种情形下，把注意力集中到$a < b$的情形上，因为如果$b < a$，则交换a和b，就得到与所谓的定理1.14相同的等式。但必须小心，不要忘记第三种情形$a = b$。这个情形在证明的尝试中竟然是关键的。

假设$a < b$。于是$a \bmod b = a$，因为在$a \bmod b$的定义中，让$q = 0$和$r = a$。也就是说，当$a < b$时，$a = 0 \times b + a$。但是$b \bmod a < a$，因为任何数mod a都是在0和$a-1$之间。因此，当$a < b$时，$b \bmod a < a \bmod b$，所以$a \bmod b = b \bmod a$是不可能的。利用上面的对称性论证可知，当$b < a$时，$a \bmod b \neq b \bmod a$。

但考虑第三种情形：$a = b$。由于对于任意整数x，有$x \bmod x = 0$，所以的确有：如果$a = b$，则$a \bmod b = b \bmod a$。因此就推翻了所谓的定理：

否证 （所谓的定理1.14）设$a = b = 2$。则$a \bmod b = b \bmod a = 0$。 □

在寻找反例的过程中，实际上已经发现了准确的条件，在这些条件下，这个所谓的定理成立。下面是定理的正确版本及其证明。

定理1.15 $a \bmod b = b \bmod a$，当且仅当$a = b$。

证明 （当部分）假设$a = b$。于是注意到上面，对于任意整数x，有$x \bmod x = 0$。因此，只要$a = b$，就有$a \bmod b = b \bmod a = 0$。

（仅当部分）现在假设$a \bmod b = b \bmod a$。最好的证明是反证法，所以另外假设结论的否定。也就是说，假设$a \neq b$。由于排除了$a = b$，因此只需考虑$a < b$和$b < a$的情况。

前面已经注意到，当$a < b$时，有$a \bmod b = a$且$b \bmod a < a$。因此，这些命题加上前提$a \bmod b = b \bmod a$就导出了矛盾。

根据对称性，如果$b < a$，则$b \bmod a = b$且$a \bmod b < b$。再次导出了与前提之间的矛盾，得出了仅当部分也为真。现在已经证明了两个方向，就得出了这个定理为真。 □

18

1.4 归纳证明

有一种特殊形式的证明，称为“归纳证明”，当处理递归定义的对象时，它是必不可少的。许多最熟悉的归纳证明都处理整数，但在自动机理论中，也需要归纳证明处理递归定义的概念，比如树和各种类型的表达式，后者比如1.1.2节中简单提到的正则表达式。本节首先用整数上的“简单”归纳法来介绍归纳证明的主题，然后说明如何在任何递归定义的概念上施行“结构”归纳法。

1.4.1 整数上的归纳法

假设要证明给定的关于一个整数n的命题$S(n)$。一种常用的方法是证明两件事：

1. *基础*：对一个具体的整数i，证明$S(i)$。通常$i = 0$或$i = 1$，但有些例子中，要从某个更大的i开始，也许因为对于一些小整数，S为假。

2. *归纳步骤*：假设$n \geqslant i$，其中i是基础整数，证明"如果$S(n)$，则$S(n + 1)$"。

直观上说，这两部分应当使人信服：对所有大于或等于基础整数i的整数，$S(n)$都为真。可以论证如下。假设对一个或多个这种整数，$S(n)$为假。于是应当有一个n的最小值，例如j，对于j，$S(j)$为假，但$j \geqslant i$。现在j不可能是i，因为在基础部分证明了$S(i)$为真。因此j一定大于i。现在知道$j-1 \geqslant i$，并且$S(j-1)$为真。

但在归纳部分证明了，如果$n \geqslant i$，则$S(n)$蕴涵$S(n + 1)$。假设让$n = j-1$。于是从归纳步骤知道，$S(j-1)$蕴涵$S(j)$。由于也知道$S(j-1)$，所以得出$S(j)$。

19

假设了要证明的内容的否定。也就是说，假设了对某个$j \geqslant i$，$S(j)$为假。在每种情况下，都导出了矛盾，所以就有了一个"反证法证明"：对所有$n \geqslant i$，$S(n)$都为真。

不幸的是，在上述推理中有微妙的逻辑错误。可以选出最小的$j \geqslant i$，对于j，$S(j)$为假，这个假设依赖于对最基本的归纳法原理的信任。也就是说，证明可以找到这样一个j的唯一方法是用本质上是归纳证明的方法去证明。但上面讨论的"证明"有很好的直观意义，与人们对真实世界的理解相一致。因此，在一般情况下，把下列原理作为逻辑推理系统的组成部分：

- *归纳法原理*：如果证明了$S(i)$，并且证明了对所有$n \geqslant i$，$S(n)$蕴涵$S(n + 1)$，就可得出，对所有$n \geqslant i$，$S(n)$成立。

下面两个例子说明用归纳法原理来证明关于整数的定理。

定理1.16　对所有$n \geqslant 0$，

$$\sum_{i=1}^{n} i^2 = \frac{n(n+1)(2n+1)}{6} \tag{1-1}$$

证明　证明分两个部分：基础和归纳步骤；依次证明每个步骤。

基础：对于基础，选择$n = 0$。对于$n = 0$，这个定理也有意义，这似乎令人惊讶，因为当$n = 0$时，式(1-1)的左边是$\sum_{i=1}^{0}$。但有一个一般原理：当求和的上限（在这个情形下是0）小于下限（这里是1）时，和中没有任何一项，因此和为0。即$\sum_{i=1}^{0} i^2 = 0$。

式(1-1)的右边也是0，因为$0 \times (0 + 1) \times (2 \times 0 + 1) / 6 = 0$。因此，当$n$=0时，式(1-1)为真。

归纳：现在假设$n \geqslant 0$。要证明归纳步骤，即式(1-1)蕴涵了把n换成$n + 1$的相同公式。后一个公式是：

$$\sum_{i=1}^{[n+1]} i^2 = \frac{[n+1]([n+1]+1)(2[n+1]+1)}{6} \tag{1-2}$$

把式(1-1)和式(1-2)右边的和与积展开来进行化简。这些等式成为：

$$\sum_{i=1}^{n} i^2 = (2n^3 + 3n^2 + n)/6 \tag{1-3}$$

$$\sum_{i=1}^{n+1} i^2 = (2n^3 + 9n^2 + 13n + 6)/6 \tag{1-4}$$

20

要用式(1-3)来证明式(1-4)，因为在归纳法原理中，这些等式分别是命题$S(n)$和$S(n + 1)$。"技巧"

是：把式(1-4)左边到$n+1$的和分解为到n项的和加上第$n+1$项。通过这种方法，把到n的和换成式(1-3)的左边并证明式(1-4)为真。这些步骤如下：

$$\left(\sum_{i=1}^{n} i^2\right)+(n+1)^2=(2n^3+9n^2+13n+6)/6 \tag{1-5}$$

$$(2n^3+3n^2+n)/6+(n^2+2n+1)=(2n^3+9n^2+13n+6)/6 \tag{1-6}$$

最后验证式(1-6)为真，只需要在左边用简单的多项式代数，就证明左方与右方相等。□

例1.17　下一个例子证明1.2.1节中的定理1.3。回忆一下，这个定理说：如果$x \geqslant 4$，则$2^x \geqslant x^2$。当x增大到4以上时，$x^2/2^x$的比值缩小，基于这种想法给出过一个非形式化的证明。如果从基础$x=4$开始，用x上的归纳法来证明命题$2^x \geqslant x^2$，就可把这个想法精确地表达出来。注意，对于$x<4$，这个命题实际上为假。

基础：如果$x=4$，则2^x和x^2都是16。因此，$2^x \geqslant x^2$成立。

归纳：假设对于某个$x \geqslant 4$，$2^x \geqslant x^2$。以这个命题作为前提，需要证明用$x+1$代替x的相同命题，也就是说，$2^{[x+1]} \geqslant [x+1]^2$。这些就是归纳法原理中的命题$S(x)$和$S(x+1)$；用$x$而不用$n$作为参数，这不应当引起疑问；$x$或$n$只是一个局部变量。

像在定理1.16中那样，应当改写$S(x+1)$，以便利用$S(x)$。在这个例子中，把$2^{[x+1]}$写成2×2^x。由于$S(x)$说$2^x \geqslant x^2$，所以得出$2^{x+1}=2 \times 2^x \geqslant 2x^2$。

但是需要不同的东西，需要证明$2^{x+1} \geqslant (x+1)^2$。证明这个命题的一种方法是，证明$2x^2 \geqslant (x+1)^2$，然后用$\geqslant$的传递性来证明$2^{x+1} \geqslant 2x^2 \geqslant (x+1)^2$。在

$$2x^2 \geqslant (x+1)^2 \tag{1-7}$$

的证明中，可利用$x \geqslant 4$的假设。首先化简式(1-7)：

$$x^2 \geqslant 2x+1 \tag{1-8}$$

把式(1-8)除以x，得到：

$$x \geqslant 2+\frac{1}{x} \tag{1-9}$$

由于$x \geqslant 4$，所以知道$1/x \leqslant 1/4$。因此，式(1-9)的左边至少是4，右边至多是2.25。因此证明了式(1-9)的真实性。综上，式(1-8)和式(1-7)也为真。式(1-7)依次给出：对于$x \geqslant 4$，$2x^2 \geqslant (x+1)^2$；并允许证明命题$S(x+1)$，回忆一下，这就是$2^{x+1} \geqslant (x+1)^2$。□

21

整数作为递归定义的概念

前面说过，当讨论对象被递归定义的时候，归纳证明是有用的。但是第一个例子是整数上的归纳法，通常不认为整数是“递归定义的”。然而，当一个数是非负整数时，就有一个自然的递归定义，而且这个定义的确与整数上的归纳法的进行方式相匹配：从先定义的对象到后定义的对象。

基础：0是整数。

归纳：如果n是整数，则$n+1$也是整数。

1.4.2　更一般形式的整数归纳法

1.4.1节提出：对一个基础值，证明命题S，然后证明“如果$S(n)$，则$S(n+1)$”。有时候，只有利用比这个模式更一般的模式，才能让一个归纳证明成为可能。这个模式的两种重要推广是：

1. 利用多个基础情形。也就是说，对某个$j > i$，证明$S(i), S(i+1), \cdots, S(j)$。
2. 在证明$S(n+1)$时，利用所有命题

$$S(i), S(i+1), \cdots, S(n)$$

的真实性，而不只利用$S(n)$的。而且，如果证明了直到$S(j)$的基础情形，就假设$n \geqslant j$，而不只假设$n \geqslant i$。

由这个基础和归纳步骤得到的结论是：对所有$n \geqslant i$，$S(n)$为真。

例1.18　下面的例子说明这两个原理的潜力。要证明的命题$S(n)$是：如果$n \geqslant 8$，则n可写成3与5之和。注意，顺便说一下，7不能写成3与5之和。

22

基础：基础情形是$S(8)$、$S(9)$和$S(10)$。证明分别是：$8 = 3 + 5$，$9 = 3 + 3 + 3$，$10 = 5 + 5$。

归纳：假设$n \geqslant 10$并且$S(8), S(9), \cdots, S(n)$都为真。要从这些已知事实来证明$S(n+1)$。策略是：从$n+1$减3，注意这个数一定能写成3与5之和，然后在这个和中再加入一个3，来得到写$n+1$的方法。

更形式化地说，注意$n-2 \geqslant 8$，所以可假设$S(n-2)$。也就是说，对于某个整数a和b，$n-2 = 3a + 5b$。于是$n + 1 = 3 + 3a + 5b$，所以$n+1$可写成$a+1$个3与b个5之和。这证明了$S(n+1)$，并完成了归纳步骤。□

1.4.3　结构归纳法

在自动机理论中有许多递归定义的结构，需要证明关于这些结构的命题。熟悉的树和表达式的概念都是重要的例子。像归纳法一样，所有的递归定义都有基础情形和归纳步骤，基础情形定义一个或多个基本结构，归纳步骤用前面定义的结构来定义更复杂的结构。

例1.19　下面是树的递归定义：

基础：单个顶点是树，这个顶点是树的根。

归纳：设$T_1, T_2, \cdots, T_k$都是树，则可以构造一棵新树，如下所示：

1. 从新顶点N开始，N是树的根。
2. 添加所有树的$T_1, T_2, \cdots, T_k$的副本。
3. 添加从顶点N到每棵树$T_1, T_2, \cdots, T_k$的根的边。

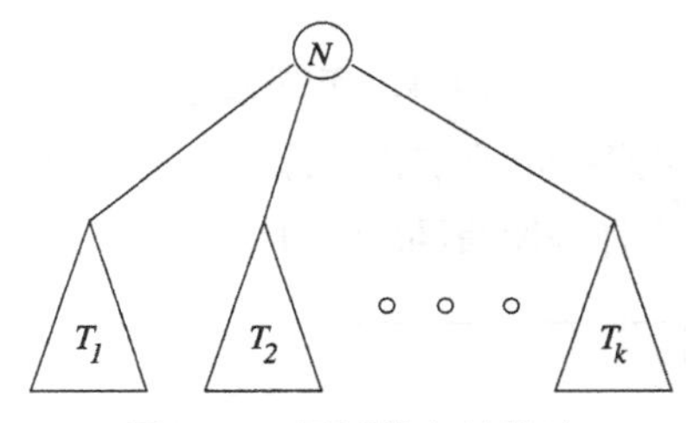

图1-7　一棵树的归纳构造

图1-7显示了从k棵较小的树到一棵带有根N的树的归纳构造。□

例1.20　下面是另一个递归定义。这次用算术运算+和*来定义*表达式*，同时允许数和变量来作为运算数。

23

基础：任意数或字母（即变量）都是表达式。

归纳：如果E和F是表达式，则$E+F$、$E*F$和(E)也是表达式。

例如，根据基础，2和x都是表达式。归纳步骤说$x + 2$、$(x + 2)$和$2*(x + 2)$都是表达式。注意

每个表达式是如何依赖于前面的表达式的。□

结构归纳法背后的直观

可以非形式化地提示一下，为什么结构归纳法是有效的证明方法。想象一下，递归定义逐个地证明：一些结构$X_1, X_2, \cdots$都满足这个定义。首先是基础元素，然后是X_i属于所定义的结构集合这个事实，它只依赖于在表中X_i之前的那些结构在所定义集合中的成员性。从这个角度来看，结构归纳法只不过是命题$S(X_n)$在整数n上的归纳法。这种归纳法可以具有1.4.2节讨论过的推广形式，带有多种基础情形和一个利用前面所有命题实例的归纳步骤。但应当记住，如在1.4.1节所解释的那样，这种直观不是形式化的证明，事实上，与假设了本节中原归纳法原理的有效性一样，必须假设这个归纳法原理的有效性。

当有了递归定义时，就可用下列证明形式（称为*结构归纳法*）来证明关于这个定义的定理。设$S(X)$是关于结构X的命题，X是用某个具体的递归定义来定义的。

1. 作为基础，对基础结构X，证明$S(X)$。
2. 对于归纳步骤，用递归定义说明从$Y_1, Y_2, \cdots, Y_k$形成的结构X。假设命题$S(Y_1), S(Y_2), \cdots, S(Y_k)$成立，用这些来证明$S(X)$。

结论是：对所有X，$S(X)$都为真。下面两条定理是可以证明关于树和表达式的事实的例子。

定理1.21 每棵树都是顶点数比边数多一。

证明 要用结构归纳法证明的形式化命题$S(T)$是："如果T是树，且T有n个顶点和e条边，则$n = e + 1$"。

基础：基础情形是当T是单个顶点时。于是$n = 1$且$e = 0$，所以关系$n = e + 1$成立。

24

归纳：设T是根据定义的归纳步骤从根顶点N和k个较小的树$T_1, T_2, \cdots, T_k$构造出的树。可以假设对于$i = 1, 2, \cdots, k$，命题$S(T_i)$都成立。也就是说，设T_i有n_i个顶点和e_i条边，则$n_i = e_i + 1$。

T的顶点是顶点N和所有T_i的顶点。因此T中有$1 + n_1 + n_2 + \cdots + n_k$个顶点。$T$的边是归纳定义步骤中明确添加的$k$条边，加上$T_i$的边。因此，$T$有

$$k + e_1 + e_2 + \cdots + e_k \tag{1-10}$$

条边。如果在T的顶点计数中把n_i换成$e_i + 1$，则发现T有

$$1 + [e_1 + 1] + [e_2 + 1] + \cdots + [e_k + 1] \tag{1-11}$$

个顶点。由于式(1-11)中有k个"+1"项，可以把式(1-11)重新分组为

$$k + 1 + e_1 + e_2 + \cdots + e_k \tag{1-12}$$

这个表达式恰好比给出作为T的边数的式(1-10)的表达式多1。因此，T的顶点比边多一个。□

定理1.22 每个表达式都有相等数目的左、右括号。

证明 形式化地，按例1.20的递归来定义的任意表达式G，证明关于G的命题$S(G)$：G中左、右括号数目相等。

基础：如果G是基础定义的，则G是数或变量。这些表达式都有0个左括号和0个右括号，所

以左、右括号数目相等。

归纳：根据定义中的归纳步骤，可用三条规则把G构造出来：

1. $G = E + F$。
2. $G = E*F$。
3. $G = (E)$。

假设$S(E)$和$S(F)$都为真。也就是说，E有相同数目的左、右括号，比方说各有n个，F同样有相同数目的左、右括号，比方说各有m个。于是分别对这三种情形，计算G中左、右括号数：

25

1. 如果$G = E + F$，则G有$n + m$个左括号和$n + m$个右括号；各自有n个来自E，m个来自F。
2. 如果$G = E*F$，则G的左、右括号数各自还是$n + m$，理由与情形(1)相同。
3. 如果$G = (E)$，则G中有$n + 1$个左括号，已经明确显示了一个左括号，其他n个都在E中。同样，G中有$n + 1$个右括号，一个是明确的，其他n个都在E中。

在这三种情形的每种情形下都看到，G中左、右括号数是相同的。这个事实就完成了归纳步骤，也完成了证明。 □

1.4.4 互归纳法

有时候，不能用归纳法证明单个的命题，倒不如说，用n上的归纳法来同时证明一组命题$S_1(n), S_2(n), \cdots, S_k(n)$。自动机理论中存在许多这种情况。例1.23举了一种常见情况的例子，对每个状态都有一个命题，通过证明这组命题来解释自动机做什么。这些命题说明，在什么样的输入序列下，自动机进入这个状态。

严格地说，证明一组命题，与证明所有命题的合取（逻辑与，AND）是没有区别的。例如，可以把一组命题$S_1(n), S_2(n), \cdots, S_k(n)$换成单个命题：$S_1(n)$ AND $S_2(n)$ AND…AND $S_k(n)$。但当实际要证明几个独立的命题时，保持命题的独立与在各自的基础和归纳步骤部分中证明命题，通常较少引起混淆。称这种证明为*互归纳法*。下面的例子会说明互归纳的必要步骤。

例1.23 重新考虑一下两相开关，例1.1中把这个开关表示成自动机。把这个自动机本身复制如图1-8所示。由于按下按钮就在状态on（开）和off（关）之间切换，而且从状态off开始切换，所以预期下面的命题一起解释了这个开关的运行：

$S_1(n)$：在按了n次之后自动机处在off状态，当且仅当n是偶数。

$S_2(n)$：在按了n次之后自动机处在on状态，当且仅当n是奇数。

可能假设：S_1蕴涵S_2，反之亦然；因为数n不可能同时为奇数和偶数。但自动机处在一个状态并且只处在一个状态，这并不总为真。图1-8的自动机碰巧一直处在恰好一个状态中，但这个事实必须作为互归纳法的一部分来进行证明。

26

下面给出命题$S_1(n)$和$S_2(n)$的证明的基础和归纳部分。这些证明依赖于关于奇数和偶数的几个事实：如果从偶数加减1，就得到奇数；如果从奇数加减1，就得到偶数。

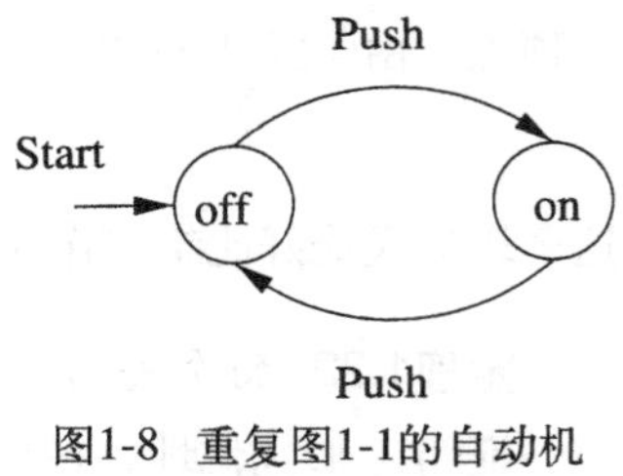

图1-8 重复图1-1的自动机

基础：对于基础，选择$n = 0$。由于有两个命题，必须在两个方向证明每个命题（因为S_1和S_2各自都是“当且仅当”命题），实际上有四种基础情形，也有四种归纳情形。

1. [S_1；当] 由于0是偶数，就必须证明：在按了0次之后，图1-8的自动机处在off状态。由于off状态是初始状态，在按了0次之后，自动机的确是在off状态。
2. [S_1；仅当] 由于按了0次之后，自动机处在off状态，所以必须证明0是偶数。但根据“偶数”的定义，0是偶数，所以没有什么要证明的了。
3. [S_2；当] S_2的“当”部分的前提是：0是奇数。由于这个前提H是假的，如在1.3.2节讨论过的那样，任何形如“如果H，则C”的命题都为真。因此，基础的这个部分也成立。
4. [S_2；仅当] 在按了0次之后，自动机处在on状态，这个前提也是假的，因为到达状态on的唯一方式是遵循一条带Push标记的箭头，这要求至少按一次按钮。由于这个前提为假，所以又得出这个“如果–则”命题为真。

归纳：现在假设$S_1(n)$和$S_2(n)$都为真，并尝试证明$S_1(n+1)$和$S_2(n+1)$。同样，证明分成四个部分。

1. [$S_1(n+1)$；当] 这部分的前提是：$n+1$是偶数。因此，n是奇数。命题$S_2(n)$的“当”部分说：按了n次之后，自动机处在on状态。从on到off带Push标记的箭头说明，第$n+1$次按动会导致自动机进入状态off。这就完成了$S_1(n+1)$的“当”部分的证明。

27

2. [$S_1(n+1)$；仅当] 前提是：按了$n+1$次之后，自动机处在off状态。由于$n+1>0$，检查图1-8的自动机就说明，到达状态off的唯一可能方式是，处在状态on中并收到输入Push。（另外一种可能方式是，由于off状态是初始状态，如果$n+1=0$，则在按了$n+1=0$次之后，自动机在off状态中。现在由于$n+1>0$，所以排除了这种方式。）因此，如果在按了$n+1$次之后，处在状态off中，则在按了n次之后，一定处在状态on中。于是，用命题$S_2(n)$的“仅当”部分来得出n是奇数。因此，$n+1$是偶数，这就是$S_1(n+1)$的仅当部分所要的结论。
3. [$S_2(n+1)$；当] 这部分本质上与第(1)部分相同，把命题S_1和S_2的角色互换，把“奇”和“偶”的角色互换。读者应当能够很容易地构造出这部分证明。
4. [$S_2(n+1)$；仅当] 这部分本质上与第(2)部分相同，把命题S_1和S_2的角色互换，把“奇”和“偶”的角色互换。□

从例1.23中抽象出所有的互归纳法的模式：

- 在基础和归纳步骤中，必须分别证明每个命题。
- 如果命题是“当且仅当”，则在基础和归纳中，必须证明每个命题的两个方向。

1.5 自动机理论的中心概念

本节介绍贯穿自动机理论的术语的最重要的定义。这些概念包括“字母表”（符号集合）、“串”（字母表中符号的列）和“语言”（相同字母表中串的集合）。

1.5.1 字母表

*字母表*是符号的有穷非空集合。约定俗成，用符号Σ表示字母表。常见字母表包括：

1. $\Sigma=\{0,1\}$，二进制字母表。
2. $\Sigma=\{a,b,\cdots,z\}$，所有小写字母的集合。
3. 所有ASCII字符的集合，或者所有可打印的ASCII字符的集合。

28

1.5.2 串

串（有时候称为单词）是从某个字母表中选择的符号的有穷序列。例如，01101是从二进制字母表 $\Sigma = \{0, 1\}$中选出的串，串111是从这个字母表中选择的另一个串。

1.5.2.1 空串

空串是出现0次符号的串。这个串记作ε，是可从任何字母表中选择的串。

1.5.2.2 串的长度

根据串的长度（即串中符号的位数）来对串进行分类，这常常是有用的。例如，01101的长度为5。通常说，串的长度就是这个串中的“符号数”；口头上可接受这个命题，但严格地说，这是不对的。因此，在串01101中，只有两个符号0和1，但有5个符号位，所以其长度为5。但是，当想说“位数”时，一般就会想使用“符号数”。

串w的长度的标准记号是$|w|$。例如，$|011| = 3$，$|\varepsilon| = 0$。

1.5.2.3 字母表的幂

如果 Σ是一个字母表，就可用指数记号来表示这个字母表某个长度的所有串的集合。定义 Σ^k是长度为k的串的集合，串的每个符号都属于 Σ。

例1.24 注意无论 Σ是什么字母表，$\Sigma^0 = \{\varepsilon\}$。就是说，$\varepsilon$是长度为0的唯一的串。

如果 $\Sigma = \{0, 1\}$，则 $\Sigma^1 = \{0, 1\}$，$\Sigma^2 = \{00, 01, 10, 11\}$，$\Sigma^3 = \{000, 001, 010, 011, 100, 101, 110, 111\}$，依此类推。注意，在 Σ与 Σ^1之间有细微的区别。前者是字母表，其成员0和1都是符号。后者是一些串的集合，其成员都是串0和1，每个串的长度都是1。我们不打算用不同的记号来表示这两个集合，根据上下文来区分$\{0, 1\}$或类似的集合究竟是字母表还是串的集合。□

符号与串的类型约定

通常，用字母表开头的小写字母（或数字）来表示符号；用字母表靠近末尾的小写字母来表示串，典型的是w, x, y和z。读者要试着习惯这个约定，来帮助提示出所讨论的元素的类型。

字母表 Σ上所有的串的集合约定记作 Σ^*。例如，$\{0, 1\}^* = \{\varepsilon, 0, 1, 00, 01, 10, 11, 000, \cdots\}$。换句话说，

$$\Sigma^* = \Sigma^0 \cup \Sigma^1 \cup \Sigma^2 \cup \cdots$$

有时候，希望从串集合中排除空串。把字母表 Σ上非空串的集合记作 Σ^+。因此，两个正确的等价性是：

29

- $\Sigma^+ = \Sigma^1 \cup \Sigma^2 \cup \Sigma^3 \cup \cdots$
- $\Sigma^* = \Sigma^+ \cup \{\varepsilon\}$

1.5.2.4 串的连接

设x和y都是串。于是，xy表示x和y的连接，就是说，用x的一个副本后面跟着y的一个副本所形成的串。更准确地说，如果x是包含i个符号的串$x = a_1a_2\cdots a_i$，y是包含j个符号的串$y = b_1b_2\cdots b_j$，则xy是长度为$i + j$的串：$xy = a_1a_2\cdots a_ib_1b_2\cdots b_j$。

例1.25　设$x=01101$且$y=110$，则$xy=01101110$且$yx=11001101$。对任意串w，等式$\varepsilon w=w\varepsilon=w$成立。也就是说，$\varepsilon$是*连接的单位元*，因为当$\varepsilon$与任意一个串连接时，都产生另外这个串作为结果（这类似于加法的单位元0，0加上任意数x，都产生x作为结果）。□

1.5.3　语言

Σ是某个具体的字母表，全都从Σ^*中选出的串的一个集合称为*语言*。如果Σ是字母表，且$L\subseteq\Sigma^*$，则L是*Σ上的语言*。注意，Σ上的语言不必包含带有Σ所有符号的串，所以，一旦确定L是Σ上的语言，也就知道了L是任何是Σ的超集的字母表上的语言。

选择"语言"这个术语，这似乎很奇怪。但普通的语言都可看作串的集合。一个例子就是英语，合法英语单词全体就是包含所有字母的字母表上的串的集合。另一个例子是C语言或任何其他程序设计语言，其中合法程序就是从这个语言的字母表形成的可能的串的子集合。这个字母表是ASCII字符的一个子集。在不同的程序设计语言之间，准确的字母表可能稍有不同，但通常都包括大小写字母、数字、标点符号和数学符号。

30

但在研究自动机时，也有许多其他语言。有些是抽象的例子，比如：

1. 对某个$n\geqslant 0$，n个0后面跟着n个1，所有这样的串的语言：$\{\varepsilon, 01, 0011, 000111, \cdots\}$。
2. 0和1个数相等的串的集合：$\{\varepsilon, 01, 10, 0011, 0101, 1001, \cdots\}$。
3. 值为素数的二进制数的集合：$\{10, 11, 101, 111, 1011, \cdots\}$。
4. 对任意字母表Σ，Σ^*是一个语言。
5. 空语言$\varnothing$是任意字母表上的语言。
6. 只包含空串的语言$\{\varepsilon\}$也是任意字母表上的语言。注意$\varnothing\neq\{\varepsilon\}$，前者没有串，后者有一个串。

关于什么是语言，唯一重要的约束就是所有字母表都是有穷的。因此语言可以有无穷多个串，但限制这些串为从一个固定的有穷字母表取出的。

1.5.4　问题

在自动机理论中，一个*问题*就是判定一个给定的串是否属于某个具体语言的提问。将要看到，任何在口头上称为"问题"的东西，竟然都可以表示成语言的成员性。更准确地说，如果Σ是字母表，L是Σ上的语言，则问题L就是：

- 给定Σ^*中的一个串w，判定w是否属于L。

例1.26　检验素数性问题可表示成语言L_p，L_p包含所有值为素数的二进制串。也就是说，给定0和1的一个串，如果这个串是一个素数的二进制表示，就说"是"；否则，就说"否"。对某些串，这种判定是容易的。例如，0011101不是素数的表示，原因很简单：除0之外每个整数的二进制表示都以1开头。但串11101是否属于L_p，这就不明显了。这个问题的任何解法都需要使用大量的某种计算资源，例如时间和（或）空间。□

集合表示法作为一种定义语言的方式

常常用“集合表示法”：

$$\{w \mid w\text{如此这般}\}$$

来描述一个语言。这个表达式读作“单词w的集合，使得（竖线右边关于w所说的任何话）”。一些例子是：

1. $\{w \mid w$包含相同个数的0和1$\}$。
2. $\{w \mid w$是二进制素数$\}$。
3. $\{w \mid w$是语法正确的C程序$\}$。

还常常把w换成某个带参数的表达式，通过叙述参数的条件来描述语言中的串。下面是一些例子。第一个例子带参数n，第二个例子带参数i和j：

1. $\{0^n1^n \mid n \geqslant 1\}$。读作“0的$n$次方、1的$n$次方的集合，使得$n$大于等于1”。这个语言包含串$\{01, 0011, 000111, \cdots\}$。注意，与字母表一样，可以用单个符号的$n$次幂来表示$n$个这种符号。
2. $\{0^i1^j \mid 0 \leqslant i \leqslant j\}$，这个语言包含一些0（可能没有）后面跟着至少这么多1的串。

“问题”的定义的一个可能不令人满意的方面是，人们常常不认为问题是判定问题（以下是否为真？），而认为是计算或变换某个输入的请求（找出完成这个任务的最佳方法）。例如，在形式化意义下，可把C编译器中语法分析器的任务看作一个问题，其中给定一个ASCII串，要求判定这个串是否属于L_C，即合法C程序的集合。但语法分析器要比判定做得更多。语法分析器产生语法分析树、符号表中的项目，可能还有其他东西。更有甚者，整个编译器解决了把C程序转化为某种机器的目标代码的问题，这就远不是对程序的合法性问题简单地回答“是”或“否”的问题了。

不过，作为语言的“问题”的定义，已经经受了时间的检验，成为处理复杂性理论重要问题的正确方法。在这个理论中，兴趣在于证明某些问题的复杂性的下界。特别重要的是，证明不能在少于输入规模的指数时间内解决某些问题的技术。已知问题的是/否或基于语言的版本，与“求出这个”的版本，在这个意义下竟然是一样难的。

31 ~ 32

也就是说，如果可以证明判定一个给定的串是否属于语言L_X（L_X是程序设计语言X中合法的串的集合）是困难的，那么就推出了，把语言X的程序翻译成目标代码不是比较容易的。因为如果容易产生代码，就可以运行翻译器，得出恰好当翻译器成功产生目标代码时，输入是L_X的合法成员。由于确定是否产生了目标代码的最后一步并不困难，所以可用产生目标代码的快速算法来有效地判定L_X的成员性。因此与检验L_X的成员性是困难的这个假设相矛盾。已经用反证法证明了命题“如果检验L_X的成员性是困难的，则程序设计语言的编译程序也是困难的”。

用一个问题的假设有效算法来有效解决另一个已知的困难问题，来证明这个问题是困难的，这种技术称为第二个问题到第一个问题的“归约”。在问题的复杂性研究中，这种技术是必不可少的工具，大大得益于下面这样的概念：问题都是关于语言成员性的提问而不是更一般类型的提问。

是语言还是问题？

语言和问题其实是相同的东西。倾向于使用哪种术语依赖于所采取的观点。当只关心串本身时，如在集合$\{0^n1^n \mid n \geqslant 1\}$中，就倾向于认为串的集合是语言。在本书最后一章，倾向于给串赋予“语义”，如认为串编码了图、逻辑表达式甚至偶数等。在这些情形下，对串所表示的东西的关心超过了对串本身的关心，就倾向于认为串的集合是问题。

1.6 小结

- *有穷自动机*：有穷自动机涉及一些状态和当响应输入时在状态之间的转移。用来构造许多不同种类的软件，例如包括编译器的词法分析部件以及电路与协议正确性的验证系统。
- *正则表达式*：这是描述有穷自动机所表示的相同模式的结构记号。用在许多常见类型的软件中，例如包括查找文本模式或文件名模式的工具。

33

- *上下文无关文法*：这是描述程序设计语言的结构以及相关的串集合的重要记号；用来构造编译器的语法分析部件。
- *图灵机*：这是为真实计算机的能力建立模型的自动机。图灵机允许研究可判定性，即计算机能做什么或不能做什么的问题。也允许区分易解问题（即能在多项式时间内解决的问题）与难解问题（即不能在多项式时间内解决的问题）。
- *演绎证明*：这种基本的证明方法，通过列出那些已知为真的命题或从前面一些命题逻辑地得出的命题，来进行下去。
- *证明“如果–则”命题*：许多命题都是形如“如果（什么）则（其他什么）”。“如果”后面的一个或多个命题是前提，“则”后面的命题是结论。“如果–则”命题的演绎证明从前提开始，持续从前提和前面命题逻辑地推出命题，直到证明出结论是其中一个命题为止。
- *证明“当且仅当”命题*：还有另外一些定理形如“（什么）当且仅当（其他什么）”。通过双向地证明“如果–则”命题来证明这些命题。类似的种类定理断言以两种不同方式描述集合的相等性；通过证明这两个集合互相包含来证明这些集合的相等性。
- *证明逆否命题*：有时候，证明等价命题“如果非C，则非H”比证明“如果H，则C”要更容易。前者称为后者的逆否命题。
- *反证法*：其他时候，证明命题“如果H且非C，则（已知为假的什么）”比证明命题“如果H，则C”要更方便。这种类型的证明称为反证法。
- *反例*：有时候要求证明某个命题不为真。如果这个命题有一个或多个参数，则只给出一个反例（就是说，使命题为假的参数赋值），就证明作为一般性命题的这个命题为假。
- *归纳证明*：常常可用整数n上的归纳法来证明带参数n的命题。对基础（n的具体值的有穷多种情形）证明命题为真，然后证明归纳步骤：如果命题对直到n的值为真，则命题对$n+1$为真。

34

- *结构归纳法*：在某些情况下，包括本书的许多情况下，要归纳证明的定理是关于某个递归定义的结构，比如树。通过在构造所使用的步数上归纳，来证明关于所构造对象的定理。

把这种类型的归纳法称为结构归纳法。

- 字母表：字母表是任何有穷的符号集合。
- 串：串是有穷长度的符号序列。
- 语言和问题：语言是一些串的集合（可能无穷），所有这些串都从某一个字母表选择符号。当打算以某种方式来解释语言的串时，就把一个串是否属于这个语言的提问称为问题。

35

1.7 参考文献

对本章材料的扩充讨论，包括作为计算机科学基础的数学概念，作者推荐[1]。

1. A. V. Aho and J. D. Ullman, *Foundations of Computer Science*, Computer Science Press, New York, 1994.

36

第2章

Introduction to Automata Theory, Languages, and Computation, Third Edition

有穷自动机

本章介绍一类语言，称为“正则语言”。这类语言恰好是有穷自动机描述的语言，1.1.1节简单举过有穷自动机的例子。在用一个扩充例子说明了研究动机之后，形式化地定义有穷自动机。

前面说过，有穷自动机有一组状态及其控制，响应外部“输入”，“控制”从状态移动到状态。各类有穷自动机之间的关键区别之一，在于控制究竟是“确定的”还是“非确定的”，前者意味着在任何时刻自动机不能处于一种以上状态，后者意味着自动机能同时处于几种状态。我们将会发现，增加非确定性并不能定义出任何不能用确定型有穷自动机来定义的语言，但是用非确定型有穷自动机来描述应用却具有很高的效率。事实上，非确定性允许用较高层语言来“设计”问题的解。然后用本章学习的算法，把非确定型有穷自动机“编译”成确定型有穷自动机，在常规计算机上“执行”。

本章最后研究扩展的非确定型有穷自动机，这种自动机具有额外选择，能自动从一种状态转移到另一种状态，即在作为“输入”的空串上转移。这些自动机也只接受正则语言。在第3章研究正则表达式及其与自动机的等价性时，将会发现这些自动机非常重要。

第3章继续研究正则语言，这一章将描述正则语言的另一种重要方式——代数记号，称为正则表达式。在讨论了正则表达式并证明了与有穷自动机的等价性之后，第4章用自动机和正则表达式作为工具，证明正则语言的某些重要性质。这些性质的例子是“封闭”性和“判定”性，前者允许根据已知一个或多个其他语言是正则的来断言某个语言是正则的，后者是算法，回答关于自动机或正则表达式的问题，例如两个自动机或正则表达式是否表示相同的语言。

2.1 有穷自动机的非形式化描述

本节研究现实世界问题的扩充例子，有穷自动机在解决这些问题时起重要作用。这个例子研究支持“电子货币”的协议，“电子货币”是顾客在互联网上购物付款的文件，商家能收到文件并确信“钱”是真的。商家必须知道，这个文件不是伪造的，也不是顾客复制后发送给商家却保留副本准备再次付款的。

文件的不可伪造性是银行用密码政策必须保证的性质。也就是说，第三方（银行）必须发行并加密“货币”文件，使得不可能被伪造。银行还有第二项重要任务，即必须维护一个所有已发行有效货币的数据库，使得银行可以验证商店收到的文件代表真钱并转入商店账户。本书不讨论这个问题的密码学方面，也不关心银行如何存取数以亿计的“电子钞票”。这些问题似乎不代表电子货币概念的长远障碍，自20世纪90年代以来，已经有小规模使用电子货币的例子了。

为了使用电子货币，需要设计协议，允许按照用户希望的各种方式去操纵货币。由于货币系统总是诱发伪造，所以无论采用什么政策，都必须验证如何使用货币。也就是说，需要证明能够发生的事情仅仅是希望发生的事情，即防止不守规矩的用户从别人那里偷钱或“制造”钱这类事情。在本节剩下的篇幅中，介绍一个非常简单的（不良的）电子货币协议的例子，用有穷自动机为协议建立模型，并说明如何用自动机上的构造来验证协议（或者，在这个例子的情况下发现协议有漏洞）。

2.1.1 基本规则

有三方参与：顾客、商店和银行。为简单起见，假设只存在一个“货币”文件。顾客可以决定把货币文件传送给商店，商店然后从银行兑换货币文件（即让银行发行属于商店而不属于顾客的新文件）并送货给顾客。而且，顾客可以选择取消文件。也就是说，顾客可以要求银行把钱放回顾客的账户，不再用这钱付款。因此三方之间的交互限于5种事件：

38

1. 顾客决定*付款*。也就是说，顾客把钱发送给商店。
2. 顾客决定*取消*。把钱发送给银行，附带把这笔钱添加到顾客的银行账户的消息。
3. 商店*送货*给顾客。
4. 商店*兑换*货币。也就是说，把钱发送给银行，并附带一个把这笔钱给商店的请求。
5. 银行将这笔钱*转账*，方法是建立新的适当加密的货币文件并发送给商店。

2.1.2 协议

三方必须小心设计各自的行为，否则就会发生错误。在例子中，做一个合理假设：不能依靠顾客采取负责任的行动。特别是，顾客可能试图复制货币文件用来多次付款，或者付款再取消，因此“免费”得到货物。

银行必须采取负责任的行动，否则就不成为银行。特别是，银行必须保证两家商店不会兑换同一个货币文件，必须不允许既取消又兑换货币。商店也应当小心。特别是，商店应当直到确信已得到有效货款之后才送货。

这种类型的协议可表示成有穷自动机。每个状态表示某一方所处的局面。也就是说，状态“记住”某些重要事件已经发生而其他事件还没有发生。状态之间的转移发生在前面所描述的5种事件之一发生时。认为这些事件在表示三方的自动机的“外部”，尽管每一方都负责激发一个或多个事件。关于这个问题，重要的是能发生什么样的事件序列，而不是允许谁来激发事件。

图2-1用自动机表示三方。在图中只显示影响某一方的事件。例如，*付款*行动只影响顾客和商店。银行不知道顾客把钱送给商店；只有当商店执行*兑换*行动时，银行才知道这样的事实。

首先检查表示银行的自动机（图2-1c）。初始状态是状态1，表示这样的局面：银行已经发行了所讨论的货币文件，但还没有收到兑换或取消的请求。如果顾客把*取消*请求送到银行，银行就把钱存到顾客的账户并进入状态2。状态2表示已经取消了这笔钱的局面。负责任的银行一旦进入状态2就不再离开，因为银行必须防止顾客再次取消或花费这笔钱⊖。

39

⊖ 读者应当记住，整个讨论都是关于一个货币文件的。事实上，银行运行相同的协议来处理大量的电子货币，但对于每个电子货币来说，协议的工作都是相同的，所以可以这样来讨论这个问题，似乎只存在一个电子货币。

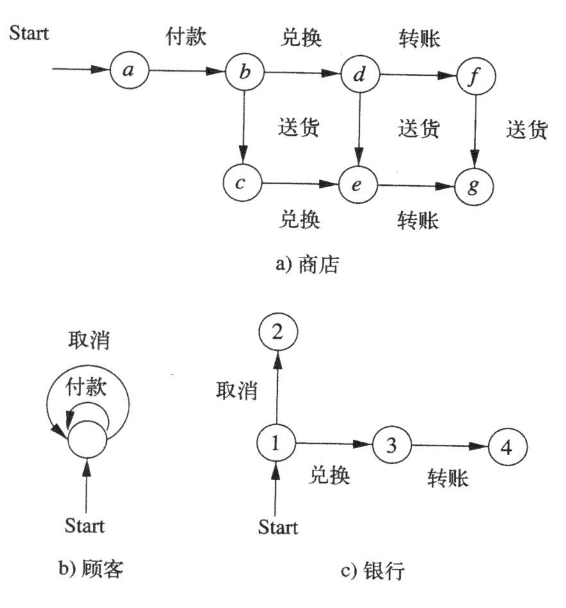

图2-1 表示顾客、商店和银行的有穷自动机

另一种情况是，银行在状态1时可接受商店的兑换请求。如果这样，银行就进入状态3，立刻向商店发送转账消息，附带现在属于商店的新的货币文件。银行在发送转账消息后进入状态4。在状态4中，银行既不接受取消或兑换请求，也不再对这个特定的货币文件执行任何操作。

现在考虑图2-1a，表示商店行为的自动机。银行总是做正确的事情，但商店系统存在一些缺陷。想象一下，由不同的进程来完成送货和财务操作，所以有这样的可能，送货行动是早于、晚于或者正当兑换电子货币时。这个策略允许商店处在这样的局面：商店已经送了货，然后发现货币是假的。

商店从状态a开始。当顾客采取付款行动来预定货物时，商店进入状态b。在这个状态中，商店同时开始送货和兑换进程。如果货物首先送到，商店就进入状态c，在这个状态下，商店仍然要从银行兑换货币并收到银行转账的等价货币文件。另一种情况是，商店首先发送兑换信息，进入状态d。从状态d，商店可能接着送货，进入状态e，也可能接着收到银行转账的货币，进入状态f。从状态f，预期商店最终会送货，让商店进入状态g，在这个状态下，交易完成而不会发生其他事情。在状态e，商店等待银行转账。不幸的是，货物已经送出，如果转账永远不发生，商店就倒霉了。

40

最后查看图2-1b，表示顾客的自动机。这个自动机只有一个状态，反映顾客“可做任何事情”的事实。顾客可用任何次序任意多次采取付款和取消动作，在每次动作后停留在那个单独的状态中。

2.1.3 允许自动机忽略动作

图2-1的自动机独立地反映出三方的行为，却丢失了某些转移。例如，商店不受取消消息的影响，所以如果顾客执行取消动作，商店还停留在任何所处状态中。但在2.2节将要学习的有穷

自动机的形式化定义中，每当自动机收到输入X时，自动机都必须顺着从所处状态出发带X标记的箭弧（带箭头的弧，表示有向边）来进入某个新状态。因此，表示商店的自动机需要添加从每个状态到自身的带取消标记的箭弧。于是每当执行取消动作时，商店自动机就在这个输入上“转移”，具有还是停留在过去状态下的效果。如果没有这些附加的箭弧，每当执行取消动作时，商店自动机就“死亡”了，也就是说，自动机根本没有处在任何状态中，不可能进行后续动作。

另一个潜在问题是，某一方可能故意或错误发送一个意料之外的消息，而我们并不希望这个动作导致其中一个自动机死亡。例如，假设当商店处在状态e时，顾客决定第二次采取付款动作。由于那个状态没有发出带付款标记的箭弧，所以商店自动机在收到银行的转账之前就死亡了。总之，必须给图2-1的自动机的某些状态加上环，以标记在那些状态中必须忽略的所有动作，完整的自动机如图2-2所示。为了省地方，把标记合并到一个箭弧上，而不是显示几个首尾相同而标记不同的箭弧。

41

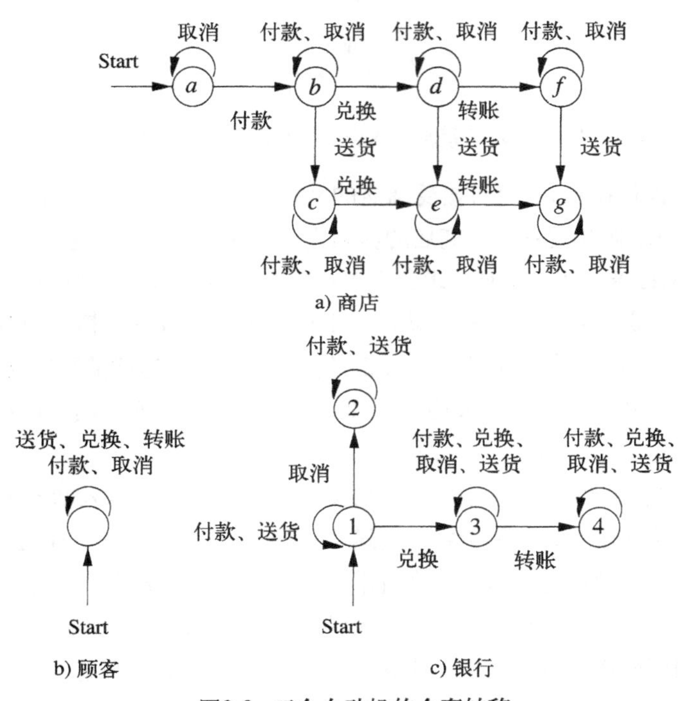

图2-2　三个自动机的全套转移

两类必须忽略的动作是：

1. *与各方无关的动作*。我们已经看到，与商店无关的唯一行为是取消，所以商店的7个状态中每个都有带取消标记的环。对于银行，付款和送货都是无关的，所以在银行的每个状态上都加上带付款和送货标记的箭弧。对于顾客，送货、兑换和转账都是无关的，所以加上带这些标记的箭弧。实际上，顾客自动机在任何输入序列上都停留在一个状态中，所以对整个系统的运行没有影响。当然，顾客仍然是一方，因为是顾客引起付款和取消动作。但是，已经说过，谁引起动作这件事与自动机的行为无关。
2. *导致自动机死亡的必防动作*。已经说过，必须防止顾客再次执行付款以导致商店自动机死亡，所以给商店自动机除状态a之外的所有状态都加上带付款标记的环（在状态a中，付款行为是预期的和有关的）。也给银行的状态3和4加上带取消标记的环，以防止顾客尝试取消已经兑换的钱而导致银行自动机死亡。银行正确地忽略这样的请求。同样，状态3和4有兑换环。商店不应该尝试把同一笔钱兑换两次，但如果商店尝试了，银行就正确地忽略第二次请求。

42

2.1.4 整个系统成为一个自动机

现在有了三方如何行动的模型，但还没有表示出三方的交互。前面说过，由于对顾客的行为没有约束，所以顾客自动机只有一个状态，任何事件序列都使其停留在那个状态中，即不会因为顾客自动机对某个行为没有响应，而使系统作为整体“死亡”。但商店和银行都以复杂的方式来行动，这两个自动机能处在什么样的组合状态里并不是显而易见的。

研究诸如此类的自动机的交互，标准方法是构造*乘积*自动机。乘积自动机的状态表示一对状态：一个是商店的，一个是银行的。例如，乘积自动机的状态$(3, d)$表示这样的局面：银行处在状态3，商店处在状态d。由于银行有4个状态，商店有7个状态，所以乘积自动机有$4\times 7=28$个状态。

乘积自动机如图2-3所示。为了清楚起见，把28个状态排成阵列。各行对应着银行的状态，各列对应着商店的状态。为了节省地方，还对箭弧上的标记做了缩写，用P、S、C、R和T分别表示付款、送货、取消、兑换和转账。

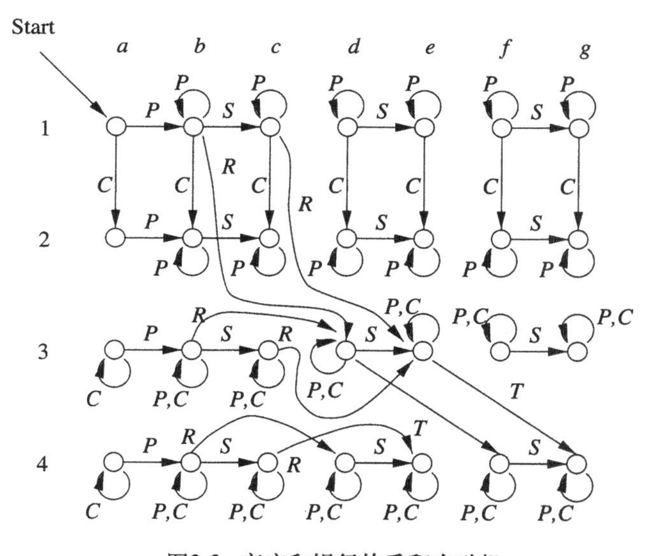

图2-3 商店和银行的乘积自动机

为了构造乘积自动机的箭弧，需要“并行”运行银行自动机和商店自动机。乘积自动机的两部分各自独立在各种输入上转移。但重要的是注意，如果两个自动机之一在收到的某个输入动作上无状态可入，则乘积自动机因为无状态可入而“死亡”。

43

为了准确说明这条状态转移规则，假设乘积自动机处在状态(i, x)中。这个状态对应这样的局面：银行处在状态i，商店处在状态x。设Z是输入动作之一。观察表示银行的自动机，看是否有从状态i出发的带Z标记的转移。假设有，并且导向状态j（如果银行在输入Z上循环，j就可能与i相同）。然后，观察商店，看是否有带Z标记的箭弧导向某个状态y。如果j和y都存在，乘积自动机就有从状态(i, x)到(j, y)带Z标记的箭弧。如果状态j或y不存在（由于对输入Z，银行或商店没有从i或x出发的箭弧），就没有从(i, x)出发的带Z标记的箭弧。

现在来看如何选取图2-3的箭弧。例如，在*付款*输入上，商店从状态a转移到状态b，但在除a外其他任何状态下都停留不动。当输入是*付款*时，银行停留在任何所处状态中，因为这个动作与银行无关。这个事实解释了图2-3中4行左端带P标记的4个箭弧。

另一个如何选取箭弧的例子是，考虑*兑换*输入。如果银行收到*兑换*消息，当银行在状态1时，就进入状态3。如果在状态3或4中，就停留在那里，而在状态2中银行自动机就死亡了，即无处可去。另一方面，当商店收到*兑换*输入时，能从状态b到d，或从状态c到e。在图2-3里，看到6个箭弧带*兑换*标记，对应着3个银行状态和两个商店状态的6种组合，这些状态都发出带R标记的箭弧。例如，在状态$(1, b)$中，带R标记的箭弧把自动机导向状态$(3, d)$，因为*兑换*让银行从状态1到3，让商店从状态b到d。另一个例子是，从$(4, c)$到$(4, e)$有带R标记的箭弧，因为*兑换*让银行从状态4回到状态4，让商店从状态c到状态e。

2.1.5　用乘积自动机验证协议

图2-3说明了一些有趣的事情。例如，在28个状态中，只有10个状态是从初始状态可达的，初始状态是$(1, a)$，即银行和商店自动机的初始状态的组合。注意，像$(2, e)$和$(4, d)$这样的状态，都是*不可达的*，也就是说，没有从初始状态到达这些状态的路径。自动机里没有必要包含不可达状态，在这个例子里却包含了不可达状态，这只是为了系统化。

但用自动机分析协议（比如上面这个）的真正目的，是提出和回答下面这种意义的问题："会发生以下类型的错误吗？"在目前的例子里，可能会问是否有这样的可能：商店送了货，却永远收不到付款。就是说，乘积自动机是否会进入这样的状态，商店已经送了货（即状态是在c、e或g列中），但在过去和将来都没有在输入T上的转移？

44

例如，在状态$(3, e)$中，货已经送了，而最终会有在输入T上到状态$(4, g)$的转移。就银行正在做什么而言，一旦银行进入了状态3，就收到了*兑换*请求并处理。这意味着，银行在收到*兑换*之前一定处在状态1中，因此还没有收到*取消*消息，但如果将来收到了，就忽略这个消息。因此，银行最终会把钱转到商店。

但是，状态$(2, c)$有问题。这个状态是可达的，但发出的唯一箭弧又回到这个状态。这个状态对应着这样的局面：银行在收到*兑换*消息之前收到*取消*消息，但商店却收到*付款*消息，即顾客正在行骗，把同一笔钱先付款再取消。商店在尝试兑换货币之前就愚蠢地送了货，当商店真的执行*兑换*动作时，银行甚至不理睬这个消息，因为银行处在状态2，在这个状态，银行已经取消了这钱，不再处理*兑换*请求。

2.2　确定型有穷自动机

现在可以给出有穷自动机的形式化定义，这样就能着手把1.1.1节和2.1节里看到的一些非形式化证明和描述变得精确化。首先介绍对确定型有穷自动机的形式化，这种自动机在读任何输入序列后只能处在一个状态中。术语“确定型”是指这样的事实：在每个输入上存在且仅存在一个状态，自动机可从当前状态转移到这个状态。相反，2.3节的主题“非确定型”有穷自动机可同时处在几个状态中。术语“有穷自动机”是指确定型这一类型，但常用“确定型”或缩写DFA，以提醒读者正在讨论哪种类型的自动机。

2.2.1 确定型有穷自动机的定义

一个*确定型有穷自动机*包括：

1. 一个有穷的*状态*集合，通常记作Q。
2. 一个有穷的*输入符号*集合，通常记作Σ。
3. 一个*转移函数*，以一个状态和一个输入符号作为变量，返回一个状态。转移函数通常记作δ。在非形式化表示自动机的图中，用状态之间的箭弧和箭弧上的标记来表示δ。如果q是一个状态，a是一个输入符号，则$\delta(q, a)$是这样的状态p，使得从p到q有带a标记的箭弧[⊖]。
4. 一个*初始状态*，是Q中状态之一。
5. 一个*终结状态*或*接受状态*的集合F。集合F是Q的子集合。

45

通常用缩写DFA来指示确定型有穷自动机。最紧凑的DFA表示是列出上面5个部分。在证明中，通常用“五元组”记号来讨论DFA：

$$A = (Q, \Sigma, \delta, q_0, F)$$

其中A是DFA的名称，Q是状态集合，Σ是输入符号，δ是转移函数，q_0是初始状态，F是接受状态的集合。

2.2.2 DFA如何处理串

关于DFA需要理解的第一件事情是，DFA如何决定是否“接受”输入符号序列。DFA的“语言”是这个DFA接受的所有的串的集合。假设$a_1a_2\cdots a_n$是输入符号序列。让这个DFA从初始状态q_0开始运行。查询转移函数δ，比如说$\delta(q_0, a_1) = q_1$，以找出DFA A在处理了第一个输入符号a_1之后进入的状态。处理下一个输入符号a_2，求$\delta(q_1, a_2)$的值，假设这个状态是q_2。以这种方式继续下去，找出状态q_3, q_4, $\cdots$, q_n，使得对每个i，$\delta(q_{i-1}, a_i) = q_i$。如果$q_n$属于$F$，则接受输入$a_1a_2\cdots a_n$，否则就“拒绝”。

例2.1 形式化地规定一个DFA，接受所有仅在串中某个地方有01序列的0和1组成的串。可以把这个语言L写成：

$$\{ w \mid w\text{形如}x01y\text{，}x\text{和}y\text{是只包含0和1的两个串}\}$$

另一种在竖线左边使用参数x和y的等价描述是：

$$\{ x01y \mid x\text{和}y\text{是0和1的任意串}\}$$

这个语言中的串的例子包括01、11010和100011。不属于这个语言的串的例子包括ε、0和111000。

⊖ 更准确地说，这个图是某个转移函数δ的图，这个图的箭弧为反映出δ所规定的转移而构造。

对于接受这个语言L的自动机，我们知道些什么？首先，输入字母表是$\Sigma = \{0, 1\}$。有某个状态集合Q，其中一个状态（如q_0）是初始状态。这个自动机需要记住这样的重要事实：至此看到了什么样的输入。为了判定01是不是这个输入的一个子串，A需要记住：

46

1. 是否已经看到了01？如果是，就接受后续输入的每个序列，即从现在起只处在接受状态中。
2. 是否还没有看到01，但上一个输入是0，所以如果现在看到1，就看到了01，并且接受从此开始看到的所有东西？
3. 是否还没有看到01，但上一个输入要么不存在（刚开始运行），要么上次看到1？在这种情况下，A直到先看到0然后立即看到1才接受。

这三个条件每个都能用一个状态来表示。条件(3)用初始状态q_0来表示。的确，在刚开始时，需要看到一个0然后看到一个1。但是如果在状态q_0下接着看到一个1，就并没有更接近于看到01，所以必须停留在状态q_0中。即，$\delta(q_0, 1)=q_0$。

但是，如果在状态q_0下接着看到0，就处在条件(2)中。也就是说，还没有看到过01，但看到了0。因此，用q_2来表示条件(2)。在输入0上从q_0出发的转移是$\delta(q_0, 0) = q_2$。

现在，来考虑从状态q_2出发的转移。如果看到0，就并没有取得任何进展，但也没有任何退步。还没有看到01，但0是上一个符号，所以还在等待1。状态q_2完美地描述了这种局面，所以希望$\delta(q_2, 0) = q_2$。如果在状态q_2看到1输入，现在就知道有一个0后面跟着1。就可以进入接受状态，把接受状态称为q_1，q_1对应上面的条件(1)。就是说，$\delta(q_2, 1) = q_1$。

最后，必须设计状态q_1的转移。在这个状态下，已经看到了01序列，所以无论发生什么事情，都还是处在这样的局面下：已经看到了01。也就是说，$\delta(q_1, 0)==\delta(q_1, 1) = q_1$。

因此，$Q = \{q_0, q_1, q_2\}$。已经说过，q_0是初始状态，唯一的接受状态是q_1，也就是说，$F = \{q_1\}$。接受语言L（有01子串的串的语言）的自动机A的完整描述是

$$A = (\{q_0, q_1, q_2\}, \{0, 1\}, \delta, q_0, \{q_1\})$$

其中δ是上面描述的转移函数。□

2.2.3 DFA的简化记号

把DFA规定成五元组，附带对δ转移函数的详细描述，这既乏味又难读。有两种更可取的描述自动机的记号：

1. *转移图*，就是在2.1节看到的那种图。
2. *转移表*，就是列出δ函数的表格，隐含地说明状态集合和输入字母表。

47

2.2.3.1 转移图

一个DFA $A = (Q, \Sigma, \delta, q_0, F)$的*转移图*是如下定义的图：

a) 对Q中每个状态，存在一个顶点。

b) 对Q中每个状态q和Σ中每个输入符号a，设$\delta(q, a) = p$。于是转移图有从顶点q到顶点p的带a标记的箭弧。如果有几个输入符号都导致从q到p的转移，则转移图有一个由这些符号列表标记的箭弧。

c) 有一个进入初始状态q_0的带Start标记的箭弧。这个箭弧没有任何出发顶点。

d) 对应于接受状态（属于F的那些状态）的顶点用双圆圈标记。不属于F的状态用单圆圈。

例2.2 图2-4显示了例2.1中设计的DFA的转移图。在这个图中看到与三个状态对应的三个顶点。有一个Start箭弧进入初始状态q_0，接受状态q_1表示成双圆圈。从每个状态发出一个带0标记的箭弧和一个带1标记的箭弧（但在状态q_1的情况下，两个箭弧合并成一个带两个标记的箭弧）。这些箭弧每个都对应了例2.1设计的δ事实转移之一。 □

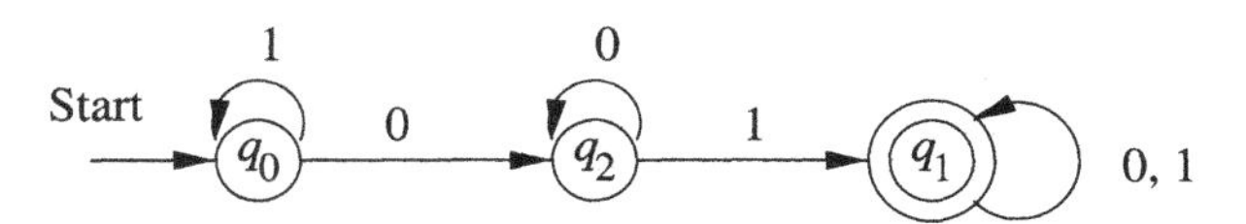

图2-4 接受所有带子串01的串的DFA的转移图

2.2.3.2 *转移表*

*转移表*是习惯上对像δ这样有两个变量和一个返回值的函数的表格表示。这个表的各行对应着状态，各列对应着输入。在状态q对应的行和输入a对应的列这个位置上的项是状态$\delta(q, a)$。

例2.3 例2.1的函数δ对应的转移表如图2-5所示。该图还显示了转移表的其他两个特征。初始状态用箭头标记，接受状态用星号标记。由于观察各行和各列的标题就能推断出状态集合和输入符号，所以现在就能从转移表读出所需的所有信息，来唯一地规定这个有穷自动机。 □

	0	1
$\to q_0$	q_2	q_0
$*q_1$	q_1	q_1
q_2	q_2	q_1

图2-5 例2.1的DFA的转移表

48

2.2.4 把转移函数扩展到串

已经非形式化地解释过DFA定义一个语言，即导致从初始状态到接受状态的状态转移序列的所有的串的集合。就转移图而言，DFA的语言是从初始状态到任何接受状态的所有路径的标记的集合。

现在，需要准确说明DFA的语言的概念。为此，定义*扩展转移函数*，描述从任何状态开始读任何输入序列时所发生的事情。如果δ是转移函数，则从δ构造出的扩展转移函数称为$\hat{\delta}$。扩展转移函数是这样的函数：接收状态q和串w，返回状态p，p是当自动机从q开始处理输入序列w时所到达的状态。通过对输入串的长度进行归纳来定义$\hat{\delta}$如下：

基础：$\hat{\delta}(q, \varepsilon) = q$。也就是说，如果在状态$q$下不读输入，就还处在状态$q$。

归纳：假设w是形如xa的串，也就是说，a是w的结尾符号，x是包含除结尾符号外的所有符号的串[⊖]。例如，把$w = 1101$分解成$x = 110$和$a = 1$。于是

$$\hat{\delta}(q, w) = \delta(\hat{\delta}(q, x), a) \tag{2-1}$$

现在式(2-1)可能看起来有点难以理解，但是其思想很简单。为了计算$\hat{\delta}(q, w)$，首先计算$\hat{\delta}(q, x)$，自动机在处理了w的除结尾符号外的所有符号之后所处的状态。假设这个状态是p，也就是

⊖ 回忆一下我们的约定：字母表开头的字母是符号，靠近字母表后端的字母是串。为了理解短语“形如xa”的意思，就需要这个约定。

说，$\hat{\delta}(q, x) = p$。那么$\hat{\delta}(q, w)$就是从状态p在输入a（w的结尾符号）上转移所得到的状态。也就是说，$\hat{\delta}(q, w) = \delta(p, a)$。

49

例2.4 设计一个DFA以接受语言

$$L = \{ w \mid w\text{同时有偶数个0和偶数个1} \}$$

很清楚，这个DFA的状态的任务是同时数0和1的个数，但是需要模2来计数。也就是说，用状态来记住至此看到的0的个数是偶数还是奇数，也记住至此看到的1的个数是偶数还是奇数。因此有4个状态，这4个状态可以给出下列解释：

q_0：迄今为止看到的0的个数和1的个数都是偶数。

q_1：迄今为止看到的0的个数是偶数而1的个数是奇数。

q_2：迄今为止看到的1的个数是偶数而0的个数是奇数。

q_3：迄今为止看到的0的个数和1的个数都是奇数。

状态q_0既是初始状态也是唯一的接受状态。q_0是初始状态，因为在读任何输入之前，看到的0的个数和1的个数都是0，0是偶数。q_0是唯一的接受状态，因为q_0恰好描述了0和1的序列属于这个语言L的条件。

现在几乎知道了如何指定语言L的DFA。这个DFA是

$$A = (\{q_0, q_1, q_2, q_3\}, \{0, 1\}, \delta, q_0, \{q_0\})$$

其中用图2-6的转移图来描述转移函数δ。注意，每个0输入如何导致状态穿过水平虚线。因此，在看到偶数多个0之后，总是在这条水平虚线之上处在状态q_0或q_1中，而在看到奇数多个0之后，总是在这条水平虚线之下处在状态q_2或q_3中。同样，每个1导致状态穿过垂直虚线。因此，在看到偶数多个1之后，总是在左侧处在状态q_0或q_2中，而在看到奇数多个1之后，是在右侧处在状态q_1或q_3中。这些事实是这4个状态具有指定解释的非形式化证明。但是，按照例1.23的精神使用共同归纳法，就可以形式化地证明关于这些状态的断言的正确性。

50

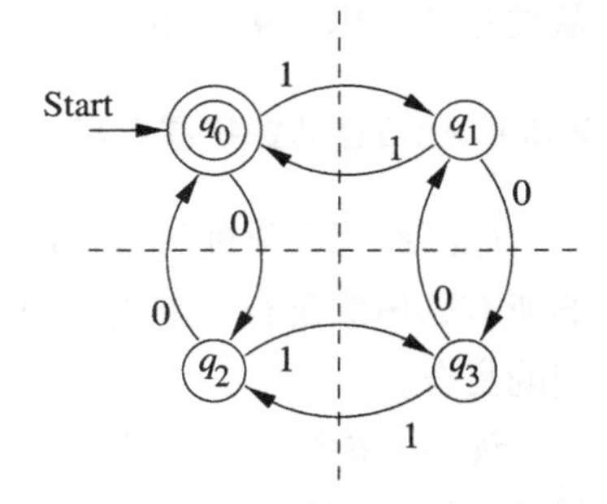

图2-6 例2.4的DFA的转移图

也可以用转移表来表示这个DFA，图2-7显示这个表。但是，我们不仅关心这个DFA的设计，还希望用它来解释如何从转移函数δ来构造$\hat{\delta}$。假设输入是110101。由于这样一个串同时有偶数多个0和1，所以我们期望这样一个串属于这个语言。因此，期望$\hat{\delta}(q_0, 110101) = q_0$，因为$q_0$是唯一的接受状态。现在来验证这个断言。

这个验证包括：从ε开始，长度逐渐增加，对110101的每个前缀w计算$\hat{\delta}(q_0, w)$。把这些计算总结如下：

- $\hat{\delta}(q_0, \varepsilon) = q_0$。
- $\hat{\delta}(q_0, 1) = \delta(\hat{\delta}(q_0, \varepsilon), 1) = \delta(q_0, 1) = q_1$。
- $\hat{\delta}(q_0, 11) = \delta(\hat{\delta}(q_0, 1), 1) = \delta(q_1, 1) = q_0$。
- $\hat{\delta}(q_0, 110) = \delta(\hat{\delta}(q_0, 11), 0) = \delta(q_0, 0) = q_2$。
- $\hat{\delta}(q_0, 1101) = \delta(\hat{\delta}(q_0, 110), 1) = \delta(q_2, 1) = q_3$。

	0	1
$* \to q_0$	q_2	q_1
q_1	q_3	q_0
q_2	q_0	q_3
q_3	q_1	q_2

图2-7 例2.4的DFA的转移表

- $\hat{\delta}(q_0, 11010) = \delta(\hat{\delta}(q_0, 1101), 0) = \delta(q_3, 0) = q_1$。
- $\hat{\delta}(q_0, 110101) = \delta(\hat{\delta}(q_0, 11010), 1) = \delta(q_1, 1) = q_0$。 □

51

标准记号与局部变量

阅读本节之后，读者可能认为必须遵守本书的习惯记号，也就是说，必须用δ表示转移函数，用A表示DFA的名字，等等。本书倾向于在所有的例子中用同样的变量来表示同样的东西，因为这有助于读者记忆变量的类型，这非常类似于在程序中变量i几乎总是整型的。但是，可以随便用任何名字来称呼自动机的部件或其他任何东西。因此，如果愿意，读者可以随便把DFA称为M，把转移函数称为T。

而且，毫不奇怪，在不同的上下文中同样的变量表示不同的东西。例如，例2.1和例2.4的DFA都给出称为δ的转移函数。但是，这两个转移函数各自都是局部变量，只属于其所在的例子。这两个转移函数是非常不同的，相互之间没有任何关系。

2.2.5 DFA的语言

现在，定义DFA $A = (Q, \Sigma, \delta, q_0, F)$ 的*语言*。这个语言记作$L(A)$，定义为

$$L(A) = \{ w \mid \hat{\delta}(q_0, w) \text{ 属于} F \}$$

也就是说，语言A是让初始状态q_0通向接受状态之一的串w的集合。如果对某个DFA A来说L是$L(A)$，那么我们就说L是*正则语言*。

例2.5 前面说过，如果A是例2.1的DFA，则$L(A)$是包含01子串的所有0和1的串。如果A是例2.4的DFA，则$L(A)$是0和1的个数都是偶数的所有0和1的串。 □

2.2.6 习题

习题2.2.1 图2-8中是一个滚大理石球玩具。在A或B处扔下一个大理石球。杠杆x_1、x_2和x_3让大

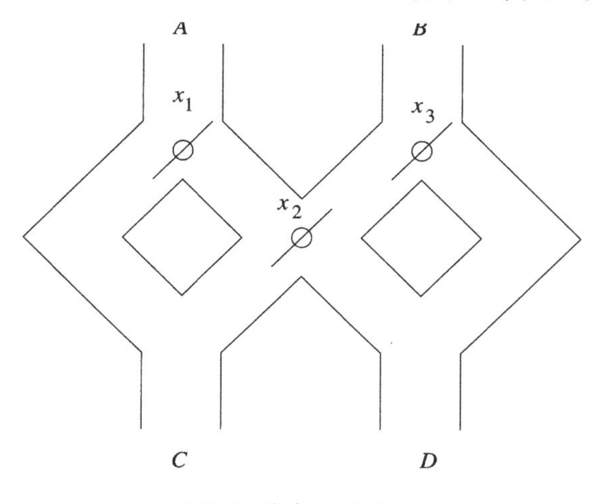

图2-8 滚大理石球玩具

理石球落向左方或右方。每当一个大理石球遇到一个杠杆时，就引起这个杠杆在大理石球通过之后改变方向，所以下一个大理石球会走相反的分支。

* a) 用有穷自动机为这个玩具建模。设输入A和B表示扔进大理石球的入口。设接受对应于大理石球从D出来，不接受则表示大理石球从C出来。

52

! b) 非形式化地描述这个自动机的语言。

c) 假设另一种情况是，杠杆在允许大理石球通过之前就改变方向。(a)和(b)部分的答案会变成怎样？

*! **习题2.2.2**　$\hat{\delta}$是这样定义的，把输入串分解成任意串后面跟着一个符号（在归纳部分，等式(2-1)）。但是，非形式化地认为，$\hat{\delta}$描述了沿着带某个标记串的路径所发生的事情，如果这是对的，则在$\hat{\delta}$的定义中如何分解输入串其实是无关紧要的。证明：实际上对于任意状态q以及串x和y，$\hat{\delta}(q, xy) = \hat{\delta}(\hat{\delta}(q, x), y)$。提示：对$|y|$进行归纳。

! **习题2.2.3**　证明：对于任意状态q、串x以及输入符号a，$\hat{\delta}(q, ax) = \hat{\delta}(\delta(q, a), x)$。提示：利用习题2.2.2。

习题2.2.4　给出接受下列在字母表{0, 1}上的语言的DFA：

* a) 所有以00结尾的串的集合。

b) 所有带3个连续的0（不必在结尾）的串的集合。

c) 带011子串的串的集合。

! **习题2.2.5**　给出接受下列在字母表{0, 1}上的语言的DFA：

a) 所有任何5个连续符号都至少包含2个0的串的集合。

b) 所有倒数第10个符号是1的串的集合。

c) 以01开头或结尾（含同时）的串的集合。

d) 0的个数被5整除，1的个数被3整除的串的集合。

!! **习题2.2.6**　给出接受下列在字母表{0, 1}上的语言的DFA：

53

* a) 所有以1开头，当解释成二进制整数时是5的倍数的串的集合。例如，串101、1010和1111都属于这个语言，而0、100和111则不属于。

b) 所有倒过来解释成二进制整数时被5整除的串的集合。属于这个语言的串的例子是0、010011、1001100和0101。

习题2.2.7　设A是一个DFA，q是A的一个特定状态，使得对所有输入符号a，$\delta(q, a) = q$。通过对输入长度进行归纳，证明：对所有输入串w，$\hat{\delta}(q, w) = q$。

习题2.2.8　设A是一个DFA，a是A的这样一个输入符号，使得对A的所有状态q，有$\delta(q, a) = q$。

a) 通过对n进行归纳，证明：对所有$n \geqslant 0$，$\hat{\delta}(q, a^n) = q$，其中a^n是由n个a组成的串。

b) 证明：要么$\{a\}^* \subseteq L(A)$，要么$\{a\}^* \cap L(A) = \varnothing$。

*! **习题2.2.9**　设$A = (Q, \Sigma, \delta, q_0, \{q_f\})$是一个DFA，假设对所有属于$\Sigma$的$a$，有$\delta(q_0, a) = \delta(q_f, a)$。

a) 证明：对所有$w \neq \varepsilon$，有$\hat{\delta}(q_0, w) = \hat{\delta}(q_f, w)$。

b) 证明：如果x是属于$L(A)$的非空串，则对所有$k > 0$，x^k（即x连写k遍）也属于$L(A)$。

*! **习题2.2.10**　考虑带下列转移表的DFA：

	0	1
$\rightarrow A$	A	B
$*B$	B	A

非形式化地描述这个DFA接受的语言，通过对输入串的长度进行归纳，证明这个描述是正确的。提示：当建立归纳假设时，断言什么样的输入导致每个状态，而不只是断言什么样的输入导致接受状态，这样更明智些。

54

！习题2.2.11 对下列转移表重复习题2.2.10。

	0	1
$\rightarrow *A$	B	A
$*B$	C	A
C	C	C

2.3 非确定型有穷自动机

“非确定型”有穷自动机（NFA）具有同时处在几个状态的能力。通常把这种能力说成对输入进行“猜测”的能力。例如，当用自动机在长的文本串当中搜索特定的字符串（如关键字）时，“猜测”到正处在某个这种串的开头，并且专门用一个状态序列来逐个字符地验证这样的串的出现，这是很有帮助的。在2.4节将会看到这种类型的应用的例子。

在检查应用之前，需要定义非确定型有穷自动机，证明每个非确定型有穷自动机都接受某个DFA也接受的语言。也就是说，NFA恰好接受正则语言，恰好与DFA一样。然而，讨论NFA是有许多理由的。通常NFA比DFA更紧凑也更容易设计。而且，总是可以把NFA转换成DFA，但DFA可能比NFA要多指数多个状态。幸运的是，这种情况很少见。

2.3.1 非确定型有穷自动机的非形式化观点

与DFA一样，NFA也有一个有穷的状态集合、一个有穷的输入符号集合、一个初始状态和一个接受状态的集合。也有一个通常称为δ的转移函数。DFA与NFA的区别在于δ的类型。对于NFA，δ是一个以状态和输入符号为变量的函数（与DFA转移函数一样），但是返回0个、1个或多个状态的集合（而不是像DFA那样必须恰好返回一个状态）。首先看一个NFA的例子，然后给出精确的定义。

例2.6 图2-9显示一个非确定型有穷自动机，任务是接受所有仅以01结尾的0和1的串。状态q_0是初始状态，可以认为，只要还没有“猜测”结尾的01已经开始，就处在状态q_0里（也许还有别的状态）。总是有这样的可能：即使下一个符号是0，这个符号也不是结尾01的开始。因此，状态q_0在0和1上都可以转移到自身。

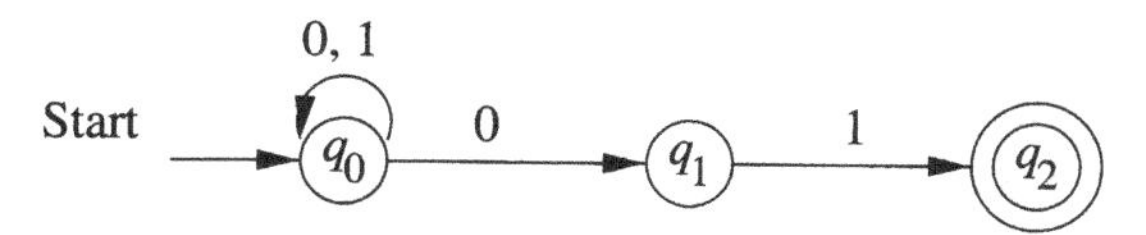

图2-9 接受所有以01结尾的串的NFA

但如果下一个符号是0，这个NFA也可以猜测结尾01开始了。因此有一个带标记0的箭弧从q_0

55

导向q_1。注意，有两个从q_0出发带0标记的箭弧。NFA可以选择进入q_0或q_1，实际上都进入，当给出准确定义时就会看到这一点。在q_1状态下，这个NFA验证下一个符号是1，如果是的，就进入q_2状态而接受。

注意，没有从q_1出发带0标记的箭弧，也根本没有从q_2出发的箭弧。在这些情况下，这个NFA中存在的与这些状态对应的线程干脆“死亡”了，但其他线程还可能继续存在。DFA对每个输入符号恰好有一个箭弧离开每一个状态，NFA就没有这样的约束。例如，在图2-9中看到了箭弧数是0个、1个和2个的情况。

图2-10表示NFA如何处理输入的过程。这个图显示了在图2-9的自动机收到输入序列00101时发生的事情。只能从初始状态q_0开始。当读第一个0时，这个自动机可以进入状态q_0或状态q_1，所以都进入了。图2-10的第二列表示了这两个线程。

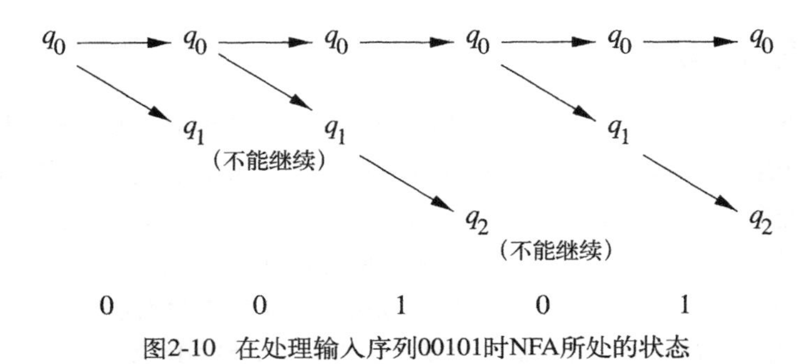

图2-10　在处理输入序列00101时NFA所处的状态

然后读第二个0。状态q_0又可以同时进入q_0和q_1。但状态q_1在0上没有转移，所以死亡了。当第三个输入1出现时，必须同时考虑从q_0和q_1出发的转移。我们发现q_0在1上只到q_0，而q_1只到q_2。因此，在读001后，这个NFA处在状态q_0和q_2中。由于q_2是接受状态，所以这个NFA接受001。

但输入还没有结束。第4个输入0导致q_2的线程死亡，而q_0同时进入q_0和q_1。最后一个输入1使q_0到q_0而q_1到q_2。由于又处在一个接受状态中，所以接受00101。　□

56

2.3.2　非确定型有穷自动机的定义

现在介绍与非确定型有穷自动机有关的形式化概念，同时指出DFA与NFA之间的区别。实质上可以像DFA那样来表示NFA：

$$A = (Q,\ \Sigma,\ \delta,\ q_0,\ F)$$

其中：

1. Q是一个有穷的状态集合。
2. Σ是一个有穷的输入符号集合。
3. q_0是初始状态，属于Q。
4. F是终结（或接受）状态的集合，是Q的子集合。
5. 转移函数δ是一个以Q中一个状态和Σ中一个输入符号作为变量并返回Q的一个子集合的函数。注意，NFA与DFA之间的唯一区别在于δ返回值的类型：在NFA的情况下，返回值是一个状态集合；而在DFA的情况下，返回值是单个状态。

例2.7　图2-9的NFA可以形式化地规定为：

$$(\{q_0, q_1, q_2\}, \{0, 1\}, \delta, q_0, \{q_2\})$$

其中用图2-11的转移表来给出转移函数δ。□

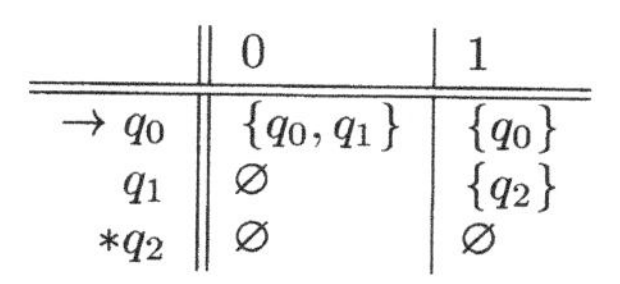

	0	1
$\rightarrow q_0$	$\{q_0, q_1\}$	$\{q_0\}$
q_1	$\varnothing$	$\{q_2\}$
$*q_2$	$\varnothing$	$\varnothing$

图2-11　一个接受所有以01结尾的串的NFA的转移表

注意，转移表可用来规定NFA的转移函数，也可用来规定DFA的转移函数。唯一的区别在于，NFA转移表中每一项都是一个集合，即使这个集合是*单元素集合*（只有一个元素）。还要注意，当在给定输入上没有从给定状态出发的转移时，正确的项是空集合$\varnothing$。

57

2.3.3　扩展转移函数

与DFA一样，需要把NFA的转移函数δ扩展成为扩展转移函数$\hat{\delta}$，$\hat{\delta}$接收状态q和输入符号串w，而返回这样的状态集合：如果NFA在状态q上开始并处理输入串w，那么NFA就处在这些状态里。这个思想如图2-10所示，本质上，如果q是第一列中单独的状态，则$\hat{\delta}(q, w)$就是在读w之后所求出的那一列状态。例如，图2-10表示$\hat{\delta}(q_0, 001)=\{q_0, q_2\}$。形式化地，对NFA的转移函数$\delta$来定义$\hat{\delta}$的方式如下：

基础：$\hat{\delta}(q, \varepsilon) = \{q\}$。也就是说，不读任何输入符号，就只能处在原来的状态。

归纳：假设w形如xa，其中a是w的结尾符号，x是w的剩余部分。还假设$\hat{\delta}(q, x) = \{p_1, p_2, \cdots, p_k\}$。设

$$\bigcup_{i=1}^{k} \delta(p_i, a) = \{r_1, r_2, \cdots, r_m\}$$

那么$\hat{\delta}(q, w) = \{r_1, r_2, \cdots, r_m\}$。略微非形式化地说，这样来计算$\hat{\delta}(q, w)$：首先计算$\hat{\delta}(q, x)$，然后遵循从这些状态中任何一个状态出发的带$a$标记的任何转移。

例2.8　用$\hat{\delta}$来描述图2-9的NFA处理输入00101的步骤。这些步骤总结如下：

1. $\hat{\delta}(q_0, \varepsilon) = \{q_0\}$。
2. $\hat{\delta}(q_0, 0) = \delta(q_0, 0) = \{q_0, q_1\}$。
3. $\hat{\delta}(q_0, 00) = \delta(q_0, 0) \cup \delta(q_1, 0) = \{q_0, q_1\} \cup \varnothing = \{q_0, q_1\}$。
4. $\hat{\delta}(q_0, 001) = \delta(q_0, 1) \cup \delta(q_1, 1) = \{q_0\} \cup \{q_2\} = \{q_0, q_2\}$。
5. $\hat{\delta}(q_0, 0010) = \delta(q_0, 0) \cup \delta(q_2, 0) = \{q_0, q_1\} \cup \varnothing = \{q_0, q_1\}$。
6. $\hat{\delta}(q_0, 00101) = \delta(q_0, 1) \cup \delta(q_1, 1) = \{q_0\} \cup \{q_2\} = \{q_0, q_2\}$。

第(1)行是基础规则。第(2)行通过把δ作用到上个集合中单独的状态q_0上，并得到结果$\{q_0, q_1\}$来得出。第(3)行通过把δ对输入0作用到上个集合中的两个状态上，并取结果的并集来得出。也就是说，$\delta(q_0, 0) = \{q_0, q_1\}$而$\delta(q_1, 0) = \varnothing$。对于第(4)行，取$\delta(q_0, 1) = \{q_0\}$和$\delta(q_1, 1) = \{q_2\}$的并集。第(5)行和第(6)行类似于第(3)行和第(4)行。□

58

2.3.4　NFA的语言

前面说过，NFA接受串w的条件是：在读w的各个字符时，有可能形成对下一个状态的选择序列，并从初始状态到达任何接受状态。用w的输入符号的其他选择，导致非接受状态或者根本

不会导致任何状态（即状态序列“死亡”），这样的事实不妨碍NFA在总体上接受w。形式化地，如果$A = (Q, \Sigma, \delta, q_0, F)$是一个NFA，则

$$L(A) = \{w \mid \hat{\delta}(q_0, w) \cap F \neq \varnothing\}$$

也就是说，$L(A)$是Σ^*中使得$\hat{\delta}(q_0, w)$至少包含一个接受状态的串w的集合。

例2.9　作为例子，形式化地证明图2-9的NFA接受语言$L = \{w \mid w$以01结尾$\}$。证明是对刻画3个状态的下列3个命题的互归纳。

1. 对每个w，$\hat{\delta}(q_0, w)$包含q_0。
2. $\hat{\delta}(q_0, w)$包含q_1，当且仅当w以0结尾。
3. $\hat{\delta}(q_0, w)$包含q_2，当且仅当w以01结尾。

为了证明这些命题，需要考虑A怎样到达每一个状态，即最后一个输入符号是什么，以及A在读那个符号之前处在什么状态？

由于这个自动机的语言是使得$\hat{\delta}(q_0, w)$包含q_2的串w的集合（因为q_2是唯一的接受状态），这三个命题的证明，特别是(3)的证明，就保证了这个NFA的语言是以01结尾的串的集合。这个定理的证明是对w的长度$|w|$从长度0开始归纳。

基础：如果$|w| = 0$，则$w = \varepsilon$。命题(1)说$\hat{\delta}(q_0, \varepsilon)$包含$q_0$，根据$\hat{\delta}$的定义的基础部分，这是对的。对于命题(2)，知道$\varepsilon$不以0结尾，也知道$\hat{\delta}(q_0, \varepsilon)$不包含$q_1$，这也是根据$\hat{\delta}$的定义的基础部分。因此，这个“当且仅当”命题两边的假设都为假，因此这个命题的两个方向都为真。对$w = \varepsilon$证明命题(3)，本质上与上面证明命题(2)是一样的。

归纳：假设$w = xa$，其中a是一个符号，要么是0，要么是1。可以假设命题(1)到(3)都对x成立，需要证明对w也都成立。也就是说，假设$|w| = n + 1$，所以$|x| = n$。对n假定归纳假设，对$n + 1$进行证明。

1. 知道$\hat{\delta}(q_0, x)$包含q_0。由于在0和1上都有从q_0到自身的转移，所以$\hat{\delta}(q_0, x)$也包含q_0，所以就对w证明了命题(1)。

59

2. （当）假设w以0结尾，即$a = 0$。对x应用命题(1)，就知道$\hat{\delta}(q_0, x)$包含q_0。由于在输入0上有从q_0到q_1的转移，所以$\hat{\delta}(q_0, w)$包含q_1。

   （仅当）假设$\hat{\delta}(q_0, w)$包含q_1。如果观察图2-9中的图，就看到进入状态q_1的唯一方式是让输入序列w具有$x0$的形式。这就足以证明命题(2)的“仅当”部分了。

3. （当）假设w以01结尾。于是如果$w = xa$，就知道$a = 1$而x以0结尾。对x应用命题(2)，就知道$\hat{\delta}(q_0, x)$包含q_1。由于在输入1上有从q_1到q_2的转移，所以$\hat{\delta}(q_0, w)$包含q_2。

   （仅当）假设$\hat{\delta}(q_0, w)$包含q_2。观察图2-9中的图，发现进入状态q_2的唯一方式是w具有$x1$的形式，其中$\hat{\delta}(q_0, x)$包含q_1。对x应用命题(2)，就知道x以0结尾。因此，w以01结尾，这样就证明了命题(3)。□

2.3.5　确定型有穷自动机与非确定型有穷自动机的等价性

对许多语言来说，比如以01结尾的串的语言（例2.6），构造NFA比构造DFA更容易，出人意料的是，每一个用某个NFA描述的语言也能用某个DFA来描述。而且，实际上DFA具有与NFA大

约一样多的状态，但通常会有更多的转移。不过在最坏情况下，最小的DFA可能有2^n种状态，而同一个语言的最小NFA只有n种状态。

DFA能做NFA所做的一切，这个证明与一个重要的构造有关，称为*子集构造*，因为这与构造NFA状态集合的所有子集有关。在一般情况下，许多关于自动机的证明都与从一个自动机构造另一个自动机有关。重要的是注意，子集构造是这样一个例子：说明如何形式化地用一个自动机的状态和转移来描述另一个自动机，却不知道前者的具体情况。

子集构造从一个NFA $N = (Q_N, \Sigma, \delta_N, q_0, F_N)$开始。目标是描述一个DFA $D = (Q_D, \Sigma, \delta_D, \{q_0\}, F_D)$，使得$L(D) = L(N)$。注意，这两个自动机的输入字母表是一样的，$D$的初始状态是只包含$N$的初始状态的集合。$D$的其他部件构造如下。

- Q_D是Q_N的子集的集合，即Q_D是Q_N的*幂集合*。注意，如果Q_N有n种状态，则Q_D就有2^n种状态。通常这些状态不都是从Q_D的初始状态可达的。可以“丢弃”不可达状态，所以实际上，D的状态数可能远远小于2^n。
- F_D是使得$S \cap F_N \neq \varnothing$的$Q_N$的子集合$S$的集合。也就是说，$F_D$是所有至少含有一个$N$的接受状态的$N$的状态集合的集合。
- 对于每个集合$S \subseteq Q_N$以及Σ中每个输入符号a，

$$\delta_D(S, a) = \bigcup_{p\text{属于}S} \delta_N(p, a)$$

也就是说，为了计算$\delta_D(S, a)$，检查S中所有的状态p，看看N在输入a上从p进入哪些状态，取所有这些状态的并集。

60

例2.10　设N是图2-9的接受所有以01结尾的串的自动机。由于N的状态集合是$\{q_0, q_1, q_2\}$，所以子集构造产生一个带$2^3 = 8$种状态的DFA，对应于这3种状态的所有子集合。图2-12显示这8种状态的转移表。很快就要说明如何计算其中某些项目的细节。

注意，这个转移表属于一个确定型有穷自动机。即使这个表中的项目都是集合，所构造的DFA的状态也不是集合。为了说得更清楚一点，可以为这些状态设计新的名字，如A表示$\varnothing$，B表示$\{q_0\}$，等等。图2-13的DFA转移表恰好定义与图2-12同样的自动机，但是清楚地说明了表中的项目都是DFA的单个状态。

	0	1
$\varnothing$	$\varnothing$	$\varnothing$
$\rightarrow \{q_0\}$	$\{q_0, q_1\}$	$\{q_0\}$
$\{q_1\}$	$\varnothing$	$\{q_2\}$
$*\{q_2\}$	$\varnothing$	$\varnothing$
$\{q_0, q_1\}$	$\{q_0, q_1\}$	$\{q_0, q_2\}$
$*\{q_0, q_2\}$	$\{q_0, q_1\}$	$\{q_0\}$
$*\{q_1, q_2\}$	$\varnothing$	$\{q_2\}$
$*\{q_0, q_1, q_2\}$	$\{q_0, q_1\}$	$\{q_0, q_2\}$

图2-12　从图2-9得出的完整的子集构造

	0	1
A	A	A
$\rightarrow B$	E	B
C	A	D
$*D$	A	A
E	E	F
$*F$	E	B
$*G$	A	D
$*H$	E	F

图2-13　为图2-12的状态重命名

在图2-13的8种状态中，从状态B开始，只能到达状态B、E和F。其余5种状态都是从初始状态不可达的，也都可以不出现在表中。如果像下面这样在子集合上执行“惰性求值”，通常就能避免以指数时间步骤为每个状态子集合构造转移表项目。

61

基础：我们确切知道，只包含N的初始状态的单元素集合是可达的。

归纳：假设已经确定状态集合S是可达的。于是对每个输入符号a，计算状态集合$\delta_D(S, a)$，知道这些状态集合也都是可达的。

对于所讨论的例子，知道$\{q_0\}$是DFA D的一个状态。我们发现$\delta_D(\{q_0\}, 0) = \{q_0, q_1\}$ 和$\delta_D(\{q_0\}, 1) = \{q_0\}$。这两个事实是这样产生的：查看图2-9的转移表，注意到在0上同时有从q_0到q_0和q_1的箭弧，而在1上只有从q_0到q_0的箭弧。因此得到DFA转移表的一行：图2-12的第2行。

计算出的两个集合之一是"旧的"，已经考虑过$\{q_0\}$了。但另一个（$\{q_0, q_1\}$）是新的，必须计算其转移。发现$\delta_D(\{q_0, q_1\}, 0) = \{q_0, q_1\}$和$\delta_D(\{q_0, q_1\}, 1) = \{q_0, q_2\}$。比如，看后一项计算，知道

$$\delta_D(\{q_0, q_1\}, 1) = \delta_N(q_0, 1) \cup \delta_N(q_1, 1) = \{q_0\} \cup \{q_2\} = \{q_0, q_2\}$$

现在得出了图2-12的第5行，还发现了一个新的D状态$\{q_0, q_2\}$。类似的计算表明

$$\delta_D(\{q_0, q_2\}, 0) = \delta_N(q_0, 0) \cup \delta_N(q_2, 0) = \{q_0, q_1\} \cup \varnothing = \{q_0, q_1\}$$
$$\delta_D(\{q_0, q_2\}, 1) = \delta_N(q_0, 1) \cup \delta_N(q_2, 1) = \{q_0\} \cup \varnothing = \{q_0\}$$

这些计算给出了图2-12的第6行，但只给出了已经见过的状态集合。

因此，完成了子集构造。知道了所有的可达状态及其转移。整个DFA如图2-14所示。注意，它只有3种状态，碰巧与构造来源于图2-9的NFA的状态数完全一样。但与图2-9的4个转移相比，图2-14的DFA有6个转移。 □

62

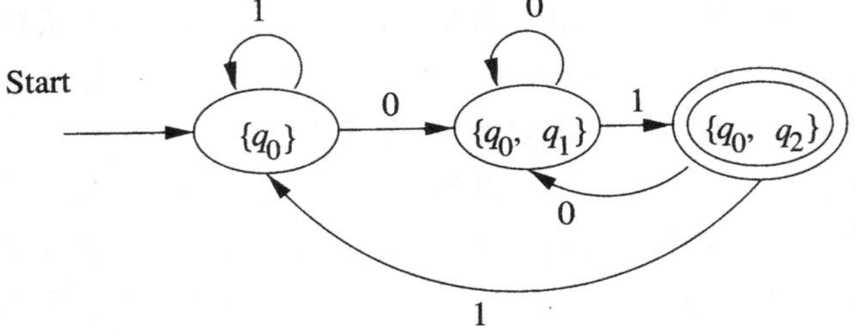

图2-14 从图2-9的NFA构造出的DFA

需要形式化地证明这个子集构造是正确的，尽管这些例子说明了证明的直觉。在读输入符号序列w后，所构造的DFA处在这样一个状态：这个状态是NFA在读w后所处的状态的集合。由于DFA的接受状态是至少包含一个NFA接受状态的集合，而且如果NFA至少进入一个自身的接受状态，则NFA也接受，于是得出结论：这个DFA与NFA接受完全相同的串，因此接受相同的语言。

定理2.11 如果 $D = (Q_D, \Sigma, \delta_D, \{q_0\}, F_D)$ 是用子集构造从NFA $N = (Q_N, \Sigma, \delta_N, q_0, F_N)$ 构造出来的DFA，那么$L(D) = L(N)$。

证明 实际上首先证明（对$|w|$进行归纳）：

$$\hat{\delta}_D(\{q_0\}, w) = \hat{\delta}_N(q_0, w)$$

注意，每个 $\hat{\delta}$ 函数都返回Q_N的状态集合，但 $\hat{\delta}_D$ 把这个集合解释成Q_D 的状态之一（Q_D 是Q_N 的幂集合），而 $\hat{\delta}_N$ 却把这个集合解释成Q_N的子集合。

基础：设$|w| = 0$，就是说$w = \varepsilon$。根据DFA与NFA的 $\hat{\delta}$ 的基础定义，$\hat{\delta}_D(\{q_0\}, \varepsilon)$和 $\hat{\delta}_N(q_0, \varepsilon)$都是$\{q_0\}$。

归纳：设w长度为$n + 1$，假设命题对长度n成立。把w分解成$w = xa$，其中a是w的结尾符号。根据归纳假设，$\hat{\delta}_D(\{q_0\}, x) = \hat{\delta}_N(q_0, x)$。设这两个$N$的状态集合都是$\{p_1, p_2, \cdots, p_k\}$。

NFA的 $\hat{\delta}$ 的定义的归纳部分说明：

$$\hat{\delta}_N(q_0, w) = \bigcup_{i=1}^{k} \delta_N(p_i, a) \tag{2-2}$$

另一方面，子集构造说明：

$$\delta_D(\{p_1, p_2, \cdots, p_k\}, a) = \bigcup_{i=1}^{k} \delta_N(p_i, a) \tag{2-3}$$

现在，在DFA的 $\hat{\delta}$ 的定义的归纳部分用式(2-3)和事实 $\hat{\delta}_D(\{q_0\}, x) = \{p_1, p_2, \cdots, p_k\}$：

63

$$\hat{\delta}_D(\{q_0\}, w) = \delta_D(\hat{\delta}_D(\{q_0\}, x), a) = \delta_D(\{p_1, p_2, \cdots, p_k\}, a) = \bigcup_{i=1}^{k} \delta_N(p_i, a) \tag{2-4}$$

因此，式(2-2)和式(2-4)说明 $\hat{\delta}_D(\{q_0\}, w) = \hat{\delta}_N(q_0, w)$。当注意到$D$和$N$都接受$w$当且仅当 $\hat{\delta}_D(\{q_0\}, w)$或 $\hat{\delta}_N(q_0, w)$分别包含一个F_N中的状态时，就得到了$L(D) = L(N)$ 的完整证明。 □

定理2.12 一个语言L被某个DFA接受，当且仅当L被某个NFA接受。

证明 （当）这个“当”部分是子集构造和定理2.11。

（仅当）这个部分是容易的，只需要把一个DFA转化成一个等价的NFA。直观上说，如果有一个DFA的转移图，也可把这个图解释成一个NFA的转移图，这个NFA碰巧在任何情况下恰好有一个转移选择。更加形式化地说，设$D = (Q, \Sigma, \delta_D, q_0, F)$ 是一个DFA。定义$N = (Q, \Sigma, \delta_N, q_0, F)$ 是等价的NFA，其中δ_N是用下面这条规则定义的：

- 如果$\delta_D(q, a) = p$，则$\delta_N(q, a) = \{p\}$。

通过对$|w|$进行归纳，就容易证明：如果 $\hat{\delta}_D(q_0, w) = p$，则

$$\hat{\delta}_N(q_0, w) = \{p\}$$

把这个证明留给读者。结论是，D接受w，当且仅当N接受w，即$L(D) = L(N)$。 □

2.3.6 子集构造的坏情形

在例2.10中发现，DFA的状态数不比NFA的多。正如前面所述，DFA具有与构造来源于图2-9的NFA大约一样多的状态，实际上这是非常普遍的。但状态数的指数增长也是可能的，从一个n状态NFA构造出的所有2^n 种DFA状态可能都是可达的。下面的例子并不十分接近这个界限，但有助于理解在与$n + 1$状态NFA等价的最小DFA中达到2^n 种状态的方式。

例2.13 考虑图2-15的NFA N。$L(N)$ 是所有使得倒数第n个符号是1的0和1的所有串的集合。

直观上说，接受这个语言的DFA D必须记住读过的最后n个符号。由于最后n个符号的任何2^n个子集合都可能是要被记住的那个，所以，如果D的状态少于2^n个，则存在某个状态q，使得D在读了两个不同的n位序列（比如$a_1a_2\cdots a_n$和$b_1b_2\cdots b_n$）就处在状态q中。

64

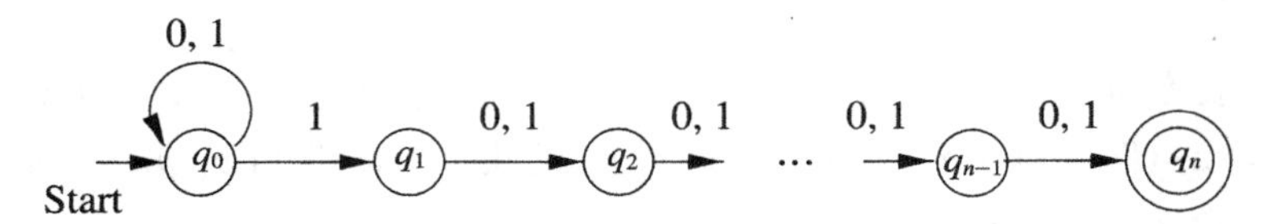

图2-15　这个NFA没有少于2^n个状态的等价DFA

由于这两个序列是不同的，所以它们必须在某个位置上不同，比如说$a_i \neq b_i$。假设（根据对称性）$a_i = 1$而$b_i = 0$。如果$i = 1$，则q必须既是接受状态，又是非接受状态，因为接受$a_1a_2\cdots a_n$（倒数第n个符号是1），而不接受$b_1b_2\cdots b_n$。如果$i > 1$，则考虑D在读$i - 1$个0之后进入的状态p。那么p必须既是接受状态，又是非接受状态，因为接受$a_i a_{i+1}\cdots a_n 00\cdots 0$，而不接受$b_i b_{i+1}\cdots b_n 00\cdots 0$。

现在，来看图2-15的NFA N如何工作。有一个状态q_0，NFA无论读了什么输入，总是处在q_0中。如果下一个符号是1，则N也可以"猜测"这个1就是倒数第n个符号，所以N进入状态q_1以及q_0。从状态q_1出发，任何输入都让N到达q_2，下一个输入让N到达q_3，依此类推，直到$n - 1$个输入之后，N处在接受状态q_n中。关于N的状态的行为的形式化命题是：

1. 在读任何输入序列w后，N处在状态q_0中。
2. 在读输入序列w后，对$i = 1, 2, \cdots, n$，N处在状态q_i中，当且仅当w的倒数第i个符号是1；也就是说，w具有$x1a_1a_2\cdots a_{i-1}$的形式，其中每个a_j都是输入符号。

不去形式化地证明这些命题，证明是很容易的对$|w|$的归纳，模仿例2.9。为了完成这个自动机恰好接受那些倒数第n个位置上是1的串的证明，考虑命题(2)对$i = n$的情况。也就是说，N处在状态q_n中，当且仅当倒数第n个符号是1。但q_n是唯一的接受状态，所以这个条件也恰好刻画了N接受的串的集合。　□

鸽巢原理

例2.13中用到一种称为*鸽巢原理*的重要推理技术。通俗地说，如果鸽子数多于鸽巢数，每只鸽子飞进某个鸽巢，则一定至少有一个鸽巢有一只以上鸽子。在前面的例子中，"鸽子"就是n位的序列，"鸽巢"就是状态。由于状态数少于序列数，所以一定有一个状态对应于两个序列。

鸽巢原理可能看上去是显而易见的，但实际上它依赖于鸽子数是有穷的。因此，适用于有穷自动机，让状态对应于鸽巢，但不适用于有无穷多个状态的其他类型的自动机。

为了看出为什么鸽巢的有穷性是必要的，考虑无穷的情况，其中鸽巢对应于整数1, 2, …。给鸽子编号0, 1, 2, …，所以鸽子比鸽巢多一个。但是，对于$i \geqslant 0$，可以把鸽子i送到鸽巢$i + 1$。于是无穷多只鸽子每只都得到一个鸽巢，没有任何两只鸽子共享一个鸽巢。

死状态与DFA缺少某些转移

已经形式化地把DFA定义成，在任何输入符号上，从任何状态出发恰好有到达一个状态的转移。但有时候，更方便的做法是把DFA设计成，在知道不可能接受输入序列的任何扩展的局面下“死亡”。例如，观察图1-2的自动机，这个自动机的任务是识别单个的关键字then，此外什么也不做。从技术上说，这个自动机不是一个DFA，因为在大多数符号上从每个状态出发都缺少转移。

但这样的自动机是一个NFA。如果用子集构造将其转化为DFA，则这个自动机看上去几乎是一样的，但它包含一个*死状态*，也就是说，在每个输入符号上都进入自身的非接受状态。死状态对应于∅，就是图1-2的自动机的状态的空集合。

在一般情况下，对任何状态和输入符号都有*不超过*一个转移，可以给任何这样的自动机加上一个死状态。然后，从每个其他状态q出发，在q没有其他转移的输入符号上，加上到死状态的转移。结果是一个严格意义下的DFA。因此，如果一个自动机从任何状态出发在任何符号上*至多*有一个转移，而不是恰好有一个转移，有时候就说这个自动机是DFA。

2.3.7 习题

*** 习题2.3.1** 把下列NFA转化为DFA：

	0	1
$\to p$	$\{p,q\}$	$\{p\}$
q	$\{r\}$	$\{r\}$
r	$\{s\}$	$\emptyset$
$*s$	$\{s\}$	$\{s\}$

习题2.3.2 把下列NFA转化为DFA：

	0	1
$\to p$	$\{q,s\}$	$\{q\}$
$*q$	$\{r\}$	$\{q,r\}$
r	$\{s\}$	$\{p\}$
$*s$	$\emptyset$	$\{p\}$

! 习题2.3.3 把下列NFA转化为DFA，并且非形式化地描述它接受的语言：

	0	1
$\to p$	$\{p,q\}$	$\{p\}$
q	$\{r,s\}$	$\{t\}$
r	$\{p,r\}$	$\{t\}$
$*s$	$\emptyset$	$\emptyset$
$*t$	$\emptyset$	$\emptyset$

! 习题2.3.4 给出接受下列语言的非确定型有穷自动机。尝试尽可能多利用非确定性。

* a) 在字母表$\{0, 1, \cdots, 9\}$上的串的集合，使得结尾数字在前面出现过。

65 ~ 66

b) 在字母表{0, 1, …, 9}上的串的集合，使得结尾数字在前面没有出现过。

c) 0和1的串的集合，使得有两个0间隔的位置数是4的倍数。注意，0算是4的倍数。

习题2.3.5　在定理2.12的“仅当”部分里，省略了通过对$|w|$进行归纳的证明：如果$\hat{\delta}_D(\{q_0\}, w) = p$，则$\hat{\delta}_N(q_0, w) = \{p\}$。给出这个证明。

！习题2.3.6　在“死状态与DFA缺少某些转移”的方框中我们断言：如果NFA N对任何状态和输入符号至多有一种状态选择（即$\delta(q, a)$的规模从不大于1），则用子集构造从N构造出的DFA D恰好具有N的状态和转移，再加上每当N对给定状态和输入符号缺少转移时，所增加的到一个死状态的转移。证明这种关系。

67

习题2.3.7　在例2.13中我们断言：NFA N在读输入序列w后，对$i = 1, 2, \cdots, n$，处在状态q_i中，当且仅当w的倒数第i个符号是1。证明这个断言。

2.4　应用：文本搜索

在本节我们会看到，前几节的抽象研究（其中考虑过判定一个位序列是否以01结尾的“问题”）实际上是若干实际问题的非常好的模型，这些问题出现在一些应用中，比如Web搜索和文本信息提取。

2.4.1　在文本中查找串

在Web和其他在线文本库的时代，一个常见的问题是：给定一个单词集合，查找包含一个（或全部）单词的所有文档。搜索引擎是这个过程的通俗示例。搜索引擎使用一种称为“倒排索引”的特殊技术，对Web上出现的每个单词（有1亿种不同的单词），保存这个单词所有出现之处的列表。有非常大的主存的机器保持这些列表的最常见部分随时可用，允许许多人在瞬间搜索这些文档。

倒排索引技术没有利用有穷自动机，crawler也要花费大量时间来复制Web和建立索引。有许多有关的应用不适合使用倒排索引，但很适合基于自动机的技术。使应用适于用自动机来搜索的特征是：

1. 所搜索的库快速变化。例如：
   (a) 每一天，新闻分析员希望搜索当天的在线新闻文章寻找有关话题。例如，金融分析员可能搜索特定的股票代码或公司名称。
   (b) “采购机器人”希望搜索顾客要求的物品的当前价格。机器人从Web上获得当前的目录页面，然后搜索这些页面寻找提示具体物品价格的单词。
2. 所搜索的文档不能建立目录。例如，Amazon.com不让crawler轻易发现本公司销售的所有书的所有页面。实际上，在响应查询的“一瞬间”才生成这些页面。但可以发出寻找关于某个话题（比如“finite automata”）的书的查询，然后搜索获得的页面寻找特定的单词，如评论部分中的“excellent”。

68

2.4.2　文本搜索的非确定型有穷自动机

假设给定称为关键字的单词集合，希望查找这种单词的出现情况。在这样的应用中，可以设计一个非确定型有穷自动机，用进入接受状态来表示看到一个这种单词。把文档的文本一次一个字母输入到NFA，这个NFA就识别出文本中关键字的出现情况。有一种识别关键字集合的NFA的简单形式。

1. 有一个初始状态，在每个输入符号（比如可打印的ASCII字符，如果检查文本的话）上有到自身的转移。直观上说，初始状态表示这样的“猜测”：还没有开始看到一个关键字，即使已经看到一个关键字的一些字母。
2. 对每个关键字$a_1a_2\cdots a_k$，有k个状态q_1，q_2,⋯，q_k。在符号a_1上有从初始状态q_1出发的转移，在符号a_2上有从初始状态q_1到q_2的转移，等等。状态q_k是接受状态，表示已经发现关键字$a_1a_2\cdots a_k$。

例2.14 假设希望设计一个NFA来识别单词`web`和`ebay`的出现。用上述规则设计的NFA的转移图在图2-16中。状态1是初始状态，用符号Σ表示所有可打印的ASCII字符。状态2到状态4完成识别`web`的任务，而状态5到状态8识别`ebay`。 □

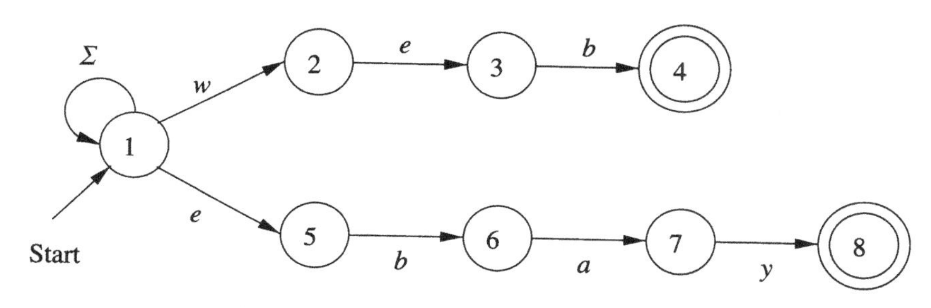

图2-16 一个搜索单词web和ebay的NFA

当然这个NFA不是程序。对于这个NFA的实现，有两种主要选择：

1. 写一个程序来模拟这个NFA，计算出读每个输入符号后所处的状态的集合。这种模拟如图2-10所示。
2. 用子集构造把NFA转化成等价的DFA。然后直接模拟这个DFA。

69

某些文本处理程序实际上混合采用这两种方法，比如UNIX `grep`命令的高级形式（`egrep`和`fgrep`）。但对本书的目的而言，转换成DFA是容易的，而且保证不增加状态数。

2.4.3 识别关键字集合的DFA

可以对任何NFA应用子集构造。但根据2.4.2节的策略，对从关键字集合设计出的NFA应用这个构造时，却发现DFA的状态数从不超过NFA的状态数。由于在最坏情况下，转化成DFA时状态数会指数增长，所以这个事实是个好消息，解释了为什么经常使用为关键字设计NFA再从其构造DFA的方法。构造DFA状态集合的规则如下。

a) 如果q_0是NFA的初始状态，则$\{q_0\}$是DFA的一个状态。

b) 假设p是一个NFA状态，并且沿着带$a_1a_2\cdots a_m$符号的路径从初始状态可达。则有一个DFA状态是由下列NFA状态组成的集合：

1) q_0。

2) p。

3) 每一个其他的沿着带$a_1a_2\cdots a_m$后缀（即形如$a_j\,a_{j+1}\cdots a_m$的任何符号序列）标记的路径从q_0可达的NFA状态。

注意，在一般情况下，对每个NFA状态p都有一个DFA状态。但在步骤(b)中，两个状态可能实际上产生相同的NFA状态集合，因此成为DFA的一个状态。例如，如果两个关键字以相同字母（比如a）开头，则带a标记从q_0到达的两个NFA状态就产生相同的NFA状态集合，因此在DFA中合并。

例2.15　从图2-16的NFA构造DFA，如图2-17所示。DFA的每个状态还在与利用上面规则(b)得出的状态p相同的位置上。例如，考虑状态135，这是{1, 3, 5}的缩写。这个状态从状态3构造而来。它包括状态1，因为DFA的每个状态集合都这样。它也包括状态5，因为串we的后缀e让状态5从状态1可达，而串we在图2-16中到达状态3。

70

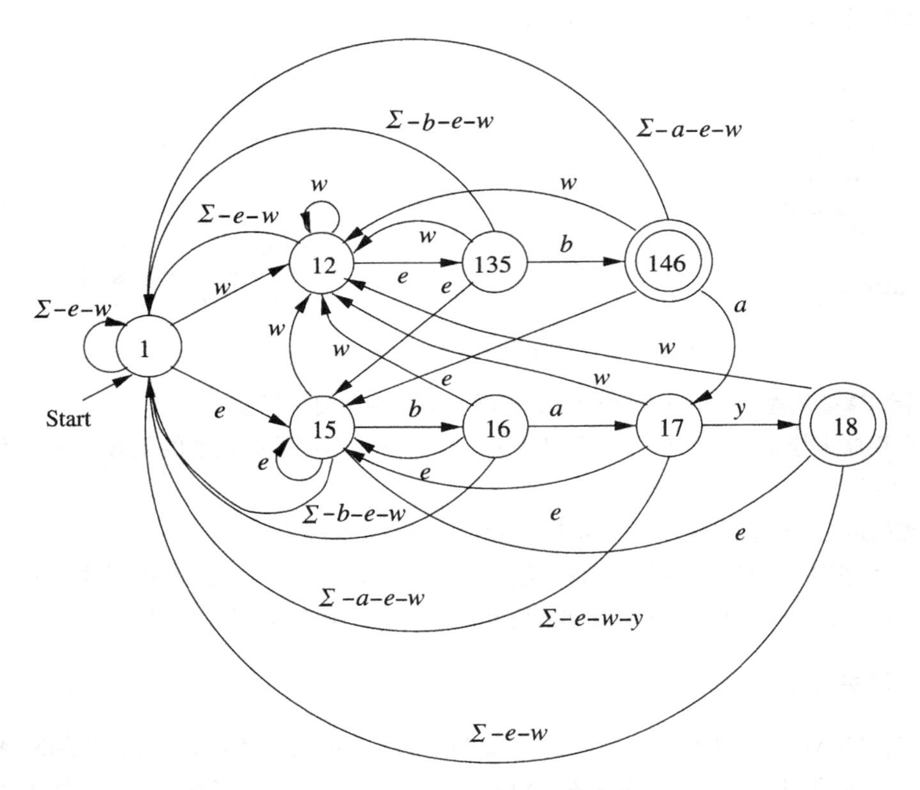

图2-17　从图2-16的NFA转化成DFA

可根据子集构造来计算每个DFA状态的转移。规则是简单的。从任何包含初始状态q_0和其他一些状态$\{p_1, p_2, \cdots, p_n\}$的状态集合出发，对每个符号$x$，确定在NFA中$p_i$进入何处，让这个DFA状态有一个带$x$标记的转移，这个转移进入一个DFA状态，这个状态包含q_0和所有p_i在符号x上到达的状态。在从任何p_i出发都没有转移的符号x上，让这个DFA状态有一个在x上的转移，这个转移进入一个DFA状态，这个状态包含q_0和在NFA中顺着带x标记箭弧从q_0到达的所有状态。

例如，考虑图2-17的状态135。图2-16的NFA在符号b上有从状态3和状态5分别到状态4和状态6的转移。因此，在符号b上，135到达146，在符号e上，NFA没有从状态3或状态5出发的转移，但有从状态1到状态5的转移。因此，在DFA中，135在输入e上到达15。同样，在输入w上，135到达12。

在每个其他符号x上，没有从状态3或状态5出发的转移，状态1只到自身。因此，在除b、e和w外的每个Σ符号上有从135到1的转移。用记号$\Sigma - b - e - w$表示这个集合，用同样记号表示从Σ删除几个符号的其他集合。 □

71

2.4.4 习题

习题2.4.1 设计识别下列串的集合的NFA。

* a) abc、abd和aacd，假设字母表是$\{a, b, c, d\}$。

b) 0101、101和011。

c) ab、bc和ca，假设字母表是$\{a, b, c\}$。

习题2.4.2 把习题2.4.1的每个NFA转化成DFA。

2.5 带ε转移的有穷自动机

现在介绍有穷自动机的另一种扩展。新“特征”是允许在空串ε上的转移。实际上，允许NFA没有收到输入符号就自动转移。与2.3节引入的非确定性一样，新能力并不扩大有穷自动机接受的语言类，但的确提供了一些额外的“程序设计便利”。3.1节讨论正则表达式时会看到带ε转移的NFA（称为ε-NFA）与正则表达式有多么密切的关系，在证明有穷自动机与正则表达式接受的语言类之间等价性时，它又多么有用。

2.5.1 ε转移的用途

从ε-NFA的非形式化处理开始，使用允许ε作为标记的转移图。在下面的例子中，认为自动机接受从初始状态到接受状态路径的标记序列。但沿着路径的每个ε都是“不可见的”，即不给沿途的串增加任何东西。

例2.16 图2-18中是一个ε-NFA，接受由下列内容组成的十进制数：

1. 可有可无的+号或－号；
2. 数字串；
3. 小数点；
4. 另一个数字串。这个数字串或(2)中的串可以为空，但这两个数字串中至少一个不为空。

特别关注在ε、+或－之一上从q_0到q_1的转移。因此，状态q_1表示这样的局面：已经看到正、负号（如果有的话），并且可能看到一些数字和小数点。状态q_2表示这样的局面：已经看到小数点，可能看到或没看到之前的数字。在q_4，已经肯定看到至少一个数字，但还没有看到小数点。因此，状态q_3表示，已经看到小数点及其之前或之后至少一个数字。读任何存在的数

72

字时，都可以停留在状态q_3下，也可以选择“猜测”数字串已经结束，自动进入接受状态q_5。 □

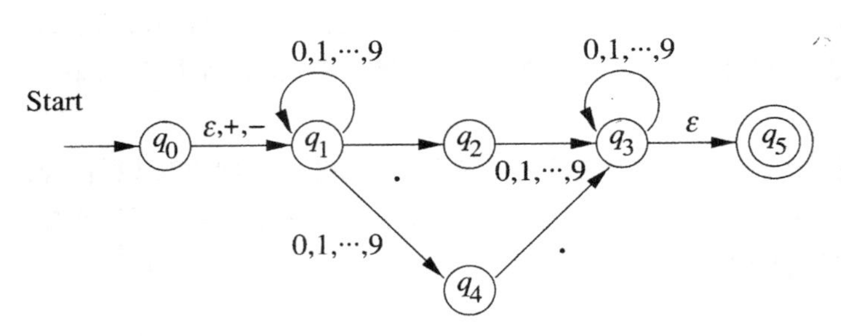

图2-18　接受十进制数的ε-NFA

例2.17　如果允许ε转移，就可以简化例2.14概述的策略，这个策略用来构造一个识别关键字集合的NFA。例如，图2-16所示识别关键字web和ebay的NFA，也可以用ε转移来实现，如图2-19所示。一般情况下，为每个关键字构造一个完整的状态序列，似乎这是自动机唯一要识别的关键字。然后，加入新的初始状态（图2-19中的状态9），以及到每个关键字自动机初始状态的ε转移。 □

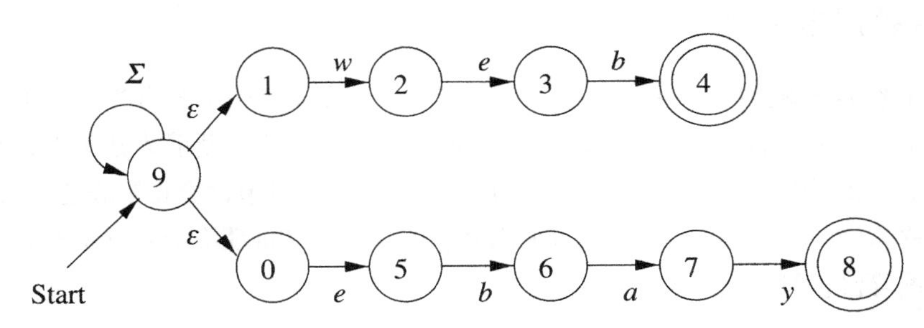

图2-19　用ε转移来帮助识别关键字

2.5.2　ε-NFA的形式化定义

完全可以像表示NFA那样来表示ε-NFA，只有一处例外：转移函数必须含有在ε上转移的信息。形式化地，把ε-NFA A表示成$A = (Q, \Sigma, \delta, q_0, F)$，其中除$\delta$外，所有组成部分都有与NFA同样的解释，$\delta$现在是有下列变量的函数：

73

1. Q中一个状态。
2. $\Sigma \cup \{\varepsilon\}$中一个元素，也就是说，要么是输入符号，要么是ε符号。要求空串符号ε不是字母表Σ中的元素，所以不会导致混乱。

例2.18　图2-18的ε-NFA形式化表示为：

$$E = (\{q_0, q_1, \cdots, q_5\}, \{., +, -, 0, 1, \cdots, 9\}, \delta, q_0, \{q_5\})$$

其中δ用图2-20的转移表来定义。 □

	ε	$+,-$	.	$0,1,\ldots,9$
q_0	$\{q_1\}$	$\{q_1\}$	$\varnothing$	$\varnothing$
q_1	$\varnothing$	$\varnothing$	$\{q_2\}$	$\{q_1,q_4\}$
q_2	$\varnothing$	$\varnothing$	$\varnothing$	$\{q_3\}$
q_3	$\{q_5\}$	$\varnothing$	$\varnothing$	$\{q_3\}$
q_4	$\varnothing$	$\varnothing$	$\{q_3\}$	$\varnothing$
q_5	$\varnothing$	$\varnothing$	$\varnothing$	$\varnothing$

图2-20 图2-18的转移表

2.5.3 ε闭包

后面会给出ε-NFA扩展转移函数的形式化定义，这个定义引出这些自动机所接受的串和语言的定义，最终允许解释为什么DFA能模拟ε-NFA。但首先需要学习一个中心定义，称为状态的ε闭包。非形式化地，顺着所有从状态q出发带ε标记的转移来求状态q的ε闭包。但当顺着ε到达其他状态后，再顺着这些状态发出的ε转移，依此类推，最终求出顺着箭弧都带ε标记的任何路径从q可达的每个状态。形式化地，递归地定义ε闭包ECLOSE(q)如下：

基础：状态q属于ECLOSE(q)。

归纳：如果p属于ECLOSE(q)，并且有从状态p到状态r带ε标记的转移，则r属于ECLOSE(q)。更准确地说，如果δ是所讨论的ε-NFA的转移函数，且p属于ECLOSE(q)，则ECLOSE(q)也包含所有属于$\delta(p, \varepsilon)$的状态。

例2.19 对于图2-18中的自动机，除了ECLOSE(q_0) = $\{q_0, q_1\}$ 和ECLOSE(q_3) = $\{q_3, q_5\}$ 这两个例外，其余每个状态都是自身的ε闭包。原因在于，只有两个ε转移，一个把q_1加入ECLOSE(q_0)，另一个把q_5加入ECLOSE(q_3)。

74

图2-21给出更复杂的例子。这组状态可能是某个ε-NFA的一部分，可以得出：

$$\text{ECLOSE}(1) = \{1, 2, 3, 4, 6\}$$

顺着只带ε标记的路径从状态1可达这些状态的每一个。例如，路径1→2→3→6到达状态6。状态7不属于ECLOSE(1)，因为尽管从1可达，但路径必须使用不带ε标记的箭弧4→5。从顺着有非ε转移的路径1→4→5→6从状态1也可到达状态6，这个事实并不重要。存在一条路径全带ε标记，这就足以证明状态6属于ECLOSE(1)。 □

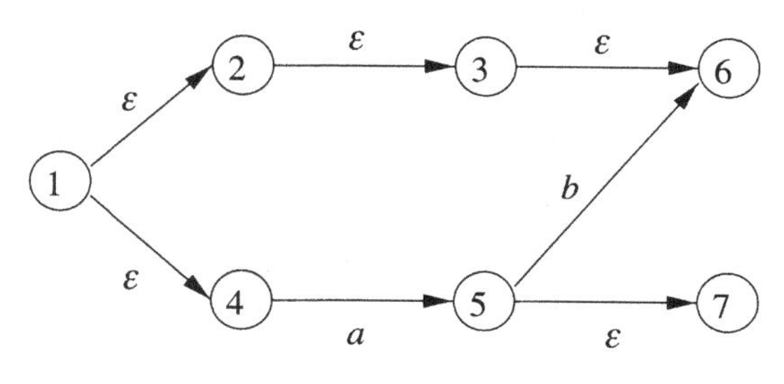

图2-21 一些状态和转移

我们有时需要对状态S的集合计算ε闭包。办法是取每个状态的ε闭包的并集，即ECLOSE(S) = $\bigcup_{q\text{属于}S}$ ECLOSE(q)。

2.5.4 ε-NFA的扩展转移和语言

ε闭包允许我们轻松解释当给定（非ε）输入序列时，ε-NFA的转移是什么。从这个解释出发，就可以定义ε-NFA接受它的输入是什么意思。

假设$E = (Q, \Sigma, \delta, q_0, F)$是一个ε-NFA。首先定义扩展转移函数$\hat{\delta}$来反映在输入序列上发生什么事情。意图是，$\hat{\delta}(q, w)$是顺着这样的路径可达的状态集合，当把该路径的标记连接起来时，就形成串w。与往常一样，这条路径沿途的ε对形成w不起作用。$\hat{\delta}$的正确递归定义是：

基础：$\hat{\delta}(q, \varepsilon) = \text{ECLOSE}(q)$。也就是说，如果这条路径的标记是ε，则只能顺着从状态q出发带ε标记的箭弧，这恰好是ECLOSE所做的。

归纳：设w形如xa，其中a是w的结尾符号。注意，a属于Σ；a不能是ε，ε不属于Σ。计算$\hat{\delta}(q, w)$如下：

75

1. 设$\hat{\delta}(q, x)$为$\{p_1, p_2, \cdots, p_k\}$。也就是说，这些$p_i$是从$q$顺着标记为$x$的路径可达的所有状态。这条路径可能以一个或多个带ε标记的转移来结尾，也可能有其他的ε转移。
2. 设$\bigcup_{i=1}^{k}\delta(p_i, a)$为$\{r_1, r_2, \cdots, r_m\}$。也就是说，顺着带$x$标记的路径从$q$到达一些状态，遵循所有带$a$标记的从这些状态发出的转移。这些$r_j$是顺着带$w$标记的路径从$q$可达的一些状态。顺着下面步骤(3)中的标记ε的箭弧，从这些r_j求出其他的可达的状态。
3. $\hat{\delta}(q, w) = \bigcup_{j=1}^{m}\text{ECLOSE}(r_j)$。这个附加的闭包步骤包含了所有从$q$出发带$w$标记的路径，考虑到了在最后的"实"符号$a$上转移后，存在其他带ε标记的箭弧可以遵循的可能性。

例2.20　对于图2-18的ε-NFA，计算$\hat{\delta}(q_0, 5.6)$。所需的步骤总结如下：

- $\hat{\delta}(q_0, \varepsilon) = \text{ECLOSE}(q_0) = \{q_0, q_1\}$。
- 计算$\hat{\delta}(q_0, 5)$如下：
  1) 首先计算从状态q_0和q_1发出的在输入5上的转移，在上面$\hat{\delta}(q_0, \varepsilon)$的计算中得到$q_0$和$q_1$。也就是说，$\delta(q_0, 5) \cup \delta(q_1, 5) = \{q_1, q_4\}$。
  2) 然后求在步骤(1)中计算出的集合中元素的ε闭包。得到$\text{ECLOSE}(q_1) \cup \text{ECLOSE}(q_4) = \{q_1\} \cup \{q_4\} = \{q_1, q_4\}$。这个集合就是$\hat{\delta}(q_0, 5)$。对于后面两个符号，重复这两步模式。
- 计算$\hat{\delta}(q_0, 5.)$如下：
  1) 首先计算$\delta(q_1, .) \cup \delta(q_4, .) = \{q_2\} \cup \{q_3\} = \{q_2, q_3\}$。
  2) 然后计算

$$\hat{\delta}(q_0, 5.) = \text{ECLOSE}(q_2) \cup \text{ECLOSE}(q_3) = \{q_2\} \cup \{q_3, q_5\} = \{q_2, q_3, q_5\}。$$

- 计算$\hat{\delta}(q_0, 5.6)$如下：
  1) 首先计算$\delta(q_2, 6) \cup \delta(q_3, 6) \cup \delta(q_5, 6) = \{q_3\} \cup \{q_3\} \cup \varnothing = \{q_3\}$。
  2) 然后计算$\hat{\delta}(q_0, 5.6) = \text{ECLOSE}(q_3) = \{q_3, q_5\}$。　□

现在用预期的方式来定义一个ε-NFA $E = (Q, \Sigma, \delta, q_0, F)$的语言：$L(E) = \{w \mid \hat{\delta}(q_0, w) \cap F \neq \varnothing\}$。也就是说，$E$的语言是把初始状态引向至少一个接受状态的串$w$的集合。例如，在例2.20中看到，$\hat{\delta}(q_0, 5.6)$包含接受状态$q_5$，所以串5.6属于那个ε-NFA的语言。

76

2.5.5 消除ε转移

给定一个ε-NFA E，可以求出一个与E接受相同语言的DFA D。使用的构造非常接近于子集构造，因为D的状态是E的状态的子集合。唯一的不同在于，必须处理E的ε转移，通过ε闭包机制来做到这一点。

设$E=(Q_E, \Sigma, \delta_E, q_0, F_E)$。则等价的DFA

$$D=(Q_D, \Sigma, \delta_D, q_D, F_D)$$

定义如下：

1. Q_D是Q_E的子集的集合。更准确地说，我们将会发现，D的所有可达状态都是Q_E的ε闭子集，也就是说，这些集合$S \subseteq Q_E$使得S = ECLOSE(S)。换句话说，状态S的ε闭集就是使得从S中状态之一出发的任意ε转移都导向还是属于S的状态的集合。注意，$\varnothing$是ε闭集。
2. δ_D = ECLOSE(q_0)，即D的初始状态是对仅由E的初始状态构成的集合求闭包得到的。注意，这个规则和原来子集构造有所不同。在子集构造中，所构造的自动机的初始状态仅包含所给定的NFA的初始状态。
3. F_D是包含至少一个E中接受状态的状态集合。也就是说，$F_D=\{S|S$属于Q_D且$S\cap F_E\neq\varnothing\}$。
4. 对于所有属于Σ的a和属于Q_D的集合S，计算$\delta_D(S, a)$的方法如下：
   (a) 设$S=\{p_1, p_2, \cdots, p_k\}$。
   (b) 计算$\bigcup_{i=1}^{k}\delta_E(p_i, a)$；设这个集合是$\{r_1, r_2, \cdots, r_m\}$。
   (c) 则$\delta_D(S, a)=\bigcup_{j=1}^{m}$ ECLOSE(r_j)。

例2.21 消除图2-18中ε-NFA的ε转移，下面把这个ε-NFA称为E。从E构造一个DFA D，如图2-22所示。但为了避免杂乱无章，从图2-22省略了死状态$\varnothing$以及所有到这个死状态的转移。应当想象，对于图2-22中所示的每个状态，字母表Σ上的任意一个输入都还有到$\varnothing$的其他转移，只是这个转移未标识出来而已。而且，状态$\varnothing$在所有输入符号上都有到自身的转移。

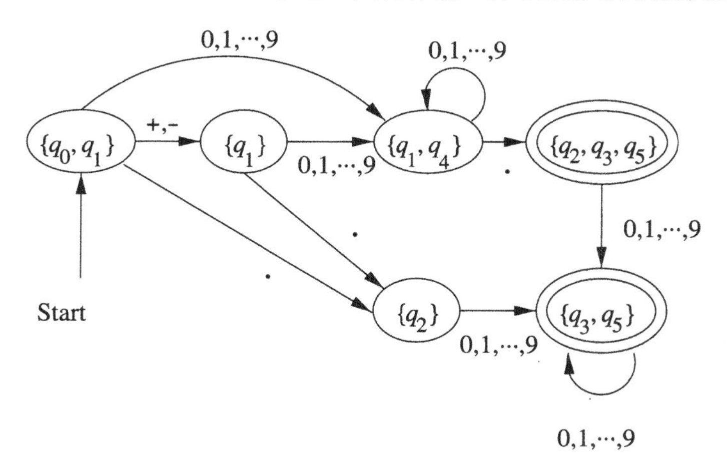

图2-22 DFA D消除了图2-18中的ε转移

由于E的初始状态是q_0，D的初始状态就是ECLOSE(q_0)，即$\{q_0, q_1\}$。第一项工作是求出q_0和q_1在各种属于Σ的符号上的后继状态；注意这些符号是加减号、小数点和从0到9的数字。在+和−

上，q_1在图2-18中无处可去，而q_0进入q_1。因此，为了计算$\delta_D(\{q_0, q_1\}, +)$，从$\{q_1\}$开始求$\varepsilon$闭包。由于没有从$q_1$出发的$\varepsilon$转移，就有$\delta_D(\{q_0, q_1\}, +) = \{q_1\}$。同样，$\delta_D(\{q_0, q_1\}, -) = \{q_1\}$。这两个转移在图2-22中显示成一个箭弧。

77

然后需要计算$\delta_D(\{q_0, q_1\}, .)$。由于在图2-18中，$q_0$在小数点上无处可去，$q_1$进入$q_2$，所以必须求$\{q_2\}$的$\varepsilon$闭包。由于没有从$q_2$发出的$\varepsilon$转移，这个状态就是自身的闭包，所以此$\delta_D(\{q_0, q_1\}, .) = \{q_2\}$。

最后必须计算$\delta_D(\{q_0, q_1\}, 0)$，作为从$\{q_0, q_1\}$在所有数字上发出转移的例子。发现$q_0$在数字上无处可去，而$q_1$进入$q_1$和$q_4$。由于这两个状态都没有发出$\varepsilon$转移，就得出$\delta_D(\{q_0, q_1\}, 0) = \{q_1, q_4\}$。对于其他数字是类似的。

现在已经解释了图2-22中$\{q_0, q_1\}$发出的箭弧，同样地计算其他的转移，留给读者来验证这些计算。由于q_5是E的唯一接受状态，D的接受状态就是那些包含q_5的可达状态。在图2-22中看到用双圆圈表示这两个集合$\{q_3, q_5\}$和$\{q_2, q_3, q_5\}$。□

定理2.22　一个语言L被某个ε-NFA接受，当且仅当L被某个DFA接受。

证明　（当）这个方向是容易的。设对于某个DFA D，$L = L(D)$。对D的所有状态q都增加转移$\delta(q, \varepsilon) = \varnothing$，把$D$转化为一个$\varepsilon$-NFA E。从技术上说，还必须把D在输入符号上的转移（如$\delta_D(q, a) = p$）转化为到只包含p的集合的NFA转移，也就是$\delta_E(q, a) = \{p\}$。因此，E和D的转移是一样的，但E明确表达了在ε上从任何状态都没有转移。

（仅当）设$E = (Q_E, \Sigma, \delta_E, q_0, F_E)$是一个$\varepsilon$-NFA。应用上述修改的子集构造来产生一个DFA

$$D = (Q_D, \Sigma, \delta_D, q_D, F_D)$$

需要证明$L(D) = L(E)$，通过证明E和D的扩展转移函数相同来做到这一点。形式化地，对w的长度用归纳法来证明$\hat{\delta}_E(q_0, w) = \hat{\delta}_D(q_D, w)$。

78

基础：如果$|w| = 0$，则$w = \varepsilon$。知道$\hat{\delta}_E(q_0, \varepsilon) = \text{ECLOSE}(q_0)$。还知道$q_D = \text{ECLOSE}(q_0)$，因为这是$D$的初始状态的定义。最后，对于一个DFA，知道对于任意状态p有$\hat{\delta}(p, \varepsilon) = p$，所以特别是，$\hat{\delta}_D(q_D, \varepsilon) = \text{ECLOSE}(q_0)$。因此证明了$\hat{\delta}_E(q_0, \varepsilon) = \hat{\delta}_D(q_D, \varepsilon)$。

归纳：设$w = xa$，其中a是w的结尾符号，假设这个命题对于x成立。也就是说，$\hat{\delta}_E(q_0, x) = \hat{\delta}_D(q_D, x)$。设这两个状态集都是$\{p_1, p_2, \cdots, p_k\}$。

根据对于ε-NFA的$\hat{\delta}$的定义，计算$\hat{\delta}_E(q_0, w)$的方法如下：

1. 设$\{r_1, r_2, \cdots, r_m\}$是$\bigcup_{i=1}^{k} \delta_E(p_i, a)$。

2. 则$\hat{\delta}_E(q_0, w) = \bigcup_{j=1}^{m} \text{ECLOSE}(r_j)$。

如果检查上述修改的子集构造中的DFA D的构造，就看到$\delta_D(\{p_1, p_2, \cdots, p_k\}, a)$同样是用上述的两个步骤(1)和(2)构造出来的。因此$\hat{\delta}_D(q_D, w)$（即$\delta_D(\{p_1, p_2, \cdots, p_k\}, a)$）等于$\hat{\delta}_E(q_0, w)$。现在证明了$\hat{\delta}_E(q_0, w) = \hat{\delta}_D(q_D, w)$，完成了归纳部分。□

2.5.6　习题

*** 习题2.5.1**　考虑下列ε-NFA：

	ε	a	b	c
$\rightarrow p$	$\emptyset$	$\{p\}$	$\{q\}$	$\{r\}$
q	$\{p\}$	$\{q\}$	$\{r\}$	$\emptyset$
$*r$	$\{q\}$	$\{r\}$	$\emptyset$	$\{p\}$

a) 计算每个状态的ε闭包。

b) 给出这个自动机接受的所有长度小于或等于3的串。

c) 把这个自动机转换为DFA。

习题2.5.2 对下列ε-NFA重复习题2.5.1：

	ε	a	b	c
$\rightarrow p$	$\{q,r\}$	$\emptyset$	$\{q\}$	$\{r\}$
q	$\emptyset$	$\{p\}$	$\{r\}$	$\{p,q\}$
$*r$	$\emptyset$	$\emptyset$	$\emptyset$	$\emptyset$

习题2.5.3 为下列语言设计ε-NFA。尝试用ε转移来简化你的设计。

a) 包含零个或多个a，后面跟着零个或多个b，再跟着零个或多个c的串的集合。 79

! b) 包含着01重复一次或多次或010重复一次或多次的串的集合。

! c) 使得最后10个位置上至少有一个是1的0和1的串的集合。

2.6 小结

- *确定型有穷自动机*：DFA具有有穷的状态集合和有穷的输入符号集合。指定一个状态为初始状态，指定零个或多个状态为接受状态。转移函数确定每次处理一个输入符号时状态如何改变。
- *转移图*：用图来表示自动机是方便的，图中的顶点是状态，用输入符号来标记箭弧，表示这个自动机的转移。用一个箭头表示初始状态，用双圆圈表示接受状态。
- *自动机的语言*：自动机接受一些串。如果从初始状态开始，由逐个处理一个串中的符号引起的转移导向接受状态，则接受这个串。就转移图而言，如果一个串是从初始状态到某个接受状态的路径上的标记，则接受这个串。
- *非确定型有穷自动机*：NFA与DFA的不同在于，在给定输入符号上从给定状态出发，NFA可有任意多个（包括0个）转移到达下一个状态。
- *子集构造*：把NFA状态的各种集合当作DFA的状态，就有可能把任何NFA转化为接受相同语言的DFA。
- *ε转移*：通过允许在空输入（即根本没有输入符号）上转移可以扩展NFA。这些扩展的NFA可以转化为接受相同语言的DFA。
- *文本搜索应用*：非确定型有穷自动机是表示模式匹配器的有用方式，模式匹配器扫描大量文本来搜索一个或多个关键字。直接用软件来模拟这些自动机，或者先转化为DFA再模拟。 80

2.7 参考文献

一般认为，对有穷状态系统的形式化研究起源于[2]。但这篇文章是基于“神经网络”的计算模型，而不是现在我们所知道的有穷自动机。常规的DFA是以几种类似变种的形式由[1]、[3]和[4]独立提出的。非确定型有穷自动机和子集构造出自[5]。

1. D. A. Huffman, "The synthesis of sequential switching circuits," *J. Franklin Inst.* **257**:3-4 (1954), pp. 161–190 and 275–303.

2. W. S. McCulloch and W. Pitts, "A logical calculus of the ideas immanent in nervous activity," *Bull. Math. Biophysics* **5** (1943), pp. 115–133.

3. G. H. Mealy, "A method for synthesizing sequential circuits," *Bell System Technical Journal* **34**:5 (1955), pp. 1045–1079.

4. E. F. Moore, "Gedanken experiments on sequential machines," in [6], pp. 129–153.

5. M. O. Rabin and D. Scott, "Finite automata and their decision problems," *IBM J. Research and Development* **3**:2 (1959), pp. 115–125.

6. C. E. Shannon and J. McCarthy, *Automata Studies*, Princeton Univ. Press, 1956.

81～84

正则表达式与正则语言

本章从介绍所谓的“正则表达式”记号开始。这些表达式是另一种类型的语言定义记号，在1.1.2节简单地举过例子。正则表达式也可看作一种“程序设计语言”，用来表示某些重要的应用，比如文本搜索应用或编译器部件。正则表达式与非确定型有穷自动机有密切关系，可看作描述软件部件的NFA记号的一种“用户友好的”同类记号。

本章在定义正则表达式之后，证明了正则表达式能定义所有正则语言，而且只能定义正则语言。讨论正则表达式在几种软件系统中的使用方式。然后检查了正则表达式适用的代数定律。这些定律与算术代数定律极其相似，但在正则表达式代数与算术表达式代数之间也存在某些重要区别。

3.1 正则表达式

现在把注意力从类似机器的语言描述（确定型有穷自动机和非确定型有穷自动机）转移到代数描述：“正则表达式”。我们将会发现，正则表达式恰好定义了与各种形式的自动机所描述的相同的语言：正则语言。但正则表达式提供了自动机所没有的东西：一种表达要接受的串的声明方式。因此，正则表达式可作为许多串处理系统的输入语言。例子包括：

1. 搜索命令，比如UNIX的`grep`或等价的串查找命令，这些命令可以在Web浏览器或文本格式的系统中见到。这些系统用类似于正则表达式的记号来描述用户要在文件中查找的模式。不同的搜索系统把正则表达式转换成DFA或NFA，并在所搜索的文件上模拟这个自动机。
2. 词法分析器生成器，比如Lex和Flex。回忆一下，词法分析器是编译器部件，它把源程序分解成同等重要的一个或多个字符的逻辑单元，称为*记号*（token）。记号的例子包括关键字（如`while`）、标识符（如任何字母跟着零个或多个字母或数字）以及符号（比如`+`或`<=`）。词法分析器生成器接受本质上是正则表达式的记号形式的描述，产生一个DFA，识别哪个记号在输入中下一个出现。

3.1.1 正则表达式运算符

正则表达式表示语言。一个简单例子是，正则表达式$\mathbf{01^*+10^*}$表示包含所有下面这种串的语言：单个0后面跟着任意多个1或者单个1后面跟着任意多个0的串。并不期待读者现在就知道如何解释正则表达式，所以读者暂时要相信关于这个表达式的语言的命题。后面很快就会定义这个表达式中用到的所有符号，那时读者就会明白为什么对这个正则表达式的解释是正确的。在描述正则表达式记号之前，需要学习正则表达式运算符所代表的三种语言运算。这些运算是：

1. 两个语言L和M的*并*，记作$L\cup M$，是只属于L或只属于M，或者同时属于二者的串的集合。例如，如果$L=\{001, 10, 111\}$且$M=\{\varepsilon, 001\}$，则$L\cup M=\{\varepsilon, 10, 001, 111\}$。
2. 语言L和M的*连接*是以下形成的串的集合：取L中任意一个串，与M中任意一个串连接起来。回忆一下，1.5.2节定义了一对串的连接；一个串后面跟着另一个串就形成了连接的结果。用圆点或根本不用任何运算符来表示两个语言的连接，尽管连接运算符常常称为“点”。例如，如果$L = \{001, 10, 111\}$且$M = \{\varepsilon, 001\}$，则$L.M$（或LM）是$\{001, 10, 111, 001001, 10001, 111001\}$。$LM$中前三串是把$L$中串与$\varepsilon$连接。由于$\varepsilon$是连接运算的单位元，得出的串就与$L$中的串一样。但是，$LM$中最后三串是这样形成的：取$L$中每个串，与$M$的第二个串001连接。例如，$L$的10与$M$的001给出$LM$的10001。

86

3. 语言L的闭包（或星，或克林闭包）[⊖]，记作L^*，表示用以下方式形成的串的集合：从L中取任意多个串，可能有重复（即可以多次选同一个串），把所有这些串连接起来。例如，如果$L = \{0, 1\}$，则L^*是所有0和1的串。如果$L = \{0, 11\}$，则L^*包含使得1成对出现的0和1的串，如011、11110和ε，但01011和101都不是。更形式化地说，L^*是无穷的并$\bigcup_{i\geqslant 0}L^i$，其中$L^0 = \{\varepsilon\}$，$L^1 = L$，对于$i > 1$，$L^i$是$LL\cdots L$（$i$个$L$的连接）。

例3.1　由于语言闭包的想法颇有些技巧性，所以研究几个例子。首先，设$L = \{0, 11\}$。$L^0 = \{\varepsilon\}$，这与语言L是什么无关；零次幂表示从L中选择零个串。$L^1 = L$，表示从L中选择一个串。因此，L^*展开式中前两项给出$\{\varepsilon, 0, 11\}$。

其次，考虑L^2。从L中取两个串，允许重复，有4种选择。这4种选择给出$L^2 = \{00, 011, 110, 1111\}$。类似地，$L^3$表示对$L$中两个串选择三次所形成的串的集合，这给出：

$$\{000, 0011, 0110, 1100, 01111, 11011, 11110, 111111\}$$

为了计算L^*，要对每个i计算L^i，取所有这些语言的并。L^i至多有2^i个元素。虽然每个L^i是有穷的，但无穷多项L^i的并一般是个无穷语言，在这个例子中就是这样。

现在设L是所有0的串的集合。注意，L是无穷的，这与前面例子中不一样，在前面例子中L是有穷的。但是不难发现L^*是什么。$L^0 = \{\varepsilon\}$，总是如此。$L^1 = L$。L^2是用以下方式形成的串的集合：取一个0的串，与另一个0的串连接。结果还是一个0的串。事实上，每个0的串都可写成两个0的串的连接（不要忘了，ε也是“0的串”；这个串总可以作为所连接的两个串之一）。因此，$L^2 = L$。同样$L^3 = L$，依此类推。因此，在语言L是所有0的串的集合的特定情形下，无穷的并$L^* = L^0 \cup L^1 \cup L^2 \cup \cdots$就是$L$。

最后一个例子是$\varnothing^* = \{\varepsilon\}$。注意$\varnothing^0 = \{\varepsilon\}$，但对任意$i \geqslant 1$，$\varnothing^i$是空集合，因为不能从空集中选出任何的串。事实上，$\varnothing$是其闭包不是无穷的仅有的两个语言之一。□

星运算符的用法

在1.5.2节首次看到星运算符，在那里，把星运算符应用到一个字母表上，即Σ^*。这个运算符形成了所有从字母表Σ来选择符号的串。闭包运算符本质上是一样的，但在类型上略有区别。

假设L是包含长度为1的串的语言，而且对Σ中每个符号a，L中都有串a。于是L和Σ“看上去”一样，但二者具有不同的类型；L是串的集合，Σ是符号的集合。另一方面，L^*与Σ^*表示相同的语言。

⊖ 术语“克林闭包”中的“克林”是指S.C.克林，他提出了正则表达式记号和这个运算符。

3.1.2 构造正则表达式

87

所有类型的代数都从一些基本表达式开始，通常是常量和（或）变量。然后代数把一组特定的运算符应用到这些基本表达式上，并且应用到前面构造的表达式上，就允许构造出更多的表达式。通常，也需要某种方法来对运算符及运算对象进行分组。例如，熟悉的算术代数从整数和实数这样的常量开始，加上变量，用+和×这样的算术运算符来构造更复杂的表达式。

正则表达式代数也遵循这个模式，使用表示语言的常量和变量，以及3.1.1节中的三种运算：并、点和星。正则表达式递归地描述如下。在这个定义中，不仅描述了什么是合法的正则表达式，还对每个正则表达式E，描述了E所代表的语言，记作$L(E)$。

基础：基础包括三个部分：

1. 常量ε和$\varnothing$是正则表达式，分别表示语言$\{\varepsilon\}$和$\varnothing$。也就是说，$L(\varepsilon) = \{\varepsilon\}$且$L(\varnothing) = \varnothing$。
2. 若a是任意符号，则**a**是正则表达式。这个表达式表示语言$\{a\}$。也就是说，$L(\mathbf{a}) = \{a\}$。注意，用黑体字表示一个符号所对应的表达式。这种对应关系应当是明显的，如**a**指的是a。
3. 变量，通常用大写斜体符号表示，如L。它代表任意语言。

归纳：归纳步骤有四个部分，三种运算符各自对应一个部分，括号的引入对应一个部分。

1. 如果E和F都是正则表达式，则$E + F$是正则表达式，表示$L(E)$和$L(F)$的并。也就是说，$L(E + F) = L(E) \cup L(F)$。
2. 如果E和F都是正则表达式，则EF是正则表达式，表示$L(E)$和$L(F)$的连接。也就是说，$L(EF) = L(E)L(F)$。注意，可以任意地用点来表示连接运算符，既作为语言上的运算，也作为正则表达式上的运算符。例如，**0.1**是正则表达式，与**01**的意思一样，表示语言$\{01\}$。但是在正则表达式中避免用点作为连接[⊖]。
3. 如果E是正则表达式，则E^*是正则表达式，表示$L(E)$的闭包。也就是说，$L(E^*) = (L(E))^*$。
4. 如果E是正则表达式，则(E)（带括号的E）也是正则表达式，与E表示相同的语言。形式化地，$L((E)) = L(E)$。

88

> **表达式及其语言**
>
> 严格地说，一个正则表达式E只是一个表达式，而不是一个语言。当要引用E所表示的语言时，应当使用$L(E)$。但经常在想说“$L(E)$”时，用说“E”来表示。只要能分清楚正在谈论语言而不是谈论正则表达式，就采用这个约定。

例3.2 写一个正则表达式，表示包含了交替的0和1的串的集合。首先，构造一个正则表达式，表示包含单个串01的语言。然后用星运算符得到一个表达式，表示所有形如0101⋯01的串。

正则表达式的基础规则说明，**0**和**1**分别是表示语言$\{0\}$和$\{1\}$的表达式。如果把这两个表达式连接起来，就得到了表示语言$\{01\}$的正则表达式；这个表达式是**01**。一般规则是，如果需要一个正则表达式表示只包含串w的语言，就用w本身作为正则表达式。注意，在正则表达式中，

⊖ 事实上，UNIX正则表达式把点用于完全不同的目的，即表示任意的ASCII字符。

通常用黑体书写w中的符号，但改变字体只是为了帮助区分表达式与串，不应当认为这有什么重要意义。

现在，为了得到所有包含01的零次或多次出现的串，我们使用正则表达式$(\mathbf{01})^*$。注意，先在$\mathbf{01}$两边加上括号，以避免与表达式$\mathbf{01}^*$发生混淆，$\mathbf{01}^*$的语言是所有包含一个0和任意多个1的串。在3.1.3节说明这个解释的理由，简单地说，星比点优先级更高，因此在执行任何连接之前就选择星的运算对象。

但是，$L((\mathbf{01})^*)$不完全是我们想要的语言。这个语言只包含那些以0开头、以1结尾、0和1交替出现的串。还需要考虑以1开头并且（或者）以0结尾的可能性。一种方法是构造另外三个正则表达式，处理另外三种可能性。也就是说，$(\mathbf{10})^*$表示以1开头并且以0结尾的交替串，$\mathbf{0}(\mathbf{10})^*$用来表示以0开头和结尾的串，$\mathbf{1}(\mathbf{01})^*$用来表示以1开头和结尾的串。完整的正则表达式是

89

$$(\mathbf{01})^* + (\mathbf{10})^* + \mathbf{0}(\mathbf{10})^* + \mathbf{1}(\mathbf{01})^*$$

注意，用+运算符来取这四个语言的并，这四个语言一起给出了所有0和1交替的串。

但是，还有另一种方法产生一个看上去很不相同的正则表达式，在某种程度上更紧凑。还是从表达式$(\mathbf{01})^*$开始。如果在左边连接上表达式$\boldsymbol{\varepsilon} + \mathbf{1}$，就能在开头加上一个可有可无的1。同样，用表达式$\boldsymbol{\varepsilon} + \mathbf{0}$在结尾加上一个可有可无的0。例如，用+运算符的定义：

$$L(\boldsymbol{\varepsilon} + \mathbf{1}) = L(\boldsymbol{\varepsilon}) \cup L(\mathbf{1}) = \{\varepsilon\} \cup \{1\} = \{\varepsilon, 1\}$$

如果把这个语言与任意其他语言L连接起来，ε选择就给出L中所有的串，1选择就对L中每个串w给出$1w$。因此，交替的0和1的串的集合的另一个表达式是：

$$(\boldsymbol{\varepsilon} + \mathbf{1})(\mathbf{01})^*(\boldsymbol{\varepsilon} + \mathbf{0})$$

注意，每个增加的表达式外面都需要括号，以确保这些运算正确地分组。□

3.1.3　正则表达式运算符的优先级

像其他代数一样，正则表达式运算符也有假设的“优先级”顺序，这意味着，运算符要以特定的顺序来结合运算对象。读者都非常熟悉普通算术表达式的优先级概念。例如，$xy + z$把乘积xy分组在求和之前，所以等价于带括号的表达式$(xy) + z$，但不等价于表达式$x(y + z)$。同样，在算术中两个相同运算符从左边开始分组。所以$x - y - z$等价于$(x - y) - z$，而不等价于$x - (y - z)$。下面是正则表达式运算符的优先级顺序：

1. 星运算符具有最高优先级。也就是说，星运算符只作用到左边构成合法正则表达式的最短符号序列。
2. 下一个优先级是连接即“点”运算符。把所有星与运算对象分组后，再把连接运算符与运算对象分组。也就是说，把所有*并列的*（相邻、中间没有运算）表达式分组到一起。由于连接是结合的运算符，对连续的连接以什么顺序来分组是无关紧要的，但如果要做选择，就应当从左边开始分组。例如，把$\mathbf{012}$分组成$(\mathbf{01})\mathbf{2}$。

90

3. 最后把所有的并（+运算符）与运算对象分组。由于并也是结合的，对连续的并以什么顺序来分组也是无关紧要的，但应当假设从左边开始分组。

当然，有时不希望按照运算符的优先级所要求的那样来对正则表达式分组。如果是这样，就随意用括号按照所选择的来对运算对象分组。另外，在需要分组的运算对象外面加上括号，这永远不会引起任何错误，即使所需要的分组是优先级规则所蕴含的也是如此。

例3.3 把表达式$\mathbf{01}^* + \mathbf{1}$分组为$(\mathbf{0}(\mathbf{1}^*)) + \mathbf{1}$。首先把星运算符分组。由于星左边紧挨着的符号**1**是个合法的正则表达式，单独这个**1**就是星的运算对象。其次把**0**和$(\mathbf{1}^*)$之间的连接分组，给出表达式$(\mathbf{0}(\mathbf{1}^*))$。最后并运算符连接了前面的表达式和右边的表达式**1**。

注意，根据优先级规则分组，这个给定表达式的语言是：串1加上所有包含0后面跟着任意多个1（包括0个）的串。如果选择在星之前对点分组，就应当使用括号，如$(\mathbf{01})^* + \mathbf{1}$。这个表达式的语言是：串1加上所有把01重复零次或多次的串。如果希望首先对并分组，就应当在并的外面加上括号，形成表达式$\mathbf{0}(\mathbf{1}^* + \mathbf{1})$。这个表达式的语言是：以0开头并且后面跟着任意多个1的串的集合。 □

3.1.4 习题

习题3.1.1 写出表示下列语言的正则表达式：

* a) 字母表$\{a, b, c\}$上包含至少一个a和至少一个b的串的集合。

b) 倒数第10个符号是1的0和1的串的集合。

c) 至多只有一对连续1的0和1的串的集合。

! 习题3.1.2 写出表示下列语言的正则表达式：

* a) 使得每对相邻的0都出现在任何一对相邻的1之前的所有0和1的串的集合。

b) 0的个数被5整除的0和1的串的集合。

91

!! 习题3.1.3 写出表示下列语言的正则表达式：

a) 不包含101作为子串的所有0和1的串的集合。

b) 具有相同个数的0和1，使得在任何前缀中，0的个数不比1的个数多2，1的个数也不比0的个数多2，所有这种0和1的串的集合。

c) 0的个数被5整除且1的个数是偶数的所有0和1的串的集合。

! 习题3.1.4 给出下列正则表达式语言的自然语言描述：

* a) $(\mathbf{1} + \varepsilon)(\mathbf{00}^*\mathbf{1})^*\mathbf{0}^*$。

b) $(\mathbf{0}^*\mathbf{1}^*)^*\mathbf{000}(\mathbf{0} + \mathbf{1})^*$。

c) $(\mathbf{0} + \mathbf{10})^*\mathbf{1}^*$。

***! 习题3.1.5** 在例3.1中指出，$\varnothing$是其闭包，它是有穷的两个语言之一。另一个语言是什么？

3.2 有穷自动机和正则表达式

对于描述语言来说，正则表达式方法与有穷自动机方法是根本不同的，但这两种记号竟然表示完全相同的语言集合，即所谓的“正则语言”。已经证明，确定型有穷自动机和两种非确定型有穷自动机（带ε转移与不带ε转移）接受相同的语言类。为了证明正则表达式定义了相同的类，就必须证明：

1. 用这些自动机之一定义的每个语言，也可以用正则表达式来定义。对于这个证明，可以假设某个DFA接受这个语言。
2. 用正则表达式定义的每个语言，也可以用这些自动机之一来定义。对于这部分证明，最容易的是证明有一个带ε转移的NFA接受相同的语言。

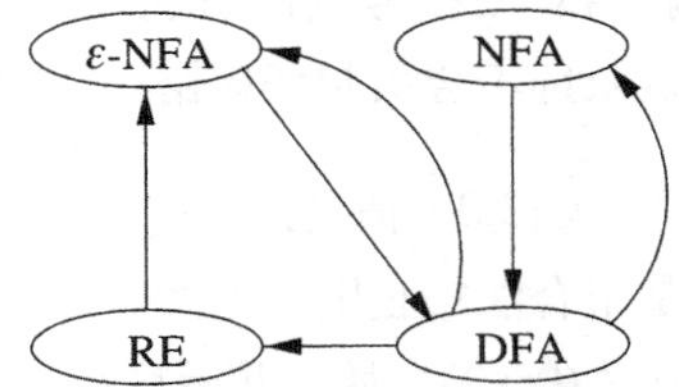

图3-1　证明正则语言四种不同记号等价性的计划

图3-1显示已经证明或将要证明的所有等价性。从类X到类Y的箭弧表示证明了用类X定义的每个语言也可以用类Y来定义。由于这个图是强连通的（即从四个顶点中每个都能到达任何其他顶点），可看出所有四个类其实都是相同的。

92

3.2.1　从DFA到正则表达式

构造正则表达式来定义任意DFA的语言出人意料地富有技巧性。大概地说，构造出描述标记DFA转移图中特定路径的串的集合的表达式。但是只允许这些路径经过一个有限的状态子集合。在这些表达式的归纳定义中，从描述不允许经过任何状态的路径（即这些路径是单个顶点或单条箭弧）的最简单表达式开始，然后归纳地构造让路径经过越来越大的状态集合的表达式。最后允许路径经过任何状态；即最终产生的表达式表示所有可能的路径。这些想法出现在下面定理的证明中。

定理3.4　如果对于某个DFA A，$L = L(A)$，则存在一个正则表达式R，使得$L = L(R)$。

证明　设对于某个整数n，A的状态是$\{1, 2,\cdots, n\}$。无论A的状态实际是什么，对于某个有穷的n，都会有n个状态，通过为这些状态改名，可以以这种方式来引用这些状态，好像这些状态就是前n个正整数。第一项也是最困难的任务是构造一组正则表达式，来描述A的转移图中越来越大的路径集合。

用$R_{ij}^{(k)}$作为正则表达式的名字，这些表达式的语言是下列串w的集合：使得w是A中从状态i到状态j的路径的标记，而且这条路径没有编号大于k的中间顶点。注意，路径的起点和终点都不是“中间的”，所以不限制i和（或）j要小于或等于k。

图3-2提示了在$R_{ij}^{(k)}$所表示路径上的要求。其中，垂直方向表示状态，从底下的1到顶上的n；水平方向表示沿着路径前进。注意，在这个图中显示的i和j都比k大，但i和j之一或二者都可能是k或更小。还要注意，这条路径两次经过顶点k，但除终点外，从不经过比k还高的状态。

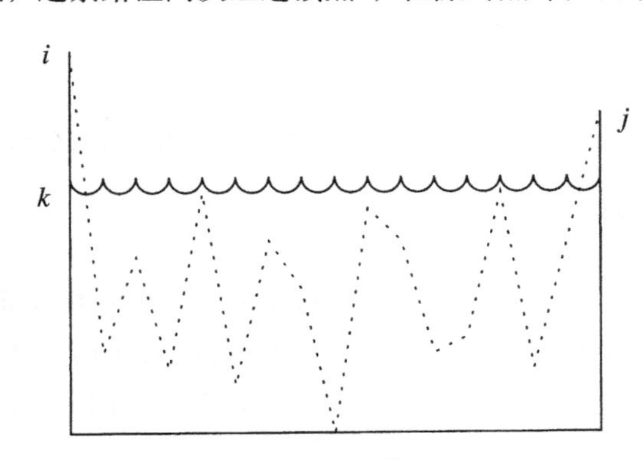

图3-2　带有属于正则表达式$R_{ij}^{(k)}$的语言的标记的路径

93

为了构造表达式 $R_{ij}^{(k)}$，使用下面的归纳定义，从$k=0$开始，最终到达$k=n$。注意，当$k=n$时，在所表示的路径上根本没有限制，因为没有状态比n还大。

基础：基础是$k=0$。由于所有状态都编号为1或更大，路径上的限制是：路径必定根本没有中间状态。只有两种路径满足这样的条件：

1. 从顶点（状态）i到顶点j的一条箭弧。
2. 只包含某个顶点i的长度为0的路径。

如果$i \neq j$，则只有情形(1)是可能的。我们必须检查这个DFA A，并寻找这些输入符号a：使得在符号a上有从状态i到状态j的转移。

a) 如果没有这样的符号a，则 $R_{ij}^{(0)}=\varnothing$。

b) 如果恰好有一个这样的符号a，则 $R_{ij}^{(0)}=\mathbf{a}$。

c) 如果有符号$a_1, a_2, \cdots, a_k$，都标记从状态i到状态j的箭弧，则 $R_{ij}^{(0)}=\mathbf{a}_1+\mathbf{a}_2+\cdots+\mathbf{a}_k$。

但是，如果$i=j$，则合法路径就是长度为0的路径和所有从i到自身的环。长度为0的路径表示成正则表达式ε，因为这个路径沿途没有符号。因此，把ε加入上面(a)到(c)所设计的各种表达式中。也就是说，在情形(a)下（没有符号a），表达式成为ε；在情形(b)下（一个符号a），表达式成为$\varepsilon+\mathbf{a}$；在情形(c)下（多个符号），表达式成为$\varepsilon+\mathbf{a}_1+\mathbf{a}_2+\cdots+\mathbf{a}_k$。

归纳：假设存在从i到j的路径不经过比k高的状态。有两种可能的情形需要考虑：

1. 这条路径根本不经过状态k。在这种情形下，路径的标记属于 $R_{ij}^{(k-1)}$ 的语言。
2. 这条路径经过状态k至少一次。于是把路径分成几段，如图3-3所示。第一段不经过k而从状态i到状态k，最后一段不经过k而从k到j，所有中间路段都不经过k而从k到自身。注意，如果路径只经过状态k一次，则没有“中间”段，只有从i到k的路径和从k到j的路径。所有这种路径的标记的集合表示成正则表达式 $R_{ik}^{(k-1)}(R_{kk}^{(k-1)})^*R_{kj}^{(k-1)}$。也就是说，第一个表达式表示第一次到达状态$k$的路径部分，第二个则表示从$k$到自身零次、一次或多次的部分，第三个表达式表示最后一次离开k并到达状态j的路径部分。

94

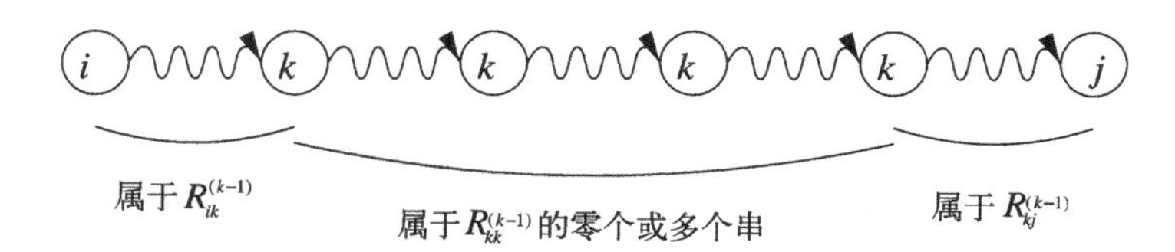

图3-3 把从i到j的路径在每次经过状态k的点上分段

把上面两种路径的表达式组合起来，得到表达式

$$R_{ij}^{(k)}=R_{ij}^{(k-1)}+R_{ik}^{(k-1)}(R_{kk}^{(k-1)})^*R_{kj}^{(k-1)}$$

表示从状态i到状态j而不经过比k更高状态的所有路径的标记。如果按照上标递增的顺序来构造这些表达式，则由于每个 $R_{ij}^{(k)}$ 只依赖于上标更小的表达式，所有的表达式都在需要时已经构造出来了。

最终对于所有i和j，都得到 $R_{ij}^{(n)}$。可以假设，状态1是初始状态，而接受状态可以是任意一组状态。自动机的语言的正则表达式，就是所有表达式 $R_{1j}^{(n)}$ 之和（并），使得状态j是接受状态。 □

例3.5 把图3-4的DFA转换为正则表达式。这个DFA接受所有至少有一个0的串。要明白为什么，注意这个自动机只要看到输入0，就从初始状态1进入接受状态2。这个自动机然后在所有输入序列上都停在状态2。

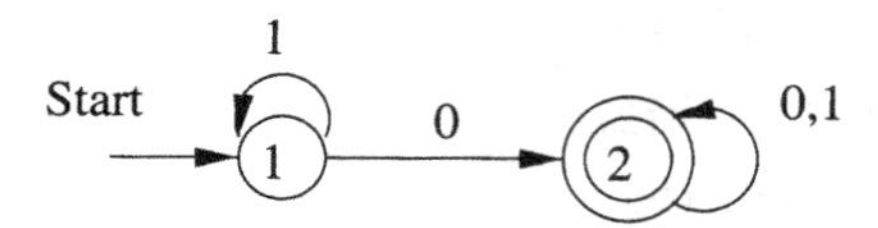

图3-4 接受所有至少有一个0的串的DFA

下面是定理3.4的构造中的基础表达式。

$R_{11}^{(0)}$	$\varepsilon+\mathbf{1}$
$R_{12}^{(0)}$	$\mathbf{0}$
$R_{21}^{(0)}$	$\varnothing$
$R_{22}^{(0)}$	$(\varepsilon+\mathbf{0}+\mathbf{1})$

95

例如，$R_{11}^{(0)}$有ε项，因为初始状态和终结状态是相同的，即状态1。$R_{11}^{(0)}$有项$\mathbf{1}$，因为在输入1上有从状态1到状态1的箭弧。另一个例子是，$R_{12}^{(0)}$是$\mathbf{0}$，因为从状态1到状态2有带标记0的箭弧。$R_{12}^{(0)}$没有ε项，因为初始状态和终结状态是不同的。第三个例子是，$R_{21}^{(0)}=\varnothing$，因为没有从状态2到状态1的箭弧。

现在必须做归纳部分，构造更复杂的表达式，首先考虑经过状态1的路径，然后考虑经过状态1和2的路径，即任意路径。表达式$R_{ij}^{(1)}$是定理3.4归纳部分给出的一般规则的实例：

$$R_{ij}^{(1)}=R_{ij}^{(0)}+R_{i1}^{0}(R_{11}^{(0)})^{*}R_{1j}^{(0)} \tag{3-1}$$

图3-5中的表首先给出直接代入上面公式计算出的表达式，然后给出化简的表达式，用专门的推理就可以证明，化简的表达式与更复杂的表达式表示相同的语言。

	通过直接代入	经过化简
$R_{11}^{(1)}$	$\varepsilon+\mathbf{1}+(\varepsilon+\mathbf{1})(\varepsilon+\mathbf{1})^{*}(\varepsilon+\mathbf{1})$	$\mathbf{1}^{*}$
$R_{12}^{(1)}$	$\mathbf{0}+(\varepsilon+\mathbf{1})(\varepsilon+\mathbf{1})^{*}\mathbf{0}$	$\mathbf{1}^{*}\mathbf{0}$
$R_{21}^{(1)}$	$\varnothing+\varnothing(\varepsilon+\mathbf{1})^{*}(\varepsilon+\mathbf{1})$	$\varnothing$
$R_{22}^{(1)}$	$\varepsilon+\mathbf{0}+\mathbf{1}+\varnothing(\varepsilon+\mathbf{1})^{*}\mathbf{0}$	$\varepsilon+\mathbf{0}+\mathbf{1}$

图3-5 只经过状态1的路径的正则表达式

例如，考虑$R_{12}^{(1)}$。它的表达式是$R_{12}^{(0)}+R_{11}^{(0)}(R_{11}^{(0)})^{*}R_{12}^{(0)}$，把$i=1$和$j=2$代入式(3-1)就得到这个表达式。

为了理解化简，注意一般原理：如果R是任意正则表达式，则$(\varepsilon+R)^{*}=R^{*}$。理由是，等式两边都描述了包含$L(R)$中零个或多个串的任意连接的语言。在这个例子中，有$(\varepsilon+\mathbf{1})^{*}=\mathbf{1}^{*}$；注意这两个表达式都表示任意多个1。另外，$(\varepsilon+\mathbf{1})\mathbf{1}^{*}=\mathbf{1}^{*}$。同样能够看出，这两个表达式都表示“任意多个1”。因此，原来的表达式$R_{12}^{(1)}$等价于$\mathbf{0}+\mathbf{1}^{*}\mathbf{0}$。这个表达式表示包含0和所有在0前面有任意多个1的串的语言。这个语言也可以表示成简单的表达式$\mathbf{1}^{*}\mathbf{0}$。

96

$R_{11}^{(1)}$的化简类似于刚刚考虑的$R_{12}^{(1)}$的化简。$R_{21}^{(1)}$和$R_{22}^{(1)}$的化简依赖于两条关于$\varnothing$如何运算的规则。

对于任意正则表达式R：

1. $\varnothing R = R\varnothing = \varnothing$。也就是说，$\varnothing$是连接运算的零元（零化子）；无论$\varnothing$从左边还是右边与任意表达式连接时，结果都是$\varnothing$自身。这条规则是正确的，因为要让一个串属于连接的结果，就必须从连接运算的两个运算对象中找出串。只要有一个运算对象是$\varnothing$，就不可能从这个运算对象中找出串。
2. $\varnothing + R = R + \varnothing = R$。也就是说，$\varnothing$是并的单位元；只要$\varnothing$出现在并运算中，结果就是另外那个表达式。

结果就是，像$\varnothing(\varepsilon + \mathbf{1})^*(\varepsilon + \mathbf{1})$ 这样的表达式可以换成$\varnothing$。最后两个化简现在应当是清楚的了。

现在计算表达式 $R_{ij}^{(2)}$。对于$k = 2$应用归纳规则，给出：

$$R_{ij}^{(2)} = R_{ij}^{(1)} + R_{i2}^{(1)}(R_{22}^{(1)})^* R_{2j}^{(1)} \tag{3-2}$$

如果把图3-5的化简表达式代入式(3-2)，就得到图3-6的表达式。图3-6还显示遵循图3-5描述的同样原理的化简。

	通过直接代入	经过化简
$R_{11}^{(2)}$	$\mathbf{1}^* + \mathbf{1}^*\mathbf{0}(\varepsilon + \mathbf{0} + \mathbf{1})^*\varnothing$	$\mathbf{1}^*$
$R_{12}^{(2)}$	$\mathbf{1}^*\mathbf{0} + \mathbf{1}^*\mathbf{0}(\varepsilon + \mathbf{0} + \mathbf{1})^*(\varepsilon + \mathbf{0} + \mathbf{1})$	$\mathbf{1}^*\mathbf{0}(\mathbf{0} + \mathbf{1})^*$
$R_{21}^{(2)}$	$\varnothing + (\varepsilon + \mathbf{0} + \mathbf{1})(\varepsilon + \mathbf{0} + \mathbf{1})^*\varnothing$	$\varnothing$
$R_{22}^{(2)}$	$\varepsilon + \mathbf{0} + \mathbf{1} + (\varepsilon + \mathbf{0} + \mathbf{1})(\varepsilon + \mathbf{0} + \mathbf{1})^*(\varepsilon + \mathbf{0} + \mathbf{1})$	$(\mathbf{0} + \mathbf{1})^*$

图3-6 经过任意状态的路径的正则表达式

构造与图3-4的自动机等价的最终正则表达式的方法是，取所有第一个状态是初始状态而第二个状态是接受状态的表达式的并。在这个例子中，1是初始状态，2是唯一的接受状态，只需要表达式 $R_{12}^{(2)}$。这个表达式是$\mathbf{1}^*\mathbf{0}(\mathbf{0} + \mathbf{1})^*$。很容易解释这个表达式。这个表达式的语言包含以零个或多个1开头，然后有一个0，然后是0和1的任意串的串。换句话说，这个语言是至少有一个0的所有0和1的串。 □

97

3.2.2 通过消除状态把DFA转化为正则表达式

3.2.1节把DFA转化为正则表达式的方法总是可行的。事实上，读者可能已经注意到，这个方法并不真正依赖于自动机是确定型的，同样可能应用到NFA甚至ε-NFA上。但正则表达式构造代价太高。对于一个n状态自动机，不仅要构造大约n^3个表达式，而且如果不化简表达式，则在n个归纳步骤的每一步，表达式的长度平均增加到4倍。因此，这些表达式本身可能达到4^n个符号的长度级别。

有一种类似的方法，在某些地方避免了重复工作。例如，在定理3.4的构造中，对于每个i和j所有带上标k 的表达式都利用同一个子表达式 $(R_{kk}^{(k-1)})^*$；因此写这个表达式的工作重复了n^2次。

现在要学习的构造正则表达式的方法涉及消除状态。当消除状态s时，自动机中经过s的所有路径都不存在了。如果不打算改变自动机的语言，就必须在从q直接到p的箭弧上包含经过s而从状态q到状态p的路径的标记。由于这种箭弧的标记现在可能涉及串，而不是单个符号，而且甚至可能有无穷多个这样的串，所以不能简单地列举这些个串作为标记。幸运的是，有一种简单且有穷的方法来表示所有这样的串：使用正则表达式。

因此，结果是考虑用正则表达式作为标记的自动机。这种自动机的语言是，把所有从初始状态到某个接受状态的路径沿途的正则表达式连接起来形成的语言的并。注意，这条规则与目前考虑过的任何变种自动机的语言的定义都是一致的。每个符号a或ε（若允许）都可看作正则表达式，其语言就是单个串$\{a\}$或$\{\varepsilon\}$。把这个事实作为下一步描述的状态消除过程的基础。

图3-7显示一个将被消除的一般状态s。假设s所属的自动机以$q_1, q_2, \cdots, q_k$作为s的前驱状态，以$p_1, p_2, \cdots, p_m$作为s的后继状态。有可能某些q和p是相同的，但是假设：即使有从s到其自身的环，s也不出现在这些q或p中，如图3-7所示。在每个从一个q到s的箭弧上，还显示了一个正则表达式；从q_i出发的箭弧用表达式Q_i标记。同样，对所有的i，显示了标记从s到p_i的箭弧的正则表达式P_i。在s上显示了带标记S的环。最后，对所有的i和j，在从q_i到p_j的箭弧上有正则表达式R_{ij}。注意，这些箭弧中有一些可能在这个自动机中并不存在，在这种情况下，就让这个箭弧上的表达式为$\varnothing$。

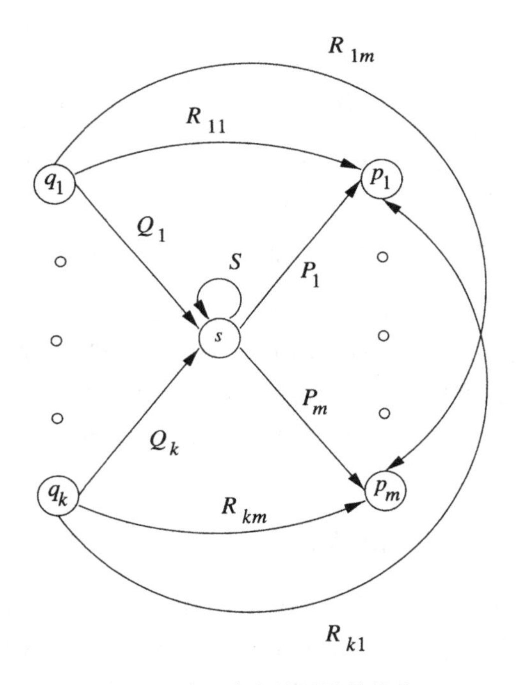

图3-7 一个将被消除的状态s

98

图3-8显示当消除状态s时发生什么。删除了所有涉及状态s的箭弧。作为补偿，对于s的每个前驱q_i以及每个后继p_j，都引入一个正则表达式，来表示所有从q_i出发到s、可能绕s循环零次或多次、最后到达p_j的路径。这些路径的表达式是$Q_iS^*P_j$。把这个表达式（用并运算）加到从q_i到p_j的箭弧上。如果没有箭弧$q_i \to p_j$，就先引入一个这种箭弧，上面带有正则表达式$\varnothing$。

从有穷自动机构造正则表达式的策略如下：

1. 对于每个接受状态q，应用上面的消除过程，产生一个等价的自动机，箭弧上带有正则表达式标记。消除除了q和初始状态q_0以外的所有其余状态。

2. 如果$q \neq q_0$，则剩下一个两状态自动机，如图3-9所示。可以用多种方式来描述所接受的串的正则表达式。一种方式是$(R + SU^*T)^*SU^*$。解释如下，沿着标记属于$L(R)$或$L(SU^*T)$的一系列路径，从初始状态到自身任意多次。表达式SU^*T表示这样的路径：经过属于$L(S)$的路径到达接受状态，可能用标记属于$L(U)$的一系列路径多次回到接受状态，然后用标记属于$L(T)$的路径返回初始状态。然后必须沿着标记属于$L(S)$的路径，到达接受状态而永不返回初始状态。一旦处在接受状态，沿着标记属于$L(U)$的路径，就可以随意地返回接受状态任意多次。
3. 如果初始状态也是接受状态，就必须对原来的自动机也执行状态消除，去掉除初始状态以外的所有其余状态。这样做了之后，剩下一个单状态自动机，如图3-10所示，表示所接受的串的正则表达式是R^*。

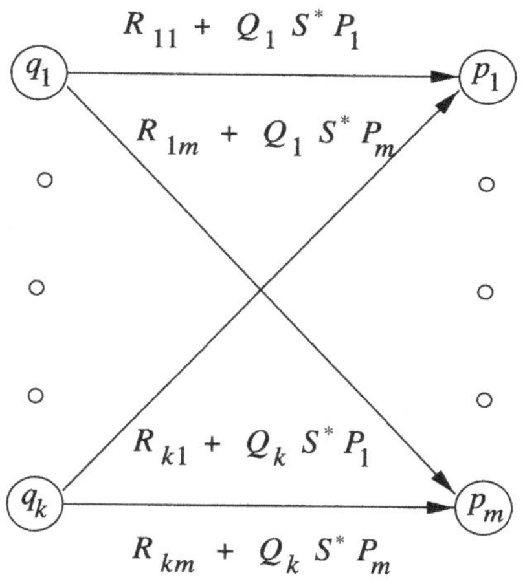

图3-8　从图3-7消除状态s的结果

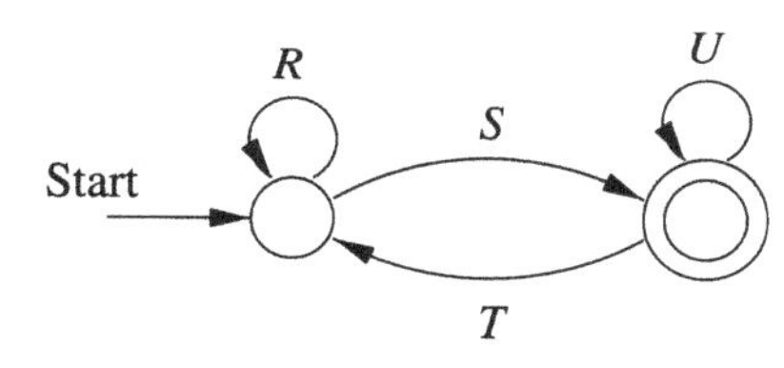

图3-9　一般的两状态自动机

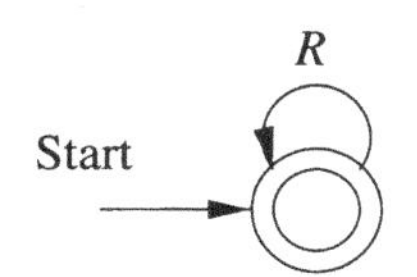

图3-10　一般的单状态自动机

4. 所求的正则表达式是对每个接受状态用规则(2)和(3)从化简的自动机得出的所有表达式之和（并）。

99～100

例3.6　现在考虑图3-11中的NFA，接受所有使得倒数第2位或第3位是1的0和1的串。第一步是将其转化为带正则表达式标记的自动机。由于没有执行状态消除，所有要做的只是把标记“0, 1”换成等价的正则表达式$\mathbf{0} + \mathbf{1}$。结果如图3-12所示。

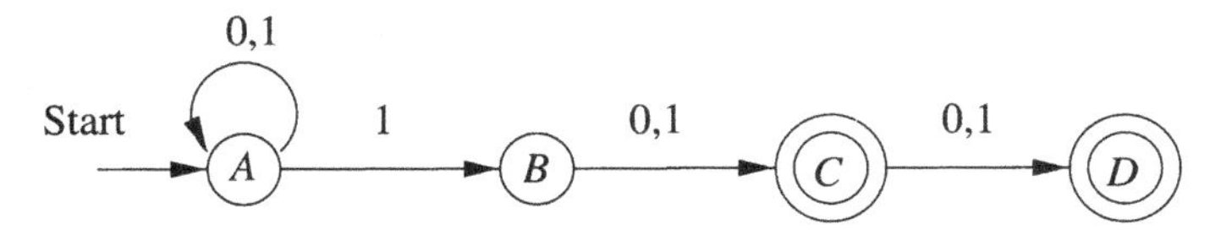

图3-11　接受倒数第2位或倒数第3位是1的串的NFA

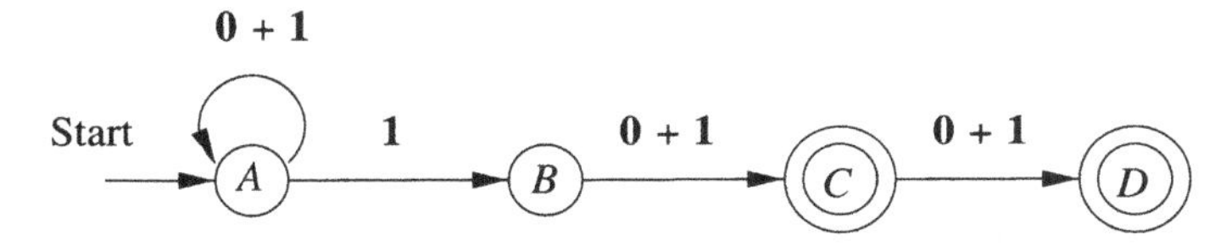

图3-12　带正则表达式标记的图3-11的自动机

首先消除状态B。由于这个状态既不是接受状态也不是初始状态，所以这个状态不属于任何化简的自动机。因此，如果在构造对应于两个接受状态的两个简化自动机之前，先消除这个状态，就能节省工作量。

状态B有一个前驱A和一个后继C。就图3-7的示意图中的正则表达式而言，$Q_1 = \mathbf{1}$，$P_1 = \mathbf{0} + \mathbf{1}$，$R_{11} = \varnothing$（因为不存在从$A$到$C$的箭弧），$S = \varnothing$（因为在状态$B$上没有环）。结果是，在从$A$到$C$的新箭弧上的表达式为$\varnothing + \mathbf{1}\varnothing^*(\mathbf{0} + \mathbf{1})$。

为简单起见，首先消除开头的$\varnothing$，这个$\varnothing$在并运算中可省略。因此这个表达式成为$\mathbf{1}\varnothing^*(\mathbf{0} + \mathbf{1})$。注意，正则表达式$\varnothing^*$等价于正则表达式$\varepsilon$，因为

$$L(\varnothing^*) = \{\varepsilon\} \cup L(\varnothing) \cup L(\varnothing)\, L(\varnothing) \cup \cdots$$

由于除第一项外所有其余项都为空，就看出$L(\varnothing^*) = \{\varepsilon\}$，这与$L(\varepsilon)$相等。因此，$\mathbf{1}\varnothing^*(\mathbf{0} + \mathbf{1})$等价于$\mathbf{1}(\mathbf{0} + \mathbf{1})$，这就是在图3-13中箭弧$A \to C$上使用的表达式。

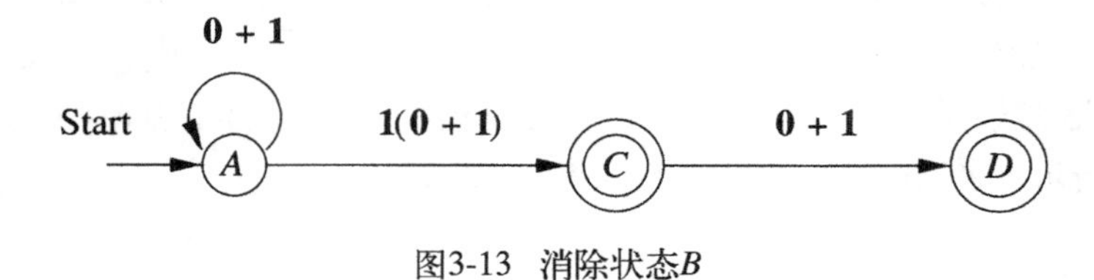

图3-13　消除状态B

现在必须分支，在不同的化简过程中消除状态C和D。为了消除状态C，采用的机制与上面消除状态B的机制类似，得到的自动机如图3-14所示。

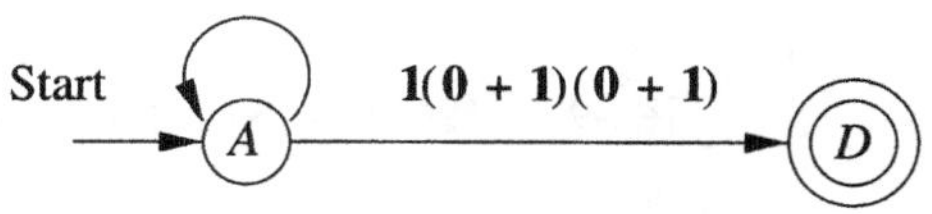

图3-14　带状态A和D的两状态自动机

就图3-9的一般两状态自动机而言，从图3-14得出的正则表达式是：$R = \mathbf{0} + \mathbf{1}$，$S = \mathbf{1}(\mathbf{0} + \mathbf{1})\,(\mathbf{0} + \mathbf{1})$，$T = \varnothing$以及$U = \varnothing$。表达式$U^*$可换成$\varepsilon$，即在连接中被消除；理由是$\varnothing^* = \varepsilon$，上面讨论过了。另外，表达式$SU^*T$等价于$\varnothing$，因为连接项之一$T$是$\varnothing$。因此在这种情形下，一般表达式$(R + SU^*T)^*SU^*$就化简为$R^*S$，即$(\mathbf{0} + \mathbf{1})^*\,\mathbf{1}(\mathbf{0} + \mathbf{1})(\mathbf{0} + \mathbf{1})$。非形式化地说，这个表达式的语言是：结尾是1的任意串后面跟着两个符号，要么是0要么是1。这个语言是图3-11的自动机所接受的串的一部分，即倒数第三位是1的那些串。

101

现在再从图3-13开始消除状态D，而不是消除状态C。由于D没有后继状态，检查图3-7说明箭弧没有变化，消除了从C到D的箭弧以及状态D。得到的两状态自动机如图3-15所示。

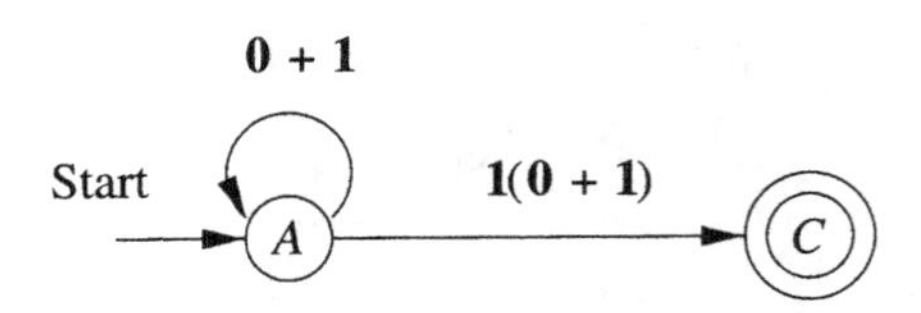

图3-15　消除D得到的两状态自动机

这个自动机非常类似于图3-14的自动机；只有从初始状态到接受状态的箭弧上的标记是不同的。因此，可以应用两状态自动机的规则，化简表达式得到$(\mathbf{0} + \mathbf{1})^*\mathbf{1}(\mathbf{0} + \mathbf{1})$。这个表达式表示这个自动机接受的其他类型的串：倒数第二位是1的那些串。

剩下来的只是求两个表达式之和，以得到图3-11的整个自动机的表达式。这个表达式是

$$(\mathbf{0} + \mathbf{1})^*\mathbf{1}(\mathbf{0} + \mathbf{1}) + (\mathbf{0} + \mathbf{1})^*\mathbf{1}(\mathbf{0} + \mathbf{1})(\mathbf{0} + \mathbf{1})$$

□

设定消除状态的顺序

在例3.6中看到，当一个状态既不是初始状态也不是接受状态时，在所有导出的自动机中它们都被消除了。因此，与3.2.1节描述的正则表达式的机械生成相比，状态消除过程的优点之一是，可以首先消除既不是初始状态也不是接受状态的所有状态，一劳永逸。只有在需要消除某些接受状态时，才需要开始重复化简工作。

即使这样，也可以把某些工作组合起来。例如，如果有三个接受状态p、q和r，就可以消除p，然后分支来消除q或r，因此分别产生接受状态r和q的自动机。然后再从所有三个接受状态开始，消除q和r，来得到p的自动机。

3.2.3　把正则表达式转化为自动机

现在完成图3-1中的计划，证明：每一个对于某个正则表达式R来说是$L(R)$的语言L，也就是对于某个ε-NFA E来说是$L(E)$。这个证明是在表达式R上的结构归纳法。首先证明如何为基础表达式（单个符号、ε和$\varnothing$）构造自动机。然后证明如何把这些自动机组合成更大的自动机，来接受较小自动机接受的语言的并、连接或闭包。

102

构造出来的所有自动机都是具有单个接受状态的ε-NFA。

定理3.7　每一个用正则表达式来定义的语言也可用有穷自动机来定义。

证明　假设对于正则表达式R来说，$L = L(R)$。证明对于某个ε-NFA E来说，$L = L(E)$，其中E满足：

1. 恰有一个接受状态。
2. 没有箭弧进入初始状态。
3. 没有箭弧离开接受状态。

这个证明采用R上的结构归纳法，遵循3.1.2节给出的正则表达式的递归定义。

基础：基础有三个部分，如图3-16所示。在a)部分中，看到如何处理表达式ε。容易看出这个自动机的语言是$\{\varepsilon\}$。b)部分说明对应于$\varnothing$的构造。显然没有从初始状态到接受状态的路径，所以$\varnothing$是这个自动机的语言。最后，c)部分给出了正则表达式$\mathbf{a}$对应的自动机。这个自动机的语言显然包含一个串a，这也是$L(\mathbf{a})$。容易验证，这些自动机都满足归纳假设的条件(1)、(2)和(3)。

103

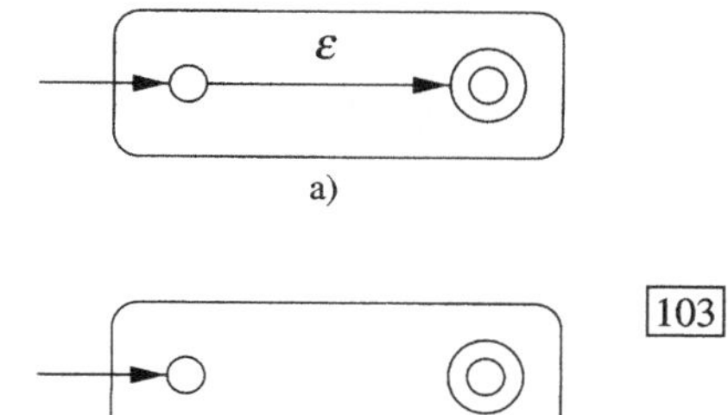

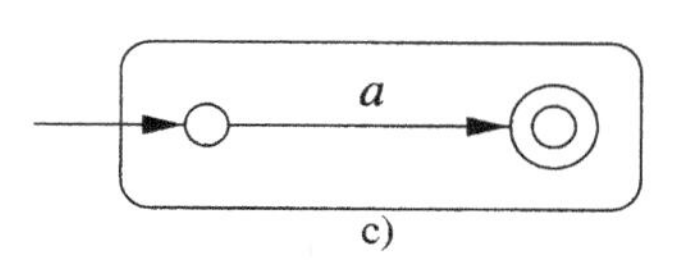

c)

图3-16　从正则表达式到自动机的构造的基础

归纳：归纳的三个部分如图3-17所示。假设对于给定正则表达式的直接子表达式定理的命题都成立；也就是说，这些子表达式的语言也是一些具有单个接受状态的ε-NFA的语言。四种情形是：

1. 对于某些较小的表达式R和S来说，表达式是$R + S$。于是图3-17a的自动机就适用。也就是说，从新的初始状态开始，要么进入R的自动机的初始状态，要么进入S的自动机的初始状态。然后分别沿着由某个属于$L(R)$或属于$L(S)$的串标记的路径，到达这两个自动机之一的接受状态。一旦到达R或S的自动机的接受状态，就沿着一个ε箭弧到达新自动机的接受状态。因此，图3-17a中自动机的语言是$L(R)\cup L(S)$。

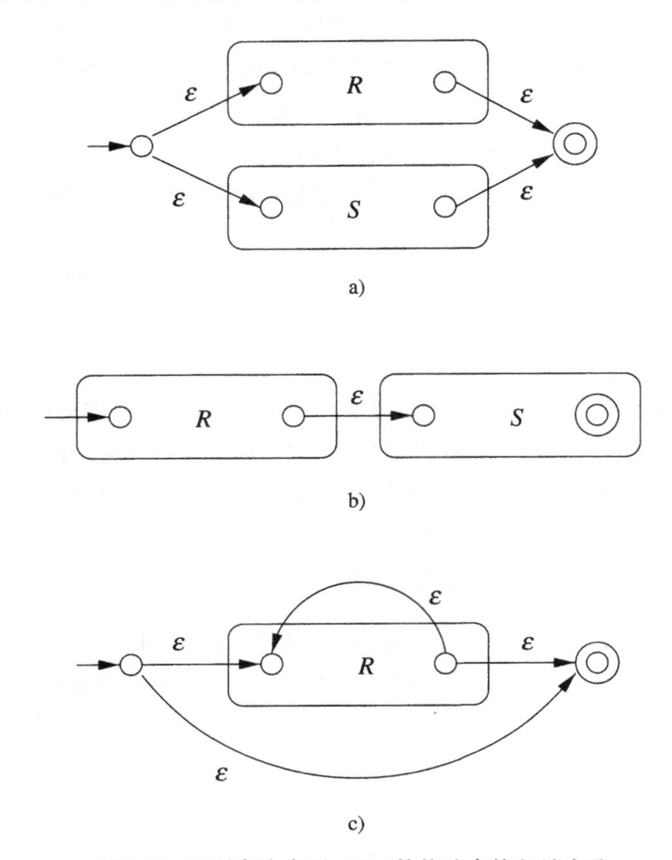

图3-17　正则表达式到ε-NFA的构造中的归纳步骤

2. 对于某些较小的表达式R和S来说，表达式是RS。连接运算对应的自动机如图3-17b所示。注意，第一个自动机的初始状态成为整个自动机的初始状态，第二个自动机的接受状态成为整个自动机的接受状态。想法是，从初始状态到接受状态的唯一路径，首先经过R的自动机，这里必须沿着由属于$L(R)$的串标记的路径，然后经过S的自动机，这里沿着由属于$L(S)$的串标记的路径。因此，图3-17b的自动机中的路径是所有并且只有由属于$L(R)L(S)$的串标记的路径。

104

3. 对于某个较小的表达式R来说，表达式是R^*。于是使用图3-17c的自动机。这个自动机允许：

   (a) 沿着带ε标记的路径，直接从初始状态到达接受状态。这条路径允许接受ε，ε属于$L(R^*)$，无论表达式R是什么。

   (b) 一次或多次经过R的自动机，到达这个自动机的初始状态，然后到达接受状态。这组路径允许接受属于$L(R)$、$L(R)L(R)$、$L(R)L(R)L(R)$等的串，因此覆盖了$L(R^*)$中可能除ε以外的所有的串，(3a)中提到的直接到达接受状态的箭弧覆盖了ε。

4. 对于某个较小的表达式R来说，表达式是(R)。R的自动机也适合作为(R)的自动机，因为括号不改变表达式所定义的语言。

一个简单的事实是，所构造的自动机满足归纳假设中给定的三个条件：一个接受状态、没有进入初始状态或离开接受状态的箭弧。 □

例3.8 把正则表达式$(\mathbf{0}+\mathbf{1})^*\mathbf{1}(\mathbf{0}+\mathbf{1})$ 转化成ε-NFA。第一步是构造$\mathbf{0}+\mathbf{1}$的自动机。使用两个根据图3-16c构造的自动机，一个在箭弧上带标记**0**，另一个带标记**1**。然后用图3-17a的并构造把这两个自动机组合起来。结果如图3-18a所示。

下一步，对图3-18a应用图3-17c的星构造。这个自动机如图3-18b所示。最后两步涉及应用图3-17b的连接构造。首先，把图3-18b的自动机与另一个自动机连接起来，把另外这个自动机设计为只接受串1。这个自动机是图3-16c的基础构造的另一次应用，在箭弧上带标记**1**。注意，必须构造一个*新*自动机来识别1；一定不能用作为图3-18a一部分的1的自动机。在连接运算中的第

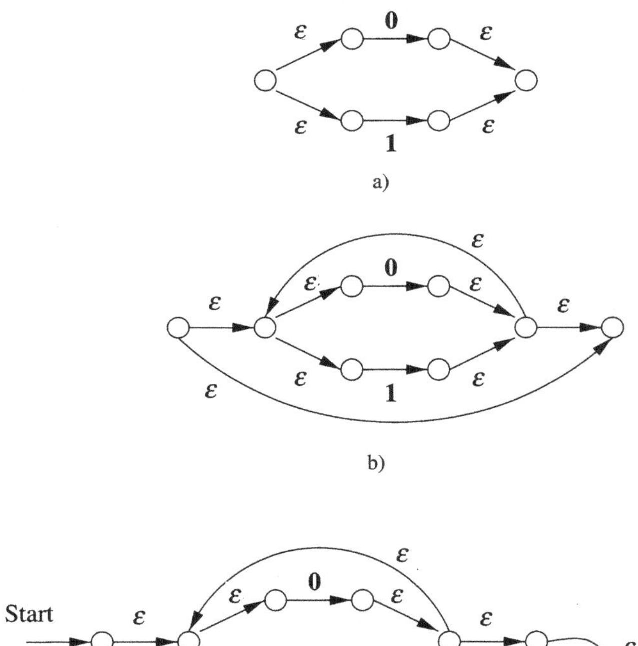

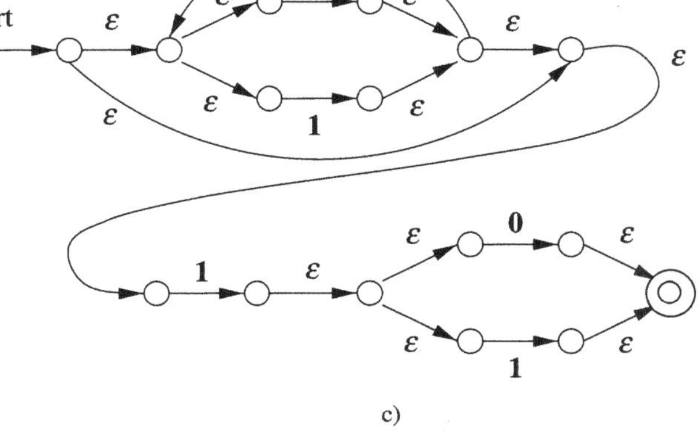

图3-18　根据例3.8构造的自动机

106　三个自动机是另一个**0 + 1**的自动机。同样，必须构造图3-18a的自动机的一个副本；一定不能用成为图3-18b一部分的相同副本。完整的自动机如图3-18c所示。注意，当删除ε转移后，这个ε-NFA看上去就像图3-15的简单得多的自动机，这个自动机也接受在倒数第二位是1的串。□

3.2.4 习题

习题3.2.1　下面是一个DFA的转移表：

	0	1
$\to q_1$	q_2	q_1
q_2	q_3	q_1
$*q_3$	q_3	q_2

* a) 给出所有正则表达式 $R_{ij}^{(0)}$。*注意*：认为状态q_i好像是具有整数编号i的状态。
* b) 给出所有正则表达式 $R_{ij}^{(1)}$。试着尽量化简这些表达式。

c) 给出所有正则表达式 $R_{ij}^{(2)}$。试着尽量化简这些表达式。

d) 给出这个自动机的语言的正则表达式。

* e) 构造这个DFA的状态转移图，通过消除状态q_2，给出其语言的正则表达式。

习题3.2.2　对下列DFA重复习题3.2.1：

	0	1
$\to q_1$	q_2	q_3
q_2	q_1	q_3
$*q_3$	q_2	q_1

注意，对于这个习题来说，部分(a)、(b)和(e)*无解*。

习题3.2.3　把下列DFA转化成正则表达式，用3.2.2节的状态消除技术。

	0	1
$\to *p$	s	p
q	p	s
r	r	q
s	q	r

107　**习题3.2.4**　把下列正则表达式转化成带ε转移的NFA。

* a) $\mathbf{01}^*$。

b) $(\mathbf{0}+\mathbf{1})\mathbf{01}$。

c) $\mathbf{00}(\mathbf{0}+\mathbf{1})^*$。

习题3.2.5　消除习题3.2.4的ε-NFA的ε转移。(a)部分的解出现在本书的网页上。

! 习题3.2.6　设$A = (Q, \Sigma, \delta, q_0, \{q_f\})$是一个ε-NFA，使得既没有进入$q_0$的转移，也没有离开$q_f$的转移。就$L = L(A)$而言，描述$A$的每一个下列修改所接受的语言：

* a) 通过增加从q_f到q_0的ε转移，从A构造的自动机。
* b) 通过增加从q_0到每个从q_0可达（沿着标记包含Σ中符号和ε的路径）的状态的ε转移，从A构造的自动机。

c) 通过增加从每个能沿着某条路径到达q_f的状态到q_f的ϵ转移，从A构造的自动机。

d) 通过同时做(b)和(c)的修改从A构造的自动机。

!! 习题3.2.7 把正则表达式转化为ϵ-NFA的定理3.7的构造，有些地方可以化简。这里有三处：

1. 对于并运算符，不是构造新的初始状态和接受状态，而是把两个初始状态合并成一个具备两个初始状态的所有转移的状态。同样，合并两个接受状态，让所有的转移相应地进入合并状态。
2. 对于连接运算符，把第一个自动机与第二个自动机的接受状态合并。
3. 对于闭包运算符，只是增加从接受状态到初始状态的以及反方向的ϵ转移。

每一个这种化简本身仍然产生正确的构造；也就是说，对于任何正则表达式，得出的ϵ-NFA接受这个表达式的语言。变化(1)、(2)和(3)的哪些子集可以一起用在构造中，对于每一个正则表达式，仍然产生正确的自动机？

***!! 习题3.2.8** 给出一个算法：输入一个DFA A，对于给定的n（与A的状态个数无关），计算出A所接受的长度为n的串的个数。这个算法应当对于n和A的状态数来说都是多项式的。提示：使用定理3.4的构造所提示的技术。

108

3.3 正则表达式的应用

对于搜索文本中模式的应用来说，正则表达式是一种选择媒介，给出了要识别模式的“图像”。然后在后台正则表达式被编译成确定型自动机或非确定型自动机，再通过模拟自动机来产生识别文本中模式的程序。本节考虑两类重要的基于正则表达式的应用：词法分析器和文本搜索。

3.3.1 UNIX中的正则表达式

在理解应用之前，先介绍UNIX的扩展正则表达式记号。这种记号给出了许多附加功能。事实上，这种UNIX扩展包含了某些特征，特别是命名和引用已经与模式匹配了的前面的串的能力，这实际上允许识别非正则语言。这里不会考虑这些特征，而是仅仅介绍一些允许紧凑地书写复杂正则表达式的缩写。

对正则表达式记号的第一项增强涉及这样的事实：大多数实际应用都处理ASCII字符集。本书中的例子通常使用小字母表，比如{0, 1}。只存在两种符号，这允许书写紧凑的表达式，比如**0** + **1**就表示“任意字符”。但是，假如有128种字符，同样的表达式就要涉及列出所有字符，这非常不便于书写。因此，UNIX正则表达式允许书写*字符类*来尽可能紧凑地表示大的字符集。字符类的规则是：

- 符号.（点）表示“任意字符”。
- 序列$[a_1a_2\cdots a_k]$表示正则表达式

$$a_1 + a_2 + \cdots + a_k$$

这个记号大约节省一半字符，因为无须书写+（加号）。例如，C语言比较运算所用的4种字符表示成`[<>=!]`。

- 在方括号之间规定形如$x-y$的范围，表示ASCII序列中从x到y的所有字符。由于数字按顺序编码，大写字母和小写字母也这样，所以只用很少输入就能表示真正关心的许多字符类。例如，数字表示成`[0-9]`，大写字母表示成`[A-Z]`，所有字母和数字的集合表示成`[A-Za-z0-9]`。如果要在字符列表中包含负号，就放在开头或结尾，这样不会与字母范围的形式相混淆。例如，要形成带符号的十进制数，所用的数字集合以及点、加号和负号等表示成`[-+.0-9]`。方括号或者在UNIX正则表达式中有特殊意义的其他字符，表示成在对应字符前加一个斜杠（\）。

109

- 几种最常见的字符类有特殊记号。例如：
  a) `[:digit:]`是十进制数字集合，与`[0-9]`相同㊀。
  b) `[:alpha:]`表示任何字母字符，与`[A-Za-z]`相同。
  c) `[:alnum:]`表示数字和字母（字母和数字字符），与`[A-Za-z0-9]`相同。

另外，有几个在UNIX正则表达式中使用的运算符，前面还没有遇到过。这些运算符不扩大所表示的语言范围，但有时更容易表达所要表达的东西。

1. 用|代替+来表示并。
2. 运算?表示“0个或1个”。因此，UNIX中R?与本书正则表达式记号中$\varepsilon + R$一样。
3. 运算+表示“1个或多个”。因此，UNIX中R+与本书中RR^*一样。
4. 运算$\{n\}$表示“n个副本”。因此，UNIX中$R\{5\}$是$RRRRR$的缩写。

注意，UNIX正则表达式允许用括号来对子表达式分组，与3.1.2节描述的正则表达式完全一样，并且采用同样的运算符优先级（考虑优先级时，?、+和$\{n\}$按*对待）。UNIX中使用星运算符*（当然不再是上标）与本书前面所用的意思相同。

UNIX正则表达式的完整故事

想要得到UNIX正则表达式记号中可用运算符与缩写的完整列表的读者，可在各种命令的手册页上找到这些列表。UNIX各种版本之间有一些差别，但像`man grep`这样的命令，会给出`grep`命令所用的记号，这是基本的。顺便说一下，“Grep”表示“Global（search for）Regular Expression and Print”。

3.3.2　词法分析

一项最早的正则表达式应用，是规定称为“词法分析器”的编译器部件。这个部件扫描源程序，识别所有的记号（token），即在逻辑上成为一体的连续字符的子串。关键字和标识符都是记号的常见例子，但还有许多其他例子。

110

UNIX命令`lex`和GNU版本的`flex`都接受UNIX风格的正则表达式列表作为输入，每个正则表达式后面跟着花括号内的一节代码，当词法分析器发现记号实例时，代码指示词法分析器如何工作。这样的工具称为*词法分析器生成器*，因为把词法分析器的高层描述作为输入，由此产

㊀ `[:digit:]`记号有这样的优点，如果使用某种非ASCII编码，包括不对数字连续编码的编码，`[:digit:]`仍然表示`[0123456789]`，而`[0-9]`表示在0到9（含0和9）的编码之间编码的字符。

生正确的词法分析器函数。

已经发现，像lex和flex这样的命令非常有用，因为正则表达式记号恰好具备了描述记号所需要的能力。这些命令能够利用从正则表达式到自动机的转换过程来生成有效的函数，把源程序分解成记号。这使得实现一个词法分析器只要半天工夫，而在开发这些基于正则表达式的工具之前，手工生成词法分析器要花费数月时间。而且，如果出于任何理由需要修改词法分析器，修改一两个正则表达式常常就是简单的工作，不再需要深入神秘的代码来改正错误。

例3.9 图3-19中是lex命令的部分输入的一个例子，描述了C语言中发现的一些记号。第一行处理关键字else，动作是返回一个符号常量（在这个例子中是ELSE）给语法分析器进一步处理。第二行包含一个正则表达式描述标识符：一个字母跟着零个或多个字母或数字。动作是首先把这个标识符输入到符号表（如果这个标识符还没有在那里的话）；lex在一个缓冲区中单列出所发现的这个记号，所以这段代码确切地知道发现了什么标识符。最后，词法分析器返回符号常量ID，在这个例子中选择用ID表示标识符。

```
else                        {return(ELSE);}

[A-Za-z][A-Za-z0-9]*        {把发现的标识符输入
                             到符号表中的代码;
                             return(ID);
                            }

>=                          {return(GE);}

=                           {return(ASGN);}

...
```

图3-19 lex输入的例子

图3-19的第三项是符号>=，一个双字符运算符。显示的最后一个例子是符号=，一个单字符运算符。在实际中可能出现描述每一个关键字、每一个符号和标点符号（比如逗号和括号）以及各种常量（比如数与串）的表达式。这些表达式大多是非常简单的，只是一个或多个具体字符的序列。但是，有一部分带有一些标识符的风格，要用正则表达式记号的所有能力来描述。整数、浮点数、字符串以及注释都是串集合的其他例子，都得益于像lex这样的命令的正则表达式能力。 □

111

把一组表达式（比如图3-19所示的这些）转化成自动机，大致上像在前几节中形式化地描述的那样来进行。首先构造这些表达式的并的自动机。这个自动机原则上只说明已经识别出了一些记号。但是，如果遵循定理3.7对于表达式并的构造，则这个ε-NFA状态恰好说明已经识别了哪些记号。

唯一的问题是一次可能识别出多个记号；例如，串else不仅匹配正则表达式**else**，而且也匹配标识符表达式。标准解决办法是让词法分析器优先处理先列出的表达式。因此，如果要让像else这样的关键字成为保留的（不能用作标识符），就简单地把这些关键字列在标识符表达式的前面。

3.3.3 查找文本中的模式

在2.4.1节介绍了这样的概念，就是可以用自动机在大的库（比如Web）中有效地查找一些单词的集合。这样做的工具和技术不像词法分析器那样丰富，但对于查找有趣的模式来说，正则表达式记号是有价值的。正如对于词法分析器那样，从自然的描述性的正则表达式记号到一种有效的（基于自动机的）实现，这样的转换能力节省了大量的脑力劳动。

112 已经发现，正则表达式技术有用的一般问题是，对文本中模糊定义的模式类的描述。描述的模糊性实际上保证了不必一开始就正确地描述模式——也许永远也不能恰好得出正确的描述。通过使用正则表达式记号，只用很少的努力来从高层去描述模式，在出错时快速地修改模式，这些都变得容易了。对于把写出的表达式转化成可执行代码来说，正则表达式“编译器”是有用的。

来探讨一个在许多Web应用中出现的问题的扩展例子。假设要扫描非常大量的Web页面并探测出地址。可能只是想建立邮件地址表。或者，也许是在尝试根据地点来对业务进行分类，使得能够回答像“替我找一家在我目前位置10分钟车程之内的饭馆”这样的查询。

具体就会把注意力集中到街道的地址上。什么是街道的地址？需要设法解决这个问题，而且如果在测试软件时发现遗漏了某些情形，就需要修改表达式以捕捉所遗漏的情形。首先，街道地址可能以“Street”（大街）或缩写“St.”来结尾。但是，有些人住在“Avenues”（大道）或“Roads”（大路）上，这些也可能在地址中有缩写。因此，可能把类似于

```
Street|St\.|Avenue|Ave\.|Road|Rd\.
```

这样的东西作为正则表达式的结尾。在上述表达式中，使用了UNIX风格的记号，用垂直竖线而不是+作为并运算符。还要注意，用前面一个反斜杠来对点进行转义，因为在UNIX表达式中点具有“任意字符”的特殊含义，而在这个例子中，其实只想用句点或“点”字符来结束这三个缩写。

像Street这样的指称前面必须有街道的名称。通常，这个名称是一个大写字母跟着一些小写字母。可以用UNIX表达式[A-Z][a-z]*来描述这个模式。但有些街道的名字包含多个单词，比如华盛顿特区的Rhode Island Avenue（罗得岛大道）。因此，在发现遗漏了这种形式的地址之后，就可以把街道名称的描述修订为

```
'[A-Z][a-z]*( [A-Z][a-z]*)*'
```

上述表达式以一个组来开头，包含一个大写字母和零个或多个小写字母。后面跟着零个或多个组，每组都包含一个空格、另一个大写字母以及零个或多个小写字母。空格是UNIX表达式中的普通字符，但为了避免让上述表达式看起来像一条UNIX命令行中用空格分开的两个表达式，就要用引号把整个表达式都括起来。引号并不是表达式本身的一部分。

现在，要包括门牌号作为地址的一部分。大多数门牌号都是一个数字串。但有些后面跟着

113 一个字母，比如在“123A Main St.”中。因此，用来表示门牌号的表达式有一个可选的大写字

母跟在后面：[0-9]+[A-Z]?。注意，用UNIX+运算符表示“一个或多个”数字，用?运算符表示“零个或一个”大写字母。为街道地址开发的整个表达式是：

```
'[0-9]+[A-Z]? [A-Z][a-z]*( [A-Z][a-z]*)*
(Street|St\.|Avenue|Ave\.|Road|Rd\.)'
```

如果用这个表达式来工作，就会做得相当好。但逐渐会发现我们遗漏了：

1. 那些不叫大街、大道或大路的街道。例如，会遗漏“Boulevard”“Place”“Way”及其缩写。
2. 完全是数字或部分是数字的街道名称，如“42nd Street”（第42大街）。
3. 邮政信箱和乡村投递路线。
4. 不以任何像“Street”这样的字样来结尾的街道名称。一个例子是硅谷的El Camino Real。作为西班牙语的“皇家大路”，说“El Camino Real Road”是多余的，所以就需要处理像“2000 El Camino Real”这样的完整地址。
5. 所有还没有想到的各种奇怪东西。读者能想出一些吗？

因此，有了一个正则表达式编译器，就能让缓慢收敛到一个完整地址识别器的过程，比不得不直接用常规的程序设计语言来对每个修改去重写代码，更容易一些。

3.3.4 习题

！习题3.3.1　给出一个正则表达式，来描述所能想到的所有不同形式的电话号码。考虑国际号码以及不同国家有不同位数的区号和本地电话号码。

!! 习题3.3.2　给出一个正则表达式，来表示在招聘广告中可能出现的薪水。考虑可能按小时、周、月或年发放的薪水。这些薪水可能有也可能没有$（如美元）符号或其他单位（如后面跟着的“K”）。可能有一个或多个邻近的单词标志着薪水。提示：查看报纸上的分类广告或在线职位列表，来获得一些关于什么样的模式可能有用的想法。

！习题3.3.3　在3.3.3节末尾给出了一些例子，都是关于描述地址的正则表达式的可能的改进。修改那里开发的表达式，以包括所有提到的选项。

114

3.4 正则表达式代数定律

例3.5中看到，需要对正则表达式进行化简，以保持表达式长度适合处理。在那里，给出了一些专门论证，说明为什么可以把一个表达式换成另一个。在所有情形下，基本问题都是：在定义相同语言的意义下，这两个表达式是*等价的*。本节中给出一组代数定律，把两个正则表达式何时等价的问题提到更高的层次上。不检查具体的正则表达式，而考虑以变量作为参数的成对的正则表达式。如果把两个带变量表达式的变量换成任意语言，这两个表达式的结果是相同的语言，则这两个表达式是*等价的*。

这种过程在算术代数中的一个例子如下。说$1 + 2 = 2 + 1$是一个方面。这是加法交换律的一个例子，容易验证，在两边做加法运算得到3=3。但*加法交换律*却包含得更多，这条定律说：$x + y = y + x$，其中x和y都是可以代换成任意两个数的变量。也就是说，无论哪两个数相加，无论以什么顺序相加，都得到相同的结果。

与算术表达式一样，正则表达式有许多适用的定律。如果把并当作加法，把连接当作乘法，则许多这样的定律都与算术定律类似。但有少数地方这种类比不成立，也有一些定律适合于正则表达式，而没有对应的算术定律，特别是当涉及闭包运算符时。下面几节构成了主要定律的分类目录。最后讨论，如何验证一条所谓的正则表达式定律是否真的是一条定律，即它对于可能替换变量的任意语言都成立。

3.4.1 结合律与交换律

*交换律*是运算符的这样一种性质：可以交换运算对象的顺序而得出相同的结果。上面给出了一个算术的例子：$x + y = y + x$。*结合律*是运算符的这样一种性质：允许在运算符被应用两次时对运算对象进行重新分组。例如，乘法结合律是$(x \times y) \times z = x \times (y \times z)$。这里是三条对于正则表达式成立的这些类型的定律。

- $L + M = M + L$。该定律（*并的交换律*）说：可以用任意顺序来取两个语言的并。
- $(L + M) + N = L + (M + N)$。该定律（*并的结合律*）说：可以通过先取前两个语言的并或者先取后两个语言的并，来取三个语言的并。注意，加上并的交换律，就得出：以任意顺序和任意分组来取任意一组语言的并，结果都是相同的。从直观上说，一个串属于$L_1 \cup L_2 \cup \cdots \cup L_k$，当且仅当这个串属于一个或多个$L_i$。

115

- $(LM)N = L(MN)$。该定律（*连接的结合律*）说：可以通过先连接前两个语言或者先连接后两个语言，来连接三个语言。

这个表中遗漏的是$LM = ML$，该“定律”说：连接是交换的。但这条“定律”是假的。

例3.10　考虑正则表达式**01**和**10**。这些表达式分别表示语言$\{01\}$和$\{10\}$。由于这两个语言是不同的，所以一般的定律$LM = ML$不成立。如果这个定律成立，则用正则表达式**0**替换L，用**1**替换M，就错误地得出**01** = **10**。□

3.4.2 单位元与零元

运算符的*单位元*是这样一个值：使得当运算符作用到单位元和某个其他值时，结果就是那个其他值。例如，0是加法的单位元，因为$0 + x = x + 0 = x$；1是乘法的单位元，因为$1 \times x = x \times 1 = x$。运算符的*零元*（*零化子*）是这样一个值：使得当运算符作用到零元和某个其他值时，结果就是这个零元。例如，0是乘法的零元，因为$0 \times x = x \times 0 = 0$。加法没有零元。

对于正则表达式，有三条涉及这两个概念的定律，这些定律列出如下：

- $\phi + L = L + \phi = L$。这条定律断言：ϕ是并运算的单位元。
- $\varepsilon L = L\varepsilon = L$。这条定律断言：$\varepsilon$是连接运算的单位元。
- $\phi L = L\phi = \phi$。这条定律断言：ϕ是连接运算的零元。

这些定律是化简的有力工具。例如，如果有几个表达式的并，其中一些是ϕ或已经化简为ϕ，则可以从这个并中去掉这些ϕ。同样，如果有几个表达式的连接，其中一些是ε或已经化简为ε，则可以从这个连接中去掉这些ε。最后，如果有任意多个表达式的连接，即使其中一个是ϕ，则整个连接都可以换成ϕ。

3.4.3 分配律

分配律涉及两个运算符，并断言：可以把一个运算符下推，分别作用到另一个运算符的每个参数上。从算术来的最普通例子是乘法对加法的分配律，也就是说，$x \times (y + z) = x \times y + x \times z$。由于乘法是交换的，所以乘是在和的左边还是右边，这都是无关紧要的。但对于正则表达式，有一条对应的定律却必须以两种形式来叙述，因为连接不是交换的。这两条定律是：

116

- $L(M + N) = LM + LN$。这条定律是连接对于并的*左分配律*。
- $(M + N)L = ML + NL$。这条定律是连接对于并的*右分配律*。

我们来证明一下这条左分配律，类似地证明另一个。这个证明只提到语言，并不依赖于这些语言具有正则表达式。

定理3.11 如果L、M和N是任意语言，则

$$L(M \cup N) = LM \cup LN$$

证明 这个证明类似于定理1.10中看到的另一个关于分配律的证明。需要先证明：一个串w属于$L(M \cup N)$，当且仅当这个串属于$LM \cup LN$。

（仅当）如果w属于$L(M \cup N)$，则$w = xy$，其中x属于L，而y属于M或N。如果y属于M，则xy属于LM，因此属于$LM \cup LN$。同样，如果y属于N，则xy属于LN，因此属于$LM \cup LN$。

（当）假设w属于$LM \cup LN$，则w属于LM或LN。首先假设w属于LM，则$w = xy$，其中x属于L，而y属于M。由于y属于M，y也属于$M \cup N$。因此xy属于$L(M \cup N)$。如果w不属于LM，则w肯定属于LN，同样的论证就证明了w属于$L(M \cup N)$。 □

例3.12 考虑正则表达式$\mathbf{0} + \mathbf{01}^*$。可从这个并表达式中“提出一个$\mathbf{0}$因子”，但首先需要认识到，$\mathbf{0}$本身就是0与某个东西（即$\varepsilon$）的连接。也就是说，用连接运算的单位元定律把$\mathbf{0}$换成$\mathbf{0}\varepsilon$，给出表达式$\mathbf{0}\varepsilon + \mathbf{01}^*$。现在，应用左分配律把这个表达式换成$\mathbf{0}(\varepsilon + \mathbf{1}^*)$。如果进一步认识到，$\varepsilon$属于$L(\mathbf{1}^*)$，就会注意到$\varepsilon + \mathbf{1}^* = \mathbf{1}^*$，整个表达式化简为$\mathbf{01}^*$。 □

3.4.4 幂等律

如果把一个运算符作用到两个相同的参数值，结果还是那个值，就说这个运算是*幂等的*。普通算术运算符都不是幂等的；在一般情况下，$x + x \neq x$且$x \times x \neq x$（尽管对于x的某些值，这些等式成立，比如$0 + 0 = 0$）。但并和交都是幂等运算符的常见例子。因此，对于正则表达式，可以断言下面的定律：

117

- $L + L = L$。这条定律（*并的幂等律*）说：如果取两个相同表达式的并，就可以用一个这种表达式来代替这个并。

3.4.5 与闭包有关的定律

有许多定律都涉及闭包运算符及其UNIX变种 + 和?。这里列出这些定律，并给出一些解释，

说明为什么这些定律为真。

- $(L^*)^* = L^*$。这条定律说：对一个已经取过闭包的表达式取闭包，并不改变这个语言。$(L^*)^*$的语言是通过连接属于语言L^*的串产生的所有的串。但这些串本身都是从L的串合成的。因此，属于$(L^*)^*$的串也是一些L的串的连接，因此属于L^*的语言。
- $\varnothing^* = \varepsilon$。例3.6中讨论过，$\varnothing$的闭包只含串$\varepsilon$。
- $\varepsilon^* = \varepsilon$。容易验证，通过连接任意多个空串形成的唯一的串就是空串本身。
- $L^+ = LL^* = L^*L$。回忆一下，把L^+定义为$L + LL + LLL + \cdots$。而且$L^* = \varepsilon + L + LL + LLL + \cdots$。因此，

$$LL^* = L\varepsilon + LL + LLL + LLLL + \cdots$$

当记住$L\varepsilon = L$时，就看出LL^*和L^+的无穷展开式是相同的。这就证明了$L^+ = LL^*$。$L^+ = L^*L$的证明是类似的[⊖]。

- $L^* = L^+ + \varepsilon$。证明是容易的，因为L^+的展开式包含了L^*的展开式中除ε外的每一项。注意，如果语言L包含串ε，则附加的“$+\varepsilon$”项是不必要的；也就是说，在这种特殊情形下，$L^+ = L^*$。
- $L? = \varepsilon + L$。这条规则其实就是?运算符的定义。

3.4.6 发现正则表达式定律

形式化或非形式化地证明了上述每一条定律。但可能提出无穷多种关于正则表达式的定律。有没有让正确定律容易被证明的一般方法？事实是，一条定律的真假归结为两个具体语言的相等性的问题。有趣的是，这种技术与正则表达式运算符紧密相连，不能推广到包含某些其他运算符（如交运算符）的表达式。

118

为了看出这种检验如何起作用，我们来考虑一条所谓的定律，比如

$$(L + M)^* = (L^*M^*)^*$$

这条定律说：如果有任意两个语言L和M，则取L和M的并的闭包，与取语言L^*M^*的闭包，都得到相同的语言，也就是说，从L选择零个或多个串，后面跟着从M选择零个或多个串，这样合成的所有的串，并且取这个语言的闭包。

为了证明这条定律，首先假设：串w属于语言$(L + M)^*$[⊜]。于是对于某个k，可以写$w = w_1 w_2 \cdots w_k$，其中每个w_i属于L或M。由此得出每个w_i属于语言L^*M^*。证明如下，如果w_i属于L，就从L选出一个串w_i，这个串也属于L^*。不从M选出任何串；也就是说，从M^*选出ε。如果w_i属于M，则论证是类似的。一旦看出每一个w_i都属于L^*M^*，就得出w属于这个语言的闭包。

要完成证明，还要证明反方向：属于$(L^*M^*)^*$的串也属于$(L + M)^*$。省略这部分的证明，因为我们的目的不是证明这条定律，而是注意到正则表达式的下述重要性质。

通过把每个变量都当作一个不同的符号，就把任何带变量的正则表达式都看作一个具体的

⊖ 注意，结果就是任何语言L都与自身的闭包（在连接运算下）相交换：$LL^* = L^*L$。这条规则并不与连接运算在一般情况下不交换这个事实相矛盾。

⊜ 为简单起见，把正则表达式与其语言等同起来，避免在每个正则表达式后面说“……的语言”。

正则表达式，即一个没有变量的正则表达式。例如，把表达式$(L + M)^*$的变量L和M分别换成符号a和b，就给出正则表达式$(\mathbf{a} + \mathbf{b})^*$。

这个具体表达式的语言指示了这样的串的形式，当把变量换成语言时，这些串属于从原表达式所形成的任何语言。因此，在对$(L + M)^*$的分析中，要注意到，用一系列从L或M的选择来合成的任意串w，都属于语言$(L + M)^*$。通过查看具体表达式的语言$L((\mathbf{a} + \mathbf{b})^*)$（这个语言显然是$a$和$b$的所有的串的集合）就可以得出这个结论。在一个这样的串当中，可以用属于L的任意串来替换a的任意出现，用属于M的任意串来替换b的任意出现，对于a或b的不同出现，可能选择不同的串。把这些替换应用到属于$(\mathbf{a} + \mathbf{b})^*$的所有的串，就给出了通过以任意顺序连接$L$或$M$的串而形成的所有的串。

上述命题似乎是显然的，但在“正则表达式以外的检验的扩展可能失败”的方框中指出，当把一些其他运算符加入三种正则表达式运算符时，这个命题就不再为真。在下一个定理中对于正则表达式证明一般的原理。

119

定理3.13 设E是带变量$L_1, L_2, \cdots, L_m$的正则表达式。对于$i = 1, 2, \cdots, m$，通过把L_i的每次出现都换成符号a_i形成具体的正则表达式C。于是对于任意的语言$L_1, L_2, \cdots, L_m$，每一个属于$L(E)$的串w都可写成$w = w_1w_2\cdots w_k$，其中每个w_i都属于任意的语言之一（如L_{j_i}），而且串$a_{j_1}a_{j_2}\cdots a_{j_k}$属于语言$L(C)$。非形式化地说，从每个属于$L(C)$的串开始（如$a_{j_1}a_{j_2}\cdots a_{j_k}$），把每个$a_{j_i}$都换成对应语言$L_{j_i}$中的任意串，这样就构造出了$L(E)$。

证明 这个证明是表达式E上的结构归纳法。

基础：基础情形是：E为ε、$\emptyset$或变量L。在前两种情形下，没有什么要证明的，因为具体表达式C与E是相同的。如果E是变量L，则$L(E) = L$。具体表达式C就是$\mathbf{a}$，其中a是L对应的符号。因此，$L(C) = \{a\}$。如果在这一个串当中，用L中的任意串来替换符号a，就得到语言L，这个语言也是$L(E)$。

归纳：根据E的最终运算符，有三种情形。首先，假设$E = F + G$；即最终运算符是并。在这些语言表达式中用具体符号来替换语言变量，设这样从F和G分别形成的具体表达式是C和D。注意，在F和G中，都必须用同一个符号来替换同一个变量的所有出现。于是从E得到的具体表达式是$C + D$，并且$L(C + D) = L(C) + L(D)$。

假设当用具体语言来替换E的语言变量时，w是$L(E)$中的串。则w属于$L(F)$或$L(G)$。根据归纳假设，分别从$L(C)$或$L(D)$中一个具体的串开始，把符号换成对应语言中的串，这样就得到了w。因此，无论在哪种情形当中，从$L(C + D)$中一个具体的串开始，做同样的用串代替符号的替换，就构造出了串w。

还必须考虑E是FG或F^*的情形。但这些论证与上述并的情形是类似的，把这些论证留给读者来完成。 □

3.4.7 检验正则表达式代数定律

现在，可以叙述并证明对一条正则表达式定律是否为真的检验了。对于$E = F$是否为真的检验（其中E和F是两个带相同变量集合的正则表达式）是：

1. 把每个变量都换成一个具体符号，这样分别把E和F转化成具体的正则表达式C和D。

120

2. 检验是否$L(C) = L(D)$。如果是，则$E = F$是一条真的定律；否则，这条“定律”是假的。注意，直到4.4节才看到对两个正则表达式是否表示相同语言的检验。但可用专门方法来判定实际关心的成对语言的等价性。回忆一下，如果这些语言不相同，则给出一个反例（属于一个语言而不属于另一个语言的单个串）就足够了。

定理3.14 上述检验正确地识别真的正则表达式定律。

证明 要证明：对于替换E和F的变量的任意语言，$L(E) = L(F)$当且仅当$L(C) = L(D)$。

（仅当）假设对于替换变量的语言的所有选择，$L(E) = L(F)$。具体地说，对每个变量L，选择一个具体符号a在表达式C和D中替换L。于是对于这种选择，$L(C) = L(E)$，$L(D) = L(F)$。由于已知$L(E) = L(F)$，所以得出$L(C) = L(D)$。

（当）假设$L(C) = L(D)$。根据定理3.13，把$L(C)$和$L(D)$中串的具体符号分别换成这些符号所对应的语言，就分别构造出了$L(E)$和$L(F)$。如果$L(C)$和$L(D)$的串都是相同的，则用这种方式构造出的两个语言也是相同的；也就是说，$L(E) = L(F)$。 □

例3.15 考虑有待考察的定律$(L+M)^* = (L^*M^*)^*$。如果分别把变量L和M换成具体的符号a和b，就得到正则表达式$(\mathbf{a} + \mathbf{b})^*$和$(\mathbf{a}^*\mathbf{b}^*)^*$。容易验证，这两个表达式都表示$a$和$b$的所有的串的语言。因此，这些具体的表达式表示相同的语言，这条定律成立。

另一条定律的例子是，考虑$L^* = L^*L^*$。具体的语言分别是$\mathbf{a}^*$和$\mathbf{a}^*\mathbf{a}^*$，这两个集合各自都是a的所有的串。同样，发现这条定律成立；也就是说，一个闭包语言与自身的连接还是产生这个语言。

最后考虑有待考察的定律$L + ML = (L + M)L$。如果分别为变量L和M选择符号a和b，就有两个具体的正则表达式$\mathbf{a} + \mathbf{ba}$和$(\mathbf{a} + \mathbf{b})\mathbf{a}$。但这些表达式的语言不相同。例如，串$aa$属于后一个语言，但不属于前一个。因此，这条有待考察的定律为假。 □

正则表达式以外的检验的扩展可能失败

考虑一种包含交运算符的扩展正则表达式记号。有趣的是，把$\cap$加入三种正则表达式运算不扩大所描述的语言的集合，从定理4.8中会看到这一点。但是，这的确让代数定律的检验失效了。

考虑“定律”$L \cap M \cap N = L \cap M$；也就是说，任意三个语言的交等于前两个语言的交。这个“定律”明显是错的。例如，设$L = M = \{a\}$且$N = \varnothing$。但是基于变量具体化的检验就不能发现这个差别。也就是说，如果把L、M和N分别换成符号a、b和c，就会检验是否$\{a\} \cap \{b\} \cap \{c\} = \{a\} \cap \{b\}$。由于两边都是空集合，这个语言等式成立，所以这个检验得出了这个“定律”为真。

3.4.8 习题

习题3.4.1 验证下列关于正则表达式的恒等式。

* a) $R+S=S+R$。

b) $(R+S)+T=R+(S+T)$。

c) $(RS)T=R(ST)$。

d) $R(S+T)=RS+RT$。

e) $(R+S)T=RT+ST$。

* f) $(R^*)^*=R^*$。

g) $(\varepsilon+R)^*=R^*$。

h) $(R^*S^*)^*=(R+S)^*$。

！习题3.4.2　证明或推翻下列每个关于正则表达式的命题。

* a) $(R+S)^*=R^*+S^*$。

b) $(RS+R)^*R=R(SR+R)^*$。

* c) $(RS+R)^*RS=(RR^*S)^*$。

d) $(R+S)^*S=(R^*S)^*$。

e) $S(RS+S)^*R=RR^*S(RR^*S)^*$。

习题3.4.3　在例3.6中得出了正则表达式

$$\mathbf{(0+1)^*1(0+1)+(0+1)^*1(0+1)(0+1)}$$

用分配律得出两个不同但更简单的等价表达式。

121 ~ 122

习题3.4.4　在3.4.6节开头给出了$(L^*M^*)^*=(L+M)^*$的部分证明。完成这个证明，证明：凡属于$(L^*M^*)^*$的串也属于$(L+M)^*$。

！习题3.4.5　完成定理3.13的证明，处理正则表达式E形如FG或F^*的情形。

3.5　小结

- 正则表达式：这种代数记号恰好与有穷自动机描述相同的语言：正则语言。正则表达式运算符是：并、连接（或“点”）和闭包（或“星”）。
- 实用正则表达式：像UNIX这样的系统及其各种命令，使用扩展的正则表达式语言，提供了许多常见表达式的缩写。字符类允许容易地表达出符号集合，而像“至少一个”和“至多一个”这样的运算符，则增强了通常的正则表达式运算符。
- 正则表达式与有穷自动机的等价性：用归纳构造把DFA转化成正则表达式，其中构造出一些表达式作为路径标记，这些路径经过越来越大的状态集合。另一种方法是，用状态消除过程来构造DFA的正则表达式。反之，从正则表达式递归地构造出ε-NFA，然后如有必要就把ε-NFA转化成DFA。
- 正则表达式代数：正则表达式满足许多算术的代数定律，但有所不同。并和连接是结合的，但只有并是交换的。连接对于并是分配的。并是幂等的。
- 检验代数恒等式：对于一些包含变量作为变元的正则表达式，判断这些表达式的等价性是否成立，可把变量换成不同的常量，检验所得语言是否相同。

123

3.6 参考文献

正则表达式的思想以及与有穷自动机等价性的证明，是S. C. Kleene的著作[3]。但本书所给的从正则表达式到ε-NFA的构造，是来自[4]的“McNaughton-Yamada构造”。把变量当作常量来检验正则表达式恒等式，是J. Gischer[2]书面记录下来的。这份报告说明，增加其他几种运算，比如交或重组（见习题7.3.4），会导致检验失败，尽管这些运算并不扩大所表示的语言类，一般认为这些都是众所周知的。

124
~
125

在开发UNIX之前，K. Thompson已经研究了正则表达式在命令（比如`grep`）中的用法，处理这种命令的算法出现在[5]中。UNIX的早期开发产生了其他几条命令，这些命令大量使用扩展的正则表达式记号，比如Lesk的`lex`命令。对这个命令和其他正则表达式技术的描述可在[1]中找到。

1. A. V. Aho, R. Sethi, and J. D. Ullman, *Compilers: Principles, Techniques, and Tools*, Addison-Wesley, Reading MA, 1986.

2. J. L. Gischer, STAN-CS-TR-84-1033 (1984).

3. S. C. Kleene, “Representation of events in nerve nets and finite automata,” In C. E. Shannon and J. McCarthy, *Automata Studies*, Princeton Univ. Press, 1956, pp. 3–42.

4. R. McNaughton and H. Yamada, “Regular expressions and state graphs for automata,” *IEEE Trans. Electronic Computers* **9**:1 (Jan., 1960), pp. 39–47.

5. K. Thompson, “Regular expression search algorithm,” *Comm. ACM* **11**:6 (June, 1968), pp. 419–422.

126

正则语言的性质

本章中我们将会探讨正则语言的性质，在此过程中我们使用的第一个工具是一个定理，它能够证明某个语言不是正则的。该定理叫作“泵引理”，将在4.1节中介绍。

正则语言的一类很重要的事实被称为“封闭性”，这些性质使得我们能够从一些语言出发，通过一定的运算，来构造能够识别另一些语言的识别器。例如，两个正则语言的交仍然是正则语言。因此，给定能够识别两个不同的正则语言的自动机，我们可以机械地构造一个恰好识别这两个语言的交的自动机。由于这样构造出来的自动机可能比给定的两个自动机的状态都多，因此这种“封闭性”可以作为一种构造复杂的自动机的工具。2.1节中用很实质的方式使用了这种构造。

正则语言的另一类很重要的性质是“判定性质”，通过学习这些性质使得我们能够给出用来回答关于自动机的重要的问题的算法。一个核心的例子是用来判定两个自动机是否定义了同样语言的算法。我们判定该问题的能力使得我们能够把自动机“最小化”，也就是说，找到一个自动机，它等价于某个给定的自动机，并且使它有尽可能少的状态。这是一个数十年里在开关电路的设计方面的重要问题，原因是电路的成本（电路所占有的芯片面积）趋向于随着电路所实现的自动机的状态数的减少而减少。

4.1 证明语言的非正则性

我们已经确认正则语言类至少有四种不同的描述方法，它们分别是DFA所接受的语言类、NFA所接受的语言类、ε-NFA所接受的语言类以及正则表达式所定义的语言类。

然而并不是所有的语言都是正则语言。在本节中，我们将会介绍一个强有力的技术，叫作“泵引理”，它能够证明某个语言不是正则的。接着我们会给一些非正则语言的例子。在4.2节中我们将会看到怎样先后使用泵引理和正则语言的封闭性来证明另外一些语言不是正则的。

4.1.1 正则语言的泵引理

我们考虑语言$L_{01} = \{0^n1^n \mid n \geqslant 1\}$。这个语言包含所有如下形式的串：01, 0011, 000111, 等等，也就是有一个或多个0后面跟着相同数目的1所构成的串。我们将要证明L_{01}不是正则语言。一个靠直觉得到的证据是：如果L_{01}是正则的，那么L_{01}就是某个DFA A的语言。该自动机有若干个状态，比如说有k个状态。想象一下，这个自动机接收由k个0组成的串作为输入。这个自动机处在分别消耗了输入的$k+1$个不同前缀$\varepsilon, 0, 00, \cdots, 0^k$后的某个状态，因为它总共只有$k$个不同状态，所以由鸽巢原理可知在它读入了其中两个不同的前缀比如0^i和0^j之后A一定处在同一个状态q。

然而，假设在读入了i或者j个0之后，自动机A开始接收1作为输入。当接收了i个1之后，如果前面它接收了i个0，那么它必须接受，否则，如果前面它接收了j个0，它必须不接受。因为在开始读入1时它处在的状态是q，因此它无法“记住”刚才接收的是i个0还是j个0，因此我们可以

“愚弄”A从而使它犯错误：接受本不该接受的或者没有接受本应该接受的。

上面的论述是非形式化的，但我们可以使它更加准确。但是，可以使用一个更一般的结果来得到与上面同样的结论，即语言L_{01}不是正则的。这个更一般的结果如下。

定理4.1　（正则语言的泵引理）设L是正则语言，则存在与L相关的常数n满足：对于任何L中的串w，如果$|w| \geqslant n$，则我们就能够把w打断为三个串$w = xyz$使得：

1. $y \neq \varepsilon$。
2. $|xy| \leqslant n$。
3. 对于所有的$k \geqslant 0$，串xy^kz也属于L。

也就是说，我们总能够在离w的开始处不太远的地方找到一个非空的串y，然后可以把它作为“泵”，也就是说，重复y任意多次，或者去掉它（$k = 0$的情况），而所得到的结果串仍然属于L。

128

证明　假设L是正则的。那么对于某个DFA A，$L = L(A)$。假设A有n个状态。考虑长度不小于n的串$w = a_1a_2 \cdots a_m$，其中$m \geqslant n$且每个a_i都是输入符号。对于$i = 0, 1, \cdots, n$定义状态p_i为$\hat{\delta}(q_0, a_1a_2 \cdots a_i)$，其中$\delta$是$A$的转移函数，$q_0$是$A$的初始符号。也就是说，$p_i$是当$A$读入了$w$的前$i$个符号后所处的状态。注意$p_0 = q_0$。

由鸽巢原理，对于$i = 0, 1, \cdots, n$，相应的$n + 1$个p_i不可能全都不同，因为总共只有n个不同的状态。因此，我们能够找到两个不同的整数i和j，满足$0 \leqslant i < j \leqslant n$，使得$p_i = p_j$。现在，我们就可以把$w$打断为$w = xyz$如下：

1. $x = a_1a_2 \cdots a_i$。
2. $y = a_{i+1}a_{i+2} \cdots a_j$。
3. $z = a_{j+1}a_{j+2} \cdots a_m$。

也就是说，x把我们带到p_i一次，y把我们带离p_i后再带回p_i（因为p_i也就是p_j），然后z是w剩下的部分。这些串和状态之间的关系如图4-1所示。注意，在$i = 0$的情况，x可以为空。同样如果$j = n = m$，z也可以为空。然而，y不可以为空，因为i严格小于j。

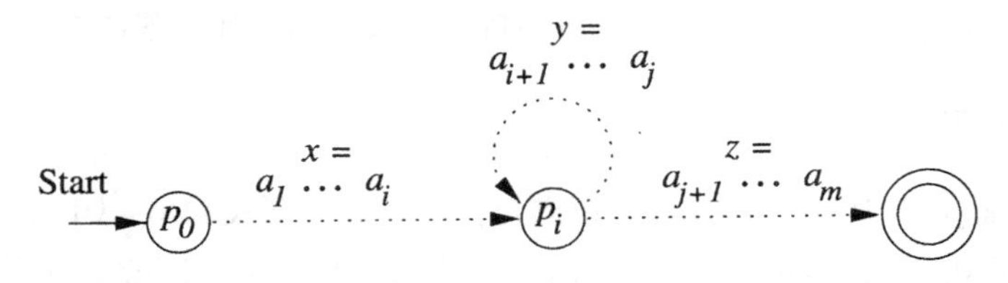

图4-1　每个至少与状态数一样长的串一定会导致一个重复的状态

现在，考虑当自动机A接收输入xy^kz时所发生的事，其中k是任何大于或等于0的整数。如果$k = 0$，则该自动机从初始状态q_0（即p_0）出发，读入输入x后到达状态p_i，因为p_i也就是p_j，所以A一定在读入输入z后从p_i到达图4-1中的接受状态，因此A接受xz。

如果$k > 0$，则A在输入x下从q_0走到p_i，然后在输入y^k下从p_i到p_i转上k圈，然后在输入z下走到接受状态。因此，对于任何$k \geqslant 0$，xy^kz也被A所接受，即xy^kz属于L。　□

4.1.2 泵引理的应用

我们来看一些如何应用泵引理的例子。在每个例子中，我们会给出一个语言，然后用泵引理来证明该语言不是正则的。

129

把泵引理当作对抗赛

回忆一下在1.2.3节中的讨论，当时我们指出：如果一个定理的陈述中含有多个交替的“所有”和“存在”量词，那么我们可以把该定理看作一场在两个选手之间的比赛。泵引理就是这种形式的定理的一个很重要的例子，原因是它的确包含了四个不同的量词：“对于**所有**正则语言L，**存在**n满足：对于**所有**L中的串w，如果$|w|\geqslant n$，那么**存在**xyz等于w，使得……。”下面我们将看到把泵引理当作对抗赛的应用：

1. 选手1选择一个想要证明非正则的语言L。
2. 选手2选择n，但选手1并不知道n是什么，因此选手1必须考虑任何可能的n。
3. 选手1选择w，它可以与n相关，同时长度至少是n。
4. 选手2把w分成x, y和z，同时满足泵引理中规定的限制条件：$y\neq\varepsilon$以及$|xy|\leqslant n$。并且选手2并不需要把x, y和z是什么告诉选手1，虽然它们必须满足限制条件。
5. 如果选手1能够选择k使得xy^kz不属于L，其中k可以是n, x, y和z的函数，那么他就“赢得”了这场比赛。

例4.2 下面来证明包含相同数目的0和1（无论按照何种顺序）的所有串所构成的语言L_{eq}不是正则的。根据关于“把泵引理当作对抗赛”的方框中所描述的“二人比赛”的形式，我方将作为选手1，必须对付选手2所做的任何选择。假设根据泵引理，如果L_{eq}是正则的，则n是必然存在的那个常数；即“选手2”选择了n。我方选择$w = 0^n1^n$，也就是说，选择n个0后面跟着n个1，这个串肯定属于L_{eq}。

现在，“选手2”把我们的w分成xyz。我们只知道$y\neq\varepsilon$，以及$|xy|\leqslant n$。然而，这些信息是非常有用的，我们可以“赢得”这场比赛，方法如下。因为$|xy|\leqslant n$，并且xy是处在w中前半段，所以可知x和y都只由0构成。泵引理说：如果L_{eq}是正则的话，那么xz属于L_{eq}。这是泵引理中$k = 0$时的结论[⊖]。然而，xz有n个1，因为w中所有的1都在z中。但是xz中的0不到n个，因为去掉了y中的0，而由$y\neq\varepsilon$可知在x和z中总共有不超过$n-1$个0。因此，只要假设L_{eq}是正则语言，就能证明一个已知错误的事实，即xz属于L_{eq}。这样就用反证法证明了L_{eq}不是正则语言的事实。 □

130

例4.3 证明只由1构成且长度为素数的所有串所构成的语言L_{pr}不是正则语言。假设它是，那么存在满足泵引理的条件的常数n，考虑某个素数$p\geqslant n+2$（这样的素数必定存在，因为有无穷多个素数），设$w = 1^p$。

根据泵引理，我们可以把w打断为$w = xyz$，且满足$y\neq\varepsilon$和$|xy|\leqslant n$。设$|y| = m$，则$|xz| = p-m$。现在考虑串$xy^{p-m}z$，由泵引理知如果L_{pr}真是正则语言，那么该串一定属于L_{pr}。然而，

⊖ 在下面要注意，如果选取$k = 2$，或者任何不是1的任何值k，也都可以完成证明。

$$|xy^{p-m}z| = |xz| + (p-m)|y| = p-m+(p-m)m = (m+1)(p-m)$$

这就是说$|xy^{p-m}z|$不太可能是素数，因为它有两个因子$m+1$和$p-m$。不过我们还是需要验证这两个因子都不是1，否则$(m+1)(p-m)$还有可能是素数。由$y \neq \varepsilon$可知$m \geqslant 1$，因而可知$m+1>1$。同样由$m=|y| \leqslant |xy| \leqslant n$可知$m \leqslant n$，又由所选的$p$满足$p \geqslant n+2$可知$p-m>1$，因此，$p-m \geqslant 2$。

我们再一次地通过首先假设所讨论的语言是正则的，接着推出某个本不属于该语言的串根据泵引理却必须属于该语言的矛盾，从而得出L_{pr}不是正则语言的结论。 □

4.1.3 习题

习题4.1.1 证明下列语言都不是正则的：

a) $\{0^n 1^n \mid n \geqslant 1\}$。该语言中的串是由若干个0后面跟着相同数目的1构成的，也就是我们在本节开始时非形式化地考虑的语言L_{01}。在这里，你应该用泵引理来证明。

b) 所有括号匹配的串的集合。这些串都由“(”和“)”构成，并且都可能出现在正确形式的算术表达式中。

* c) $\{0^n 1 0^n \mid n \geqslant 1\}$。

d) $\{0^n 1^m 2^n \mid m$和n是任意整数$\}$。

e) $\{0^n 1^m \mid n \leqslant m\}$。

131 f) $\{0^n 1^{2n} \mid n \geqslant 1\}$。

! 习题4.1.2 证明下列语言都不是正则的：

* a) $\{0^n \mid n$是完全平方数$\}$。

b) $\{0^n \mid n$是完全立方数$\}$。

c) $\{0^n \mid n$是2的幂$\}$。

d) 由0和1构成的其长度是完全平方数的串的集合。

e) 由0和1构成的ww形式的串的集合，也就是某个串重复的串集合。

f) 由0和1构成的ww^R形式的串的集合，也就是由某个串后面跟着它的反转所构成的串的集合。(一个串的逆的形式化定义见4.2.2节。)

g) 由0和1构成的$w\overline{w}$形式的串的集合，其中$\overline{w}$是把w中所有的0都换成1同时把所有的1都换成0而得到的串，例如，$\overline{011}=100$，因此011100是该语言中的一个串。

h) 所有由0和1构成的$w1^n$形式的串的集合，其中w是由0和1构成的长度为n的串。

!! 习题4.1.3 证明下列语言都不是正则的：

a) 所有满足以下条件的串的集合：由0和1构成，开头的是1，并且当我们把该串看作一个整数时该整数是一个素数。

b) 所有满足以下条件的$0^i 1^j$形式的串的集合：i和j的最大公约数是1。

! 习题4.1.4 当我们想要对一个正则语言使用泵引理时，“对手获胜”，所以我们无法完成证明过程。给出当我们选择如下语言作为L时出问题的地方：

* a) 空集。

* b) $\{00, 11\}$。

* c) $(\mathbf{00}+\mathbf{11})^*$。

132 d) $\mathbf{01}^*\mathbf{0}^*\mathbf{1}$。

4.2 正则语言的封闭性

在本节中，我们将会证明几个如下形式的定理："如果某些语言是正则的，并且某个语言L是从它们出发经过某些运算（例如：L是两个正则语言的并）所得到的语言，那么L也是正则的"。这些定理也叫作正则语言的*封闭性*，原因是它们指出了正则语言类在定理中提到的运算下是封闭的。封闭性表达了如下思想：只要某个（或某些）语言是正则的，那么某些相关的语言也是正则的。关于这些封闭性的证明过程也是很有趣的例证，它们展示了正则语言的不同的等价表示法（自动机和正则表达式）在我们理解正则语言类时起到的相辅相成的作用，原因是每一种表示法都会在证明某个封闭性时远比其他的表示法方便好用。下面是正则语言的一些主要的封闭性：

1. 两个正则语言的并是正则的。
2. 两个正则语言的交是正则的。
3. 正则语言的补是正则的。
4. 两个正则语言的差是正则的。
5. 正则语言的反转是正则的。
6. 正则语言的闭包（星）是正则的。
7. 几个正则语言的连接是正则的。
8. 正则语言的同态（用串来代替符号）是正则的。
9. 正则语言的逆同态是正则的。

4.2.1 正则语言在布尔运算下的封闭性

首先，三个封闭性是布尔运算：并，交和补。

1. 如果L和M是字母表 Σ上的语言，则$L\cup M$是由所有属于L或属于M或同时属于两者的串构成的语言。
2. 如果L和M是字母表 Σ上的语言，则$L\cap M$是由所有同时属于L和M的串构成的语言。
3. 如果L是字母表 Σ上的语言，则L的*补* $\overline{L}$是由所有集合 Σ^*中不属于L的串构成的语言。

正则语言在以上三种布尔运算下都是封闭的。然而三者的证明却采用非常不同的方法，下面我们将会分别看到。

[133]

4.2.1.1 并运算的封闭性

定理4.4 如果L和M都是正则语言，则$L\cup M$也是。

证明 该定理的证明很简单。由于L和M都是正则的，所以它们都有正则表达式，比如$L = L(R)$, $M = L(S)$。则由正则表达式的 + 运算符的定义可知$L\cup M = L(R+S)$。 □

4.2.1.2 补运算的封闭性

用语言的正则表达式表示法来证明关于并运算的定理是很容易的。然而，接下来要考虑的运算是补运算。你知道怎样把一个正则表达式变成另外一个定义了它的补语言的正则表达式吗？其实我们也不知道。不过，事实上这是可以做到的，因为在定理4.5中我们将会看到从一个DFA出发来构造另一个接受补语言的DFA是很容易的。因此，从一个正则表达式出发，我们可以以如下的方式来找到其补语言的正则表达式：

1. 把该正则表达式转换一个ε-NFA。
2. 用子集构造法把该ε-NFA转换成一个DFA。
3. 把该DFA的接受状态取补。
4. 把取补后的DFA用3.2.1节或3.2.2节中的构造方法来变回成为一个正则表达式。

假如语言的字母表不同会怎样

当我们对两个语言L和M取并和交时，它们可能有着不同的字母表。例如，有可能 $L_1 \subseteq \{a,b\}^*$ 而 $L_2 \subseteq \{b,c,d\}^*$ 。然而，如果语言L由Σ中的符号组成的串构成，那么我们也可以把L看作以任何 Σ的超集作为字母表上的语言。这样，比如我们可以把L_1和L_2都看作字母表$\{a, b, c, d\}$上的语言。而L_1中的串不含符号c和d这件事情其实是无关的，L_2的串中不含a也同样。

类似地，当对于某个字母表 Σ_1来取语言L的补时，L是 Σ^*_1 的一个子集合，还可以选择相对于某个字母表 Σ_2取补， Σ_2是 Σ_1的超集。如果这样做，那么所取到的L的补就是 $\Sigma^*_2 - L$，也就是说L对于 Σ_2的补（的所有串中）包括了所有这样的 Σ^*_2 中的串：该串中至少有一个属于 Σ_2 但不属于 Σ_1 的符号。假如我们对于 Σ_1取L的补的话，那么所有包括 $\Sigma_2 - \Sigma_1$中的符号的串就都不在 $\overline{L}$ 中了。因此，为了更加严格，我们应该在取补时明确指出所对应的字母表。然而，有时所指的字母表是很显而易见的，比如L是由一个自动机定义的，而自动机的描述中会包含字母表。因此，我们经常会直接取“补”而不明确指出字母表。

正则运算下的封闭性

证明正则语言在并运算下是封闭的异常简单，原因是并运算是定义正则表达式的三个运算之一。定理4.4中的思想同样可以用于封闭性运算和连接运算，也就是说：

- 如果L和M都是正则语言，则LM也是。
- 如果L是正则语言，则L^*也是。

定理4.5 如果L是字母表 Σ上的正则语言，则 $\overline{L} = \Sigma^* - L$也是正则语言。

证明 设$L = L(A)$，其中$A = (Q, \Sigma, \delta, q_0, F)$是某个DFA。则 $\overline{L} = L(B)$，其中B是DFA$(Q, \Sigma, \delta, q_0, Q-F)$。也就是说，$B$和$A$很类似，但是$A$的接受状态都是$B$的非接受状态，反之亦然。因此$w$属于$L(B)$当且仅当 $\hat{\delta}(q_0,w)$属于$Q-F$，而后者成立当且仅当w不属于$L(A)$。 □

注意在上面的证明中 $\hat{\delta}(q_0,w)$总是某个状态这点很重要，也就是说，A中没有缺少的转移。

如果有，某些串就有可能既不能导致A进入接受状态，也不能导致A进入非接受状态，这样就会有某些串由于既不属于$L(A)$也不属于$L(B)$而遗漏。幸运的是，我们对于DFA的定义是在每个状态时对于Σ中的每个符号都有一个转移，因此每个串就会或者导致A进入F中的状态，或者导致A进入$Q-F$中的状态。

例4.6　设A是图2-14中的自动机。记起DFA A恰好接受所有以01结尾的0和1组成的串，用正则表达式的形式来描述就是$L(A) = (\mathbf{0}+\mathbf{1})^{*}\mathbf{01}$。因此$L(A)$的补就是所有不以01结尾的0和1组成的串。图4-2给出了$\{0, 1\}^{*}-L(A)$的自动机，它与图2-14基本相同，但是把接受状态变为非接受状态，再把两个非接受状态变为接受状态。　□

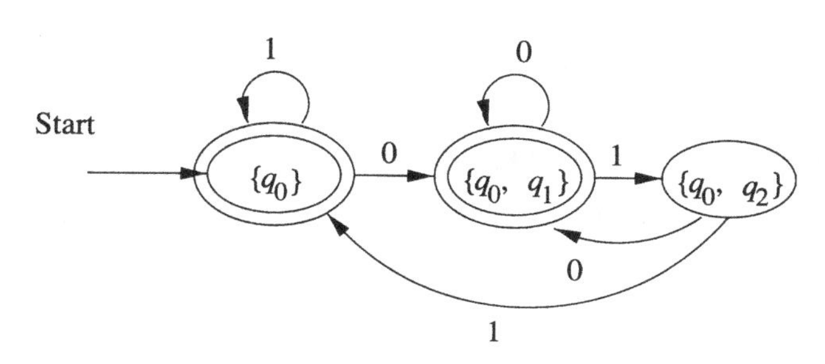

图4-2　接受语言$(\mathbf{0}+\mathbf{1})^{*}\mathbf{01}$的补的DFA

例4.7　在本例中，我们将用定理4.5来证明某个特定的语言不是正则的。在例4.2中我们证明了由相同个数的0和1构成的串组成的语言L_{eq}不是正则的，该证明直接使用了泵引理。现在考虑由不同个数的0和1构成的串组成的语言M。

134 ~ 135

很难直接使用泵引理证明M不是正则的。直观地，如果我们从某个M中的串w出发，把它打断为$w = xyz$，并且把y当作“泵”，我们发现y本身可能是某个像01似的由相同个数的0和1组成的串。如果这样的话，就不可能存在k使得$xy^{k}z$中有不同个数的0和1，因为xyz中的0和1的数目不同，而当我们把y当作“泵”时0和1的个数的改变量总是相等的。因此，我们永远无法使用泵引理来得出与M是正则的假设相矛盾的结论。

然而，M确实不是正则的。原因是$M = \overline{L_{eq}}$。因为补的补就是原来的集合，因此得出$L_{eq} = \overline{M}$。如果M是正则的，则根据定理4.5可知L_{eq}也是正则的。但是我们已经知道L_{eq}不是正则的，因此我们就用反证法证明了M也不是正则的。　□

4.2.1.3　交运算的封闭性

现在让我们来考虑两个正则语言的交。实际上我们只需要做很少的事情，因为这三个布尔运算不是相互无关的。一旦我们有办法来完成补和并，我们就可以用下面的恒等式来获得语言L和M的交：

$$L \cap M \quad \overline{\overline{L} \cup \overline{M}} \tag{4-1}$$

一般而言，两个集合的交就是不在这两个集合中的任何一个的补集中的元素的集合。这个事实，也就是等式(4-1)中所说的，是德摩根律之一。另外一条是把其中的交和并互换，即$L \cap M \quad \overline{\overline{L} \cup \overline{M}}$。

然而，我们也可以直接构造两个正则语言的交的DFA。这个构造方法本质上是并行地运行两个DFA，该方法本身是很有用的。例如，我们可以用它来构造图2-3中的自动机，它可以表示两个参与者（银行和商店）正在做的事情的“乘积”。在下面的定理中我们将会形式化地介绍这种乘积构造法。

136

定理4.8 如果L和M都是正则语言，则$L \cap M$也是。

证明 设L和M分别是自动机$A_L = (Q_L, \Sigma, \delta_L, q_L, F_L)$和$A_M = (Q_M, \Sigma, \delta_M, q_M, F_M)$的语言。注意，我们假定这两个自动机的字母表是相同的，也就是说，如果L和M的字母表不同则Σ是它们的并。乘积构造法实际上不仅能够用于DFA，也能用于NFA，但为了简单起见，我们假设A_L和A_M都是DFA。

对于$L \cap M$，我们将要构造一个自动机A来同时模拟A_L和A_M。A中的每个状态是一个状态对，其中第一个是A_L中的状态，第二个是A_M中的状态。接着设计A的转移，假设A处在状态(p, q)（其中p是A_L的状态，q是A_M的状态）。如果a是输入符号，我们看A_L对于输入A做什么动作，比如它转到状态s。我们再看A_M对于输入A做什么动作，比如它转到状态t。那么A的下一个状态就是(s, t)。就像这样，A同时模拟A_L和A_M的效果。图4-3简单勾画出了这一思想。

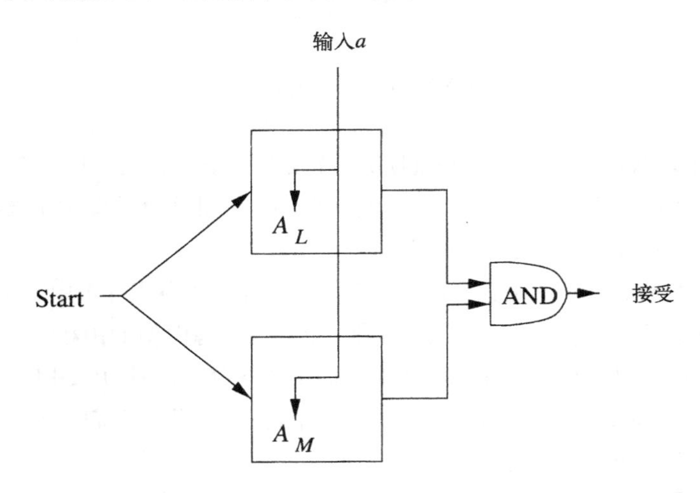

图4-3 一个自动机模拟另外的两个自动机，并且当且仅当它们都接受时接受

剩下的细节部分就很简单了。A的初始状态就是由A_L和A_M的初始状态组成的对。由于我们想要当且仅当两个自动机都接受时接受，所以我们把所有如下形式的对(p, q)选出来作为A的接受状态：p是A_L的接受状态，q是A_M的接受状态。形式化地定义如下：

$$A = (Q_L \times Q_M, \Sigma, \delta, (q_L, q_M), F_L \times F_M)$$

其中$\delta((p, q), a) = (\delta_L(p, a), \delta_M(q, a))$。

为了弄清楚为什么$L(A) = L(A_L) \cap L(A_M)$，首先注意到很容易通过对$|w|$进行归纳来证明$\hat{\delta}((q_L, q_M), w) = (\hat{\delta}_L(q_L, w), \hat{\delta}_M(q_M, w))$。但是$A$接受$w$当且仅当$\hat{\delta}((q_L, q_M), w)$是一对接受状态。也就是说，$\hat{\delta}_L(q_L, w)$必须属于$F_L$并且$\hat{\delta}_M(q_M, w)$必须属于$F_M$。换句话说，$w$被$A$接受当且仅当它同时被$A_L$和$A_M$接受。因此$A$接受$L$和$M$的交。 □

137

例4.9　在图4-4中可以看到两个DFA。图4-4a中的自动机接受所有包含0的串，而图4-4b中的自动机接受所有包含1的串。图4-4c给出了这两个自动机的乘积。它的状态是由图4-4a和图4-4b中的状态组成的对。

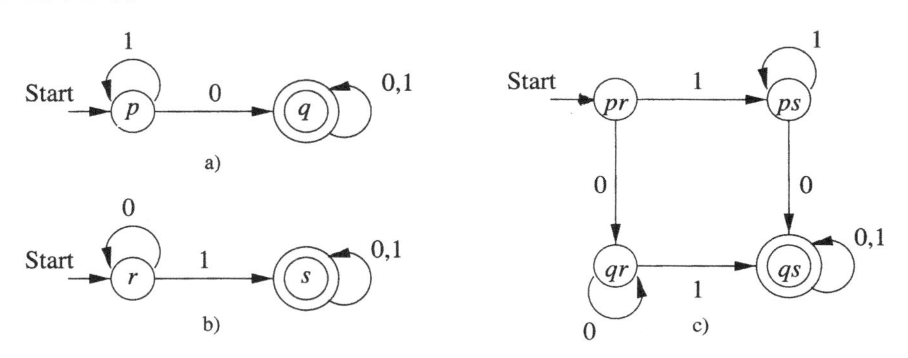

图4-4　乘积构造法

很容易证明该自动机能够接受前两个语言的交：同时含有0和1的串。因为状态pr代表初始情况，此时我们还没有看到0或者1。状态qr意味着我们只看到了0，而状态ps意味着我们只看到了0。接受状态qs表示我们已经看到了0和1的情况。□

4.2.1.4　*差运算的封闭性*

还有第四个经常用于集合的运算，它是与布尔运算有关的运算：集合的差。用在语言中就是$L-M$是L和M的*差*，它是所有属于语言L但不属于语言M的串的集合。正则语言在该运算下仍然封闭，并且该结论的证明可以很容易通过使用前面证明了的定理来完成。

138

定理4.10　如果L和M是正则语言，则$L-M$也是正则语言。

证明　注意到$L-M=L\cap\overline{M}$。根据定理4.5可知$\overline{M}$是正则的，再根据定理4.8可知$L\cap\overline{M}$是正则的。因此$L-M$也是正则的。□

4.2.2　反转

一个串$a_1a_2\cdots a_n$的*反转*是把该串反过来写，即$a_na_{n-1}\cdots a_1$。我们用w^R表示串w的反转。因此$0010^R=0100$，$\varepsilon^R=\varepsilon$。

一个语言L的反转记作L^R，是指由所有该语言中的串的反转所组成的语言。例如，如果$L=\{001, 10, 111\}$，则$L^R=\{100, 01, 111\}$。

反转是另一个保持正则语言的运算，也就是说，如果L是一个正则语言，那么L^R也是。有两种简单的证明方法，一种基于自动机，另一种基于正则表达式。我们非形式地给出基于自动机的证明，如果读者有兴趣可以自己给出证明的细节。接着我们用正则表达式形式化地证明这个定理。

给定一个语言L也就是给定了某个有穷自动机的$L(A)$，也许该自动机是非确定性的或者有ε转移的，我们通过下列方法构造L^R的自动机：

1. 把A的状态转移图中的所有箭弧反转。

2. 新自动机唯一的接受状态是A的初始状态。

3. 创建一个新的初始状态p_0，同时从该状态出发到所有A的接受状态都建立一个ε转移。

这样所得的结果是一个“反转过来”模拟A的自动机，并且它接受一个串w当且仅当A接受w^R。现在，我们形式化地证明反转定理。

定理4.11　如果L是正则语言，则L^R也是。

证明　设L由正则表达式E定义。该定理的证明过程是对E的大小进行归纳。我们将会证明存在另一个正则表达式E^R使得$L(E^R) = (L(E))^R$，换句话说，E^R的语言正是E的语言的反转。

基础：如果E是ε、$\varnothing$或者某个符号$\mathbf{a}$，则E^R和E相同。也就是说，我们有$\{\varepsilon\}^R = \{\varepsilon\}$, $\varnothing^R = \varnothing$, $\{a\}^R = \{a\}$。

归纳：根据E的形式，共分以下三种情况：

1. $E = E_1 + E_2$。则$E^R = E_1^R + E_2^R$，理由是两个语言的并的反转可以通过分别计算这两个语言的反转再把所得的语言取并来得到。

139

2. $E = E_1E_2$。则$E^R = E_2^R\, E_1^R$，注意我们在分别取这两个语言的反转的同时交换了这两个语言的顺序。例如，如果$L(E_1) = \{01, 111\}$并且$L(E_2) = \{00, 10\}$，则$L(E_1\, E_2) = \{0100, 0110, 11100, 11110\}$，该语言的反转是

$$\{0010, 0110, 00111, 01111\}$$

如果我们把两个语言$L(E_2)$和$L(E_1)$的反转按该顺序连接起来，就会得到

$$\{00, 01\}\{10, 111\} = \{0010, 00111, 0110, 01111\}$$

恰好就是语言$(L(E_1E_2))^R$。一般而言，如果$L(E)$中的一个串w是$L(E_1)$中的串w_1和$L(E_2)$中的串w_2的连接，则$w^R = w_2^R\, w_1^R$。

3. $E = E_1^*$。则$E^R = (E_1^R)^*$。理由是任何$L(E_1)$中的串w都可以写作$w_1w_2\cdots w_n$，其中每个w_i都属于$L(E_1)$。但是

$$w^R = w_n^R w_{n-1}^R \cdots w_1^R$$

其中每个w_i^R都属于$L(E_1^R)$，因此w^R也属于$(E_1^R)^*$。反过来就是，任何$L((E_1^R)^*)$中的串都是$w_1w_2\cdots w_n$的形式，其中每个w_i是$L(E_1)$中的某个串的反转。而因此该串的反转$w_n^R\, w_{n-1}^R \cdots w_1^R$就是$L(E_1^*)$中的串，也就是$L(E)$中的串。至此我们已经证明了一个串属于$L(E)$当且仅当它的反转属于$L((E_1^R)^*)$。□

例4.12　设L是由正则表达式$(\mathbf{0} + \mathbf{1})\mathbf{0}^*$定义的语言。则根据连接规则可知$L^R$是$(\mathbf{0}^*)^R\,(\mathbf{0} + \mathbf{1})^R$的语言，如果我们再对这两部分分别使用封闭性规则和并规则，然后再使用基础规则，也就是**0**和**1**的反转就是它们本身，最后我们可以得到L^R的正则表达式为$\mathbf{0}^*(\mathbf{0} + \mathbf{1})$。□

4.2.3 同态

串同态是串的函数，它对于每个符号用一个特别的串来替换。

例4.13　由$h(0) = ab$和$h(1) = \varepsilon$定义的函数h是一个同态。给定任何由0和1组成的串，它用ab

替换所有的0并把所有的1用空串替换。例如，h作用到串0011上的结果是$abab$。 □

形式化的定义是：如果h是字母表Σ上的一个同态，且$w = a_1a_2\cdots a_n$是由Σ中的符号组成的串，则$h(w) = h(a_1)\ h(a_2)\cdots h(a_n)$。也就是说，我们对于$w$中的每个符号分别用$h$来作用，然后再把结果按顺序连接起来。例如，如果$h$是例4.13中的同态，且$w = 0011$，则$h(w) = h(0)h(0)h(1)h(1) = (ab)(ab)(\varepsilon)(\varepsilon) = abab$，和我们在例子中给出的结果一样。 140

更进一步地说，我们可以对一个语言应用同态：只要分别对它的每一个串使用同态即可。也就是说，如果L是字母表Σ上的语言，且h是字母表Σ上的一个同态，则$h(L) = \{h(w) \mid w属于L\}$。例如，如果$L$是由正则表达式**10*1**的语言，即任何个数的0两端用1围住所得的串，则$h(L)$是语言**(ab)***。原因是例4.3中的h把1全都变成了ε，也就是全部去掉了，而把0都变成了ab。当把同态直接用在正则表达式上时，可以用同样的思想来证明正则语言在同态下是封闭的。

定理4.14　如果L是字母表Σ上的正则语言，h是字母表Σ上的一个同态，则$h(L)$也是正则的。

证明　设$L = L(R)$，其中R是正则表达式。一般地，如果E是正则表达式，且E中有字母表Σ中的符号，则用$h(E)$来表示把每一个Σ中符号a用$h(a)$来代替后所得到的表达式。我们将要证明$h(R)$定义的语言是$h(L)$。

证明很简单，只要用结构归纳法来证明：只要我们取出R的一个子表达式E，并且对它应用h得到$h(E)$，那么$h(E)$的语言就和我们对语言$L(E)$应用h所得的语言相同。形式化地就是$L(h(E)) = h(L(E))$。

基础：如果E是ε或者$\varnothing$，则$h(E)$与E相同，原因是h对串ε或者语言$\varnothing$不起作用。因此$L(h(E)) = L(E)$。然而，如果E是$\varnothing$或者ε，那么相应的$L(E)$中或者没有串，或者只有空串，因此，在这两种情况下均有$h(L(E)) = L(E)$，我们得出结论$L(h(E)) = L(E) = h(L(E))$。

另外一种基础的情况是$E = \mathrm{a}$，其中a是Σ中的一个符号。此时，$L(E) = \{a\}$，所以$h(L(E)) = \{h(a)\}$。同样，$h(E)$也正是符号串$h(a)$表示的正则表达式，因此$L(h(E))$也就是$\{h(a)\}$，所以可以得出结论$L(h(E)) = h(L(E))$。

归纳：一共有三种情况，每种都很简单。我们只证明并的情况，也就是$E = F + G$。我们对正则表达式应用同态的方法保证了$h(E) = h(F + G) = h(F) + h(G)$。由正则表达式中加号“+”的含义的定义我们知道$L(E) = L(F) \cup L(G)$，并且

$$L(h(E)) = L(h(F) + h(G)) = L(h(F)) \cup L(h(G)) \tag{4-2}$$

最后，由于当把h作用于一个语言上时实际上就是把它作用单独到这个语言中的每一个串，我们得到

$$h(L(E)) = h(L(F) \cup L(G)) = h(L(F)) \cup h(L(G)) \tag{4-3}$$

现在我们可以利用归纳假设来得出结论$L(h(F)) = h(L(F))$以及$L(h(G)) = h(L(G))$。因此，式(4-2)中最后的那个表达式和式(4-3)中最后的那个表达式是相等的，因此得出它们的第一项也是相等的，即$L(h(E)) = h(L(E))$。 141

我们就不证明当表达式E是表达式的连接或者封闭性的情况了，这些证明的思想与上面的情况类似。结论是$L(h(R))$就是$h(L(R))$，也就是说，对定义一个语言L的正则表达式应用同态h所得到的正则表达式恰好定义了语言$h(L)$。 □

4.2.4 逆同态

同态也可以被“反过来”使用，并且在这种情况下仍然保持它是正则语言。也就是说，设h是某个字母表Σ到另一个字母表（也可能是同一个）T ⊖上的串的同态。设L是字母表T上的语言。那么$h^{-1}(L)$（读作L的h逆）是所有满足如下条件的Σ^*中的串w的集合：$h(w)$属于L。图4-5a给出了对一个语言L应用同态的效果，而图4-5b则给出了逆同态的效果。

例4.15　设L是正则表达式$(\mathbf{00}+\mathbf{1})^*$的语言，也就是说，$L$是由所有包含0和1且0都是成对出现的串所构成的语言。比如，0010011和10000111都属于L，而000和10100则都不属于L。

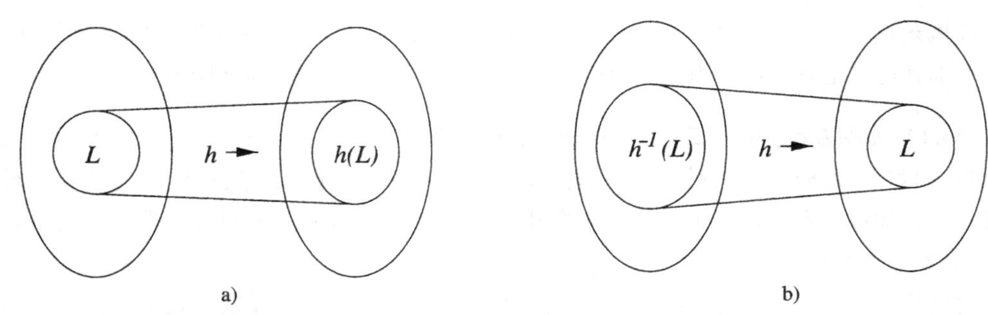

142

图4-5　正向和反向使用的同态

设h是由$h(a)=01$和$h(b)=10$定义的同态。下面将要证明$h^{-1}(L)$是正则表达式$(\mathbf{ba})^*$的语言，即所有由重复的ba对所构成的串。我们只需证明$h(w)$属于L当且仅当w是$baba\cdots ba$的形式。

（当）假设w是n个重复的ba，其中$n\geqslant 0$。注意到$h(ba)=1001$，所以$h(w)$是n个1001的重复。由于1001是由两个1和一对0构成的，因此知道1001属于L，并且把1001重复任意多次以后仍然是由1和00段构成的，因此仍然属于L。所以得到$h(w)$属于L。

（仅当）现在，必须假设$h(w)$属于L，然后证明w是$baba\cdots ba$的形式。如果一个串不是这种形式，那么这个串共有四种可能的情况，下面将会证明如果这四种情况中的任何一种成立则$h(w)$不属于L。也就是说，证明了我们要证明的命题的逆否命题。

1. 如果w以a开头，则$h(w)$以01开头，因此有一个单独的0，因而不属于L。
2. 如果w以b结束，则$h(w)$以10结束，因此$h(w)$中有一个单独的0，因而不属于L。
3. 如果w有两个连续的a，则$h(w)$有子串0101，再一次得到单独的0。
4. 类似地，如果w有两个连续的b，则$h(w)$有子串1010，其中也有单独的0。

因此，只要上述四种情况中的一种成立，$h(w)$就不属于L。然而，除非上面四种情况中至少一种成立，否则w一定是$baba\cdots ba$的形式。原因是，假设(1)到(4)都不成立，则(1)说明w一定以b开头，而(2)说明w一定以b结尾。(3)和(4)告诉我们在w中a和b一定交替出现。因此，从(1)到(4)的逻辑“或”就是命题“w不是$baba\cdots ba$的形式”的等价命题。我们已经证明了(1)到(4)的“或”蕴涵着$h(w)$不属于L，而这个命题就我们所需要的“如果$h(w)$属于L，则w是$baba\cdots ba$的形式”的逆否命题。□

⊖ 这个T应该被看成是希腊字母τ的大写，也就是Σ后面的那个希腊字母。

下面我们将证明正则语言的逆同态仍然是正则的，并且示范如何使用这个定理。

定理4.16 如果h是字母表Σ到字母表T的同态，且L是字母表T上的正则语言，那么$h^{-1}(L)$也是正则语言。

证明 首先从L的一个DFA A出发。我们从A和h构造一个$h^{-1}(L)$的DFA，如图4-6所示。这个DFA使用A的状态，但是在决定转移到哪个下一状态之前把输入符号按照h对应地转移一下。

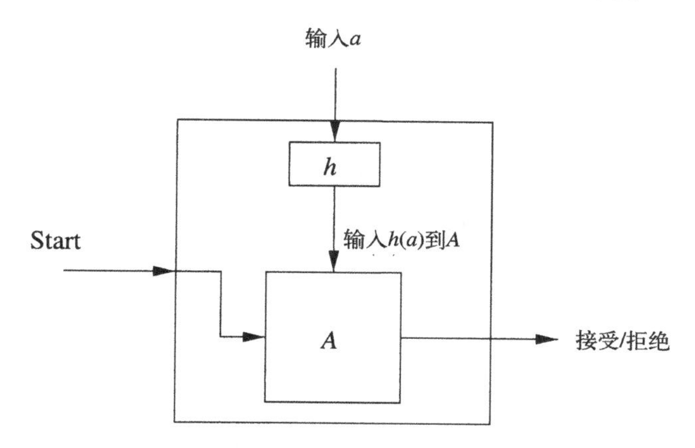

图4-6 $h^{-1}(L)$的DFA在其输入上应用h，然后模拟L的DFA

形式化地，设L是$L(A)$，其中DFA $A=(Q, T, \delta, q_0, F)$。定义一个DFA

$$B=(Q, \Sigma, \gamma, q_0, F)$$

143

其中转移函数γ由规则$\gamma(q, a)=\hat{\delta}(q, h(a))$构造。也就是说，$B$对于输入$a$的转移就是$A$对于符号序列$h(a)$的一系列转移的结果。记得$h(a)$可能是$\varepsilon$、一个符号或者很多符号，但是在这些情况下$\hat{\delta}$都是有适当的定义的。

很容易通过对$|w|$进行归纳来证明$\hat{\gamma}(q_0, w)=\hat{\delta}(q_0, h(w))$。因为$A$和$B$的接受状态相同，所以$B$接受$w$当且仅当$A$接受$h(w)$。换句话说，$B$恰好接受那些$h^{-1}(L)$中的串$w$。 □

例4.17 在本例中我们将要使用逆同态和正则集的一些其他的封闭性来证明一个有穷自动机的特殊性质。假设我们需要一个DFA在接受输入时要经过每个状态至少一次。更精确地说，设$A=(Q, \Sigma, \delta, q_0, F)$是一个DFA，而我们所关心的是所有满足如下条件的$\Sigma^*$中的串$w$所组成的语言$L$：$\hat{\delta}(q_0, w)$属于$F$，并且对于任何$Q$中的状态$q$，存在$w$的某个前缀$x_q$使得$\hat{\delta}(q_0, x_q)=q$。这样的$L$是正则的吗？我们可以证明它是，但构造过程比较复杂。

首先，从语言M出发（就是$L(A)$），也就是A以通常方式（不考虑在处理输入串的过程中所经过的状态）接受的串的集合。注意到$L\subseteq M$，原因是L的定义其实是在$L(A)$中的串上又附加了条件。证明L是正则的首先通过使用一个逆同态来有效地把A中的状态转变为输入符号。更精确地说，我们来定义一个新的字母表T，它由所有看成如下形式的三元组$[paq]$符号组成，其中：

1. p和q都是Q中的状态。
2. a是Σ中的符号。
3. $\delta(p, a)=q$。

144

也就是说，我们把T中的符号看作代表自动机A中的转移。了解$[paq]$是我们用来表示单个符号（而不是三个符号的连接）的这一点很重要。我们也可以用单个字母来给它命名，但是如果这样它和p, q以及a的关系就很难表达了。

现在，对所有的p, a和q定义同态$h([paq]) = a$。也就是说，h把T中的每个符号的状态部分都去掉，而只剩下一个Σ中的符号的部分。证明L是正则语言的第一步是构造语言$L_1 = h^{-1}(M)$。由于M是正则的，所以根据定理4.16知L_1也是正则的。L_1的串就是在M的串中对每个符号加上一对状态来代表一个转移。

用图4-4a中两状态自动机来做一个简单的示例，此时字母表Σ是$\{0, 1\}$，而字母表T由四个符号组成：$[p0q]$, $[q0q]$, $[p1p]$和$[q1q]$。例如，有一个从状态p到状态q输入为0时的转移，因此$[p0q]$是T中的一个符号。由于101是一个该自动机所接受的串，所以把h^{-1}应用到该串将得到$2^3 = 8$个串，例如 $[p1p][p0q][q1q]$和$[q1q][q0q][p1p]$是其中的两个。

我们将从L_1经过一系列保持正则语言的运算来构造L。第一个目标是去掉L_1中不能正确处理状态的串。也就是说，我们可以把一个符号$[paq]$看作自动机位于状态p，读入输入a，然后因此进入状态q。这样的符号的序列必须满足以下三个条件才能被看作A的一个接受计算：

1. 第一个符号的第一个状态必须是q_0，也就是A的初始状态。
2. 每个转移必须从上一个转移结束的地方出发，也就是说，一个符号的第一个状态必须和前一个符号的第二个状态相同。
3. 最后一个符号的第二个状态必须属于F。事实上这个条件可以由(1)和(2)得到，因为我们已经知道L_1中的每个串都是从一个被A接受的串得来的。

图4-7给出了构造L的设计方案。

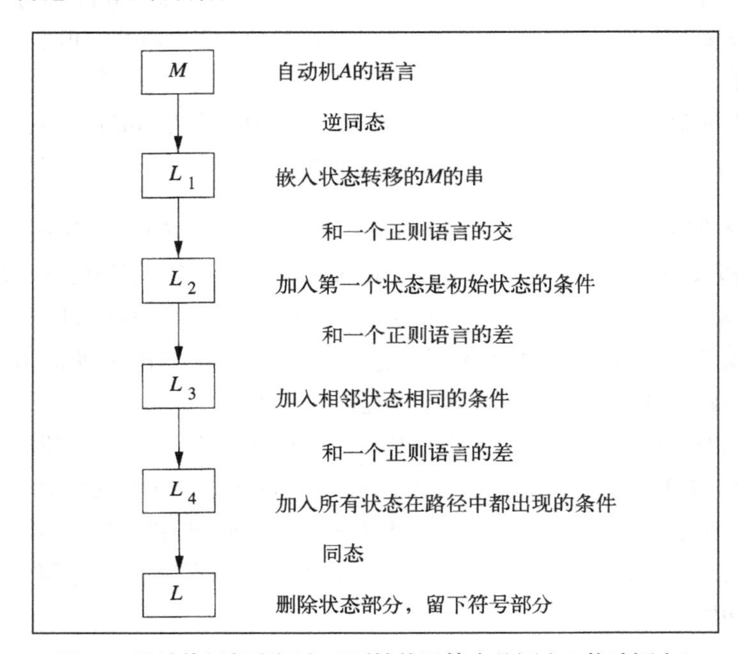

图4-7　通过使用保留语言正则性的运算来从语言M构造语言L

我们达到条件(1)的方法是：使L_1和所有开头符号为$[q_0aq]$的串的集合求交，其中a是某个符号，q是某个状态。也就是说，设E_1是表达式$[q_0a_1q_1] + [q_0a_2q_2] + \cdots$，其中$a_i\, q_i$的范围是所有 $\Sigma \times Q$中满足$\delta(q_0, a_i) = q_i$的对。然后设$L_2 = L_1 \cap L(E_1T^*)$。由于E_1T^*是表示所有T^*中以初始状态开头的串的正则表达式（把正则表达式中的T看作所有它的符号的和），L_2是所有对语言M应用h^{-1}形成的串中第一个符号的第一个部分是初始符号的那些串，也就是说它满足条件(1)。

为了达到条件(2)，很容易使用差运算从L_2中去掉那些不满足它的串。设E_2是由所有不匹配的符号对的连接的和（并）构成的正则表达式，也就是所有$[paq][rbs]$形式的对，其中$q \neq r$。则$T^*E_2T^*$就是表示所有不满足条件(2)的串的正则表达式。 145

现在我们可以定义$L_3 = L_2 - L(T^*E_2T^*)$。L_3的串满足条件(1)，原因是L_2中的串一定以初始符号开头。它们也满足条件(2)，因为减去$L(T^*E_2T^*)$就等于去掉了所有不满足该条件的串。最后，它们满足条件(3)，也就是最后状态是接受状态，原因是开始时我们只使用了M中的串，而这些串都是被A所接受的。最后的结果是L_3由所有M中满足如下条件的串构成：它们中的每个符号中嵌入的状态表示了一个接受计算。注意L_3是正则的，原因是它是从正则语言M出发，经过使用逆同态、交和集合差运算得到的结果，而这些运算在应用于正则语言时所得到的结果仍然是正则语言。

我们的目的是只接受那些在它们的接受计算过程中经过了所有状态的M中的串。我们可以通过再使用一次集合差运算来满足这个条件。也就是说，对于每个状态q，设E_q是由T的所有第一个和最后一个状态里都不是q的符号的和构成的正则表达式。如果从L_3中减去$L(E_q^*)$，那么所得到的那些串都是表示A的一个接受计算，且该接受计算的过程中至少经过状态q一次。如果对于Q中的每个状态q，都从L_3中减去$L(E_q^*)$，那么得到的就都是A的经过所有状态的接受计算。把该语言记作L_4，根据定理4.10可知L_4也是正则的。 146

最后一步是从L_4构造L，也就是要去掉所有的状态部分，即$L = h(L_4)$。现在，L就是所有满足如下条件的Σ^*中的串的集合了：它被A所接受，并且在接受过程中经过A的每个状态至少一次。因为正则语言在同态运算下是封闭的，因此我们知道L也是正则语言。 □

4.2.5 习题

习题4.2.1 设h是从字母表$\{0, 1, 2\}$到字母表$\{a, b\}$的同态，h的定义为：$h(0) = a$; $h(1) = ab$; $h(2) = ba$。

* a) $h(0120)$是什么？

b) $h(21120)$是什么？

* c) 如果L是语言$L(\mathbf{01^*2})$，则$h(L)$是什么？

d) 如果L是语言$L(\mathbf{0 + 12})$，则$h(L)$是什么？

* e) 设L是语言$\{ababa\}$，也就是只包含一个串$ababa$的语言，则$h^{-1}(L)$是什么？

! f) 如果L是语言$L(\mathbf{a(ba)^*})$，则$h^{-1}(L)$是什么？

*! **习题4.2.2** 如果L是一个语言，a是一个符号，则L/a（称作L和a的商）是所有满足如下条件的串w的集合：wa属于L。例如，如果$L = \{a, aab, baa\}$，则$L/a = \{\varepsilon, ba\}$，证明：如果$L$是正则的，那么$L/a$也是。提示：从$L$的DFA出发，考虑接受状态的集合。

! **习题4.2.3** 如果L是一个语言，a是一个符号，则$a\backslash L$是所有满足如下条件的串w的集合：aw

属于L。例如，如果$L = \{a, aab, baa\}$，则$a\backslash L = \{\varepsilon, ab\}$，证明：如果$L$是正则的，那么$a\backslash L$也是。提示：记得正则语言在反转运算下是封闭的，又由习题4.2.2知正则语言在商运算下是封闭的。

！习题4.2.4　下面的哪个恒等式为真？

a) $(L/a)a = L$（左边表示语言L/a和$\{a\}$的连接）。

b) $a(a\backslash L) = L$（同样，这次左边表示$\{a\}$和$a\backslash L$的连接）。

c) $(La)/a = L$。

147

d) $a\backslash(aL) = L$。

习题4.2.5　习题4.2.3中的运算有时也被看作“导数”，此时$a\backslash L$也记做$\frac{\mathrm{d}L}{\mathrm{d}a}$。这些应用于正则表达式的导数在某种意义上和应用于算术表达式的普通的导数很相似。因而，如果R是一个正则表达式，且$L = L(R)$，那么我们就用$\frac{\mathrm{d}R}{\mathrm{d}a}$来表示和$\frac{\mathrm{d}L}{\mathrm{d}a}$同样的意义。

a) 证明：$\frac{\mathrm{d}(R+S)}{\mathrm{d}a} = \frac{\mathrm{d}R}{\mathrm{d}a} + \frac{\mathrm{d}S}{\mathrm{d}a}$。

*! b) 给出求RS的“导数”的规则。提示：需要考虑两种情况：$L(R)$包含ε和$L(R)$不包含ε。这条规则和普通的导数的“乘积法则”并不完全相同，但很类似。

! c) 给出求封闭性的“导数”的规则，即$\frac{\mathrm{d}(R^*)}{\mathrm{d}a}$。

d) 用规则(a)到(c)来求出关于0和1的“导数”。

* e) 给出满足$\frac{\mathrm{d}L}{\mathrm{d}0} = \varnothing$的语言$L$的特点。

*! f) 给出满足$\frac{\mathrm{d}L}{\mathrm{d}0} = L$的语言$L$的特点。

！习题4.2.6　证明正则语言对于以下运算封闭：

a) $\min(L) = \{w \mid w$属于L，但是w的真前缀都不属于$L\}$。

b) $\max(L) = \{w \mid w$属于L，但是不存在串x满足：$x \neq \varepsilon$且wx属于$L\}$。

c) $\mathrm{init}(L) = \{w \mid$对于某个串$x$，$wx$属于$L\}$。

提示：类似于习题4.2.2，很容易从L的一个DFA出发来构造一个需要的语言。

！习题4.2.7　如果$w = a_1a_2\cdots a_n$和$x = b_1b_2\cdots b_n$是同样长度的串，定义alt (w, x)是把w和x交叉起来且以w开头所得到的串，即$a_1b_1a_2b_2\cdots a_nb_n$。如果$L$和$M$是语言，定义alt (L, M)是所有形式为alt(w, x)的串的集合，其中w是L中的任意串，而x是M中与w等长的任意串。证明：如果L和M都是正则的，那么alt(L, M)也是。

***!! 习题4.2.8**　设L是一个语言，定义half (L)是所有L中串的前一半构成的集合，即$\{w \mid$对于某个满足$|x| = |w|$的x，wx属于$L\}$。例如，如果$L = \{\varepsilon, 0010, 011, 010110\}$，则half$(L) = \{\varepsilon, 00, 010\}$。注意，长度为奇数的串对于half$(L)$没有贡献。证明：如果$L$是正则的，那么half$(L)$也是。

!! 习题4.2.9　我们把习题4.2.8推广到能够决定取走串中多大部分的一系列函数。如果f是一个整数函数，定义$f(L)$为$\{w \mid$对某个满足$|x| = f(|w|)$的x，wx属于$L\}$。例如，和运算half对应的f是恒等函数$f(n) = n$，因为half(L)的定义中有$|x| = |w|$。证明：如果L是正则的，那么对于以下的f，$f(L)$也是正则的：

148

a) $f(n)=2n$（也就是取走串的前三分之一）。

b) $f(n)=n^2$（也就是取走的长度是没取走部分长度的平方根）。

c) $f(n)=2^n$（也就是取走的长度是剩下长度的对数）。

!! 习题4.2.10 设L是任何语言，不必正则，它的字母表是{0}，即L的串都只由0构成。证明：L^*是正则的。提示：乍一看，该定理很荒谬。然而，由一个例子可以看出来为什么它是正确的。考虑语言$L=\{0^i \mid i\text{是素数}\}$，我们已经由例4.3知道它不是正则的。串00和000属于L，因为2和3都是素数。因此，如果$j\geqslant 2$，我们可以证明0^j属于L^*：如果j是偶数，那么用$j/2$个00；如果j是奇数，那么用一个000和$(j-3)/2$个00。因此$L^*=\varepsilon+\mathbf{000}^*$。

!! 习题4.2.11 证明正则语言在下面的运算下封闭：$cycle(L)=\{w \mid$ 可以把w写作$w=xy$，并且满足yx属于$L\}$。例如，如果$L=\{01, 011\}$，则$cycle(L)=\{01, 10, 011, 110, 101\}$。提示：从$L$的一个DFA出发构造一个$cycle(L)$的$\varepsilon$-NFA。

!! 习题4.2.12 设$w_1=a_0a_0a_1$，对于所有的$i>1$，$w_i=w_{i-1}w_{i-1}a_i$。例如$w_3=a_0a_0a_1a_0a_0a_1a_2a_0a_0a_1a_0a_0a_1a_2a_3$。语言$L_n=\{w_n\}$（也就是只包含一个串$w_n$的语言）的最短正则表达式是串$w_n$本身，并且这个表达式的长度是$2^{n+1}-1$。然而，如果允许交运算符，我们可以写一个长度为$O(n^2)$的$L_n$的表达式。找到这样的表达式。提示：找到$n$个语言，每个的长度都是$O(n)$，它们的交是$L_n$。

! 习题4.2.13 我们可以用封闭性来帮助证明一些语言不是正则的。从下面的语言不是正则的出发，

$$L_{0n1n}=\{0^n1^n \mid n\geqslant 0\}$$

通过已知对L_{0n1n}保持正则性的运算来变换的方法，证明下列语言都不是正则的：

* a) $\{0^i1^j \mid i\neq j\}$。

b) $\{0^n1^m2^{n-m} \mid n\geqslant m\geqslant 0\}$。

习题4.2.14 在定理4.8中，我们通过用两个DFA来构造另外一个DFA的方法来描述“乘积构造法”，其中被构造的DFA的语言是前两个的语言的交。

149

a) 给出对NFA（没有ε转移）采用乘积构造法的方法。

! b) 给出对ε-NFA采用乘积构造法的方法。

* c) 修改乘积构造法，使之所得到的DFA接受的是给定的两个DFA的语言的差。

d) 修改乘积构造法，使之所得到的DFA接受的是给定的两个DFA的语言的并。

习题4.2.15 在定理4.8的证明过程中，我们说可以通过对w的长度进行归纳来证明：

$$\hat{\delta}((q_L,q_M),w)=(\hat{\delta}_L(q_L,w),\hat{\delta}_M(q_M,w))$$

完成这个归纳证明。

习题4.2.16 完成定理4.14的证明，考虑当表达式E是两个子表达式的连接或另一个表达式的封闭性的情况。

习题4.2.17 在定理4.16中，我们省略了通过对w的长度进行归纳来证明$\hat{\gamma}(q_0, w)=\hat{\delta}(q_0, h(w))$的过程，给出该证明过程。

4.3　正则语言的判定性质

本节考虑如何回答关于正则语言的重要问题。首先必须考虑一下，询问一个关于语言的问题，这到底意味着什么。典型的语言是无穷的，所以不能给出语言的串，并且询问要求检查串的无穷集合的问题。恰当的做法是通过给出本书已经开发的语言的有穷表示之一来给出语言：DFA、NFA、ε-NFA或正则表达式。

当然，这样描述的语言将是正则的，事实上，根本就没有办法来完全表示任意语言。在后面几章里将要看到表示比正则语言更多语言的有穷方法，所以能考虑关于在这些更一般类中语言的问题。但是，对于所询问的许多问题，只有对正则语言类才存在算法。当使用更“有表达力的”记号（即能用来表示更大的语言集合的记号）而不是已经为正则语言开发的表示来提出问题时，同样的问题就成为“不可判定的”（没有回答它们的算法）。

从回顾把同一语言的一种表示转化成另一种表示的方法开始关于正则语言的问题的算法研究。具体地说，希望观察执行这些转化的算法的时间复杂度。然后考虑关于语言的一些基本问题：

150

1. 所描述语言是否为空？
2. 具体的串w是否属于所描述语言？
3. 语言的两种描述是否实际上描述同一语言？这个问题通常被称为语言的“等价性”。

4.3.1　在各种表示之间转化

已知正则语言四种表示中任意一种都能转化成另外三种表示的任意一种。图3-1给出从任意表示转化到其余任意表示的路线。虽然对于任意转化都存在着算法，但有时候我们感兴趣的不仅是进行转化的可能性，还有转化所花费的时间量。具体地说，在花费（作为输入规模的函数）指数时间因而只能对相对小的实例执行的算法与花费线性、二次或某个低次多项式时间的算法之间做出区分，这是很重要的。在预期能对问题的大实例来执行的意义下，后面这类算法是“现实的”。我们将考虑所讨论的每种转化的时间复杂度。

4.3.1.1　把NFA转化为DFA

当从NFA或ε-NFA开始并转化成DFA时，时间可能是NFA状态数的指数。首先，计算n个状态的ε封闭性要花费$O(n^3)$ 时间。必须从n种状态中每一个沿着所有标记ε的箭弧搜索。如果存在n种状态，则不可能超过n^2条箭弧。明智的簿记和设计良好的数据结构将确保能在$O(n^2)$时间里从每个状态中搜索。事实上，能用Warshall（沃舍尔）算法这样的封闭性算法来立刻计算整个ε封闭性[⊖]。

一旦计算出ε封闭性，就能用子集构造来计算等价的DFA。主要的开销原则上是DFA的状态数，这可能是2^n。通过查询ε封闭性信息和每个输入符号的NFA转移表，就能在$O(n^3)$时间里对每种状态都计算出转移。也就是说，假设希望为DFA计算$\delta(\{q_1, q_2, \cdots, q_k\}, a)$。从每个$q_i$沿$\varepsilon$标记路线可能有多达$n$个状态是可达的，这些状态中每个可能有至多$n$个箭弧标记为$a$。通过建立以状态

⊖ 对于传递封闭性算法的讨论，参阅A. V. Aho, J. E. Hopcroft, and J. D. Ullman, *Data Structures and Algorithms*, Addison-Wesley，1984。

为下标的数组，就能在与n^2成比例的时间里计算每个至多有n个状态的至多n个集合的并。

以这种方式，就能对每个q_i计算出从q_i沿着带标记a（可能包括ε）的路径可达的状态集合。因为$k \leqslant n$，至多存在n个状态要处理。我们对每个状态在$O(n^2)$时间里计算出可达状态。因此，计算可达状态所花费总时间是$O(n^3)$。可达状态集合的并只需要$O(n^2)$额外时间，结论是一个DFA转移的计算要花费$O(n^3)$时间。

151

注意，假设输入符号数是常数且不依赖n。因此，在对运行时间的这个估计和其他估计中，不考虑把输入符号数作为因子。输入字母表的规模只影响“大O”记号后面隐藏的常数因子，而不影响任何其他东西。

本节结论是：包括NFA有ε转移的情况在内，NFA到DFA转化的运行时间是$O(n^3 2^n)$。当然，实际上产生的状态数通常都远远小于2^n，经常只有n个状态。可以把运行时间的界叙述为$O(n^3 s)$，其中s是DFA实际具有的状态数。

4.3.1.2 DFA到NFA的转化

这个转化是简单的，在n状态DFA上花费$O(n)$时间。所有要做的就是修改DFA的转移表。方法是：给状态加上集合括号，如果输出是ε-NFA，则加入ε列。因为认为输入符号数（即转移表宽度）是常数，所以复制和处理表要花费$O(n)$时间。

4.3.1.3 自动机到正则表达式的转化

如果检查3.2.1节的构造，会注意到在n轮的每轮中（n是DFA状态数），能让所构造正则表达式的规模变为四倍，因为每个正则表达式是从前一轮四个表达式建立的。因此，单是写下n^3个表达式就能花费$O(n^3 4^n)$时间。3.2.2节的改进构造缩减了常数因子，但不影响问题的最坏情况指数性。

如果输入是NFA或甚至ε-NFA，则同样的构造在同样的运行时间里起作用，但本书不证明这些事实。不过，重要的是对NFA使用这些构造。如果首先把NFA转化成DFA，然后把DFA转化成正则表达式，则可能花费$O(8^n 4^{2^n})$时间，这是双重指数的。

4.3.1.4 正则表达式到自动机的转化

正则表达式到ε-NFA的转化花费线性时间。需要有效地对表达式做语法分析，使用在长度为n的正则表达式上只花费$O(n)$时间的方法[⊖]。所得结果是表达式树，其中正则表达式每个符号对应着一个顶点（括号不必出现在树中，括号只引导对表达式的语法分析）。

152

一旦有了正则表达式的表达式树，就能逐步从下到上整理这棵树，建立每个顶点的ε-NFA。在3.2.3节所见的正则表达式转化的构造规则从不对表达式树的任何顶点添加超过2个状态和4个箭弧。因此，所得到的ε-NFA的状态数和箭弧数都是$O(n)$。而且，在语法分析树的每个顶点上产生这些元素的工作量都是常数，只要处理每个子树的函数返回指向自动机的初始状态和接受状态的指针。

结论是从正则表达式到ε-NFA的构造花费表达式规模的线性时间。我们能在$O(n^3)$时间里

⊖ 在A. V. Aho, R. Sethi, and J. D. Ullman, *Compiler Design: Principles, Tools, and Techniques*, Addison-Wesley, 1986（中文版《编译原理》于2003年8月已由机械工业出版社出版——编者注）中讨论了能在$O(n)$时间里完成这个任务的语法分析技术。

从n状态ε-NFA中消除ε转移来得到普通NFA而不增加状态数。但继续下去到DFA却可能花费指数时间。

4.3.2 测试正则语言的空性

乍看起来，问题“正则语言L是否为空？”的答案是显然的——$\varnothing$为空，而所有其他正则语言都不空。但是，在4.3节开始时曾讨论过不是用L中串的明确列表来陈述问题。更恰当的方式是给定L的某种表示，并且需要判定这个表示是否表示语言$\varnothing$。

如果这个表示是任意种类的有穷自动机，则空性问题就是：是否存在从初始状态到某个接受状态的无论什么任意路径。如果这样的路径存在，则语言是非空的，但如果接受状态与初始状态都是隔绝的，则语言是空的。判定是否能从初始状态到达接受状态，这是图可达性的简单实例，实质上类似于在2.5.3节曾讨论过的ε封闭性的计算。算法能总结成下面这个递归过程。

基础：初始状态确实是从初始状态可达的。

归纳：如果状态q是从初始状态可达的，并且从q到p的箭弧带有任意标记（输入符号或ε（若自动机是ε-NFA）），则p是可达的。

用这种方式能计算可达状态集合。如果任何接受状态在里面，则回答“否”（自动机的语言不为空），否则回答“是”。注意，如果自动机有n个状态，则可达性计算花费不超过$O(n^2)$时间，事实上不超过与自动机转移图中箭弧数成比例的时间，这可能小于n^2而不可能超过$O(n^2)$。

如果给定表示语言L的正则表达式而不是自动机，则可把表达式转化成ε-NFA，然后如上述继续下去。从长度为n的正则表达式得到的自动机至多有$O(n)$个状态和转移，所以算法花费$O(n)$

153

时间。

但是，也能检查正则表达式来判定其是否为空。首先注意如果表达式不出现$\varnothing$，则语言肯定不空。如果存在$\varnothing$，则语言既可能空也可能不空。下列递归规则区分正则表达式是否表示空语言。

基础：$\varnothing$表示空语言；$\boldsymbol{\varepsilon}$和$\mathbf{a}$（对于任意输入符号a）不表示空语言。

归纳：假设R是正则表达式。有四种情况要考虑，对应于可能构造R的方式。

1. $R = R_1 + R_2$，则$L(R)$为空当且仅当$L(R_1)$和$L(R_2)$都为空。

2. $R = R_1R_2$，则$L(R)$为空当且仅当$L(R_1)$或$L(R_2)$为空。

3. $R = R^*{}_1$，则$L(R)$不为空；$L(R)$总是至少包含ε。

4. $R = (R_1)$，则$L(R)$为空当且仅当$L(R_1)$为空；因为二者是相同的语言。

4.3.3 测试正则语言的成员性

下一个重要问题是：给定串w和正则语言L，w是否属于L。w是用明确方式表示的，但L是用自动机或正则表达式来表示的。

如果L是用DFA表示的，则算法是简单的。从初始状态开始，模拟DFA处理输入符号串w。如果DFA在接受状态结束，则回答“是”，否则回答“否”。这个算法非常快。如果$|w| = n$，用适当数据结构（比如用二维数组作为状态转移表）表示DFA，则每个转移需要常数时间，整个测试花费$O(n)$时间。

如果L有除DFA外的其他表示，则可能转化成DFA并运行上述测试。这个方法可能花费表示

规模的指数时间，尽管是$|w|$的线性时间。但是，如果表示是NFA或ϵ-NFA，则直接模拟NFA就更简单和更有效。也就是说，一次处理w的一个符号，保持在跟随w的前缀标记的任何路径之后NFA所能处在的状态集合。这个思想如图2-10所示。

如果w长度为n，NFA有s个状态，则这个算法运行时间是$O(ns^2)$。可以通过下面的方法处理每个输入符号：取出先前的状态集合（至多有s个状态），查找这些状态中每个的后继。取得每个至多有s个状态的至多s个集合的并，这花费$O(s^2)$时间。

如果NFA有ϵ转移，则在开始模拟之前必须计算ϵ封闭性。然后每个输入符号a的处理有两个阶段，每个阶段都花费$O(s^2)$时间。首先，取出先前的状态集合并且找出这些状态在输入符号a上的后继。然后，计算这个状态集合的ϵ封闭性。模拟的初始的状态集合是NFA的初始状态的ϵ封闭性。 154

最后，如果L的表示是规模为s的正则表达式，则能在$O(s)$时间里转化成至多有$2s$个状态的ϵ-NFA。然后在长度为n的输入w上花费$O(ns^2)$时间执行上述模拟。

4.3.4 习题

* **习题4.3.1** 给出算法区分正则语言L是否无穷。提示：用泵引理证明如果语言包含长度大于某个下限的任何串，则这个语言一定是无穷的。

习题4.3.2 给出算法区分正则语言L是否至少包含100个串。

习题4.3.3 假设L是带字母表Σ的正则语言。给出算法区分是否$L = \Sigma^*$，即字母表上所有串。

习题4.3.4 给出算法区分两个正则语言L_1和L_2是否至少有一个公共串。

习题4.3.5 对于相同字母表上的两个正则语言L_1和L_2，给出算法区分是否存在Σ^*中任何串既不属于L_1也不属于L_2。

4.4 自动机的等价性和最小化

与前面的问题（空性和成员性，其算法是相当简单的）不同，两个正则语言的两个描述是否其实定义相同语言的问题涉及相当可观的智力技巧。在本节中，在定义相同语言的意义下，讨论如何测试正则语言的两个描述是否等价的。这个测试的重要后果是存在一种方法把DFA最小化。也就是说，能取出任意DFA并求出状态数最小的等价DFA。事实上，这个DFA实质上是唯一的：给定任何两个等价的最小状态DFA，总是能找到办法重新命名状态，使得这两个DFA成为相同的。

4.4.1 测试状态的等价性

将从询问关于单个DFA的状态的问题开始。目标是理解两个不同状态p和q何时能换成作用既类似p又类似q的单个状态。状态p和q是等价的，如果： 155

- 对于所有输入串w，$\hat{\delta}(p, w)$是接受状态当且仅当$\hat{\delta}(q, w)$是接受状态。

不太形式化地说，仅仅通过从两个状态之一开始，询问当自动机从这个（未知）状态启动时，给定的输入串是否导致接受，这样做不可能在等价状态p和q之间区分出差别。注意，不要求$\hat{\delta}(p, w)$和$\hat{\delta}(q, w)$是相同的状态，只要求要么都是接受的，要么都是非接受的。

如果两个状态不等价，则说二者是可区分的。换句话说，如果至少存在一个串w使得$\hat{\delta}(p, w)$和$\hat{\delta}(q, w)$中的一个是接受的而另一个是非接受的，则状态p与状态q是可区分的。

例4.18　考虑图4-8的DFA，在本例中，将把其转移函数称为δ。某些状态对显然不是等价的。例如，C和G是不等价的，因为一个是接受的而另一个不是。也就是说，空串区分这两个状态，因为$\hat{\delta}(C, \varepsilon)$是接受的而$\hat{\delta}(G, \varepsilon)$不是。

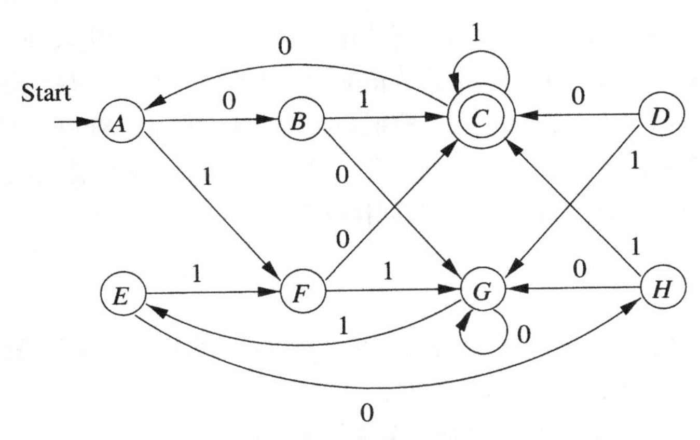

图4-8　带有等价状态的自动机

考虑状态A和G。串ε不区分这二者，因为它们都是非接受状态。串0不区分这二者，因为在输入0上二者分别到达状态B和G，这些状态都是非接受的。同样，串1不区分A和G，因为二者分别到达F和E，都是非接受的。但是，01区分A和G，因为$\hat{\delta}(A, 01) = C$，$\hat{\delta}(G, 01) = E$，C是接受的而E不是。把A和G带到只有一个接受状态的任何串都足以证明A和G不是等价的。

相反，考虑状态A和E。A和E都不是接受的，所以ε不区分这二者。在输入1上，二者都到达状态F。因此，以1开头的输入都不区分A和E，因为对于任意串x，$\hat{\delta}(A, 1x) = \hat{\delta}(E, 1x)$。

156

现在考虑状态A和E在以0开头的输入上的作用。二者分别到达状态B和H。B和H都不是接受的，所以串0本身不区分A和E。但是，B和H也无济于事。在输入1上二者都到达C，在输入0上二者都到达G。因此，以0开头的所有输入将不能区分A和E。结论是无论什么输入串都将不能区分A和E，即二者是等价状态。□

为了求出等价状态，要尽最大努力来求出可区分状态对。如果根据下面描述的算法来做彻底搜索，则凡是没有被发现可区分的任意状态对都是等价的，这可能是令人吃惊的，但却是真的。算法（称为*填表算法*）递归地发现DFA $A = (Q, \Sigma, \delta, q_0, F)$中的可区分对。

基础：如果p是接受状态而q是非接受的，则$\{p, q\}$对是可区分的。

归纳：设p和q是满足下列条件的状态：使得对于某个输入符号a，$r = \delta(p, a)$和$s = \delta(q, a)$是已知可区分的状态对。则$\{p, q\}$是可区分的状态对。这个规则有意义的原因是一定存在某个串w区分r和s；即$\hat{\delta}(r, w)$和$\hat{\delta}(s, w)$恰有一个是接受的。于是串aw一定区分p和q，因为$\hat{\delta}(p, aw)$和$\hat{\delta}(q, aw)$与$\hat{\delta}(r, w)$和$\hat{\delta}(s, w)$是相同的状态对。

例4.19　在图4-8的DFA上执行填表算法。最终的表如图4-9所示，x表示可区分状态对，空格表示已经发现等价的状态对。开始时，表中没有x。

对于基础，C是唯一的接受状态，所以在涉及C的每个对中写上x。既然知道了一些可区分对，就能发现其他可区分对。例如，$\{C, H\}$是可区分的，在输入0上状态E和F分别到达H和C，所以知道$\{E, F\}$也是可区分对。事实上，只通过在0或1上查看状态对的转移，并注意到（对于这些输入之一）一个状态到达C而另一个不到达C，就能求出图4-9中除了$\{A, G\}$和$\{F, G\}$对之外的所有x。在下一轮能证明$\{A, G\}$和$\{E, G\}$是可区分的，在输入1上A和E到达F而G到达E，而且已经证明了$\{E, F\}$对是可区分的。

	A	B	C	D	E	F	G
B	x						
C	x	x					
D	x	x	x				
E		x	x	x			
F	x	x	x		x		
G	x	x	x	x	x	x	
H	x		x	x	x	x	x

图4-9　状态非等价性的表

157

但是，在这之后就不能发现更多的可区分对了。三个剩余对（因此都是等价对）是$\{A, E\}$, $\{B, H\}$, $\{D, F\}$。例如，考虑为什么不能推出$\{A, E\}$是可区分对。在输入0上，A和E分别到达B和H，还没有证明$\{B, H\}$是可区分的。在输入1上，A和E都到达F，所以这种办法没有希望区分这二者。将永远不能被区分其他两个对$\{B, H\}$和$\{D, F\}$，因为它们中的每个对都在0上有相同转移并在1上有相同转移。因此，填表算法停止在如图4-9所示的表上，这是对等价状态和可区分状态的正确决定。□

定理4.20　如果通过填表算法不能区分两个状态，则这两个状态是等价的。

证明　再次假设讨论的是DFA $A = (Q, \Sigma, \delta, q_0, F)$。假设定理为假；也就是说，至少存在一个状态对$\{p, q\}$，使得

1. 在存在某个串w使得$\hat{\delta}(p, w)$和$\hat{\delta}(q, w)$恰有一个接受的意义下，状态p和q是可区分的，但
2. 填表算法没有发现p和q是可区分的。

把这样的状态对称为坏对。

如果存在坏对，则一定存在用区分坏对的串中最短的串就能区分的一些坏对。设$\{p, q\}$是一个这样的坏对，并设$w = a_1a_2\cdots a_n$是区分p和q的最短的串。则$\hat{\delta}(p, w)$和$\hat{\delta}(q, w)$中恰有一个是接受的。

首先注意w不可能是ε，因为如果ε区分一对状态，则填表算法的基础部分标记这对状态。因此$n \geqslant 1$。

考虑状态$r = \delta(p, a_1)$和$s = \delta(q, a_1)$。串$a_2a_3\cdots a_n$可区分状态r和s，因为这个串把r和s带到状态$\hat{\delta}(p, w)$和$\hat{\delta}(q, w)$。但是，区分r和s的这个串比区分坏对的任何串都要短。因此，$\{r, s\}$不可能是坏对。更恰当地说，填表算法一定已经发现r和s是可区分的。

但填表算法的归纳部分将不停止，直到已经推出p和q是可区分的为止，因为算法发现$\delta(p, a_1) = r$和$\delta(q, a_1) = s$是可区分的。已经与坏对存在的假设相矛盾了。如果不存在坏对，则填表算法区分每对可区分状态，定理为真。□

158

4.4.2　测试正则语言的等价性

填表算法给出一种容易的方法来测试两个正则语言是否相同。假设语言L和M各自用某种方

式来表示，比如一个用正则表达式、一个用NFA。把各自表示转化成DFA。现在，想象一个DFA其状态是L和M的DFA的状态的并。从技术上说，这个DFA有两个初始状态，但实际上就测试状态等价性而言，初始状态是无关紧要的，所以让任意状态作为唯一的初始状态。

现在，使用填表算法来测试原来两个DFA的初始状态是否等价。如果等价，则$L=M$，如果不等价，则$L \neq M$。

例4.21 考虑图4-10中的两个DFA。每个DFA都接受空串和所有以0结尾的串，即正则表达式$\varepsilon + (\mathbf{0} + \mathbf{1})^*\mathbf{0}$ 的语言。可以想象图4-10表示一个有从A到E五个状态的DFA。如果对这个自动机应用填表算法，则结果如图4-11所示。

159

看看如何填写表。首先在恰有一个状态接受的所有状态对中写上x。事实上没有别的事情可做。剩余四对$\{A, C\}$, $\{A, D\}$, $\{C, D\}$, $\{B, E\}$都是等价对。读者应该验证在填表算法的归纳部分中没有发现更多的可区分对。例如，对于图4-11的表，不能区分$\{A, D\}$对，因为在0上A和D都到达自身，在1上到达$\{B, E\}$对，还没有区分B和E。由于这个测试发现A和C等价，而这些状态是原来两个自动机的初始状态，所以结论是这些DFA确实接受相同语言。 □

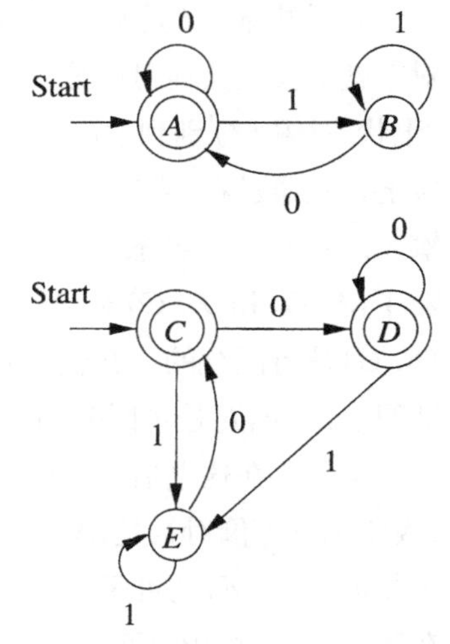

图4-10 两个等价自动机

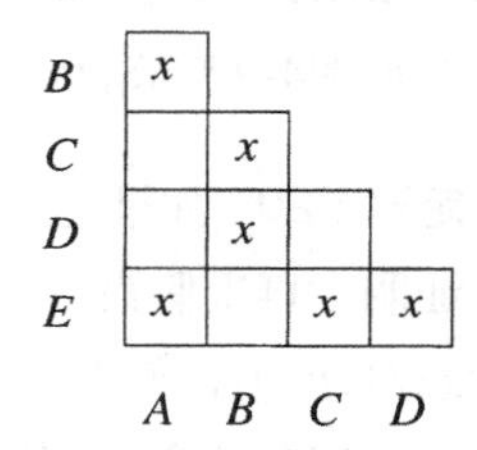

B	x			
C		x		
D		x		
E	x		x	x
	A	B	C	D

图4-11 图4-10的可区分性表

填表并因而判定两个状态是否等价的时间是状态数的多项式。如果存在n个状态，则存在$\binom{n}{2}$即$n(n-1)/2$个状态对。在一轮中，考虑所有状态对，看看是否已经发现其后继对中有一对是可区分的，所以一轮肯定花费不超过$O(n^2)$时间。而且，如果在某轮中在表中没有加入新的x，则算法结束。因此，存在不超过$O(n^2)$轮，$O(n^4)$肯定是填表算法运行时间的上界。

但是，更仔细的算法能在$O(n^2)$时间里填好表。这一思想是对于每对状态$\{r, s\}$，初始化“依赖”$\{r, s\}$的这些$\{p, q\}$对的表。也就是说，如果发现$\{r, s\}$是可区分的，则$\{p, q\}$是可区分的。在开始时通过下面的方式建立表：检查每对状态$\{p, q\}$，对于固定多个输入符号中的每个a，把$\{p, q\}$写在状态对$\{\delta(p, a), \delta(q, a)\}$的表上，这些是$p$和$q$在$a$上的后继状态。

如果最终发现$\{r, s\}$是可区分的，则往下考虑$\{r, s\}$的表。对于这个表中还不是可区分的每个对，都让这个对是可区分的，并把这个对放到必须同样检查的对队列中。

这个算法的总工作量与表的长度之和成比例，因为在每一次里，要么加入一些东西到表中（初始化），要么第一次和最后一次检查表的成员（当往下考虑已经发现可区分的对的表时）。由于认为输入字母表规模是常数，所以每个状态对都写在$O(1)$个表中。存在$O(n^2)$个状态，所以总工作量是$O(n^2)$。

4.4.3 DFA最小化

测试状态等价性的另一个重要意义在于能把自动机“最小化”。也就是说，对于每个DFA，能求出在接受相同语言的任意DFA中具有最少状态数的等价DFA。而且，除了能用所选择的无论什么名字来称呼状态这一点之外，对于语言来说这个最小状态自动机是唯一的。算法如下： 160

1. 排除所有不能从初始状态到达的状态。

2. 把剩下的状态划分为块，同一块中的状态都是等价的，并且不同块中的两个状态一定不等价。下面的定理4.24显示我们总是可以这样划分的。

例4.22 考虑图4-9中的表，在该表中对图4-8的状态决定了状态的等价性和可区分性。在消除了从初始状态出发不可达的状态（D）之后，状态划分成的等价块是($\{A, E\}$, $\{B, H\}$, $\{C\}$, $\{F\}$, $\{G\}$)。注意，等价的两对状态每一对都一起放在一个块中，而与其余所有状态都可区分的每个状态各自都自成一块。

对于图4-10中的自动机，划分是($\{A, C, D\}$, $\{B, E\}$)。这个例子说明在一块中能有超过两个状态。A, C, D能一起存在于一个块中，这似乎是幸运的，因为它们每个对都是等价的，而其中任何一个又不等价于任何其他状态。但是，在将要证明的下一个定理中我们看到，这种情况是状态“等价性”定义所保证的。 □

定理4.23 状态等价性是传递的。也就是说，如果在某个DFA $A = (Q, \Sigma, \delta, q_0, F)$上发现状态$p$和$q$是等价的，并且发现状态$q$和$r$是等价的，则状态$p$和$r$是等价的。

证明 注意传递性是期望任何所谓“等价”关系都具有的性质。但是，只是称某个东西“等价”并不就让这个东西传递，必须证明这个名称是正当的。

假设$\{p, q\}$对和$\{q, r\}$对都是等价的，但$\{p, r\}$对是可区分的。于是，存在某个串w使得$\hat{\delta}(p, w)$和$\hat{\delta}(r, w)$恰有一个是接受状态。根据对称性，不妨假设$\hat{\delta}(p, w)$是接受状态。

现在考虑$\hat{\delta}(q, w)$究竟是不是接受状态。如果$\hat{\delta}(q, w)$是接受状态，则$\{q, r\}$是可区分的，因为$\hat{\delta}(q, w)$是接受状态而$\hat{\delta}(r, w)$不是。如果$\hat{\delta}(q, w)$是非接受的，则由于类似的理由$\{p, q\}$是可区分的。用归谬法得出$\{p, r\}$是不可区分的，因此这个对是等价的。 □

可用定理4.23来证明划分状态的明显算法的正当性。对于每个状态q，构造由q和与q等价的所有状态组成的块。必须证明得到的块是划分，即没有状态属于两个不同的块。

首先，注意任意块中所有状态都是互相等价的。也就是说，如果p和r是与q等价状态块中的两个状态，则根据定理4.23，p和r是彼此等价的。

假设存在两个重叠但不相等的块。也就是说，存在包含状态p和q的块B，以及包含p但不包含q的另一个块C。因为p和q都属于同一块，所以它们是等价的。考虑如何形成块C。如果p产生块C，则q应当属于C，因为这些状态是等价的。因此，一定是存在着某个第三状态s产生块C，即C是与s等价的状态集合。 161

已知p等价于s，因为p属于块C。还已知p等价于q，因为都一起属于块B。根据定理4.23的传递性，q等价于s。但这样一来q就属于块C，矛盾。结论是状态等价性划分了状态；也就是说，两个状态要么具有相同的等价状态集合（包含其本身在内），要么其等价状态是不相交的。上述分析的结论是：

定理4.24　如果对于DFA每个状态q建立由q和与q等价的所有状态组成的块，则不同的状态块形成状态集合的划分[⊖]。也就是说，每个状态恰好属于一个块。同一块中所有成员都是等价的，从不同块中选择的状态对都不是等价的。 □

现在能够简洁地叙述把DFA $A = (Q, \Sigma, \delta, q_0, F)$最小化的算法了。

1. 用填表算法找出所有等价状态对。
2. 用上述方法把状态集合Q划分成互相等价的状态的块。
3. 用块作为状态来构造最小状态等价DFA B。设γ是B的转移函数。假设S是A的等价状态集合，a是输入符号。则一定存在一个状态块T使得对于S中所有状态q，$\delta(q, a)$是块T的成员。因为假如不是这样，则输入符号a把S中两个状态p和q带到不同块中，根据定理4.24，这些状态是可区分的。这个事实允许得出p和q是等价的且不能同属于S的结论。结果是可设$\gamma(S, a) = T$。另外：
   (a) B的初始状态是包含A的初始状态的块。
   (b) B的接受状态是包含A的接受状态的块。注意，如果块中一个状态是接受的，则这个块中所有状态一定都是接受的。原因是任何接受状态与任何非接受状态都是可区分的，所以不能让接受状态和非接受状态同属于一个等价状态块。

162

例4.25　把图4-8中的DFA最小化。在例4.22中建立了状态划分块。图4-12说明最小状态自动机。最小状态自动机的五个状态对应于图4-8中的自动机的五个等价状态块。

初始状态是$\{A, E\}$，因为A是图4-8的初始状态。唯一的接受状态是$\{C\}$，因为C是图4-8唯一的接受状态。注意，图4-12中的转移恰当地反映出图4-8中的转移。例如，图4-12在输入0上有从$\{A, E\}$到$\{B, H\}$的转移。这是有意义的，因为在图4-8中，在输入0上A到达B，E到达H。同样，在输入1上$\{A, E\}$到达$\{D, F\}$。如果检查图4-8，就会发现在输入1上A和E都到达F，所以在输入1上对$\{A, E\}$后继的选择也是正确的。注意，在输入1上A和E都不到达D的事实是不重要的。读者可验证所有其他转移也都是正确的。 □

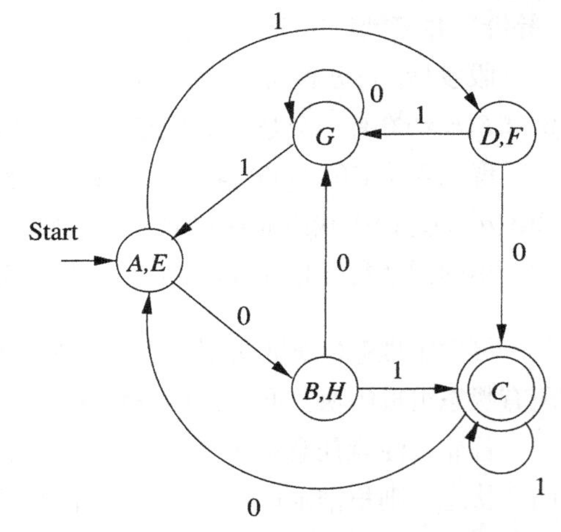

图4-12　等价于图4-8的最小状态DFA

4.4.4　为什么不能比最小DFA更小

假设有DFA A，用定理4.24的划分方法把A最小化来构造DFA M。这个定理说明不能把A的状态分成更少的组而仍然得到等价DFA。但是，能否存在另一个与A无关的DFA N接受与A和M相同的语言但比M状态要少？用归谬法就能证明N不存在。

首先，在M和N上一起运行4.4.1节的状态可区分性过程，就好像M和N是一个DFA那样。可

⊖ 读者应当记住，从不同状态开始，可能多次形成相同的块。但是，划分由不同的块组成，所以这个块在划分中只出现一次。

假设M和N的状态没有公共名字，所以组合自动机的转移函数是M和N的转移规则的不相交的并。状态在组合自动机中是接受的当且仅当状态在原来的自动机中是接受的。 163

M和N的初始状态都是不可区分的，因为$L(M) = L(N)$。另外，如果$\{p, q\}$是不可区分的，则其后继在任意一个输入符号上也是不可区分的。原因是假如能区分后继，则应该能区分p和q。

M和N都没有不可达状态，否则就可消除这个状态而对同样语言得到更小的DFA。因此，M的每个状态至少与N的一个状态是不可区分的。为了看出为什么，假设p是M的状态。于是存在某个串$a_1a_2\cdots a_k$把M的初始状态带到状态p。这个串也把N的初始状态带到某个状态q。因为已知初始状态是不可区分的，所以知道其后继在输入符号a_1上也是不可区分的。于是，这些状态的后继在输入符号a_2上是不可区分的，依此类推，直到得出结论p和q是不可区分的为止。

因为N比M状态要少，所以存在两个M状态与同一个N状态是不可区分的，因此互相不可区分。但已经把M设计成所有状态都是互相可区分的。这样就得出了矛盾，所以假设N存在就是错的，并且M事实上不比A的任意等价DFA具有更多的状态。形式化地说，已经证明了定理4.26。

定理4.26 如果A是DFA，M是通过定理4.24叙述中所描述的算法从A构造的DFA，则M不比与A等价的任意DFA具有更多的状态。 □

事实上，我们可以说甚至比定理4.26更强的一些东西。在任何其他最小状态N与DFA M的状态之间一定存在着一一对应。原因是上面论证过M的每个状态如何一定等价于N的一个状态，没有M的状态能等价于N的两个状态。我们同样可以论证没有N的状态能等价于M的两个状态，但每个N的状态一定等价于一个M的状态。因此，除了可能重新命名状态之外，与A等价的最小状态DFA是唯一的。

NFA的状态最小化

读者可能想象把DFA状态最小化的同样技术也许能用来求出与给定NFA或DFA等价的最小状态NFA。尽管用穷举枚举过程能求出接受给定正则语言的状态最少的NFA，但只把语言的某个给定NFA的状态分组却不能求出这样的NFA。

一个例子在图4-13中。三个状态都不等价。接受状态B与非接受状态A和C肯定是可区分的。但是，输入0不能区分A和C。C的后继只有A，不包括接受状态，而A的后继是$\{A, B\}$，包括接受状态。因此，把等价状态分组并不减少图4-13中的状态数。

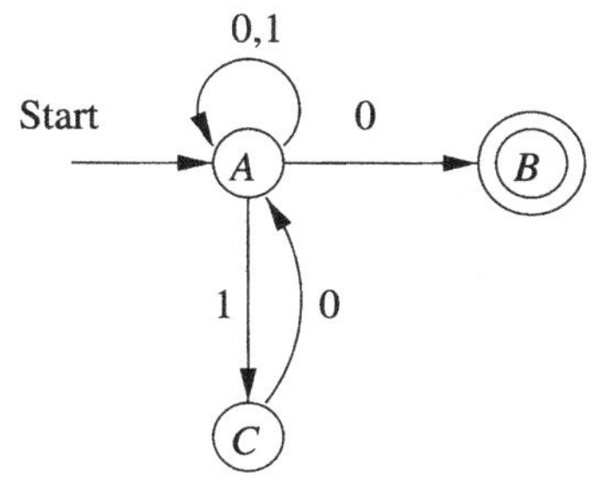

图4-13 不能用状态等价性来最小化的NFA

不过，如果只删除状态C，就能求出同一语言的更小的NFA。注意，仅A和B就接受所有以0结尾的串，而添加状态C并不允许接受任何其他的串。

4.4.5 习题

*** 习题4.4.1** 图4-14中是DFA的转移表。

a) 画出这个自动机的可区分性表。

164
~
165

b) 构造最小状态的等价DFA。

习题4.4.2 对于图4-15中的DFA重做习题4.4.1。

!! **习题4.4.3** 假设p和q是有n个状态的给定DFA A的可区分状态。作为n的函数，区分p和q的最短的串的长度的紧上界是多少？

	0	1
$\to A$	B	A
B	A	C
C	D	B
$*D$	D	A
E	D	F
F	G	E
G	F	G
H	G	D

图4-14 有待最小化的DFA

	0	1
$\to A$	B	E
B	C	F
$*C$	D	H
D	E	H
E	F	I
$*F$	G	B
G	H	B
H	I	C
$*I$	A	E

图4-15 另一个有待最小化的DFA

4.5 小结

- **泵引理**：如果语言是正则的，则这个语言中每个足够长的串都有非空子串能被“抽取”，也就是说，这个子串重复任意多次所得到的串也在语言中。这个事实能用来证明许多不同的语言不是正则的。
- **保持是正则语言的性质的运算**：有许多运算在作用到正则语言时产生正则语言作为结果，其中有并、连接、封闭性、交、补、差、反转、同态（用相关串替换每个符号）和逆同态等。
- **测试正则语言的空性**：存在算法对于给定正则语言的表示（比如自动机或正则表达式）来区分所表示的语言是否为空集合。
- **测试正则语言的成员性**：存在算法对于给定的串和正则语言的表示来区分这个串是否属于这个语言。
- **测试状态可区分性**：如果存在输入串把两个状态中恰好一个带到接受状态，则DFA的这两个状态是可区分的。由一个接受状态和一个非接受状态组成的对是可区分的，单从这个事实出发，通过寻找其后继在一个输入符号上可区分的对，来尝试发现更多的可区分状态对，就能发现所有可区分状态对。

166

- **把确定型有穷自动机最小化**：能把任意DFA的状态划分成互相不可区分状态的组。两个不同组的成员总是可区分的。如果用单个状态替换每个组，则得到相同语言的状态数最少的等价DFA。

167

4.6 参考文献

除了克林[6]证明过的正则表达式的明显封闭性（并、连接和星号）之外，几乎所有关于正则语言封闭性的结果都模仿关于上下文无关语言（在第5章中研究的语言类）的类似结果。因此，正则语言的泵引理是Bar-Hillel、Perles、Shamir[1]关于上下文无关语言的对应结果的简化版本。同一篇文章间接给出本章证明的其他几种封闭性。不过，对逆同态封闭的结果出自[2]。

在习题4.2.2中介绍的商运算出自[3]。事实上，这篇文章讨论用任意正则语言替换单个符号a

的较一般运算。从习题4.2.8开始、在正则语言中串的前半段上作用的“部分删除”类型的系列运算始于[8]。Seiferas和McNaughton[9]解决了删除运算何时保持正则语言的一般情形。

诸如正则语言的空性、有穷性和成员性这样的原始的判定算法出自[7]。把DFA状态最小化的算法出现在[7]和[5]中。求最小状态DFA的最有效算法在[4]中。

1. Y. Bar-Hillel, M. Perles, and E. Shamir, “On formal properties of simple phrase-structure grammars,” *Z. Phonetik. Sprachwiss. Kommunikations-forsch.* **14** (1961), pp. 143–172.

2. S. Ginsburg and G. Rose, “Operations which preserve definability in languages,” *J. ACM* **10**:2 (1963), pp. 175–195.

3. S. Ginsburg and E. H. Spanier, “Quotients of context-free languages,” *J. ACM* **10**:4 (1963), pp. 487–492.

4. J. E. Hopcroft, “An $n \log n$ algorithm for minimizing the states in a finite automaton,” in Z. Kohavi (ed.) *The Theory of Machines and Computations*, Academic Press, New York, 1971 pp. 189–196.

5. D. A. Huffman, “The synthesis of sequential switching circuits,” *J. Franklin Inst.* **257**:3-4 (1954), pp. 161–190 and 275–303.

6. S. C. Kleene, “Representation of events in nerve nets and finite automata,” in C. E. Shannon and J. McCarthy, *Automata Studies*, Princeton Univ. Press, 1956, pp. 3–42.

7. E. F. Moore, “Gedanken experiments on sequential machines,” in C. E. Shannon and J. McCarthy, *Automata Studies*, Princeton Univ. Press, 1956, pp. 129–153.

8. R. E. Stearns and J. Hartmanis, “Regularity-preserving modifications of regular expressions,” *Information and Control* **6**:1 (1963), pp. 55–69.

9. J. I. Seiferas and R. McNaughton, “Regularity-preserving relations,” *Theoretical Computer Science* **2**:2 (1976), pp. 147–154.

168 ~ 170

上下文无关文法及上下文无关语言

现在我们把注意力从正则语言转移到另外一大类语言上来，它们被称作“上下文无关语言”。这类语言有着自然的递归记号，这种记号被称作“上下文无关文法”。从20世纪60年代以来，上下文无关文法一直在编译技术中扮演着重要的角色。它们能够把语法分析器（一类用来在编译过程中发现源程序结构的函数）的实现从一种费时的、独特的设计工作转变成一种能够很快完成的工作。近年来，上下文无关文法也被用来描述文档格式：XML（eXtensible Markup Language，可扩展标记语言）中使用的DTD（Document-Type Definition，文档类型定义）就是用来描述Web上的信息交换格式的。

在本章中，我们将首先介绍上下文无关文法的记号，然后将介绍怎样用文法来定义语言。我们将会讨论到“语法分析树”——对一个文法处在它所表示的语言的字符串中结构的图形描述。语法分析树是一个编程语言的语法分析器的产物，也是通常用来获得程序结构的途径。

上下文无关语言还有另外一种等价的自动机记号，称作“下推自动机”，它描述并且只描述所有的上下文无关语言。我们将在第6章介绍下推自动机。虽然它不如有穷自动机重要，但我们会发现：作为一种语言的定义机制，在探讨第7章中的上下文无关语言的封闭性和判定性质时，下推自动机（特别是它与上下文无关文法的等价性）是非常有用的。

5.1 上下文无关文法

本章的内容将从非形式化地介绍上下文无关文法的表示法开始。形式化的定义会在读者了解到这些文法的一些重要的能力之后给出。届时将会说明怎样形式化地定义一个文法，并将介绍一种“推导”过程：它能够决定在一个文法的语言中到底有哪些串。

5.1.1 一个非形式化的例子

下面来考虑一个*回文*（palindrome）的语言。“回文”是指正向和反向读起来都一样的字符串，比如otto或者madamimadam（“Madam, I'm Adam”，引自夏娃在伊甸园里听到的第一句话）。换句话说，串w是一个回文当且仅当$w = w^R$。为了使问题简单些，只考虑描述字母表$\{0, 1\}$上的回文，这个语言包括0110，11011这样的串，也包括空串ε，但不包括011或0101这样的串。

很容易验证这个0和1上的回文语言L_{pal}不是正则语言，要做到这点只需要使用泵引理即可：如果L_{pal}是一个正则语言，令n是与其相关的常数，考虑回文串$w = 0^n10^n$。如果L_{pal}是正则的，那么就能够把w写为$w = xyz$，使得y由第一组中一个或若干个0构成。因此，如果L_{pal}是正则的，那么xz也应该在L_{pal}中。然而，由于xz的两端的0的个数不同，进而可知它不可能是回文串，由此得出的矛盾可以推翻前面关于L_{pal}是正则语言的假设。

对于什么样的0和1串在L_{pal}里，有一个自然的递归定义，它从一个最基本的显然属于L_{pal}中的串开始，接着利用一个最直观的思想，即如果一个串在L_{pal}里，那么其开头和结尾的字母一定相同，进一步得出：当把其开头和结尾的字母都去掉以后，剩下的串一定也是回文。具体写出来就是：

基础：ε，0和1都是回文。

归纳：如果w是回文，那么$0w0$和$1w1$也都是回文。另外，除了由上面的基础和归纳定义出来的串之外再没有0和1的回文。

上下文无关文法就是一个形式化的表示法，它可用来表达语言的这种递归定义。一个文法是由一个或多个用来代表字符串类（也就是语言）的变元构成的，在这个例子里，我们只需要使用一个变元P，它用来代表回文串的集合（也就是组成语言L_{pal}的串类）。另外还有一些用来说明如何构造每个类中的串的规则，构造既可以使用字母表中的符号，也可以使用类中已经有的串，还可以两者都用。

例5.1　图5-1给出了定义用上下文无关文法表示的回文的规则。这些规则的含义将在5.1.2节中阐明。

1. $P \rightarrow \varepsilon$
2. $P \rightarrow 0$
3. $P \rightarrow 1$
4. $P \rightarrow 0P0$
5. $P \rightarrow 1P1$

图5-1　回文的上下文无关文法

前三条规则构成了基础，它们说明回文的串类中包括串ε，0和1。这三条规则的右端（箭头所指的那边）都没有变元，这也是说它们构成了基础的原因。

后两条规则构成了定义的归纳部分。例如，规则4是说：如果从P这个类中取出串w，则串$0w0$也在P这个类中。类似地，规则5说明$1w1$也在P中。　□

172

5.1.2　上下文无关文法的定义

语言的文法性描述包括四个重要部分：

1. 一个符号的有穷集合，它构成了被定义语言的串。在上面回文的示例中该集合为{0, 1}，这个字母表称为*终结符*或*终结符号*。
2. 一个*变元*的有穷集合，变元有时也称为*非终结符*或*语法范畴*。每个变元代表一个语言，即一个串的集合。在上面的例子中只有一个变元P，它被用来代表以{0, 1}为字母表的回文串类（回文串的语言）。
3. 有一个变元称为*初始符号*，它代表语言开始被定义的地方。其他变元代表其他辅助的字符串类，这些变元被用来帮助初始符号定义该语言。在上面的例子中，唯一的变元P同时也是初始符号。
4. 一个*产生式*（或者*规则*）的有穷集合，它用来表示语言的递归定义。每个产生式包括：
   (a) 一个变元，它被该产生式定义或者部分定义，这个变元通常称为产生式的头。
   (b) 一个产生式符号→。
   (c) 一个包含零个或多个终结符号或变元的串，它叫作产生式的体，表示一种构成产生式头变元的语言中的串的方法。具体的构造过程是：保持终结符号不变，把任何已知属于该语言的串里出现的产生式的头用产生式的体替换。

图5-1是一个产生式的例子。

上面给出的四个部分构成了一个*上下文无关文法*，简称*文法*或者CFG。一个CFG G可以用组成它的四部分表示，记作$G = (V, T, P, S)$，其中V是变元（Variable）的集合，T是终结符号

（Terminal）的集合，P是产生式（Production）的集合，S代表初始符号（Start symbol）。 173

例5.2 回文的文法G_{pal}可以表示为

$$G_{pal} = (\{P\}, \{0, 1\}, A, P)$$

其中A表示图5-1中所示的五个产生式的集合。 □

例5.3 下面来考虑一个复杂一些的CFG，它表示典型的编程语言中的（简化的）表达式。首先，运算符限制为只有+和*，分别用来表示加法和乘法。其次，表达式中允许有标识符，但不是一般标识符的完整的集合（字母开头，后面跟有零个或多个字母或数字），字母仅限于a和b，数字仅限于0和1。也就是说，每个标识符必须由a或b开始，后面可以跟着任何$\{a, b, 0, 1\}^*$中的串。

这个文法中需要两个变元。一个记作E，代表表达式（Expression），同时它也是初始符号，用来表示所要定义的表达式的语言。另一个变元记作I，代表标识符（Identifier），它所代表的语言其实是正则的，也就是下面的正则表达式所表示的语言：

$$(\mathbf{a} + \mathbf{b})(\mathbf{a} + \mathbf{b} + \mathbf{0} + \mathbf{1})^*$$

然而，在文法中不应该直接使用正则表达式。不过，我们可以用一系列的产生式来表示和这个正则表达式所表示的实质上一样的东西。

这个描述表达式的文法可以形式化地记为$G = (\{E, I\}, T, P, E)$，其中T是终结符号的集合$\{+, *, (,), a, b, 0, 1\}$，$P$是图5-2中所示的产生式的集合。下面是对这些产生式的解释。

1.	E	$\rightarrow$	I
2.	E	$\rightarrow$	$E + E$
3.	E	$\rightarrow$	$E * E$
4.	E	$\rightarrow$	(E)
5.	I	$\rightarrow$	a
6.	I	$\rightarrow$	b
7.	I	$\rightarrow$	Ia
8.	I	$\rightarrow$	Ib
9.	I	$\rightarrow$	$I0$
10.	I	$\rightarrow$	$I1$

图5-2 简单表达式的上下文无关文法

规则(1)是表达式的基础规则，说的是一个表达式可以是单个标识符。规则(2)到(4)描述了表达式的归纳部分：规则(2)说明一个表达式可以由两个表达式中间用加号连接组成；规则(3)和(2)类似，不过把加号换成了乘号；规则(4)则说明任何由一对括号括起来的一个表达式本身也是表达式。 174

规则(5)到(10)定义了标识符I。其中规则(5)和(6)是基础部分——a和b都是标识符。其他的四条规则是归纳部分，它们说明任何标识符后面再加上a, b, 0, 1中的任何一个所得到的结果依然是标识符。 □

产生式的简捷表示法

把产生式看作"属于"它的头变元是很方便的，因此我们将经常使用像"A的产生式"或者"A产生式"这样的记法来表示以变元A为头的产生式。有时也通过下面的方法来书写一个文法的产生式：每个变元只在产生式头中出现一次，而在该产生式的体里列出所有该变元的产生式的体，并且用竖杠分隔。也就是说，产生式组$A \rightarrow \alpha_1$, $A \rightarrow \alpha_2$, …, $A \rightarrow \alpha_n$可以用下面的记号来代替：$A \rightarrow \alpha_1 | \alpha_2 | \cdots | \alpha_n$。举例来说，图5-1中的回文文法可以写作：$P \rightarrow \varepsilon \mid 0 \mid 1 \mid 0P0 \mid 1P1$。

5.1.3 使用文法来推导

CFG的产生式可以用来推断一个特定的串确实在一个特定的变元的语言中，这样的推断有两种方法。比较常规的一种方法是从产生式的体到产生式的头来使用规则。也就是说，对于产生式的体中的变元，可以取出一个已知属于这个变元所代表的语言的串，然后把得到的串按照正确的顺序与体中出现的终结符号连接起来，并且推断出得到的串在该产生式的头中的变元的语言中。这种方式的推理称为*递归推理*。

另一种定义一个文法的语言的方法是从产生式的头到体来使用规则。具体的做法是：使用以初始符号为头的一个产生式来扩展初始符号，接着通过替换体中变元的方式来扩展所得到的串，具体替换的方式是用一个以该变元为头的产生式的体来替换该变元。继续这个过程，直到得到的字符串中只有终结符。这个文法的语言就是所有能用这种方式得到的终结符串。这种使用文法的方式叫作*推导*。

下面举一个例子来说明第一种方法——递归推理。然而，通常用推导的方法来考虑文法更加自然，因此紧接着就会给出描述这种推导的表示法。

例5.4　考虑一些使用图5-2中的文法进行推理的例子，图5-3是这些推理的汇总。例如，第(i)行说明可以通过使用产生式5来推断串a属于I所代表的语言。第(ii)行到第(iv)行说明可以推断$b00$是一个标识符（通过使用产生式6一次得到b，再使用产生式9两次就能得到后面的两个0）。

175

	推理得出的串	属于的语言	使用的产生式	使用的串
(i)	a	I	5	—
(ii)	b	I	6	—
(iii)	$b0$	I	9	(ii)
(iv)	$b00$	I	9	(iii)
(v)	a	E	1	(i)
(vi)	$b00$	E	1	(iv)
(vii)	$a+b00$	E	2	$(v),(vi)$
$(viii)$	$(a+b00)$	E	4	(vii)
(ix)	$a*(a+b00)$	E	3	$(v),(viii)$

图5-3　使用图5-2中的文法进行串的推理

第(v)行和第(vi)行利用产生式1推断出以下结论：由于任何标识符都是表达式，所以在第(i)行和第(iv)行中推断出的标识符a和$b00$也都是变元E所代表的语言中的串。第(vii)行利用产生式2推出这些表达式的和也是表达式；第(viii)行利用产生式4推出用括号括着的同样的串也是表达式；第(ix)行利用产生式3把标识符a与在第(viii)行中所发现的表达式相乘。□

从头到体使用产生式来进行推导需要定义一个新的关系符号⇒。设$G=(V, T, P, S)$是一个CFG，$\alpha A\beta$是一个包含终结符和变元的串，其中A是一个变元，也就是说，α和β都是$(V\cup T)^*$中的串，而A属于V。设$A\to\gamma$是G的一个产生式，那么我们称$\alpha A\beta \underset{G}{\Rightarrow} \alpha\gamma\beta$。如果$G$是已知的，那么就可以把它省略掉，而仅仅记做$\alpha A\beta\Rightarrow\alpha\gamma\beta$。注意，在推导的每一步中都可以替换串中任何位置的任何一个变元，只要用该变元的任何一个产生式的体替换该变元即可。

可以进一步把 $\Rightarrow$ 关系推广到能够表示零步、一步或者多步推导，就像有穷自动机的转移函数 δ 被推广到 $\hat{\delta}$ 一样。在推导中，用一个 $*$ 来表示“零步或多步”，如下：

基础：对任何由终结符和变元组成的串 α 都有 $\alpha \overset{*}{\underset{G}{\Rightarrow}} \alpha$，也就是说，任何串都能推导出它自己。

归纳：如果 $\alpha \overset{*}{\underset{G}{\Rightarrow}} \beta$ 并且 $\beta \underset{G}{\Rightarrow} \gamma$，则 $\alpha \overset{*}{\underset{G}{\Rightarrow}} \gamma$。也就是说，如果 α 经过零步或多步推导可以得到 β，而 β 经过零步或多步推导可以得到 γ，那么 α 就可以推导出 γ。另一种解释，$\alpha \overset{*}{\underset{G}{\Rightarrow}} \beta$ 意味着存在一个串的序列 $\gamma_1, \gamma_2, \cdots, \gamma_n$（$n \geqslant 1$）满足

176

1. $\alpha = \gamma_1$。
2. $\beta = \gamma_n$。
3. 对于 $i = 1, 2, \cdots, n-1$，有 $\gamma_i \Rightarrow \gamma_{i+1}$。

如果文法 G 是已知的，我们可以用 $\overset{*}{\Rightarrow}$ 来代替 $\overset{*}{\underset{G}{\Rightarrow}}$。

例5.5　$a * (a + b00)$ 属于变元 E 所代表的语言的推理可以用一个从串 E 开始的对该串的推导来给出，下面就是一个这样的推导：

$$E \Rightarrow E*E \Rightarrow I*E \Rightarrow a*E \Rightarrow$$
$$a*(E) \Rightarrow a*(E+E) \Rightarrow a*(I+E) \Rightarrow a*(a+E) \Rightarrow$$
$$a*(a+I) \Rightarrow a*(a+I0) \Rightarrow a*(a+I00) \Rightarrow a*(a+b00)$$

在第一步中，用产生式3（来自图5-2）的体来替换 E。在第二步中，产生式1体中的 I 被用来替换第一个 E，依此类推。值得注意的是，在替换时系统地采用了总是替换串中最左变元的策略。然而在每一步中，其实可以选择要被替换的变元，也可以使用任何一个该变元的产生式的体来替换它。例如，在第二步中，可以用 (E) 来替换第二个 E（使用产生式4），如果这样做的话，就可以得到 $E*E \Rightarrow E*(E)$。也可以选择一个甚至永远不能得到这个终结符串的替换。一个简单的例子是，如果在第一步时使用产生式2，那么将会得到 $E \Rightarrow E+E$，而无论对这两个 E 再做任何替换都无法把 $E + E$ 变成 $a*(a+b00)$。

可以使用关系符号 $\overset{*}{\Rightarrow}$ 来简化推导过程。由基础可知 $E \overset{*}{\Rightarrow} E$，然后反复使用归纳部分可以得到 $E \overset{*}{\Rightarrow} E*E$，$E \overset{*}{\Rightarrow} I*E$，等等，直到最终的 $E \overset{*}{\Rightarrow} a*(a+b00)$。

递归推理和推导这两种观点是等价的。也就是说，能够推理出一个终结符串 w 属于某个变元 A 的语言当且仅当 $A \overset{*}{\Rightarrow} w$。然而，想要证明这个事实还需要一些其他的工作，将其留到5.2节再来完成。□

5.1.4　最左推导和最右推导

为了限制推导一个串时可选推导的数目，要求在每一步推导中只将最左边的变元替换成该变元的某个产生式的体，这种方式的推导称为*最左推导*，用关系符号 $\underset{lm}{\Rightarrow}$ 和 $\overset{*}{\underset{lm}{\Rightarrow}}$ 分别来表示一步和多步的最左推导。如果所用的文法 G 在推导中不是很清楚，那么也可以把它放到这两个符号中箭头的下边。

类似地，也可以每次只替换串中最右边的变元，这样的推导称为*最右推导*，使用符号 $\underset{rm}{\Rightarrow}$ 和 $\overset{*}{\underset{rm}{\Rightarrow}}$ 分别来表示一步和多步的最右推导。同上，如果文法不是很清楚的话，相应文法的名字也

177

可以写在箭头下边。

CFG推导中的表示

在讨论CFG时，对不同符号的表示方法有许多约定俗成的惯例可以帮助读者记住符号的作用，比如：

1. 字母表中开头的几个小写字母（如a, b等）表示终结符号，数字和其他字符（比如+或括号）也总是表示终结符号。
2. 字母表中开头的几个大写字母（如A, B等）表示变元。
3. 字母表中结尾的几个小写字母（如w或z）表示终结符串。这种约定提示我们：终结符与自动机中的输入符号类似。
4. 字母表中结尾的几个大写字母（如X或Y）可以表示终结符号或者变元。
5. 小写的希腊字母（如α和β）表示由终结符号和（或）变元构成的串。

其中没有只由变元构成的串的特殊记号，原因是这种串的意义不大。然而，命名为α或其他希腊字母的串可以只包含变元。

例5.6 例5.5中的推导实际上是一个最左推导。因此，我们也可以这样写：

$$E \underset{lm}{\Rightarrow} E*E \underset{lm}{\Rightarrow} I*E \underset{lm}{\Rightarrow} a*E \underset{lm}{\Rightarrow}$$
$$a*(E) \underset{lm}{\Rightarrow} a*(E+E) \underset{lm}{\Rightarrow} a*(I+E) \underset{lm}{\Rightarrow} a*(a+E) \underset{lm}{\Rightarrow}$$
$$a*(a+I) \underset{lm}{\Rightarrow} a*(a+I0) \underset{lm}{\Rightarrow} a*(a+I00) \underset{lm}{\Rightarrow} a*(a+b00)$$

我们也可以把上面的最左推导概括为 $E \overset{*}{\underset{lm}{\Rightarrow}} a*(a+b00)$，或者分多步来表达推导的过程，比如其

178

中的某一步为 $E*E \overset{*}{\underset{lm}{\Rightarrow}} a*(E)$ 。

如果采用最右推导，虽然对串中的每个变元实际上做了同样的替换，但替换的次序不同。具体写出这个最右推导就是：

$$E \underset{rm}{\Rightarrow} E*E \underset{rm}{\Rightarrow} E*(E) \underset{rm}{\Rightarrow} E*(E+E) \underset{rm}{\Rightarrow}$$
$$E*(E+I) \underset{rm}{\Rightarrow} E*(E+I0) \underset{rm}{\Rightarrow} E*(E+I00) \underset{rm}{\Rightarrow} E*(E+b00) \underset{rm}{\Rightarrow}$$
$$E*(I+b00) \underset{rm}{\Rightarrow} E*(a+b00) \underset{rm}{\Rightarrow} I*(a+b00) \underset{rm}{\Rightarrow} a*(a+b00)$$

这个推导可以概括为 $E \overset{*}{\underset{rm}{\Rightarrow}} a*(a+b00)$ 。 □

任何推导都有等价的最左推导和最右推导。也就是说，如果w是一个终结符串，A是一个变元，那么$A \overset{*}{\Rightarrow} w$ 当且仅当 $A \overset{*}{\underset{lm}{\Rightarrow}} w$，而且 $A \overset{*}{\Rightarrow} w$ 当且仅当 $A \overset{*}{\underset{rm}{\Rightarrow}} w$，具体的证明将在5.2节中给出。

5.1.5 文法的语言

如果$G = (V, T, P, S)$是一个CFG，那么G的语言（记作$L(G)$）是指能从初始符号推导出的所有终结符串的集合。也就是说，

$$L(G) = \{T^*\text{中的}w \mid S \overset{*}{\underset{G}{\Rightarrow}} w\}$$

如果一个语言L是某个上下文无关文法的语言，那么L就称为上下文无关语言或者CFL。例如，我们断定图5-1中的文法定义了字母表为$\{0, 1\}$上的回文的语言，因此，这些回文的集合就是一个上下文无关语言。这个命题的具体证明如下。

定理5.7　$L(G_{pal})$是字母表为$\{0, 1\}$上的回文的集合，其中G_{pal}是例5.1中的文法。

证明　我们将要证明一个$\{0, 1\}^*$中的串w在$L(G_{pal})$中当且仅当它是一个回文，即$w = w^R$。

（当）假定w是一个回文，我们通过对$|w|$进行归纳来证明w在$L(G_{pal})$中。

基础：长度0和1作为归纳基础。如果$|w| = 0$或$|w| = 1$，那么w一定是ε，0或1，由于有产生式$P\rightarrow\varepsilon$，$P\rightarrow 0$和$P\rightarrow 1$，结论是在上面任何一种情况下都有$P \overset{*}{\Rightarrow} w$。

归纳：假定$|w|\geqslant 2$。因为$w = w^R$，所以w的开头和结尾一定是同一个符号，即$w = 0x0$或$w = 1x1$，并且x也一定是一个回文，即$x = x^R$。注意，为了说明w的两端确实有两个不同的0或1，需要用到$|w|\geqslant 2$这一事实。

179

如果$w = 0x0$，则根据归纳假设有$P \overset{*}{\Rightarrow} x$，继而可以得到从$P$到$w$有一个推导$P \Rightarrow 0P0 \overset{*}{\Rightarrow} 0x0 = w$。如果$w = 1x1$，情况类似，只是第一步推导所需的产生式是$P\rightarrow 1P1$。在这两种情况下都可以得出$w$在$L(G_{pal})$中，证毕。

（仅当）现在假定w在$L(G_{pal})$中，即$P \overset{*}{\Rightarrow} w$，必须证明的是$w$是一个回文。证明的过程是对从$P$到$w$的推导过程的步数进行归纳。

基础：如果该推导是一步完成的，那么它一定使用了三个在体中不包含P的产生式之一，即该推导为$P \Rightarrow \varepsilon$，$P \Rightarrow 0$或$P \Rightarrow 1$。因为$\varepsilon$，0和1都是回文，因而基础得证。

归纳：现在，假定该推导共包含$n + 1$步，其中$n\geqslant 1$，并且对于任何n步完成的推导上述命题都为真；也就是说，如果$P \overset{*}{\Rightarrow} x$可在$n$步完成，那么$x$一定是回文。

考虑一个w的$(n + 1)$步推导，它一定是如下形式：

$$P \Rightarrow 0P0 \overset{*}{\Rightarrow} 0x0 = w$$

或者$P \Rightarrow 1P1 \overset{*}{\Rightarrow} 1x1 = w$，原因是$n + 1$步其实最少是两步，而且能够增加推导步数的产生式只有$P\rightarrow 0P0$和$P\rightarrow 1P1$。注意，在这两种情况中，$P \overset{*}{\Rightarrow} x$都能在$n$步完成。

根据归纳假设可知x是回文，即$x = x^R$。但是，如果这样就有$0x0$和$1x1$也都是回文，例如，$(0x0)^R = 0x^R0 = 0x0$。由此可知w也是回文，证毕。□

5.1.6　句型

由初始符号推导出来的串有着很特殊的作用，称其为“句型”。也就是说，如果$G = (V, T, P, S)$是一个CFG，那么任何在$(V\cup T)^*$中且满足$S \overset{*}{\Rightarrow} \alpha$的串$\alpha$都是句型。如果$S \overset{*}{\underset{lm}{\Rightarrow}} \alpha$则$\alpha$是*左句型*，如果$S \overset{*}{\underset{rm}{\Rightarrow}} \alpha$则$\alpha$是*右句型*。注意，语言$L(G)$是由所有属于$T^*$的句型（也就是由只含终结符号的句型）组成的。

例5.8　考虑图5-2中表达式的文法。例如，$E * (I + E)$是一个句型，因为可以有这样一个推导：

$$E \Rightarrow E*E \Rightarrow E*(E) \Rightarrow E*(E+E) \Rightarrow E*(I+E)$$

然而这个推导既不是最左的也不是最右的，因为在最后一步中被替换的是中间的E。

180

举一个左句型的例子：考虑$a*E$，存在最左推导：

$$E \underset{lm}{\Rightarrow} E*E \underset{lm}{\Rightarrow} I*E \underset{lm}{\Rightarrow} a*E$$

类似地，下面的推导

$$E \underset{rm}{\Rightarrow} E*E \underset{rm}{\Rightarrow} E*(E) \underset{rm}{\Rightarrow} E*(E+E)$$

可以说明$E*(E+E)$是一个右句型。 □

文法证明的形式

定理5.7是一个典型的例子，它证明了某个文法确实定义了某个已经非形式化定义好的特定的语言。首先要给出一个归纳假设，用它来描述每个变元所推导出的串都要满足的性质。在这个例子中只有一个变元P，因此只要声明它所代表的串就是回文串即可。

然后证明“充分性”这部分：如果一个串w满足某个变元A的一个串所应该有的非形式化陈述的性质，那么就应该有$A \overset{*}{\Rightarrow} w$。在这个例子中，因为$P$是初始符号，因此$P \overset{*}{\Rightarrow} w$就意味着$w$在这个文法的语言中。通常，我们通过对$w$的长度进行归纳来证明“充分性”这部分。如果有$k$个变元，那么可以证明归纳陈述应该包含$k$个部分，并且它们之间应该能被证明是互归纳的关系。

接着要证明“必要性”这部分：如果$A \overset{*}{\Rightarrow} w$，那么$w$应该满足$A$所能推导出的串所应该有的非形式化陈述的性质。同样，在这个例子中，因为只有初始符号P需要处理，所以认为w在G_{pal}的语言里和$P \overset{*}{\Rightarrow} w$是等价的。这部分的证明通常需要对推导的步数进行归纳。如果该文法有所推导出的串中可能包含两个或更多的变元的产生式，那么就应该把一个n步的推导分成若干部分，每个变元一个推导。这些推导可能比n步少，因此就必须使用对所有小于等于n的情况都包含的归纳假设，就像1.4.2节中所讨论的那样。

5.1.7 习题

习题5.1.1 设计下列语言的上下文无关文法：

* a) 集合$\{0^n1^n \mid n \geq 1\}$，即所有一个或多个0后面跟着相同数目的1的串的集合。

*! b) 集合$\{a^ib^jc^k \mid i \neq j \text{ 或 } j \neq k\}$，即所有满足以下性质的串的集合：若干个$a$后面跟着若干个$b$，后面再跟着若干个$c$，并且或者$a$和$b$的数目不同，或者$b$和$c$的数目不同，或者两者都不同。

181

! c) 所有不是ww形式的由a和b构成的串的集合，即不是把某个串重复一遍的串。

!! d) 所有0的个数是1的个数两倍的串的集合。

习题5.1.2 下面的文法产生了正则表达式$\mathbf{0}^*\mathbf{1}(\mathbf{0}+\mathbf{1})^*$的语言：

$$S \to A1B$$
$$A \to 0A \mid \varepsilon$$
$$B \to 0B \mid 1B \mid \varepsilon$$

试给出下列串的最左推导和最右推导：

* a) 00101。

b) 1001。

c) 00011。

! 习题5.1.3 证明：任何正则语言都是上下文无关语言。*提示*：通过对正则表达式中的运算符的数目进行归纳的方法来构造CFG。

! 习题5.1.4 如果一个CFG的每个产生式的体都最多只有一个变元，并且该变元总在最右端，那么称CFG为*右线性的*。也就是说，右线性文法的所有产生式都是$A \to wB$或$A \to w$的形式，其中A和B是变元，w是由零个或多个终结符组成的串。

a) 证明：任何右线性文法所产生的语言都是正则语言。*提示*：构造一个ε-NFA来模拟最左推导，并用它的状态来表示当前左句型中的单个变元。

b) 证明：任何正则语言都有右线性文法。*提示*：用一个DFA，并且用文法的变元来表示状态。

***! 习题5.1.5** 设$T = \{0, 1, (,), +, *, \phi, e\}$，可以把$T$看作字母表为$\{0, 1\}$的正则表达式所使用的符号的集合，唯一的不同是用$e$来表示符号$\varepsilon$，目的是避免有可能出现的混淆。你的任务是以$T$为终结符号集合来设计一个CFG，该CFG生成的语言恰好是字母表为$\{0, 1\}$的正则表达式。

习题5.1.6 定义关系符号$\overset{*}{\Rightarrow}$，其中基础为"$\alpha \Rightarrow \alpha$"，归纳为"如果有$\alpha \overset{*}{\Rightarrow} \beta$和$\beta \Rightarrow \gamma$，则有$\alpha \overset{*}{\Rightarrow} \gamma$"。还有很多定义$\overset{*}{\Rightarrow}$的方法与定义"$\overset{*}{\Rightarrow}$是一步或多步的$\Rightarrow$"的效果是一样的。证明下列命题都是正确的：

a) $\alpha \overset{*}{\Rightarrow} \beta$当且仅当有一个包含一个或多个串的序列：

$$\gamma_1, \gamma_2, \cdots, \gamma_n$$

使得$\alpha = \gamma_1$，$\beta = \gamma_n$，并且对于$i = 1, 2, \cdots, n-1$都有$\gamma_i \Rightarrow \gamma_{i+1}$。

182

b) 如果有$\alpha \overset{*}{\Rightarrow} \beta$和$\beta \overset{*}{\Rightarrow} \gamma$，那么就有$\alpha \overset{*}{\Rightarrow} \gamma$。*提示*：使用归纳法，对推导$\beta \overset{*}{\Rightarrow} \gamma$中的步数进行归纳。

! 习题5.1.7 考虑下面产生式定义的CFG G：

$$S \to aS \mid Sb \mid a \mid b$$

a) 通过对串的长度进行归纳，证明任何$L(G)$中的串都没有ba这个子串。

b) 非形式化地描述$L(G)$，用(a)来证明答案。

!! 习题5.1.8 考虑下面的产生式定义的CFG G：

$$S \to aSbS \mid bSaS \mid \varepsilon$$

证明$L(G)$是有相同个数的a和b的所有串的集合。

5.2 语法分析树

推导有一种非常有用的树型表示——语法分析树，这种树能够清楚地告诉我们终结符串中的符号是怎样组成子串的，这些子串属于文法中某个变元的语言。更重要的是，在编译器设计中语法分析树是一种可以用来表示源程序的重要的数据结构。在编译器中，把源程序表示成树结构能够有助于用自然的递归函数来完成把源程序翻译成可执行代码的工作。

在本节中，首先介绍语法分析树，并阐述它与推导以及递归推理的存在性之间的紧密联系。然后研究文法和语言的歧义性的本质，这也是语法分析树的一种重要应用。有些文法允许一个终结符串拥有多棵语法分析树，这种情况使得这种文法不适合用来表达程序设计语言，因为它使得编译器无法判断一些源程序的结构，因而无法给该程序确定合适的可执行代码。

回顾关于树的术语

这里假设读者已经了解了树的概念，并且熟悉常用的关于树的定义。然而，下面我们还是一起回顾一下：

- 树是一些有特定*父子关系*的*节点*（或顶点）的集合。每个节点至多有一个父节点，该父节点画在该节点上面，还有零个或多个子节点画在该节点下面，并且父子节点之间用线段连接。图5-4、图5-5和图5-6都是树的例子。
- 有且仅有一个*根*节点，根节点没有父节点，出现在树的最顶端。没有子节点的节点称为*叶节点*，不是叶节点的节点叫作*内部节点*或内节点。
- 一个节点的子节点的子节点的……叫作该节点的*后代*；一个节点的父节点的父节点的……叫作该节点的*祖先*。一般来说，一个节点同时也是其自身的祖先和后代。
- 一个节点的子节点按照从左到右的顺序排列和画出。如果一个节点N在另一个节点M的左边，那么所有N的后代都被排在所有M的后代的左边。

5.2.1 构造语法分析树

对于文法$G = (V, T, P, S)$来说，G的*语法分析树*是满足下列条件的树：

1. 每个内部节点的标号是V中的一个变元。
2. 每个叶节点的标号可以是一个变元、一个终结符或者ε。但是，如果叶节点的标号是ε，那么它一定是其父节点唯一的子节点。
3. 如果某个内部节点的标号是A，并且它的子节点的标号从左到右分别为：

183

$$X_1, X_2, \cdots, X_k$$

那么$A \to X_1X_2\cdots X_k$一定是P中的一个产生式。注意：如果其中某个X为ε，那么X一定是A唯一的子节点，并且$A \to \varepsilon$是G的一个产生式。

例5.9　图5-4给出了一棵语法分析树，它所使用的文法是图5-2中的表达式文法。它的根节点的标号是变元E。因为根节点的三个子节点的标号从左到右分别为E，+和E，因此在根节点处使用的产生式是$E \to E + E$。在根节点最左边的子节点处，因为该节点只有一个标号为I的子节点，所以它使用的产生式是$E \to I$。 □

例5.10　图5-5给出的是图5-1中回文文法的一棵分析树。根节点处使用的产生式是$P \to 0P0$，根节点的中间子节点处使用的产生式是$P \to 1P1$。注意最下面的节点使用的产生式是$P \to \varepsilon$，并且该节点只有一个标号为ε的子节点，这也是能在语法分析树中使用标号为ε的节点的唯一情况。 □ 184

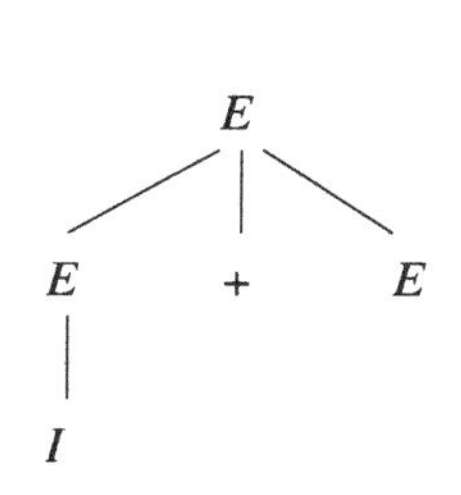

图5-4　表示从E推导出$I + E$的语法分析树

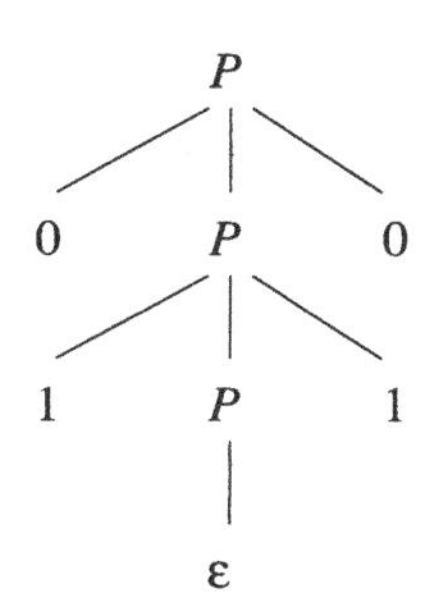

图5-5　表示推导$P \overset{*}{\Rightarrow} 0110$的语法分析树

5.2.2　语法分析树的产生

如果看到任意一棵语法分析树的所有叶子的标号，并按照从左到右的顺序将其连接起来，就可以得到一个串，这个串称作该树的*产物*，其实它总是根节点处的变元所能推导出来的串，这一点后面会给出证明。特别重要的是有一些满足以下条件的语法分析树：

1. 它的产物是终结符串，即所有叶节点的标号都是终结符或者ε。
2. 根节点的标号是初始符号。

这些语法分析树的产物都是相应文法的语言中的串。稍后会证明描述一个文法的语言的另一种方法恰好是所有以初始符号为根、产物是终结符号串的语法分析树的产物的集合。

例5.11　图5-6正是一个初始符号为根、产物是一个终结符串的树的例子。它所基于的文法是图5-2中介绍的表达式的文法。这棵树的产物是在例5.5中推导出来的串$a * (a + b00)$。实际上正如将会看到的，这棵语法分析树恰好就是那个推导的一种表示。 □

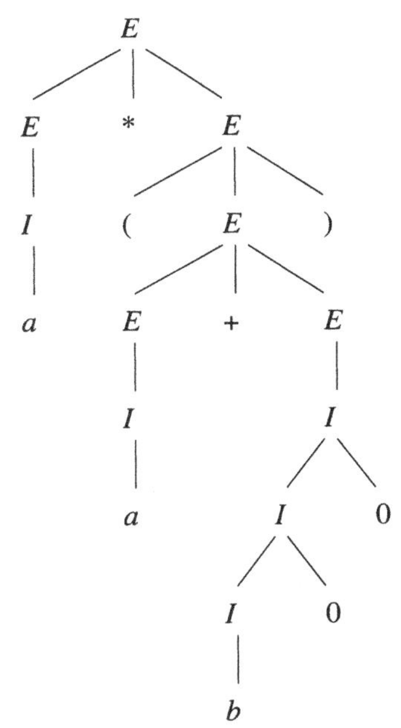

图5-6　表明串$a * (a + b00)$在表达式文法的语言中的语法分析树

5.2.3　推理、推导和语法分析树

迄今为止我们介绍了几种描述一个文法怎样工作的概念，实质上它们都描述了串的同样的

185 性质。也就是说，给定一个文法$G = (V, T, P, S)$，应该能够证明下面几点是等价的：

1. 递归推理过程确定终结符串w在变元A的语言中。
2. $A \overset{*}{\Rightarrow} w$。
3. $A \underset{lm}{\overset{*}{\Rightarrow}} w$。
4. $A \underset{rm}{\overset{*}{\Rightarrow}} w$。
5. 存在根结节为A、产物为w的语法分析树。

事实上，w为包含变元的串，除了递归推理的使用被定义为仅限于终结符串以外，所有其他的条件（存在推导、最左推导或最右推导以及分析树）都是等价的。

这些等价性需要证明，我们打算用图5-7中的顺序来证明它们。也就是说，图5-7中的每条箭弧表示要证明的一个定理：如果w满足箭弧尾部的条件，那么它就满足箭弧头部的条件。比如，在定理5.12中将证明：如果通过递归推理能得出w在A的语言中，则一定存在一棵根为A、产物为w的语法分析树。

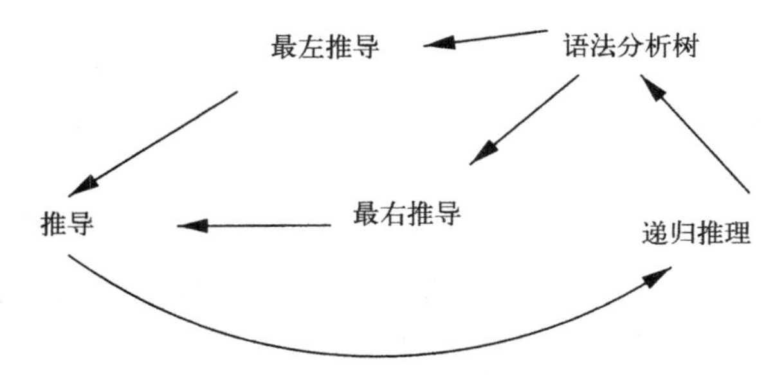

图5-7 证明关于文法的一些命题的等价性

注意，其中有两条箭弧比较简单，因此就不进行形式化的证明了。如果w有一个从A开始的最左推导，那么它肯定有一个从A开始的推导，因为最左推导本身同时也是推导；类似地，186 如果w有一个最右推导，那么它显然也有一个推导。下面会依次证明这些等价性中剩下的比较难的部分。

5.2.4 从推理到树

定理5.12 设$G = (V, T, P, S)$是一个CFG。如果通过递归推理过程得出终结符串w在变元A的语言中，则一定存在一棵根为A、产物为w的语法分析树。

证明 对推理的步数进行归纳。

基础：若该推理只有一步，则该推理过程只需使用基础，因此一定存在产生式$A \to w$。图5-8中的树满足成为文法G的语法分析树的条件，其中w的每个位置有一个叶子。显然，它的根是A，产物是w。考虑特例$w = \varepsilon$，那么这棵树只有一个标号为ε的叶子，此时同样满足根是A且产物是w的条件。

归纳：假定在$n + 1$个推理步骤之后能够得出w在A的语言里这个事实，并且这个定理对于使得B的语言中的x成员用小于等于n步推理推得的所有串x和变元B成立。考虑得出w在A的语言里这个推理的最后一步，这一步使用了A的某个产生式，不妨设为$A \to X_1X_2 \cdots X_k$，其中X_i或者是一个终结符或者是一个变元。

187

我们把w打断为$w_1w_2\cdots w_k$，其中：

1. 如果X_i是一个终结符，则$w_i=X_i$，即w_i只由产生式中的这个终结符组成。
2. 如果X_i是一个变元，则w_i是一个先前推理出在X_i的语言中的串。也就是说，得出w属于A的语言的$n+1$步推理中，关于w_i的推理至多占用了其中的n步。之所以它不能占用全部的$n+1$步，是因为最起码在最后一步使用的产生式是$A\to X_1X_2\cdots X_k$，而它肯定不是关于w_i的推理中的一部分。因此，我们可以对w_i和X_i应用归纳假设，从而得出结论：存在一个根为X_i、产物为w_i的语法分析树。

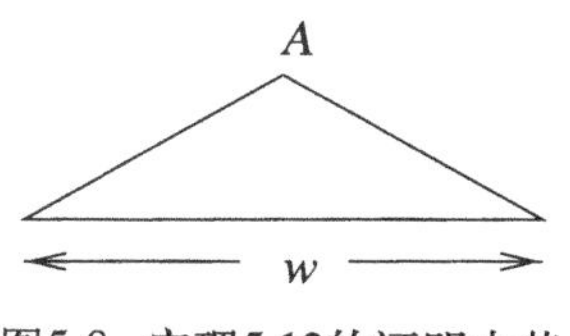

图5-8　定理5.12的证明中基础情况下所构造的树

接下来我们构造一棵根为A并且产物为w的树，如图5-9所示。根节点的标号为A，它的子节点分别为$X_1, X_2, \cdots, X_k$。因为$A\to X_1X_2\cdots X_k$是G的一个产生式，所以这种选择是有效的。

每个节点X_i实际上是一个产物为w_i的子树的根节点。在情况(1)中X_i是终结符，这棵子树就变成了一棵只有一个标号为X_i的节点的平凡树。也就是说，这棵子树仅由该根节点这一个节点构成。因为$w_i=X_i$，所以在情况(1)中该子树的产物为w_i的条件也是满足的。

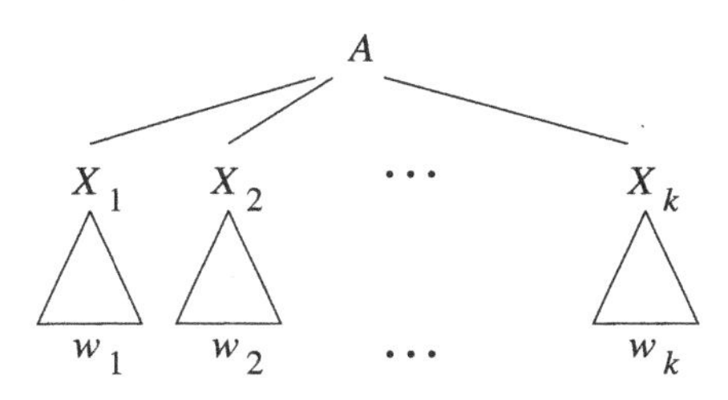

图5-9　定理5.12的证明中归纳部分所使用的树

在情况(2)中，X_i是一个变元。继续使用归纳假设可以得出一棵根为X_i、产物为w_i的树，且这棵树被接到节点X_i上（见图5-9）。

至此，这棵树已经构造好了，它的根节点为A，把根节点所有子树的产物从左到右连接起来就得到整棵树的产物，正好是$w_1w_2\cdots w_k$，也就是w。 □

5.2.5 从树到推导

现在我们展示怎样从一棵语法分析树构造一个最左推导。构造最右推导的方法与此相同，因此我们就不再证明从语法分析树构造最右推导的情况。为了理解推导的构造过程，首先来看看从一个变元到一个串的某个推导怎样能够被嵌入另一推导中。有一个例子可说明这一点。

例5.13　再一次考虑图5-2中的表达式文法。很容易验证存在下面的推导：

$$E\Rightarrow I\Rightarrow Ib\Rightarrow ab$$

推而广之，对任意的串α和β，下面的推导也都成立：

$$\alpha E\beta\Rightarrow \alpha I\beta\Rightarrow \alpha Ib\beta\Rightarrow \alpha ab\beta$$

188

理由是这种用产生式的体来替换头的方法既可用在单独的变元上，也可用在任意的上下文α和β中。⊖

例如，如果有一个推导，其开头两步是$E\Rightarrow E+E\Rightarrow E+(E)$，那么就可以通过把“$E+($”

⊖ 事实上，术语“上下文无关”正是由于这种无需考虑上下文就能进行的串对变元的替换的性质才得来的。另外还有一类更强的文法，称为“上下文相关”，这种文法中的替换只有当一定的串出现在被替换的串的左边和（或）右边时才能进行。当前，上下文相关文法在实际应用中并不占主要地位。

看作α，把“)”看作β，对中间的E应用上面关于ab的推导，因而可以得到：

$$E+(E) \Rightarrow E+(I) \Rightarrow E+(Ib) \Rightarrow E+(ab)$$ □

现在就可以着手证明能够把语法分析树转换成最左推导的定理了。这个证明是通过对树的高度进行归纳来完成的，其中树的高度是指从根节点顺着父子关系到叶节点的最长的路程。例如，图5-6中树的高度是7，最长的根到叶子的路径是到标号为b的叶子的路径。注意，习惯上路径长度计算的是该路径上的边数，而不是顶点数，因此一个单个节点的路径的长度为0。

定理5.14　设$G = (V, T, P, S)$是一个CFG，假设有一棵语法分析树，它的根的标号为变元A、产物为w，其中w属于T^*。那么一定存在一个文法G中的最左推导 $A \overset{*}{\underset{lm}{\Rightarrow}} w$ 。

证明　对树的高度进行归纳。

基础：归纳基础是高度1，1是产物为终结符的语法分析树高的最小值。在这种情况下，这棵树一定和图5-8中的树类似，根节点的标号为A，而且它的子节点从左到右连起来为w。由于这棵树是一棵语法分析树，因此$A \to w$一定是一个产生式。因此，$A \underset{lm}{\Rightarrow} w$ 是从A到w的单步完成的最左推导。

归纳：如果树的高度是n，其中$n > 1$，它一定和图5-9中的树类似。也就是说，根节点的标号为A，它的子节点的标号从左到右分别为$X_1, X_2, \cdots, X_k$，其中这些X可以是变元或者终结符。

1. 如果X_i是终结符，定义w_i为只包含X_i的串。
2. 如果X_i是变元，那么它一定是某个产物为终结符w_i的子树的根节点。注意，在这种情况下，这棵子树的高度一定小于n，因此可以对它使用归纳假设。也就是，存在一个最左推导 $X_i \overset{*}{\underset{lm}{\Rightarrow}} w_i$ 。

189　注意，$w = w_1w_2\cdots w_k$。

下面构造一个w的最左推导。首先从 $A \underset{lm}{\Rightarrow} X_1X_2\cdots X_k$ 开始，接着对于每个$i = 1, 2, \cdots, k$，依次证明

$$A \overset{*}{\underset{lm}{\Rightarrow}} w_1w_2\cdots w_iX_{i+1}X_{i+2}\cdots X_k$$

这部分证明实际上是另外一个归纳法，不过这次是对i进行归纳。对于归纳基础$i = 0$，已知的 $A \underset{lm}{\Rightarrow} X_1X_2\cdots X_k$ 。对于归纳部分，假定

$$A \overset{*}{\underset{lm}{\Rightarrow}} w_1w_2\cdots w_{i-1}X_iX_{i+1}\cdots X_k$$

a) 如果X_i是终结符那就什么都不做。然而，下一步中把X_i看作终结符串w_i。从而可以得到

$$A \overset{*}{\underset{lm}{\Rightarrow}} w_1w_2\cdots w_iX_{i+1}X_{i+2}\cdots X_k$$

b) 如果X_i是变元，那么继续从X_i到w_i的推导，不过这次使用已经构造好的推导的上下文。也就是说，如果这个推导为

$$X_i \underset{lm}{\Rightarrow} \alpha_1 \underset{lm}{\Rightarrow} \alpha_2 \cdots \underset{lm}{\Rightarrow} w_i$$

我们就继续下面的推导：

$$
\begin{aligned}
& w_1 w_2 \cdots w_{i-1} X_i X_{i+1} \cdots X_k \underset{lm}{\Rightarrow} \\
& w_1 w_2 \cdots w_{i-1} \alpha_1 X_{i+1} \cdots X_k \underset{lm}{\Rightarrow} \\
& w_1 w_2 \cdots w_{i-1} \alpha_2 X_{i+1} \cdots X_k \underset{lm}{\Rightarrow} \\
& \vdots \\
& w_1 w_2 \cdots w_i X_{i+1} X_{i+2} \cdots X_k
\end{aligned}
$$

这个结果就是需要的推导 $A \overset{*}{\underset{lm}{\Rightarrow}} w_1 w_2 \cdots w_i X_{i+1} \cdots X_k$ 。

当$i = k$时，这个结果就是从A到w的最左推导。 □

例5.15　构造图5-6中的语法分析树的最左推导。我们只展示最后一步：在已经把根节点的所有子树所对应的推导都构造好了的前提下，剩下要做的工作只是给出整棵树所对应的推导。也就是说，假设通过递归地使用定理5.14中的技术，已经得到了以根节点的第一个子节点为根的子树对应的最左推导 $E \underset{lm}{\Rightarrow} I \underset{lm}{\Rightarrow} a$ ，同时得到了以根节点的第三个子节点为根的子树对应的最左推导

$$
\begin{aligned}
& E \underset{lm}{\Rightarrow} (E) \underset{lm}{\Rightarrow} (E+E) \underset{lm}{\Rightarrow} (I+E) \underset{lm}{\Rightarrow} (a+E) \underset{lm}{\Rightarrow} \\
& (a+I) \underset{lm}{\Rightarrow} (a+I0) \underset{lm}{\Rightarrow} (a+I00) \underset{lm}{\Rightarrow} (a+b00)
\end{aligned}
$$

190

为了构造整棵树的最左推导，首先在根处使用 $E \underset{lm}{\Rightarrow} E*E$ ，然后用它的推导代替第一个E，并且在每步中都用$*E$作为下文来说明使用这个推导的较大的上下文。这样得到的最左推导为

$$
E \underset{lm}{\Rightarrow} E*E \underset{lm}{\Rightarrow} I*E \underset{lm}{\Rightarrow} a*E
$$

在根处使用的产生式中的 $*$ 不用推导，所以上面的最左推导也说明根节点的前两个子节点。为了完成整个最左推导，接着使用推导 $E \overset{*}{\underset{lm}{\Rightarrow}} (a+b00)$，并且在每步中都把$a*$ 加在前面，后面再加上一个空串。这个推导实际上在例5.6中已经出现过了，就是：

$$
\begin{aligned}
& E \underset{lm}{\Rightarrow} E*E \underset{lm}{\Rightarrow} I*E \underset{lm}{\Rightarrow} a*E \underset{lm}{\Rightarrow} \\
& a*(E) \underset{lm}{\Rightarrow} a*(E+E) \underset{lm}{\Rightarrow} a*(I+E) \underset{lm}{\Rightarrow} a*(a+E) \underset{lm}{\Rightarrow} \\
& a*(a+I) \underset{lm}{\Rightarrow} a*(a+I0) \underset{lm}{\Rightarrow} a*(a+I00) \underset{lm}{\Rightarrow} a*(a+b00)
\end{aligned}
$$

□

类似地，有一个定理可以保证把语法分析树转化为最右推导。从树构造最右推导的过程和最左推导的构造过程几乎完全相同。只是，在第一步 $A \underset{rm}{\Rightarrow} X_1 X_2 \cdots X_k$ 开始后，先使用最右推导扩展X_k，然后扩展X_{k-1}，依此类推，最后才是X_1。因此，此处不给出进一步的证明。

定理5.16　设$G = (V, T, P, S)$是一个CFG，假设有一棵语法分析树，其根的标号为变元A、产物为w，其中w属于T^*。那么一定存在一个文法G中的最右推导 $A \overset{*}{\underset{rm}{\Rightarrow}} w$ 。 □

5.2.6　从推导到递归推理

现在距离完成图5-7中的整个环路只差这一点了：如果对某个CFG有一个推导 $A \overset{*}{\Rightarrow} w$ ，那么一定可以在递归推理过程中发现w在A的语言中这一事实。在给出相应的定理及其证明之前，首先看看推导的一些重要性质。

假设有一个推导 $A \Rightarrow X_1X_2\cdots X_k \overset{*}{\Rightarrow} w$，那么一定可以把$w$打断成$w = w_1w_2\cdots w_k$使得 $X_i \overset{*}{\Rightarrow} w_i$。注意，如果$X_i$是终结符，那么$w_i = X_i$，并且该推导只有零步。这个事实的证明并不难，只要对推导的步数进行归纳即可证明：如果 $X_1X_2\cdots X_k \overset{*}{\Rightarrow} \alpha$，那么对于任意的$i < j$，$\alpha$中所有由$X_i$扩展来的位置一定在所有由$X_j$扩展来的位置的左边。

191

如果X_i是一个变元，则可以通过如下方法获得推导 $X_i \overset{*}{\Rightarrow} w_i$：首先从推导 $A \overset{*}{\Rightarrow} w$ 开始，然后去掉以下内容：

a) 所有在句型中由X_i推导出的位置的左边和右边的位置，以及

b) 所有与从X_i推导出w_i无关的步骤。

为了看清这个过程，下面是一个例子。

例5.17　对于图5-2中的表达式文法，考虑如下推导：

$$E \Rightarrow E*E \Rightarrow E*E+E \Rightarrow I*E+E \Rightarrow I*I+E \Rightarrow$$
$$I*I+I \Rightarrow a*I+I \Rightarrow a*b+I \Rightarrow a*b+a$$

考虑其中第三个句型$E * E + E$和该句型中间的E[⊖]。

从$E * E + E$开始，按照上面推导中的步骤，但是要去掉所有由中间的E左边的$E *$和右边的$+E$所推导出来的位置。那么上面推导中的步骤就变成了E, E, I, I, I, b, b。也就是说，下一步中并没有改变中间的E，在接下来的一步中把它变成了I，然后的两步中保持为I不变，接着把它变成b，并且在最后一步中保持不变。

如果只考虑从中间那个E的推导中变化的部分，那么序列E, E, I, I, I, b, b就变成了推导 $E \Rightarrow I \Rightarrow b$。这个推导准确地刻画了中间的$E$在整个推导过程中的变化情况。

定理5.18　设$G = (V, T, P, S)$是一个CFG，假设有一个推导$A \underset{G}{\overset{*}{\Rightarrow}} w$，其中$w$属于$T^*$。那么应用于$G$的递归推理过程决定了$w$在变元$A$的语言中。

证明　对推导 $A \overset{*}{\Rightarrow} w$ 的长度进行归纳。

基础：如果该推导只有一步，那么$A \rightarrow w$一定是一个产生式。由于w只包含终结符，因此由递归推理过程的基础部分就可以得出w在A的语言中的事实。

归纳：假设该推导包含$n + 1$步，并且假定对于所有少于或等于n步的推导来说命题都成立。把推导写为 $A \Rightarrow X_1X_2\cdots X_k \overset{*}{\Rightarrow} w$。然后，根据该定理之前的讨论，我们可以把$w$打断为$w = w_1w_2\cdots w_k$，其中：

192

a) 如果X_i是终结符，则$w_i = X_i$。

b) 如果X_i是变元，那么有 $X_i \overset{*}{\Rightarrow} w_i$。因为推导 $A \overset{*}{\Rightarrow} w$ 的第一步肯定不是推导 $X_i \overset{*}{\Rightarrow} w_i$ 中的一部分，因此可知这个推导只有少于等于n步。因此，对它使用归纳假设可以推理出w_i在X_i的语言中。

现在已经有了产生式$A \rightarrow X_1X_2\cdots X_k$，其中$w_i$或者等于$X_i$或者可知在$X_i$的语言中。在下一轮的递归推理过程中，就可以知道$w_1w_2\cdots w_k$在$A$的语言中。因为$w_1w_2\cdots w_k = w$，因此可以推理出$w$在$A$

⊖ 在从大的推导过程中找出一些子推导过程的讨论中，假定我们所关心的是一些推导的第二个句型中的变元。然而，这种思想对于一个推导中的任何一步中的变元都是成立的。

的语言中。 □

5.2.7 习题

习题5.2.1 对于习题5.1.2中的文法和每个串，给出相应的语法分析树。

！习题5.2.2 假设G是一个CFG，并且它的任何一个产生式的右边都不是ε。如果w在$L(G)$中，w的长度是n，w有一个m步完成的推导，证明w有一个包含$n+m$个节点的分析树。

！习题5.2.3 假设在习题5.2.2中除了G中可能有右端为ε的产生式外其他所有的条件都满足，证明此时w（w不是ε）的语法分析树有可能包含$n+2m-1$个节点，但不可能更多。

！习题5.2.4 在5.2.6节中提到了：如果 $X_1X_2\cdots X_k \overset{*}{\Rightarrow} \alpha$，那么对于任意的$i<j$，$\alpha$ 中所有由X_i扩展来的位置一定在所有由X_j扩展来的位置的左边。试证明这一点。提示：对推导的步数进行归纳。

5.3 上下文无关文法的应用

上下文无关文法最初是由乔姆斯基（N. Chomsky）构想出来用于描述自然语言的，这个愿望还没有被实现。然而，由于计算机科学中递归定义的概念被频繁地使用，所以把CFG作为描述这些概念实例的方法也很有必要。下面将粗略地给出众多应用中的两个，一个较老的应用和一个比较新的应用。

1. 用文法来描述编程语言。比这更重要的在于，存在着机械化的方式把用CFG描述的语言变为语法分析器，语法分析器是编译器的一部分，它用来发现源程序中的结构并且把该结构表示成为语法分析树。这是最早的CFG的应用之一，事实上它也是最早把计算机科学中的理论进行实践的方法之一。

193

2. 人们普遍认为XML能够促进电子商务的发展，XML能够帮助参与电子商务的双方在订单、产品描述以及许多其他方面的文档中采用规范、通用的格式。XML中最为精华的部分就是DTD，而它实质上就是一个上下文无关文法，只不过该文法描述了哪些是文档中允许出现的标记符（Tag）以及这些标记符在文档中能够怎样嵌套起来。标记符是一些用尖括号括起来的常见的关键字，读者可能在HTML中见过，例如，`<EM>`和`</EM>`所括住的文本，它是需要强调的。不过，XML的标记符不是用来控制文本的格式的，而是和文本的含义有关。例如，如果你想要表示一个字符序列是电话号码，就可以用`<PHONE>`和`</PHONE>`来括住它们。

5.3.1 语法分析器

编程语言的许多方面都有能用正则表达式描述的结构。例如，例3.9中讨论的标识符就可以用正则表达式来表示。然而，典型的编程语言中也都有一些无法仅用正则表达式就能表达的非常重要的方面。下面就是两个例子。

例5.19 典型的编程语言中都使用括号，并且一般都是嵌套地、匹配地使用。所谓匹配就是：找到一个左括号和一个在它后面且紧跟着它的右括号，同时去掉这两个括号，并且重复这个过程，那么最终应该能够去掉所有的括号。如果在这个过程中找不到一对匹配的括号，那么这个串中的括号就是不匹配的。括号匹配的串如(())、()()、(()())和ε，不匹配的如)(和(()。

有一个文法$G_{bal}=(\{B\},\{(,)\},P,B)$刚好能够生成所有的括号匹配的串，其中$P$包含如下的产生式：

$$B \to BB \mid (B) \mid \varepsilon$$

其中第一个产生式$B\to BB$是说：把两个括号匹配的串连接起来得到的串仍然是括号匹配的。这样的断言是有意义的，因为我们可以分别对这两个串进行匹配。第二个产生式$B\to(B)$是说：把一个括号匹配的串用一对括号括起来所得到的串仍然是括号匹配的。同样这样的断言也是有意义的，因为如果中间的串是匹配的，那么把它里面所有的括号都去掉后就只剩下最外边的一对括号，而此时它们仍然是匹配的。第三个产生式$B\to\varepsilon$是基础，它是说空串是括号匹配的。

上面这段非形式化的论证应该能够使人相信G_{bal}产生的确实是所有的括号匹配的串。反过来需要证明——每个括号匹配的串都能够由这个文法产生。不过，这个证明并不难，只需要对括号匹配的串的长度进行归纳即可，因此我们把该证明的细节留给读者作为练习。

194

前边曾经提到过所有括号匹配的串的集合不是正则语言，现在证明这一事实。如果$L(G_{bal})$是正则的，那么根据正则语言的泵引理，一定存在一个和该语言相关的常数n。考虑括号匹配的串$w=(^n)^n$，也就是n个左括号后面跟着n个右括号。如果根据泵引理把w打断为$w=xyz$，那么y只包含左括号，因此串xz中右括号就比左括号多了，因而xz不是括号匹配的，这跟括号匹配的串的语言是正则语言的假设相矛盾。 □

当然，除了括号之外，编程语言中还包含许多其他的东西，但是括号确实是算术或条件表达式中一个基本的组成部分。虽然图5-2中的文法中只用了两个运算符（加号和乘号），并且它包含了详细的标识符的结构，该结构使用3.3.2节中提到的编译器的词法分析器部分来进行处理可能是比较适合的，但它仍然是算术表达式的非常典型的结构。然而，图5-2中描述的语言也不是正则的。例如，在这个语言中，$(^na)^n$是合法的表达式。可以通过泵引理来证明：如果这个语言式正则的，那么去掉一些左括号同时保持a和所有的右括号不动，这样得到的串应该仍然是合法表达式，然而实际上不是。

典型的编程语言中有很多方面跟括号匹配很相似。一般来说它们本身也是括号，可以在各种类型的表达式中。例如，一个代码块的开始和结束，就像Pascal语言中的**begin**和**end**，或者C语言中的花括号{…}。也就是说，如果把C程序中的花括号替换为圆括号，即把{换为(，把}换为)，这样所得到的串一定是括号匹配的。

有时会出现另外一种相关的模式，只不过在这种模式中“括号”匹配时不考虑未被匹配的左括号。比如C语言中处理**if**和**else**的时候，一个if子句可以不和else子句匹配而单独存在，也可以和一个else子句匹配。一个生成所有这样可能的**if**和**else**的序列的文法（其中**if**和**else**分别用i和e来表示）是：

$$S \to \varepsilon \mid SS \mid iS \mid iSeS$$

例如，$ieie$, iie和iei都是可能的**if**和**else**的序列，而且都是用上面的文法生成的。也有一些不能用该文法生成的非法序列，比如ei和$ieeii$。

对于一个由i和e组成的串是否能有该文法生成，有一个简单的测试方法——只需要从左边开始依次检查每个e即可，具体方法如下（该方法正确性的证明留给读者作为练习）：在正在考虑的e的左边寻找第一个i，如果找不到，那么这个串就无法通过该测试，因而得出它不在该语言中的结论。如果找到了这个i，那么就把它和正在考虑的e一起去掉，然后继续重复这个过程：如果没有e了，那么这个串就通过了这个测试，因而得出它在该语言中的结论。如果还有e，那么就继续对最左边的e进行上面的检查过程。

195

例5.20 考虑串iee，第一个e与它左边的i匹配，把它们去掉后该串变成了e。由于还有e，因此要继续进行检查，但这次没有i在它左边了，因此测试失败了，所以iee不在该语言中。注意，这个结论是正确的，因为在C程序中**else**的个数不可能比**if**多。

再来看一个例子，考虑$iieie$。第一个e跟它左边的i匹配，把它们去掉后还剩下iie。这个e继续和它左边的i匹配，再把它们去掉后还剩下i，这时没有e了，因此测试成功通过。这个结论也是有意义的，因为$iieie$所对应的C程序的结构就像图5-10中的结构。事实上，这个匹配算法同时也能告诉我们（及C编译器）每个**if**所匹配的**else**（如果有的话）到底是哪个，如果编译器需要创建程序员所设计的控制流逻辑，这一点是很重要的。 □

```
if (条件){
    ...
    if (条件)语句;
    else   语句;
    ...
    if (条件)语句;
    else   语句;
    ...
}
```

图5-10 一个if-else结构，其中的两个**else**分别和它们前面的**if**匹配，第一个**if**没有**else**和它匹配

5.3.2 语法分析器生成器YACC

语法分析器是从源程序中创建语法分析树的函数，它的生成过程已经被所有的UNIX系统中都有的YACC命令规范化了。YACC的输入是一个CFG，并且该CFG的具体表示方法和这里所用到的只在具体细节上有所不同。每个产生式都和一个*动作*相关联，而这个*动作*是一个C代码的片段。当语法分析树的一个节点（和它的子节点）被创建时，它们相应产生式所对应的这段C代码就被执行。一般情况下，动作是用来构造这个节点的代码，尽管在一些YACC应用中语法分析树实际上并没有真正被构造出来，这时该动作就做一些别的事情，比如生成一段目标代码。

例5.21 图5-11中是一个YACC中的CFG的例子。这个文法和图5-2中的是一样的。这里省略了动作部分，展现出来的仅仅是它们的（需要的）花括号和它们在YACC输入中的位置。

注意下面是YACC文法和我们的文法表示法的一些对应关系：

196

```
Exp : Id              {...}
    | Exp '+' Exp     {...}
    | Exp '*' Exp     {...}
    | '(' Exp ')'     {...}
    ;
Id  : 'a'             {...}
    | 'b'             {...}
    | Id 'a'          {...}
    | Id 'b'          {...}
    | Id '0'          {...}
    | Id '1'          {...}
    ;
```

图5-11 一个YACC中的文法的例子

- 冒号被用来作为产生式的符号，我们的是→。
- 所有具有给定头的产生式都被编为一组，并且它们的体互相之间用竖线分隔开来。我们也使用这种表示法，但不是必需的。
- 给定头所对应的体的列表用一个分号结束。我们没有使

用这样的结束符号。

- 终结符都用单引号引起来。很多字符可以出现在一对单引号中。虽然我们没有展现出来，YACC允许它的用户自己定义终结符号。在源程序中出现的这些终结符号能被词法分析器检测和分离出来，并且通过它的返回值传递给语法分析器。
- 没有被引起来的字母和数字组成的串是变元名。我们已经通过这个方法来赋予上面两种变元更加有意义的名字——`Exp`和`Id`——虽然也能用E和I来表示。 □

5.3.3 标记语言

下面我们将会考虑一系列的“语言”，它们被称为*标记语言*。这些语言中的“串”是使用了一些该语言中的标记（称为*标记符*）的文档。标记符告诉我们一些该文档中不同串的语义。

读者可能最熟悉的标记语言是HTML。这个语言有两个主要的功能：在文档之间建立链接并描述一个文档的格式（“样子”）。这里只给出一个关于HTML结构的简单看法，但是下面的例子能够展示它的结构，也能够用于展示一个CFG是怎样描述合法的HTML文档的，还能够用于展示CFG是怎样在文档的处理过程（即文档在显示器或打印机上的显示）中起到引导作用的。

197

例5.22 图5-12a展示了一段文字，它包括了一个项目列表，图5-12b展示了它在HTML中的表达式。注意，从图5-12b可以看出HTML是由普通的文本掺杂着一些标记符组成的。对某个串x的标记符匹配是采用<x>和</x>的形式完成的[⊖]。例如，互相匹配的标记符`<EM>`和`</EM>`用来表示它们之间的文本是需要强调表示的，也就是要把它们改为斜体字或者其他合适的字体。`<OL>`和`</OL>`这对互相匹配的标记符是用来表示一个有序列表的，也就是说一些项的列举。

另外还有两个不匹配标记符的例子：`<P>`和`<LI>`，它们分别表示段落和列表项。HTML允许（事实上鼓励）这些标记符也用`</P>`和`</LI>`匹配起来（分别通过在段落和列表项的结尾处使用它们），但是这种匹配不是必需的。因此这里就不匹配这些标记符了，这样的话下边将要考虑的HTML文法就会更复杂一些。 □

The things I *hate*:

1. Moldy bread.
2. People who drive too slow in the fast lane.

a) 显示的文本

```
<P>The things I <EM>hate</EM>:
<OL>
<LI>Moldy bread.
<LI>People who drive too slow
in the fast lane.
</OL>
```

b) HTML源代码

图5-12 HTML文档及其显示版本

有许多类的串和HTML文档相关。这里不把它们全都列出来了，而是仅仅给出对理解例5.22中的文本有关键作用的一些，并且对于其中的每一类都给出了一个具有描述性的名字的变元。

198

1. *Text*（文本）是任何有字面意义的字符串，也就是说，它里面没有标记符。一个*Text*元素的例子是图5-12a中的“Moldy bread.”
2. *Char*（字符）是任何只包含单个的、在HTML文本中合法字符的串。注意，空格也算作字符。
3. *Doc*（文档）代表文档，它是“元素”的序列，下面会给出*Element*的定义，并且这个定

⊖ 有时标记符<x>的引入不仅有名字x的信息，还会有更多其他的信息。然而，在这些例子中不考虑这种情况。

义和*Doc*的定义是互递归的。

4. *Element*（元素）或者是一个*Text*串，或者是一对互相匹配的标记符以及它们中间的文档，或者是一个不匹配的标记符后面跟着一个文档。

5. *ListItem*（列表项）是标记符<LI>后面跟着一个文档，并且该文档是一个列表项。

6. *List*（列表）是包含零个或多个列表项的序列。

图5-13是一个CFG，它描述了我们所介绍的HTML语言中的各种结构。在第(1)行中它说明了一个字符可以是“a”或“A”，或者很多其他可能的HTML字符集中的字符。第(2)行中它用两个产生式说明*Text*可以是空串或者任何由合法字符后面跟着一些文本构成的串。换句话说，*Text*就是零个或多个字符。注意，虽然“<”和“>”可以分别用序列<和>来表示，但它们并不是合法字符。因此，绝对不可能取一个标记符到*Text*中。

1.	*Char*	$\rightarrow$	$a \mid A \mid \cdots$
2.	*Text*	$\rightarrow$	$\varepsilon \mid$ *Char Text*
3.	*Doc*	$\rightarrow$	$\varepsilon \mid$ *Element Doc*
4.	*Element*	$\rightarrow$	*Text* | <EM> *Doc* </EM> | <P> *Doc* | <OL> *List* </OL> | ···
5.	*ListItem*	$\rightarrow$	<LI> *Doc*
6.	*List*	$\rightarrow$	$\varepsilon \mid$ *ListItem List*

图5-13 HTML文法的一部分

199

第(3)行是说一个文档是包含零个或多个“元素”的序列。接着从第(4)行知道一个元素或者是文本，或者是强调的文档，或者是段落初始符号后面跟着一个文档，或者是一个列表。另外对于HTML中其他的标记符也有相应的不同的*Element*的产生式。接着，第(5)行说一个列表项是由标记符<LI>和它后面跟着的任何文档组成的。第(6)行说明一个列表是零个或多个列表项的序列。

HTML的有些方面的说明并不需要上下文无关文法的能力，在这些方面用正则表达式就足够了。例如，图5-13的第(1)行和第(2)行可以用正则表达式$(\mathbf{a} + \mathbf{A} + \cdots)^*$来表示和*Text*表示的同样的语言。然而，HTML的有些方面*确实*需要CFG的能力。例如，每一对包含开始和结束符号的标记符对（比如<EM>和</EM>）就像括号匹配一样，已知其为非正则的。

5.3.4 XML和文档类型定义

能用文法来描述HTML不算什么，事实上所有的编程语言都可以用它们自己的CFG来描述，因此如果不能这样描述HTML反倒令人惊讶了。然而，当考虑另外一类重要的标记语言XML时，我们将会发现在使用这个语言的过程中，CFG扮演着至关重要的角色。

XML的目的不是描述文档的格式——那是HTML的工作，而是试着描述文本的“语义”。例如，像“12 Maple St.”这样的文本看上去像一个地址，但是它是吗？在XML中，代表一个地址的短语往往用标记符围起来，例如：

```
<ADDR> 12 Maple St.</ADDR>
```

然而，对于<ADDR>是否意味着一幢建筑的地址这件事情并不是很清楚。例如，如果这个文档是关于内存分配的，那么标记符<ADDR>可能会表示一个内存地址。为了把这些不同类型的标记符区别开来，人们希望开发一个标准，该标准采用DTD的形式。

一个DTD本质上就是一个上下文无关文法，不过它有着自己的用来描述变元和产生式的记号。下面的例子将会展示一个简单的DTD，并且会介绍用来描述DTD的语言的一部分。DTD语言本身有一个上下文无关的文法，但它并不是我们有兴趣要描述的。然而，用来描述DTD的语言本质上是用一种CFG记号，我们想知道在这个语言中CFG是怎样被表达出来的。

一个DTD的形式如下：

```
<!DOCTYPE   DTD的名字 [
    元素定义的列表
]>
```

200

接下来，元素定义的形式如下：

```
<!ELEMENT 元素的名字（元素的描述）>
```

元素的描述实质上是正则表达式。这些正则表达式的基础是：

1. 其他元素的名字，表示一个类型的元素可以出现在另一个类型的元素里面，就像在HTML中一个文本列表里可以有强调的文本一样。
2. 特殊的术语 `#PCDATA`，代表任何不包含XML标记符的文本。这个术语和例5.22中的变元*Text*的角色相同。

允许的运算符有：

1. | 代表并，就像3.3.1节中讨论的UNIX的正则表达式记号中那样。
2. 逗号代表连接。
3. 闭包运算符有三种，正如3.3.1节中所介绍的。它们是：*，最常用的运算符，表示“……的零次或多次出现”；+，表示“……的一次或多次出现”；?，表示“……的零次或一次出现”。

可以用括号把运算符和它们的参数括起来，否则就采用通常的正则表达式的优先级。

例5.23　考虑下面的情况：假设计算机销售商们凑到一起想要建立一套DTD的标准，这套标准是用来在Web上发布他们正在销售的各种PC的介绍。每种PC的介绍将会给出一个型号，以及这个型号的特性的细节描述。例如，RAM的大小，磁盘的数目和大小，等等。图5-14展示了一个假想的、非常简单的刻画个人计算机的DTD。

这个DTD的名字是`PcSpecs`。第一个元素（就像CFG的初始符号）是`PCS`（关于PC规格的列表）。它的定义部分`PC*`说明一个`PCS`包含零个或多个条目，每个条目都是`PC`。

接下来看到的是元素`PC`的定义，它由五部分连接而成，其中前四部分是其他的元素，分别对应着PC的型号、价格、处理器类型和RAM。由于逗号表示连接，因此这几部分必须刚好出现一次，并且是按照顺序出现。最后一个组成部分是`DISK+`，表示一个PC中可以有一个或多个磁盘条目。

很多组成部分都是简单的文本，`MODEL`、`PRICE`和RAM都是这种类型。但是`PROCESSOR`是有结构的，从它的定义可以看出来它由生产厂家、型号和速度这三部分按顺序构成，这三部分都是简单的文本。

201

```
<!DOCTYPE PcSpecs [
    <!ELEMENT PCS (PC*)>
    <!ELEMENT PC (MODEL, PRICE, PROCESSOR, RAM, DISK+)>
    <!ELEMENT MODEL (#PCDATA)>
    <!ELEMENT PRICE (#PCDATA)>
    <!ELEMENT PROCESSOR (MANF, MODEL, SPEED)>
    <!ELEMENT MANF  (#PCDATA)>
    <!ELEMENT MODEL  (#PCDATA)>
    <!ELEMENT SPEED  (#PCDATA)>
    <!ELEMENT RAM  (#PCDATA)>
    <!ELEMENT DISK (HARDDISK | CD | DVD)>
    <!ELEMENT HARDDISK (MANF, MODEL, SIZE)>
    <!ELEMENT SIZE  (#PCDATA)>
    <!ELEMENT CD (SPEED)>
    <!ELEMENT DVD (SPEED)>
]>
```

图5-14 一个刻画个人计算机的DTD

DISK条目的结构最为复杂。首先，一个磁盘可以是硬盘、CD或者DVD，这从元素DISK的规则可以看出，DISK定义为这三者的“或”。接下来，硬盘也由三个部分按顺序构成，它们分别是生产厂家、型号和大小，而CD和DVD仅仅由它们的速度来代表。

图5-15是一个使用图5-14中的DTD的XML文档的例子。注意到在这个文档中，每个元素都用两个标记符来表示，其中一个是带有该元素名字的标记符，另一个在结束处和它对应。其中表示结束的标记符不过是在该元素的名字前面加了一个斜杠而已，这和HTML中是一样的。因而，在图5-15中可以看到最外层的标记符是<PCS>···</PCS>。这个标记符里面是一系列的条

```
<PCS>
    <PC>
        <MODEL>4560</MODEL>
        <PRICE>$2295</PRICE>
        <PROCESSOR>
            <MANF>Intel</MANF>
            <MODEL>Pentium</MODEL>
            <SPEED>800MHz</SPEED>
        </PROCESSOR>
        <RAM>256</RAM>
        <DISK><HARDDISK>
            <MANF>Maxtor</MANF>
            <MODEL>Diamond</MODEL>
            <SIZE>30.5Gb</SIZE>
        </HARDDISK></DISK>
        <DISK><CD>
            <SPEED>32x</SPEED>
        </CD></DISK>
    </PC>
    <PC>
        ...
    </PC>
</PCS>
```

图5-15 一个遵照图5-14中DTD结构的文档的一部分

目，每一个代表该生产商所销售的一种PC，这里仅展示出来其中的一个条目。

通过例中的条目<PC>，我们可以很容易地看到机器的型号是4560，价格是$2295，处理器是800MHz Intel Pentium 处理器。它有256Mb的RAM，一个30.5Gb的Maxtor Diamond硬盘和一个32x CD-ROM驱动器。其实最重要的并不是我们能看到这些东西，而是程序能够读取这个文档，并且能够根据图5-14中的DTD的文法来正确的解释图5-15中所有的数字和名字。 □

读者可能已经注意到了，图5-14中这样的DTD中元素的规则看上去和上下文无关文法的产生式并不是很像。这些规则中的大部分已经是正确的形式了。例如，

202

```
<!ELEMENT  PROCESSOR (MANF, MODEL, SPEED)>
```

和下面这个产生式很类似

$$Processor \rightarrow Manf\ Model\ Speed$$

然而，规则

```
<!ELEMENT  DISK  (HARDDISK | CD | DVD)>
```

有并不像一个产生式体的DISK的定义。在这种情况下，推广的方法很简单：只要把这条规则解释成为三个产生式，它们的体用竖杠连接起来，这里竖杠的作用与拥有同样的头的产生式中的相同。因此，这条规则和下面的三个产生式等价：

$$Disk \rightarrow HardDisk \mid Cd \mid Dvd$$

最难转换的一种情况是

203

```
<!ELEMENT PC (MODEL, PRICE, PROCESSOR, RAM, DISK+)>
```

其中“体”里有一个闭包运算符。解决的方法是把DISK+用一个新的变元*Disks*来代替，它通过一对产生式来产生变元*Disk*的一个或多个实例。因此，等价的产生式是

$$Pc \rightarrow Model\ Price\ Processor\ Ram\ Disks$$

$$Disks \rightarrow Disk \mid Disk\ Disks$$

有一个通用的方法能够把产生式体中包含正则表达式的CFG转换成普通的CFG。这里先非形式化地给出基本思想；读者也许希望不仅仅把产生式体中包含正则表达式的CFG变成正规的CFG，并且希望能够形式化证明经过这样的扩展变换之后并没有产生超出这个CFL之外的新的语言。下面将会归纳地给出把体中包含正则表达式的产生式变成一系列和它等价的普通的产生式的方法。这个归纳是对产生式体中的正则表达式的大小来进行的。

基础：如果产生式的体是几个元素的连接，那么这个产生式已经是合法的CFG的产生式形式了，因此什么都不用做。

归纳：否则，将根据最后使用的运算符来采取下面五种情况下的方案之一。

1. 该产生式是$A \rightarrow E_1, E_2$的形式，其中E_1和E_2都是DTD语言中允许的表达式，这是一个连接的情况。引进两个新的变元B和C，并且它们不能在该文法的其他地方出现。把$A \rightarrow E_1, E_2$替换为下面的一组产生式：

$$A \rightarrow BC$$

$$B \to E_1$$
$$C \to E_2$$

其中第一个产生式$A \to BC$是合法的CFG的产生式，后面两个有可能并不是合法的（当然也可能是合法的）。然而它们的体要短于原来的产生式的体，因此只要继续应用归纳的过程来把它们转换为CFG的形式就行了。

2. 该产生式是$A \to E_1 \mid E_2$的形式。对于这个并运算符，把这个产生式用下面的一对产生式来代替：

$$A \to E_1$$
$$A \to E_2$$

同样，这些产生式也可能是或者不是合法的CFG产生式，但是它们的体一定比原来的产生式的体要短。因此可以递归地应用转换规则并最终把这些新的产生式转换为符合CFG形式的新的产生式。

3. 该产生式是$A \to (E_1)^*$的形式。这时要引入一个新的变元B（B不能在别处出现），然后把这个产生式替换为：

204

$$A \to BA$$
$$A \to \varepsilon$$
$$B \to E_1$$

4. 该产生式是$A \to (E_1)^+$的形式。这时要引入一个新的变元B（B不能在别处出现），然后把这个产生式替换为：

$$A \to BA$$
$$A \to B$$
$$B \to E_1$$

5. 该产生式是$A \to (E_1)?$的形式。把这个产生式替换为：

$$A \to \varepsilon$$
$$A \to E_1$$

例5.24 下面来考虑怎样把DTD规则

```
<!ELEMENT PC (MODEL, PRICE, PROCESSOR, RAM, DISK+)>
```

转换为合法的CFG产生式。首先，这条规则的体可以看作两个表达式的连接，第一个是MODEL，PRICE，PROCESSOR，RAM，第二个是DISK+。如果创建两个变元A和B来分别代表这两个子表达式，就可以使用下面的产生式：

$$Pc \to AB$$
$$A \to Model\ Price\ Processor\ Ram$$
$$B \to Disk +$$

其中仅有最后一个产生式不是合法的形式。这时再引入另一个新的变元C和两个新的产生式来代替它：

$$B \to CB \mid C$$
$$C \to Disk$$

在这个特例下，由于A推导的表达式仅仅是几个变元的连接，而$Disk$仅仅是一个单个的变元，因此实际上没必要有A和C这两个变元，可以用下面的产生式来代替它们：

$$Pc \to Model\ Price\ Processor\ Ram\ B$$

205

$$B \to Disk\ B \mid Disk$$

□

5.3.5 习题

习题5.3.1 证明：如果一个串是括号匹配的，就像例5.19中所说的那样，那么它一定能用文法$B \to BB \mid (B) \mid \varepsilon$来生成。提示：对串的长度进行归纳。

* **习题5.3.2** 考虑同时包含圆括号和方括号且这两种括号都匹配的所有串的集合。这种串来自下面一个例子。考虑C语言中的表达式，圆括号表示分组和函数调用的参数，方括号表示数组的下标。如果把C语言中的表达式里除了括号以外的字符都去掉，那么就得到这两种类型的括号匹配的串了。例如，

```
f (a[i]*(b[i][j], c[g(x)]), d[i])
```

就变成了一个括号匹配的串([]([][][()])[])。试着设计一个文法来恰好定义所有的圆括号和方括号都匹配的串。

! **习题5.3.3** 在5.3.1节中，考虑了下面的文法：

$$S \to \varepsilon \mid SS \mid iS \mid iSeS$$

并且当时说过可以通过重复使用下面的方法来测试它的语言L的成员性，这个测试过程从w开始，并且在这个重复的过程中串w会发生变化。

1. 如果这个串是从e开始的，那么测试失败，w不在L中。
2. 如果串里没有e了（还可以有i），那么测试通过，w在L中。
3. 否则，删掉第一个e和它左边的i，然后继续对剩下的串进行这三个步骤的测试。

证明：这个测试过程能够正确地识别出L中的串。

习题5.3.4 把下面的格式加入图5-13中的HTML的文法中去：

* a) 列表项必须用标记符`</LI>`来结束。

b) 元素可以是无序列表，就像有序列表一样。无序列表是用标记符`<UL>`和`</UL>`括住来表示的。

! c) 元素可以是一个表格。表格是用`<TABLE>`和`</TABLE>`括起来表示的。在这两个标记符里面可以有一行或多行，每一行都用`<TR>`和`</TR>`括起来表示。第一行是标题，包含一个或多个域，分别用标记符`<TH>`来引入（假设它们不是闭的，虽然它们应该是）。接下来的行用标记符`<TD>`来引入它们的域。

206

习题5.3.5 把图5-16中的DTD转换为上下文无关文法。

```
<!DOCTYPE CourseSpecs [
    <!ELEMENT COURSES (COURSE+)>
    <!ELEMENT COURSE (CNAME, PROF, STUDENT*, TA?)>
    <!ELEMENT CNAME  (#PCDATA)>
    <!ELEMENT PROF   (#PCDATA)>
    <!ELEMENT STUDENT (#PCDATA)>
    <!ELEMENT TA (#PCDATA)>
]>
```

图5-16 课程的DTD

5.4 文法和语言的歧义性

前面已经看到，CFG的应用往往立足于使用文法来提供文件的结构。例如，在5.3节中使用文法来定义程序和文档的结构。其中不言而喻的假定是文法能唯一地决定它的语言里每个串的结构。然而，下面将会看到并不是每一个文法都能提供这种唯一的结构。

如果一个文法不能提供唯一的结构，那么有时可以通过重新设计这个文法，使结构对于其语言中的每一个串是唯一的。但不幸的是，有时却无法达到这个目的。也就是说，的确存在这样的一类CFL，它们具有“固有的歧义性”，这类语言的每一个文法都对该语言中的某些串提供多于一个的结构。

5.4.1 歧义文法

下面回到一直使用的例子上来：图5-2中的表达式文法。使用这个文法能够生成任何包含*和+运算符的序列，而且产生式$E \to E+E \mid E*E$允许按照任何选定的顺序来生成这些表达式。

例5.25 例如，考虑句型$E+E*E$，从E到它有两种推导：

1. $E \Rightarrow E+E \Rightarrow E+E*E$
2. $E \Rightarrow E*E \Rightarrow E+E*E$

注意，在推导(1)中，第二个E是用$E*E$来替换的，而在推导(2)中第一个E是用$E+E$来替换。图5-17给出了这两棵语法分析树，需要注意它们是不同的语法分析树。

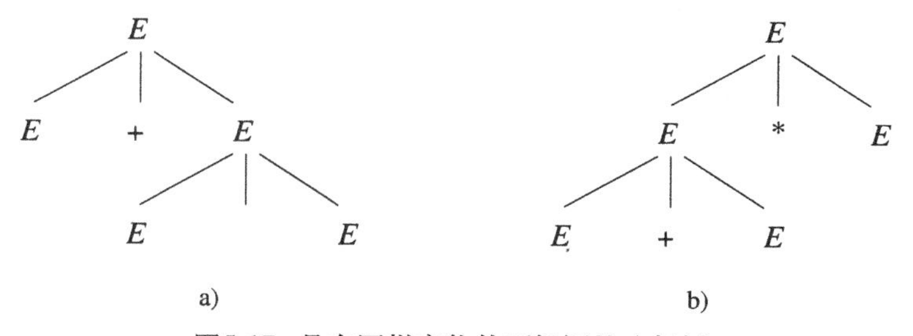

图5-17 具有同样产物的两棵语法分析树

这两个推导的不同之处是有意义的。如果考虑表达式的结构，推导(1)说第二个和第三个表达式先相乘，结果再和第一个表达式相加；而推导(2)则表示先把前两个表达式相加，再把它们的和

207 跟第三个表达式相乘。举一个更具体的例子，第一个推导认为$1+2*3$应该结合成$1+(2*3)=7$，而第二个推导则认为它应该结合成$(1+2)*3=9$。很明显，是第一个而不是第二个推导与在数学中对表达式正确结合的概念相一致。

由于图5-2中的文法对通过在推导过程中用一个标识符来替换$E+E*E$所推得的任何终结符串都给出两种不同的结构，所以该文法对于提供表达式的唯一结构来说不是最好的选择。在实际应用中，尽管它可以给出像算术表达式那样的正确结合，但它也可能给出错误的表达式中的结合方式。为了在编译器中使用这个表达式文法，需要对它进行一些修改，使它能够提供唯一正确的表达式中的结合方式。□

另一方面，如果一个文法仅仅是对于一个串存在不同的推导（而不是不同的语法分析树）并不意味这个文法中存在缺陷。下面就是一个例子。

例5.26　使用同样的表达式文法，可以发现对串$a+b$有许多不同的推导，其中的两个例子是：

1. $E \Rightarrow E+E \Rightarrow I+E \Rightarrow a+E \Rightarrow a+I \Rightarrow a+b$
2. $E \Rightarrow E+E \Rightarrow E+I \Rightarrow I+I \Rightarrow I+b \Rightarrow a+b$

然而，这些推导所提供的结构并没有本质的区别，它们都是说a和b是标识符，而且都要把它们的值相加。事实上，如果使用定理5.18和定理5.12中的构造过程，这两个推导产生一样的语法分析树。□

上面的两个例子告诉我们并不是多种推导导致了歧义性，而是存在多棵不同的语法分析树所导致的。因此，我们说一个CFG $G=(V, T, P, S)$是*歧义的*，如果T^*中至少存在一个串w，对于这个串可以找到两棵不同的语法分析树满足如下条件：它们的根都是S，产物都是w。如果一个文法使得任意的串都最多只对应一棵语法分析树，那么该文法就是*无歧义的*。

例如，例5.25几乎就已经给出了一个图5-2中文法歧义性的证明。我们只需要证明图5-17中208 的语法分析树能够经过补充后产生终结符串的产物。图5-18就是这个补充过程的一个例子。

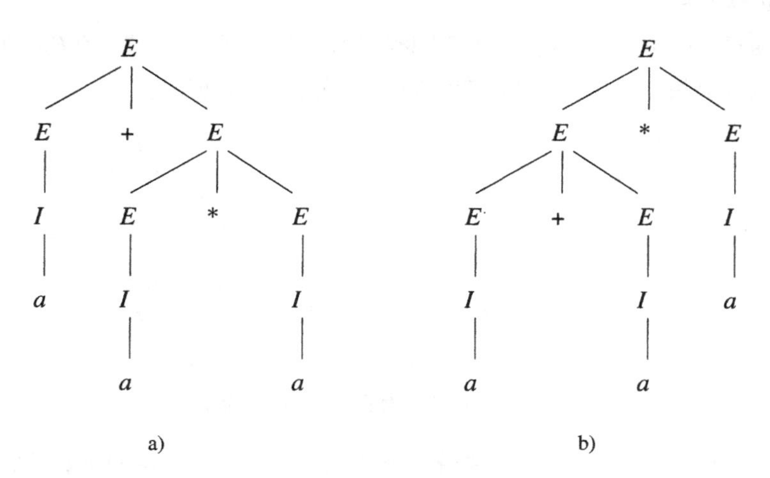

图5-18　产物为$a+a*a$的树，证实了表达式文法的歧义性

5.4.2 去除文法的歧义性

在理想的情况下，应该能够有一个算法能够从CFG中去除歧义性，这一点在很大程度上就像4.4节中提供的那个用来去除有穷自动机里多余状态的算法。然而，令人惊讶的事实是，就像将要在9.5.2节中证明的那样，实际上即使想要首先判断一个CFG是不是歧义的，也不存在一个算法能够实现。而且，5.4.4节中将会展示一个上下文无关语言，对它而言只存在歧义的文法，根本不存在无歧义文法。对这样的语言来说，去除歧义性是不可能的。

幸运的是，在实际应用中这种情况并不很严重。对于一般的编程语言中出现的结构，可用一种熟知的方法来消除其中的歧义性。图5-2中的表达式文法就很典型，所以下面将会把研究如何去除它的歧义性的过程作为一个重要的例子。

首先，我们注意到有两个导致图5-2中的文法的歧义性的原因：

1. 没有考虑运算符的优先级。虽然图5-17a中正确地结合了*（先于结合+），然而图5-17b也是一个正确的语法分析树（结合+先于*）。在一个无歧义的文法中将只允许图5-17a中的结构。
2. 一系列同样的运算符既可从左到右也可从右到左地结合。例如，如果图5-17中的*全部换成+，那么对于串$E+E+E$将会得到两棵不同的语法分析树。因为加法和乘法都满足结合律，因此不管从左到右还是从右到左的结合都无所谓，但是为了去除歧义性，必须选择其中一种结合方式。习惯的做法是坚持从左到右的结合，所以只有图5-17b中的结构是两个加号的正确结合方式。

209

YACC中歧义性的消除

如果这里使用的表达式文法是歧义的，那么我们可能会疑虑图5-11中的YACC样本程序是否是现实的。没错，它所描述的文法确实是歧义的，但是YACC语法分析器生成器的强大功能中的一部分正是来源于为用户提供去除绝大部分导致歧义性的因素的机制。对于表达式文法，只要坚持下面两条就足以去除歧义性了：

a) *比+的优先级高，也就是说，*总是在它两边的+结合之前结合。这条规则告诉我们在例5.25中要使用推导(1)而不是推导(2)。

b) *和+都是左结合的，也就是说，一些用*连接的表达式总是被从左向右地结合起来，对用+结合的表达式也同样。

YACC允许我们规定运算符的优先级，只要把它们按照从优先级最低到最高的顺序排列起来即可。从技术上说，一个运算符的优先级将在如下产生式中应用：这个产生式的运算符是产生式体的最右端的终结符号。我们也可以用关键字`%left`和`%right`声明运算符是左结合的还是右结合的。例如，为了声明+和*都是左结合的，并且*比+的优先级高，我们只需要在图5-11中的文法的开头部分写上如下的句子：

```
%left '+'
%left '*'
```

强制优先级的问题的解决方法是引入几个不同的变元，每个变元代表拥有同样级别的“黏结强度”的那些表达式。更明确地说就是：

1. 因子是不能被相邻的运算符（包括*和+）打断的表达式，因此在我们的表达式文法中的因子只有：
   (a) 标识符——不可能通过增加运算符的方法来把一个标识符打断。
   (b) 任何被括号括起来的表达式——无论括号里面括的是什么。括号的用处正是用来防止括号里面的内容成为括号外面的运算符的操作数。

210

2. 项是不能被相邻的+打断的表达式。在我们的例子中，只有+和*是运算符，因此项就是一个和几个因子的乘积。例如，项$a*b$是可以被打断的，只要采用左结合的规则并且把$a1*$放到它的左边，也就是说，$a1*a*b$被结合为$(a1*a)*b$，因而$a*b$被打断了。然而，仅仅在它的左边放置一个加号项（比如$a1+$）或在它的右边放置$+a1$是无法打断$a*b$的，$a1+a*b$的正确结合是$a1+(a*b)$，$a*b+a1$的正确结合是$(a*b)+a1$。
3. 表达式是指任何可能的表达式，其中包括可以被相邻的*或+打断的表达式。因此，我们的例子中的表达式就是一个或多个项的和。

例5.27　图5-19展示了一个无歧义的表达式文法，它和图5-2中的文法产生同样的语言。考虑变元F，T和E，它们的语言分别是上文中定义的因子、项和表达式。例如，对于串$a+a*a$，该文法只允许有一棵语法分析树，如图5-20所示。

$$
\begin{array}{lcl}
I & \to & a \mid b \mid Ia \mid Ib \mid I0 \mid I1 \\
F & \to & I \mid (E) \\
T & \to & F \mid T*F \\
E & \to & T \mid E+T
\end{array}
$$

图5-19　一个无歧义性的表达式文法

关于这个文法是无歧义的事实还不很明显，下面是一些关键的事实，它们能够解释为什么这个语言中的串不可能拥有两棵不同的语法分析树。

211

- 从T推导出的任何串（项）一定是一个或多个用*连接的因子。我们定义的因子，在图5-19中就是F的产生式所定义的，它或者是标识符或者是一个用括号括起来的表达式。
- T的两个产生式的形式能够决定一系列的因子的语法分析树只能是把$f_1*f_2*\cdots*f_n$ $(n>1)$打断为项$f_1*f_2*\cdots*f_{n-1}$和因子f_n的树。原因是从F无法推导出$f_{n-1}*f_n$这样的表达式，除非把它们用括号括起来。因而，当使用产生式$T\to T*F$时，F除了最后一个因子之外不可能推导出别的东西。也就是说，项的语法分析树只能像图5-21中的那样的。
- 同样地，一个表达式就是用+连接起来的一系列的项。当使用产生式$E\to E+T$来推导$t_1+t_2+\cdots+t_n$时，T只能推导出t_n，体中的E只能推导出$t_1+t_2+\cdots+t_{n-1}$。原因同样是：如果不使用括号的话，T不可能推导出两个或多个项的和。□

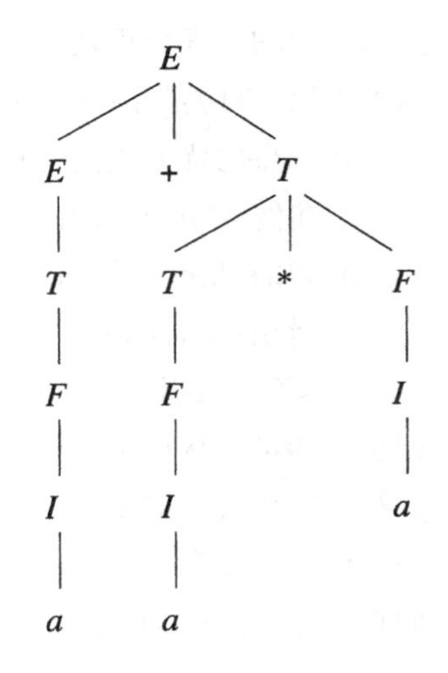

图5-20　$a+a*a$的唯一的语法分析树

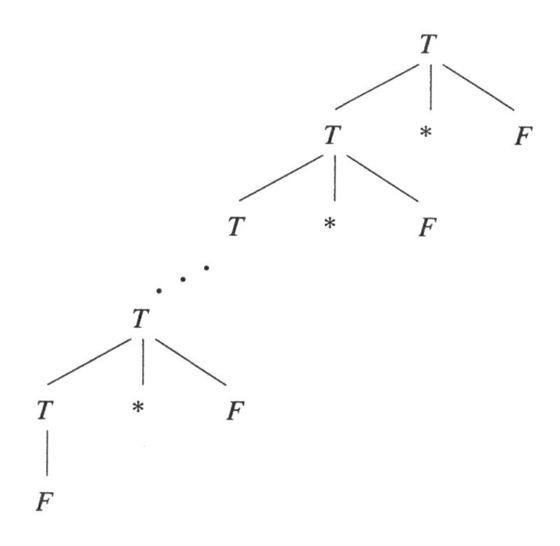

图5-21　一个项的所有可能的语法分析树的形式

5.4.3　最左推导作为表达歧义性的一种方式

即使文法是无歧义的，推导也有可能不唯一。但下面的结论总是成立的：在无歧义的文法中，最左推导是唯一的，最右推导也是唯一的。下面只考虑最左推导，最右推导只给出结论。 212

例5.28　作为一个例子，注意图5-18中的两棵产物为$E+E*E$的语法分析树。如果从它们出发构造最左推导，将会分别得到两棵树（图5-18a和图5-18b）的最左推导如下：

a) $E \underset{lm}{\Rightarrow} E+E \underset{lm}{\Rightarrow} I+E \underset{lm}{\Rightarrow} a+E \underset{lm}{\Rightarrow} a+E*E \underset{lm}{\Rightarrow} a+I*E \underset{lm}{\Rightarrow} a+a*E \underset{lm}{\Rightarrow} a+a*I \underset{lm}{\Rightarrow} a+a*a$

b) $E \underset{lm}{\Rightarrow} E*E \underset{lm}{\Rightarrow} E+E*E \underset{lm}{\Rightarrow} I+E*E \underset{lm}{\Rightarrow} a+E*E \underset{lm}{\Rightarrow} a+I*E \underset{lm}{\Rightarrow} a+a*E \underset{lm}{\Rightarrow} a+a*I \underset{lm}{\Rightarrow} a+a*a$

注意，这两个最左推导并不相同。这个例子并不能证明下面的定理，但它说明了语法分析树的不同导致了最左推导中所采用的步骤不同。□

定理5.29　对于任何文法$G=(V, T, P, S)$和T^*中的串w，w有两棵不同的语法分析树当且仅当从S到w有两个不同的最左推导。

证明　（仅当）如果检查定理5.14的证明中从语法分析树构造最左推导的过程，我们会发现只要两棵语法分析树中有一个（第一个）下面这样的节点，在该节点处使用了不同的产生式，那么构造的最左推导就会使用不同的产生式，因而得到了不同的最左推导。

（当）虽然前面并没有给出一个直接从最左推导构造语法分析树的方法，但是它的思想并不难。首先从根节点开始构造语法分析树，并把根节点的标号设为S。然后，每次检查推导中的一步。在每一步中都会有一个变元被替换，因此这个变元就对应于正在被构造的语法分析树中最左边的没有子节点但是标号为变元的节点。由最左推导中这一步所使用的产生式，可以决定这个节点的子节点分别是什么。如果有两个不同的推导，那么在这两个推导第一次发生不同的地方，被构造的节点将会得到不同的子节点的列表，这也保证了所构造的语法分析树是不同的。□

5.4.4 固有的歧义性

如果一个上下文无关的语言L的所有的文法都是歧义的，我们说它是*固有歧义的*。只要L有一个文法是无歧义的，那么L就是无歧义的。例如，我们说图5-2中的文法所生成的表达式的语言实际上是无歧义的。即使这个文法是歧义的，也存在另外一个无歧义的文法和它生成同样的语言——图5-19中的文法。

这里不去证明固有歧义语言，而是讨论一个能够证明其为固有歧义的语言的例子，我们将会直观地解释为什么任何这种语言的文法都是歧义的。这个将要讨论的语言L是：

213

$$L = \{a^nb^nc^md^m \mid n \geqslant 1, m \geqslant 1\} \cup \{a^nb^mc^md^n \mid n \geqslant 1, m \geqslant 1\}$$

也就是说，L包含所有满足下列条件的$\mathbf{a}^+\mathbf{b}^+\mathbf{c}^+\mathbf{d}^+$形式的串：

1. a和b的个数一样且c和d的个数一样。
2. a和d的个数一样且b和c的个数一样。

L是上下文无关语言。图5-22中所示的显然是L的一个文法。它使用分离的产生式的集合来产生L中的两种类型的串。

$$\begin{aligned} S &\to AB \mid C \\ A &\to aAb \mid ab \\ B &\to cBd \mid cd \\ C &\to aCd \mid aDd \\ D &\to bDc \mid bc \end{aligned}$$

图5-22 一个固有歧义语言的文法

这个文法是歧义的。例如，串$aabbccdd$有两个最左推导：

1. $S \underset{lm}{\Rightarrow} AB \underset{lm}{\Rightarrow} aAbB \underset{lm}{\Rightarrow} aabbB \underset{lm}{\Rightarrow} aabbcBd \underset{lm}{\Rightarrow} aabbccdd$
2. $S \underset{lm}{\Rightarrow} C \underset{lm}{\Rightarrow} aCd \underset{lm}{\Rightarrow} aaDdd \underset{lm}{\Rightarrow} aabDcdd \underset{lm}{\Rightarrow} aabbccdd$

图5-23中所示的是两棵语法分析树。

证明L的所有文法都一定是歧义的过程是很复杂的。然而，它的本质如下。我们需要论证几乎是有限个数的其中a, b, c, d的个数相同的串都一定用下面两种不同的方法生成：一种方法是a和b的个数一样，c和d的个数一样。另一种是a和d的个数一样，b和c的个数一样。

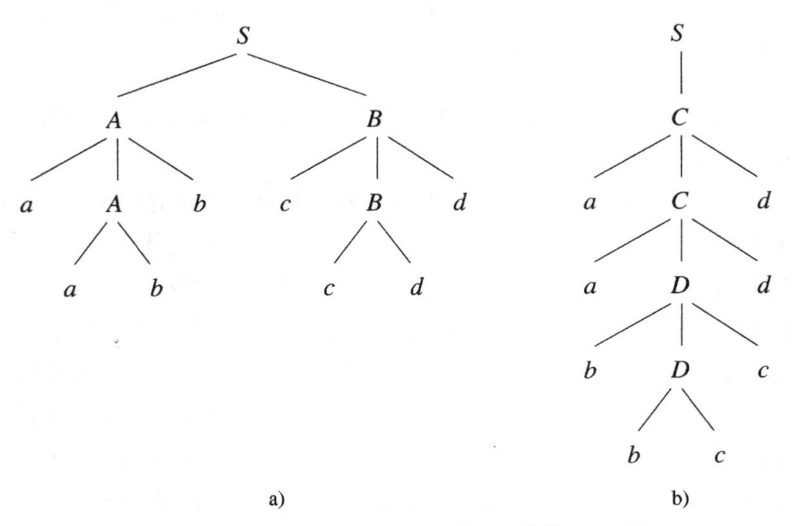

图5-23 $aabbccdd$的两棵语法分析树

例如，生成a和b的个数相同的串的唯一方法是使用类似于图5-22中的文法中A的变元。可能有些变化，但这些变化并不改变根本的东西。例如：

- 可以避免一些短串，例如，把基本的产生式$A \to ab$换为$A \to aaabbb$。
- 可以用一些其他的变元来分享A的工作，例如，通过使用变元A_1和A_2，其中A_1产生奇数个a而A_2产生偶数个，类似于：$A_1 \to aA_2b \mid ab$; $A_2 \to aA_1b$。

214

- 也可以让A产生的a和b的个数不完全相等，而是差着某个有限的数。例如，可以从一个产生式$S \to AbB$开始，然后用$A \to aAb \mid a$来生成比b多一个的a的产生式。

然而，我们不能避免某些生成在某种程度上和b的个数相匹配的个数的a的机制。

同样地，我们可以论证一定存在一个类似于B的变元，它生成匹配个数的c和d。同样，该文法中也一定有类似于C（生成匹配个数的a和d）和D（生成匹配个数的b和c）的作用的变元。形式化时这种论证能够证明不管我们对基本的文法做怎样的修改，它都能像图5-22中的文法那样有两种生成至少几个$a^nb^nc^nd^n$形式的串的方法。

5.4.5 习题

*** 习题5.4.1** 考虑下面的文法：

$$S \to aS \mid aSbS \mid \varepsilon$$

这个文法是歧义的，试证明串aab的两个：

a) 语法分析树。

b) 最左推导。

c) 最右推导。

215

! 习题5.4.2 证明习题5.4.1中的文法恰恰能够生成且只能生成所有具有满足下列条件的a和b串：该串的任何前缀中a的个数至少要和b的个数一样多。

***! 习题5.4.3** 找到一个习题5.4.1中的语言的无歧义的文法。

!! 习题5.4.4 在习题5.4.1的文法中，有些a和b串仅有一棵语法分析树。试给出一个有效的测试方法来判断一个给定的串是否有该性质。如果该测试“考虑所有语法分析树来看产生了多少给定的串”，那么它就是不够有效的。

! 习题5.4.5 这个问题和习题5.1.2中的文法有关，在这里重新写一遍这个文法：

$$S \to A1B$$
$$A \to 0A \mid \varepsilon$$
$$B \to 0B \mid 1B \mid \varepsilon$$

a) 证明这个文法是无歧义的。

b) 找到一个生成同样语言的歧义文法，并且展示它的歧义性。

***! 习题5.4.6** 习题5.1.5中设计的文法是无歧义的吗？如果不是，把它改写为无歧义文法。

习题5.4.7 下面的文法生成的是具有x和y操作数、二元运算符+、－和*的前缀表达式：

$$E \to +EE \mid *EE \mid -EE \mid x \mid y$$

a) 找到串`+*-xyxy`的最左推导、最右推导和一棵语法分析树。

! b) 证明这个文法是无歧义的。

5.5 小结

- **上下文无关文法**：CFG是通过使用称为产生式的递归规则描述语言的一种方法。CFG由一个变元集合、一个终结符号集合、一个初始符号和一个产生式集合构成。每个产生式由一个头变元和一个体构成，而产生式的体是由零个或多个变元或终结符号组成的串构成的。
- **推导和语言**：由初始符号开始，通过重复将某个变元替换为以该变元为头的某个产生式的体可以推导出终结符串。CFG的语言就是能够这样推导出来的终结符串的集合，它也叫作上下文无关语言。

216

- **最左推导和最右推导**：如果总是替换串中最左（最右）的变元，那么这种推导就叫作最左（最右）推导。CFG的语言中的每一个串都至少有一个最左推导和一个最右推导。
- **句型**：推导过程中的任何一步都有一个由变元或终结符组成的串，这个串称为句型。如果一个推导是最左（最右）的，那么这种串就是左（右）句型。
- **语法分析树**：语法分析树是一棵能够展示推导过程的本质的树。内部节点都用变元来标号，而叶节点都用终结符号或ε来标号。对于每一个内部节点，一定存在一个以该节点的标号为头，以它的子节点的标号从左到右连接起来为体的产生式。
- **语法分析树和推导的等价性**：终结符串属于一个文法的语言当且仅当它是至少一棵语法分析树的产物。因而，最左推导、最右推导和语法分析树是否存在都是判断一个串是否属于一个CFG的语言的等价条件。
- **歧义文法**：对于某个CFG，有可能找到一个有多棵语法分析树的串，或者等价地找到多个最左推导或最右推导。这样的文法就是歧义的。
- **去除歧义性**：对于很多有用的文法，比如用来描述典型的编程语言中的程序结构的文法，都有可能找到一个无歧义的文法来生成和它同样的语言。不幸的是，一个语言的无歧义文法往往比最简单的歧义文法还要复杂得多。另外也有一些上下文无关语言（一般来说大多是专门设计出来的）是固有歧义的，也就意味着任何该语言的文法都是歧义的。
- **语法分析器**：上下文无关文法是对于编译器和其他编程语言处理器的实现很关键的概念。像YACC这样的工具以CFG作为输入并产生一个语法分析器（推导被编译程序的结构的部件）。
- **文档类型定义**：正在形成的XML标准是用来在Web文档中共享信息的，它使用了一种符号记号，叫作DTD。DTD是用来通过文档中嵌套的语义标记符来描述这种文档的结构的。DTD本质上就是一种其语言是一类相关文档的上下文无关文法。

217

5.6 参考文献

上下文无关文法是由Chomsky[4]提出来的，本来是计划用它来描述自然语言的。不久以后人们就使用了类似的想法来描述计算机语言——Backus（巴克斯）[2]的Fortran和Naur（诺尔）[7]的Algol。因此，CFG有时也指“巴克斯–诺尔型文法”。

文法的歧义性问题是几乎同时由Cantor[3]和弗洛伊德Floyd[5]指出的。固有歧义性是由

Gross[6]首先指出的。

对于CFG在编译器中的应用，请参考[1]。在XML的标准文档中有DTD的定义[8]。

1. A. V. Aho, R. Sethi, and J. D. Ullman, *Compilers: Principles, Techniques, and Tools*, Addison-Wesley, Reading MA, 1986.

2. J. W. Backus, "The syntax and semantics of the proposed international algebraic language of the Zurich ACM-GAMM conference," *Proc. Intl. Conf. on Information Processing* (1959), UNESCO, pp. 125–132.

3. D. C. Cantor, "On the ambiguity problem of Backus systems," *J. ACM* **9**:4 (1962), pp. 477–479.

4. N. Chomsky, "Three models for the description of language," *IRE Trans. on Information Theory* **2**:3 (1956), pp. 113–124.

5. R. W. Floyd, "On ambiguity in phrase-structure languages," *Comm. ACM* **5**:10 (1962), pp. 526–534.

6. M. Gross, "Inherent ambiguity of minimal linear grammars," *Information and Control* **7**:3 (1964), pp. 366–368.

7. P. Naur et al., "Report on the algorithmic language ALGOL 60," *Comm. ACM* **3**:5 (1960), pp. 299–314. See also *Comm. ACM* **6**:1 (1963), pp. 1–17.

8. World-Wide-Web Consortium, `http://www.w3.org/TR/REC-xml` (1998).

218 ~ 224

下推自动机

有一种类型的自动机能够定义上下文无关语言，这种自动机称为“下推自动机”。下推自动机是对带有ε转移的非确定型有穷自动机的扩展，而后者提供了一种定义正则语言的方法。下推自动机实质上是附加了一个堆栈的ε-NFA，这个堆栈只能在栈顶进行读、推入或者弹出，就像一个“堆栈”的数据结构。

本章将会定义两种不同版本的下推自动机：一种像有穷自动机一样靠进入接受状态来接受，另一种靠判断它的堆栈是否为空来接受而不管当时处在什么状态。本章将会说明这两种自动机都严格接受上下文无关语言，也就是说，文法可以被转化为等价的下推自动机，反之亦然。本章还会简单地考虑下推自动机的确定性的子类，它们能够接受全部的正则语言，但只是CFL的真子集。因为它们和典型的编译器中的语法分析器的结构非常类似，所以观察那些语言结构能被或者不能被确定性的下推自动机识别是非常有意义的。

6.1 下推自动机的定义

在本节中首先非形式化地介绍下推自动机，然后会给出一个形式化的定义。

6.1.1 非形式化的介绍

下推自动机实质上是在带有ε转移的非确定型有穷自动机上附加了一个额外的功能：一个可以用来存储一串“堆栈符号”的堆栈。存在一个堆栈意味着下推自动机有一点不像有穷自动机，它能够“记住”无限量的信息。然而，它也不像一个通用的计算机一样能够记住任意大量的信息，下推自动机只能用后进先出的方式来访问位于它的堆栈上的信息。

225

下推自动机和通用计算机的区别的结果是，存在一些语言能被某个计算机程序识别，但是不能被任何下推自动机识别。事实上，下推自动机能且只能识别全部的上下文无关语言。虽然有很多语言是上下文无关的，包括我们已经见过的不是正则语言的那些，但是也确实存在一些容易描述的但不是上下文无关的语言，比如将要在7.2节中介绍的那些。一个非上下文无关语言的例子是$\{0^n1^n2^n \mid n \geqslant 1\}$，这个串的集合是由所有相同个数的0、1和2的“团”构成的。

我们可以非形式化地把下推自动机看作图6-1中的装置。“有穷状态控制”用来一次从输入读入一个符号。下推自动机可以观察栈顶的符号，然后基于当前状态、输入符号和栈顶符号来进行转移。除此之外它也可以用ε来代替输入符号来进行“自发地”转移。在一次转移中，下推自动机：

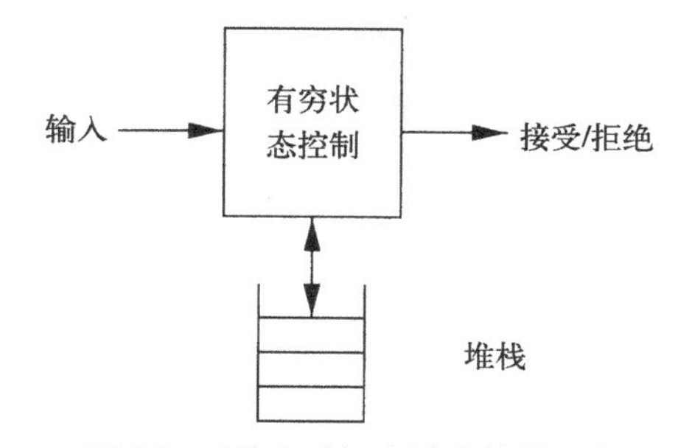

图6-1 下推自动机实质上就是一个带有堆栈数据结构的有穷自动机

1. 消耗掉在转移中使用的输入符号，如果输入为ε

则不消耗输入符号。

2. 转到一个新的状态，新状态可以和先前的状态相同，也可以不同。

3. 可以用任何串来替换栈顶的符号。这个串可以是ε，这对应于从堆栈中弹出；也可以就是先前的栈顶出现的符号，即没有改变堆栈的内容；也可以用一个其他的符号替换栈顶的符号，这实际上改变了栈顶而没有对栈进行推入或弹出操作；最后，也可以用两个或多个符号来替换栈顶的符号，这样做的效果就是首先改变栈顶的符号，然后再向栈里推入一个或多个新的符号。

226

例6.1　考虑语言

$$L_{wwr} = \{ww^R \mid w \text{ 属于 } (\mathbf{0}+\mathbf{1})^*\}$$

这个语言一般称为"w-w-反转"，它是字母表{0, 1}上的长度为偶数的回文语言，也是把图5-1中的文法去掉产生式$P \to 0$和$P \to 1$后生成的CFL。

我们可以非形式化地设计一个接受L_{wwr}的下推自动机，方法如下[⊖]：

1. 从状态q_0开始，处于这个状态表示"猜测"我们还没有到达中间，也就是说，还没有见到串w的末尾，也就还没有开始进入w^R的部分。当处在状态q_0时，读入符号然后把它们存入堆栈，具体的方法是把每一个输入符号按顺序推入堆栈。

2. 任何时刻都可以猜测我们已经到达了中间，也就是说，到达了w的末尾。这时，堆栈中的正是w，只不过w的左端在堆栈的底部而w的右端在堆栈的顶部。此时通过自发地转到状态q_1来表示这个选择。由于这个自动机是非确定型的，所以实际上我们在进行两个猜测：我们猜测我们已经到了w的末尾，而我们同时仍然处在状态q_0并且继续读入输入串并把它们存在堆栈上。

3. 一旦到达状态q_1，就可以把输入符号和栈顶的符号做比较。如果它们相同，那么就消耗掉输入符号、弹出栈顶符号并且继续比较。如果它们不相同，那么我们就猜错了，我们猜测的w后面并没有跟着w^R，这个分支就死了，但是这个非确定型自动机的其他分支可能还活着并且最后有可能导致接受。

4. 如果堆栈空了，那么实际上已经看到了某个输入w，它后面跟着的w^R，这时我们接受从开始到当前点所读入的串。 □

6.1.2　下推自动机的形式化定义

下推自动机（Pushdown Automaton, PDA）的形式化定义包括七部分。PDA的描述如下：

$$P = (Q,\ \Sigma, \Gamma, \delta, q_0, Z_0, F)$$

这些组成部分的意义如下：

Q：状态的有穷集合，就像有穷自动机中的状态。

Σ：输入符号的有穷集合，它也和有穷自动机中对应的部分很类似。

227

⊖ 我们也可以为图5-1中出现的文法对应的语言L_{pal}设计一个自动机。但是L_{wwr}要比它简单一些，因此可以让我们更加着眼于下推自动机的重要思想。

Γ：有限的堆栈字母表。在有穷自动机中没有和这个部分类似的部分，该部分是能够被推入堆栈的符号的集合。

δ：转移函数。和有穷自动机中的转移函数类似，δ控制着自动机的行为。形式上，δ的自变量为一个三元组$\delta(q, a, X)$，其中：

1) q是Q中的状态。

2) a或者是Σ中的输入符号，或者是空串ε，假定ε不是输入符号。

3) X是堆栈符号，也就是Γ中的成员。

δ的输出是序对(p, γ)的有穷集合，其中p是新状态，γ是堆栈符号串，γ是用来代替栈顶符号X的。例如，如果$\gamma = \varepsilon$，那么栈顶元素弹出；如果$\gamma = X$，那么堆栈没有改变；如果$\gamma = YZ$，那么X被Z代替，然后Y被推入堆栈中。

q_0：初始状态。在做任何转移之前，PDA处于这个状态。

Z_0：初始符号。开始时，PDA的堆栈中包含一个这个符号的一个实例，除此之外就没有别的符号了。

F：接受状态（或终结状态）的集合。

不要“混合与匹配”

PDA在有些情况下可以选择多个序对之一。例如，假设$\delta(q, a, X) = \{(p, YZ), (r, \varepsilon)\}$。那么当该PDA移动一步时，我们要从所有可能的序对中选出一个，我们不能从一个序对中选出状态而同时从另一个序对中选出替代栈顶的串。因此，如果当前在状态q，栈顶符号为X，输入为a，那么可以转到状态p，同时用YZ来代替X，也可以转到状态r同时弹出X。但是，不能转到状态p同时弹出X，也不能转到状态r同时用YZ来代替X。

例6.2　设计一个接受例6.1中的语言L_{wwr}的下推自动机P。首先，在上一个例子中有一些细节并没有给出，而为了理解怎样才能正确地管理堆栈需要这些细节。我们将会使用一个堆栈符号Z_0来标记栈底，需要这个符号是因为在从堆栈中把w全部弹出并知道输入串是符合ww^R的形式的之后，我们仍然需要堆栈中有东西可以使我们转移到接受状态q_2。因此，L_{wwr}的PDA可以描述为：

$$P = (\{q_0, q_1, q_2\}, \{0, 1\}, \{0, 1, Z_0\}, \delta, q_0, Z_0, \{q_2\})$$

其中δ是由下面的规则定义的　228

1. $\delta(q_0, 0, Z_0) = \{(q_0, 0Z_0)\}$，$\delta(q_0, 1, Z_0) = \{(q_0, 1Z_0)\}$。在开始时，当处在状态$q_0$，并且栈顶符号为初始符号$Z_0$时就要应用上面两条规则中的一条。我们读入第一个输入符号，然后把它推入堆栈中，以后都用Z_0来标记栈底。

2. $\delta(q_0, 0, 0) = \{(q_0, 00)\}$，$\delta(q_0, 0, 1) = \{(q_0, 01)\}$，$\delta(q_0, 1, 0) = \{(q_0, 10)\}$，$\delta(q_0, 1, 1) = \{(q_0, 11)\}$。这四条很相似的规则能够让我们一直处在状态$q_0$并读入输入，接着不管当前的栈顶符号是什么都把输入符号推入堆栈。

3. $\delta(q_0, \varepsilon, Z_0) = \{(q_1, Z_0)\}$，$\delta(q_0, \varepsilon, 0) = \{(q_1, 0)\}$，$\delta(q_0, \varepsilon, 1) = \{(q_1, 1)\}$。这三条规则允许$P$自发地

（输入为ε）从状态q_0转到状态q_1，同时无论栈顶符号是什么都保持栈顶符号不变。

4. $\delta(q_1, 0, 0)=\{(q_1, \varepsilon)\}$，$\delta(q_1, 1, 1)=\{(q_1, \varepsilon)\}$。现在，在状态$q_1$时可以比较输入符号和栈顶符号，如果它们相同则弹出栈顶符号。
5. $\delta(q_1, \varepsilon, Z_0)=\{(q_2, Z_0)\}$。最后，如果露出了栈底标记$Z_0$并且处在状态$q_1$，那么就已经找到了$ww^R$形式的输入串，就转到状态$q_2$并接受。□

6.1.3 PDA的图形表示

像例6.2中那样列出δ的行为并不总是很容易理解的。有时用一张图，就像推广了的有穷自动机的转移图一样，能够让一个给定的PDA的行为的各个方面更加清楚。因此本节将要介绍后面会用到的PDA的*转移图*，在转移图中：

a) 节点对应于PDA的状态。

b) 一个标号为Start的箭头指出初始状态，双圈表示的状态是接受状态，这些和有穷自动机中的相同。

c) 用箭弧来对应PDA的转移，具体表示方法如下：一个从状态q到状态p的标号为$a, X/\alpha$的弧表示$\delta(q, a, X)$包含序对(p, α)，可能还有其他的序对。也就是说，弧的标号表示使用的输入符号并给出旧的栈顶和新的栈顶。

这个转移图唯一没有告诉我们的事情是哪个堆栈符号是初始符号。按照习惯，如果不另外指出都用Z_0。

229

例6.3　例6.2中的PDA可以用图6-2中的转移图来表示。□

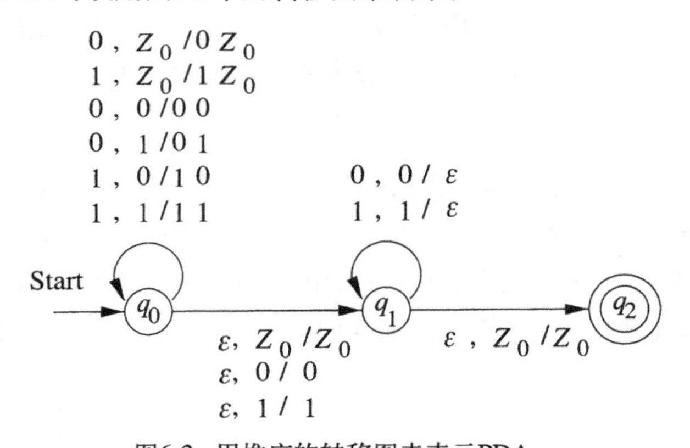

图6-2　用推广的转移图来表示PDA

6.1.4 PDA的瞬时描述

到现在为止，对于PDA是怎样“计算”的还只有一个非形式化的概念。直观上，PDA通过对输入符号（或者有时是ε）作出反应来从一个配置转到另一个配置。但是和有穷自动机不同的是，PDA的配置不仅仅包括它的状态，还包括它的堆栈的内容，而在有穷自动机中关于自动机唯一需要知道的就是状态。堆栈容量是可以任意大的，因此在任何时候堆栈都是一个对PDA的整个配置来说比较重要的部分。把剩余的（还未读入的）输入串也表示为PDA的配置的一部分往往也很是有用的。

因此，应该用三元组（q, w, γ）来表示PDA的配置，其中

1. q是状态。

2. w是剩余的输入串。

3. γ是堆栈的内容。

习惯上，把栈顶放在γ的左端，栈底放在它的右端。这样的一个三元组被称为下推自动机的一个*瞬时描述*（instantaneous description, ID）。

对于有穷自动机来说，在它的移动过程中用符号$\hat{\delta}$来表示瞬时描述的序列就已经足够了，原因是有穷自动机的ID只包括它的状态。然而，对PDA来说我们需要能够表示状态、输入和堆栈的改变。因此，我们采用"turnstile"表示法来连接一对对的ID，这种表示法能够表示PDA的一步或多步移动。

令$P = (Q, \Sigma, \Gamma, \delta, q_0, Z_0, F)$是一个PDA。定义$\vdash_P$（如果$P$是已知的，那么也可以仅仅用$\vdash$来表示）为：假设$\delta(q, a, X)$包含$(p, \alpha)$，那么对于所有$\Sigma^*$中的串$w$和$\Gamma^*$中的串$\beta$都有：

$$(q, aw, X\beta) \vdash (p, w, \alpha\beta)$$

230

这一步移动反映了下面的想法：通过从输入中消耗a（也可能是ε）并且用α来替换栈顶的X，可以从状态q转到状态p。注意，剩余的输入w和栈顶以下的内容β并不影响PDA的动作，它们保持不变，并且有可能影响以后将要发生的事件。

同样，我们也使用符号$\overset{*}{\vdash}_P$（或者当PDA P已知的时候使用$\overset{*}{\vdash}$）来表示PDA的零步或多步移动，也就是：

基础：对于任何ID I，都有$I \overset{*}{\vdash} I$。

归纳：如果存在某个ID K满足$I \vdash K$和$K \overset{*}{\vdash} J$，那么就有$I \overset{*}{\vdash} J$。

也就是说，如果存在ID的序列K_1，K_2，…，K_n满足$I = K_1$，$J = K_n$，并且对于所有的$i = 1$，2，…，$n-1$都有$K_i \vdash K_{i+1}$，那么就有$I \overset{*}{\vdash} J$。

例6.4 考虑例6.2中PDA在输入为1111时的动作。由于q_0是初始状态，Z_0是初始符号，因此初始ID是$(q_0, 1111, Z_0)$。在这个输入下，该PDA有猜错多次的机会。图6-3中给出的是PDA从初始ID$(q_0, 1111, Z_0)$能到达的整个ID序列。箭头代表关系$\vdash$。

231

从初始ID开始，有两个可选的移动。第一个猜测还没到中间因此导致ID$(q_0, 111, 1Z_0)$。实际上是从输入中去掉一个1并且把它推入堆栈。

从初始ID开始的第二个选择是猜测已经到达了输入串的中间，因此不消耗输入，PDA转到状态q_1，因而导致ID $(q_1, 1111, Z_0)$。由于当处在状态q_1并且栈顶是Z_0时PDA可能会接受，因此该PDA接着到达ID $(q_2, 1111, Z_0)$。这个ID实际上并不是一个接受ID，因为输入串还没有完全被消耗。如果输入不是1111而是ε的话，这个移动序列会导致ID (q_1, ε, Z_0)，这也意味着ε被接受。

该PDA也可以在读入一个1后，也就是说，当它处在ID $(q_0, 111, 1Z_0)$时，猜测它已经到达了中间。这个猜测同样会失败，因为整个输入没有被完全消耗。唯一正确的猜测是当读入两个1后到达中间，这个猜测能够给出ID的序列$(q_0, 1111, Z_0) \vdash (q_0, 111, 1Z_0) \vdash (q_0, 11, 11Z_0) \vdash (q_1, 11, 11Z_0) \vdash (q_1, 1, 1Z_0) \vdash (q_1, \varepsilon, Z_0) \vdash (q_2, \varepsilon, Z_0)$。 □

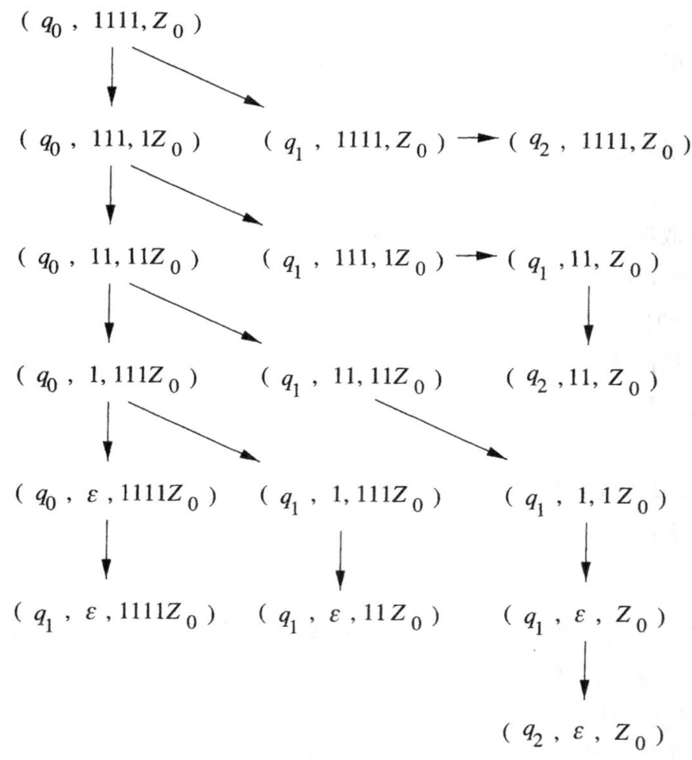

图6-3　例6.2中的PDA在输入为1111时的ID

有三条关于ID和它们之间的转移的重要原则对于我们讨论PDA的性质是非常有用的：

1. 如果对于一个PDA P来说，一个ID的序列（计算）是合法的，那么在把一个同样的串加到该序列中所有ID的输入串的末尾（第二个部分）后所得到的计算也同样是合法的。
2. 如果对于一个PDA P来说，一个计算是合法的，那么在把一些同样的堆栈符号加到该序列中所有ID的堆栈的底部后所得到的计算也同样是合法的。
3. 如果对于一个PDA P来说，一个计算是合法的，并且输入串的尾部还有未被消耗的部分，那么可以从该序列中所有ID的输入中去掉这个尾部，这样所得到的计算也同样是合法的。

232

直观地看，P从来都“看不到”的数据不会影响它的计算。我们用一个定理来形式化(1)和(2)两点。

定理6.5　如果$P = (Q, \Sigma, \Gamma, \delta, q_0, Z_0, F)$是一个PDA，并且$(q, x, \alpha) \overset{*}{\underset{P}{\vdash}} (p, y, \beta)$，那么对于所有$\Sigma^*$中的串$w$和$\Gamma^*$中的串$\gamma$都有

$$(q, xw, \alpha\gamma) \overset{*}{\underset{P}{\vdash}} (p, yw, \beta\gamma)$$

注意，如果$\gamma = \varepsilon$，那么就得到原则(1)的形式化命题；如果$w = \varepsilon$，那么得到的就是第二个原则。

证明　该证明实际上是对从ID(q, xw, α)到(p, yw, β)的ID序列的步数的一个非常简单的归纳。序列$(q, x, \alpha) \overset{*}{\underset{P}{\vdash}} (p, y, \beta)$中的每一步移动都能通过没有使用$w$和$\gamma$的$P$的转移来验证。因此，当把$w$和$\gamma$分别加入输入的末尾和栈底后该序列中的每一步移动依然是正确的。□

PDA的习惯记号

我们仍然继续使用为有穷自动机和文法介绍的习惯的符号用法。在继续使用这些记号的过程中，我们应该认识到堆栈符号其实是和CFG中的终结符集和变元集的并集很类似的。因此：

1. 输入字母表中的符号用字母表中开头的几个小写字母（如a、b等）来表示。
2. 状态一般用q和p或字母表中与它们接近的几个字母来表示。
3. 输入符号串用字母表中结尾的几个小写字母（如w或z）来表示。
4. 堆栈符号用字母表中结尾的几个大写字母（如X或Y）来表示。
5. 堆栈符号串用小写的希腊字母（如α或γ）来表示。

顺便提一下，这个定理的逆命题并不成立。原因是PDA可以通过把γ中的一些符号弹出堆栈，然后再重新把它们放回堆栈的方法来做一些事情，但是当该PDA看不到γ时就无法完成这些事情了。不过，就像原则(3)中所说的那样，可以去掉没有使用的输入部分，原因是PDA不可能在消耗掉输入符号后再把它们放回到输入中去。因此可以这样形式化地叙述原则(3)：

定理6.6 如果$P = (Q, \Sigma, \Gamma, \delta, q_0, Z_0, F)$是一个PDA，并且$(q, xw, \alpha) \overset{*}{\underset{P}{\vdash}} (p, yw, \beta)$，那么就有$(q, x, \alpha) \overset{*}{\underset{P}{\vdash}} (p, y, \beta)$。 □

有穷自动机的ID?

有人可能会疑惑为什么不像PDA中的ID一样给有穷自动机也引入一种类似的记号表示。虽然FA没有堆栈，但是仍然可以使用序对(q, w)来作为有穷自动机的ID，其中q表示状态，w表示剩余的输入串。

虽然可以这么做，但是我们无法通过这样做得到比$\hat{\delta}$记号所能得到的更多的关于ID之间可达性的信息。也就是说，对于任何一个有穷自动机，可以证明：对于所有的串x，$\hat{\delta}(q, w) = p$当且仅当$(q, wx) \overset{*}{\vdash} (p, x)$。$x$可以是我们希望的任何串，它不会影响到FA的行为，这一事实是和定理6.5和定理6.6类似的定理。

6.1.5 习题

习题6.1.1 假设PDA $P = (\{q, p\}, \{0, 1\}, \{Z_0, X\}, \delta, q, Z_0, \{p\})$具有下列转移函数： 233

1. $\delta(q, 0, Z_0) = \{(q, XZ_0)\}$。
2. $\delta(q, 0, X) = \{(q, XX)\}$。
3. $\delta(q, 1, X) = \{(q, X)\}$。
4. $\delta(q, \varepsilon, X) = \{(p, \varepsilon)\}$。
5. $\delta(p, \varepsilon, X) = \{(p, \varepsilon)\}$。
6. $\delta(p, 1, X) = \{(p, XX)\}$。
7. $\delta(p, 1, Z_0) = \{(p, \varepsilon)\}$。

那么从初始ID (q, w, Z_0)开始，给出当输入串w为下面的串时所有可达的ID：

* a) 01。
  b) 0011。
  c) 010。

6.2 PDA的语言

前面假定PDA通过消耗输入并且进入接受状态来接受它的输入串。这种接受的方法称为“以终结状态方式接受”。除此以外还有第二种定义PDA的语言的方法，这种方法同样也有很重要的应用。我们可以通过“以空栈方式接受”来定义PDA的语言，也就是说，该PDA的语言由所有从初始ID开始能够最终导致该PDA的堆栈排空的串构成。

这两种方法是等价的，因为对一个语言L来说，存在一个PDA以终结状态方式接受L当且仅当存在一个PDA以空栈方式接受L。然而，对于一个给定的PDA P，P能够以终结状态方式接受的语言跟P能够以空栈方式接受的语言往往是不同的。在本节中将会展示怎样把一个以终结状态方式接受L的PDA转换为另一个以空栈方式接受L的PDA，反之亦然。

234

6.2.1 以终结状态方式接受

设$P = (Q, \Sigma, \Gamma, \delta, q_0, Z_0, F)$是一个PDA，那么$P$*以终结状态方式接受的语言*$L(P)$是：

$$\{w \mid (q_0, w, Z_0) \overset{*}{\underset{P}{\vdash}} (q, \varepsilon, \alpha)\}$$

其中q是F中的某个状态，α是任何堆栈符号串。也就是说，从以w为等待输入的串的初始ID出发，P消耗了输入的w并且进入了接受状态。在那一时刻堆栈中的内容无关。

例6.7 在前面说过例6.2中的PDA接受语言L_{wwr}，也就是所有形式为ww^R的$\{0, 1\}^*$中的串构成的语言，现在来看看这个结论为什么成立。这个证明是一个当且仅当命题：例6.2中的PDA P能以终结状态方式接受串x当且仅当x是ww^R形式的。

（当）这部分证明比较容易：只需要证明P的接受计算过程。如果$x = ww^R$，那么有

$$(q_0, ww^R, Z_0) \overset{*}{\vdash} (q_0, w^R, w^R Z_0) \vdash (q_1, w^R, w^R Z_0) \overset{*}{\vdash} (q_1, \varepsilon, Z_0) \vdash (q_2, \varepsilon, Z_0)$$

也就是说，该PDA的一个选择就是从输入中读入w并把它按逆序放到堆栈中，接着自发地转到状态q_1，然后用站上的串来和输入中相同的串w^R匹配，最后自发地转到状态q_2。

（仅当）这部分证明相对较难。首先，通过观察可以发现进入接受状态q_2的唯一的途径是处在q_1时栈顶为Z_0。还有，P的任何接受计算一定是从q_0开始，仅转移一次到q_1，并且在此之后永远不会回到q_0。因此，找到满足$(q_0, x, Z_0) \overset{*}{\vdash} (q_1, \varepsilon, Z_0)$的$x$满足的条件就足够了，而这些条件恰好是$P$以终结状态方式接受的串$x$。下面将通过对$|x|$进行归纳来证明一个更加一般的命题：

- 如果有$(q_0, x, \alpha) \overset{*}{\vdash} (q_1, \varepsilon, \alpha)$，那么$x$一定是$ww^R$形式的。

基础：如果$x = \varepsilon$，那么x就已经是ww^R形式的了（其中$w = \varepsilon$），因而结论成立。注意并不需要证明有$(q_0, \varepsilon, \alpha) \overset{*}{\vdash} (q_1, \varepsilon, \alpha)$成立，虽然它确实成立。

235

归纳：假设$x = a_1a_2\cdots a_n$，其中$n > 0$。从ID(q_0, x, α)出发，P有两种选择：

1. $(q_0, x, \alpha) \vdash (q_1, x, \alpha)$，当$P$处在状态$q_1$时它只可以从堆栈中弹出符号，而且必须弹出它读到的符号，并且已知$|x|>0$。因此，如果$(q_1, x, \alpha) \overset{*}{\vdash} (q_1, \varepsilon, \beta)$，那么$\beta$一定比$\alpha$短而且不等于$\alpha$。
2. $(q_0, a_1a_2\cdots a_n, \alpha) \vdash (q_0, a_2\cdots a_n, a_1\alpha)$，如果一个动作序列的最后一步移动是从栈中弹出的话，那么这个移动序列能以$(q_1, \varepsilon, \alpha)$结束的唯一方式是：

$$(q_1, a_n, a_1\alpha) \vdash (q_1, \varepsilon, \alpha)$$

而在这种情况下，一定有$a_1 = a_n$。并且已知

$$(q_0, a_2\cdots a_n, a_1\alpha) \overset{*}{\vdash} (q_1, a_n, a_1\alpha)$$

根据定理6.6可知，由于符号a_n并没有被使用，因此可以把它从输入串的末尾去掉。因此，

$$(q_0, a_2\cdots a_{n-1}, a_1\alpha) \overset{*}{\vdash} (q_1, \varepsilon, a_1\alpha)$$

因为这个移动序列的输入串的长度小于n，因此可以对它使用归纳假设而得出结论：$a_2\cdots a_{n-1}$一定是yy^R形式的，其中y是某个串。因为$x = a_1yy^Ra_n$，并且已知$a_1 = a_n$，所以可以得出最终的结论：x是ww^R形式，其中$w = a_1y$。

对于证明唯一接受x的途径为x必须满足ww^R形式来说，上面给出了关键的部分。因此，我们完成了整个证明的“仅当”部分，跟前面已经完成的“充分性”部分合起来就得到了完整的结论：P恰好接受L_{wwr}中的串。 □

6.2.2 以空栈方式接受

对于一个PDA $P = (Q, \Sigma, \Gamma, \delta, q_0, Z_0, F)$，我们定义

$$N(P) = \{w \mid (q_0, w, Z_0) \overset{*}{\vdash} (q, \varepsilon, \varepsilon)\}$$

其中q是任何状态。也就是说，$N(P)$是能让P消耗完的同时堆栈为空的输入串w的集合[⊖]。

例6.8 例6.2中的PDA P的堆栈从来就不会变空，因此$N(P) = \varnothing$。然而，可以通过对P进行很小的修改使它能够以空栈方式和终止状态方式接受L_{wwr}——只要用$\delta(q_1, \varepsilon, Z_0) = \{(q_2, \varepsilon)\}$来代替$\delta(q_1, \varepsilon, Z_0) = \{(q_2, Z_0)\}$即可。这样，$P$通过弹出堆栈中最后一个符号来接受输入串，此时$L(P) = N(P) = L_{wwr}$。 □

因为接受状态的集合是不相关的，因此，如果我们只关心P通过空栈方式接受的语言，则可以去掉PDA P的描述中的最后一个（第7个）分量。因此，可以把P写作一个六元组$(Q, \Sigma, \Gamma, \delta, q_0, Z_0)$。

236

6.2.3 从空栈方式到终结状态方式

我们将要证明和所有的PDA P所对应的$L(P)$所组成的语言类和所有的PDA P所对应的$N(P)$所组成的语言类是相同的，并且这个类恰好也就是在6.3节中所介绍的上下文无关语言。下面的第

⊖ $N(P)$中的N代表“null stack”，是空栈（“empty stack”）的同义词。

一个构造方法说明怎样在已有的一个以空栈方式接受语言L的PDA P_N的基础上构造一个以接受状态方式接受L的PDA P_F。

定理6.9　如果对于PDA $P_N=(Q, \Sigma, \Gamma, \delta_N, q_0, Z_0)$来说有$L=N(P_N)$，那么存在一个PDA P_F使得$L=L(P_F)$。

证明　该证明背后的思想如图6-4所示。我们使用一个新的不在Γ中的符号X_0，它既是P_F的初始符号，也是一个放在栈底能让我们知道P_N的堆栈已经空了的标记。也就是说，如果P_F在它的栈顶看到X_0，那么它就知道P_N在同样的输入串上它的堆栈会为空。

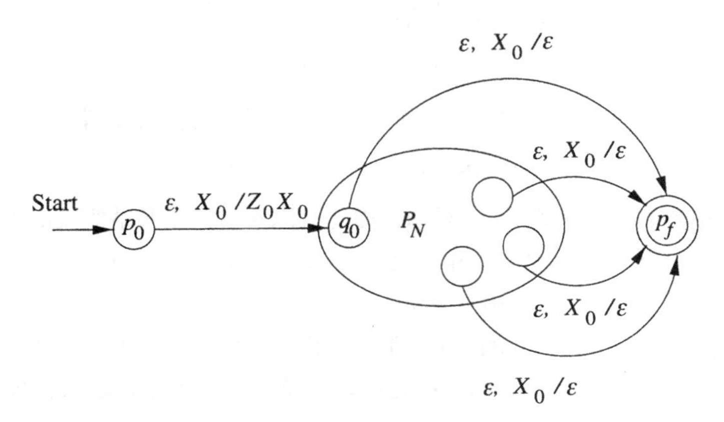

图6-4　P_F能够模拟P_N，并且当P_N的堆栈为空时接受输入串

我们还需要一个新的初始状态p_0，它唯一的作用就是把Z_0（也就是P_N的初始符号）压入堆栈中，然后进入状态q_0（P_N的初始状态）。在此之后，P_F模拟P_N，直到P_N的堆栈为空——P_F能够检测出这个事实，原因是这时的栈顶符号会是X_0。最后，我们需要另外一个新的状态p_f，它是P_F的接受状态，当发现P_N的堆栈会变为空时P_F就转移到接受状态p_f。

因此P_F的描述如下：

$$P_F=(Q\cup\{p_0, p_f\}, \Sigma, \Gamma\cup\{X_0\}, \delta_F, p_0, X_0, \{p_f\})$$

其中δ_F的定义是：

1. $\delta_F(p_0, \varepsilon, X_0)=\{(q_0, Z_0X_0)\}$。当$P_F$在初始状态时，它会自发地转移到$P_N$的初始状态，把它的初始符号$Z_0$压入堆栈中。

237

2. 对于Q中的所有的状态q、Σ中的输入符号a或者$a=\varepsilon$以及Γ中的堆栈符号Y，$\delta_F(q, a, Y)$包含$\delta_N(q, a, Y)$中的所有序对。
3. 对规则(2)做一些补充：对于Q中的每个状态q，$\delta_F(q, \varepsilon, X_0)$包含$(p_f, \varepsilon)$。

我们必须要证明：w属于$L(P_F)$当且仅当w属于$N(P_N)$。

（当）已知对于某个状态q有$(q_0, w, Z_0)\overset{*}{\underset{P_N}{\vdash}}(q, \varepsilon, \varepsilon)$。定理6.5允许在栈底插入$X_0$并且能够得到$(q_0, w, Z_0X_0)\overset{*}{\underset{P_N}{\vdash}}(q, \varepsilon, X_0)$。因为根据规则(2)，$P_F$拥有$P_N$所有的移动，所以可以得出结论$(q_0, w, Z_0X_0)\overset{*}{\underset{P_F}{\vdash}}(q, \varepsilon, X_0)$。如果把这个移动序列和规则(1)和(3)中给出的初始移动和最终移动结合起来，就可以得到：

$$(p_0, w, X_0)\underset{P_F}{\vdash}(q_0, w, Z_0X_0)\overset{*}{\underset{P_F}{\vdash}}(q, \varepsilon, X_0)\underset{P_F}{\vdash}(p_f, \varepsilon, \varepsilon) \tag{6-1}$$

因此，P_F以终止方式接受w。（仅当）只要我们能够注意到规则(1)和(3)提供的附加转移能够把以接受状态方式接受w的方式限制得很“死”，就能得出反方向的结论。我们必须在最后一步使用规则(3)，并且当P_F的堆栈中只有X_0时我们只能够使用这条规则。除了栈底，X_0不会出现在堆栈中的其他位置。而且，规则(1)只能在第一步使用，而且第一步必须使用这条规则。

因此，接受w的P_F的整个计算一定像(6-1)中的序列那样。此外，这个计算的中间部分（除了第一步和最后一步）一定也是一个P_N的计算，并且在这个计算中X_0一直处在栈底。原因是：除了第一步和最后一步，P_F不可能使用P_N中没有的转移，X_0也不可能被暴露出来，否则在下一步计算就会结束。因此可以得出结论$(q_0, w, Z_0) \overset{*}{\underset{P_N}{\vdash}} (q, \varepsilon, \varepsilon)$，也就是说，$w$属于$N(P_N)$。 □

例6.10 我们来设计一个PDA，它能处理C程序中`if`和`else`的序列，其中i代表`if`，e代表`else`。回想一下在5.3.1节中只要输入串的任何前缀中`else`的个数超过了`if`的个数就会出问题，原因是我们无法给每个`else`都匹配一个它前面的`if`。因此，可以用一个堆栈符号Z来记数已经看到的i的个数和e的个数的差。这个简单的一个状态PDA在图6-5中的转移图中给出。

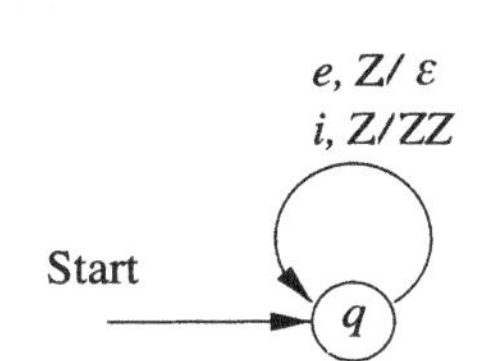

图6-5 一个以空栈方式接受if/else错误的PDA

只要看到一个i，就再压入一个Z，只要看到一个e就弹出一个Z。因为开始时堆栈中有一个Z，因此实际上一直遵循的规律是：如果堆栈中内容是Z^n，那么已经看到的i比e多$n-1$个。特别是，如果堆栈是空的，那么看到的e比i多一个，而且读入的输入对于第一次正好变成非法的。这也就是这个PDA以空栈的方式接受的串。P_N的形式化描述是：

238

$$P_N = (\{q\}, \{i, e\}, \{Z\}, \delta_N, q, Z)$$

其中δ_N的定义是：

1. $\delta_N(q, i, Z) = \{(q, ZZ)\}$。这条规则是说在看到一个$i$时就压入一个$Z$。
2. $\delta_N(q, e, Z) = \{(q, \varepsilon)\}$。这条规则是说在看到一个$e$时就弹出一个$Z$。

现在，从P_N构造一个PDA P_F，使得它能以终结状态方式接受同样的语言。P_F的转移图在图6-6中给出[⊖]。这里引入一个新的初始状态p和一个新的接受状态r，并且使用X_0作为栈底的标记。P_F的形式定义为：

$$P_F = (\{p, q, r\}, \{i, e\}, \{Z, X_0\}, \delta_F, p, X_0, \{r\})$$

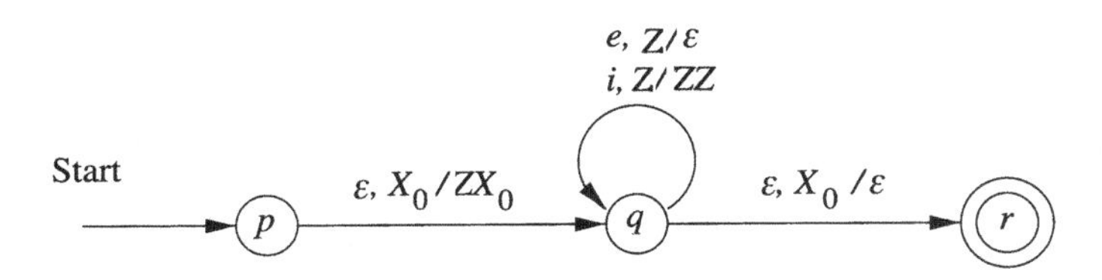

图6-6 从图6-5中的PDA出发来构造一个以终结状态方式接受的PDA

其中δ_F的定义是：

⊖ 不用疑惑这里为什么使用了新的状态p和r，而在定理6.9的构造方法中使用p_0和p_f。状态的名字当然可以是任意的。

1. $\delta_F(p, \varepsilon, X_0) = \{(q, ZX_0)\}$。这条规则使得$P_F$模拟$P_N$的过程开始，其中使用$X_0$作为栈底的标记。
2. $\delta_F(q, i, Z) = \{(q, ZZ)\}$。这条规则是说在看到一个$i$时就压入一个$Z$，它模拟了$P_N$。
3. $\delta_F(q, e, Z) = \{(q, \varepsilon)\}$。这条规则是说在看到一个$e$时就弹出一个$Z$，它也模拟了$P_N$。
4. $\delta_F(q, \varepsilon, X_0) = \{(r, \varepsilon)\}$。也就是说，当$P_N$将要变为空栈时$P_F$就进入接受状态。□

239

6.2.4 从终结状态方式到空栈方式

现在来考虑相反的方向：给定一个以终结状态方式接受语言L的PDA P_F，构造另一个以空栈方式接受L的PDA P_N。构造的过程比较简单，如图6-7所示。从P_F的每一个接受状态，添加一个ε转移到一个新的状态p。当处在状态p时，P_N从堆栈中弹出符号，同时不消耗任何输入。这样，只要P_F在消耗了输入w之后进入了接受状态，相应的P_N就会在消耗了w之后清空它的堆栈。

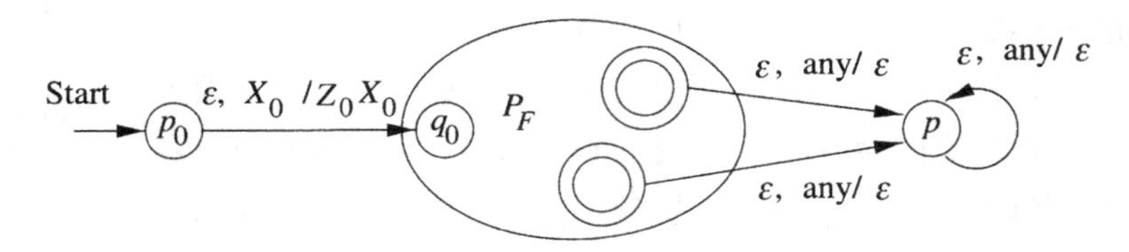

图6-7　P_N模拟P_F，并且当且仅当P_F进入接受状态时P_N会清空它的堆栈

为了避免模拟P_F清空了它的堆栈但是并没有进入接受状态的情况，P_N一定也要使用一个栈底的标记X_0。这个标记是P_N的初始符号，就像定理6.9中的构造过程那样，P_N必须从一个新的状态p_0开始，p_0的唯一作用就是把P_F的初始符号压入堆栈然后转移到P_F的初始状态。图6-7是这个构造过程的略图，并且在下一个定理中会给出形式化的描述。

定理6.11　设对于PDA $P_F = (Q, \Sigma, \Gamma, \delta_F, q_0, Z_0, F)$来说有 $L = L(P_F)$，那么存在一个PDA P_N使得$L = N(P_N)$。

证明　该证明背后的思想在图6-7中表示了出来。令

$$P_N = (Q \cup \{p_0, p\}, \Sigma, \Gamma \cup \{X_0\}, \delta_N, p_0, X_0)$$

其中δ_N的定义是：

1. $\delta_N(p_0, \varepsilon, X_0) = \{(q_0, Z_0X_0)\}$。从把$P_F$的初始符号压入栈中并进入$P_F$的初始状态开始。
2. 对于Q中的所有的状态q、Σ中的输入符号a或者$a = \varepsilon$以及Γ中的堆栈符号Y，$\delta_N(q, a, Y)$包含$\delta_F(q, a, Y)$中的所有序对，也就是说，P_N模拟P_F。
3. 对于F中的所有接受状态q和Γ中的堆栈符号Y或者$Y = X_0$，$\delta_N(q, \varepsilon, Y)$包含$(p, \varepsilon)$。根据这条规则，只要$P_F$接受，$P_N$就可以开始清空它的堆栈而不消耗任何输入。
4. 对于所有Γ中的堆栈符号Y或者$Y = X_0$，$\delta_N(p, \varepsilon, Y) = \{(p, \varepsilon)\}$。一旦进入状态$p$（只有当$P_F$已经进入接受状态时才能发生），$P_N$就弹出堆栈中的每个符号直到堆栈为空，同时不再消耗任何输入。

240

现在必须要证明：w属于$N(P_N)$当且仅当w属于$L(P_F)$。这个证明过程的思想和定理6.9的证明很相似。“当”部分是一个直接的模拟，而“仅当”部分则需要验证构造的PDA P_N只能做被限制得很“死”的事情。

（当）假设对于某个接受状态q和堆栈符号串α有$(q_0, w, Z_0) \overset{*}{\underset{P_F}{\vdash}} (q, \varepsilon, \alpha)$。利用$P_F$的任何一个转移同时也是$P_N$的一个转移的事实，并且应用定理6.5允许我们保持$X_0$始终处在堆栈中其他符号的下面，可以得到$(q_0, w, Z_0X_0) \overset{*}{\underset{P_N}{\vdash}} (q, \varepsilon, \alpha X_0)$。那么$P_N$可以进行下面的移动序列：

$$(p_0, w, X_0) \underset{P_N}{\vdash} (q_0, w, Z_0X_0) \overset{*}{\underset{P_N}{\vdash}} (q, \varepsilon, \alpha X_0) \overset{*}{\underset{P_N}{\vdash}} (p, \varepsilon, \varepsilon)$$

第一步移动是根据构造P_N的规则(1)得出的，最后的一系列移动是根据规则(3)和规则(4)得出的。因此P_N可以以空栈方式接受w。

（仅当）P_N可以清空它的堆栈的唯一方式是进入状态p，因为X_0始终处在栈底并且X_0不属于任何P_F的移动的堆栈符号。P_N能进入状态p的唯一方式是它模拟的P_F进入一个接受状态。P_N的第一步移动一定是规则(1)给出的移动。因此，每一个P_N的接受计算一定是下面的样子：

$$(p_0, w, X_0) \underset{P_N}{\vdash} (q_0, w, Z_0X_0) \overset{*}{\underset{P_N}{\vdash}} (q, \varepsilon, \alpha X_0) \overset{*}{\underset{P_N}{\vdash}} (p, \varepsilon, \varepsilon)$$

其中q是P_F的一个接受状态。

此外，在ID (q_0, w, Z_0X_0)和$(q, \varepsilon, \alpha X_0)$之间，所有移动都是$P_F$的移动。特别地，在到达ID $(q, \varepsilon, \alpha X_0)$[⊖] 之前$X_0$不可能成为栈顶符号。因此可以得出结论：$P_F$中会发生同样的计算，栈中没有$X_0$，也就是说，$(q_0, w, Z_0) \overset{*}{\underset{P_F}{\vdash}} (q, \varepsilon, \alpha)$。现在我们看到$P_F$以终止状态接受$w$，所以$w$属于$L(P_F)$。 □

6.2.5 习题

习题6.2.1 设计一个PDA来接受下列语言，你可以使用以终结状态方式接受或者以空栈方式接受中较方便的方式。

* a) $\{0^n1^n \mid n \geqslant 1\}$。

b) 所有由0和1构成的使得任何前缀中1的个数都不比0的个数多的串的集合。

c) 所有0和1个数相同的0和1串的集合。

! 习题6.2.2 设计一个PDA来接受下列语言。

* a) $\{a^ib^jc^k \mid i=j$ 或 $j=k\}$。注意，这个语言和习题5.1.1(b)中的语言不同。

b) 所有0的个数是1的个数两倍的串的集合。

241

!! 习题6.2.3 设计一个PDA来接受下列语言。

* a) $\{a^ib^jc^k \mid i \neq j$ 或 $j \neq k\}$。

b) 所有不是ww形式的a和b的串的集合，也就是所有不是一个串重复两遍的串的集合。

***! 习题6.2.4** 设P是一个以空栈方式接受语言L的PDA，即$L = N(P)$，并且假设ε不属于L。描述一下怎样对P进行修改使得它能够以空栈方式接受语言$L \cup \{\varepsilon\}$。

习题6.2.5 PDA $P = (\{q_0, q_1, q_2, q_3, f\}, \{a, b\}, \{Z_0, A, B\}, \delta, q_0, Z_0, \{f\})$具有下列定义$\delta$的规则：

⊖ 虽然α可以是ε，但在这种情况下P_F会在清空它的堆栈的同时进入接受状态。

$\delta(q_0, a, Z_0) = (q_1, AAZ_0)$　$\delta(q_0, b, Z_0) = (q_2, BZ_0)$　$\delta(q_0, \varepsilon, Z_0) = (f, \varepsilon)$

$\delta(q_1, a, A) = (q_1, AAA)$　$\delta(q_1, b, A) = (q_1, \varepsilon)$　$\delta(q_1, \varepsilon, Z_0) = (q_0, Z_0)$

$\delta(q_2, a, B) = (q_3, \varepsilon)$　$\delta(q_2, b, B) = (q_2, BB)$　$\delta(q_2, \varepsilon, Z_0) = (q_0, Z_0)$

$\delta(q_3, \varepsilon, B) = (q_2, \varepsilon)$　$\delta(q_3, \varepsilon, Z_0) = (q_1, AZ_0)$

注意，因为上面的每一个转移都只有一个移动选择，所以这里省略了规则中的花括号。

* a) 给出一个验证串bab属于$L(P)$的执行轨迹（ID的序列）。

b) 给出一个验证串abb属于$L(P)$的执行轨迹。

c) 给出当P从输入中读入了b^7a^4后堆栈的内容。

! d) 非形式化地描述$L(P)$。

习题6.2.6　考虑习题6.1.1中的PDA P。

a) 把P转换成为另外一个PDA P_1，使得P_1能够以空栈方式接受P以终结状态方式接受的语言，即$N(P_1) = L(P)$。

b) 找出一个PDA P_2，使得$L(P_2) = N(P)$，也就是说，P_2能够以终结状态方式接受P以空栈方式接受的语言。

! **习题6.2.7**　证明：如果P是一个PDA，那么存在一个只有两个堆栈符号的PDA P_2，满足$L(P_2) = L(P)$。提示：把P的堆栈字母表用二进制编码。

*! **习题6.2.8**　一个PDA被称为*受限的*，如果它的任何一个转移都只能让它的堆栈的高度增长至多一个符号。也就是说，对于任何包含(p, γ)的规则$\delta(q, a, Z)$，它一定有$|\gamma| \leqslant 2$。试证明：如果P是一个PDA，那么存在一个受限的PDA P_3满足$L(P) = L(P_3)$。

242

6.3 PDA和CFG的等价性

本节将要说明PDA所定义的语言恰好就是上下文无关语言。图6-8给出了计划进行证明的步骤。最终的目的是证明下面三类语言：

1. 上下文无关语言，即CFG所定义的语言。
2. 被某个PDA以终结状态方式接受的语言。
3. 被某个PDA以空栈方式接受的语言。

都是同样的语言类。我们已经证明了(2)和(3)是相同的。下面会证明(1)和(3)也是同样的，因而意味着这三者的等价性。

图6-8　三种定义CFL的方式的等价性的证明过程的组织

6.3.1 从文法到PDA

给定一个CFG G，我们来构造一个模拟G的最左推导的PDA。任何不是终结符串的左句型都可以写成$xA\alpha$的形式，其中A是最左变元，x是它左边的所有终结符，α是由所有A右边的终结符和变元构成的串。我们称$A\alpha$为这个左句型的尾。如果这个左句型只包含有终结符，那么它的尾为ε。

这个从文法来构造PDA的过程背后的思想是：用PDA来模拟该文法用于产生一个给定的终结符串w的左句型的序列。每个句型$xA\alpha$的尾都出现在堆栈上，并且A在顶部。这时候，x通过下面的形式来“表示”：我们已经从输入中消耗了x，并且同时把w中除了前缀x剩下所有的东西留在输入中。也就是说：如果$w = xy$，那么y将仍留在输入中。

假设PDA处在ID $(q, y, A\alpha)$，它表示左句型$xA\alpha$。接着猜测扩展A的产生式，比如$A \to \beta$。该PDA的移动是用β来替换栈顶的A，进入ID $(q, y, \beta\alpha)$。注意，这个PDA只有一个状态q。

现在 $(q, y, \beta\alpha)$ 可能并不能表示下一个左句型，因为β可能有一个有终结符的前缀。事实上，β中甚至可能根本没有变元，而且α可能有一个有终结符的前缀。下面要做的是去除$\beta\alpha$开头部分的终结符，暴露出栈顶的下一个变元。此时无论去掉的是什么终结符，它们都需要同下一个输入符号进行比较，从而确定对于输入串w的最左推导的猜测正确与否。如果不正确，那么这个PDA的分支就死亡。 [243]

如果用这个方式猜测w的最左推导成功，那么最终到达w的左句型。这时所有堆栈上的符号或者被扩展（如果它们是变元）或者被用来和输入进行匹配（如果它们是终结符）。此时堆栈为空，因此以空栈方式接受。

以上的非形式化的构造过程可以精确地表示如下。设$G=(V, T, Q, S)$是一个CFG。构造以空栈方式接受$L(G)$的PDA P如下：

$$P = (\{q\}, T, V \cup T, \delta, q, S)$$

其中转移函数δ的定义是：

1. 对于每一个变元A，

$$\delta(q, \varepsilon, A) = \{(q, \beta) \mid A \to \beta\text{是}G\text{的一个产生式}\}$$

2. 对于每一个终结符a， $\delta(q, a, a) = \{(q, \varepsilon)\}$。

例6.12 我们来把图5-2中的表达式文法转换成一个PDA。回想一下这个文法是：

$$I \to a \mid b \mid Ia \mid Ib \mid I0 \mid I1$$
$$\mathrm{E} \to I \mid E * E \mid E + E \mid (\mathrm{E})$$

这个PDA的终结符的集合是$\{a, b, 0, 1, (,), +, *\}$。这8个符号再加上符号$I$和$E$就构成了堆栈字母表。这个PDA的转移函数是：

a) $\delta(q, \varepsilon, I) = \{(q, a), (q, b), (q, Ia), (q, Ib), (q, I0), (q, I1)\}$。

b) $\delta(q, \varepsilon, E) = \{(q, I), (q, E+E), (q, E*E), (q, (E))\}$。

c) $\delta(q, a, a) = \{(q, \varepsilon)\}$; $\delta(q, b, b) = \{(q, \varepsilon)\}$; $\delta(q, 0, 0) = \{(q, \varepsilon)\}$; $\delta(q, 1, 1) = \{(q, \varepsilon)\}$; $\delta(q, (, () = \{(q, \varepsilon)\}$; $\delta(q,),)) = \{(q, \varepsilon)\}$; $\delta(q, +, +) = \{(q, \varepsilon)\}$; $\delta(q, *, *) = \{(q, \varepsilon)\}$。

注意，(a)和(b)来自规则(1)，而(c)中的8个转移来自规则(2)。除了(a)到(c)定义了的以外，δ为空。 □

定理6.13 如果PDA P是用上面的方式从CFG G构造出来的，那么$N(P) = L(G)$。 [244]

证明　我们将要证明w属于$N(P)$当且仅当w属于$L(G)$。

（当）假定w属于$L(G)$，那么w有最左推导

$$S=\gamma_1 \underset{lm}{\Rightarrow} \gamma_2 \underset{lm}{\Rightarrow} \cdots \underset{lm}{\Rightarrow} \gamma_n = w$$

通过对i进行归纳来证明$(q, w, S) \overset{*}{\underset{P}{\vdash}} (q, y_i, \alpha_i)$，其中$y_i$和$\alpha_i$是左句型$\gamma_i$的一种表示。也就是说，设$\alpha_i$为$\gamma_i$的尾，$\gamma_i = x_i\alpha_i$，则$y_i$是满足$x_iy_i = w$的串（也就是说，它是从输入中去掉$x_i$后剩下的部分）。

基础：对于$i = 1$，$\gamma_1 = S$，因此$x_1 = \varepsilon$，$y_1 = w$。因为考虑0步时有$(q, w, S) \overset{*}{\vdash} (q, w, S)$，所以基础得证。

归纳：继续考虑第二个以及后续的其他句型。假设

$$(q, w, S) \overset{*}{\vdash} (q, y_i, \alpha_i)$$

证明$(q, w, S) \overset{*}{\vdash} (q, y_{i+1}, \alpha_{i+1})$。因为$\alpha_i$是一个尾，所以它以一个变元$A$开头。此外，在$\gamma_i \Rightarrow \gamma_{i+1}$这步推导中需要用$A$的一个产生式的体来替换$A$，设为$\beta$。构造$P$的规则(1)使我们能够用$\beta$来替换处在栈顶的$A$，而规则(2)使我们能够用输入串来和栈顶的任何终结符串进行匹配。因此最后的结局是我们到达了ID $(q, y_{i+1}, \alpha_{i+1})$，它表示下一个左句型$\gamma_{i+1}$。

为了完成整个证明过程，我们注意到$\alpha_n = \varepsilon$，因为γ_n（即w）的尾为空。因此可以得到$(q, w, S) \overset{*}{\vdash} (q, \varepsilon, \varepsilon)$，因而证明了$P$以空栈方式接受$w$。

（仅当）我们需要证明一些更一般的结论：如果P执行了一系列的移动，而这些移动的“净效应”就是从栈顶弹出变元A，而栈中处于A下面的符号并没有使用，那么在G中A能够推导出在这个过程中从输入中消耗的串。确切地说就是：

- 如果$(q, x, A) \overset{*}{\underset{P}{\vdash}} (q, \varepsilon, \varepsilon)$，则有 $A \overset{*}{\underset{G}{\Rightarrow}} x$。

它的证明是通过对P所做的移动的步数进行归纳来完成的。

基础：一步移动的情况。唯一的可能是$A \to \varepsilon$是G的一个产生式，并且这个产生式被PDA P在(1)型的规则中使用。在这种情况下有$x = \varepsilon$，因而得知$A \Rightarrow \varepsilon$。

归纳：假定P的移动共有n步，其中$n > 1$。那么它的第一步移动一定是(1)型的，也就是在栈顶用A的一个产生式的体来替换A。原因是(2)型的规则只能用在栈顶为终结符的情况下。假设使用的产生式是$A \to Y_1 Y_2 \cdots Y_k$，其中Y_i可以是终结符或者变元。

245

P的后面的$n-1$步移动必须从输入中消耗x，同时它们的“净效应”是分别从栈中弹出Y_1，Y_2等，一次一个。我们可以把x分解为$x_1x_2\cdots x_k$，其中x_1是在从堆栈中弹出Y_1的过程（也就是直到首次堆栈中只剩$k-1$个符号）中消耗的输入；x_2是在从堆栈中弹出Y_2的过程中消耗的输入；依此类推。

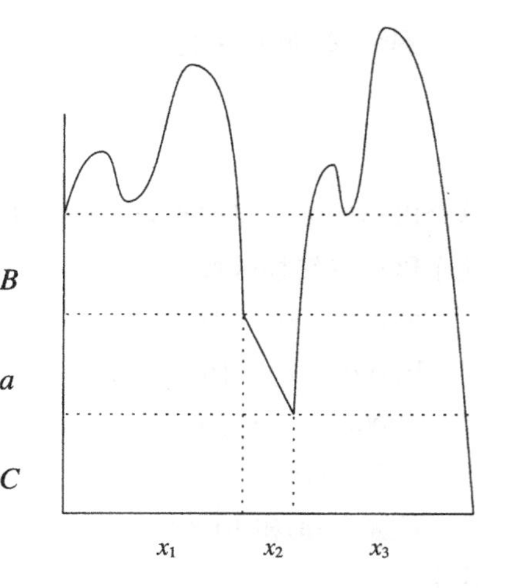

图6-9　消耗x并且从堆栈中弹出BaC的PDA P

图6-9给出了输入x被分解的形式，以及相应的堆栈的情况。其中，假定β为BaC，因此x被分为三部分$x_1x_2x_3$，其中$x_2 = a$。注意，更一般的情况：如果Y_i是一个终结符，那

么x_i一定就是这个终结符。

可以把结论形式化地记作$(q, x_ix_{i+1}\cdots x_k, Y_i) \vdash^* (q, x_{i+1}\cdots x_k, \varepsilon)$，对于所有的$i$=1, 2,⋯, k。此外，这些序列中的每一个都不能超过$n-1$步，因此如果Y_i是一个变元就可以应用归纳假设，也就是说，我们可以得到$Y_i \overset{*}{\Rightarrow} x_i$。

如果Y_i是一个终结符，那么一定只有一步移动，并且这步移动就是用x_i的一个符号和Y_i进行匹配，而且它们一定相同。因此仍然可以得到$Y_i \overset{*}{\Rightarrow} x_i$，这次只使用了0步。现在，得到了如下推导：

$$A \Rightarrow Y_1Y_2\cdots Y_k \overset{*}{\Rightarrow} x_1Y_2\cdots Y_k \overset{*}{\Rightarrow} \cdots \overset{*}{\Rightarrow} x_1x_2\cdots x_k$$

即$A \overset{*}{\Rightarrow} x$。

为了完成整个证明过程，还需要令$A = S$，$x = w$。因为已知w属于$N(P)$，所以可以得到$(q, w, S) \vdash^* (q, \varepsilon, \varepsilon)$。再根据刚才归纳证明的结论可知$S \overset{*}{\Rightarrow} w$，即$w$属于$L(G)$。 □ 246

6.3.2 从PDA到文法

现在进行等价性证明的另一部分：对于任意的PDA P，可以找到一个CFG G，使得G的语言恰好就是P以空栈方式接受的语言。这个证明背后的思想是：发现了PDA对一个给定的输入的处理过程中的基本事件是仅仅把一个符号从堆栈中弹出，同时消耗某个输入。一个PDA可能在它从堆栈中弹出符号的同时改变状态，因此还需要注意它的堆栈最终弹出一级时它所进入的状态。

如图6-10所示，从堆栈中弹出一系列的符号Y_1, Y_2, ⋯, Y_k。当弹出Y_1时读入了某个输入x_1。应该注意的是这里的“弹出”实际上是许多移动的净效应。例如，第一步移动也许会把Y_1变为其他的符号Z，接下来的移动也许会用UV来替换Z，后面的一些移动的效应是弹出了U，再后面的一些动作的效应是弹出了V。所有这些移动的净效应是把Y_1用空来替换，即把它弹出，而在这个过程中所消耗的输入就是x_1。

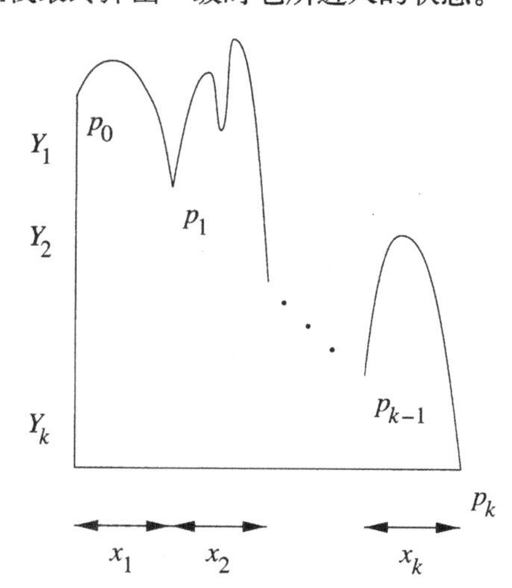

图6-10 一个PDA做一系列的移动，而这些移动的“净效应”就是从栈中弹出一个符号

图6-10中也给出了状态的净改变。假定该PDA从状态p_0出发，同时栈顶为Y_1。经过了所有整体净效应为弹出Y_1的移动之后，该PDA处在状态p_1。接着它继续（净）弹出Y_2，同时读取输入串x_2，同时可能在经过很多步移动直到最终弹出Y_2的动作被全部完成的时候处在状态p_2。这样的计算会不断继续下去，直到堆栈中的每一个符号都被去掉为止。

构造等价的文法需要使用一些变元，每一个变元代表一个“事件”，这些事件包括：

1. 从栈中净弹出某个符号X，以及 247

2. 状态的改变：从开始时处于的状态p到最后当堆栈中的X完全被ε所替代时所处的状态q。

可以用组合符号$[pXq]$来表示这样的变元。记住这个字符的序列是我们描述一个变元的方式；它不是五个文法符号。形式化的构造过程由下面的定理给出。

定理6.14 设$P = (Q, \Sigma, \Gamma, \delta, q_0, Z_0)$是一个PDA。则存在一个上下文无关文法$G$满足$L(G) =$

$N(P)$。

证明 我们将要构造$G=(V, \Sigma, R, S)$，其中变元V的集合包括：

1. 特殊的符号S，它是初始符号，以及

2. 所有$[pXq]$形式的符号，其中p和q是Q中的状态，X是Γ中的堆栈符号。

G的产生式如下：

a) 对于每一个状态p，G有产生式$S \to [q_0Z_0p]$。直觉告诉我们像$[q_0Z_0p]$这样的符号的作用是产生所有具有如下性质的串w：它能够导致P从堆栈中弹出Z_0，同时从状态q_0转到状态p，也就是说，满足$(q_0, w, Z_0) \overset{*}{\vdash} (p, \varepsilon, \varepsilon)$。假如这样的话，那么这些产生式是说：初始符号$S$生成所有导致$P$在初始ID出发之后进入空栈状态的串$w$。

b) 令$\delta(q, a, X)$包含序对$(r, Y_1 Y_2 \cdots Y_k)$，其中：

1. a是Σ中的一个符号，或者$a=\varepsilon$。

2. k可以是任何数，包括0，此时该序对为(r, ε)。

那么对于所有状态的序列$r_1, r_2, \cdots, r_k$，G都有产生式

$$[qXr_k] \to a[rY_1r_1][r_1Y_2r_2]\cdots[r_{k-1}Y_kr_k]$$

这个产生式是说：弹出X并且从状态q转到状态r_k的一种方法是读入a（也可能为ε）；接着通过消耗某个输入来从堆栈中弹出Y_1，同时从状态r转到状态r_1；然后读入另一个输入来从堆栈中弹出Y_2，同时从状态r_1转到状态r_2；依此类推。

现在应该证明对于变元$[qXp]$的非形式化解释的正确性了：

- $[qXp] \overset{*}{\Rightarrow} w$ 当且仅当$(q, w, X) \overset{*}{\vdash} (p, \varepsilon, \varepsilon)$。

（当）假设有$(q, w, X) \overset{*}{\vdash} (p, \varepsilon, \varepsilon)$。我们将要通过对PDA所做移动的步数使用归纳法来证明$[qXp] \overset{*}{\Rightarrow} w$。

248

基础：考虑只有一步移动的情况，这时(p, ε)一定属于$\delta(q, w, X)$，并且w是一个单个的符号或者ε。根据G的构造过程可知$[qXp] \to w$是一个产生式，因此有$[qXp] \Rightarrow w$。

归纳：假设序列$(q, w, X) \overset{*}{\vdash} (p, \varepsilon, \varepsilon)$共有$n$步，其中$n>1$，那么第一步移动一定是如下形式的：

$$(q, w, X) \vdash (r_0, x, Y_1Y_2\cdots Y_k) \overset{*}{\vdash} (p, \varepsilon, \varepsilon)$$

其中$w=ax$，并且a是Σ中的一个符号或者ε。由此可知序对$(r_0, Y_1Y_2\cdots Y_k)$一定属于$\delta(q, a, X)$。更进一步来说，根据G的构造过程可知，有一个产生式是$[qXr_k] \to a[r_0Y_1r_1][r_1Y_2r_2]\cdots[r_{k-1}Y_kr_k]$，其中：

1. $r_k=p$，并且

2. $r_1, r_2, \cdots, r_{k-1}$是$Q$中的任何状态。

特别地，就像图6-10中所示的那样，我们可以发现：$Y_1, Y_2, \cdots, Y_k$中的每个符号依次被从堆栈中弹了出来，同时对于$i=1, 2, \cdots, k-1$，可以令r_i为该PDA刚弹出Y_i时所处在的状态。令$x=w_1w_2\cdots w_k$，其中w_i是Y_i从堆栈中弹出时消耗的输入串。因此可知$(r_{i-1}, w_i, Y_i) \overset{*}{\vdash} (r_i, \varepsilon, \varepsilon)$。

由于这些移动序列都不到n步，因此可以对它们使用归纳假设，从而得出结论$[r_{i-1}Y_ir_i] \overset{*}{\Rightarrow} w_i$。我们可以把这些推导与第一个产生式合起来，最终得出结论：

$$[qXr_k] \Rightarrow a[r_0Y_1r_1][r_1Y_2r_2]\cdots[r_{k-1}Y_kr_k] \overset{*}{\Rightarrow}$$
$$aw_1[r_1Y_2r_2][r_2Y_3r_3]\cdots[r_{k-1}Y_kr_k] \overset{*}{\Rightarrow}$$
$$aw_1w_2[r_2Y_3r_3]\cdots[r_{k-1}Y_kr_k] \overset{*}{\Rightarrow}$$
$$\cdots$$
$$aw_1w_2\cdots w_k = w$$

其中$r_k = p$。

（仅当）这部分的证明需要对推导的步数进行归纳。

基础：考虑只有一步移动的情况，此时$[qXp] \to w$一定是一个产生式。存在该产生式的唯一的方法就是存在一个P的转移能够在弹出X的同时从状态q转到状态p。也就是说，(p, ε)一定属于$\delta(q, a, X)$，并且$a = w$。但是，这时就有$(q, w, X) \vdash (p, \varepsilon, \varepsilon)$。

归纳：假设$[qXp] \overset{*}{\Rightarrow} w$共有$n$步，其中$n > 1$。具体考虑第一个句型，它一定是如下形式的：

$$[qXr_k] \Rightarrow a[r_0Y_1r_1][r_1Y_2r_2]\cdots[r_{k-1}Y_kr_k] \overset{*}{\Rightarrow} w$$

其中$r_k = p$。这个产生式一定来源于$(r_0, Y_1Y_2\cdots Y_k)$属于$\delta(q, a, X)$这一事实。

249

可以把w分解为$w = aw_1w_2\cdots w_k$，使得对于所有的$i = 1, 2, \cdots, k$，有$[r_{i-1}Y_ir_i] \overset{*}{\Rightarrow} w_i$。由归纳假设可知，对于所有的$i$，有

$$(r_{i-1}, w_i, Y_i) \overset{*}{\vdash} (r_i, \varepsilon, \varepsilon)$$

如果用定理6.5来把w_i之后正确的串作为输入，同时把Y_i之后的符号放在堆栈上，可知：

$$(r_{i-1}, w_i w_{i+1} \cdots w_k, Y_iY_{i+1}\cdots Y_k) \overset{*}{\vdash} (r_i, w_{i+1} \cdots w_k, Y_{i+1}\cdots Y_k)$$

如果把所有的这些序列都合起来，可以得到：

$$(q, aw_1 w_2 \cdots w_k, X) \vdash (r_0, w_1 w_2 \cdots w_k, Y_1Y_2\cdots Y_k) \overset{*}{\vdash}$$
$$(r_1, w_2 w_3 \cdots w_k, Y_2Y_3 \cdots Y_k) \overset{*}{\vdash} (r_2, w_3 \cdots w_k, Y_3\cdots Y_k) \overset{*}{\vdash} \cdots \overset{*}{\vdash} (r_k, \varepsilon, \varepsilon)$$

因为$r_k = p$，所以得证$(q, w, X) \overset{*}{\vdash} (p, \varepsilon, \varepsilon)$。

完成这一证明如下：$S \overset{*}{\Rightarrow} w$当且仅当对某个$p$有$[q_0Z_0p] \overset{*}{\Rightarrow} w$，而这一点由初始符号$S$的规则被构造的方式可知。刚才已经证明了$[q_0Z_0p] \overset{*}{\Rightarrow} w$当且仅当$(q, w, Z_0) \overset{*}{\vdash} (p, \varepsilon, \varepsilon)$成立，也就是说，当且仅当$P$以空栈方式接受$x$。因此，$L(G) = N(P)$。 □

例6.15 把例6.10中的PDA $P_N = (\{q\}, \{i, e\}, \{Z\}, \delta_N, q, Z)$转化为一个文法。回想一下，$P_N$接受所有的第一次出现$e$（else）无法和它前面的$i$（if）匹配的非法串。由于$P_N$只有一个状态和一个堆栈符号，因此构造过程非常简单。下面是文法G中仅有的两个变元：

a) 初始符号S，每个用定理6.14中的方法构造的文法都有它。

b) $[qZq]$，它是唯一由P_N的堆栈符号和状态组成的三元组。

文法G的产生式为：

1. S的产生式只有$S \to [qZq]$。然而，如果该PDA有n个状态，那么就会有n个这种类型的产生式，因为最后的状态可能为这n个状态之一。不过第一个状态必须是初始状态，堆栈符号必须是初始符号，就像上面的产生式那样。

2. 由于$\delta_N(q, i, Z)$包含(q, ZZ)，因此我们得到了产生式$[qZq]\to i[qZq][qZq]$。同样，如果有n个状态，那么这条规则将会产生n^2个产生式，原因是体中间的两个状态可以是任何一个状态p，而头和体的最后状态也可以是任何一个状态。也就是说，如果p和r是PDA的任何两个状态，那么将会生成产生式：$[qZp]\to i[qZr][rZp]$。

250

3. 由于$\delta_N(q, e, Z)$包含(q, ε)，因此我们得到了产生式

$$[qZq]\to e$$

注意，在这种情况下，用来替换Z的堆栈符号列表为空，因此体中唯一的符号就是导致这个移动的输入符号。

为了方便起见，可以用一个简单些的符号（比如A）来代替三元组$[qZq]$。如果这样做，那么完整的文法所包含的产生式为：

$$S\to A$$
$$A\to iAA \mid e$$

事实上，如果能够注意到A和S实际上推导出了相同的串，那么我们就可以把它们看作同一个符号，进而整个文法可以写作：

$$G = (\{S\}, \{i, e\}, \{S\to iSS \mid e\}, S)$$ □

6.3.3 习题

*** 习题6.3.1**　把文法

$$S\to 0S1 \mid A$$
$$A\to 1A0 \mid S \mid \varepsilon$$

转换成以空栈方式接受同样语言的PDA。

习题6.3.2　把文法

$$S\to aAA$$
$$A\to aS \mid bS \mid a$$

转换成以空栈方式接受同样语言的PDA。

*** 习题6.3.3**　把PDA $P = (\{p, q\}, \{0, 1\}, \{X, Z_0\}, \delta, q, Z_0)$转化为一个CFG，其中$\delta$为：

1. $\delta(q, 1, Z_0) = \{(q, XZ_0)\}$。
2. $\delta(q, 1, X) = \{(q, XX)\}$。
3. $\delta(q, 0, X) = \{(p, X)\}$。
4. $\delta(q, \varepsilon, X) = \{(q, \varepsilon)\}$。
5. $\delta(p, 1, X) = \{(p, \varepsilon)\}$。
6. $\delta(p, 0, Z_0) = \{(q, Z_0)\}$。

251

习题6.3.4　把习题6.1.1中的PDA转换为一个上下文无关文法。

习题6.3.5　下面是一些上下文无关语言。对于其中的每一个文法，设计一个以空栈方式接受同样语言的PDA。如果需要的话，你可以首先给这些语言构造相应的文法，然后再把它们转

化为PDA。

a) $\{a^n b^m c^{2(n+m)} \mid n \geqslant 0, m \geqslant 0\}$。

b) $\{a^i b^j c^k \mid i = 2j$ 或者 $j = 2k\}$。

c) $\{0^n 1^m \mid n \leqslant m \leqslant 2n\}$。

***! 习题6.3.6** 证明如果P是一个PDA，那么存在只有一个状态的PDA P_1，满足$N(P_1) = N(P)$。

! 习题6.3.7 假设有一个PDA，它有s个状态、t个堆栈符号，并且它的所有规则中替换堆栈中的串的长度都不超过u。当使用6.3.2节中的方法来构造和这个PDA相应的CFG时，试给出这个CFG中变元数目的紧上界。

6.4 确定型PDA

虽然根据定义PDA可以是非确定的，但是在限制为确定型的情况下也很有意义。特别地，语法分析器通常都是确定型的PDA，因此对于深入研究哪些结构比较适合用在编程语言中来说，这些自动机所接受的语言类是很有意思的。在本节中，将会定义确定型下推自动机，并且将会分别研究它们能做和不能做的事。

6.4.1 确定型PDA的定义

直觉上，如果在任何情况下都不需要移动的选择，则一个PDA是确定型的。有两种类型的选择。如果$\delta(q, a, X)$包含多于一个的序对，那么当然这个PDA肯定就是非确定型的，原因是当决定下一步移动时需要在这些序对中选择一个；然而，即使$\delta(q, a, X)$总是单个元素的，我们仍然有需要做选择的情况，比如是使用一个真实的输入符号还是执行一个ε上的移动。因此，我们定义一个PDA $P = (Q, \Sigma, \Gamma, \delta, q_0, Z_0, F)$为*确定型的*（称为确定型PDA或DPDA）当且仅当下列条件被满足：

1. 对于所有的Q中的状态q、Σ中的输入符号a或者$a = \varepsilon$以及Γ中的堆栈符号X，$\delta(q, a, X)$至多有一个成员。
2. 如果对于Σ中的某些输入符号a有$\delta(q, a, X)$非空，那么同时$\delta(q, \varepsilon, X)$一定为空。

252

例6.16 看上去例6.2中的语言L_{wwr}是一个没有DPDA的CFL。然而，通过在中间放置一个“中间标记”c，就可以用一个DPDA来识别这个语言。也就是说，我们可以用一个确定型PDA来识别语言$L_{wcwr} = \{wcw^R \mid w$属于$(\mathbf{0} + \mathbf{1})^*\}$。

该DPDA的策略是用堆栈来保存0和1，直到它“看到”中间标记c。接着它转到另一个状态，在这个状态下它用输入符号来和栈顶符号进行匹配，如果它们匹配就从栈顶弹出该符号。如果一旦不匹配，那么它就拒绝它的输入串，它的输入串不是wcw^R形式的。如果它成功地弹出堆栈中符号一直到初始符号，也就是栈底标记，那么它就接受它的输入串。

这个思想和在图6-2中看到的PDA很类似，但是那个PDA不是确定型的，原因是在状态p_0时它总是有一种选择：把下一个输入符号压入堆栈，还是做一个ε转移来转到状态q_1；也就是说，它不得不猜测自己什么时候到达中间。L_{wcwr}的DPDA在图6-11中以转移图的方式给出。

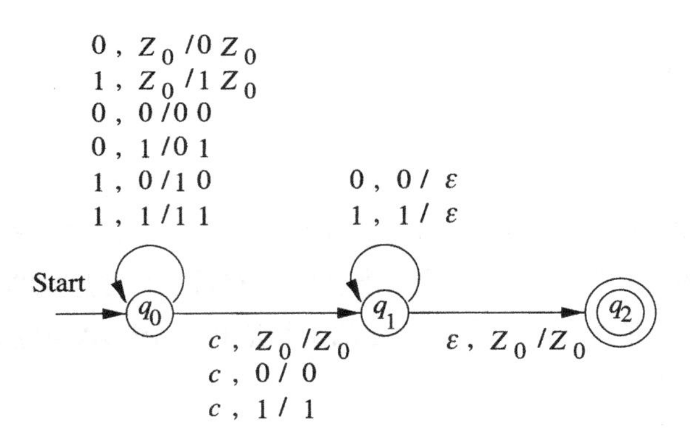

图6-11　一个接受L_{wcwr}的确定型PDA

这个PDA显然是确定型的。在同样的状态下，使用相同的输入和堆栈符号，它从不需要做移动选择。而且对于使用实际的输入符号还是ε的选择来说，它所做的唯一ε转移是当栈顶为Z_0时它从状态q_1转到q_2。然而，在状态q_1时，当栈顶为Z_0时并没有其他可选的移动。　□

6.4.2　正则语言与确定型PDA

DPDA接受的语言类处在正则语言和CFL之间。我们首先证明DPDA语言包括所有的正则语言。

定理6.17　如果L是正则语言，则对于某个DPDA P有$L = L(P)$。

证明　实质上，DPDA可以模拟确定型有穷自动机。这样的PDA在它的堆栈上保存一个堆栈符号Z_0，其原因是PDA不得不有一个堆栈，但是实际上该PDA忽略了它的堆栈而仅使用它的状态。形式化地设$A = (Q, \Sigma, \delta_A, q_0, F)$是一个DFA。构造DPDA

[253]

$$P = (Q, \Sigma, \{Z_0\}, \delta_P, q_0, Z_0, F)$$

的方法是：对于所有Q中满足$\delta_A(q, a) = p$的状态p和q，定义$\delta_P(q, a, Z_0) = \{(p, Z_0)\}$。

我们可以断言$(q_0, w, Z_0) \overset{*}{\underset{P}{\vdash}} (p, \varepsilon, Z_0)$当且仅当$\hat{\delta}_A(q_0, w) = p$。也就是说，$P$使用它的状态来模拟$A$。两个方向的证明都很容易通过对$|w|$进行归纳来完成，我们将其留给读者。由于$A$和$P$都通过进入$F$中的状态来接受，因此可以得出它们的语言是相同的。　□

如果想让DPDA以空栈方式接受，那么将会发现我们的语言识别能力是非常受限的。称一个语言L有前缀性质是指不存在L中的两个不同的串x和y使得x是y的前缀。

例6.18　例6.16中的语言L_{wcwr}就具有前缀性质。也就是说，不可能存在这样的两个串wcw^R和xcx^R使得其中的一个是另一个的前缀，除非二者是相同的串。为了说明为什么，假设wcw^R是xcx^R的前缀，并且$w \neq x$。那么w一定比x短。因此，考虑wcw^R中c所处在的位置，在xcx^R中该位置上的符号一定是0或1，这个位置在第一个x上。这一点和wcw^R是xcx^R的前缀的假设相矛盾。

另一方面，存在很简单的不满足前缀性质的语言。考虑$\{0\}^*$，即所有只包含0的串的集合。很显然，存在这个语言中的两个串使得其中的一个是另一个的前缀，因此该语言没有前缀性质。

事实上，对于该语言中的任何两个串，其中的一个都是另一个的前缀，虽然这个条件比我们需要建立的前缀性质所不成立的条件要强。 □

注意，上述语言$\{0\}^*$是一个正则语言。因此，甚至连任何正则语言都是某个DPDA P的$N(P)$都不成立。我们把下面的关系留作练习：

定理6.19 语言L是某个DPDA P的$N(P)$当且仅当L有前缀性质且L是某个DPDA P'的$L(P')$。 □

6.4.3 DPDA与上下文无关语言

我们已经看到DPDA可以接受不是正则的语言，例如L_{wcwr}。要证明该语言不是正则的，只需要反过来假设它是，然后使用泵引理即可。如果n是泵引理中的常数，那么考虑串$w = 0^n c 0^n$，它属于L_{wcwr}。然而，当我们“泵出”该串的时候，它的第一组0的长度一定会改变，因此在L_{wcwr}中得到的串的“中心”标记并不在中心。因为这些串并不属于L_{wcwr}，所以得到了矛盾，也就得出结论：L_{wcwr}不是正则的。

254

另一方面，也有CFL（例如L_{wwr}）不是任何DPDA P的$L(P)$。形式化的证明比较复杂，但是直观上是很显然的。如果P是一个接受L_{wwr}的DPDA，那么给定一个0的序列，P一定要把它们存在堆栈上，或者做一些等价的事情来记住这些0的数目。例如，它可以每看见两个0就在堆栈上存下一个X，并且使用它的状态来记住当前的数目是奇数还是偶数。

假设P看见n个0然后看到了110^n，那么它必须要验证11后面确实有n个0，然而要做到这件事情它一定要从它的堆栈上弹出前面存储的东西。[⊖] 至此，P已经见到了0^n110^n，如果接下来它再看到同样的一个串，它必须接受，因为整个完整的输入串是ww^R形式的，其中$w = 0^n110^n$。但是，如果它看到的串是0^m110^m，而且$m \neq n$，那么P一定不接受。但是由于它的栈已经是空的，因此它无法记住整数n是多少，因此就无法正确地识别L_{wwr}。我们的结论是：

- DPDA以终结状态方式接受的语言真包含正则语言，但真包含于CFL。

6.4.4 DPDA与歧义文法

本节研究DPDA的另一个性质：它们接受的语言全都有无歧义文法。不幸的是，DPDA语言并不恰好等于CFL的非固有歧义的子集。例如，L_{wwr}具有无歧义文法

$$S \to 0S0 \mid 1S1 \mid \varepsilon$$

然而它并不是DPDA语言。下面的定理涵盖了以上的讨论。

定理6.20 如果对于某个DPDA P有$L = N(P)$，则L具有无歧义的上下文无关文法。

证明 定理6.14中的构造过程能够生成无歧义的CFG G，只要它所应用的PDA是确定型的。首先回忆定理5.29，为了证明G是无歧义的，只要该文法有唯一的最左推导就足够了。

假设P以空栈方式接受串w。那么它一定以唯一的移动序列来完成接受过程，因为它是确定

⊖ 这句话正是整个证明的凭直觉需要（比较困难的）形式化证明的部分；P可能存在其他能够比较两块相同个数的0的途径吗？

型的，并且一旦它的堆栈为空它就不能继续移动了。已知这些移动序列的话，我们就能够确定在G推导出w的最左推导中每一步所选择的产生式。导致使用该产生式的P的规则总是唯一的。255然而，一条P的规则，比如$\delta(q, a, X) = \{(r, Y_1Y_2\cdots Y_k)\}$可能导致多条$G$的产生式，因为在反映弹出$Y_1, Y_2, \cdots, Y_{k-1}$中的每个之后$P$的状态的位置可以有不同的状态。因为$P$是确定型的，所以只有这些选择序列中的一个能和$P$实际的动作相一致，因此只有这些产生式中的一个能够实际上导致w的推导。□

但是，我们可以证明更多的东西：即使是那些DPDA以终结状态方式接受的语言也有无歧义的文法。由于我们只知道怎样直接从以空栈方式接受的PDA来构造文法，因此需要把相关的语言变为具有前缀性质的，并且修改所得的文法以产生原来的语言。我们通过使用一个“结束标记”符号来做到这一点。

定理6.21　如果对于某个DPDA P有$L = L(P)$，则L有无歧义的CFG。

证明　令\$为“结束标记”符号，并且它不在L的串中出现，再令$L' = L\$$。也就是说，L'的串由L的串分别在末尾添上符号\$构成。显然L'具有前缀性质，并且根据定理6.19，对于某个DPDA P'有$L' = N(P')$。[⊖] 根据定理6.20，存在一个无歧义文法G'，G'能够产生语言$N(P')$，也就是L'。

现在来从G'构造文法G，满足$L(G) = L$。为了达到这个目的，我们只需要从串中去掉结束标记\$。因而，把\$看作G的一个变元，同时引入产生式$\$ \to \varepsilon$；否则，$G'$和$G$的产生式相同。由于$L(G') = L'$，所以$L(G) = L$。

我们断言G是无歧义的。为了证明这点，G中的最左推导恰好也是G'中的最左推导，除了在G中的推导的最后一步是用ε来替换\$。因此，如果一个终结符串w在G中有两个最左推导，那么$w\$$就在G'中也有两个最左推导。因为已知G'是无歧义的，所以G也是。□

6.4.5　习题

习题6.4.1　对于下面的每一个PDA，说明它是否是确定型的。或者证明它满足DPDA的定义，或者找到它违反的规则。

a) 例6.2中的PDA。

* b) 习题6.1.1中的PDA。

c) 习题6.3.3中的PDA。

256

习题6.4.2　给出接受下列语言的确定型下推自动机：

a) $\{0^n1^m \mid n \leqslant m\}$。

b) $\{0^n1^m \mid n \geqslant m\}$。

c) $\{0^n1^m0^n \mid n和m为任意数\}$。

习题6.4.3　我们可以分三部分来证明定理6.19：

⊖ 定理6.19的证明在习题6.4.3中，但是这里可以简单地看看怎样从P构造P'。增加一个新的状态q，一旦P处在一个接受状态并且下一个输入为\$时P'就进入q。在状态q时，P'弹出它的堆栈中的所有符号。同样，P'需要它自己的栈底标记来避免在它模拟P的时候偶然清空它的堆栈。

*a) 证明：如果对于某个DPDA P有$L = N(P)$，则L具有前缀性质。

! b) 证明：如果对于某个DPDA P有$L = N(P)$，则存在DPDA P'满足$L = L(P')$。

*! c) 证明：如果L具有前缀性质，并且对某个DPDA P'是$L(P')$，则存在DPDA P满足$L = N(P)$。

!! 习题6.4.4 证明：语言

$$L = \{0^n1^n \mid n \geqslant 1\} \cup \{0^n1^{2n} \mid n \geqslant 1\}$$

是不被任何DPDA接受的上下文无关语言。*提示*：证明一定存在两个n值不同的0^n1^n形式的串，比如n_1和n_2，它们能够导致一个L的假想的DPDA在读入了这两个串之后进入相同的ID。直观上，该DPDA为了检查是否看到了同样个数的1，它一定要把在读入0时所保存在堆栈中的几乎所有信息擦除。因此，该DPDA在看到接下来的n_1个1或者n_2个1时就无法判断是否应该接受。

6.5 小结

- *下推自动机*：PDA是带有堆栈的非确定型有穷自动机，堆栈可以用于保存任意长度的串。堆栈只能在它的顶部读取和修改。
- *下推自动机的移动*：PDA根据它的当前状态、下一个输入符号和处在它栈顶的符号来选择下一步的移动。它也可以不考虑输入符号来选择下一步的移动，同时也不消耗输入符号。由于非确定性，PDA可以有有限种移动的选择；每个选择包括一个新的状态和一个堆栈符号串，后者是用来替换当前栈顶符号的。
- *下推自动机接受*：PDA有两种方式来表示接受。一种是通过进入接受状态，另一种是通过清空它的堆栈。这两种方式是等价的，这种等价性是指以一种方式接受的任何语言都可以（被某个其他的PDA）以另一种方式接受。

257

- *瞬时描述*：我们用包含状态、剩余的输入和堆栈内容的ID来描述PDA的“当前的情形”。ID之间的转移函数$\vdash$代表PDA的一步移动。
- *下推自动机和文法*：PDA以终结状态方式或者以空栈方式接受的语言正是上下文无关语言。
- *确定型下推自动机*：如果对于一个给定的状态、输入符号（包括ε）和堆栈符号，一个PDA从不需要做移动的选择，则我们称这个PDA是确定型的。另外，它也不需要在是使用输入移动还是使用ε移动之间做选择。
- *确定型下推自动机接受*：两种接受方式（终结状态方式和空栈方式）对DPDA来说不是相同的。更确切地说，以空栈方式接受的语言正是以终结状态方式接受且有前缀性质的语言，前缀性质是指：语言中的任何串都不是语言中其他串的前缀。
- *DPDA接受的语言*：所有正则语言都被DPDA（以终结状态方式）接受，而且存在被DPDA接受的非正则的语言。DPDA语言是上下文无关语言，而且事实上是拥有无歧义CFG的语言。因此，DPDA语言是严格位于正则语言和上下文无关语言之间的。

258

6.6 参考文献

下推自动机的思想归功于Oettinger[4]和Schutzenberger[5]的独立研究成果。下推自动机和上下文无关语言之间的等价性也是独立发现的结果，它首次出现在1961年N. Chomsky在MIT的技术报告中，但是被Evey[1]首次发表。

确定型PDA是由Fischer[2]和Schutzenberger[5]首次提出的。后来它作为语法分析器的模型从而拥有了很大的意义。值得一提的是，[3]提出了“LR(k)文法”，一个恰好产生DPDA语言的CFG的子类。后来LR(k)文法成了YACC的基础，YACC是5.3.2节中讨论的语法分析器的生成工具。

1. J. Evey, “Application of pushdown store machines,” *Proc. Fall Joint Computer Conference* (1963), AFIPS Press, Montvale, NJ, pp. 215–227.

2. P. C. Fischer, “On computability by certain classes of restricted Turing machines,” *Proc. Fourth Annl. Symposium on Switching Circuit Theory and Logical Design* (1963), pp. 23–32.

3. D. E. Knuth, “On the translation of languages from left to right,” *Information and Control* **8**:6 (1965), pp. 607–639.

4. A. G. Oettinger, “Automatic syntactic analysis and the pushdown store,” *Proc. Symposia on Applied Math.* **12** (1961), American Mathematical Society, Providence, RI.

5. M. P. Schutzenberger, “On context-free languages and pushdown automata,” *Information and Control* **6**:3 (1963), pp. 246–264.

260

上下文无关语言的性质

本章将要通过学习一些上下文无关语言的性质来完成上下文无关语言的学习。我们的任务首先是简化上下文无关文法，这些简化使我们能够更加容易地证明一些关于CFL的事实。其原因是可以断言：如果某个语言是CFL，那么它一定具有某种特殊形式的文法。

然后，证明CFL的“泵引理”。这个定理和关于正则语言的定理4.1异曲同工，只不过该定理是用来证明一个语言不是上下文无关的。接着考虑一下在第4章中介绍的正则语言的那种类型的一些性质：封闭性和判定性质。本章将会看到一些（但不是全部）正则语言有的封闭性CFL也有。同样，有些关于CFL的问题也可以用算法来判定，而且这些算法只是把对正则语言的测试方法推广了，但是也存在某些我们无法回答的关于CFL的问题。

7.1 上下文无关文法的范式

本节的目标是证明任何CFL（不包括ε）都能用只有$A \to BC$或者$A \to a$形式产生式的CFG产生，其中A, B和C是变元，而a是终结符。这种形式称为*乔姆斯基范式*。为了得到这种形式的CFG，我们需要做很多初步的简化，而这些简化方法本身在很多方面都很有用：

1. 我们必须去除*无用符号*。所谓无用符号，是指不出现在任何由开始符号推导出一个终结符串的过程中的变元和终结符。
2. 我们必须去除*ε产生式*。所谓ε产生式，是指$A \to \varepsilon$形式的产生式，其中A是变元。
3. 我们必须去除*单位产生式*。所谓单位产生式，是指$A \to B$形式的产生式，其中A和B是变元。

7.1.1 去除无用的符号

如果存在某个$S \overset{*}{\Rightarrow} \alpha X\beta \overset{*}{\Rightarrow} w$形式的推导，其中$w$属于$T^*$，我们说对于一个文法$G = (V, T, P, S)$，符号$X$是*有用的*。注意，$X$可以在$V$或者$T$中，而句型$\alpha X\beta$可能是推导中的第一个或者最后一个。如果$X$不是有用的，就称它是*无用的*。显然，从一个文法中去除无用的符号并不会改变该文法产生的语言，因此我们可以尽量检测和去除所有的无用符号。

我们去除无用符号的方法是通过识别一个有用符号一定应该能做的两件事：

1. 如果对于某个终结符串w有$X \overset{*}{\Rightarrow} w$，我们称$X$是*产生的*。注意，任何终结符都是产生的，因为$w$可以为该终结符本身，这样就只需要0步推导。
2. 如果对于某个α和β有$S \overset{*}{\Rightarrow} \alpha X\beta$，我们称$X$是*可达的*。

显然一个有用的符号一定是产生的和可达的。如果首先去除不是产生的符号，然后再从剩余的文法中去除不是可达的符号，剩下的符号一定只有有用的符号了，这一点将会给出证明。

例7.1　考虑文法

$$S \to AB \mid a$$
$$A \to b$$

除了B之外所有的符号都是产生的；a和b产生它们自己；S产生a，A产生b。如果去除B，我们一定要去除产生式$S \to AB$，剩下的文法是：

$$S \to a$$
$$A \to b$$

现在，我们发现只有S和a是从S可达的。去除A和b后剩下的产生式只有$S \to a$。只有该产生式的文法的语言是$\{a\}$，而这和原来的文法的语言相同。

注意，如果先检查可达性，我们会发现文法

$$S \to AB \mid a$$
$$A \to b$$

262

的所有符号都是可达的。如果接着因为符号B不是产生的而把它去除，那么得到的文法中仍然有无用的符号，特别地，在本例中为A和b。□

定理7.2　设$G = (V, T, P, S)$是一个CFG，并且假设$L(G) = \emptyset$。也就是说，G产生至少一个串。设$G_1 = (V_1, T_1, P_1, S)$是通过下面的步骤获得的文法：

1. 首先，去除非产生符号和所有包含一个或多个这些符号的产生式。设$G_2 = (V_2, T_2, P_2, S)$是这样得到的新文法。注意，S一定是产生的，因为假定$L(G)$至少有一个串，因此S没有被去除。
2. 其次，去除文法G_2中的非可达符号。

则G_1中没有无用符号，且$L(G_1) = L(G)$。

证明　假设X是剩下的符号之一，也就是说，X属于$V_1 \cup T_1$。我们知道，对于T^*中的某个w有$X \overset{*}{\underset{G}{\Rightarrow}} w$。此外，从$X$推导$w$的过程中使用的任何符号都是产生的，因此$\overset{*}{\underset{G}{\Rightarrow}} w$。

因为X在第二步中没有被去除，所以我们也知道存在α和β满足$S \overset{*}{\underset{G_2}{\Rightarrow}} \alpha X \beta$。更进一步地说，每个在该推导过程中使用的符号都是可达的，因此有$S \overset{*}{\underset{G_1}{\Rightarrow}} \alpha X \beta$。

我们知道$\alpha X \beta$中的每个符号都是可达的，并且我们也知道这些符号都属于$V_2 \cup T_2$，所以它们中的每一个在G_2中都是产生的。某个终结符串的推导（比如$\alpha X \beta \overset{*}{\underset{G_2}{\Rightarrow}} xwy$）仅包含从$S$可达的符号，原因是它们是从$\alpha X \beta$中的符号可达的。因此，这个推导也是$G_1$中的推导，即

$$S \overset{*}{\underset{G_1}{\Rightarrow}} \alpha X \beta \overset{*}{\underset{G_1}{\Rightarrow}} xwy$$

由此得出结论：X在G_1中是有用的。因为X是G_1中的任意符号，所以可以得出结论：G_1中没有无用符号。

最后一个细节是必须证明$L(G_1) = L(G)$。照常，为了证明两个集合相同，需要证明它们互相包含。

$L(G_1) \subseteq L(G)$：由于只从G中去除了符号和产生式就得到了G_1，因此得出$L(G_1) \subseteq L(G)$的结论。

$L(G_1) \supseteq L(G)$：必须证明，如果w属于$L(G)$，则w也属于$L(G_1)$。如果w属于$L(G)$，则 $S \overset{*}{\underset{G}{\Rightarrow}} w$ 。因为该推导中的每个符号都是可达的和产生的，因此它也是G_1中的推导。也就是说，$S \overset{*}{\underset{G_1}{\Rightarrow}} w$ ，因此w属于$L(G_1)$。 □

263

7.1.2 计算产生符号和可达符号

还剩两个问题：怎样来计算一个文法的产生符号的集合，以及怎样计算一个文法的可达符号的集合？对于这两个问题，我们使用的算法尽其全力来发掘这两种类型的符号。本节将会证明：如果这两个集合的正确归纳构造过程无法发现一个符号是产生的或者是可达的，那么这个符号就不是这些类型的。

设$G = (V, T, P, S)$是一个文法。为了计算G的产生符号，实施下面的归纳过程。

基础：每个T中的符号都显然是产生的，因为它能产生它本身。

归纳：假设有一个产生式$A \to \alpha$，并且α中的符号都已知是产生的了，则A也是产生的。注意，这条规则包括$\alpha = \varepsilon$的情况，所有以ε作为产生式体的变元当然都是产生的。

例7.3　考虑例7.1中的文法。根据基础部分可知，a和b都是产生的。对于归纳部分，由产生式$A \to b$得出A是产生的，再根据产生式$S \to a$得出S是产生的。到此为止，整个归纳过程结束。我们无法使用产生式$S \to AB$，因为并不知道B是产生的。因而，产生符号的集合为$\{a, b, A, S\}$。 □

定理7.4　上面的算法找到的恰好是G中全部的产生符号。

证明　对于一个方向，这是一个简单的把符号加入产生符号的集合（被加入该集合的符号确实都是产生符号）的顺序上的归纳。这部分的证明留给读者。

对于另一个方向，假设X是一个产生符号，也就是 $X \overset{*}{\underset{G}{\Rightarrow}} w$。根据对这个推导过程的长度进行归纳来证明一定能找到X是产生的。

基础：零步的情况，则X是终结符，因此在基础部分即找到X。

归纳：如果该推导过程共有n步，其中$n > 0$ ，则X是一个变元。设该推导为$X \Rightarrow \alpha \overset{*}{\Rightarrow} w$ ，也就是说，第一个使用的产生式是$X \to \alpha$。α中的每个符号都推导出了是w中的某个部分的终结符串。根据归纳假设可知，α 中的每个符号都能被发现是产生的。该算法的归纳部分允许我们用产生式$X \to \alpha$来推导出X是产生的。 □

现在来考虑能找到文法$G = (V, T, P, S)$的可达符号集合的归纳算法了。同样，可以证明只要尽全力去发现可达符号，最后任何没有加入可达符号集合的符号都不是可达的。

264

基础：S显然是可达的。

归纳：假设我们已经发现某个变元A是可达的，则对于所有以A为头的产生式，所有该产生式体中的符号也都是可达的。

例7.5　再一次从例7.1中的文法出发。根据基础部分可知，S是可达的。由于S有以AB和a为体的产生式，因此得出A, B和a都是可达的。B没有产生式，但A有$A \to b$，因此b也是可达的。现在，没有其他可以加入可达符号集合中的符号了，因此最后该集合为$\{S, A, B, a, b\}$。 □

定理7.6　上面的算法恰好能够找到G中所有的可达符号。

证明　这个证明是通过使用和定理7.4中类似的一对简单的归纳法完成的。我们把它留作练习。□

7.1.3　去除ε产生式

现在来证明ε产生式虽然在很多文法设计问题中非常方便使用，但它实质上并不是必需的。当然如果没有一个以ε为体的产生式，一个文法的语言中是无法有空串的。因此，实际上需要证明的是：如果语言L有一个CFG，则$L-\{\varepsilon\}$一定有一个不含ε产生式的CFG。如果ε不属于L，则L本身就是$L-\{\varepsilon\}$，因此L就有一个不含ε产生式的CFG。

我们的策略是，从发现"可空的"变元出发。如果$A\overset{*}{\Rightarrow}\varepsilon$，变元$A$称为可空的。如果$A$是可空的，则只要$A$出现在产生式体中，比如$B\to CAD$，$A$就可能（也可能不）推导出$\varepsilon$。我们使用该产生式的两个版本：其中一个的体中没有$A$（$B\to CD$），用来对应$A$推导出$\varepsilon$的情况；另一个有$A$（$B\to CAD$）。然而，如果使用有$A$的版本，则不允许$A$推导出$\varepsilon$。这个证明不成问题，因为只不过去除了所有以$\varepsilon$为体的产生式，所以防止了任何变元推导出$\varepsilon$。

设$G=(V, T, P, S)$是一个CFG。我们可以通过使用下面的迭代算法来找到所有G的可空符号。下面将会证明除了用这个算法找出的符号外，再没有其他的可空符号。

基础：如果$A\to\varepsilon$是一个G的产生式，则A是可空的。

归纳：如果存在产生式$B\to C_1C_2\cdots C_k$，其中每个C_k都是可空的，则B是可空的。注意，因为每个C_i都是可空的变元，所以只需要考虑体全都由变元构成的产生式。

265

定理7.7　在任何文法G中，上面的算法生成的恰好是全部的可空符号。

证明　该定理意味着"A为可空的当且仅当该算法识别A是可空的"。对于其中"当"的方向，只要发现一点即可：根据对可空符号发现的顺序进行简单的归纳可知，该算法发现的可空符号确实都能推导出ε。对于"仅当"部分，可以对最短推导$A\overset{*}{\Rightarrow}\varepsilon$的长度进行归纳。

基础：一步的情况，则$A\to\varepsilon$一定是一个产生式，并且由算法的基础部分就可以发现A。

归纳：假设$A\overset{*}{\Rightarrow}\varepsilon$有$n$步，其中$n>1$，则第一步一定是如下形式：$A\Rightarrow C_1C_2\cdots C_k\overset{*}{\Rightarrow}\varepsilon$，其中每个$C_i$都能用少于$n$步的序列推导出$\varepsilon$。根据归纳假设可知，每个$C_i$都被该算法发现为可空的。因而，在该算法的归纳步骤中由产生式$A\to C_1C_2\cdots C_k$可以发现A是可空的。□

现在给出不含ε产生式的文法的构造方法。设$G=(V, T, P, S)$是一个CFG，确定所有G的可空符号。构造一个新的文法$G_1=(V, T, P_1, S)$，其中产生式的集合P_1的方法确定如下。

对于每个P的产生式$A\to X_1X_2\cdots X_k$，其中$k\geqslant 1$，假定k个X_i中有m个为可空符号，则新的文法G_1有2^m条这个产生式的变体，其中每个可空的X_i都有存在和不存在的各种组合。有一个例外情况：如果$m=k$，也就是说，所有的符号都是可空的，那么并不包括所有的X_i都不存在的情况。也注意到：如果P中有一个产生式是$A\to\varepsilon$形式的，则不把这个产生式放在P_1中。

例7.8　考虑文法

$$S\to AB$$

$$A \to aAA \mid \varepsilon$$
$$B \to bBB \mid \varepsilon$$

首先，找出所有的可空符号。因为A和B有以ε为体的产生式，所以可以直接判断出它们是可空的。然后，因为产生式$S \to AB$的体中的符号都是可空的，因此S也是可空的。因而，这三个变元都是可空的。

现在，构造文法G_1的产生式。首先考虑$S \to AB$。这个产生式的体中的所有符号都是可空的，因此有四种A和B相互独立地存在或不存在的组合。然而，其中A和B都不存在的组合是不允许的，因此得到了三个产生式：

$$S \to AB \mid A \mid B$$

接着，考虑产生式$A \to aAA$。其中第二个和第三个位置上的符号是可空的，因此这次也有四种存在/不存在组合。不过这次的四种组合都是允许的，原因是不可空符号a总是存在的。这四种组合产生了产生式：

266

$$A \to aAA \mid aA \mid aA \mid a$$

注意，中间的两个产生式是相同的，原因是，如果我们决定去掉其中一个，不论去掉哪个A，结果都一样。因此，最终的文法G_1中只有三个A的产生式。

同样地，G_1中B的产生式产生：

$$B \to bBB \mid bB \mid b$$

G的两个ε产生式在G_1中什么都没产生。因此最后G_1的产生式为：

$$S \to AB \mid A \mid B$$
$$A \to aAA \mid aA \mid a$$
$$B \to bBB \mid bB \mid b$$

□

下面要通过下列方法得出去除ε产生式这部分内容的结论：证明除了如果G的语言中有ε的话将会把它去掉之外，上面的构造过程并不改变相应的语言。因为该构造过程明显地去除了ε产生式，因此将仅给出如下命题的完整证明：对于每个CFG G，存在一个不含ε产生式的文法G_1，满足：

$$L(G_1) = L(G) - \{\varepsilon\}$$

定理7.9　如果文法G_1是用上面去除ε产生式的构造方法从文法G构造而来的，则$L(G_1) = L(G) - \{\varepsilon\}$。

证明　我们必须证明：如果$w \neq \varepsilon$，则w属于$L(G_1)$当且仅当w属于$L(G)$。我们经常会发现，证明一个更加一般的结论反而更容易。在这种情况下，我们需要讨论每个变元产生的终结符串，即使实际上只需要考虑由开始符号S产生什么即可。因而，将要证明：

- $A \overset{*}{\underset{G_1}{\Rightarrow}} w$ 当且仅当 $A \overset{*}{\underset{G}{\Rightarrow}} w$ 且 $w \neq \varepsilon$。

两个方向的证明都是对推导的长度进行归纳。

（仅当）假设$A \overset{*}{\underset{G_1}{\Rightarrow}} w$，则显然有$w \neq \varepsilon$，原因是$G_1$没有$\varepsilon$产生式。我们必须对推导$A \overset{*}{\underset{G_1}{\Rightarrow}} w$的长度进行归纳来完成证明。

基础：一步的情况，此时G_1中一定有产生式$A \to w$。G_1的构造过程告诉我们G中一定有产生式$A \to \alpha$，使得α是由w中间插入零个或多个可空变元构成的。因此在G中有$A \underset{G}{\Rightarrow} \alpha \overset{*}{\underset{G}{\Rightarrow}} w$，其中第一步之后的所有步骤是从所有$\alpha$中的可空变元推导出$\varepsilon$。

267

归纳：假设该推导有$n > 1$步，则该推导一定是$A \underset{G_1}{\Rightarrow} X_1X_2 \cdots X_k \overset{*}{\underset{G_1}{\Rightarrow}} w$形式的。其中使用的第一个产生式一定来自$A \to Y_1Y_2 \cdots Y_m$，其中这些$Y$依次是前面的那些$X$中间插入零个或多个可空变元。我们也把$w$打断为$w_1w_2 \cdots w_k$，并且对于$i = 1, 2, \cdots, k$有$X_i \overset{*}{\underset{G_1}{\Rightarrow}} w_i$。如果$X_i$是终结符，则$w_i = X_i$；如果$X_i$是变元，则推导$X_i \overset{*}{\underset{G_1}{\Rightarrow}} w_i$的步数少于$n$步。由归纳假设可知$X_i \overset{*}{\underset{G}{\Rightarrow}} w_i$。

现在，构造G中相应的推导如下：

$$A \underset{G}{\Rightarrow} Y_1Y_2 \cdots Y_m \overset{*}{\underset{G}{\Rightarrow}} X_1X_2 \cdots X_k \overset{*}{\underset{G}{\Rightarrow}} w_1w_2 \cdots w_k = w$$

第一步使用的产生式是$A \to Y_1Y_2 \cdots Y_m$，已知它是G中的产生式。下一组推导步骤表示从每个不在X_i中的Y_j推导出ε。最后一组推导步骤表示从X_i推导出w_i，而这由归纳假设可知。

（当）假设$A \overset{*}{\underset{G}{\Rightarrow}} w$且$w \neq \varepsilon$。对推导$A \overset{*}{\underset{G}{\Rightarrow}} w$的长度$n$进行归纳来完成证明。

基础：一步的情况，此时$A \to w$一定是G中的产生式。因为$w \neq \varepsilon$，这个产生式也是G_1中的产生式，并且$A \overset{*}{\underset{G}{\Rightarrow}} w$。

归纳：假设该推导有$n > 1$步，则该推导一定是$A \underset{G}{\Rightarrow} Y_1Y_2 \cdots Y_m \overset{*}{\underset{G}{\Rightarrow}} w$形式的。把$w$分解为$w_1w_2 \cdots w_m$，并且对于$i = 1, 2, \cdots, m$有$Y_i \overset{*}{\underset{G}{\Rightarrow}} w_i$。设$X_1, X_2, \cdots, X_k$是那些满足$w_j \neq \varepsilon$的$Y_j$。因为$w \neq \varepsilon$，所以一定有$k \geqslant 1$。因此，$A \to X_1X_2 \cdots X_k$一定是$G_1$中的产生式。

我们断言一定有$X_1X_2 \cdots X_k \overset{*}{\underset{G}{\Rightarrow}} w$，原因是只有那些不属于$X$的$Y_j$才被用于推导出$\varepsilon$，而且它们对于推导出$w$并没有贡献。由于每个推导$Y_j \overset{*}{\underset{G}{\Rightarrow}} w_j$少于$n$步，因此可以由归纳假设得出：如果$w_j \neq \varepsilon$，则$Y_j \overset{*}{\underset{G_1}{\Rightarrow}} w_j$。因此有$A \underset{G}{\Rightarrow} X_1X_2 \cdots X_k \overset{*}{\underset{G}{\Rightarrow}} w$。

现在完成整个证明：我们知道w属于$L(G_1)$当且仅当$S \overset{*}{\underset{G}{\Rightarrow}} w$，在上式中令$A = S$，可知$w$属于$L(G_1)$当且仅当$S \overset{*}{\underset{G}{\Rightarrow}} w$且$w \neq \varepsilon$。也就是说，$w$属于$L(G_1)$当且仅当$w$属于$L(G)$且$w \neq \varepsilon$。 □

7.1.4 去除单位产生式

268

*单位产生式*是$A \to B$形式的产生式，其中A和B都是变元。这些产生式可能是有用的。例如，在例5.27中，我们已经看到，通过使用单位产生式$E \to T$和$T \to F$可为简单的算术表达式构造一个无歧义的文法：

$$I \to a \mid b \mid Ia \mid Ib \mid I0 \mid I1$$
$$F \to I \mid (E)$$

$$T \to F \mid T * F$$
$$E \to T \mid E + T$$

然而，单位产生式使某些证明变得复杂，而且它们也会给推导过程引入本来在技术上不需要的步骤。例如，我们可在产生式$E \to T$中用两种方式来扩展T——用两个产生式$E \to F \mid T * F$来替代它。这些改变仍然没有去除单位产生式，因为我们在文法中引入了本来没有的单位产生式$E \to F$。进一步用两个F的产生式扩展$E \to F$可以得到$E \to I \mid (E) \mid T*F$，那么还是有一个单位产生式$E \to I$。但是如果用所有的六种方式来扩展$I$的话，将会得到

$$E \to a \mid b \mid Ia \mid Ib \mid I0 \mid I1 \mid (E) \mid T * F \mid E + T$$

现在E的单位产生式就没了。注意$E \to a$不是单位产生式，因为体中单个的符号是终结符，而不是单位产生式定义中所需的变元。

上面介绍的技术——扩展单位产生式直到它们消失——经常可行。然而，如果存在单位产生式环（比如$A \to B$，$B \to C$，$C \to A$），则它可能会失败。保证能够可行的技术是，首先找到所有满足如下条件的变元对A和B：只用了一系列的单位产生式使得$A \overset{*}{\Rightarrow} B$。注意，即使使用非单位产生式，也可能有$A \overset{*}{\Rightarrow} B$，例如，使用产生式$A \to BC$和$C \to \varepsilon$。

一旦我们确定了所有的这种对，就可以用一个直接从A开始使用了非单位产生式$B_n \to \alpha$的产生式$A \to \alpha$来替换任何推导步骤序列$A \Rightarrow B_1 \Rightarrow B_2 \Rightarrow \cdots \Rightarrow B_n \Rightarrow \alpha$。首先，下面是一个归纳的构造过程，它能够构造出只使用了单位产生式满足$A \overset{*}{\Rightarrow} B$的对$(A, B)$。这样的对被称为单位对。

基础：对于任何变元A，(A, A)是单位对。也就是说，$A \overset{*}{\Rightarrow} A$为零步的推导。

归纳：假设已知确定(A, B)是单位对，而且$B \to C$是产生式，其中C是变元，则(A, C)是单位对。

例7.10 考虑例5.27中的表达式文法，我们在上面重新构造了它。基础部分给出了以下几个单位对：(E, E), (T, T), (F, F)和(I, I)。对于归纳部分，我们有如下推论：

1. (E, E)和产生式$E \to T$得出单位对(E, T)。
2. (E, T)和产生式$T \to F$得出单位对(E, F)。
3. (E, F)和产生式$F \to I$得出单位对(E, I)。
4. (T, T)和产生式$T \to F$得出单位对(T, F)。
5. (T, F)和产生式$F \to I$得出单位对(T, I)。
6. (F, F)和产生式$F \to I$得出单位对(F, I)。

再没有其他能推出的单位对了，事实上这10对代表了所有只使用单位产生式的推导。 □

269

至此，开发的模式也应该很熟悉了。对于我们提出的算法能够恰好得出所有我们想要的单位对有一个简单的证明。然后，我们用这些对来从一个文法中去除单位产生式，并且证明这两个文法的语言是相同的。

定理7.11 以上的算法恰好能够发现CFG G的所有单位对。

证明 对于一个方向，很容易对发现对的顺序进行归纳，即如果发现(A, B)是一个单位对，

则 $A \overset{*}{\underset{G}{\Rightarrow}} B$ 是只用单位产生式的推导。这部分的证明留给读者。

对于另一个方向，假设 $A \overset{*}{\underset{G}{\Rightarrow}} B$ 是只用单位产生式的推导。我们可以通过对发现对(A, B)的推导的长度进行归纳来证明。

基础：零步的情况，此时$A = B$，并且对(A, B)由基础得出。

归纳：假设 $A \overset{*}{\Rightarrow} B$ 使用n步，其中$n > 0$，其中的每一步都使用的是单位产生式，则该推导的形式如下：

$$A \overset{*}{\Rightarrow} C \Rightarrow B$$

推导 $A \overset{*}{\Rightarrow} C$ 有$n-1$步，因此由归纳假设可以发现对(A, C)。接着由算法的归纳部分可以对(A, C)和产生式$C \to B$得出对(A, B)。 □

为了去除单位产生式，我们进行如下操作：给定一个CFG $G = (V, T, P, S)$，构造CFG $G_1 = (V, T, P_1, S)$：

1. 找到G的所有单位对。
2. 对于每个单位对(A, B)，把所有的产生式$A \to \alpha$加入P_1，其中$B \to \alpha$是P中的非单位产生式。注意，可能有$A = B$，这样，P_1包含P中所有的非单位产生式。

例7.12　让我们来继续例7.10，它完成了例5.27中表达式文法的如上构造过程的第(1)步。图7-1给出了该算法的第(2)步，其中我们构造的新的产生式的集合中的产生式的头为对中的第一个变元，而它体为对中第二个变元的非单位产生式的体。

对	产生式
(E,E)	$E \to E + T$
(E,T)	$E \to T * F$
(E,F)	$E \to (E)$
(E,I)	$E \to a \mid b \mid Ia \mid Ib \mid I0 \mid I1$
(T,T)	$T \to T * F$
(T,F)	$T \to (E)$
(T,I)	$T \to a \mid b \mid Ia \mid Ib \mid I0 \mid I1$
(F,F)	$F \to (E)$
(F,I)	$F \to a \mid b \mid Ia \mid Ib \mid I0 \mid I1$
(I,I)	$I \to a \mid b \mid Ia \mid Ib \mid I0 \mid I1$

图7-1　由单位产生式去除算法的第(2)步构造的文法

最后一步是从图7-1中的文法中去除单位产生式，最后得到的文法是：

270

$$E \to E + T \mid T * F \mid (E) \mid a \mid b \mid Ia \mid Ib \mid I0 \mid I1$$
$$T \to T * F \mid (E) \mid a \mid b \mid Ia \mid Ib \mid I0 \mid I1$$
$$F \to (E) \mid a \mid b \mid Ia \mid Ib \mid I0 \mid I1$$
$$I \to a \mid b \mid Ia \mid Ib \mid I0 \mid I1$$

该文法中没有单位产生式，但它和图5-19中的文法产生的是同样的表达式的集合。 □

定理7.13　如果文法G_1是由上面所述的去除单位产生式的算法从文法G构造出来的，则$L(G_1) = L(G)$。

证明　我们将要证明：w属于$L(G)$当且仅当w属于$L(G_1)$。

（当）假设 $S \overset{*}{\underset{G_1}{\Rightarrow}} w$ 。因为G_1中的每个产生式都等价于G中零个或多个产生式的序列再跟着G中的一个非单位产生式，因此得知 $\alpha \underset{G_1}{\Rightarrow} \beta$ 蕴涵着 $\alpha \overset{*}{\underset{G}{\Rightarrow}} \beta$ 。也就是说，G_1中推导的每一步都可以用G中的一步或多步推导来代替。如果我们把这些步推导的序列合在一起，将会得到 $S \overset{*}{\underset{G}{\Rightarrow}} w$ 。

（仅当）假设w属于$L(G)$。则由5.2节中的等价性可知w有最左推导，即 $S \underset{lm}{\Rightarrow} w$ 。只要最左推导中使用了单位产生式，体中的变元就成了最左变元，因而将会立即被替换。因此，文法G中的最左推导可以被打断为一系列的步骤，这些步骤是由零个或多个单位产生式再跟上一个非单位产生式。注意，任何前面没有单位产生式的非单位产生式本身就是一个“步骤”。这些步骤中的每一步都可由G_1中的一个产生式来完成，原因是G_1的构造过程恰好创建了反映零个或多个单位产生式后面跟着一个非单位产生式的那种产生式。因此有 $S \overset{*}{\underset{G}{\Rightarrow}} w$ 。□ 271

现在我们可以总结一下至此已经介绍的各种简化方式了。我们想把任何一个CFG G转化为另一个等价的没有无用符号、ε产生式或者单位产生式的CFG。为了实施该构造过程，必须对实施上面的几种简化步骤的顺序有些考虑。一个可靠的顺序是：

1. 去除ε产生式。
2. 去除单位产生式。
3. 去除无用符号。

应该注意的是：正如7.1.1节所说，我们必须把两步的顺序安排好，否则结果中会有无用符号。我们也必须把上面的三步的顺序安排好，否则结果中仍然会有一些我们希望去除的东西。

定理7.14 如果G是产生至少包含一个ε以外串的语言的CFG，则存在另一个CFG G_1满足$L(G_1) = L(G) - \{\varepsilon\}$，而且$G_1$没有$\varepsilon$产生式、单位产生式或者无用符号。

证明 从使用7.1.3节中所介绍的去除ε产生式的方法开始。如果我们接着使用7.1.4节介绍的去除单位产生式的方法，则在该过程中并没有引入任何ε产生式，原因是任何新的产生式的体都是一个原来旧的产生式的体。最后，我们用7.1.1节中介绍的方法来去除无用符号。因为这个变换仅去除产生式和符号，而并没有引入新的产生式，因此最后所得的文法中将仍然没有ε产生式和单位产生式。□

7.1.5 乔姆斯基范式

我们将通过下面的方式来完成文法简化部分的学习：证明任何非空且不含ε的CFL都有特殊形式的文法G，G中所有的产生式都属于以下两个简单的形式之一：

1. $A \rightarrow BC$，其中A, B和C都是变元，或者
2. $A \rightarrow a$，其中A是变元，a是终结符。

更进一步，G没有无用符号。这样的文法称为*乔姆斯基范式*（Chomsky Normal Form）或CNF[⊖]。

把一个文法变为CNF，要从满足定理7.14中限制的形式出发。也就是说，该文法中没有ε产生式、单位产生式或者无用符号。这样的文法中的每个产生式都或者是$A \rightarrow a$的形式，此时已经是CNF允许的形式，或者它的体的长度为2或更大。我们的任务是： 272

a) 重新安排这些产生式，使得体的长度大于等于2的产生式的体中只有变元。

b) 把体的长度大于等于3的产生式打断为一组级联的产生式，使得其中每个产生式的体都只

⊖ 乔姆斯基（N. Chomsky）是首位提出把上下文无关文法作为描述自然语言的一种方式的语言学家，并且他证明了任何CFG都可以转化为这种形式。有趣的是，看来CNF在自然语言学中并不是很有用，但是我们将会看到它有许多其他的用处，比如在一个上下文无关语言中串的成员性的有效测试里（7.4.4节）。

包含两个变元。

步骤a)的构造过程如下。为每个出现在长度大于等于2的体中的终结符a创建一个新的变元A。该变元只有一个产生式$A \to a$。现在，我们用A来代替所有长度大于等于2的体中出现的a。这样，所有的产生式的体或者是单个终结符，或者是至少两个以上的变元并且没有终结符。

对于步骤b)，我们必须把那些形式为$A \to B_1 B_2 \cdots B_k$（其中$k \geqslant 3$）的产生式打断为一组产生式，其中每个产生式的体都是两个变元。我们引入$k-2$个新变元$C_1, C_2, \cdots, C_{k-2}$。原来的产生式用下面的$k-1$个产生式来代替：

$$A \to B_1 C_1,\ C_1 \to B_2 C_2,\ \cdots,\ C_{k-3} \to B_{k-2} C_{k-2},\ C_{k-2} \to B_{k-1} B_k$$

例7.15　让我们来把例7.12中的文法转化为CNF。对于(a)部分，注意有8个终结符$a, b, 0, 1, +, *$, (以及)，其中的每一个都出现在不止是一个终结符的体中。因此，我们必须引入8个新的变元，分别对应这8个终结符，再引入8个产生式来表示用这些新变元来代替和它对应的终结符。我们使用最简单的英文首字母来代表新变元，引入：

$$A \to a \qquad B \to b \qquad Z \to 0 \qquad O \to 1$$
$$P \to + \qquad M \to * \qquad L \to (\qquad R \to)$$

如果我们引入这些产生式，并且把那些不是单个终结符的产生式体中出现的这些终结符用和它对应的新变元代替，就得到了图7-2所示的文法。

E	$\to$	$EPT \mid TMF \mid LER \mid a \mid b \mid IA \mid IB \mid IZ \mid IO$
T	$\to$	$TMF \mid LER \mid a \mid b \mid IA \mid IB \mid IZ \mid IO$
F	$\to$	$LER \mid a \mid b \mid IA \mid IB \mid IZ \mid IO$
I	$\to$	$a \mid b \mid IA \mid IB \mid IZ \mid IO$
A	$\to$	a
B	$\to$	b
Z	$\to$	0
O	$\to$	1
P	$\to$	$+$
M	$\to$	$*$
L	$\to$	$($
R	$\to$	$)$

273

图7-2　使所有的产生式体都是单个终结符或者多个变元

现在，除了长度为3的几个产生式（EPT、TMF和LER）以外，所有其他的产生式都符合乔姆斯基范式了。有几个不符的产生式体还出现在多个产生式中，不过我们可以每次处理一个体，处理的方法是为每个引入一个额外的变元。对于EPT，我们引入新变元C_1，并且用$E \to EC_1$和$C_1 \to PT$来替换产生式$E \to EPT$。

对于TMF，我们引入新变元C_2。使用这个体的两个产生式$E \to TMF$和$T \to TMF$被替换为$E \to TC_2$，$T \to TC_2$和$C_2 \to MF$。接着，对于LER，我们引入新变元C_3，并且把三个使用它的产生式$E \to LER$，$T \to LER$和$F \to LER$替换为$E \to LC_3$，$T \to LC_3$，$F \to LC_3$和$C_3 \to ER$。最终的文法是CNF，如图7-3所示。□

定理7.16　如果G是其语言至少有一个不是ε的串的CFG，则存在符合乔姆斯基范式的文法G_1，使得$L(G_1) = L(G) - \{\varepsilon\}$。

$$
\begin{array}{lcl}
E & \to & EC_1 \mid TC_2 \mid LC_3 \mid a \mid b \mid IA \mid IB \mid IZ \mid IO \\
T & \to & TC_2 \mid LC_3 \mid a \mid b \mid IA \mid IB \mid IZ \mid IO \\
F & \to & LC_3 \mid a \mid b \mid IA \mid IB \mid IZ \mid IO \\
I & \to & a \mid b \mid IA \mid IB \mid IZ \mid IO \\
A & \to & a \\
B & \to & b \\
Z & \to & 0 \\
O & \to & 1 \\
P & \to & + \\
M & \to & * \\
L & \to & (\\
R & \to &) \\
C_1 & \to & PT \\
C_2 & \to & MF \\
C_3 & \to & ER
\end{array}
$$

图7-3 使所有的产生式体都是单个终结符或者两个变元

证明 根据定理7.14，我们能够找到CFG G_2使得$L(G_2) = L(G) - \{\varepsilon\}$，并且$G_2$中没有无用符号、$\varepsilon$产生式或者单位产生式。把$G_2$转化为CNF文法$G_1$的构造过程以如下方式改变了产生式：每个$G_1$中的产生式可以用$G_2$中的一个或多个产生式来模拟。反过来，$G_2$中引入的变元都只有一个产生式，因此它们只能用在精心设计的地方。更加形式化地说，我们要证明：w属于$L(G_2)$当且仅当w属于$L(G_1)$。

（仅当）如果在G_2中有一个w的推导，那么很容易用一系列G_1中的产生式来代替该推导中使用的每个产生式，比如$A \to X_1X_2 \cdots X_k$。也就是说，G_2中的推导中的一步变成了使用G_1的产生式在w的推导中的一步或多步。首先，如果X_i是终结符，则可知G_1有一个相应的变元B_i和一个产生式$B_i \to X_i$。接着，如果$k > 2$，则G_1有产生式$A \to B_1C_1$，$C_1 \to B_2C_2$，等等，其中B_i或者是对X_i引入的变元或者就是X_i——如果X_i本身就是变元的话。这些产生式在G_1中模拟了G_2中使用了$A \to X_1X_2 \cdots X_k$的推导的一步。因此得出结论：G_1中存在w的推导，因此w属于$L(G_1)$。

274

（当）假设w属于$L(G_1)$，则存在G_1的以S为根且产物为w的语法分析树。接下来把该树转化为G_2的以S为根且产物为w的语法分析树。

首先，我们“撤销”CNF构造过程中的(b)部分。也就是说，假设有一个标号为A的节点，它的两个子节点标号为B_1和C_1，其中C_1是一个在(b)部分中引入的变元，那么语法分析树的这部分一定是图7-4a的样子。也就是说，由于这些引入的变元每个只有一个产生式，因此它们只能以一种方式存在，而且所有引入来处理产生式$A \to B_1B_2 \cdots B_k$的变元都一定在一起出现，如图所示。

语法分析树中所有这样的节点簇都可以用它们所代表的产生式代替，图7-4b给出了语法分析树变换。

所得到的语法分析树仍然不一定是G_2中的语法分析树。原因是CNF的构造过程的(a)部分会引入其他推导出单个终结符的变元。然而，我们可以在当前的语法分析树中识别出它们，并且用单个标号为a的节点来代替一个标号为A的单个节点及标号为a的子节点。现在，该语法分析树的每个内部节点都构成了G_2的一个产生式。因为w是G_2的语法分析树的产物，因此得出结论：w属于$L(G_2)$。 □

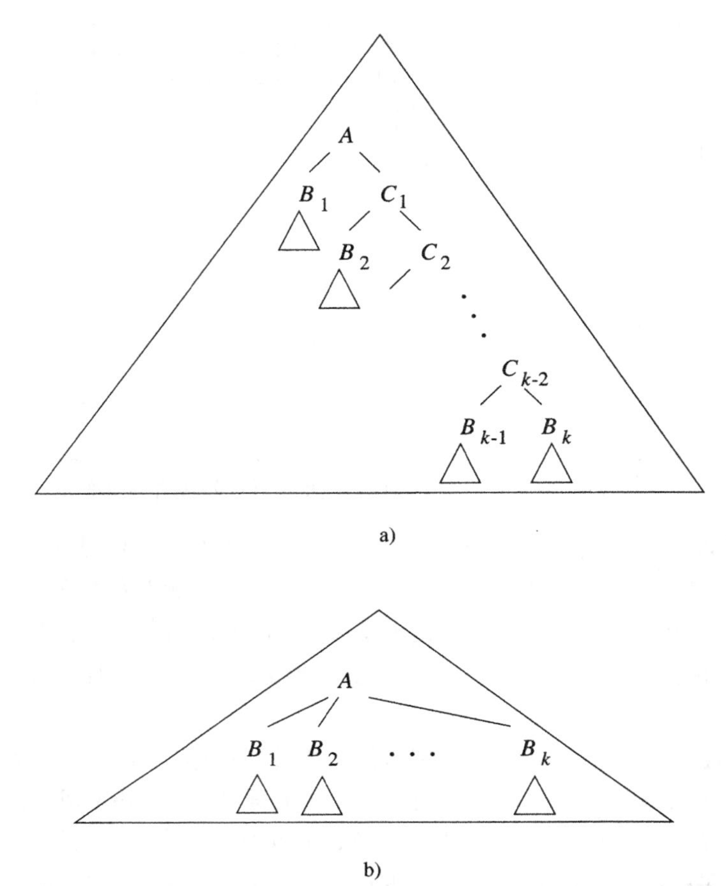

图7-4　G_1中的语法分析树一定用特殊的方式来使用引入的变元

格雷巴赫范式

对于文法来说，有另外一种有趣的范式，不过我们将不加以证明。任何非空且不含ε的语言都是某个文法G的$L(G)$，并且G的每个产生式都是$A \to a\alpha$形式的，其中a是一个终结符，α是零个或多个变元的串。把一个文法转化为这种形式的过程比较复杂，即使我们把任务简化一些（比如从乔姆斯基范式文法出发）也是如此。粗略地说，我们扩展每个产生式的第一个变元，直到得到一个终结符。然而，因为有可能存在环，所以有可能永远无法到达终结符，此时就必须使该过程“短路”：创建一个产生式，这个产生式引入一个新的终结符作为体的第一个符号，后面跟着若干变元，这些变元是用来产生所有可能在产生该终结符的过程中所产生的变元序列。

这种形式称为*格雷巴赫范式*（Greibach Normal Form），是用格雷巴赫（Sheila Greibach）的姓氏命名的，因为他首次给出这种文法的构造方法。这种文法有多个有趣的结果。由于每个产生式的使用恰好会给一个句型引入一个终结符，因此一个长度为n的串的推导的长度恰好是n步。并且，如果我们对于一个格雷巴赫范式的文法使用定理6.13中PDA的构造方法，则我们得到的PDA没有ε规则，因此说明了对于一个PDA来说去除这种类型的转移总是可能的。

7.1.6 习题

* **习题7.1.1** 找到一个不含无用符号的等价于以下文法的文法：

$$S \to AB \mid CA$$
$$A \to a$$
$$B \to BC \mid AB$$
$$C \to aB \mid b$$

* **习题7.1.2** 从以下文法出发：

$$S \to ASB \mid \varepsilon$$
$$A \to aAS \mid a$$
$$B \to SbS \mid A \mid bb$$

a) 去除ε产生式。

b) 去除单位产生式。

c) 有没有无用符号？如果有，去除它们。

d) 把该文法转化为乔姆斯基范式。

习题7.1.3 对以下文法重复习题7.1.2：

$$S \to 0A0 \mid 1B1 \mid BB$$
$$A \to C$$
$$B \to S \mid A$$
$$C \to S \mid \varepsilon$$

习题7.1.4 对以下文法重复习题7.1.2：

$$S \to AAA \mid B$$
$$A \to aA \mid B$$
$$B \to \varepsilon$$

275
~
277

习题7.1.5 对以下文法重复习题7.1.2：

$$S \to aAa \mid bBb \mid \varepsilon$$
$$A \to C \mid a$$
$$B \to C \mid b$$
$$C \to CDE \mid \varepsilon$$
$$D \to A \mid B \mid ab$$

习题7.1.6 给括号匹配的串的集合设计一个CNF文法。你不必从任何特别的非CNF文法出发。

!! **习题7.1.7** 假设CFG G有p个产生式，并且产生式的体的长度都不超过n。证明：如果 $A \overset{*}{\underset{G}{\Rightarrow}} \varepsilon$，则存在从$A$到$\varepsilon$且不超过$(n^p-1)/(n-1)$步的推导。实际上你能够离该界限多近？

! **习题7.1.8** 假设有一个文法G，G的产生式右端长度之和是n，但这些产生式都不是ε产生式，把该文法转化为CNF。

a) 证明：该CNF文法至多有$O(n^2)$个产生式。

b) 证明：该CNF文法可能有数量正比于n^2的产生式。提示：考虑去除单位产生式的构造过程。

习题7.1.9 给出完成以下定理的归纳证明：

a) 定理7.4的一部分：证明该算法所发现的符号确实是产生的。

b) 定理7.6的两个方向：证明7.1.2节中检测可达符号的算法的正确性。

c) 定理7.11的一部分：证明所有发现的对确实都是单位对。

*! **习题7.1.10** 对于任何不含ε的上下文无关语言，有没有可能找到一个这样的文法：它的所有产生式都是$A \to BCD$（即体中包含三个变元）或者$A \to a$（即体中包含一个终结符）形式的？给出证明，或者给出反例。

习题7.1.11 在这个习题中，要证明对于任何包含至少一个不是ε的串的上下文无关语言L，存在一个产生$L-\{\varepsilon\}$的格雷巴赫范式的CFG。格雷巴赫范式（GNF）的文法中所有的产生式体都以一个终结符开始。该构造过程将通过使用一系列的引理和构造来完成。

278

a) 假设CFG G有产生式$A \to \alpha B\beta$，并且所有B的产生式为$B \to \gamma_1 \mid \gamma_2 \mid \cdots \mid \gamma_n$，则如果我们用所有用$B$产生式的体来代替$B$所得产生式来替代$A \to \alpha B\beta$，即$A \to \alpha\gamma_1\beta \mid \alpha\gamma_2\beta \mid \cdots \mid \alpha\gamma_n\beta$，则所得的文法和$G$产生同样的语言。

在下文中，假设L的文法G是乔姆斯基范式的，并且用到的变元为$A_1, A_2, \cdots, A_k$。

*! b) 通过重复使用(a)部分的变换，证明可以把G转化为一个等价的文法，并且该文法中的任何A_i产生式的体或者以一个终结符开始，或者以A_j开始（$j \geqslant i$）。在这两种情况下，所有产生式中第一个符号之后的所有符号都是变元。

! c) 假设G_1是通过对G使用步骤(b)所得的文法。设A_i是任何变元，且设$A \to A_i\alpha_1 \mid \cdots \mid A_i\alpha_m$是所有以$A_i$开头的$A_i$产生式。设

$$A_i \to \beta_1 \mid \cdots \mid \beta_p$$

是所有其他的A_i产生式。注意，每个β_j一定以一个终结符或者一个序号比j大的变元开头。引入一个新变元B_i，同时把第一组的m个产生式替换为

$$A_i \to \beta_1 B_i \mid \cdots \mid \beta_p B_i$$
$$B_i \to \alpha_1 B_i \mid \alpha_1 \mid \cdots \mid \alpha_m B_i \mid \alpha_m$$

证明这样所得的文法和G以及G_1产生相同的语言。

*! d) 假设G_2是使用步骤(c)所得的文法。注意，所有的A_i产生式的体都以一个终结符或者A_j（$j > i$）开头。同样，所有B_i产生式的体都以一个终结符或者某个A_j开头。证明：G_2有为GNF的等价的文法。提示：首先用(a)部分中的方法来修改A_k的产生式，接着是A_{k-1}，依此类推，直到A_1，再用(a)部分中的方法来以任何顺序修改B_i的产生式。

习题7.1.12 用习题7.1.11中的构造方法来把以下文法转化为GNF：

$$S \to AA \mid 0$$
$$A \to SS \mid 1$$

7.2 上下文无关语言的泵引理

下面开发一个工具，它可以用来证明某个语言不是上下文无关的。称为“上下文无关语言的泵引理”的定理说：对于一个CFL中的任何串，只要它足够长，就能够找到至多两个接近的短串，称其为合作的“泵”。也就是说，对于任何整数i，我们都可以重复这两个串i次，并且所得的串也将在这个语言中。 279

我们可以把这个定理和类似的正则语言的泵引理（定理4.1，它是说总可以找到一个短串作为“泵”）相比较。在考虑语言$L = \{0^n1^n \mid n \geqslant 1\}$时看到了不同点。我们可以证明它不是正则的，只要固定住n，同时泵出一个0的短串，这样所得的串中0的个数比1的个数多。然而，CFL的泵引理只是说我们能够找到两个短串，因此我们可能不得不使用一个0的串和一个1的串，那么，当我们用它们作为泵时所得的串都在L中。这个结果其实是幸运的，因为L是一个CFL，所以我们不可能通过CFL泵引理来构造出不属于L的串。

7.2.1 语法分析树的大小

推导CFL的泵引理的第一步就是检查语法分析树的大小和形状。CNF的用法之一就是能够把语法分析树变为二叉树，这种树有很多方便的性质，下面会使用其中的一个性质。

定理7.17 假设有了一棵对应于乔姆斯基范式文法$G = (V, T, P, S)$的语法分析树，并且该树的产物为终结符串w。如果最长的路径长度为n，则$|w| \leqslant 2^{n-1}$。

证明 这个证明就是简单地对n进行归纳。

基础：$n = 1$，记得一棵树中路径的长度是指该路径中边的数目，即顶点数减一。因此，一棵最大路径长度为1的树只有一个根节点和一个标号为终结符的叶节点。这个终结符就是串w，因此$|w| = 1$。由于此时$2^{n-1} = 2^0 = 1$，所以基础部分得证。

归纳：假设最长路径的长度为n，而且$n>1$。该树的根使用的产生式一定是$A \to BC$形式的，原因是$n > 1$，也就是说，我们不能使用体为终结符的产生式开始这棵树。以B和C为根的子树的最大路径的长度都小于或等于$n-1$，原因是这些路径均不包括从根到标号为B和C的节点的边。因此，由归纳假设可知：这两棵子树的产物的长度至多为2^{n-2}。因此整棵树的产物就是这两棵子树的产物连接，它的长度也就至多为$2^{n-2} + 2^{n-2} = 2^{n-1}$。因而归纳部分得证。 □

7.2.2 泵引理的陈述

CFL的泵引理和正则语言的泵引理很类似，不过我们要把每个CFL L中的串z打断为五个部分，而且我们把其中第二和第四部分合起来作为“泵”。 280

定理7.18 （上下文无关语言的泵引理）设L是一个CFL，则存在常数n满足：如果L中的串z的长度$|z|$不小于n，则可以把z写作$z = uvwxy$，且满足以下条件：

1. $|vwx| \leqslant n$，也就是说，中间的部分不会很长。
2. $vx \neq \varepsilon$。因为v和x是被“泵”的两段，因此这个条件是说其中至少有一段不为空。
3. 对于所有的$i \geqslant 0$，uv^iwx^iy属于L。也就是说，中间的两个串v和x可以被重复“泵”任意多次（包括0次），并且所得的串仍然属于L。

证明　第一步是要找到L的乔姆斯基范式文法G。从技术上来说，如果L是CFL $\varnothing$或者$\{\varepsilon\}$，则无法找到这样的文法。但是，如果$L=\varnothing$，则在该定理中所说的L中的串z当然不可能存在，因为$\varnothing$中不可能有这样的串z。同样，CNF文法G实际上会产生语言$L-\{\varepsilon\}$，但是这也不重要，因为我们当然可以选取$n>0$，这时无论如何z都不可能是ε。

现在，从一个满足$L(G)=L-\{\varepsilon\}$的CNF文法$G=(V, T, P, S)$出发，设G有m个变元。取$n=2^m$。接着，假设z属于L，且它的长度至少是n。根据定理7.17，任何最长路径不超过m的语法分析树的产物的长度至多为$2^{m-1}=n/2$。这样的语法分析树的产物不可能为z，因为z太长了。因此，任何产物为z的语法分析树都至少有一条长度不少于$m+1$的路径。

281

图7-5给出了z的树中的最长路径，其中k至少是m，且该路径的长度为$k+1$。由于$k\geqslant m$，因此在该路径上至少出现了$m+1$次变元$A_0, A_1, \cdots, A_k$。因为V中只有m个不同的变元，所以该路径上的$m+1$个变元中至少有两个是同一变元。假设$A_i=A_j$，其中$k-m\leqslant i<j\leqslant k$。

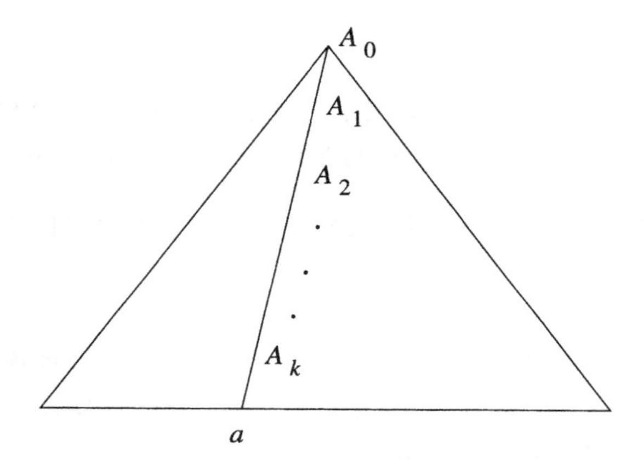

图7-5　L中每个足够长的串一定在它的语法分析树中有一条足够长的路径

然后，我们可以把图7-6中的树分开。串w是以A_j为根节点的子树的产物。串v和x分别是

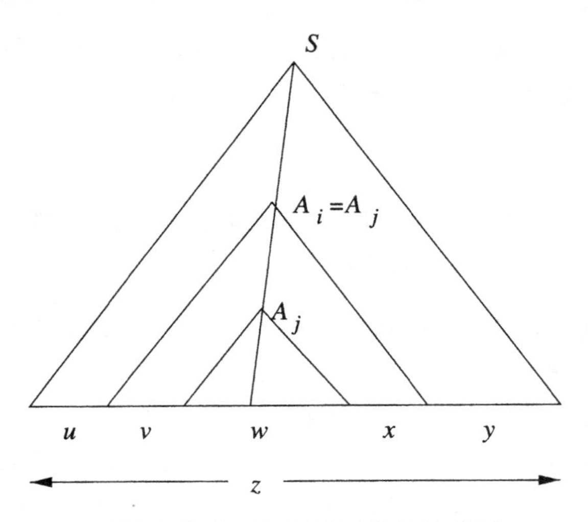

图7-6　把串w分开以使它能够被“泵”

在以A_i为根节点的更大的子树中位于w左边和右边的串。注意，由于没有单位产生式，所以v和x不可能都是ε，不过其中可能有一个是。最后，u和y是z中分别处于以A_i为根节点的子树左边和右边的部分。

如果$A_i = A_j = A$，则可以从原来的树出发来构造一棵新的语法分析树，就像图7-7a中所示的那样。首先，可以用以A_j为根、产物为w的子树来代替以A_i为根、产物为vwx的子树。能够这么做的原因是这两棵树的根的标号都是A。所得到的树在图7-7b中给出，它的产物为uwy，对应于串模板uv^iwx^iy当$i = 0$时的情况。

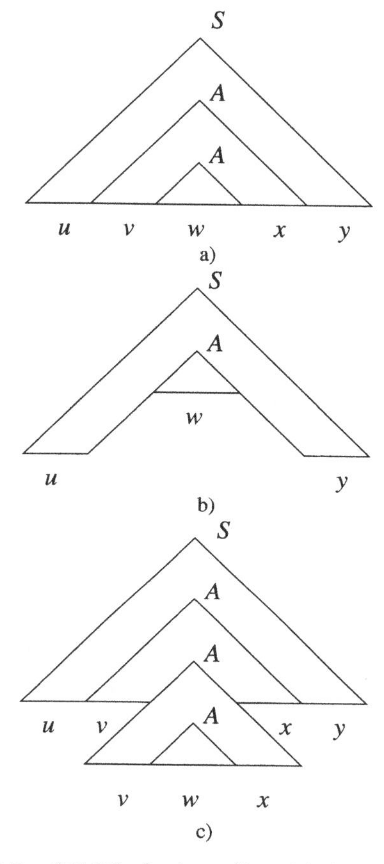

图7-7 “泵出”串v和x，并且重复它们零次和两次

图7-7c给出了另一种选择。在此，可以用以A_i为根的整棵子树来代替以A_j为根的子树。这次所利用的原理仍然是，我们在用一个根标号为A的子树来代替另一棵根标号相同的子树。这次所得到的树的产物为uv^2wx^2y。如果再用产物为vwx的更大的子树来代替图7-7c中产物为w的子树，将得到产物为uv^3wx^3y的树，依此类推，直到对于任何指数i。因此，对于满足uv^iwx^iy形式的任何串，都存在相应的G的语法分析树，至此已经几乎证明了泵引理。

剩下的细节就是条件(1)，它是说$|vwx| \leqslant n$。然而，我们所选的A_i是最靠近树的底部的，也就是说，$k-i \leqslant m$。因此，以A_i为根节点的子树的最长路径的长度也不超过$m+1$。由定理7.17可知，以A_i为根的子树的产物的长度不超过$2^m = n$。 □ [282]

7.2.3 CFL的泵引理的应用

值得注意的是，就像以前介绍的正则语言的泵引理一样，我们用如下的“对手比赛”的方式来使用CFL的泵引理。

1. 选择一个想要证明不是CFL的语言L。
2. “对手”选择n，但我们并不知道它，因此必须考虑任何可能的n。
3. 选择z，并且在这样做的时候可以把n作为参数。
4. 对手把z打断为$uvwxy$，只要满足条件$|vwx| \leqslant n$且$vx \neq \varepsilon$即可。
5. 如果能够选择i使得uv^iwx^iy不属于L，那么我们就“赢得”了这场比赛。

下面来看一些能够用泵引理证明不是上下文无关的语言的例子。第一个例子说明了：虽然上下文无关语言能够比较两组符号是否相等，但它们无法比较这样的三组符号。 [283]

例7.19 设L是语言$\{0^n1^n2^n \mid n \geqslant 1\}$。也就是说，$L$由所有$\mathbf{0}^+\mathbf{1}^+\mathbf{2}^+$中这三个符号个数相同的串

组成，例如012, 001122等。假设L是上下文无关的，则根据泵引理存在一个整数n[⊖]。我们取$z = 0^n1^n2^n$。

假设我们的“对手”把z打断为$z = uvwxy$，其中$|vwx| \leqslant n$且v和x不都是ε，则我们知道vwx不可能同时包含0和2，因为即使是最后一个0和第一个2之间也相差$n + 1$个位置。我们将证明L包含某些已经不属于L的串，因而和L是CFL的假设相矛盾。这些情况如下：

1. vwx中没有2。则vx只含有0和1，并且至少有其中一个符号。根据泵引理可知uwy一定属于L，但它有n个2而只有少于n个0或者少于n个1或者两者都满足，因而可知它不属于L，此时我们得知L不是CFL。
2. vwx中没有0。类似地，vwx中有n个0，但是1或者2的数目不够。因此它也不属于L。

无论以上哪种情况成立，我们都可以得出L中有不属于L的串的结论。这个矛盾使得我们能够推翻前面关于L是CFL的假设，L不是CFL。 □

另一件CFL不能做的事情是比较两对符号的数目是否分别相等，假设这两对符号交叉给出。下面使用泵引理的非上下文无关性证明的例子准确地描述了这一思想。

例7.20　设L是语言$\{0^i1^j2^i3^j \mid i \geqslant 1且j \geqslant 1\}$。如果$L$是上下文无关的，设$n$是$L$的常数，并且取$z = 0^n1^n2^n3^n$。我们可以把$z$写作$z = uvwxy$，并且满足$|vwx| \leqslant n$且$vx \neq \varepsilon$，则$vwx$或者包含在由同一个符号构成的子串中，或者跨越了两个相邻的符号。

如果vwx只包含一个符号，则uwy有n个三种不同的符号以及少于n个的第四种符号。因此，它不可能属于L。如果vwx跨越了两种符号，比如1和2，则uwy或者少了一些1，或者少了一些2，或者两者都少。假设它少了1，因为有n个3，它不可能属于L。类似地，如果它少了2，则因为它有n个0，所以uwy也不可能属于L。我们可以得出矛盾的结论，因而推翻了L是CFL的假设。 □

[284]

下面是最后一个例子，我们将要证明CFL无法匹配任意长度的两个串，只要这两个串是从不止有一个符号的字母表中选出来的。顺带地，这个事实的一个含义是：对于在编程语言中强迫某些“语义的”限制来说，文法并不是一个很合适的机制。比如通常限制标识符必须在它得到声明之后才能使用。在实际使用中有另一个机制（比如“符号表”），是用来记录声明了的标识符的，并且我们并不会尝试去设计一个能够检查“定义先于使用”的语法分析器。

例7.21　设$L = \{ww \mid w属于\{0, 1\}^*\}$。也就是说，$L$由重复的串构成，比如$\varepsilon$, 0101, 00100010或者110110。如果L是上下文无关的，则设n是由泵引理得到的它的常数。考虑串$z = 0^n1^n0^n1^n$。该串是0^n1^n的重复，所以z属于L。

由前面例子中的模式可知，我们可以把z写作$z = uvwxy$，并且满足$|vwx| \leqslant n$且$vx \neq \varepsilon$。我们将要证明uwy不属于L，并且因此根据矛盾证明L不是上下文无关语言。

首先，注意到因为$|vwx| \leqslant n$，$|uwy| \geqslant 3n$。因此，如果uwy是某个重复的串，比如tt，则t的长度至少是$3n/2$。根据vwx处在z中的位置，有几个情况需要考虑。

1. 假设vwx处在前n个0中。特别地，设vx包括k个0，其中$k > 0$，则uwy以$0^{n-k}1^n$打头。因为

⊖　记住这个n是由泵引理提供的常数，所以它和语言L本身定义中的局部变量n毫无关系。

$|uwy| = 4n - k$，可知如果$uwy = tt$ 则 $|t| = 2n - k / 2$。因此t一定在第一段1之后结束，也就是说，t在0中结束。但是uwy结束在1中，因此它不可能等于tt。

2. 假设vwx跨越了第一段0和第一段1，则有可能vx只由0构成（如果$x = \varepsilon$）。关于uwy不是tt的形式的论证和情况(1)相同。如果vx至少有一个1，则我们能够注意到t的长度至少为$3n/2$，并且一定以1^n 结束，原因是uwy以1^n 结束。然而，除了最后一段1之外不存在长度为n的一段1，因此在uwy中t不可能重复。
3. 如果vwx包含在第一段1中，则关于uwy不属于L的证明和情况(2)的第二部分类似。
4. 假设vwx跨越了第一段1和第二段0。如果vx中没有0，则该论证和vwx处在第一段1中的情况下的证明相同。如果vx至少有一个0，则uwy以一段长度为n的0开头，因此如果$uwy = tt$，则t也是如此。然而，在uwy的第二段t中不存在其他的长度为n的0的块。在这种情况下我们仍然可以得出uwy不属于L的结论。
5. 在其他情况下，其中vwx处在z的后一半，则论证过程对称于vwx处在z的前一半的情况。

因此，没有一种情况是uwy属于L，因此得出L不是上下文无关的结论。 □ 285

7.2.4 习题

习题7.2.1 用CFL泵引理来证明下面的语言都不是上下文无关的：

* a) $\{a^i b^j c^k \mid i < j < k\}$。

b) $\{a^n b^n c^i \mid i \leqslant n\}$。

c) $\{0^p \mid p$是素数$\}$。*提示*：使用和例4.3中证明不是正则语言时采用的相同的思想。

*! d) $\{0^i 1^j \mid j = i^2\}$。

! e) $\{a^n b^n c^i \mid n \leqslant i \leqslant 2n\}$。

! f) $\{ww^R w \mid w$是0和1的串$\}$。也就是说，由某个串w和它的反向串再和它本身连接起来的串（比如001100001）构成的集合。

! **习题7.2.2** 当我们想要对一个CFL L使用泵引理时，“对手获胜”，我们无法完成证明过程。给出当我们选择以下语言作为L时出问题的地方：

a) $\{00, 11\}$。

* b) $\{0^n 1^n \mid n \geqslant 1\}$。

* c) 字母表$\{0, 1\}$上回文串的集合。

! **习题7.2.3** 有一个比CFL泵引理更强的引理，即*奥格登引理*（Ogden's lemma）。它和泵引理的不同之处在于：它允许我们在串z中选择任意n个“显著” 的位置，并且能够保证被泵的串一定包含1到n个显著位置。这种能力的好处是：如果一个语言的串可能由两部分构成，如果泵处在其中一部分可能并不会产生不属于该语言的串，而对于另一部分来说则可能就会产生该语言之外的串。如果没有把泵固定在后一部分发生的能力，我们就无法完成非上下文无关性的证明。奥格登引理的形式化描述为：如果L是一个CFL，则存在常数n，使得如果z是L中任何一个长度不少于n的串，那么就可以在z中选择至少n个*显著位置*，并且可以把z写作$z = uvwxy$且使之满足：

1. vwx至多有n个显著位置。

2. vx至少有1个显著位置。

3. 对于所有的i，uv^iwx^iy属于L。

试证明奥格登引理。提示：该证明和定理7.18中泵引理的证明过程实际上是相同的，只要我们假设z中的非显著位置当我们在z的语法分析树中选择一条长的路径时根本不存在即可。

286

* **习题7.2.4**　使用奥格登引理（习题7.2.3）来简化例7.21中关于$L = \{ww \mid w$属于$\{0, 1\}^*\}$不是CFL的证明过程。提示：让两个中间块可区分。

习题7.2.5　使用奥格登引理（习题7.2.3）来证明下列语言不是CFL：

! a) $\{0^i1^j0^k \mid j = \max(i, k)\}$。

!! b) $\{a^nb^nc^i \mid i \neq n\}$。提示：如果$n$是奥格登引理的常数，考虑串$z = a^nb^nc^{n+n!}$。

7.3 上下文无关语言的封闭性

接下来将会考虑一些对于上下文无关语言的运算，这些运算能够保证生成的仍然是CFL。很多这里将要考虑的封闭性都与4.2节中正则语言的定理相类似。然而，它们之间也有些区别。

首先，引入一个称为代入的运算，在这个运算中我们用一个完整的语言来代替另一个语言中的串里的每个符号。这个运算是我们在4.2.3节中学习过的同态的推广，它有助于证明许多其他的CFL的封闭性，例如正则表达式运算：并、连接和闭包。我们将证明CFL在同态和逆同态下都是闭的。和正则语言不同的是：CFL在交和差下不是闭的。然而，CFL与正则语言的交和差仍然是CFL。

7.3.1 代入

设Σ是一个字母表，并且假设对于任何Σ中的符号a，可以选择一个语言L_a。这个语言可以包含任何字母表中的符号，不局限于Σ也不必都相同。这个语言的选择定义了一个Σ上的函数s（一个代入），并且对于每个符号a都用$s(a)$来表示L_a。

如果$w = a_1a_2\cdots a_n$是一个Σ^*中的串，则$s(w)$是所有满足如下条件的$x_1x_2\cdots x_n$形式的串的语言：对于$i = 1, 2, \cdots, n$，串x_i属于语言$s(a_i)$。换句话说，$s(w)$是语言$s(a_1)\ s(a_2)\cdots s(a_n)$的连接。我们可以进一步扩展$s$的定义，使它可以应用于语言：对于$L$中的所有串$w$，$s(L)$是$s(w)$的并。

例7.22　假设$s(0) = \{a^nb^n \mid n \geqslant 1\}$且$s(1) = \{aa, bb\}$。也就是说，$s$是字母表$\Sigma = \{0, 1\}$上的一个代入。语言$s(0)$是由多于一个的$a$后面跟着同样数目的$b$构成的串的集合，同时语言$s(1)$是由串$aa$和$bb$构成的有限语言。

287

设$w = 01$，则$s(w)$是语言$s(0)s(1)$的连接。更确切地说，$s(w)$由所有a^nb^naa和a^nb^{n+2}形式的串构成，其中$n \geqslant 1$。

现在，假设$L = L(\mathbf{0}^*)$，即所有仅由0构成的串的集合，则$s(L) = (s(0))^*$。这个语言是所有如下形式的串的集合：

$$a^{n_1}b^{n_1}a^{n_2}b^{n_2}\cdots a^{n_k}b^{n_k}$$

对于某个$k \geqslant 0$以及任何选择的正整数的序列$n_1, n_2, \cdots, n_k$。它包括像ε, $aabbaaabbb$和$abaabbabab$这样的串。

□

定理7.23 如果L是字母表为Σ的上下文无关语言，且s是Σ上满足如下条件的代入：对于任何Σ中的a，有$s(a)$是CFL，则$s(L)$是CFL。

证明 基本思想是：我们可以获得一个L的CFG，并且对于每个终结符a，用语言$s(a)$的一个CFG的开始符号来替代它。这样所得的是一个产生$s(L)$的CFG。然而，为了实现这个想法，还需要做许多细致的工作。

形式化一些说，从每个相关语言的文法出发，比如$G = (V, \Sigma, P, S)$是L的文法且对于每个Σ中的a有$G_a = (V_a, T_a, P_a, S_a)$。由于可以给所需的变元取任何名字，所以可以使这些变元的集合互相分离。也就是说，不存在同时属于两个或两个以上V或者V_a中的符号A。这样选择名字的目的是，使我们在把这些文法的产生式合并为一个产生式的集合时，不会碰巧混淆了两个不同文法中的产生式，因而也就不会具有不像任何给定文法中推导的推导。

对于$s(L)$，我们构造一个新的文法$G' = (V', T', P', S)$，如下：

- V'是V和所有对应于Σ中的a的V_a的并。
- T'是所有对应于Σ中的a的T_a的并。
- P'包括：

  1) 所有对应于Σ中的a的P_a。

  2) P的产生式，只不过对于任何体中出现的终结符a都用S_a代替。

因此，所有G'中的语法分析树在开头的地方都和G中的语法分析树类似，不过它的产物不属于Σ^*，而是在该树中有一条边线，在该线上所有的节点的标号都是某个Σ中a所对应的S_a。并且，从每个这样的节点都悬挂出一棵G_a的语法分析树，而且它的产物是语言$s(a)$中的终结符串。图7-8给出了一棵典型的这样的语法分析树。

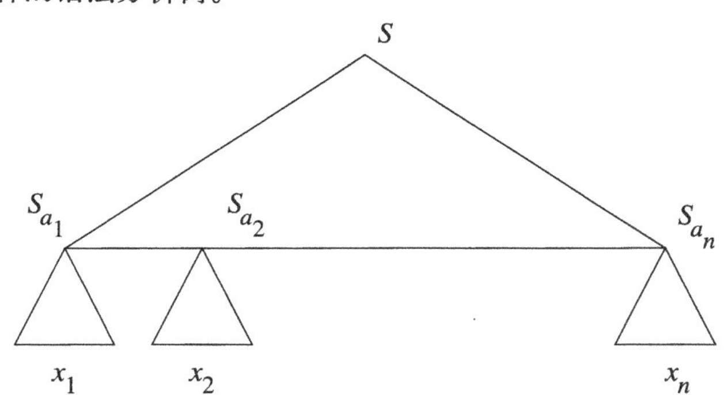

图7-8 一棵G'中的语法分析树，它开始于一棵G中的分析树，结束于很多语法分析树，且每棵这种语法分析树属于某个文法G_a

现在，我们必须证明这个构造方法确实可行，也就是说，G'确实产生语言$s(L)$。形式化地说：

- 串w属于$L(G')$当且仅当w属于$s(L)$。

288

（当）假设w属于$s(L)$，则存在某个串$x = a_1a_2\cdots a_n$属于L，且对于$i = 1, 2, \cdots, n$，有$s(a_i)$中的串x_i满足$w = x_1x_2\cdots x_n$，则G'中由G的产生式用S_a替换了每个a之后的部分将会产生一个像x的串，只不过在该串中所有的a都用S_a替换了。这个串是$S_{a_1}S_{a_2}\cdots\ S_{a_n}$。$w$的推导的这个部分由图7-8中上面的三角形给出。

由于每个G_a的产生式同时也都是G'的产生式，因此从S_{a_i}到x_i的推导也都是G'中的推导。这些推导的语法分析树由图7-8中下面的三角形给出。由于G'的这棵语法分析树的产物是$x_1x_2\cdots x_n = w$，因此得出结论：w属于$L(G')$。

（仅当）现在假设w属于$L(G')$。我们将要证明w的语法分析树一定是图7-8中的树的形式。原因是每个G和对应于Σ中a的G_a的变元都是不相交的。因此，从变元S开始的树的顶部一定只使用了G的产生式，直到推导出某个符号S_a为止，并且S_a以下的部分一定只使用了文法G_a的产生式。结果是，只要w有一棵语法分析树T，我们就可以确定一个$L(G)$中的串$a_1a_2\cdots a_n$，以及语言$s(a_i)$中的串x_i，满足：

1. $w = x_1x_2\cdots x_n$，并且

2. 串$S_{a_1}S_{a_2}\cdots S_{a_n}$是一棵从$T$中删掉一些子树之后所得的树的产物（如图7-8所示）。

但是串$x_1x_2\cdots x_n$属于$s(L)$，原因是它是用串x_i代替每个a_i之后所得到的。因此得出结论：w属于$s(L)$。□

7.3.2 代入定理的应用

用定理7.23能证明很多CFL的封闭性，因为我们已经在正则语言中学习过这些性质，所以比较熟悉。我们将在一个定理中把它们全列出来。

289

定理7.24 上下文无关语言在以下运算下是封闭的：

1. 并。

2. 连接。

3. 闭包(*)和正闭包(+)。

4. 同态。

证明 以上每个的证明都只需我们建立合适的代入。下面每条证明都只是把一个上下文无关语言代入另一个上下文无关语言中，因而根据定理7.23可知所得到的结果仍然是CFL。

1. *并*：设L_1和L_2都是CFL，则$L_1 \cup L_2$是语言$s(L)$，其中L是语言$\{1, 2\}$，且代入s的定义为$s(1) = L_1$，$s(2) = L_2$。

2. *连接*：再次设L_1和L_2都是CFL，则L_1L_2是语言$s(L)$，其中L是语言$\{12\}$，且代入s的定义和情况(1)中相同。

3. *闭包和正闭包*：设L_1是CFL，L是语言$\{1\}^*$，且s是代入$s(1) = L_1$，则$L^*_1 = s(L)$。类似地，如果L是语言$\{1\}^+$，则$L_1^+ = s(L)$。

4. 假设L是字母表Σ上的CFL，且h是Σ上的同态。设s是一个代入，且它把每个Σ中的符号a用只有一个串$h(a)$的语言来代替。也就是说，对于所有Σ中的a，有$s(a) = \{h(a)\}$，则$h(L) = s(L)$。□

7.3.3 反转

CFL在反转运算下也是封闭的。我们不能使用代入定理，但有一个使用文法的简单构造方法。

定理7.25 如果L是CFL，则L^R也是。

证明 设$L = L(G)$，其中$G = (V, T, P, S)$是某个CFL。构造$G^R = (V, T, P^R, S)$，其中P^R是每个P中产生式的“反转”。也就是说，如果$A \to \alpha$是G的一个产生式，则$A \to \alpha^R$是G^R的一个产生式。很容易通过对G和G^R中推导的长度进行归纳来证明$L(G^R) = L^R$。实质上，所有G^R的句型都是G的句型的反转，反之亦然。我们把该定理的形式化证明留作习题。□

290

7.3.4 与正则语言的交

CFL在交运算下不封闭。下面是一个说明它不封闭的简单例子。

例7.26 我们从例7.19中知道语言

$$L = \{0^n1^n2^n \mid n \geqslant 1\}$$

不是上下文无关语言。然而，下面的两个语言都是上下文无关的：

$$L_1 = \{0^n1^n2^i \mid n \geqslant 1, i \geqslant 1\}$$
$$L_2 = \{0^i1^n2^n \mid n \geqslant 1, i \geqslant 1\}$$

L_1的一个文法是：

$$S \to AB$$
$$A \to 0A1 \mid 01$$
$$B \to 2B \mid 2$$

在这个文法中，A产生所有0^n1^n形式的串，B产生所有的2的串。L_2的一个文法是：

$$S \to AB$$
$$A \to 0A \mid 0$$
$$B \to 1B2 \mid 12$$

它的作用和L_1类似，只不过由A产生所有0的串，B产生所有1和2个数相同的串。

然而，$L = L_1 \cap L_2$。原因很简单，只要注意到L_1要求0和1的个数相同，而L_2要求相同数目的1和2。因此一个同时属于这两个语言的串一定具有相同数目的全部三个字符，因而一定属于L。

如果CFL在交运算下封闭，则能够证明L是上下文无关的，但其实它是一个为假的命题。因此得出结论：CFL在交运算下不封闭。□

另一方面，对于交运算来说存在一个较弱的结论：上下文无关语言在“与一个正则语言求交”的运算下是封闭的。下面的定理给出了形式化的陈述和证明。

定理7.27 如果L是CFL且R是正则语言，则$L \cap R$是CFL。

291

证明 该定理的证明需要CFL的下推自动机表示，以及正则语言的有穷自动机表示，另外还有定理4.8证明的推广，在该定理中我们“并行地”运行两台有穷自动机来获得它们语言的交。这里，我们“并行地”运行一台有穷自动机和一个PDA，而所得的结果是另一个PDA，如图7-9所示。

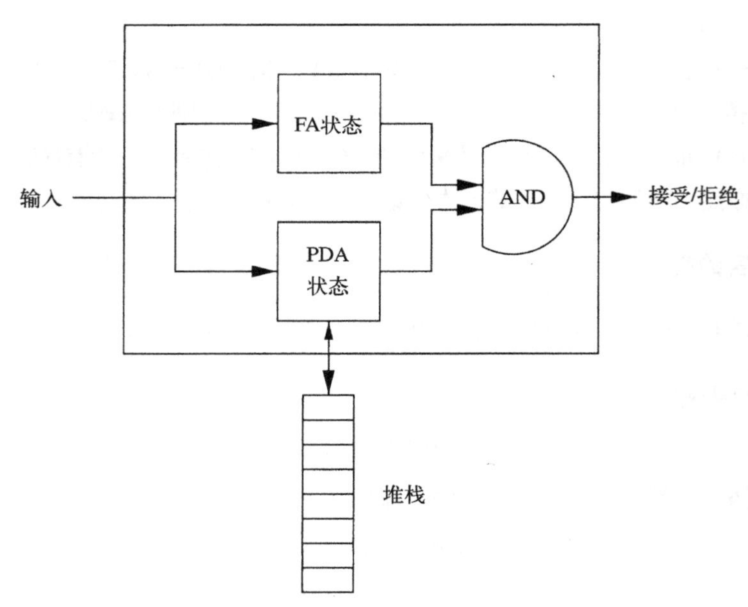

图7-9　并行地运行一个PDA和一个FA来创建一个新的PDA

形式化地，设

$$P = (Q_P,\ \Sigma, \Gamma, \delta_P, q_P, Z_0, F_P)$$

是一个以终结状态方式接受L的PDA，并且设

$$A = (Q_A,\ \Sigma, \delta_A, q_A, F_A)$$

是一个R的DFA。构造PDA

$$P' = (Q_P \times Q_A,\ \Sigma, \Gamma, \delta, (q_P, q_A), Z_0, F_P \times F_A)$$

其中$\delta((q, p), a, X)$定义为所有满足如下条件的对$((r, s), \gamma)$：

1. $s = \hat{\delta}_A(p,a)$，并且

2. 对(r, γ)属于$\delta_P(q, a, X)$。

也就是说，对于PDA P的每步移动，我们都可以在PDA P'中做相同的移动，并且在P'的状态的第二个分量始终保持为DFA A的状态。注意，a或者是Σ中的一个符号或者是ε。在前面的情况下，$\hat{\delta}(p,a) = \delta_A(p,a)$，如果$a = \varepsilon$则$\hat{\delta}(p,a) = p$。也就是说，当$P$对于$\varepsilon$输入做移动时$A$不改变状态。

292

很容易通过对PDA执行动作的数量进行归纳来证明有$(q_P,\ w,\ Z_0) \overset{*}{\underset{P}{\vdash}} (q,\ \varepsilon,\ \gamma)$当且仅当有$((q_P, q_A), w, Z_0) \overset{*}{\underset{P'}{\vdash}} ((q, p), \varepsilon, \gamma)$，其中$p = \hat{\delta}(q_A, w)$。我们把这些归纳留作习题。因为$(q, p)$是$P'$的接受状态当且仅当$q$是$P$的接受状态，且$p$是$A$的接受状态，因此得出结论：$P'$接受$w$当且仅当$P$和$A$都接受$w$，即$w$属于$L \cap R$。□

例7.28　在图6-6中我们设计了叫作F的PDA，它能够以终结状态方式接受如下语言：对于if和else能够在C程序中出现次序的规则，该语言中的串为最小的违反这些规则的由i和e构成的串。称该语言为L。PDA F的定义为

$$P_F = (\{p, q, r\}, \{i, e\}, \{Z, X_0\}, \delta_F, p, X_0, \{r\})$$

其中δ_F由以下规则构成：

1. $\delta_F(p, \varepsilon, X_0) = \{(q, ZX_0)\}$
2. $\delta_F(q, i, Z) = \{(q, ZZ)\}$
3. $\delta_F(q, e, Z) = \{(q, \varepsilon)\}$
4. $\delta_F(q, \varepsilon, X_0) = \{(r, \varepsilon)\}$

现在，引入一个有穷自动机

$$A = (\{s, t\}, \{i, e\}, \delta_A, s, \{s, t\})$$

它能够接受所有语言$\boldsymbol{i}^*\boldsymbol{e}^*$中的串，也就是所有$i$后面跟着$e$这种形式的串。称这个语言为$R$。转移函数$\delta_A$由以下规则给出：

a) $\delta_A(s, i) = s$

b) $\delta_A(s, e) = t$

c) $\delta_A(t, e) = t$

严格地说，就像定理7.27中所假定的那样，A并不是个DFA，原因是当处在状态t且看到的输入为i时缺少一个死状态。然而，对于NFA来说，构造过程是相同的，因为我们构造的PDA可以是非确定型的。在这种情况下，构造出的PDA实际上是确定型的，尽管它对于某些输入序列会“死机”。

我们将会构造一个PDA

$$P = (\{p, q, r\} \times \{s, t\}, \{i, e\}, \{Z, X_0\}, \delta, (p, s), X_0, \{r\} \times \{s, t\})$$

以下是根据PDA F的规则（从1到4的数字）和DFA A的规则（字母a, b或c）编号的转移函数δ。在PDA D做ε转移时并不使用A的规则。注意，我们以一种“偷懒的”方式来构造这些规则：从P的状态出发（该状态同时也是F和A的开始状态），并且仅当我们发现P能够进入的F和A的状态对时为其他状态构造规则。

293

1: $\delta((p, s), \varepsilon, X_0) = \{((q, s), ZX_0)\}$。

2a: $\delta((q, s), i, Z) = \{((q, s), ZZ)\}$。

3b: $\delta((q, s), e, Z) = \{((q, t), \varepsilon)\}$。

4: $\delta((q, s), \varepsilon, X_0) = \{((r, s), \varepsilon)\}$。注意：其实可以证明这条规则是永远无法使用的。原因是看不到e时不可能从堆栈中弹出，而一旦P看到e，它的状态的第二个分量就会变成t。

3c: $\delta((q, t), e, Z) = \{((q, t), \varepsilon)\}$。

4: $\delta((q, t), e, X_0) = \{((r, t), \varepsilon)\}$。

语言$L \cap R$是若干个i后面跟着比它多一个的e的串的集合，即$\{i^n e^{n+1} \mid n \geqslant 0\}$。该集合正是由这种违反if-else规则的串构成的：一段的if后面是一段的else。该语言明显是CFL，由具有产生式$S \to iSe \mid e$的文法产生。

注意，该PDA　P接受语言$L \cap R$。在把Z压入堆栈之后，它对于输入的i的反应是压入更多的Z，同时保持在状态(q, s)。一旦它看到一个e，它就转到状态(q, t)同时开始从堆栈中弹出。在X_0暴露在栈顶之前，如果它看到了e就会死机。此时，它自发地转移到状态(r, t)同时接受。 □

由于已知CFL在交运算下不封闭，但是在与正则语言的交运算下是封闭的，由此可知CFL的集合差以及补运算。下面的定理总结了这些性质。

定理7.29 下面的结论对于CFL L, L_1和L_2以及正则语言R都是成立的。

1. $L-R$是上下文无关语言。
2. $\overline{L}$ 不一定是上下文无关语言。
3. L_1-L_2不一定是上下文无关的。

证明 对于(1)，注意到$L-R = L\cap \overline{R}$。如果R是正则的，则由定理4.5知 $\overline{R}$ 也是正则的。则由定理7.27知$L-R$是CFL。

对于(2)，假设当L是上下文无关的时 $\overline{L}$ 总是上下文无关的。则由于

$$L_1 \cap L_2 \quad \overline{\overline{L_1} \cup \overline{L_2}}$$

并且CFL在并运算下是封闭的，因此可得CFL在交运算下也是封闭的。然而，我们已经从例7.26中得知它并不是。

最后，来证明(3)。已知对于任何字母表 Σ来说 Σ^* 都是CFL，给这个正则语言设计一个文法或者PDA是很容易的。因此，如果当L_1和L_2都是CFL时L_1-L_2总是CFL，那么可以得出当L是CFL时Σ^*-L也总是CFL。然而，当我们选择了合适的字母表时Σ^*-L就是 $\overline{L}$ 。因此，同(2)相矛盾，由此矛盾证明了L_1-L_2不一定是CFL。 □

294

7.3.5 逆同态

现在来回顾4.2.4节中称为“逆同态”的运算。如果h是一个同态，且L是任何语言，则$h^{-1}(L)$是所有满足$h(w)$属于L的串w的集合。图4-6给出了关于正则语言在逆同态运算下的封闭性的证明。当时，我们设计了一个有穷自动机，它在其输入上应用了一个同态h，因此能够模拟另一个输入序列为$h(a)$的有穷自动机。

我们可以用非常类似的方法来证明CFL的这种封闭性，只不过使用PDA来代替有穷自动机。然而，当我们使用PDA时会有一个在使用有穷自动机时不会出现的问题。有穷自动机对于一系列的输入的反应是状态转移，因而我们所关心的构造出来的自动机看上去就像有穷自动机在一个输入符号时的一步移动。

当该自动机是PDA时，情况就不同了，一系列的移动可能看上去不像一个输入符号下的一步移动。特别是，做n个移动时，PDA可以从它的堆栈中弹出n个符号，而一个移动只能弹出一个符号。因此，类似于图4-6中构造过程的PDA的构造过程在相比之下就有些复杂了，图7-10是一个框架图。关键的思想是：当读入了输入符号a以后，把$h(a)$放入“缓冲区”。$h(a)$中的符号一次一个地被读入，然后传给被模拟的PDA。只有当该缓冲区为空时该构造的PDA才读入它的另一个输入符号，同时对它应用同态运算。我们将在下一个定理中形式化地刻画该构造过程。

定理7.30 设L是CFL，且h是同态，则$h^{-1}(L)$是CFL。

证明 假设把h应用于字母表 Σ中的符号并且得到T^*中的串。假设L是字母表T上的语言。就像上面提到的那样，我们从一个以终结状态方式接受L的PDA $P=(Q, T, \Gamma, \delta, q_0, Z_0, F)$出发来构造一个新的PDA：

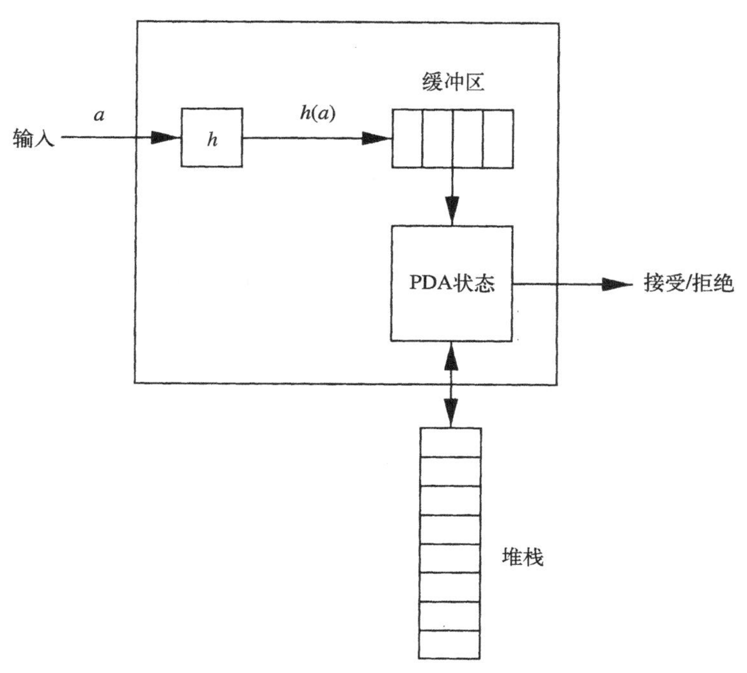

图7-10 构造一个PDA，它接受的是一个给定的PDA所接受的逆同态

$$P' = (Q', \Sigma, \Gamma, \delta', (q_0, \varepsilon), Z_0, F \times \{\varepsilon\}) \tag{7-1}$$

其中：

1. Q'是满足以下条件的(q, x)对的集合：

   (a) q是Q中的状态，且

   (b) x是与某个Σ中的符号a相对应的串$h(a)$的前缀（不一定是真前缀）。

   [295]

   也就是说，P'的状态的第一部分是P的状态，而第二部分是缓冲区。假设该缓冲区会被周期性地装入串$h(a)$，接着，当我们用它里面的符号来作为被模拟的PDA P的输入时，它可以从它的前部输出以及去除符号。注意，因为Σ是有限的，且对于每个a来说$h(a)$也都是有限的，因此P'只有有限个状态。

2. δ'的定义由以下规则组成：

   (a) 对于所有Σ中的符号a、所有Q中的状态q以及Γ中的堆栈符号X有$\delta'((q, \varepsilon), a, X) = \{((q, h(a)), X)\}$。注意此处的$a$不能为$\varepsilon$。当缓冲区为空时，$P'$就可以消耗它的下一个输入符号$a$同时把$h(a)$放入缓冲区。

   (b) 如果$\delta(q, b, X)$包含(p, γ)，其中b属于T或者$b = \varepsilon$，则

   $$\delta'((q, bx), \varepsilon, X)$$

   包含$((p, x), \gamma)$。也就是说，P'总可以选择使用它的缓冲区的前部来模拟P的一步移动。如果b是T中的一个符号，则该缓冲区不能为空；但是如果$b = \varepsilon$的话，则该缓冲区可以为空。

3. 注意，正如式(7-1)中定义的那样，P'的开始状态是(q_0, ε)，也就是说，P'开始于P的开始状态以及一个空的缓冲区。

4. 同样，按照式(7-1)的定义，P' 的接受状态是满足如下条件的状态(q, ε)：其中的q是P的某个接受状态。

296

下面的命题刻画了P'和P之间的关系：

- $(q_0, h(w), Z_0) \overset{*}{\underset{P}{\vdash}} (p, \varepsilon, \gamma)$ 当且仅当$((q_0, \varepsilon), w, Z_0) \overset{*}{\underset{P'}{\vdash}} ((p, \varepsilon), \varepsilon, \gamma)$。

两个方向的证明都是通过对这两个自动机所做的移动的数目进行归纳来完成的。在“当”的部分中，需要注意的是：一旦P'的缓冲区非空，它就不能继续读入输入且只能模拟P，直到该缓冲区再次为空（尽管缓冲区为空时，它仍然可以模拟P）。我们把进一步的证明细节留作习题。

一旦我们接受了P'与P之间的关系，我们就能够注意到P接受$h(w)$当且仅当P'接受w，原因由我们定义P'的接受状态的方式可知。因此有$L(P') = h^{-1}(L(P))$。□

7.3.6 习题

习题7.3.1 证明CFL在下列运算下的封闭性：

* a) 习题4.2.6(c)中定义的*init*运算。提示：从语言L的CNF文法出发。

*! b) 习题4.2.2中定义的L/a运算。提示：从语言L的CNF文法出发。

!! c) 习题4.2.11中定义的*cycle*运算。提示：试试基于PDA的构造过程。

习题7.3.2 考虑以下两个语言：

$$L_1 = \{a^n b^{2n} c^m \mid n, m \geqslant 0\}$$
$$L_2 = \{a^n b^m c^{2m} \mid n, m \geqslant 0\}$$

a) 通过分别给出上述语言的文法来证明这些语言都是上下文无关的。

! b) $L_1 \cap L_2$是CFG吗？证明你的结论的正确性。

!! **习题7.3.3** 证明CFL在下列运算下不封闭：

* a) 习题4.2.6(a)中定义的*min*运算。

b) 习题4.2.6(b)中定义的*max*运算。

c) 习题4.2.8中定义的*half*运算。

d) 习题4.2.7中定义的*alt*运算。

习题7.3.4 两个串w和x的重组（*shuffle*）是指所有能够任意地把w和x互相插入所得的串的集合。更加确切地说，$shuffle(w, x)$是满足下列条件的串z的集合：

297

1. 每个z中的位置都可以分配给w或者x，但不能同时分配给两者。
2. z中分配给w的位置从左到右连起来就构成了w。
3. z中分配给x的位置从左到右连起来就构成了x。

例如，如果$w = 01$且$x = 110$，则$shuffle(01, 110)$是串的集合：{01110, 01101, 10110, 10101, 11010, 11001}。下面来说明理由，比如第四个串10101，可以由以下方式来验证：它的2和5的位置属于01，1、3和4的位置属于110。而第一个串01110有三种验证方式：把位置1和2或3或4分配给01，剩下的三个位置分配给110。也可以定义语言的重组$shuffle(L_1, L_2)$为对所有L_1中的串w以及L_2中的串x，由$shuffle(w, x)$的并构成的语言。

a) $shuffle(00, 111)$是什么？

* b) 如果$L_1 = L(\mathbf{0}^*)$且$L_2 = \{0^n1^n \mid n \geqslant 0\}$，则$shuffle(L_1, L_2)$是什么？

*! c) 证明：如果L_1和L_2都是正则语言，则$shuffle(L_1, L_2)$也是正则语言。提示：从L_1和L_2的DFA出发。

! d) 证明：如果L是CFL且R是正则语言，则$shuffle(L, R)$是CFL。提示：从L的PDA和R的DFA出发。

!! e) 给出一个反例证明：如果L_1和L_2都是CFL，则$shuffle(L_1, L_2)$不一定是CFL。

***!! 习题7.3.5** 串y被称为另一个串x的置换(permutation)，如果可以通过把y中的符号经过重新排列后得到x。例如，串$x = 011$的置换为110, 101和011。如果L是一个语言，则$perm(L)$是所有L中的串的置换的集合。例如，若$L = \{0^n1^n \mid n \geqslant 0\}$，则$perm(L)$是具有相同数目的0和1的串的集合。

a) 给出一个使得$perm(L)$不是正则的字母表$\{0, 1\}$上的正则语言L的例子。证明结果的正确性。提示：试着找到一个置换为全部具有相同数目的0和1的串的正则语言。

b) 给出一个使得$perm(L)$不是上下文无关的字母表$\{0, 1, 2\}$上的正则语言L的例子。

c) 证明：对于两个符号的字母表上的每个正则语言L，$perm(L)$是上下文无关的。

习题7.3.6 给出定理7.25的形式化证明：CFL在反转运算下是封闭的。

298

习题7.3.7 通过证明以下结论来完成定理7.27的证明：

$$(q_P, w, Z_0) \overset{*}{\underset{P}{\vdash}} (q, \varepsilon, \gamma)$$

当且仅当$((q_P, q_A), w, Z_0) \overset{*}{\underset{P'}{\vdash}} ((q, p), \varepsilon, \gamma)$，其中$p = \hat{\delta}(p_A, w)$。

7.4 CFL的判定性质

现在，考虑对于上下文无关语言来说能够回答哪些类型的问题。类似于关于正则语言的判定性质的4.3节，问题的出发点总是CFL的某种表示——文法或者PDA。由于从6.3节知道可以在文法和自动机之间相互转化，因此可以假定给出的是任何CFL的表示，只要方便即可。

读者将会发现对于CFL来说只有很少的东西能够被判定，我们能够做的最重要的事情就是判断一个语言是否为空以及一个给定的串是否属于该语言。因此在本节结束时将给出一个简单的讨论，该讨论是关于将在后面（第9章）证明为“不可判定的”那些类的问题的，也就是说，不存在解决它们的算法本节的内容。从关于一个语言的文法和PDA表示之间互相转化的复杂性的事实开始。对于一个CFL的给定的表示来说，判断任何该CFL性质的效率总是会牵扯到上面的这些考虑。

7.4.1 在CFG和PDA之间相互转化的复杂性

在开始考虑CFL的判定问题的算法之前，先来考虑一下从一种表示到另一种表示的转化的复杂性。当给定一个判定算法时，如果给出该语言的形式和该算法所需的形式不同，那么这个转化过程的运行时间总是该判定算法的代价的一部分。

在下文中，设n为整个PDA或者CFG的表示的长度。用这个参数来作为文法或自动机的大小的表示是比较“粗糙”的。之所以这么说，原因是某些算法的运行时间如果用更加详细的参数来刻画将会更加精确，这些参数比如：文法中变元的数目，PDA中转移函数中出现的堆栈符号串的长度之和等。

然而，评测总长度的方式对于辨别最重要的问题来说已经足够了，这里所说的最重要的问题是：一个算法是否和输入长度呈线性关系（也就是说，当输入长度增加时，它运行的时间是否增加得更快），是否和长度成指数关系（也就是说，你只能对很小规模的实例做转化），或者它是否是某个非线性多项式（也就是说，你可以运行该算法，即使是很大的实例也可以，只不过所需的时间将会相当长）。

299

至此已经见到过很多与输入的大小成线性的转化。由于它们只需要线性时间，因此它们作为输出产生的表示的产生速度很快，而且产生输出的大小也和输入大小可比。这些转化为：

1. 通过定理6.13中的算法把CFG转化为PDA。
2. 通过定理6.11中的构造方法来把以终结状态方式接受的PDA转化为以空栈方式接受的PDA。
3. 通过定理6.9中的构造方法来把以空栈方式接受的PDA转化为以终结状态方式接受的PDA。

另一方面，把PDA转化为文法（定理6.14）的运行时间比较复杂。首先，注意，输入的总长度n显然是状态和堆栈符号数的上界，因此为文法构造出的$[pXq]$形式的变元不会超过n^3个。然而，如果该PDA中存在把大量符号放入堆栈中的转移，则该转化过程的运行时间可以是指数的。注意一个规则最多可以把n个符号放入堆栈中。

如果从一个"$\delta(q, a, X)$包含$(r_0, Y_1Y_2\cdots Y_k)$"形式的规则来回顾文法产生式的构造过程，就会注意到这将引出一组$[qXr_k]\to[r_0Y_1r_1]\ [r_1Y_2r_2]\cdots[r_{k-1}Y_kr_k]$形式的产生式，其中$r_1, r_2, \cdots, r_k$可以是所有状态的列表。由于$k$可以接近于$n$，而且可以有接近于$n$个状态，因此总的产生式的数目可以达到$n^n$的规模。哪怕某个PDA只要写一个长的堆栈符号串，我们都无法完成这样的一般规模的PDA的构造过程。

幸运的是，这种最坏情况永远都不必要发生。就像习题6.2.8中所说，可以把对长的堆栈符号串的依次压入打断为一系列最多n步的每次压入一个符号的序列。也就是说，如果$\delta(q, a, X)$包含$(r_0, Y_1Y_2\cdots Y_k)$，那么就可以引入新状态$p_2, p_3, \cdots, p_{k-1}$。接着，用$(p_{k-1}, Y_{k-1}Y_k)$来代替$\delta(q, a, X)$中的$(r_0, Y_1Y_2\cdots Y_k)$，同时引入新的转移

$$\delta(p_{k-1}, \varepsilon, Y_{k-1}) = \{(p_{k-2}, Y_{k-2}Y_{k-1})\},\quad \delta(p_{k-2}, \varepsilon, Y_{k-2}) = \{(p_{k-3}, Y_{k-3}Y_{k-2})\}$$

等等，直到$\delta(p_2, \varepsilon, Y_2) = \{(r_0, Y_1Y_2)\}$。

现在，所有的转移都不包含多于两个的堆栈符号。我们已经增加了至多n个新状态，同时所有δ的转移规则的长度之和至多增加了一个常数因子，也就是说它仍然是$O(n)$。一共有$O(n)$条转移规则，每个能够产生$O(n^2)$个产生式，原因是从每个规则生成产生式时只需要选择两个状态即可。因此，构造出的文法的长度为$O(n^3)$，并且能够在立方时间内被构造出来。我们用下面的定理来总结上面非形式化的分析过程。

定理7.31 存在把其表示的长度为n的PDA P转化为长度至多为$O(n^3)$的CFG的$O(n^3)$算法。该CFG产生的是和P以空栈方式接受的语言相同的语言。同样也可以选择让G产生和P以终结状态方式接受的语言相同的语言。 □

300

7.4.2 变换到乔姆斯基范式的运行时间

由于判定算法可能首先依赖于把一个CFG变为乔姆斯基范式，因此我们也应该考虑一下已经介绍过的把任意的文法转化为CNF文法的多种算法的运行时间。它们中的很多步骤都只和文法的描述的长度相差一个常数因子：也就是说，从一个长度为n的文法出发，它们能够生成另一个长度为$O(n)$的文法。下面的事实列表总结了这些好的方面：

1. 使用合适的算法（见7.4.3节）可以在$O(n)$时间内检测一个文法的可达符号和产生符号。去除所得到的无用符号需要$O(n)$的时间，并且不会增加文法的大小。
2. 7.1.4节中构造单位对和去除单位产生式的算法需要$O(n^2)$的时间，并且导致长度为$O(n^2)$的文法。
3. 7.1.5节（乔姆斯基范式）中用产生式体中的变元来代替终结符的算法需要$O(n)$的时间，并且导致长度为$O(n)$的文法。
4. 7.1.5节中使用的把产生式的体打断为长度为3的体或者更进一步地打断为长度为2的体需要的时间也是$O(n)$，且所得文法的长度为$O(n)$。

坏的方面包括7.1.3节中的去除ε产生式的构造过程。如果有长度为k的产生式体，可以从这个产生式构造出新文法的2^k-1个产生式。因为k可以正比于n，构造过程的这一部分可能需要$O(2^n)$的时间，并且导致长度为$O(2^n)$的文法。

为了避免这个指数增长，只需要限定产生式体的长度即可。7.1.5节的技巧可以应用于任何产生式体，而不仅限于没有终结符的那种。因此，我们推荐把所有体比较长的产生式都打断为体的长度为2的一系列产生式，并且以此来作为去除ε产生式之前的预备工作。这步需要$O(n)$的时间，并且线性地增加文法的长度。这样，7.1.3节的去除ε产生式的构造过程将只对体的长度至多为2的产生式进行处理，在这样的工作方式下，该算法的运行时间是$O(n)$，并且产生文法的长度也是$O(n)$。

经过对整个CNF构造过程进行如上修改之后，其中唯一不是线性的步骤就是去除单位产生式的步骤。由于该步骤是$O(n^2)$的，因此得出以下结论：

定理7.32 给定一个长度为n的文法G，可以在$O(n^2)$的时间内找到一个和G等价的乔姆斯基范式的文法，并且所得到的文法的长度为$O(n^2)$。 □

301

7.4.3 测试CFL的空性

前面已经看到了一个能够测试CFL L是否为空的算法。给定语言L的文法G，使用7.1.2节中的算法来判定G的开始符号S是否是产生的，也就是说，S是否能够推导出至少一个串。L是空的当且仅当S不是产生的。

因为这个测试的重要性，我们将要详细地考虑找到文法G的全部产生符号所需的时间。假设G的长度为n，则可能有接近于n的数目的变元，且每次产生变元的归纳发现可能需要$O(n)$的时间来检查G的所有产生式。如果在每次测试中只能发现一个新的产生变元，则将会总共需要$O(n)$次测试。因此，一个直接的产生符号的测试的实现所需的时间是$O(n^2)$。

然而，存在一个更加细致的算法，它预先建立一个数据结构，以使产生符号的发现过程只需$O(n)$的时间。该数据结构如图7-11所示，从一个以变元为索引的数组出发（图的左部），它表明我们是否已经确定该变元是产生的。在图7-11中，由该数组可知我们已经发现B是产生的，但我们还不知道A是不是产生的。在算法结束时，剩余的问号都变成"no"，原因是不能由该算法发现为产生的符号事实上都是非产生的。

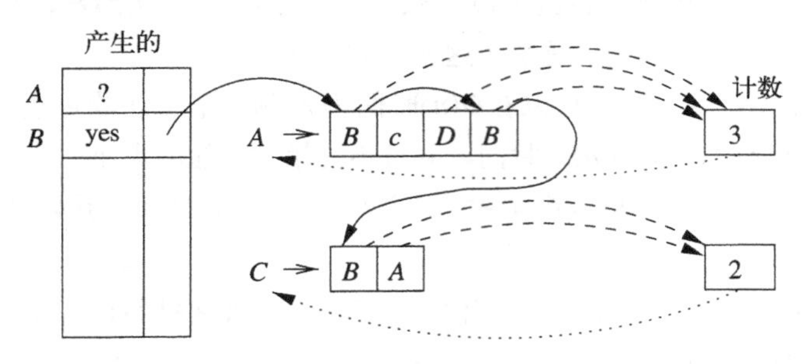

图7-11 线性时间的空性测试所使用的数据结构

可以通过建立许多类型的链接来对这些产生式进行预处理。首先，对于每个变元都有一个链把所有该变元出现的位置记录下来。例如，变元B的链在图中如实线所示。对于每个产生式，都有一个计数，它表示所有尚未考虑是否能够产生终结符串的变元的位置的个数。图中的虚线所示的是从产生式到它们的计数的链接。图7-11中所示的计数说明了还没有开始考虑任何变元，虽然已经知道了B是产生的。

假设已经发现B是产生的。我们就沿着从B出发的表示体中拥有B的位置的链接走下去。对于每个这样的位置，我们把该产生式的计数减一；为了判断头变元是否产生的，发现是产生的所需要的位置少了一个。

302

如果一个计数变为了0，则知道头变元是产生的。可以通过点线所示的链接找到该变元，接着我们可能把该变元放到一个队列中以表示这次发现的结果还需要研究（正如刚刚对变元B所做的那样）。这个队列在图中没有给出。

必须证明该算法需要的时间是$O(n)$的。要点如下：

- 因为大小为n的文法中至多有n个变元，所以该数组的建造和初始化过程所需的时间都是$O(n)$的。
- 因为至多有n个产生式，并且它们的总长度最大为n，所以图7-11中所示的链接和计数的初始化过程所需的时间都是$O(n)$的。
- 当发现一个产生式的计数为0时（也就是说，所有它的体中的位置都是产生的），所需要做的工作可以分为两类：
  1) 对于该产生式的工作：当发现计数为0时，找到该变元（也就是头变元），比如为A，检查它是否已知是产生的，如果不是就把它放入队列。对于每个产生式这些步骤所需的时间都是$O(1)$，因此总的来说这种类型的工作所需的时间至多为$O(n)$。
  2) 当访问到产生式的体中的位置正是该头变元A时所做的工作。这些工作正比于是A的位置的数目。因此，处理所有的产生符号所需的工作总量正比于所有产生式体的长度之和，也就是$O(n)$。

因此得出结论：该算法总的工作所需的时间为$O(n)$。

线性空性测试的其他用法

7.4.3节所述的用于测试变量是否是产生的这种数据结构和计数技巧也可用于使7.1节中的某些其他测试为线性时间的。两个重要的示例是：

1. 哪些符号是可达的。
2. 哪些符号是可空的。

7.4.4 测试CFL的成员性

我们也可以判定一个串w对于一个CFL L来说的成员性。有很多低效的方法来做这个测试，它们所需的时间都是$|w|$的指数，其中假设已经给定了语言L的一个文法或者PDA且把它们的大小看作和w无关的常数。例如，从把给定的L的某种表示转化为L的CNF文法出发。由于乔姆斯基范式文法的语法分析树都是二叉树，所以如果w的长度是n则在该树中恰好有$2n-1$个标号为变元的节点（对于该结果有一个很简单的归纳证明，把它留给读者）。因此可能存在的树的数目以及节点标号的数目也“只不过”是n的指数，因此原则上可以把它们全列出来然后检查一下是否它们中的某个的产物为w。

303

有一个基于“动态规划（dynamic programming）”思想的有效得多的技术，也许就是“填表算法”或“做表法”。这个算法称为CYK算法㊀，它从语言L的CNF文法$G=(V, T, P, S)$出发。该算法的输入是T^*中的串$w=a_1a_2\cdots a_n$。该算法在$O(n^3)$的时间内构造出一个表明w是否属于L的表。注意，当计算这个运行时间时，认为该文法本身是固定的，因此它的大小对运行时间的影响只是一个常数因子，因此运行时间是以正在测试属于L的成员的串w的长度来度量的。

在CYK算法中，我们构造一个三角形的表，如图7-12所示。水平轴对应于串$w=a_1a_2\cdots a_n$中的位置，在图中假定w的长度为5。表项X_{ij}是满足$A\overset{*}{\Rightarrow}a_ia_{i+1}\cdots a_j$的变元$A$的集合。特别要注意，我们所关心的是$S$是否属于集合$X_{1n}$，因为如果是就等价于$S\overset{*}{\Rightarrow}w$，即$w$属于$L$。

X_{15}				
X_{14}	X_{25}			
X_{13}	X_{24}	X_{35}		
X_{12}	X_{23}	X_{34}	X_{45}	
X_{11}	X_{22}	X_{33}	X_{44}	X_{55}
a_1	a_2	a_3	a_4	a_5

图7-12 由CYK算法构造的表

304

为了填上该表，一行一行、从下向上地进行处理，注意，每行对应于一种长度的子串；最下面的一行对应着长度为1的串，倒数第二行对应着长度为2的串，依此类推，直到最上面的一行对应着长度为n的子串，也就是w本身。计算该表中的任何一个表项都需要$O(n)$的时间，所用的方法将在下面接着介绍。因为该表中共有$n(n+1)/2$个表项，所以构造整个表的过程所需的时间是$O(n^3)$的。下面是计算X_{ij}的算法：

基础：按下面的方式计算第一行。因为从位置i开始且结束于位置i的串就是终结符a_i，且该文法是CNF的，所以推导出串a_i的唯一的途径是使用$A\to a_i$形式的产生式。因此，X_{ii}是使得$A\to a_i$是G的产生式的变元A的集合。

归纳：假设想要计算出X_{ij}，它处在第$j-i+1$行，并且已经计算出了所有它下面的行里的X。

㊀ 它是由三个独立发现同样思想本质的人来命名的：J. Cocke、D. Younger和T. Kasami。

也就是说，已知道了所有比$a_ia_{i+1}\cdots a_j$短的串，并且特别地也已知道了所有这样的串的真前缀和真后缀。因为可以假设 $j-i>0$（因为$i=j$的情况是在基础部分），因此可知任何推导 $A\overset{*}{\Rightarrow}a_ia_{i+1}\cdots a_j$ 一定从某步 $A\Rightarrow BC$ 出发。然后，B推导出某个$a_ia_{i+1}\cdots a_j$的前缀，比如 $B\overset{*}{\Rightarrow}a_ia_{i+1}\cdots a_k$，其中$k<j$。同样，$C$也一定推导出$a_ia_{i+1}\cdots a_j$的剩下的部分，即 $C\overset{*}{\Rightarrow}a_{k+1}a_{k+2}\cdots a_j$。

因此得知：为了使A属于X_{ij}，必须找到变元B和C以及整数k满足：

1. $i\leqslant k<j$。
2. B 属于X_{ik}。
3. C属于$X_{k+1,j}$。
4. $A\to BC$是G的产生式。

为了对这样的变元A进行寻找，需要至多比较n对以前计算出来的集合：$(X_{ii}, X_{i+1,j})$, $(X_{i,i+1}, X_{i+2,j})$，依此类推，直到$(X_{i,j-1}, X_{jj})$。图7-13所示的是这些进行比较的集合的模式，在这种模式中前一个在X_{ij}以下从下向上，后一个沿着对角线向下。

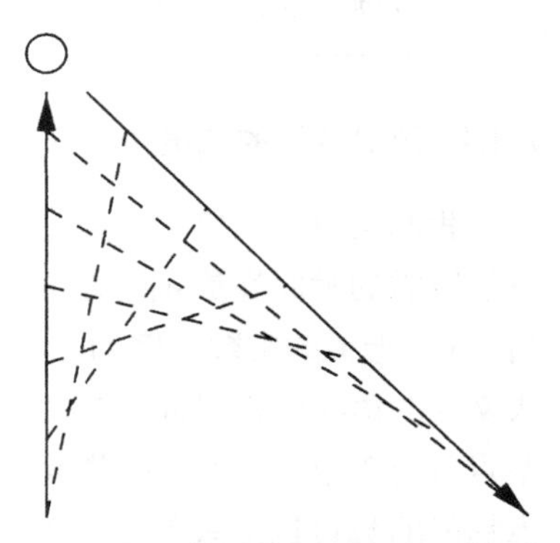

图7-13 X_{ij}的计算需要把向下的列和向右的对角线进行进行比较

定理7.33 上面所述的算法能够对于所有的i和j正确地计算出X_{ij}，因此w属于$L(G)$当且仅当S属于X_{1n}。而且，该算法所需的运行时间是$O(n^3)$。

305

证明 该算法能够找到正确的集合的原因已经在介绍该算法的基础和归纳部分时进行了解释。对于运行时间，注意一共需要计算$O(n^2)$个表项，并且每个表项的计算需要对n对表项进行比较和计算。最重要的是要记住：虽然在每个集合X_{ij}中可能会有很多变元，但文法G是固定的，因此它的变元数是和n无关的，也就和被测试成员性的串w的长度无关。因此，用来比较两个表项X_{ik}和$X_{k+1,j}$，以及找到应加入X_{ij}的变元的时间是$O(1)$的。由于对于每个X_{ij}来说至多有n个这种对，因此总的工作是$O(n^3)$的。 □

例7.34 下面是一个CNF文法G的产生式：

$$S\to AB\mid BC$$
$$A\to BA\mid a$$
$$B\to CC\mid b$$
$$C\to AB\mid a$$

我们将对$L(G)$测试串$baaba$的成员性。图7-14给出了对于该串所填的表。

{S,A,C}				
–	{S,A,C}			
–	{B}	{B}		
{S,A}	{B}	{S,C}	{S,A}	
{B}	{A,C}	{A,C}	{B}	{A,C}
b	*a*	*a*	*b*	*a*

图7-14 用CYK算法对串$baaba$所构造的表

为了构造第一（最下面的）行，使用基础规则。只要考虑产生式体为a的变元（这样的变元为A和C）以及产生式体为b的变元（这样的变元只有B）。因此，在a上面的位置中看到表项$\{A, C\}$，而b上面的位置中看到表项$\{B\}$。也就是说，$X_{11}=X_{44}=\{B\}$，$X_{22}=X_{33}=X_{55}=\{A, C\}$。

在第二行中看到X_{12}, X_{23}, X_{34}和X_{45}的值。例如，看

一下X_{12}是如何算出来的。只有一种方式来把从位置1到2的子串（即ba）打断为两个非空子串。第一个一定是位置1，而第二个一定是位置2。为了让一个变元能产生ba，它一定有一个其第一个变元属于$X_{11} = \{B\}$（也就是说，它产生b），而第二个变元属于$X_{22} = \{A,C\}$（也就是说，它产生a）的产生式体。这个产生式体只能是BA或BC。如果检查一下该文法，就会发现只有产生式$A \to BA$和$S \to BC$拥有这样的体。因此两个头A和S组成了X_{12}。

306

举一个更复杂的例子，考虑X_{24}的计算。对于占据位置2到4的串aab，可以从位置2后面或者位置3后面来打断它。也就是说，可以在C_{24}的定义中选择$k = 2$或者$k = 3$。因此，必须考虑所有$X_{22}X_{34} \cup X_{23}X_{44}$中的体。这个串的集合是$\{A, C\}\{S, C\} \cup \{B\}\{B\} = \{AS, AC, CS, CC, BB\}$。在该集合的五个串中，只有$CC$是产生式体，且该产生式的头是$B$。因此$X_{24} = \{B\}$。□

7.4.5 不可判定的CFL问题一览

在后面的几章中会介绍一个非凡的理论，该理论能够使我们通过形式化的方法来证明有些问题是无法通过能在计算机上运行的算法来解决的。我们将会用它来证明确实存在很多无法用算法解决的看上去很简单的关于文法和CFL的问题，它们被称为“不可判定问题”。现在，暂时用一系列非常有意义的关于上下文无关文法和上下文无关语言的不可判定问题来充实一下。下面的问题都是不可判定的：

1. 某个给定的CFG G是歧义的吗？
2. 某个给定的CFL是固有歧义的吗？
3. 两个CFL的交为空吗？
4. 两个CFL相同吗？
5. 某个给定的CFL等于Σ^*吗？其中Σ是该语言的字母表？

注意，关于歧义性的问题(1)，在风格上和其他的问题有些不同：它是一个关于文法的问题，而不是关于语言的问题。虽然所有其他的问题都假定已经给定了一个该语言文法或者PDA，但是所问的问题是针对这个给定的文法或者PDA所定义的语言的。例如，和问题(1)相比，第二个问题问的是一个给定的文法G（或者一个PDA，情况也类似）是否存在某个和它等价的无歧义的文法G'。如果G本身是无歧义的，则答案当然是“是”，但是如果G是歧义的，则仍然有可能存在其他和它定义同样语言的无歧义的文法G'，就像在例5.27中学习的表达式文法一样。

7.4.6 习题

习题7.4.1 给出判定以下问题的算法：

* a) 对于一个给定的CFG G，$L(G)$是否是有限的？*提示*：使用泵引理。

! b) 对于一个给定的CFG G，$L(G)$是否至少包含100个串？

307

!! c) 给定一个CFG G和一个它的变元A，是否存在以A为第一个符号的句型？*注意*：记得有可能A首先出现在某个句型的中间但是接下来所有它左边的符号都推导出了ε。

习题7.4.2 使用7.4.3节中描述的技术来开发出解决以下关于CFG的问题的线性时间算法：

a) 哪些符号能够出现在句型中？

b) 哪些符号是可空的（推导出ε）？

习题7.4.3 对于例7.34中的文法G，用CYK算法来确定下列串是否属于$L(G)$：

* a) *ababa*。

b) *baaab*。

c) *aabab*。

* **习题7.4.4** 证明：在任何CNF文法中，所有长度为n的串的语法分析树都有$2n-1$个内部节点（也就是说，$2n-1$个以变元为标号的节点）。

! **习题7.4.5** 修改CYK算法，使之能够给出对于一个给定的输入的不同的语法分析树的个数，而不是仅仅给出在该语言中的成员性。

7.5 小结

- *去除无用符号*：如果在某个CFG中的某个变元不能推导出终结符串，而且它不可能出现在由开始符号推导出的至少一个串中，则可以从CFG中去除它。为了正确地去除这类无用符号，必须首先测试一个变元是否能够推导出终结符串，然后去除那些不能推导出终结符串的变元以及所有它们的产生式。然后只去除那些无法从开始符号推导出的符号。
- *去除ε产生式和单位产生式*：给定一个CFG，可以找到另外一个除了ε之外能够产生同样语言的CFG，因此也就没有ε产生式（体为ε的产生式）或者单位产生式（体为单个变元的产生式）。
- 308 *乔姆斯基范式*：给定一个至少能够推导出一个非空串的CFG，可以找到另外一个除了ε之外产生同样语言的并且是乔姆斯基范式的CFG：没有无用符号，并且每个产生式体只包含两个变元或者一个终结符。
- *泵引理*：在任何CFL中，在任何属于该语言的足够长的串中，都可以找到一个下面这样的短串：它的两端可以作为相互合作被"泵"，也就是说，可以把每一个重复任意多次。被泵的串不会都是ε。这个引理，以及另一个在习题7.2.3中介绍的称为奥格登引理的更强的版本，可以使我们证明许多语言不是上下文无关的。
- *保持上下文无关语言的运算*：CFL在代入、并、连接、闭包（星）、反转以及逆同态这些运算下是封闭的。CFL在交运算和补运算下不是封闭的，但CFL和正则语言的交仍然是CFL。
- *测试CFL的空性*：给定一个CFG，存在一个算法能够判断它是否产生至少一个串。有一个细致的实现能够在正比于文法大小的时间内完成该测试。
- *测试CFL的成员性*：CYK（Cocke-Younger-Kasami）算法能够判断一个给定的串是否属于一个给定的上下文无关语言。对于一个固定的CFL，它的测试时间是$O(n^3)$，其中n是被测试的串的长度。309

7.6 参考文献

乔姆斯基范式来自[2]。格雷巴赫范式来自[4]，虽然习题7.1.11中给出的构造方法是由M. C. Paull给出的。

许多上下文无关语言的基本性质来自[1]。这些思想包括泵引理、基本封闭性以及对于简单的问题（比如CFL的空性和有穷性）的测试。另外[6]是交和补的不封闭性的来源，[3]则提供了其他一些封闭性的结果，包括CFL在逆同态下的封闭性。奥格登引理来源于[5]。

CYK算法已经知道有三个独立的来源。J. Cocke的工作是私下传播的，并未发表过。T. Kasami的本质上是同样的算法的论著仅出现在一份美国空军的内部的备忘录上。然而，D. Younger的著作是按照常规发表了的[7]。

1. Y. Bar-Hillel, M. Perles, and E. Shamir, “On formal properties of simple phrase-structure grammars,” *Z. Phonetik. Sprachwiss. Kommunikations-forsch.* **14** (1961), pp. 143–172.

2. N. Chomsky, “On certain formal properties of grammars,” *Information and Control* **2**:2 (1959), pp. 137–167.

3. S. Ginsburg and G. Rose, “Operations which preserve definability in languages,” *J. ACM* **10**:2 (1963), pp. 175–195.

4. S. A. Greibach, “A new normal-form theorem for context-free phrase structure grammars,” *J. ACM* **12**:1 (1965), pp. 42–52.

5. W. Ogden, “A helpful result for proving inherent ambiguity,” *Mathematical Systems Theory* **2**:3 (1969), pp. 31–42.

6. S. Scheinberg, “Note on the boolean properties of context-free languages,” *Information and Control* **3**:4 (1960), pp. 372–375.

7. D. H. Younger, “Recognition and parsing of context-free languages in time n^3,” *Information and Control* **10**:2 (1967), pp. 189–208.

310 ~ 314

图灵机导引

在本章中，本书的讨论方向有大的改变。到目前为止，把主要兴趣放在简单语言类及其用于相当受限制的问题（比如协议分析、文本搜索、或程序语法分析等）的方法上。现在，开始考虑无论什么样的任意计算装置能定义什么语言的问题。这个问题等价于计算机能做什么的问题，因为识别语言中的串是表示任意问题的形式化方法，解答问题则是计算机做什么的合理表示。

本章利用假设的C程序设计知识，从非形式化论证开始，证明存在不能用计算机解答的具体问题。这些问题称为“不可判定的”。然后介绍计算机的由来已久的形式化，即所谓图灵机。图灵机外表不像个人电脑，假如某个突然冒出来的公司决定制造和出售图灵机，那么那种图灵机可能是非常低效的，但图灵机一直被认为是关于任意物理计算装置能做什么的精确模型。

在第9章中，使用图灵机来发展“不可判定”问题的理论，即任何计算机都不能解决的问题。证明许多容易表达的问题事实上是不可判定的。一个例子是断定给定的文法是否歧义，我们还将看到许多其他例子。

8.1 计算机不能解答的问题

本节的目标是给出非形式化的、基于C程序设计的介绍，来证明存在计算机不能解答的具体问题。讨论的具体问题是：C程序显示的开头是否为hello, world。可能设想对程序的模拟将允许断定程序做什么，但在现实中必须处理那些花费了超乎想象的长时间之后还根本没有产生任何输出的程序。这个问题——不知道某件事情将在何时发生（假如终究发生）——是不能断定程序做什么的根本原因。但形式化地证明不存在完成规定任务的程序，这是非常棘手的，需要开发一些形式化的技巧。在本节中，给出形式化证明背后的直觉。

315

8.1.1 显示“hello, world”的程序

图8-1中是学生们读Kernighan和Ritchie的经典著作[⊖]时遇到的第一个C程序。很容易发现这个程序显示hello, world并终止。这个程序太简单易懂了，结果形成这样一种惯例，即通过说明如何用一些语言来写显示hello, world的程序来介绍这些语言。

```
main()
{
    printf("hello, world\n");
}
```

图8-1 Kernighan和Ritchie的hello, world程序

不过，存在其他程序也显示hello, world，而这些程序这样做的事实却远非显然。图8-2

⊖ B. W. Kernighan and D. M. Ritchie, *The C Programming Language*, 1978, Prentice-Hall, Englewood Cliffs, NJ.

说明另一个程序可能显示hello, world。这个程序获得输入n，寻找方程$x^n + y^n = z^n$的正整数解。如果找到一个解，就显示hello, world。如果永远找不到满足方程的整数x, y和z，就永远继续搜索下去，永不显示hello, world。

```
int exp(int i, n)
/* 计算i的n次幂 */
{
    int ans, j;
    ans = 1;
    for (j=1; j<=n; j++) ans *= i;
    return(ans);
}

main ()
{
    int n, total, x, y, z;
    scanf("%d", &n);
    total = 3;
    while (1) {
        for (x=1; x<=total-2; x++)
            for (y=1; y<=total-x-1; y++) {
                z = total - x - y;
                if (exp(x,n) + exp(y,n) == exp(z,n))
                    printf("hello, world\n");
            }
        total++;
    }
}
```

图8-2　费马大定理表示成hello, world程序

为了理解这个程序所做的，首先注意exp是计算指数的辅助函数。主程序需要按照某种顺序搜索三元组(x, y, z)，以保证最终达到每个正整数三元组。为了适当地组织搜索，使用第四个变量total，初值为3，在while循环中每次加1，最终达到任何有穷整数。在while循环内，把total分成三个正整数x, y, z，先让x从1漫游到total-2，在for循环中让y从1漫游到total减去x再减1。剩下来的数一定在1与total-2之间，把这个数给z。

在最内层循环中，测试三元组(x, y, z)看是否$x^n + y^n = z^n$。若是，则程序显示hello, world，若否，则什么也不显示。

316

如果程序读到n值是2，则程序最终将找到$x^n + y^n = z^n$的整数组合，比如total = 12, $x = 3, y = 4, z = 5$。因此，对输入2，程序的确显示hello, world。

但是，对任何整数$n>2$，程序将永远找不到满足$x^n + y^n = z^n$的正整数三元组，因此不显示hello, world。说来有趣，直到几年前，还不知道这个程序是否对某个大整数n将显示hello, world。费马在300年前断言过将不显示，即如果$n>2$，则方程$x^n + y^n = z^n$没有整数解，但是直到最近才找到证明。这个命题通常称为“费马大定理”。

定义hello-world问题为：确定带有给定输入的给定C程序是否显示hello, world作为程序显示的前12个字符。在后面的讨论中，常常用程序显示hello, world的命题作为省略语，表

示程序显示hello, world作为其显示的前12个字符。

如果数学家们花费300年解答关于简单的22行程序的问题，那么断定给定程序在给定输入上是否显示hello, world的一般问题，似乎当然一定是困难的。事实上，数学家们还不能解答的任何问题都能转变为这种形式的问题：“具有这个输入的这个程序是否显示hello, world?”因此，假如能够编写程序来检查任何程序P和P的输入I，并断定P以I作为输入来运行是否显示hello, world，那这当然就是非同寻常的。本章将证明这样的程序不存在。

为什么不可判定问题一定存在

证明具体问题（比如这里讨论的hello-world问题）一定是不可判定的是棘手的，但非常容易看出为什么几乎所有问题采用与程序设计有关的任何系统都一定是不可判定的。回忆一下，“问题”其实就是串在语言中的成员性。在任何多符号字母表上，不同语言的数目都是不可数的。也就是说，没有办法把整数指派给语言，使得每个语言有一个整数，且每个整数只指派给一个语言。

另一方面，程序作为有穷字母表（典型的是ASCII字母表的子集合）上有穷的串，是可数的。也就是说，可根据长度顺序来排列程序，并按字母顺序来排列相同长度的程序。因此，可谈及第1个程序、第2个程序，一般说来第i个程序（对于任意整数i）。

结果我们知道程序比问题要少无穷多个。假如随机地挑选语言，几乎能确定挑选的将是不可判定问题。大多数问题似乎都是可判定的，其唯一理由是人们很少注意随机问题。更恰当地说，人们倾向于考虑还算简单的、带有良好结构的问题，当然这些问题常常是可判定的。但即使在人们感兴趣的、能清楚而简洁地叙述的问题中，也发现许多问题是不可判定的；hello, world问题就是相关的例子。

8.1.2 假设中的“hello, world”检验程序

进行hello, world检验的不可能性证明是归谬证明。也就是说，假设存在程序（称为H）以程序P和输入I作为输入，断定带输入I的P是否显示hello, world。图8-3表示H做什么。具体地说，H产生的唯一输出是：显示3个字符yes或显示2个字符no。总是非此即彼。

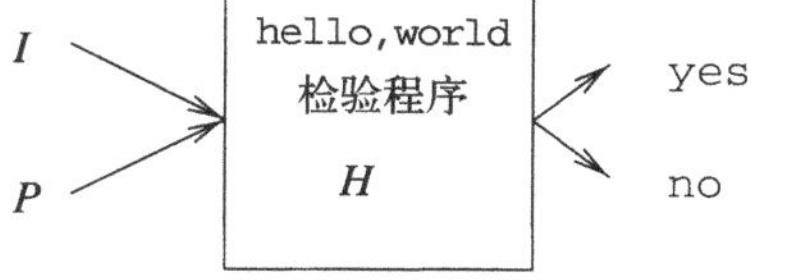

317
~
318

如果问题有像H那样的算法总是正确地断定问题实例有答案“yes”或“no”，就说问题是“可判定的”，否则，说问题是“不可判定的”。本节目标是证明H不存在，即hello, world问题是不可判定的。

I
P
hello,world
检验程序
H
yes
no

图8-3 假设中的程序H是hello,world探测程序

为了通过归谬法来证明这个命题，将多次修改H，最终构造称为H_2的相关程序，并证明H_2不存在。由于对H的修改都是可对任何C程序来做的简单变换，所以唯一可质疑的命题是H的存在性，所以正是这个假设导出了矛盾。

为了简化本节的讨论，将做几点关于C程序的假设。这些假设减轻而非加重H的工作，所以，如果对这些受限制的程序能证明“hello,world检验程序”不存在，那么能对更大程序类起作

用的检验程序就肯定不存在。本节的假设是：

1. 所有输出都基于字符，即不用图形包或任何其他工具来产生非字符形式的输出。

2. 用`printf`产生所有基于字符的输出，而不用`putchar()`或其他基于字符的输出函数。

现在假设程序H存在。第一个修改是改变输出`no`，`no`是当输入程序P不显示`hello, world`时H所做的反应。一旦H显示“n”，就知道最终将跟着“o”[⊖]。因此，可把H中任何显示“n”的`printf`语句修改成显示`hello, world`。省略其他显示“o”而不显示“n”的`printf`语句。结果是，恰好当H将显示“no”时，新的程序（称为H_1）显示`hello, world`，除此之外，H_1行为类似于H。H_1如图8-4所示。

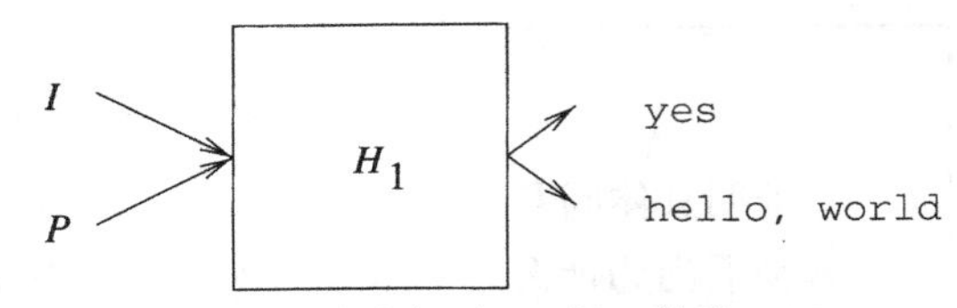

图8-4　H_1行为类似于H，但H_1输出`hello, world`来代替输出`no`

这个程序的下一个改变有点棘手，这个改变本质上就是允许阿兰·图灵证明关于图灵机的不可判定性结果的那种洞察力。我们感兴趣的正是以其他程序作为输入并断定关于其他程序一些性质的程序，所以将限制H_1使得它：

a) 只取输入P，而不是P和I。

b) 问：假如P的输入是P自身的编码，那么P将做什么？也就是P既作为程序又作为输入I，在这样的输入上H_1将做什么？

319

为了产生如图8-5所示的程序H_2，在H_1上必须进行如下修改：

1. H_2首先读整个输入P并把P保存在数组A中，A是为这个目的而“malloc”[⊜]的。

2. H_2然后模拟H_1，但每当H_1将从P或I读输入时，H_2就读A中保存的副本。为明了H_1读了多少P和I，H_2保持两个指针来标记在A中的位置。

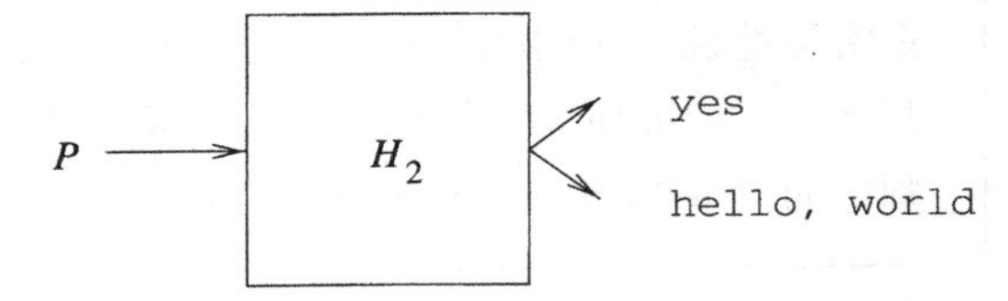

图8-5　H_2行为类似于H_1，但使用输入P同时作为P和I

现在准备证明H_2不可能存在。因此H_1不存在，同理H不存在。论证的核心是想象当给定H_2自身作为输入时H_2做什么。这种情况如图8-6所示。回忆一下，给定H_2任意程序P作为输入，如果P以自身作为输入显示`hello, world`，则H_2输出`yes`。而且，如果P以自身作为输入不显示`hello, world`作为开头输出，则H_2输出`hello, world`。

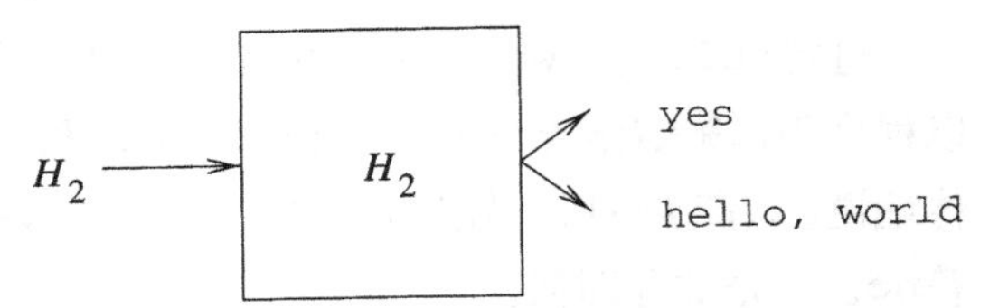

图8-6　当给定自身作为输入时H_2做什么

假设如图8-6中方框所示的H_2输出`yes`。于是方框中H_2正是这样表明输入H_2的，即H_2以自身作为输入显示`hello, world`作为开头输出。但是，刚刚假设了H_2的开头输出是`yes`，而不是`hello, world`。

图8-6中方框的输出似乎是`hello,world`，因为一定是非此即彼的。但是，如果H_2以自身

⊖ 程序极可能在一个`printf`中显示“no”，但也可能在一个`printf`中显示“n”，而在另一个`printf`中显示“o”。

⊜ UNIX的`malloc`系统函数分配一块内存，在`malloc`的调用中规定其大小。在直到程序运行时才能确定所需内存数量的情况下使用这个函数，比如读任意长度的输入时就可能是这种情况。典型情况下，可能多次调用`malloc`，因为读越来越多的输入，就需要不断增多的空间。

作为输入首先显示hello, world，则图8-6中方框的输出一定是yes。无论假设H_2有什么输出，都能论证H_2有另一种输出。

这种情况是悖论，结论是H_2不可能存在。结果是从H存在的假设导出了矛盾，即已经证明了没有任何程序H能断定，给定程序P及其输入I，P是否显示hello, world作为开头输出。 320

8.1.3 把问题归约到另一个问题

现在，这样就有了一个问题：带有给定输入的给定程序是否首先显示hello, world？计算机不能解答的问题称为*不可判定的*。在9.3节中将给出"不可判定"的形式化定义，目前暂时非形式化地使用这个术语。假设希望确定计算机能否解决某个其他问题。可以试着写程序来解决这个问题，但如果不能断定如何这样做，就可尝试证明不存在这样的程序。

通过类似于hello-world问题所用过的技术也许能证明新问题是不可判定的：假设有一个程序解决这个问题，然后开发像程序H_2那样一定做两件矛盾事情的悖论程序。不过，一旦拥有已知是不可判定的问题，就再也没有必要证明存在悖论情况。证明假如能解决新问题，就能用这个解法来解决已知是不可判定的问题，这就足够了。这个策略如图8-7所示，这种技术称为从P_1到P_2的*归约*。

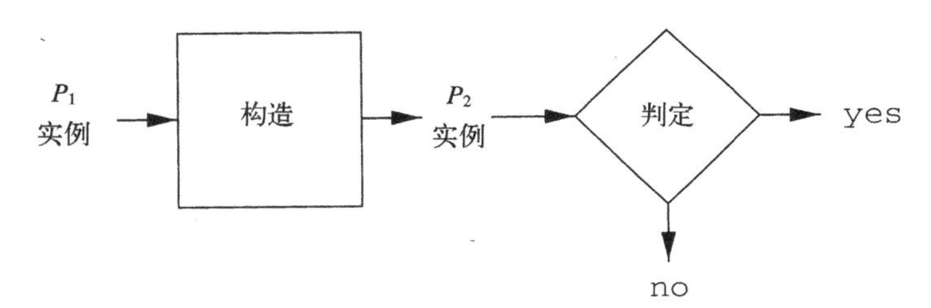

图8-7 如果能解决问题P_2，就能用P_2的解法来解决问题P_1

假设已知问题P_1是不可判定的，P_2是希望证明其也是不可判定的新问题。假设存在如图8-7中标记为"判定"的菱形所示的程序；这个程序根据问题P_2输入实例是否属于问题P_2的语言⊖来显示yes或no。 321

为了证明问题P_2是不可判定的，需要发明如图8-7中方框所示的构造，把P_1实例转化为有相同答案的P_2实例。也就是说，把P_1中任意串转化为P_2中某个串，把P_1字母表上不属于语言P_1的任何串转化为不属于语言P_2的串。一旦拥有这个构造，就能解决P_1如下：

1. 给定P_1实例，即给定可能属于或不属于语言P_1的串w，应用构造算法来产生串x。
2. 检验x是否属于P_2，用同样答案回答w是否属于P_1。

如果w属于P_1，则x属于P_2，所以这个算法输出yes。如果w不属于P_1，则x不属于P_2，这个算法输出no。无论如何，算法说出关于w的事实。曾经假设过判定串是否属于P_1的算法不存在，所以已经用归谬法证明了假设中的P_2判定算法不存在，即P_2是不可判定的。

例8.1 利用这个方法证明问题"给定输入y，程序Q是否曾经调用函数foo"是不可判定的。注意，Q可能没有函数foo，在这样的情况下问题是容易的，困难的情况是当Q有函数foo，但

⊖ 回忆一下，问题其实是语言。当谈及判定给定程序和输入是否产生hello, world作为开头输出的问题时，其实谈论的是由C源程序和后面跟着的被程序读的任意（多个）输入文件组成的字符串。

对输入y可能到达也可能不到达对`foo`的调用时。因为我们只知道一个不可判定问题，所以hello-world问题将起图8-7中P_1的作用。P_2将是刚刚提到的foo调用问题。假设存在程序解决foo调用问题。下面的任务是设计算法把hello-world问题转化为foo调用问题。

计算机真的能做所有这些吗？

如果检查诸如图8-2这样的程序，也许会问这个程序是否真的搜索费马大定理的反例。毕竟，在典型计算机中整数只有32位长度，如果最小反例都涉及几十亿那么大的整数，则在找到解之前就会发生溢出错误。事实上，可以论证带有128M主存和30G硬盘的计算机“只”有$256^{30128000000}$种状态，因此只是有穷自动机。

不过，认为计算机是有穷自动机（或认为大脑是有穷自动机，FA思想来源于此）是徒劳的。有关的状态数是如此巨大，界限又是如此不清楚，所以得不出任何有用结论。事实上，有各种各样理由相信在必要时能任意地扩展计算机的状态集合。

例如，整数可表示成任意长度的数字链表。如果耗尽了内存，程序可显示请求，让人来拆下硬盘、保存起来、换上空的硬盘。随着时光流逝，计算机可以显示请求，在计算机需要的那么多个硬盘中进行切换。这个程序可能比图8-2中的程序复杂得多，但并未超出人写程序的能力。类似的技巧应当能够允许任何其他程序避免由内存大小、整数大小或其他数据项大小引起的有穷限制。

也就是说，给定程序Q和输入y，必须构造程序R和输入z，使得R对输入z调用`foo`当且仅当Q对输入y显示`hello, world`。构造并不难：

1. 如果Q有函数称为`foo`，则重新命名这个函数及对这个函数的调用。显然新程序Q_1恰好做Q所做的事情。
2. 给Q_1添加函数`foo`。这个函数什么都不做，也不被调用。得到的程序是Q_2。
3. 修改Q_2来记录其显示的前12个字符，在全局数组A中保存这些字符。设得到的程序是Q_3。
4. 修改Q_3使得每当它执行输出语句时，就检查数组A看是否已经写了12个字符或更多，如果是，就看它12个字符是否是`hello, world`。在是的情况下，调用在第(2)条中加入的新函数`foo`。得到的程序是R，输入z与y相同。

322
~
323

归约的方向是重要的

常见的错误是试图通过把问题P_2归约到某个已知的不可判定问题P_1上来证明P_2是不可判定的；即证明命题“如果P_1是可判定的，则P_2是可判定的”。这个命题确实为真，但毫无用处，因为前提“P_1是可判定的”是不正确的。

证明新问题P_2不可判定的唯一方法是把已知的不可判定问题P_1归约到P_2上。通过这种方式证明命题“如果P_2是可判定的，则P_1是可判定的”。这个命题的逆否命题是“如果P_1是不可判定的，则P_2是不可判定的”。已知P_1是不可判定的，所以能推导出P_2是不可判定的。

假设Q对输入y显示`hello, world`作为开头输出。于是构造的R将调用`foo`。但如果Q对输入y不显示`hello, world`作为开头输出，则构造的R将永不调用`foo`。如果能判定R对输入z是否调用`foo`，也就知道Q对输入y（记住$y = z$）是否显示`hello, world`。因为已知不存在算法判定hello-world问题，而且通过编辑程序代码的程序就能完成从Q构造R的4个步骤，所以存在foo调用检验程序的假设是错误的。不存在这样的程序，foo调用问题是不可判定的。 □

8.1.4 习题

习题8.1.1 给出从hello-world问题到下列每个问题的归约。使用本节的非形式化风格来描述那些似是而非的程序变换，不要担心真实计算机强加的诸如文件大小或内存大小这样的真实限制。

*! a) 给定程序和输入，程序是否最终停机；即程序在输入上是否永远不死循环？

b) 给定程序和输入，程序是否最终产生任何输出？

! c) 给定两个程序和一个输入，这两个程序对给定输入是否产生相同的输出？

8.2 图灵机

不可判定问题理论的目标，不仅是建立这类问题的存在性（这本身就是在智力上使人兴奋的想法），而且是给程序员提供通过编程可能可以做什么或可能不可以做什么的指南。当在第10章中讨论虽可判定但需大量时间才能解决的问题时，这个理论也有巨大的实用影响。与不可判定问题相比，难解问题会给程序员和系统设计员设置更大的困难。因为不可判定问题通常都是非常明显不可判定的，在实践中几乎不需要解决这些问题，而难解问题每天都会遇到。而且，难解问题常常让步于需求中的小改动或者启发式解法。因此，设计员非常频繁地遇到这样的事情：必须判定问题是否属于难解的一类，如果是，就决定对其采取什么行动。 324

我们需要一些工具来证明日常问题是不可判定或难解的。8.1节介绍的技术对于涉及程序的问题是有用的，但却不容易转化到不相关领域中的问题上。例如，把hello-world问题归约到文法是否歧义的问题上，就可能有巨大困难。

结果是，建立不可判定性理论需要不是基于用C或另一种语言写的程序，而是基于非常简单的计算机模型，即所谓图灵机。这种装置本质上是具有无穷长的单条带的有穷自动机，在带上可以读写数据。作为什么是能计算的一种表示，图灵机比程序优越的一点是图灵机足够简单，它采用非常类似于PDA的ID的简单记号，就能准确地表示图灵机的格局。相比之下，C程序具有状态（涉及任何已经进行的函数调用序列中的所有变元），但描述这些状态的记号却太复杂了，以致不能做出可理解的形式化证明。

我们将使用图灵机记号来证明与程序设计似乎无关的某些问题是不可判定的。例如，9.4节将证明涉及串的两个表的简单问题“波斯特对应问题”是不可判定的，这个问题使得容易证明关于文法的问题（例如歧义性）是不可判定的。同样，介绍难解问题时将发现与计算似乎无关的某些问题（例如布尔公式可满足性）是难解的。

8.2.1 寻求判定所有数学问题

在20世纪到来之际，数学家D. 希尔伯特（D. Hilbert）问是否有可能找到算法来确定任何数学命题的真伪性。具体地说，希尔伯特问是否存在方法来确定整数上一阶谓词演算中任何公式是否为真。整数一阶谓词演算有足够能力来表达像“这个文法是歧义的”或“这个程序显示`hello, world`”这样的命题，所以假如希尔伯特成功了，这些问题就有了现在已知是不存在的算法。

但是，在1931年，K. 哥德尔（K. Gödel）发表了著名的不完全性定理。哥德尔构造了整数上一阶谓词演算中的一个公式，这个公式断言，公式本身在谓词演算中既不能证明也不能证伪。哥德尔的技术类似于8.1.2节中自相矛盾的程序H_2的构造，但处理的是整数上的函数而不是C程序。

谓词演算并不是数学家拥有的“任意可能计算”的唯一概念。事实上，谓词演算（与其说是计算性的，还不如说是声明性的）必须与各种记号竞争，包括“部分递归函数”（更类似于程序设计语言的记号）和其他类似的记号。在1936年，A. M. 图灵提议：图灵机是“任意可能计算”的模型。即使真正的电子或电磁计算机在之后几年才问世（在第二次世界大战中，图灵本人致力于建造这样的机器），图灵机模型也是类似于计算机的，而不是类似于程序的。

325

说来有趣，对于计算模型的所有严肃提议都具有相同的能力；也就是说，这些模型计算相同的函数或识别相同的语言。任意一般的计算方式都将只允许计算部分递归函数（或等价地说，图灵机或现代计算机所能计算的），这个不可证明的假设就是著名的*丘奇假设*（纪念逻辑学家A. 丘奇）或*丘奇–图灵论题*。

8.2.2 图灵机的记号

如图8-8所示我们可以把图灵机可视化。这个机器包含可处于状态有穷集合中任何一种状态的*有穷控制*。有划分成方格或*单元*的*磁带*（tape）；每个单元可包含有穷多种符号中任何一种符号。

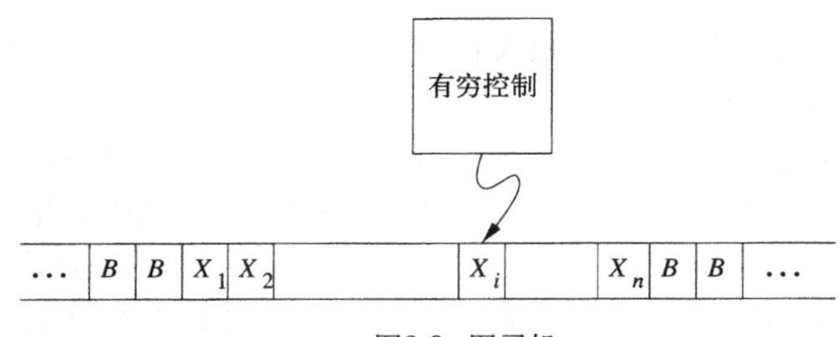

图8-8 图灵机

开始时，*输入*（有穷长度的从*输入字母表*中选择的符号的串）放在带上。所有其他带单元（向左、向右都无穷延伸）开始时都包含一个所谓*空格*的特殊符号。空格是*带符号*，但不是输入符号，除了输入符号和空格之外，还可能有其他的带符号。

还有总是位于带单元之一上的*带头*。说图灵机正在*扫描*这个单元。开始时，带头位于包含输入的最左单元上。

图灵机的*移动*是有穷控制的状态和扫描的带符号的函数。在一步移动中，图灵机将：

1. 改变状态。下一状态可随意与当前状态相同。

2. 在扫描的单元中写带符号。这个带符号代替扫描的单元中任何符号。所写符号可随意与当前在那里的符号相同。

326

3. 向左或向右移动带头。在本书的形式化中要求带头移动而不允许带头保持静止。这个限制不约束图灵机能计算什么，因为包含静止带头的任何移动序列都可连同下一个带头移动一起被压缩成单个状态改变、新的带符号以及向左或向右移动。

用于图灵机（TM）的形式化记号将类似于对有穷自动机或PDA已经用过的记号。用七元组描述图灵机：

$$M = (Q, \ \Sigma, \Gamma, \delta, q_0, B, F)$$

这些分量具有下列意义：

Q：有穷控制的状态的有穷集合。

Σ：输入符号的有穷集合。

Γ：带符号的完整集合；Σ总是Γ的子集合。

δ：转移函数。$\delta(q, X)$的参数是状态q和带符号X。$\delta(q, X)$的值在有定义时是三元组(p, Y, D)，其中：(1) p是下一状态，属于Q。(2) Y是在当前扫描的单元中写下的符号，属于Γ，代替原来在那里的任何符号。(3) D是方向，非L即R，分别表示“左”和“右”，说明带头移动方向。

q_0：初始状态，属于Q，开始时有穷控制就处于这个状态。

B：空格符号。这个符号属于Γ但不属于Σ；即不是输入符号。开始时，空格出现在除包含输入符号的有穷多个初始单元之外的所有单元中。

F：终结状态或接受状态的集合，是Q的子集合。

8.2.3 图灵机的瞬时描述

为了形式化描述图灵机做什么，需要开发格局或瞬时描述（instantaneous description, ID）的记号，类似于曾为PDA开发的记号。在原则上，图灵机有无穷长的带，所以可能认为不可能简短地描述TM格局。但是，在任何有穷多步移动之后，TM只能访问有穷个单元，尽管访问过的单元个数可能逐渐超过任何有穷的界限。因此，在任何ID中，都有未访问单元的无穷单元前缀和无穷单元后缀。所有单元都必须包含空格或有穷多种输入符号中的一种。因此在ID中只说明在最左边与最右边非空格之间的单元。在特殊情况下，当带头正在扫描前面或后面的空格之一时，带的非空格部分的左边或右边的有穷多个空格也必须包含在ID中。

327

除了表示带之外，还必须表示有穷控制和带头位置。为此把状态嵌入在带上，放在被扫描单元紧挨着的左边。为了消除“带加状态”的字符串的歧义性，就必须确保不用任何带符号的符号来作为状态。但是，容易给状态改名，使得状态不与带符号有共同的任何东西，因为TM的操作不依赖于怎样称呼状态。因此，将要使用字符串$X_1X_2\cdots X_{i-1}qX_iX_{i+1}\cdots X_n$来表示ID，其中

1. q是图灵机的状态。

2. 带头正在扫描左起第i个符号。

3. $X_1X_2\cdots X_n$是带的最左边与最右边非空格之间的部分。例外情况是，如果带头在最左非空

格的左边或在最右非空格的右边，则$X_1X_2\cdots X_n$的某个前缀或后缀将是空格，而i分别是1或n。

用PDA用过的$\vdash_M$记号来描述图灵机$M=(Q, \Sigma, \Gamma, \delta, q_0, B, F)$的移动。当TM M是已知时，将只用$\vdash$来表示移动。和通常一样，将用$\overset{*}{\vdash}_M$或只用$\overset{*}{\vdash}$来表示TM M的零步、一步或多步移动。

假设$\delta(q, X_i)=(p, Y, L)$；即下一步移动是向左的。则

$$X_1X_2\cdots X_{i-1}qX_iX_{i+1}\cdots X_n \vdash_M X_1X_2\cdots X_{i-2}pX_{i-1}YX_{i+1}\cdots X_n$$

注意，这个移动如何表示变为状态p和带头现在在单元$i-1$的事实。有两个重要的例外：

1. 如果$i=1$，则M移动到X_1左边的空格。在这种情况下，

$$qX_1X_2\cdots X_n \vdash_M pBYX_2\cdots X_n$$

2. 如果$i=n$且$Y=B$，则在X_n上写下的符号B加入后面空格的无穷序列，并且不出现在下一个ID中。因此，

$$X_1X_2\cdots X_{n-1}qX_n \vdash_M X_1X_2\cdots X_{n-2}pX_{n-1}$$

现在，假设$\delta(q, X_i)=(p, Y, R)$；即下一步移动是向右的。则

$$X_1X_2\cdots X_{i-1}qX_iX_{i+1}\cdots X_n \vdash_M X_1X_2\cdots X_{i-1}YpX_{i+1}\cdots X_n$$

328

这里，这个移动表示带头已经移动到单元$i+1$的事实。同样有两个重要的例外：

1. 如果$i=n$，则第$i+1$个单元包含空格，并且这个单元不是前一个ID的一部分。因此，相应就有

$$X_1X_2\cdots X_{n-1}qX_n \vdash_M X_1X_2\cdots X_{n-1}YpB$$

2. 如果$i=1$并且$Y=B$，则在X_1上写下的符号B加入前面空格的无穷序列，并且不出现在下一个ID中。因此，

$$qX_1X_2\cdots X_n \vdash_M pX_2\cdots X_n$$

例8.2　设计图灵机并观察这个图灵机在典型输入上如何动作。所构造的TM将接受语言$\{0^n1^n \mid n\geqslant 1\}$。开始时，在带上给定0和1的有穷序列，前后都是无穷的空格。交替地，这个TM将把一个0改成X，然后把一个1改成Y，直到所有的0和1都已经匹配了为止。

更详细地说，从输入左端开始，进入一个循环，在这个循环中把一个0改成X，然后向右移动越过看到的任何0和Y，直到到达1。把这个1改成Y，向左移动越过Y和0，直到发现一个X。在这个时刻，寻找右边紧挨着的0，如果找到0，就把这个0改成X，并且重复上述过程，把一个匹配的1改成Y。

如果非空格输入不是$\mathbf{0}^*\mathbf{1}^*$的形式，则这个TM最终将无法进行下一步移动，并且将死机而不接受。但是，如果这个TM在把最后一个1改成Y的同一轮完成了把所有0都改成X，则这个TM已经发现了输入具有0^n1^n的形式并接受。这个TM M的形式化说明是

$$M=(\{q_0, q_1, q_2, q_3, q_4\}, \{0, 1\}, \{0, 1, X, Y, B\}, \delta, q_0, B, \{q_4\})$$

其中δ用图8-9中的表来给出。

状态	符号 0	1	X	Y	B
q_0	(q_1, X, R)	—	—	(q_3, Y, R)	—
q_1	$(q_1, 0, R)$	(q_2, Y, L)	—	(q_1, Y, R)	—
q_2	$(q_2, 0, L)$	—	(q_0, X, R)	(q_2, Y, L)	—
q_3	—	—	—	(q_3, Y, R)	(q_4, B, R)
q_4	—	—	—	—	—

图8-9 接受$\{0^n1^n \mid n\geqslant 1\}$的图灵机

当M执行其计算时，M的带头已经访问过的这部分带将总是用正则表达式$\mathbf{X^*0^*Y^*1^*}$来描述的符号序列。也就是说，将有一些0已经改成X，接着是一些还没有改成X的0。然后有一些1已经改成Y，接着是一些还没有改成Y的1。既可能有也可能没有一些0和1跟在后面。

329

状态q_0是初始状态，M每次回到剩下最左边的0时，M也进入状态q_0。如果M处在状态q_0并扫描0，则图8-9中左上角规则说M进入状态q_1，把0改成X并向右移动。一旦进入q_1，M就一直向右移动越过在带上发现的所有0和Y，保持在状态q_1。如果M看到X或B，就死机。但是，如果M处在状态q_1时看到1，则把这个1改成Y，进入状态q_2并开始向左移动。

在状态q_2中，M向左移动越过0和Y，保持在状态q_2中。当M到达标志着已经改成X的0的块右端的最右边X时，M就回到状态q_0并向右移动。有两种情况：

1. 如果M现在看到一个0，则M重复刚刚描述过的匹配循环。
2. 如果M看到一个Y，则M已经把所有0都改成了X。如果所有1都已经改成了Y，则输入具有0^n1^n的形式，M就应当接受。因此，M进入状态q_3并开始向右移动越过Y。如果M在除了Y之外看到的第一个符号是空格，则确实有相同数目的0和1，所以M进入状态q_4并接受。另一方面，如果M遇到另一个1，则有太多的1，所以M死机而不接受。如果M遇到一个0，则输入具有错误形式，M也死机。

下面是M的接受计算的例子。输入是0011。开始时，M处于状态q_0，扫描第一个0，即M的初始ID是q_00011。M的整个移动序列为：

$$q_00011 \vdash Xq_1011 \vdash X0q_111 \vdash Xq_20Y1 \vdash q_2X0Y1 \vdash$$
$$Xq_00Y1 \vdash XXq_1Y1 \vdash XXYq_11 \vdash XXq_2YY \vdash Xq_2XYY \vdash$$
$$XXq_0YY \vdash XXYq_3Y \vdash XXYYq_3B \vdash XXYYBq_4B$$

举另一个例子，考虑M在输入0010上做什么，这个输入不属于被接受的语言。

$$q_00010 \vdash Xq_1010 \vdash X0q_110 \vdash Xq_20Y0 \vdash q_2X0Y0 \vdash$$
$$Xq_00Y0 \vdash XXq_1Y0 \vdash XXYq_10 \vdash XXY0q_1B$$

M在0010上的动作类似于在0011上的动作，直到在ID $XXYq_10$中M第一次扫描最后这个0为止。M必须向右移动，保持处在状态q_1中，这使得M到达ID $XXY0q_1B$。但是，在状态q_1中，M在带符号B上没有任何移动；因此M死机而不接受输入。 □

330

8.2.4 图灵机转移图

大体类似于对PDA的做法，可用图形表示图灵机的转移。转移图包含对应于TM状态的节点集合。用一个或多个形如X/YD的项目来标记从状态q到状态p的弧，X和Y是带符号，D是方向

(非L即R)。也就是说，每当$\delta(q, X) = (p, Y, D)$时，就在从q到p的弧上找到标记X/YD。但是，在本书的图中，用图形表示方向D，即用←表示“左”，用→表示“右”。

与其他类型的转移图一样，用单词“Start”表示初始状态，并且有一个箭头进入这个状态。用双圆环表示接受状态。因此，TM不能从图中直接读出的唯一信息就是用来表示空格的符号。将假设这个符号是B，除非另有说明。

例8.3　图8-10显示例8.2中的图灵机的转移图，图8-9中给出这个图灵机的转移函数。□

例8.4　尽管现在发现认为图灵机是语言识别器，或等价地认为是问题解答器，这是最方便的，但图灵原来认为图灵机是整数值函数的计算器。在图灵的框架中，用一进制把整数表示成单一字符的块，机器通过改变块长度或在带上别处构造新块来进行计算。在这个简单例子中，将说明图灵机如何计算定义成$m \dot{-} n = \max(m-n, 0)$的所谓真减函数$\dot{-}$。也就是说，如果$m \geqslant n$，则$m \dot{-} n = m-n$；如果$m < n$，则$m \dot{-} n = 0$。

331

执行这种运算的TM说明如下：

$$M = (\{q_0, q_1, \cdots, q_6\}, \{0, 1\}, \{0, 1, B\}, \delta, q_0, B)$$

注意，这个TM不用于接受输入，所以省略了接受状态集合的第7个分量。M将从空格围绕的0^m10^n组成的带开始。M停机时带上是空格围绕的$0^{m \dot{-} n}$。

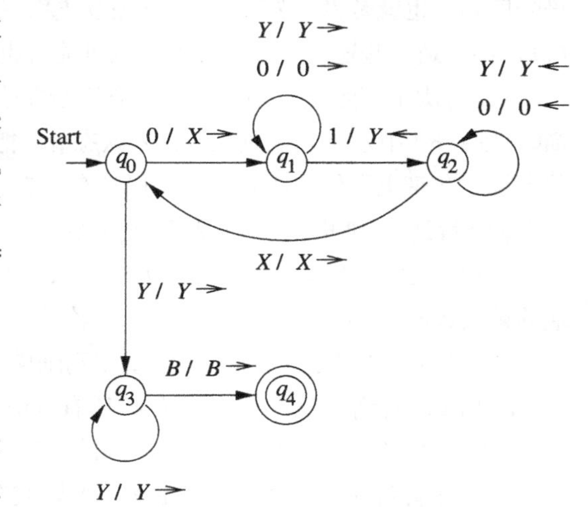

图8-10　接受形如0^n1^n的串的TM的转移图

M重复地寻找剩下的最左边0并把这个0换成空格。然后M向右搜索寻找1。在找到1之后，继续向右直到到达0，把这个0换成1。M然后回到左边寻找最左边0，当M首次遇到空格然后向右移动一个单元时就认出这个0。当发生下列情况之一时终止这种重复动作：

1. 在向右搜索一个0时M遇到空格。则0^m10^n中的n个0都已经改成1，m个0中的$n+1$个都已经改成B。M把$n+1$个1都换成B，再把这$n+1$个B中最左边的B换成0，在带上剩下$m-n$个0。因为$m \geqslant n$，所以在这种情况下$m-n = m \dot{-} n$。
2. 在循环开始时M找不到能改成空格的0，因为前m个0都已经改成B。则$n \geqslant m$，所以$m \dot{-} n = 0$。M把所有剩下的1和0都改成B并且结束时带上全是空格。

图8-11给出转移函数δ的规则，在图8-12中还把δ表示成转移图。下面总结7种状态中每一种的作用：

q_0：循环从这个状态开始，并在适当时在这个状态终止。如果M正在扫描0，则循环一定重复。把这个0改成B，带头向右移动，进入状态q_1。另一方面，如果M正在扫描1，则在带上两组0之间所有匹配都已经完成，M进入状态q_5使带变为空格。

q_1：在这个状态中，M向右搜索，经过第一块0，寻找最左边1。找到时M就进入状态q_2。

q_2：M向右移动，越过1直到发现0。M把这个0改成1，转而向左并进入状态q_3。但也可能在1的块之后没有剩下多余的0。在这种情况下，M在状态q_2遇到空格。有上面描述过的情形(1)，已经用第二块0中n个0来消除第一块m个0中的n个，已经完成减法。M进入目标是把带上1都变成空格的状态q_4。

q_3：M向左移动，越过0和1直到发现空格。当M发现B时，M就向右移动并回到状态q_0，再次开始循环。

q_4：在这里，已经完成减法，但把第一块中一个不匹配的0不正确地改成B。M因此向左移动，把1都改成B直到在带上遇到B。M把这个B改回到0并进入状态q_6，在q_6中M停机。

q_5：当M发现第一块中所有0都已经改成B时，就从状态q_0进入状态q_5。在这种情况（即上述(2)中描述的）下，真减的结果是0。M把所有剩下的0和1都改成B并进入状态q_6。

q_6：这个状态的唯一目标就是当M完成任务时允许M停机。假如这个减法是某个更复杂函数的子例程，则q_6就启动更大计算的下一个步骤。 □

状态	符号 0	符号 1	符号 B
q_0	(q_1, B, R)	(q_5, B, R)	—
q_1	$(q_1, 0, R)$	$(q_2, 1, R)$	—
q_2	$(q_3, 1, L)$	$(q_2, 1, R)$	(q_4, B, L)
q_3	$(q_3, 0, L)$	$(q_3, 1, L)$	(q_0, B, R)
q_4	$(q_4, 0, L)$	(q_4, B, L)	$(q_6, 0, R)$
q_5	(q_5, B, R)	(q_5, B, R)	(q_6, B, R)
q_6	—	—	—

图8-11 计算真减函数的图灵机

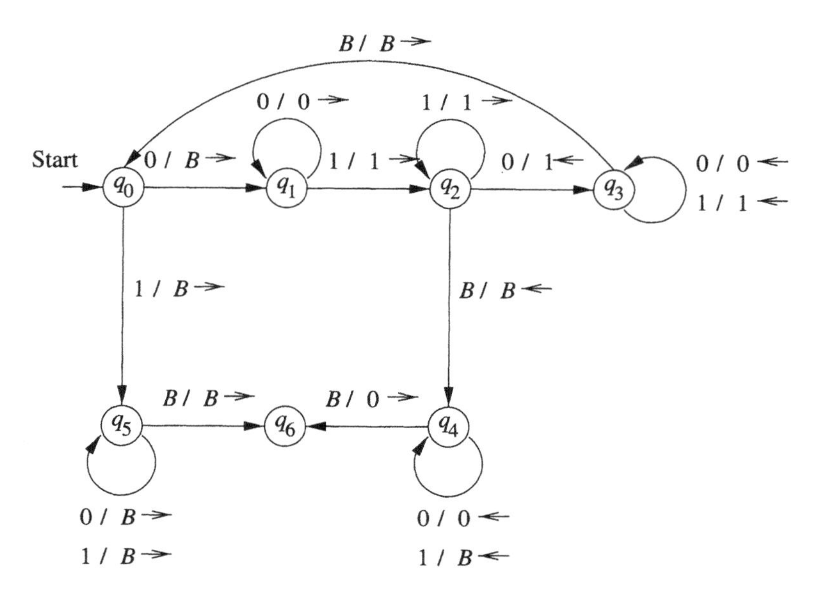

图8-12 例8.4的TM的转移图

8.2.5 图灵机的语言

已经直观提示了图灵机接受语言的方式。输入字符串放在带上，带头开始时在最左边的输入符号上。如果TM最终进入接受状态，则接受输入，否则就不接受。

更形式化地说，设$M = (Q, \Sigma, \Gamma, \delta, q_0, B, F)$是图灵机。则$L(M)$是对于属于$F$的某个状态$p$以及任意带串$\alpha$和$\beta$，使得$q_0w \overset{*}{\vdash} \alpha p\beta$ 的 Σ^* 中串w的集合。讨论例8.2中接受形如0^n1^n 串的图灵机时就假设了这个定义。

使用图灵机我们可以接受的语言集合通常称为*递归可枚举语言*或RE语言，“递归可枚举”这个术语来自在图灵机之前对计算的形式化，但这个术语定义相同的语言类或算术函数类。9.2.1节中将讨论这个术语的起源，作为辅加材料（方框）。

图灵机的记号约定

通常采用的图灵机符号类似于已经见到的对其他类型自动机采用的符号。

1. 英语字母表开头的小写字母表示输入符号。
2. 大写字母（通常是英语字母表靠后的那些字母）用来表示带符号，这些符号既可能是输入符号也可能不是。但一般用B表示空格符号。
3. 英语字母表靠后的小写字母是输入符号的串。
4. 希腊字母是带符号的串。
5. 诸如q, p这样的字母和附近的字母是状态。

8.2.6 图灵机与停机

常常把另一种“接受”概念用于图灵机：以停机方式接受。如果TM进入状态q，扫描带符号X，并且在这种情况下没有移动（即$\delta(q, X)$无定义），则说TM*停机*。

例8.5　例8.4的图灵机M不是设计来接受语言的；更恰当的是认为这个图灵机计算算术函数。但注意这个图灵机在所有0和1字符串上都停机，因为无论M在带上发现什么字符串，M最终都删除第二组0（假如在第一组0之外还能找到这样一组的话），因此M一定进入状态q_6并停机。□

332 ~ 334

总能假设如果图灵机接受，则图灵机停机。也就是说，每当q是接受状态时，就能让$\delta(q, X)$无定义，这样做不改变所接受的语言。在一般情况下，除非另有说明：

- 假设图灵机处在接受状态时总是停机。

但是，即使TM不接受，也不总是可能让TM停机。无论是否接受最终都停机的图灵机的语言称为*递归的*，将从9.2.1节中开始考虑这些语言的重要性质。无论是否接受都总是停机的图灵机是“算法”的好模型。如果解答给定问题的算法存在，则说这个问题是“可判定的”，所以在第9章中，总是停机的TM在可判定性理论中起重要作用。

8.2.7 习题

习题8.2.1　说明图8-9中的图灵机的ID，如果输入带包括：

* a) 00。

b) 000111。

c) 00111。

335

！习题8.2.2 设计接受下列语言的图灵机：

* a) 带有相同个数的0 和1的串的集合。

b) $\{a^n b^n c^n \mid n \geqslant 1\}$。

c) $\{ww^R \mid w$是任意的0和1的串$\}$。

习题8.2.3 设计以二进制数字N作为输入并把输入加1的图灵机。准确地说，开始时带包含着\$和后面跟着的二进制N。开始时带头在状态q_0中扫描\$。所设计的TM应当停机，停机时带上有二进制的N并在状态q_f中扫描$N+1$的最左符号。必要时，在产生$N+1$时可消除\$。例如，$q_0\$10011 \vdash^* \$q_f10100$，以及$q_0\$11111 \vdash^* q_f100000$。

a) 给出所设计的图灵机的转移，并解释每个状态的目的。

b) 当给定输入\$111时，说明TM的ID序列。

***！习题8.2.4** 在本题中，讨论图灵机在函数计算与语言识别之间的等价性。为了简单起见，将只考虑从非负整数到非负整数的函数，但这个问题的思想适用于任何可计算函数。下面是两个核心定义：

- 定义函数f的图是所有形如$[x, f(x)]$的串的集合，x是二进制非负整数，$f(x)$是函数f在输入x上也写成二进制的值。
- 如果开始时在带上有非负整数x，图灵机停机（在任意状态）并且在带上有二进制的$f(x)$，则说这个图灵机计算函数f。

用非形式化但清楚的构造来回答下列问题。

a) 说明给定计算f的图灵机之后，如何构造把f的图当作语言来接受的图灵机。

b) 说明给定接受f的图的图灵机之后，如何构造计算f的图灵机。

c) 如果函数对于某些参数可能没有定义，则说这个函数是*部分的*（或*偏的*）。如果把这个习题的想法推广到部分函数，则当输入x是让$f(x)$无定义的整数之一时，就不要求计算f的图灵机停机。如果函数f是部分的，那么读者对(a)和(b)部分的构造还起作用吗？如果不起作用，解释一下可以如何修改这个构造使之起作用。

336

习题8.2.5 考虑图灵机

$$M = (\{q_0, q_1, q_2, q_f\}, \{0, 1\}, \{0, 1, B\}, \delta, q_0, B, \{q_f\})$$

非形式化但清楚地描述语言$L(M)$，如果δ包含下列规则集合：

* a) $\delta(q_0, 0) = (q_1, 1, R)$；$\delta(q_1, 1) = (q_0, 0, R)$；$\delta(q_1, B) = (q_f, B, R)$。

b) $\delta(q_0, 0) = (q_0, B, R)$；$\delta(q_0, 1) = (q_1, B, R)$；$\delta(q_1, 1) = (q_1, B, R)$；$\delta(q_1, B) = (q_f, B, R)$。

！c) $\delta(q_0, 0) = (q_1, 1, R)$；$\delta(q_1, 1) = (q_2, 0, L)$；$\delta(q_2, 1) = (q_0, 1, R)$；$\delta(q_1, B) = (q_f, B, R)$。

8.3 图灵机的程序设计技术

本节的目标是让读者感受图灵机如何能用与常规计算机相同的方式来计算。最终，希望说服读者相信图灵机与常规计算机能力恰好是相同的。具体地说，将要了解到图灵机能在其他图灵机上执行在8.1.2节中看到过的程序检查其他程序的那种计算。正是图灵机和计算机程序都具有的这种“内省”能力才使我们能够证明问题是不可判定的。

为了更清楚地揭示TM的能力，将提供许多例子说明可能如何考虑图灵机的带和有穷控制。这些技巧不扩展TM的基本模型，它们只是记号上的便利。稍后，将利用这些技巧让基本TM模型模拟具有附加特性（比如，多带）的扩展图灵机模型。

8.3.1 在状态中存储

利用有穷控制，不仅能表示图灵机“程序”中的位置，还能保存有穷数量的数据。图8-13说明这种技术（和另一个思想：多道）。在该图中看到有穷控制不仅包含“控制”状态q，还包含三个数据元素A, B, C。这种技术不要求扩展TM模型，只是认为状态是元组。在图8-13的情形中，应当认为状态是$[q, A, B, C]$。这样看待状态就可以以更为系统化的方式来描述转移，常常使得TM程序背后的策略更加清楚。

337

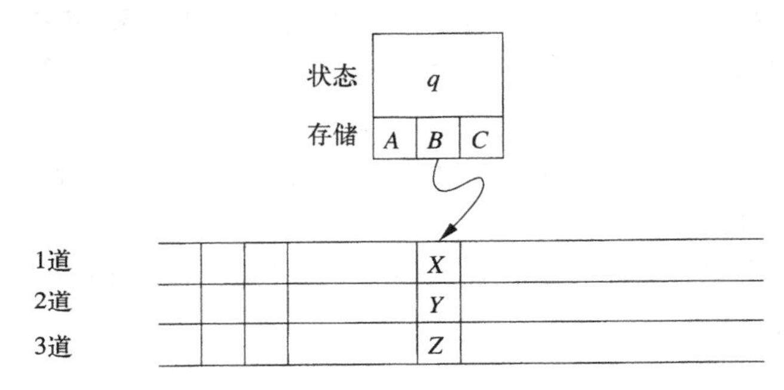

图8-13　认为图灵机具有有穷控制存储和多道

例8.6　设计TM

$$M = (Q, \{0, 1\}, \{0, 1, B\}, \delta, [q_0, B], B, \{[q_1, B]\})$$

这个TM在有穷控制中记住看到的第一个符号（0或1），并验证这个符号不在输入中别处出现。因此，M接受语言$\mathbf{01}^* + \mathbf{10}^*$。接受诸如这个语言的正则语言，这并不强调图灵机的能力，只是作为简单演示。

状态集合Q是$\{q_0, q_1\} \times \{0, 1, B\}$。也就是说，可以认为状态是具有两个分量的有序对：

a) 控制部分（q_0或q_1）记住TM正在做什么。控制状态q_0表示M还没有读第一个符号，q_1表示M已经读了这个符号，并正在通过向右移动希望到达空格单元来验证这个符号不在别处出现。

b) 数据部分记住看到的第一个符号（一定是0或1）。这个分量中的B意味着还没有读符号。

M的转移函数δ如下：

1. 对于$a = 0$或$a = 1$，$\delta([q_0, B], a) = ([q_1, a], a, R)$。开始时，$q_0$是控制状态，其数据部分是$B$。$M$把扫描符号复制到状态第二个分量中，并向右移动，在这样做时进入控制状态q_1。
2. $\delta([q_1, a], \overline{a}) = ([q_1, a], \overline{a}, R)$，其中$\overline{a}$是$a$的“补”，也就是说，如果$a = 1$则$\overline{a}$是0，如果$a = 0$则$\overline{a}$是1。在状态$q_1$，$M$越过与状态中所保存符号不同的每个符号0或1，并连续向右移动。

3. 对于$a = 0$或$a = 1$，$\delta([q_1, a], B) = ([q_1, B], B, R)$。如果$M$到达第一个空格，则$M$进入接受状态$[q_1, B]$。

338

注意，对于$a = 0$或$a = 1$，M对于$\delta([q_1, a], a)$没有定义。因此，如果M遇到开始时有穷控制中保存的符号第二次出现，则M停机而不进入接受状态。 □

8.3.2 多道

另一种有用“技巧”是认为由几个道组成图灵机的带。每道可包含一个符号，由多元组组成图灵机带字母表，每“道”对应一个分量。因此，例如图8-13中带头扫描的单元包含着符号$[X, Y, Z]$。类似于在有穷控制中存储的技术，使用多道并不扩展图灵机所能做的。这只是考虑带符号并想象带符号具有有用结构的一种方式。

例8.7 多道的常见用法是认为一个道包含数据，第二道包含标记。在“使用”符号时能核对每个符号，或只标记数据中少量位置来跟踪这些位置。例8.2和例8.4是这种技术的两个例子，但在这两个例子中没有明确地认为带由道组成。在目前的例子中将要明确地使用第二道来识别上下文无关语言

$$L_{wcw} = \{wcw \mid w\text{属于}(\mathbf{0} + \mathbf{1})^+\}$$

将要设计的图灵机是

$$M = (Q, \Sigma, \Gamma, \delta, [q_1, B], [B, B], \{[q_9, B]\})$$

其中：

Q：状态的集合是$\{q_1, q_2, \cdots, q_9\} \times \{0, 1, B\}$，即由控制状态$q_i$和数据分量0或1组成的有序对。再次使用在有穷控制中存储的技术，因为允许状态去记忆输入符号0或1。

Γ：带符号的集合是$\{B, *\} \times \{0, 1, c, B\}$。第一分量（或道）可以是空格或“已核对”，分别用符号B和$*$来表示。用符号$*$来核对第一组和第二组的0和1，最终确认中心标记c左边的串与右边的串是相同的。认为带符号第二分量是带符号本身。也就是说，可认为对于$X = 0, 1, c, B$，符号$[B, X]$是带符号X。

Σ：输入符号是$[B, 0]$，$[B, 1]$和$[B, c]$，就像上面提到的，0，1和C分别进行识别。

339

δ：下列规则定义转移函数δ，其中a和b可表示0或1。

1) $\delta([q_1, B], [B, a]) = ([q_2, a], [*, a], R)$。在初始状态中，$M$读入符号$a$（$a$可以是0或1），在有穷控制中保存$a$，进入控制状态$q_2$，“核对”刚刚扫描的符号，并向右移动。注意，通过把带符号第一分量从B改成$*$来进行核对。

2) $\delta([q_2, a], [B, b]) = ([q_2, a], [B, b], R)$。$M$向右移动寻找符号$c$。读者要记住$a$和$b$相互独立，每个都能是0或1，但不能是$c$。

3) $\delta([q_2, a], [B, c]) = ([q_3, a], [B, c], R)$。当$M$找到$c$时继续向右移动，但变成控制状态$q_3$。

4) $\delta([q_3, a], [*, b]) = ([q_3, a], [*, b], R)$。在状态$q_3$中，$M$继续越过所有已核对的符号。

5) $\delta([q_3, a], [B, a]) = ([q_4, B], [*, a], L)$。如果$M$找到的第一个未核对符号与有穷控制中符号相同，则核对这个符号，因为这个符号已经匹配了第一个0和1块中的对应符号。M进入控制状态q_4，清除有穷控制中符号，并开始向左移动。

6) $\delta([q_4, B], [*, a]) = ([q_4, B], [*, a], L)$。$M$向左移动越过已核对符号。

7) $\delta([q_4, B], [B, c]) = ([q_5, B], [B, c], L)$。当$M$遇到符号$c$时$M$切换到状态$q_5$并继续向左。在状态$q_5$中，根据紧挨在$c$左边的符号是否被核对，$M$必须做出判断。如果被核对，则已经考虑了整个第一个0和1块（都在c的左边）。必须保证c右边的所有0和1也都被核对。如果紧挨在c左边的符号没有核对过，则找出最左边没有未核对的符号，读入这个符号，并在状态q_1中开始循环。

8) $\delta([q_5, B], [B, a]) = ([q_6, B], [B, a], L)$。这个分支适用于$c$左边的符号没有核对过的情形。$M$进入状态$q_6$，并继续向左寻找已核对的符号。

9) $\delta([q_6, B], [B, a]) = ([q_6, B], [B, a], L)$。只要还未核对的符号，$M$就保持在状态$q_6$中并继续向左。

10) $\delta([q_6, B], [*, a]) = ([q_1, B], [*, a], R)$。当$M$找到已核对的符号时就进入状态$q_1$，并向右移动来读入第一个未核对的符号。

11) $\delta([q_5, B], [*, a]) = ([q_7, B], [*, a], R)$。现在，看看从状态$q_5$发出的分支，其中刚刚从$c$向左移动并发现一个已核对的符号。再次开始向右移动并进入状态q_7。

340

12) $\delta([q_7, B], [B, c]) = ([q_8, B], [B, c], R)$。在状态$q_7$中肯定将看到$c$。此后进入状态$q_8$并向右移动。

13) $\delta([q_8, B], [*, a]) = ([q_8, B], [*, a], R)$。在状态$q_8$中，$M$向右移动，越过所有发现的已核对的0或1。

14) $\delta([q_8, B], [B, B]) = ([q_9, B], [B, B], R)$。如果$M$在状态$q_8$中到达空格且没有遇到任何未选中的0或1，则$M$接受。如果$M$先发现未核对的0或1，则说明在$c$前后的块不匹配，$M$停机而不接受。 □

8.3.3 子程序

像一般情况下对于程序那样，认为图灵机是由一组交互作用的构件或“子程序”来建立的，这是有帮助的。图灵机子程序就是执行某个有用程序的状态集合。这个状态集合包含初始状态和另一个暂时没有移动的状态，后面这个状态是“返回”状态，作用是把控制交回到调用子程序的任何其他状态的集合。每当存在到初始状态的转移时就发生子程序“调用”。TM无法记住“返回地址”（即子程序结束后进入的状态），所以假如TM设计要求从多个状态调用一个子程序，则可复制子程序，对每个副本使用新的状态集合。对于子程序不同副本的初始状态发出“调用”，每个副本都“返回”到不同状态。

例8.8 将设计TM来实现“乘法”函数。也就是说，设计的TM将从带上的0^m10^n1开始，将以让0^{mn}在带上结束。这种策略的要点是：

1. 一般情况下，对于某个k，带上将有形如$0^i10^n10^{kn}$的非空格串。
2. 在一个基本步骤中，把第一组中一个0改成B，并向最后一组加入n个0，得出形如$0^{i-1}10^n10^{(k+1)n}$的串。
3. 结果是把n个0的组向末尾复制了m次，每次把第一组中一个0改成B。当第一组中0全部改成空格时，最后一组中将有mn个0。

4. 最后步骤是把开头的10^n1改成空格，然后完成所有操作。

这个算法的核心是称为Copy的子程序。这个子程序帮助实现上述步骤(2)，把n个0的块复制到末尾。更准确地说，Copy把形如$0^{m-k}1q_10^n10^{(k-1)n}$的ID变成ID $0^{m-k}1q_50^n10^{kn}$。图8-14说明子程序Copy的转移。这个子程序用X标记第一个0，在状态q_2中向右移动直到找到空格为止，把0复制到这里，在状态q_3中向左移动来寻找标记X。Copy重复这个循环直到在状态q_1中找到1而不是0。在这个时刻，Copy用状态q_4把X改回到0，并在状态q_5中结束。

341

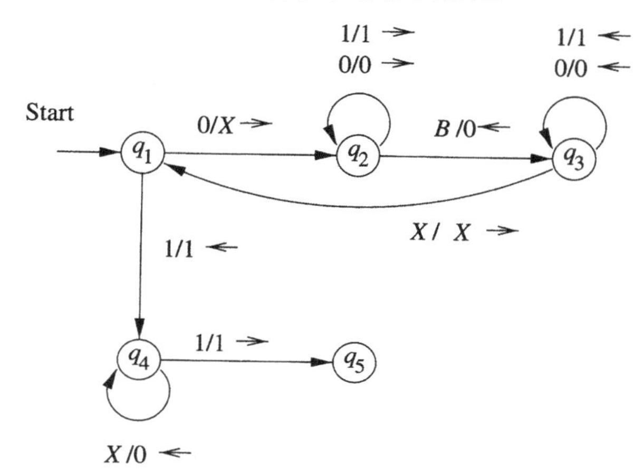

图8-14　子程序Copy

完整的乘法图灵机在状态q_0中开始。图灵机做的第一件事情是在几步之内从ID $q_00^m10^n$进入ID $0^{m-1}1q_10^n$。在图8-15子程序调用左边的部分中显示所需要的转移，这些转移只涉及状态q_0和q_6。

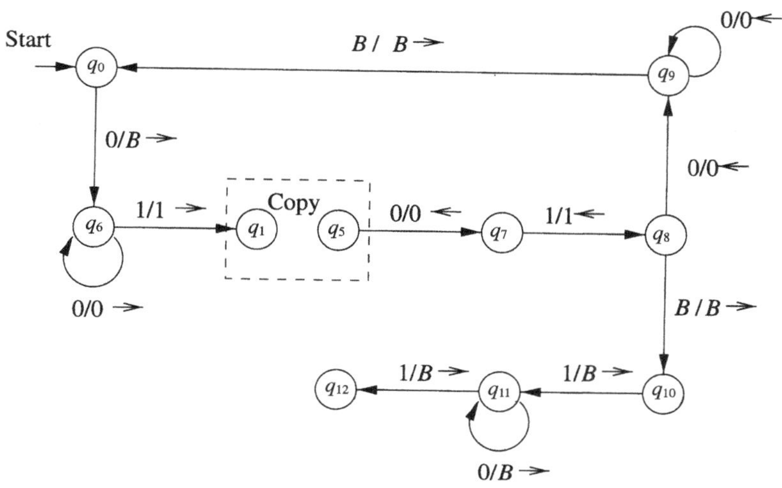

图8-15　完整的乘法程序使用子程序Copy

然后，在图8-15子程序调用的右边看到状态q_7到q_{12}。状态q_7, q_8, q_9的目标是在Copy刚刚复制了一块0并处在ID $0^{m-k}1q_50^n10^{kn}$之后接过控制。最终，这些状态到达状态$q_00^{m-k}10^n10^{kn}$。在这个时刻，循环再次开始，又调用Copy来复制n个0的块。

342

例外的情况是在状态q_8中TM可能发现所有0都已经改成空格（即$k = m$）。在这种情况下，发生到达状态q_{10}的转移。在状态q_{11}的协助下，这个状态把开头的10^n1改成空格并进入停机状态q_{12}。在这个时刻，TM处在ID $q_{12}0^{mn}$中，其工作已经完成。 □

8.3.4 习题

！习题8.3.1 重新设计习题8.2.2中图灵机以利用在8.3节中讨论的程序设计技术。

！习题8.3.2 在图灵机程序中常见的操作是“平移”。在理想情况下，希望在当前带头位置产生能保存某个字符的额外单元。但不能以这种方式编辑带。更适当的方式是，需要把当前带头位置右边每个单元内容都向右移动一个单元，然后设法返回到当前带头位置。说明如何执行这种操作。*提示*：留下特殊符号来标记带头必须返回的位置。

*** 习题8.3.3** 设计子程序把TM带头从当前位置向右移动，越过所有0直至到达1或空格为止。如果当前位置不包含0，则TM应当停机。可以假设没有除了0, 1, B（空格）以外的带符号。然后，使用这个子程序设计接受没有两个连续1的所有的0和1的串的TM。

8.4 基本图灵机的扩展

在本节中，将要看到与图灵机有关并与一直使用的TM基本模型有相同语言识别能力的某些计算机模型。其中一种模型（多带图灵机）是很重要的，因为与一直研究的单带模型相比，更容易看出多带TM能如何模拟真实计算机（或其他类型图灵机）。就接受语言的能力而言，额外的带并不增加模型的能力。

然后考虑非确定型图灵机，即对基本模型的扩展，允许非确定型图灵机在给定情况下选择有穷多种移动中的任意一种。在某些环境下，这种扩展也使得更容易给图灵机进行“程序设计”，但并不增加基本模型的语言定义能力。

343

8.4.1 多带图灵机

多带TM如图8-16所示。这个装置具有有穷控制（状态），以及某个有穷数目的带。每个带都划分成单元，每个单元都包含有穷字母表的任意符号。同在单带TM中一样，带符号集合包含空格，并有所谓输入符号的子集合，空格不属于输入符号。状态集合包含初始状态和一些接受状态。开始时，

1. 输入（即输入符号的有穷序列）放在第一条带上。
2. 所有带的所有其他单元都包含着空格。
3. 有穷控制处在初始状态中。
4. 第一条带的带头在输入左端。
5. 所有其他带头都在某个任意单元中。因为除第一条带之外所有带都完全是空格，所以开始时带头放在何处是无所谓的；这些带的任何单元“看起来”都一样。

多带TM的移动依赖于状态和每个带头扫描的符号。在一步移动中，多带TM做下列工作：

1. 控制进入新状态，新状态与前一个状态可能相同。
2. 在每个带上，在扫描的单元中写新的带符号。新符号中的任何一个与从前在那里的符号

都可能相同。

3. 每个带头移动，可能向左、向右或静止。这些带头独立移动，所以不同的带头能在不同方向上移动，某些带头可能根本不动。

344

我们将不给出转移规则的形式化记号，除了现在选择L, R, S来表示方向之外，其形式是单带TM记号的直接推广。不允许单带机器带头保持静止，所以没有S选项。读者应当能够设想出多带TM格局瞬时描述的适当记号；本书将不形式化地给出这种记号。类似于单带TM，多带图灵机以进入接受状态的方式来接受。

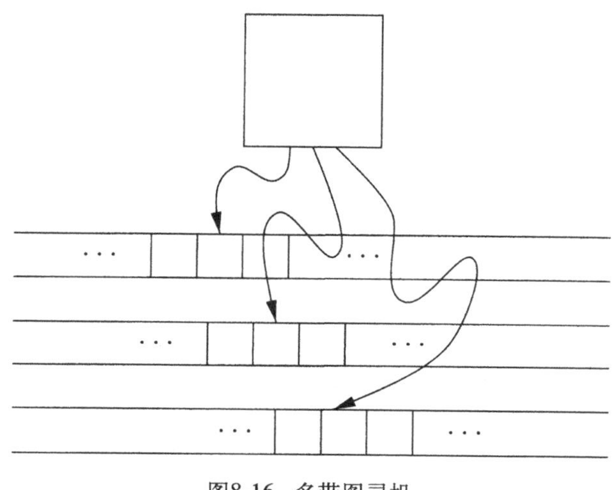

图8-16 多带图灵机

8.4.2 单带图灵机与多带图灵机的等价性

回忆一下，递归可枚举语言定义为单带TM所接受的语言。的确，多带TM接受所有递归可枚举语言，因为单带TM*也是*多带TM。然而，有没有不是递归可枚举的而多带TM却接受的语言？回答是“没有”，本节通过说明单带TM如何模拟多带TM来证明这个事实。

定理8.9 多带TM接受的每个语言都是递归可枚举的。

证明 证明如图8-17所示。假设k带TM M接受语言L。用认为具有$2k$道的带的单带TM N来模拟M。这些道中的一半包含M的带，这些道中的另一半每个都只包含表示M相应带头目前位于何处的一个标记。图8-17假设$k = 2$。第2道和第4道包含M的第一条和第二条带的内容，道1包含第一条带的带头位置，道3包含第二条带的带头位置。

345

为了模拟M的移动，N的带头必须访问k个带头标记。所以为了不遗漏N，在任何时刻，必须记住在N的左边有多少个带头标记；这个计数保存在N的有穷控制的分量中。在访问每个带头标记并在有穷控制中保存扫描的符号之后，N就知道M的每个带头正在扫描什么带符号。N也知道在N自身的有穷控制中所保存的M的状态。因此，N知道M将做何种移动。

N现在访问N的带上的每个带头标记，改变表示M相应带的道中的符号，必要时向左或向右移动带头标记。最后，N改变在自身的有穷控制中所记录的M的状态。到了这个时刻，N就模拟了M的一步移动。

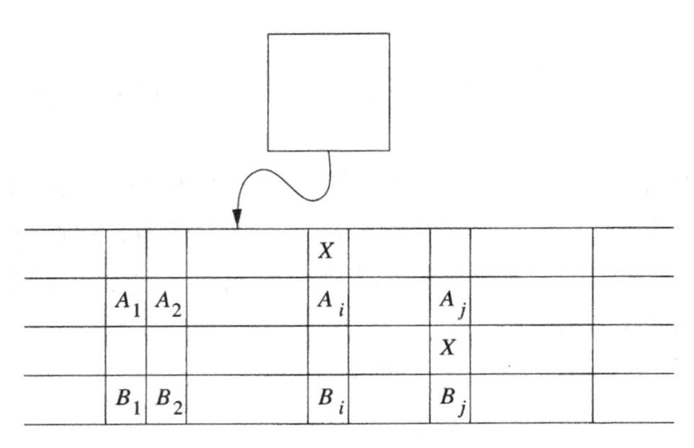

图8-17 单带图灵机模拟两带图灵机

挑选那些记录M的状态为M的接受状态之一的状态来作为N的接受状态。因此，每当被模拟的M接受时，N也接受；否则，N不接受。□

关于有穷性的提示

常见错误是将在任何时刻都是有穷的值与值的有穷集合混淆。多带合一的构造可能有助于理解这种差别。在这个构造中，用带上的道来记录带头位置。为什么不在有穷控制中用整数保存这些位置呢？在没有仔细考虑的情况下，可能论证在n步移动之后，TM的带头位置一定在初始带头位置周围n个位置以内，所以带头只需要保存不超过n的整数。

问题是，虽然在任何时刻这些位置都是有穷的，但在任何时刻可能位置的完整集合却是无穷的。如果状态将要表示任何带头位置，则状态必须有数据分量取任意整数作为值。尽管在任何有穷时刻只能用到有穷多个状态，但这个分量却迫使状态集合是无穷的。图灵机定义要求状态的集合是有穷的。因此，不允许在有穷控制中保存带头位置。

8.4.3 运行时间与多带合一构造

现在介绍稍后将变得非常重要的概念：图灵机的“时间复杂度”或“运行时间”。说TM M在输入w上的运行时间是M在停机之前移动的步数。如果M在w上不停机，则M在w上的运行时间是无穷的。TM M的时间复杂度是在所有长度为n的输入w上取M在w上运行时间最大值的函数$T(n)$。对于不在所有输入上停机的图灵机，对于某些或甚至所有n，$T(n)$可能是无穷的。但是，我们将特别注意在所有输入上停机的TM，具体地说，就是具有多项式时间复杂度$T(n)$的TM；10.1节开始这种研究。

346

定理8.9的构造似乎是笨拙的。事实上，所构造的单带TM可能比多带TM花费更多的运行时间。不过，不严格地说，这两个图灵机所花费的时间是相称的：单带TM所花费时间不超过另一个TM所花费时间的平方。“平方”不是非常强的保证，但它确保了多项式运行时间。在第10章中将看到：

a) 在多项式时间和更高增长率之间的运行时间差别，的确是能用计算机解决的问题与在实践中不可解决的问题之间的分界。

b) 尽管有深入研究，但还没有把解答许多问题所需要的运行时间落实到比在某个多项式之内更准确的地步。因此，检查解答具体问题的运行时间时，是否使用单带或多带TM来解答问题这个疑问并非关键。

单带TM和多带TM的运行时间不超过彼此的平方，论证如下。

定理8.10 定理8.9的单带TM N为模拟k带TM M的n步移动而花费的时间是$O(n^2)$。

证明 在M的n步移动之后，带头标记不可能相距超过$2n$个单元。因此，如果N从最左标记上开始，则M为找出所有带头标记就没有必要向右移动超过$2n$个单元。M可以接着向左移动一遍，改变所模拟的M带的内容，根据需要向左或向右移动带头标记。做这些工作需要不超过$2n$个向左移动，以及至多$2k$个移动，以便掉转方向并在右边单元中写下标记X（在M的带头向右移动的情况下）。

因此，模拟前n个移动之一所需要的由N所做的移动数不超过$4n + 2k$。因为k是独立于所模拟移动数的常数，所以这个移动数是$O(n)$。模拟n个移动所需要的移动数不超过这个数量的n倍，即$O(n^2)$。 □

8.4.4 非确定型图灵机

非确定型图灵机（NTM）与一直研究的确定型变体的不同之处在于，NTM具有转移函数δ使得对于每个状态q和带符号X，$\delta(q, X)$是三元组的集合

347

$$\{ (q_1, Y_1, D_1), (q_2, Y_2, D_2), \cdots , (q_k, Y_k, D_k) \}$$

其中k是任意有穷整数。NTM每步能选择三元组中任何一个作为下一步移动。不过，NTM不能从一个三元组中选择状态，而从另一个三元组中选择带符号，并从第三个三元组中选择方向。

毫不意外，NTM M所接受语言的定义方式类似于已经研究过的诸如NFA和PDA的其他非确定型装置。也就是说，如果存在移动选择的任意序列，从以w为输入的初始ID导致具有接受状态的ID，则M接受输入w。其他不导致接受状态选择序列的存在是无关紧要的，这与NFA或PDA的情形一样。

NTM不接受确定型TM（即DTM，如需强调是确定型的）所不接受的任何语言。这个证明涉及证明对于每个NTM M_N，能构造DTM M_D 探索M_N 通过任何选择序列所能到达的ID。如果M_D找到具有接受状态的ID，则M_D 进入自身的接受状态。M_D 一定是系统化的，把新ID放在队列中而不是堆栈中，使得对于$k = 1, 2, \cdots$，在某个有穷时间之后M_D 已经模拟了M_N 不超过k步移动的所有序列。

定理8.11 如果M_N是非确定型图灵机，则存在确定型图灵机M_D 使得$L(M_N) = L(M_D)$。

证明 M_D 将设计成图8-18中勾画的多带TM。M_D 的第一条带包含M_N 的ID序列，包括M_N 的状态。M_N 的一个ID标记为“当前”ID，其后继ID都处于正在被探索的过程中。在图8-18中，用一个X和ID间的分隔符来标记第三个ID，分隔符是*。当前ID左边的所有ID已经被探索过了，以后可忽略。

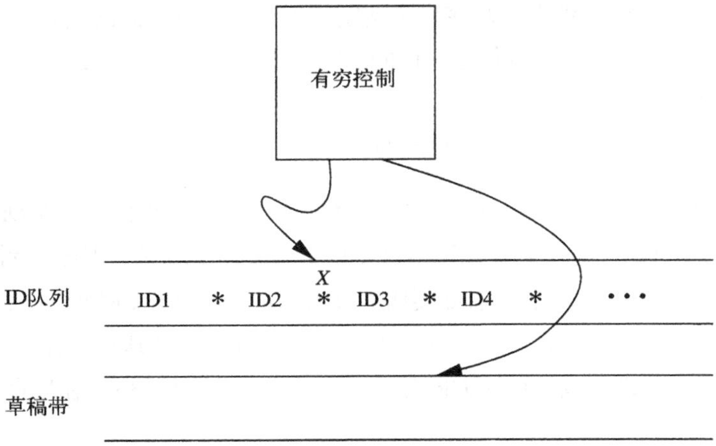

有穷控制

ID队列 ID1 * ID2 * ID3 * ID4 * ...

X

草稿带

图8-18 DTM模拟NTM

为了处理当前ID，M_D做下列工作：

348

1. M_D检查当前ID的状态和扫描的符号。对于每种状态和符号，M_N有什么移动选择的知识已经固定在M_D的有穷控制中。如果当前ID中状态是接受的，则M_D接受并且不再继续模拟M_N。
2. 但如果这个状态不是接受的，并且这种带–符号的组合有k种移动，则M_D用第二条带复制这个ID，然后在带1上在ID序列末尾把这个ID复制k遍。
3. 根据M_N具有从当前ID的k种移动选择的不同选择，M_D修改这k个ID中的每一个。
4. M_D回到被标记的当前ID，删除标记，并把标记移动到右边的下一个ID。整个循环接着在步骤(1)开始重复。

仅当M_D发现M_N能进入接受ID时M_D才接受，在这个意义下，模拟是精确的，这应该是清楚的。但需要确认，如果M_N在一系列n个自身移动之后进入接受ID，则M_D最终将让这个ID成为当前ID并将接受。

假设m是M_N在任何格局中具有的最大选择数。于是存在M_N的一个初始ID，在一步移动之后M_N能到达至多m种ID，在两步移动之后M_N能到达至多m^2种ID，依此类推。因此，在n步移动之后M_N能到达至多$1 + m + m^2 + \cdots + m^n$种ID。这个数字至多是$nm^n$种ID。

M_D探索M_N的ID的顺序是“宽度优先”的；也就是说，M_D探索所有0步可达的ID（即初始ID），然后探索所有1步可达的ID，然后探索所有2步可达的ID，依此类推。具体地说，M_D在考虑只有经过超过n步移动才可达的任何ID之前，将考虑把不超过n步就可达的所有ID作为当前ID并考虑其后继ID。

结果是M_D将在所考虑的前nm^n个ID中考虑到M_N的接受ID。只关心M_D在某个有穷时间之内考虑这个ID，而这个边界足以保证最终考虑到接受ID。因此，如果M_N接受，则M_D也接受。由于我们已经注意到如果M_D接受，则这样做只是因为M_N接受，所以结论是$L(M_N) = L(M_D)$。 □

注意，所构造的确定型TM可能要比非确定型TM多花费指数时间。还不知道这种指数减速是否必要。事实上，第10章将研究这个问题以及有人发现确定地模拟NTM的更好方法的后果上。

8.4.5 习题

习题8.4.1　非形式化但清楚地描述接受习题8.2.2的每个语言的多带图灵机。尝试让每个图灵机在与输入长度成比例的时间里运行。

349

习题8.4.2　这里是非确定型TM $M=(\{q_0, q_1, q_2\}, \{0, 1\}, \{0, 1, B\}, \delta, q_0, B, \{q_2\})$ 的转移函数：

δ	0	1	B
q_0	$\{(q_0, 1, R)\}$	$\{(q_1, 0, R)\}$	$\varnothing$
q_1	$\{(q_1, 0, R),\ (q_0, 0, L)\}$	$\{(q_1, 1, R),\ (q_0, 1, L)\}$	$\{(q_2, B, R)\}$
q_2	$\varnothing$	$\varnothing$	$\varnothing$

说明从初始ID可达的ID，如果输入是：

* a) 01。

b) 011。

! 习题8.4.3　非形式化但清楚地描述接受下列语言的非确定型图灵机（如果读者愿意，可用多带图灵机）。尝试利用非确定性来避免迭代并在非确定性意义下节省时间。也就是说，宁愿让NTM多进行分支而让每个分支保持简短。

* a) 所有重复（不必是连续地）某个长为100的串的0和1串的语言。形式化地说，这个语言是形如$wxyxz$的0和1串的集合，其中$|x|=100$，而w, y, z是任意长度的。

b) 所有对于任意n形如$w_1\#w_2\#\cdots\#w_n$的串的语言，使得每个w_i是0和1的串，并且对于某个j，w_j是二进制整数j。

c) 所有形如(b)中串的语言，但对于至少两个j值，w_j等于二进制的j。

! 习题8.4.4　考虑非确定型图灵机

$$M=(\{q_0, q_1, q_2, q_f\}, \{0, 1\}, \{0, 1, B\}, \delta, q_0, B, \{q_f\})$$

非形式化但清楚地描述语言$L(M)$，如果δ包含下列规则集合：$\delta(q_0, 0)=\{(q_0, 1, R), (q_1, 1, R)\}$；$\delta(q_1, 1)=\{(q_2, 0, L)\}$；$\delta(q_2, 1)=\{(q_0, 1, R)\}$；$\delta(q_1, B)=\{(q_f, B, R)\}$。

* **习题8.4.5**　考虑其带在两个方向上都是无穷的非确定型TM。在某个时刻，除包含符号$的一个单元之外，带完全是空格。带头当前是在某个空格单元中，状态是q。

a) 写出使得这个NTM进入状态p并扫描$的那些转移。

! b) 假设这个TM是确定型的。如何让这个TM找到$并进入状态$p$?

350

习题8.4.6　设计下面的2带TM来接受所有具有相同数目0和1的串的语言。第一条带包含输入，从左向右扫描。第二条带用来保存到目前为止看到的输入部分中0超过1的个数或1超过0的个数。说明状态、转移和每个状态的直观目的。

习题8.4.7　在本题中，将用特殊的3带TM来实现堆栈。

1. 第一条带将只用于保存和读输入。输入字母表包含符号↑（这个符号将解释为“弹出堆栈”）和符号a和b（分别解释为“把a压入堆栈”和“把b压入堆栈”）。
2. 第二条带用来保存堆栈。
3. 第三条带是输出带。每次当符号从堆栈中弹出时，必须写在输出带上，跟在前面写下的所有符号后面。

要求图灵机从空栈开始并实现从左向右读输入所规定的压入和弹出操作序列。如果输入导致TM从空栈弹出，则TM必须在特殊的错误状态q_e中停机。如果整个输入在最后让堆栈为空，则通过进入终结状态q_f来接受输入。非形式化但清楚地描述这个TM的转移函数。另外，给出使用每个状态的目的的摘要。

习题8.4.8 在图8-17中看到了单带TM模拟k带TM的一般模拟的例子。

* a) 假设用这种技术来模拟具有7个符号带字母表的5带TM。单带TM将有多少个带符号？

* b) 用1条带模拟k条带的另一种方法是用第$k+1$道保存所有k条带的带头位置，以明显的方式用前k道来模拟k条带。注意，在第$k+1$道中必须要仔细区分带头，并允许两个或多个带头在同一单元中的可能性。这种方法是否减少单带TM需要的带符号数？

c) 用1条带模拟k条带的另一种方法是完全避免保存带头位置。更适当地，只用第$k+1$道标记带的一个单元。在所有时刻里，把每条被模拟的带放在这条带的道中，使得带头在标记的单元中。如果k带TM移动带i的带头，则执行模拟的单带TM把第i道的整个非空格内容向相反的方向滑动一个单元，使得标记的单元继续包含k带TM的第i个带头扫描的单元。这种方法是否有助于减少单带TM的带符号数？与所讨论的其他方法相比，这种方法是否存在缺点？

351

! **习题8.4.9** k头TM具有k个带头读一条带的单元。这个TM的移动依赖于状态和每个带头扫描的符号。在一步移动中，TM可以改变状态，在每个带头扫描的单元中写下新符号，把每个带头向右移动、向左移动或保持静止。多个带头可能扫描同一个单元，所以假设带头从1到k编号，扫描一个单元的最大号数带头写下的符号是实际写在这个单元中的符号。证明：k头图灵机与普通TM接受的语言是一样的。

!! **习题8.4.10** 二维图灵机具有通常的有穷控制但带却是在所有方向上都是无穷的二维单元网格。和往常一样，输入放在网格的一行上，带头在输入的左端，控制是在初始状态中。同样和往常一样，以进入终结状态方式来接受。证明：二维图灵机与普通TM接受的语言是一样的。

8.5 受限制的图灵机

已经看到图灵机表面上的推广不增加任何语言识别能力。现在，将考虑TM外观上的限制的一些例子，这些限制也给出恰好相同的语言识别能力。第一个限制是小而有用的（在稍后看到的许多构造中）：把双向无穷的TM带改换成只有在右方才是无穷的带。还禁止这种受限制的TM显示空格作为替换带符号。这些限制的价值在于可以假设ID只包含非空格符号，并总是从输入的左端开始。

然后探索那些作为推广的下推自动机的某些种类的多带图灵机。首先，限制TM的带行为类似堆栈。然后，进一步限制带是“计数器”，也就是说，带只能表示一个整数，TM只能区分0计数与任何非零计数。这种讨论的影响是，存在一些非常简单类型的自动机具有任何计算机的完全能力。而且，关于图灵机的不可判定问题（在第9章看到）也适用于这些简单机器。

8.5.1 具有半无穷带的图灵机

352

允许图灵机带头从初始位置向左或向右移动，但真正必要的只是允许TM带头在初始带头位置及其右边范围内移动。事实上，可以假设带是*半无穷的*，也就是说，在初始带头位置的左边没有任何单元。在下一个定理中，将给出构造说明具有半无穷带的TM能模拟具有双向无穷带（类似本书原来的TM模型）的TM。

这个构造背后的技巧是在半无穷带上使用两个道。上道表示原来TM在初始带头位置及其右边的单元。下道以相反顺序表示初始位置左边的位置。准确的安排如图8-19所示。上道表示单元$X_0, X_1, \cdots, X_0$是带头初始位置；X_1, X_2等都是初始位置右边的单元。单元X_{-1}, X_{-2}等表示初始位置左边的单元。注意下道在最左单元中的*，这个符号的作用是作为端标记和防止半无穷TM的带头无意中越过带的左端。

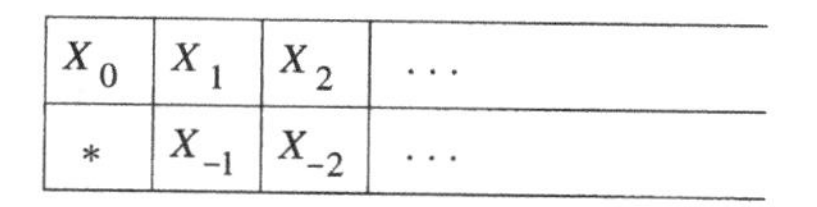

X_0	X_1	X_2	...
*	X_{-1}	X_{-2}	...

图8-19　半无穷带能模拟双向无穷带

将在图灵机上做出另一个限制：永远不写空格。这个简单限制连同带只是半无穷的限制一起意味着，带在所有时刻都是非空格符号的前缀，后面跟着无穷的空格。而且，非空格的序列总是从初始带头位置开始。在定理9.19中和定理10.9中将看到，假设ID具有这种形式是多么有用。

定理8.12　具有下列限制的TM M_1接受TM M_2所接受的每个语言：

1. M_1的带头永远不移动到初始位置左边。
2. M_1永远不写空格。

证明　条件(2)是非常容易的。产生不是空格但作用像空格的新的带符号B'。也就是说：

a) 如果M_2有规则$\delta_2(q, X) = (p, B, D)$，则把这条规则改成$\delta_2(q, X) = (p, B', D)$。

b) 然后，对于每个状态q，令$\delta_2(q, B')$与$\delta_2(q, B)$一样。

条件(1)是需要额外努力的。设

$$M_2 = (Q_2,\ \Sigma, \Gamma_2, \delta_2, q_2, B, F_2)$$

353

是按上述修改过的TM M_2，所以M_2永远不写空格。构造

$$M_1 = (Q_1,\ \Sigma \times \{B\}, \Gamma_1, \delta_1, q_0, [B, B], F_1)$$

其中：

Q_1：M_1的状态是$\{q_0, q_1\} \cup (Q_2 \times \{U, L\})$。也就是说，$M_1$的状态是初始状态$q_0$或另一个状态$q_1$，以及$M_2$的状态加上是$U$或$L$（上或下）的第二个数据分量。第二个分量说明$M_2$究竟正在扫描上道还是下道（如图8-19所示）。换句话说，U意味着M_2带头是在初始位置本身或右边，L意味着带头是在初始位置左边。

Γ_1：M_1的带符号是Γ_2符号的所有有序对，即$\Gamma_2 \times \Gamma_2$。M_1的输入符号是第一分量为M_2的输入符号且第二分量为空格的有序对，即形如$[a, B]$的有序对，a属于Σ。M_1的空格则在两个分量中都有空格。另外，对于Γ_2中每个符号X，在Γ_1中存在有序对$[X, *]$。这里，*是不属于Γ_2的新符号，*的作用是标记M_1带的左端。

δ_1：M_1的转移如下：

1) 对于任意a属于Σ，$\delta_1(q_0, [a, B]) = (q_1, [a, *], R)$。$M_1$的第一步移动把*标记写在最左单元的下道。状态成为$q_1$，带头向右移动，因为带头不能向左移动或保持不动。

2) 对于任意X属于Γ_2，$\delta_1(q_1, [X, B]) = ([q_2, U], [X, B], L)$。在状态$q_1$中，$M_1$建立$M_2$的初

始条件，把带头返回初始位置，把状态改成$[q_2, U]$（即M_2的初始状态），把注意力集中在M_1的上道。

3) 如果$\delta_2(q, X) = (p, Y, D)$，则对于每个$Z$属于$\Gamma_2$：

(a) $\delta_1([q, U], [X, Z]) = ([p, U][Y, Z], D)$并且

(b) $\delta_1([q, L], [Z, X]) = ([p, L], [Z, Y], \overline{D})$，其中$\overline{D}$是与$D$相反的方向，也就是说，如果$D = R$则$\overline{D} = L$，如果$D = L$则$\overline{D} = R$。如果$M_1$不在最左单元，则$M_1$在适当的道中模拟$M_2$，如果状态的第二分量是$U$，则这个道是上道，如果第二分量是$L$，则是下道。但是注意，当在下道工作时，$M_1$与$M_2$向相反方向移动。这种选择是有意义的，因为已经沿着$M_1$带的下道以相反方向折叠了$M_2$带的左边一半。

4) 如果$\delta_2(q, X) = (p, Y, R)$，则

354

$$\delta_1([q, L], [X, *]) = \delta_1([q, U], [X, *]) = ([p, U], [Y, *], R)$$

这个规则适用于如何处理左端标记*的一种情形。如果M_2从初始位置向右移动，则无论M_2先前是否已经到过这个位置的左边或右边（反映在M_1状态的第二分量可能是L或U的事实中），M_1都必须向右移动并注意上道。也就是说，M_1下一步将在图8-19中用X_1所表示的位置。

5) 如果$\delta_2(q, X)=(p, Y, L)$，则

$$\delta_1([q, L], [X, *]) = \delta_1([q, U], [X, *]) = ([p, L], [Y, *], R)$$

这个规则类似于前一条规则，但适用于M_2从初始位置向左移动的情形。M_1必须从端标记向右移动，但现在注意的是下道，即图8-19中X_{-1}所表示的单元。

F_1：接受状态F_1是$F_2 \times \{U, L\}$中第一分量为M_2接受状态的那些M_1状态。在M_1接受时，其注意力可以集中在上道或下道。

现在本质上已经完成了这个定理的证明。如果读者取出下道、反转、把上道接在后面，则通过对M_2的移动步数进行归纳，就可以观察到M_1将在自身带上模拟M_2的ID。另外注意，恰好当M_2进入接受状态之一时M_1才接受。因此，$L(M_1) = L(M_2)$。□

8.5.2　多堆栈机器

现在考虑基于下推自动机的推广的几种计算模型。首先，考虑当给PDA多个堆栈时会发生什么。从例8.7已经知道图灵机能接受任何只有一个堆栈的PDA所不接受的语言。事实是，如果给PDA两个堆栈，则PDA能接受TM能接受的任何语言。

然后，将考虑所谓“计数器机器”的机器类。这些机器的能力只限于保存有穷个整数（“计数器”），并根据是否有任何计数器当前为0来进行不同移动。计数器机器只能从计数器加1或减1，而不能区分两个不同的非零计数。实际上，计数器类似于只能放进两种符号的堆栈：只能在堆栈底出现的栈底标记，以及可从堆栈中弹出和压入的另一种符号。

我们将不给出对多堆栈机器的形式化处理，但思想如图8-20所示。k堆栈机器是带有k个堆栈的确定型PDA。类似于PDA的做法，k堆栈机器从输入源获得输入，而不是像TM那样把输入放

355

在带上或堆栈中。多堆栈机器带有有穷控制，有穷控制是有穷多个状态中的一个。多堆栈机器

具有有穷的堆栈字母表，所有堆栈都使用这个字母表。多堆栈机器的一步移动是基于：

1. 有穷控制状态。
2. 所读输入符号，这个符号是从有穷的输入字母表中选择的。作为另一种选择，多堆栈机器能使用ε输入来进行移动，但为了让机器是确定型的，在任何情况下都不能同时存在ε移动选择和非ε移动选择。
3. 每个堆栈中栈顶符号。

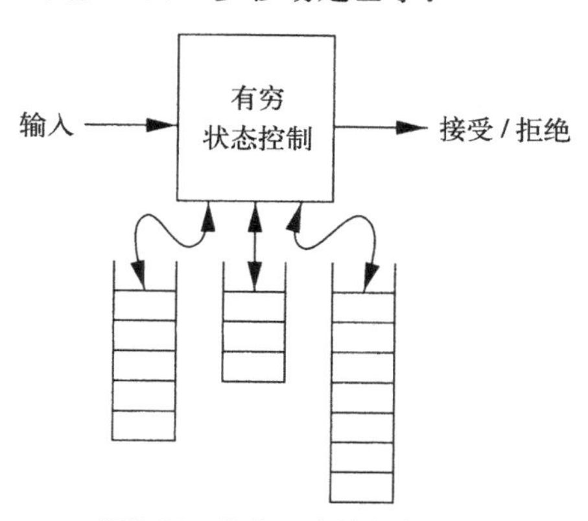

图8-20 带有三个堆栈的机器

在一步移动中，多堆栈机器能：

a) 变成新状态。

b) 把每个堆栈的栈顶符号替换成零个或多个堆栈符号的串。每个堆栈可能有（通常是）不同的替换串。

因此，k堆栈机器的典型的转移规则似乎像是：

$$\delta(q, a, X_1, X_2, \cdots, X_k) = (p, \gamma_1, \gamma_2, \cdots, \gamma_k)$$

这个规则的解释是：在状态q中，对于$i = 1, 2, \cdots, k$，X_i在第i个堆栈的顶端，机器能从输入中消耗a（输入符号或ε），到达状态p，对于每个$i = 1, 2, \cdots, k$，把第i个堆栈的顶端的X_i换成串γ_i。多堆栈机器以进入终结状态方式来接受。

增加一种能力，以简化这种确定型机器对输入的处理：假设有一个特殊符号$，称为*末端符号*，这个符号只出现在输入末尾并且不属于输入。末端符号的出现，允许获知何时已经读完了所有有效的输入。在下一个定理中将看到，末端符号让多堆栈机器容易模拟图灵机。注意，常规图灵机不需要末端符号，因为第一个空格就起到标记输入末端的作用。 356

定理8.13 如果图灵机接受语言L，则双堆栈机器接受L。

证明 本质思想是，两个堆栈可以模拟一条图灵机带，一个堆栈保存带头左边的内容，另一个堆栈保存带头右边的内容，但都不包含最左边和最右边非空格以外的无穷空格串。更详细地说，对于某个（单带）TM M，设L是$L(M)$。双堆栈机器S将做下列工作：

1. S从每个堆栈中的一个*栈底标记*开始。这个标记可以是堆栈的初始符号，并且不得在堆栈中别处出现。在下面的叙述中，当堆栈只包含栈底标记时，将说“堆栈是空的”。
2. 假设$w\$$是S的输入。S把w复制到第一个堆栈中，当读到输入的末端标记时，就停止复制。
3. S从第一个堆栈中依次弹出每个符号，并把这些符号压入第二个堆栈中。现在，第一个堆栈是空的，第二个堆栈包含w，w的左端在顶上。
4. S进入（被模拟的）M的初始状态。S让第一个堆栈为空，表示M在带头扫描的单元的左边除了空格之外没有任何内容的事实。S让第二个堆栈包含w，表示w出现在M带头扫描的单元及其右边的事实。
5. S模拟M的移动如下。

   (a) S知道M的状态（比方说q），因为S在本身的有穷控制中模拟M的状态。

   (b) S知道M的带头扫描的符号X；这个符号是S第二个堆栈的栈顶。例外情况是，如果第

二个堆栈只有栈底标记，则M刚刚移动到一个空格上；S把M扫描的符号解释成空格。

(c) 因此，S知道M的下一步移动。

(d) 把M的下一个状态记录在S的有穷控制的分量中，取代前一个状态。

(e) 如果M把X换成Y并向左移动，则S把Y压入第一个堆栈，表示Y现在是在M带头左边的事实。从S的第二个堆栈弹出X。但是，有两种例外情况：

357

i. 如果第二个堆栈中只有栈底标记（因此，X是空格），则第二个堆栈不改变；M需要向右移动到另一个空格上。

ii. 如果Y是空格，且第一个堆栈是空的，则这个堆栈保持为空。因为在M的带头左边还是只有空格。

(f) 如果M把X换成Y并向左移动，则S弹出第一个堆栈的栈顶（如Z），然后在第二个堆栈中把X换成ZY。这个改变反映出过去在带头左边的一个位置现在是带头所在的事实。例外情况是，如果Z是栈底标记，则M必须在第二个堆栈中压入BY，并且不在第一个堆栈中弹出。

6. 如果M的新状态是接受的，则S接受。否则，S就以同样的方式来模拟M的另外一步移动。 □

8.5.3 计数器机器

可用下列两种方式之一来考虑计数器机器：

1. 计数器机器具有与多堆栈机器（图8-20）相同的结构，只是代替每个堆栈的是计数器。计数器包含任意非负整数，但只能区分零计数器与非零计数器。也就是说，计数器机器的移动依赖于状态、输入符号以及哪些计数器为零（如果有计数器为零的话）。在一步移动中，计数器机器可以：

   (a) 改变状态。

   (b) 独立地从任何一个计数器中加1或减1。但不允许计数器变成负的，所以不能从目前为0的计数器中减1。

2. 也可认为计数器机器是受限制的多堆栈机器。这些限制如下：

   (a) 只有两种堆栈符号，把两种符号称为Z_0（栈底标记）和X。

   (b) 开始时Z_0是在每个堆栈中。

   (c) 只能把Z_0换成形如X^iZ_0的串，对于某个$i \geqslant 0$。

   (d) 只能把X换成形如X^i的串，对于某个$i \geqslant 0$。也就是说，Z_0只能出现在每个堆栈的栈底，所有其他的堆栈符号（如果有的话）都是X。

358

对于计数器机器将采用定义(1)，但两个定义显然定义相同能力的机器。因为堆栈X^iZ_0等于计数i。在定义(2)中，我们能从其他计数中区分出计数0，因为对于计数0我们在堆栈顶端看到Z_0，否则看到X。但不能区分两个正的计数，因为在堆栈顶端都是X。

8.5.4 计数器机器的能力

关于计数器机器接受的语言，有几个虽然明显但值得陈述的事实：

- 计数器机器接受的每个语言都是递归可枚举的。因为计数器机器是堆栈机器的特殊情形，堆栈机器是多带图灵机的特殊情形，根据定理8.9，多带图灵机只接受递归可枚举语言。
- 单计数器机器接受的每个语言都是CFL。注意从(2)的观点来看，计数器是堆栈，所以单计数器机器是单堆栈机器（即PDA）的特殊情形。事实上，确定型PDA接受单计数器机器的语言，但证明复杂得令人吃惊。证明中的困难来自多堆栈机器和计数器机器都在输入末端具有末端标记$的事实。非确定型PDA能猜测到已经看到最后一个输入符号并将要看到$；因此，不带末端标记的非确定型PDA显然能模拟带有末端标记的DPDA。但是，困难的证明（将不去尝试）是证明不带末端标记的DPDA能模拟带有末端标记的DPDA。

关于计数器机器令人吃惊的结果是两个计数器就足以模拟一个图灵机，因此就足以接受任何递归可枚举语言。现在讨论的正是这个结果，首先证明三个计数器是足够的，然后用两个计数器来模拟三个计数器。

定理8.14 3计数器机器接受每个递归可枚举语言。

证明 从定理8.13开始，该定理说双堆栈机器接受每个递归可枚举语言。于是需要证明如何用计数器模拟堆栈。假设堆栈机器使用$r-1$个带符号。可认为这些符号是从1到$r-1$的数字，并认为堆栈$X_1X_2\cdots X_n$是r进制整数。也就是说，把这个堆栈（堆栈顶端照常是在左端）表示成整数$X_nr^{n-1}+X_{n-1}r^{n-2}+\cdots+X_2r+X_1$。

用两个计数器保存分别表示两个堆栈的整数。用第三个计数器调节另外两个计数器。具体地说，当把计数器除以或乘以r时，就需要第三个计数器。

359

堆栈上的操作可分成三种：弹出栈顶符号，改变栈顶符号，压入符号到堆栈。双堆栈机器的一步移动可能涉及这些操作中的几种；具体地说，把堆栈的栈顶符号X换成符号串，这个移动就必须分解成替换X，然后压入额外符号到堆栈。在表示成计数i的堆栈上执行这些操作如下。注意，可能使用多堆栈机器的有穷控制来完成需要计数不超过r的每种操作。

1. 为了从堆栈中弹出，必须把i换成i/r，抛弃任何余数，余数是X_1。开始时，第三个计数器是0，反复把计数i减r并把第三个计数器加1。当起初保存i的计数器等于0时停止。然后，反复把原来的计数器加1并把第三个计数器减1，直到第三个计数器再次为0。在这个时刻，过去保存i的计数器保存i/r。
2. 为了把计数i所表示堆栈顶上的X换成Y，就给i增或减少量的值，肯定不超过r。如果$Y>X$（作为数字），就给i加上$Y-X$；如果$Y<X$，就给i减去$X-Y$。
3. 为了把X压入起初保存i的堆栈上，需要把i换成$ir+X$。首先乘以r。为了这样做，反复把计数i加1并把第三个计数器（总是从0开始）加r。当原来的计数器变成0时在第三个计数器中有ir。像在第(1)项中做过的那样，把第三个计数器复制到原来的计数器并让第三个计数器再次为0。最后，把原来的计数器加上X。

为了完成这个构造，必须初始化计数器以便在初始条件下模拟堆栈，初始条件是：只保存双堆栈机器的初始符号。通过把涉及的两个计数器加上某个小整数（初始符号对应的从1到$r-1$的任何一个整数）来完成这个步骤。 □

定理8.15 双计数器机器接受每个递归可枚举语言。

证明　有了前面这个定理，只需要证明如何用两个计数器来模拟三个计数器。思想是把这三个计数器（比方说i, j, k）表示成单独一个整数。选择的整数是$m = 2^i3^j5^k$。一个计数器将保存这个数字，用另一个来帮助把m乘以或除以前三个素数2, 3, 5之一。为了模拟3计数器机器，需要执行下列操作：

1. 把i, j和（或）k分别加1。要把i加1，就把m乘以2。在定理8.14的证明中已经看到如何利用第二个计数器把计数乘以任意常数r。同样地，通过把m乘以3来把j加1，把m乘以5来把k加1。

360

2. 区分i, j和k中哪个为0（如果有的话）。为了辨认是否$i = 0$，必须确定m是否被2整除。把m复制到第二个计数器中，并用计数器机器的状态来记住是否已经偶数次或奇数次把m减1。如果已经奇数次把m减1，则$i = 0$。然后把第二个计数器复制到第一个计数器来恢复m。同样地，通过确定m是否被3整除来检验是否$j = 0$，并通过确定m是否被5整除来检验是否$k = 0$。
3. 把i, j和（或）k分别减1。为了这样做，分别把m除以2, 3或5。定理8.14的证明说明如何利用额外的一个计数器来执行除以任意常数的除法。3计数器机器不能把计数减低到0以下（这是一种错误），所以如果m不能被正在进行除法的常数所除尽，则进行模拟的2计数器机器就停机且不接受。 □

> **在计数器合3为2构造中的常数选择**
>
> 注意，在定理8.15的证明中2, 3和5是不同的素数，这是多么的重要。假如选择了$m = 2^i3^j4^k$，则$m = 12$就可能表示$i = 0, j = 1, k = 1$，或者表示$i = 2, j = 1, k = 0$。因此，就不能区分i或k是否为0，因此就不能可靠地模拟3计数器机器。

8.5.5　习题

习题8.5.1　非形式化但清楚地描述接受下列语言的计数器机器。在每种情况下都使用尽可能少的计数器，但不超过两个计数器。

* a) $\{ 0^n1^m \mid n \geq m \geq 1 \}$。

b) $\{ 0^n1^m \mid m \geq n \geq 1 \}$。

*! c) $\{ a^ib^jc^k \mid i = j$ 或$i = k \}$。

361

!! d) $\{ a^ib^jc^k \mid i = j$ 或 $i = k$ 或 $j = k \}$。

!! **习题8.5.2**　本题目标是证明输入带有末端标记的单堆栈机器与确定型PDA相比并不具有更强的能力。$L\$$是语言L与只有一个串\$的语言的连接；也就是说，$L\$$是使得w属于L的所有的串$w\$$的集合。证明：如果$L\$$是DPDA接受的语言，\$是末端标记符号，\$不在L的任何串中出现，则某个DPDA接受L。*提示*：这个问题其实是证明DPDA语言在习题4.2.2中定义的L/a运算下封闭的问题。必须修改$L\$$的DPDA P，把每个堆栈符号X换成所有可能的有序对(X, S)，S是状态集合。如果P有堆栈$X_1X_2\cdots X_n$，则为L构造的DPDA有堆栈$(X_1, S_1)\ (X_2, S_2)\cdots(X_n, S_n)$，其中每个$S_i$是使得$P$从ID $(q, a, X_iX_{i+1}\cdots X_n)$开始将接受的状态$q$的集合。

8.6 图灵机与计算机

现在，比较图灵机与日常使用的普通类型计算机。这些模型似乎相当不同，但却能接受恰好相同的语言，即递归可枚举语言。“普通计算机”的概念不是以数学方式良好地定义的，所以本节的论证有必要是非形式化的。必须求助于计算机能做什么的直觉，特别是当涉及的数字超过了这些机器体系结构上固定的通常限制（例如32位地址空间）时。本节的断言可分为两个部分：

1. 计算机能模拟图灵机。
2. 图灵机能模拟计算机，且至多在计算机花费步数的某个多项式时间内这样做。

8.6.1 用计算机模拟图灵机

首先检查计算机如何能模拟图灵机。给定具体的TM M，必须写出效果如同M的程序。M的一个方面是有穷控制。只有有穷多种状态和有穷多条转移规则，所以程序可把状态编码成字符串并使用转移表，查转移表来确定每步移动。同样地，可把带符号编码成固定长度的字符串，因为只有有穷多种带符号。

考虑程序如何模拟图灵机的带时，严重的问题出现了。这条带可无穷地增长，但计算机的存储（主存、磁盘或其他存储设备）都是有穷的。固定大小的存储能模拟无穷的带吗？

如果没有机会更换存储设备，事实上就不能；计算机于是就是有穷自动机，计算机接受的唯一语言都是正则的。不过，普通计算机都有可交换的存储设备，例如可能是“压缩”磁盘。事实上，典型的硬盘是可拆卸的，可以换成同样的空硬盘。 362

因为在可使用多少磁盘的问题上没有明显的限制，所以假设计算机需要多少磁盘就有多少磁盘可用。因此可安排磁盘放在两个堆栈中，如图8-21所示。一个堆栈保存位于带头左边远处的图灵机带单元中的数据，另外一个堆栈保存带头右边远处的数据。在堆栈中位置越深，数据就离带头越远。

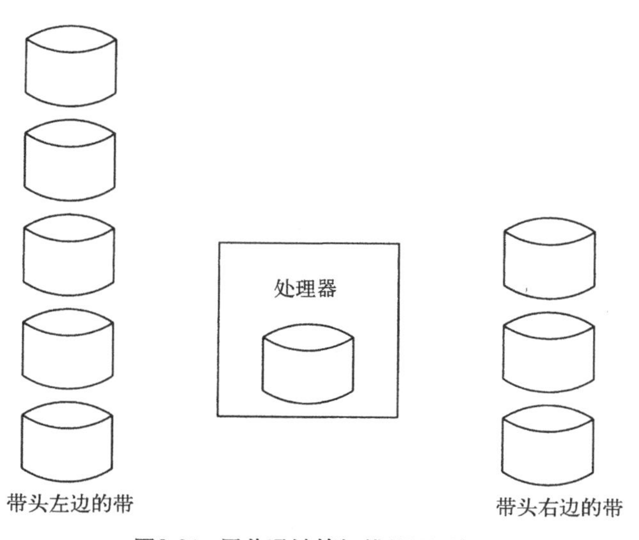

图8-21 用普通计算机模拟图灵机

如果TM的带头向左移动得很远，结果到达计算机中目前安装的磁盘不能表示的单元，则TM显示消息“向左交换”。操作人员卸下当前安装的磁盘，放到右边堆栈的顶上。把左边堆栈顶上的磁盘安装在计算机上，恢复计算。

类似地，如果TM的带头到达右边很远的单元，使得所安装的磁盘不能表示这些单元，则显示“向右交换”信息。操作人员把目前安装的磁盘移动到左边堆栈的顶端，把右边堆栈顶端的磁盘安装到计算机中。如果任意一边的堆栈空了，则TM进入了带上的全空格区域。在这种情况下，操作人员必须到商店去买新的磁盘来安装上。

非常大的带字母表的问题

如果带符号的个数大到连一个带符号的编码都不能装在一个磁盘中，则8.6.1节的讨论是有问题的。的确可能有非常多的带符号，因为30G的磁盘就能表示$2^{240000000000}$个符号中的任何一个。同样地，状态的个数可能大到用整个磁盘也不能表示一个状态。

这个问题的一种解法是从限制TM使用的带符号个数开始的。我们总是能用二进制来编码任意的带字母表。因此，任何TM M都能被另一个TM M'所模拟，M'只使用带符号0, 1, B。但M'需要许多状态，因为为了模拟M的一步移动，TM M'必须扫描带，并在有穷控制中记住说明M正在扫描什么符号的所有位。采用这种方式，得到的是非常大的状态集合，当确定M'的状态是什么时，以及确定M'的下一步移动应当是什么时，模拟M'的PC可能不得不安装和卸下几个磁盘。没有人曾考虑过执行这种性质的任务的计算机，所以典型的操作系统不支持这种类型的程序。但是，假如希望这样做，就可以给没有操作系统的计算机编程，让计算机具有这种能力。

幸运的是，可以通过技巧来解决如何模拟巨大状态数或带符号数的TM的问题。在9.2.3节中将看到可设计实际上是“存储程序”的TM。这个所谓“通用的”TM读取带上二进制编码的任意TM转移函数并模拟那个TM。通用TM具有非常合理的状态数和带符号数。通过模拟通用TM，就能给普通计算机编程来接受所希望的任何递归可枚举语言，而避免求助于模拟强调了磁盘上存储限度的状态数。

8.6.2 用图灵机模拟计算机

还需要考虑反向比较：是否存在着普通计算机能做而图灵机不能做的事情。重要的从属问题是：计算机做某些事情能否比图灵机快很多。本节将论证TM能模拟计算机，在8.6.3节中论证能足够快地进行模拟，即在给定问题上计算机与TM的运行时间“只”相差多项式。再次提醒读者，存在着重要的理由认为，相互介于多项式之间的所有运行时间都是类似的，但在运行时间上的指数差别则是“太大了”。在第10章中开始研究多项式对指数运行时间的理论。

为开始讨论TM如何模拟计算机，先给出真实而非形式化的关于典型计算机如何操作的模型。

a) 首先，将假设字的不定长序列组成计算机的存储，每个字具有一个地址。在真实计算机中，字可能是32位长或64位长，但本书将不限制给定字的长度。假设地址是整数0, 1, 2等。在真实计算机中，可能用连续整数来编码单个字节，所以字的地址可能是4或8的倍数，

363~364

但这种差别不重要。另外，在真实计算机中，“存储器”中的字数可能是有限制的，但因为希望说明任意个数的磁盘或其他存储设备的内容，所以将假设字数没有限制。

b) 假设计算机程序保存在存储器的某些字中。像典型计算机的机器或汇编语言那样，这些字每个表示一条简单指令。例如这些指令：把数据从一个字移动到另一个字，或者把一个字加到另一个字上。假设允许“间接寻址”，所以一条指令可能引用另一个字，并且用另外这个字的内容作为被操作的字的地址。在所有现代计算机中都能找到的这种能力对于下列操作是必要的：执行数组访问，追踪表中链接，或在一般情况下执行指针操作。

c) 假设每条指令涉及有限（有穷）多个字，且每条指令至多改变一个字的值。

d) 典型计算机具有*寄存器*，即可以特别快地访问的存储字。通常，限制诸如加法这样的操作在寄存器中进行。本书将不做任何这样的限制，而是允许在任何字上执行任何操作。将不考虑在不同字上操作的相对速度，如果只比较计算机与图灵机的语言识别能力，这样的考虑也是不必要的。即使对运行时间感兴趣到多项式以内，访问不同字的相对速度也是不重要的，因为这些差别“只”是常数因子。

图8-22显示如何设计图灵机来模拟计算机。这个TM使用多条带，但使用8.4.1节的构造就能转化成单带TM。第一条带表示计算机的整个存储。使用这样的编码，即存储字地址按照数值顺序与这些存储字内容交替出现。地址和内容都用二进制书写。标记符号*和#用来帮助找到地址和内容结尾，以及区分二进制串是地址还是内容。另一个标记$表示地址和内容序列的开头。

第二条带是“指令计数器”。这条带保存一个二进制整数，表示带1上的一个存储单元。将把这个单元中保存的值解释成将要执行的下一条计算机指令。

365

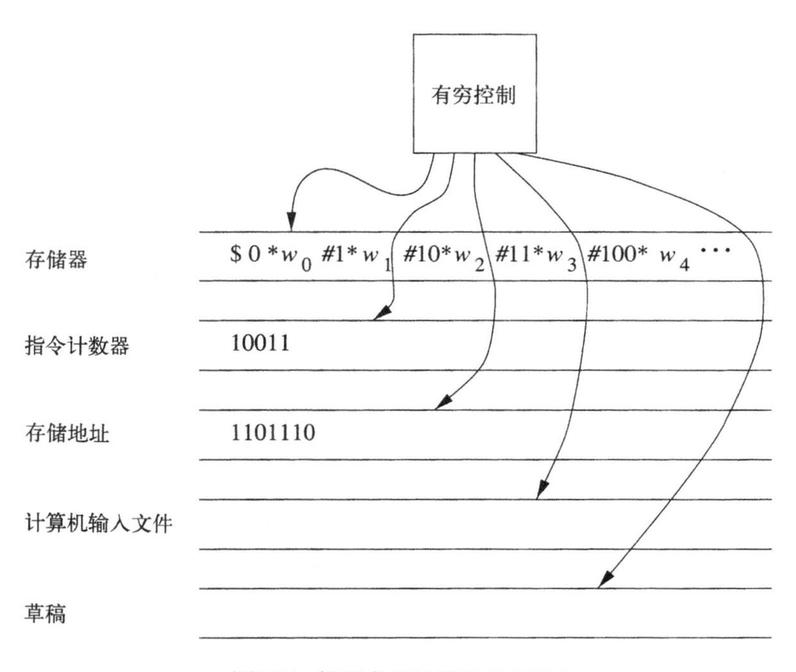

图8-22 模拟典型计算机的图灵机

第三条带保存“存储地址”或这个地址的内容（当在带1上确定地址位置之后）。为了执行指令，TM必须找到一个或多个保存着计算中所涉及数据的存储地址的内容。首先，把所需地址复制到带3上并与带1上地址比较，直到发现匹配为止。把这个地址的内容复制到第三条带上，并移动到所需要的任何地方，典型情况是，移动到表示计算机寄存器的一个低编号地址。

TM将按如下方式模拟计算机的指令周期：

1. 搜索第一条带，寻找与带2上指令号匹配的地址。从第一条带上$处开始，向右移动，比较每个地址与带2的内容。比较两条带上的地址是容易的，因为只需把带头一前一后地向右移动，并验证扫描的符号总是相同。
2. 找到指令地址时检查地址的值。假设当字是指令时，前几个位表示要做的动作（比如复制、加、分支等），剩下的位编码表示动作中涉及的一个或多个地址。
3. 如果指令要求某个地址的值，则这个地址将是指令的一部分。把这个地址复制到第三条带上，标记指令的位置，使用第一条带的第二道（在图8-22中没有显示出来），所以必要时可以回到这条指令。现在，在第一条带上搜索存储地址，把这个地址的值复制到带3上，即保存着存储地址的带上。
4. 执行指令或执行涉及这个值的指令的一部分。不可能讨论所有可能的机器指令。不过，对于这个新的值可能执行的操作的例子是：
   (a) 把这个值复制到某个其他地址。从指令得到第二个地址，如前所述，把这个地址写在带3上并在带1上搜索这个地址，就能找到这个地址。找到第二个地址时，就把这个值复制到为这个地址保留的空间里。如果需要更多的空间来保存这个新的值，或者如果新的值比老的值占用更少的空间，则通过平移来改变可用的空间。也就是说：
      i. 把新的值所占之处右边的整个非空白带复制到草稿带上。
      ii. 把新的值写下来，使用这个值的正确的空间数量。
      iii. 把草稿带重新复制到带1上，紧接着新值的右边。
      特殊情形是，这个地址可能还没有出现在第一条带上，因为在此之前计算机还没有用到过这个值。在这种情况下，在第一条带上找到这个值所属的地方，平移腾出适当的地方，把地址和新的值都保存在这个地方。
   (b) 把刚刚找到的值添加到某个其他地址的值上。回到指令来确定其他地址的位置，在带1上找到这个地址。对这个地址的值与带3上保存的值执行二进制加法。从右端扫描这两个值，TM就能毫无困难地执行逐位进位加法。如果结果需要更多空间，则使用平移技术在带1上分配空间。
   (c) 指令是“跳转”，也就是说，是从地址中取出下一条指令的指示，这个地址是现在保存在带3上的值。简单地把带3复制到带2，并且再次开始指令周期。
5. 在执行指令并确定指令不是跳转之后，给带2上的指令计数器加1，再次开始指令循环。

TM如何模拟典型计算机，还有许多其他细节。在图8-22中显示了第四条带，这条带保存被模拟的计算机输入，因为计算机必须从文件读输入（计算机正在测试其语言成员性的字）。TM能改为从这条带来读。

图中还显示了一条草稿带。模拟有些计算机指令可能有效地使用一条或多条草稿带来计算，诸如乘法的算术运算。

最后，假设计算机产生说明是否接受输入的输出。为把这个动作翻译成TM能执行的条件，我们将假设计算机有“接受”指令（可能对应着计算机调用的往输出文件上写yes的函数）。当TM模拟这条计算机指令的执行时，TM进入自身的接受状态并停机。

上面的讨论远远不是完整的形式化的TM能模拟计算机的证明，但它应当提供了足够的细节来说服读者TM是计算机能力的有效表示。因此，未来将只使用图灵机作为任意种类的计算装置计算能力的形式化表示。

8.6.3 比较计算机与图灵机的运行时间

现在必须讨论模拟计算机的图灵机的运行时间问题。前面已经指出：

- 运行时间问题是重要的，因为不仅将用TM来检查到底什么是能计算的这样的问题，而且检查什么是能以足够的效率来计算的、使得在实践中可使用问题的基于计算机的解法这样的问题。
- 在*易解*问题（能行之有效地解决的问题）与*难解*问题（虽然能解决但解决得不够快而使得解法不可用的问题）之间的分界线一般认为是处于在多项式时间内能计算的问题与需要超过任何多项式时间才能计算的问题之间。
- 因此，需要确保如果在典型计算机上在多项式时间内问题能解决，则图灵机在多项式时间内问题能解决，反之亦然。因为这个多项式等价性，所以关于图灵机以适当效率能做什么或不能做什么的结论同样很好地适用于计算机。

回忆一下，在8.4.3节中曾经确定了单带TM与多带TM之间运行时间的差别是多项式的（具体地说是平方）。因此，证明凡是计算机能做的事情，在8.6.2节中描述的多带TM在计算机所花费时间的多项式时间内也能做，这就足够了。进一步可以知道同样的结论对于单带TM也是成立的。

在给出上面描述的图灵机能在$O(n^3)$步之内模拟计算机n步这个证明之前，还需要面临乘法作为计算机指令这样的问题。问题是没有给出一个计算机字所能保存位数的限制。例如，假设计算机开始时有字保存整数2，并打算在连续n步之中让该字自乘，则该字就应当保存数值2^{2^n}。这个数值需用$2^n + 1$位来表示，所以图灵机模拟这n条指令所花费时间就应当至少是n的指数。 368

一种方法是坚持让字保持固定的最大长度，如64位。于是，产生太长的字的乘法（或其他运算）可能导致计算机停机，图灵机就没有必要继续模拟下去。将采取更自由的姿态：计算机可使用增至任意长度的字，但一条计算机指令只能产生比参数长度多一位的字。

例8.16 在上述限制下，加法是允许的，因为结果最多只能比加数长度多一位。乘法是不允许的，因为两个m位的字可能有长度为$2m$的乘积。但是，可用一系列m位加法，穿插着把乘数左移一位（这是只给字长增加1的另一种运算）来模拟m位整数相乘。因此，仍然能把任意长度整数相乘，但计算机所花费时间是与运算数长度平方成比例的。□

假设每条执行的计算机指令最大增加一位长度，就能证明两个运行时间之间的多项式关系。证明的思路是：注意在执行了n个指令之后，在TM存储带上提及字的个数是$O(n)$，且每个计算机字需要$O(n)$个图灵机单元来表示。因此，带是$O(n^2)$个单元那么长，TM能在$O(n^2)$时间内确定一条计算机指令所需有穷多个字的位置。

但是，在指令上还必须施加另一个要求。即使指令不产生长字作为结果，指令也可能花费长时间来计算结果。因此做出另外一个假设：多带图灵机能在$O(k^2)$步之内完成应用到长度不超过k的字上的指令本身。确实，在多带TM的$O(k)$步之内能完成诸如加法、移位、值的比较等典型的计算机操作，所以现在是完全自由地允许计算机在一条指令之内做什么。

定理8.17 如果计算机：

1. 只有让最大字长度至多增加1的指令，并且
2. 只有多带TM在长度为k的字上能在不超过$O(k^2)$步之内完成的指令，

369

则在8.6.2节中描述的图灵机能在自身$O(k^3)$步之内模拟计算机n步。

证明 首先注意图8-22中TM第一条（存储）带开始时只有计算机程序。这个程序可能很长，但这个程序是固定的并且具有与计算机执行的指令步数n无关的常数长度。因此，存在某个常数c，c是计算机的字以及程序中出现的地址的最大值。还存在常数d，d是程序占据的字数。

因此，在执行n步之后，计算机不能产生长度超过$c + n$的任何字，因此也不能产生或使用长度超过$c + n$的任何地址。每条指令至多产生一个新地址，这个地址对应一个值，所以在执行n个指令之后，地址总数至多是$d + n$。每个地址-字的组合至多需要$2(c + n) + 2$位（包括地址、内容、分隔这两者的两个标记符号），所以，在模拟n个指令之后，TM占据的带单元总数至多是$2(d + n)(c + n + 1)$。由于c和d是常数，所以这个单元数是$O(n^2)$。

现在知道能在$O(n^2)$时间之内完成一条计算机指令中所涉及的固定次数的地址查找。字都是$O(n)$长度的，所以第二个假设说明TM在$O(n^2)$时间之内能完成这些指令本身。剩余的唯一重要的指令开销是TM为了容纳新的或增长的字而在带上腾出更多空间所花费的时间。但是，平移涉及从带1复制至多$O(n^2)$数据到草稿带并再次返回。因此，对每条计算机指令来说，平移也只需要$O(n^2)$时间。

结论是TM在自身$O(n^2)$步之内模拟计算机的一步。因此，在定理的叙述中断言图灵机的$O(n^3)$步能模拟计算机n步。 □

最后的事实是，现在看到立方步数就足以让多带TM去模拟计算机。从8.4.3节还知道单带TM通过至多平方步数就能模拟多带TM。因此：

定理8.18 单带图灵机使用至多$O(n^6)$步能模拟定理8.17中描述的类型的计算机n步。 □

8.7 小结

- 图灵机：TM是抽象计算装置，同时具有真实计算机和关于什么能被计算的其他数学定义的能力。TM由有穷状态控制和划分成单元的无穷带组成。每个单元保存有穷多种带符号之一，其中一个单元是带头的当前位置。TM根据当前状态和带头扫描的单元中的带符号来进行移动。在一步移动中，TM改变状态，用某个带符号改写扫描的单元，或者把带头向左或向右移动一个单元。

370

- 图灵机接受：TM启动时在带上有输入，即有穷长度的带符号串，带的其余部分的每个单元都包含空格符号。空格是带符号之一，从带符号的子集合（不包括空格，即所谓输入符

号）中选择输入。如果TM最终进入接受状态，则接受输入。

- 递归可枚举语言：TM接受的语言称为递归可枚举（RE）语言。因此，RE语言是任意种类的计算装置能够识别或接受的语言。
- TM的瞬时描述：我们用包括从最左边到最右边非空格带单元的有穷长度的串描述TM的当前格局。把状态放在带符号序列中恰好在扫描单元左边，就表示出状态和带头位置。
- 在有穷控制中存储：有时候，如果想象状态具有两个或两个以上分量，在有穷控制中存储就有助于设计具体语言的TM。一个分量是控制分量，起状态通常所起的作用。另外一个分量保存TM需要记忆的数据。
- 多道：如果认为带符号是具有固定个数分量的向量，则多道常常是有帮助的。可把每个分量可视化成带的独立轨道。
- 多带图灵机：具有某个固定数目但多于一条的带的扩展TM模型。这种TM的一步移动是基于状态和带头在每条带上扫描的符号的向量。在一步移动中，多带TM改变状态，用每个带头改写扫描的单元中的符号，把任何或全部带头在任意方向上移动一个单元。多带TM比常规单带TM能更快地识别某些语言，但多带TM不能识别任何非RE语言。
- 非确定型图灵机：NTM对于每种状态和扫描的符号都具有有穷种下一步移动（状态、新符号和带头移动）的选择。如果任何选择序列导致有接受状态的ID，则NTM接受输入。NTM似乎比确定型TM更强大，但NTM不能识别不是RE的任何语言。 371
- 半无穷带图灵机：可限制TM的带，使其只在右边是无穷的，而在带头初始位置左边没有任何单元。这样的TM能接受任何RE语言。
- 多堆栈机器：可限制多带TM的带，使其行为像堆栈。输入在独立的带上从左向右只读一次，模仿有穷自动机或PDA的输入方式。单堆栈机器其实是DPDA，但有两个堆栈的机器能接受任何RE语言。
- 计数器机器：可进一步限制多堆栈机器的堆栈，除了底端标记之外只有一种符号。因此，每个堆栈的作用像一个计数器，允许保存一个非负整数，并允许检验所保存整数是否为0，但没有其他功能。具有两个计数器的机器足以接受任何RE语言。
- 用真实计算机模拟图灵机：如果承认存在可拆卸存储设备（比如磁盘）的供应是潜在无穷的，以模拟TM带的非空格部分，则在原则上用真实计算机来模拟TM就是可能的。因为制造磁盘的物理资源并不是无穷的，所以这个论证是有问题的。但是，在宇宙中存在多少存储，这个限度是未知的并无疑是巨大的，所以像在TM带中那样，无穷资源的假设是在实践中现实的，并且是公认的。
- 用图灵机模拟计算机：TM可以使用一条带保存寄存器、主存、磁盘及其他存储设备的所有位置和内容，来模拟真实计算机的存储和控制。因此可以相信，TM做不到的某些事情，真实计算机也做不到。 372

8.8 参考文献

图灵机来自[8]。大约在同时，曾经有过几种不太类似机器的提议来刻画什么是能计算的，包括以下著作：Church的[1]，Kleene的[5]，Post的[7]。在所有这些著作之前，Gödel的著作[3]实际上证明了计算机无法回答所有数学问题。

研究多带图灵机，特别是其在运行时间上如何与单带模型比较的问题，开始于Hartmanis和Stearns的[4]。对多堆栈机器和计数器机器的检查来自[6]，但本书给出的构造来自[2]。

在8.1节中使用"hello, world"作为图灵机接受或停机的表示，这个方法出现在S·鲁笛奇S.Rudich未发表的笔记中。

1. A. Church, "An undecidable problem in elementary number theory," *American J. Math.* **58** (1936), pp. 345–363.

2. P. C. Fischer, "Turing machines with restricted memory access," *Information and Control* **9**:4 (1966), pp. 364–379.

3. K. Gödel, "Über formal unentscheidbare sätze der Principia Mathematica und verwandter Systeme," *Monatshefte für Mathematik und Physik* **38** (1931), pp. 173–198.

4. J. Hartmanis and R. E. Stearns, "On the computational complexity of algorithms," *Transactions of the AMS* **117** (1965), pp. 285–306.

5. S. C. Kleene, "General recursive functions of natural numbers," *Mathematische Annalen* **112** (1936), pp. 727–742.

6. M. L. Minsky, "Recursive unsolvability of Post's problem of 'tag' and other topics in the theory of Turing machines," *Annals of Mathematics* **74**:3 (1961), pp. 437–455.

7. E. Post, "Finite combinatory processes-formulation," *J. Symbolic Logic* **1** (1936), pp. 103–105.

8. A. M. Turing, "On computable numbers with an application to the Entscheidungsproblem," *Proc. London Math. Society* **2**:42 (1936), pp. 230–265. See also *ibid.* **2**:43, pp. 544–546.

373～375

不可判定性

本章首先在图灵机的背景下重复8.1节的论证，对于计算机不能解答的一些问题的存在性来说，这个论证是一个似乎有理的论证。问题在于8.1节的“证明”被迫忽略了一些实际限制，在任何真实计算机上，C语言（或任何其他程序设计语言）的每种实现都带有这些限制。但是这些限制（比如地址空间的大小）都不是根本性限制。倒不如说，随着时光流逝，从一些方面来衡量，比如地址空间的大小、主存的大小以及其他等等，可以预期计算机将要发生不确定的增长。

通过把注意力集中到不存在这些限制的图灵机上，就能更好地把握这个本质的思想：某种计算装置能做什么，假如今天还不能，那么在将来某个时刻能。在本章中，将要形式化地证明：任何图灵机都不能解答的与图灵机有关的问题的存在性。从8.6节知道，图灵机可以模拟真实计算机，甚至模拟那些没有目前已知存在的限制的计算机，所以，本章将要严格论证：无论多么慷慨地放松那些实际限制，计算机都不能解答下面这个问题：

- 这个图灵机接受由其自身（的编码）构成的输入吗？

然后，把图灵机可以解答的问题分成两类：有*算法*（即无论是否接受输入，都停机的图灵机）的问题和那些只能由下面这些图灵机来解答的问题：这些图灵机在不接受的输入上，可能死循环。后一种接受形式是有问题的，因为无论这个TM运行了多久，都无法知道是否接受输入。因此，我们将要把注意力集中到一些技术上，这些技术用来证明一些问题是“不可判定的”，即这些问题没有算法，无论在某些输入上不停机的图灵机是否接受这些问题。

376 ~ 377

下面将证明下列问题是不可判定的：

- 这台图灵机接受这个输入吗？

然后，利用这个不可判定性结果来证明许多其他不可判定问题。例如，证明：与一台图灵机所接受的语言有关的所有非平凡问题都是不可判定的，以及许多与图灵机、程序或计算机根本无关的问题是不可判定的。

9.1 非递归可枚举语言

回忆一下，如果对于某个TM M有$L = L(M)$，则语言L是*递归可枚举的*（缩写为RE）。另外，在9.2节中将要介绍“递归的”或“可判定的”语言，这些语言不仅是递归可枚举的，而且被无论是否接受都总是停机的TM所接受。

本节的长远目标是证明：由这样的有序对(M, w)组成的语言是不可判定的，其中：

1. M是具有输入字母表$\{0, 1\}$的图灵机（用二进制适当地编码过）。
2. w是0 和1的串。
3. M接受输入w。

如果把输入限制在二进制字母表上时，这个问题是不可判定的，那么让TM具有任意字母表这样的更一般问题就肯定是不可判定的。

第一步是把这个问题叙述成关于一个具体语言成员性的真正问题。因此，必须给出一种无论TM有多少种状态，都只使用0和1的图灵机编码。一旦有了这种编码，就可以把任意二进制串当作是图灵机。如果一个串不是某台TM的合法表示，就认为这个串表示一台没有任何移动的TM。因此，可以认为每个二进制串都是某台TM。

一个中间目标，也就是本节的主题，涉及语言L_d，即“对角化语言”，这个语言由所有使得w所表示的TM不接受输入w的串w组成。我们将要证明：根本没有TM接受语言L_d。记住，证明根本没有图灵机接受一个语言，比证明一个语言是不可判定的（即没有算法或没有总是停机的TM）证明了更强的结论。

语言L_d起到一种与8.1.2节假设的程序H_2相类似的作用，每当H_2的输入以自身作为输入而不显示`hello, world`时，H_2就显示`hello, world`。更准确地说，当把H_2自身作为输入时，H_2的反应是悖论，所以H_2不可能存在，正是因为这样，L_d才不可能被图灵机所接受，因为假如L_d被一台TM所接受，那么当以这台TM自身编码作为输入时，这台TM将不得不自相矛盾。

378

9.1.1　枚举二进制串

在下面的讨论中，将有必要把整数指派给所有二进制串，使得每个串对应一个整数，并且每个整数对应一个串。如果w是二进制串，就把$1w$当作二进制整数i。于是将要把w称为第i个串。也就是说，ε是第一个串，0是第二个串，1是第三个串，00是第四个串，01是第五个串，依此类推。等价地说，把这些串按长度排序，把等长的串按字典序排序。此后，将要把第i个串称为w_i。

9.1.2　图灵机编码

下一个目标是设计图灵机的二进制编码，使得可以认为具有输入字母表{0, 1}的每个TM都是二进制串。因为刚才看到过如何枚举二进制串，所以将要把图灵机等同于整数，并且可以谈论“第i个图灵机M_i”。为了把TM $M = (Q, \{0, 1\}, \Gamma, \delta, q_1, B, F)$ 表示成二进制串，必须首先把整数指派给状态、带符号以及方向L和R。

- 我们将要假设：对于某个r，状态是$q_1, q_2, \cdots, q_r$。初始状态将总是q_1，q_2将是唯一的接受状态。注意，因为假设每当TM进入接受状态时就停机，所以从不需要多于一个接受状态。
- 我们将要假设：对于某个s，带符号是$X_1, X_2, \cdots, X_s$。X_1将永远是符号0，X_2将是1，X_3将是B（空格）。但是，其他带符号可以任意地指派给其余的整数。
- 我们将要把方向L称为D_1，而把方向R称为D_2。

因为可以用许多不同的顺序把整数指派给每个TM M的状态和带符号，所以典型的TM将有超过一个的编码。但是，这个事实在下面并不重要，因为将要证明：没有任何编码能表示TM M，使得$L(M) = L_d$。

一旦选定了整数表示每个状态、符号以及方向，就能编码转移函数δ。假设对于某些整数i, j, k, l, m，一条转移规则是$\delta(q_i, X_j) = (q_k, X_l, D_m)$。将要把这个规则编码成串$0^i10^j10^k10^l10^m$。注意，因为$i, j, k, l, m$都至少是1，所以在单个转移的编码中，没有两个以上连续的1。

379

整个TM M的编码由转移的所有编码组成，按照某种顺序排列，用成对的1分隔：

$$C_1 11 C_2 11 \cdots C_{n-1} 11 C_n$$

其中每个C_i都是M的一个转移的编码。

例9.1 设讨论的TM是

$$M = (\{q_1, q_2, q_3\}, \{0, 1\}, \{0, 1, B\}, \delta, q_1, B, \{q_2\})$$

δ包括规则：

$$\delta(q_1, 1) = (q_3, 0, R)$$
$$\delta(q_3, 0) = (q_1, 1, R)$$
$$\delta(q_3, 1) = (q_2, 0, R)$$
$$\delta(q_3, B) = (q_3, 1, L)$$

其中每条规则的编码分别是：

0100100010100
0001010100100
00010010010100
0001000100010010

例如，第一条规则可以写成$\delta(q_1, X_2) = (q_3, X_1, D_2)$，因为$1 = X_2$，$0 = X_1$，且$R = D_2$。因此，如上所示，这条规则的编码是$0^1 1 0^2 1 0^3 1 0^1 1 0^2$。$M$的编码是

01001000101001100010101001001100010010010100110001000100010010

注意，M有许多其他的可能编码。具体地说，可以用4！种顺序中任意一种来列出这四个转移的编码，这样就给出M的24种编码。 □

在9.2.3节中，将会需要编码由TM和串组成的有序对(M, w)。对于这个有序对使用这样的编码：M编码后面接着111，再后面接着w。注意，没有TM的有效编码可以包含连续三个1，所以可以确保111的首次出现把M的编码与w分开。例如，如果M是例9.1的TM，w是1011，则(M, w)的编码就是在例9.1末尾所示的串后面接着1111011。

9.1.3 对角化语言

在9.1.2节中编码了图灵机，所以现在有了M_i（即“第i个图灵机”）的具体概念：TM M_i的编码是第i个二进制串w_i。许多整数根本不对应任何TM。例如，11001不以0开头，而0010111010010100有三个连续的1。如果w_i不是有效的TM编码，则将认为M_i是一台具有一个状态但没有转移的TM。也就是说，对于这些i值，M_i是一台在任何输入上都立即停机的TM。因此，如果w_i不是有效的TM编码，则$L(M_i)$是$\varnothing$。 380

现在，可以做出一个至关重要的定义。

- 语言L_d，即对角化语言，是使得w_i不属于$L(M_i)$的串w_i的集合。

也就是说，当给定w作为输入时，编码为w的TM M不接受这个输入，L_d就由这样的串w组成。

如果考虑图9-1，就能明白把L_d称为“对角化”语言的原因。这个表说明，对于所有的i和j，TM M_i是否接受输入串w_j；1意味着“是，接受”，0意味着“否，不接受”[⊖]。可以认为，第i行是语言$L(M_i)$的特征向量，即这行中的1表示属于这个语言的串。

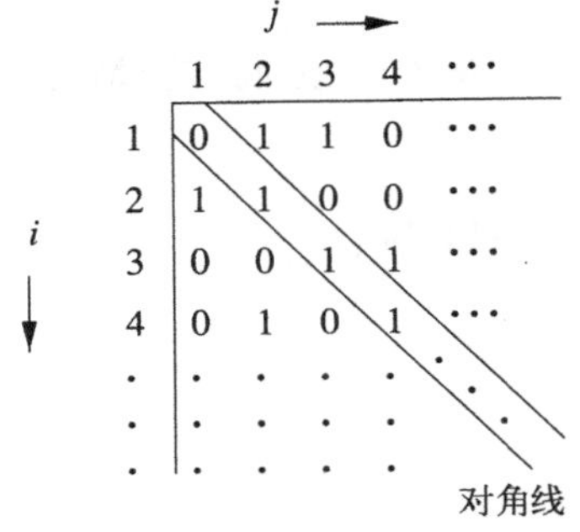

图9-1　表示图灵机对于串的接受性的表

对角线的值说明M_i是否接受w_i。为了构造L_d，把对角线取补。例如，假如图9-1是正确的表，则取补的对角线应当以1, 0, 0, 0, …开头。因此，L_d应当包含$w_1 = \varepsilon$，而不包含从w_2到w_4的串，这三个串是0, 1, 00，依此类推。

把对角线取补来构造一个语言的特征向量，这个语言不可能在任何行中出现，这个技巧称为对角化。对角化起作用，是因为对角线的补本身是描述某个语言（即L_d）成员性的特征向量。这个特征向量与图9-1所示的每一行都在某一列上不同。因此，对角线的补不可能是任何图灵机的特征向量。

381

9.1.4　证明L_d非递归可枚举

在关于特征向量和对角化的上述直觉的引导下，现在将要形式化地证明一个关于图灵机的基本结果：不存在接受语言L_d的图灵机。

定理9.2　L_d不是递归可枚举语言。也就是说，不存在接受语言L_d的图灵机。

证明　假设对于某个TM M，L_d是$L(M)$。因为L_d是字母表{0, 1}上的语言，所以M应当在已经构造的图灵机表中，因为这个表包含了具有输入字母表{0, 1}的所有TM。因此，M至少有一个编码，比如i；也就是说，$M = M_i$。

现在，询问w_i是否属于L_d。

- 如果w_i属于L_d，则M_i接受w_i。但是，根据L_d的定义，w_i不属于L_d，因为L_d只包含使得M_i不接受w_i这样的w_i。
- 同样，如果w_i不属于L_d，则M_i不接受w_i。因此，根据L_d的定义，w_i属于L_d。

w_i不能既属于L_d又不属于L_d，所以结论是：M存在这个假设包含矛盾。也就是说，L_d不是递归可枚举语言。□

9.1.5　习题

习题9.1.1　下面所示是什么串：

* a) w_{37}?

b) w_{100}?

习题9.1.2　写出图8-9中的图灵机的一种可能编码。

! **习题9.1.3**　这里是两个语言的定义，虽然这些语言与L_d类似，但是却与L_d不同。对于每个

⊖ 应当注意，实际的表一点也不像这个图所示的表。所有的小整数都不表示有效的TM编码，因此都表示没有移动的平凡TM，所以这个表的顶上几行其实都是清一色的0。

语言，使用对角化类型的论证来证明这个语言不能被图灵机所接受。注意，不能基于对角线本身来发展论证，而必须在图9-1所示矩阵中找出另一个无穷的点序列。

382

* a) 所有使得M_{2i}不接受w_i的w_i的集合。

b) 所有使得M_i不接受w_{2i}的w_i的集合。

！习题9.1.4　仅仅考虑了具有输入字母表{0, 1}的图灵机。假设想要给无论什么输入字母表的所有图灵机都指派整数。这是不太可能的，因为虽然状态或非输入带符号的名称是任意的，但是具体的输入符号却是有影响的。例如，语言$\{0^n1^n \mid n\geqslant 1\}$和$\{a^nb^n \mid n\geqslant 1\}$尽管在某种程度上相似，但却不是相同的语言，所以被不同的TM所接受。但是，可以假设：所有TM输入字母表都是从无穷符号集合$\{a_1, a_2, \cdots\}$中挑选的。说明如何可以给所有这样的图灵机都指派一个整数，这些图灵机都用这些符号的有穷子集合来作为输入字母表。

9.2 递归可枚举但不可判定的问题

现在，已经看到了一个为任何图灵机所不接受的问题，即对角化语言L_d。下一个目标是：把递归可枚举（RE）语言（即TM所接受的语言）的结构细分成两类。第一类对应着通常认为是算法的那些语言，这些语言各自都拥有一台图灵机，这台图灵机不仅识别这个语言，而且还在已经判定了输入串不属于这个语言时发出通知。这样的图灵机最终无论是否到达接受状态，最终总是停机。

第二类语言由任何具有停机保证的图灵机都不接受的RE语言组成。这些语言以不方便的方式被接受：如果输入属于语言，则最终知道这个结论，但如果输入不属于语言，则图灵机可以死循环，将永远不能肯定最终不接受这个输入。正如将要看到的，这种类型的语言的一个例子是：使得TM M接受输入w的一些编码对(M, w)的集合。

9.2.1 递归语言

如果对于某个图灵机M，$L = L(M)$，使得：

1. 如果w属于L，则M接受（因此M停机）。

2. 如果w不属于L，则M最终停机，但M永远不进入接受状态。

则说语言L是*递归的*。这种类型的TM对应着“算法”的一种非形式化概念，即总是终止并产生答案的、有确切定义的步骤序列。如果像通常那样，认为语言L是“问题”，那么若L是递归语言，则问题L称为*可判定的*，若L不是递归语言，则L称为*不可判定的*。

解答一个问题的算法的存在性或不存在性，通常比解答这个问题的某台TM的存在性更加重要。因为前面说过，不保证停机的图灵机可能不能给出足够的信息，来最终得出结论说：一个串不属于这个语言，所以在某种程度上，这些TM没有“解答问题”。因此，把问题或语言划分成可判定的（算法解答的问题）与不可判定的，比划分递归可枚举语言（具有某种类型TM的语言）与非递归可枚举语言（根本没有TM的语言）更加重要。图9-2说明在这三个语言类之间的关系：

383

1. 递归语言。

2. 递归可枚举但非递归的语言。

3. 非递归可枚举（非RE）语言。

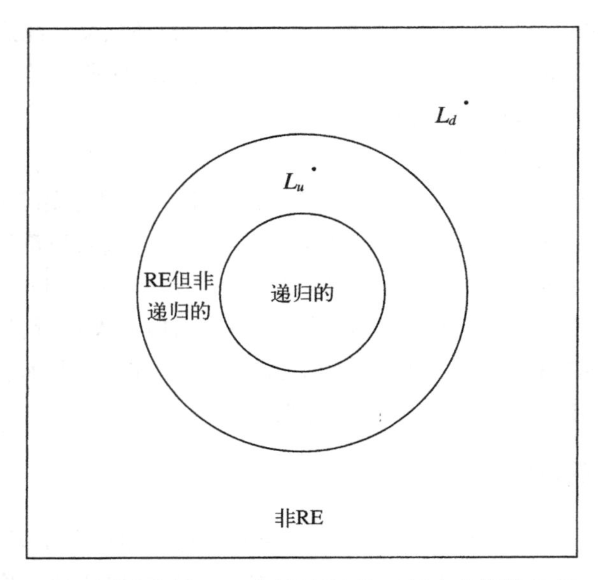

图9-2 递归语言、RE语言以及非RE语言之间的关系

已经正确地定位了非RE语言L_d，还说明了语言L_u，即“通用语言”，不久将证明：虽然L_u是RE，但L_u不是递归的。

为何用“递归的”？

如今的程序员都熟悉递归函数。但是这些递归函数似乎与总是停机的图灵机没有任何关系。更糟糕的是，相反的概念（非递归的或不可判定的）是指不能被任何算法所识别的那些语言，但是习惯认为，“非递归的”是指那些简单到不需要递归函数调用的计算。

术语“递归的”，作为“可判定的”同义词，可以追根溯源到数学，因为在计算机之前这个术语就存在了。后来，基于递归（不是迭代或循环）的对计算的形式化，被普遍用来作为计算的记号。这些记号与函数式程序设计语言（比如LISP或ML）的计算有几分相似，这里将不讨论这些记号。在这种意义下，说一个问题是递归的，就具有肯定意义：“这个问题足够简单，可以写递归函数来解答这个问题，并且这个函数总是终止”。这恰好是这个术语当今所包含的意思，与图灵机有联系。

术语“递归可枚举”，可以追根溯源到同样一族概念。一个函数可以按照某种顺序来列举语言的所有成员；也就是说，这个函数可以“枚举”这些成员。可以让其成员按照某种顺序列举出来的语言，与被某个TM所接受的语言是相同的，虽然TM可能在不接受的输入上死循环。

9.2.2 递归语言和递归可枚举语言的补

在证明一些语言属于图9-2第二个环（是RE但不是递归的）方面，得力的工具是考虑这个语言的补。我们将要证明：递归语言对于补是封闭的。因此，如果一个语言L是RE，但L的补$\overline{L}$不是RE，则可以知道L不可能是递归的。因为假如L是递归的，则 $\overline{L}$ 也应当是递归的，因此肯定是RE。现在证明递归语言的这个重要封闭性。

定理9.3 如果L是递归语言，则 $\overline{L}$ 也是递归语言。

证明 对于某个总是停机的TM M，设$L = L(M)$。通过图9-3所示的构造，来构造一个TM $\overline{M}$，使得 $\overline{L} = L(\overline{M})$。也就是说，$\overline{M}$ 的行为完全类似于M。但是，M经过如下修改以产生 $\overline{M}$：

1. M的接受状态都变成 $\overline{M}$ 的非接受状态，这些状态都没有转移；即在这些状态中，$\overline{M}$ 将停机不接受。
2. $\overline{M}$ 有一个新的接受状态r；没有从r出发的转移。
3. 对于使得M没有转移（即M停机不接受）的M的非接受状态和M的带符号的每种组合，都添加一个到接受状态r的转移。

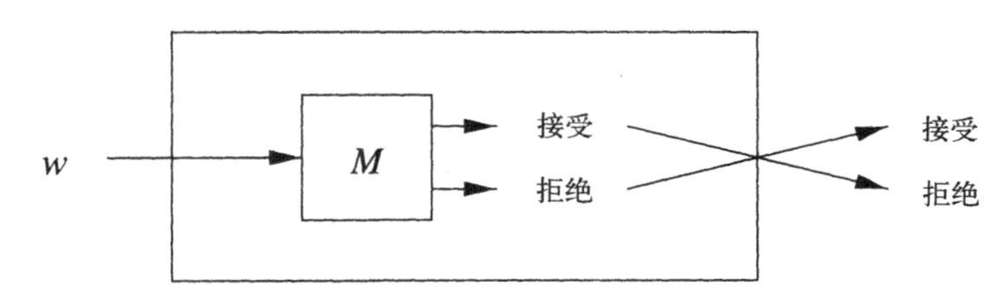

图9-3 接受一个递归语言的补的一台TM的构造

由于M保证停机，所以知道 $\overline{M}$ 也保证停机。而且，$\overline{M}$ 恰好接受M所不接受的串。因此 $\overline{M}$ 接受 $\overline{L}$。 □

关于语言的补，有另一个重要事实，这个事实进一步限制了在图9-2的示意图中，一个语言和这个语言的补可以落在何处。把这个限制陈述在下一个定理中。

384
~
385

定理9.4 如果一个语言L和这个语言的补都是RE，则L是递归的。注意，根据定理9.3，$\overline{L}$ 也是递归的。

证明 这个证明如图9-4所示。设$L = L(M_1)$且 $\overline{L} = L(M_2)$。TM M平行地模拟M_1和M_2。可以设M是2带TM，然后把M转化成1带TM，让这个模拟既容易又明显。M的一条带模拟M_1的带，M的另一条带模拟M_2的带。M_1和M_2的状态分别是M的状态的一个分量。

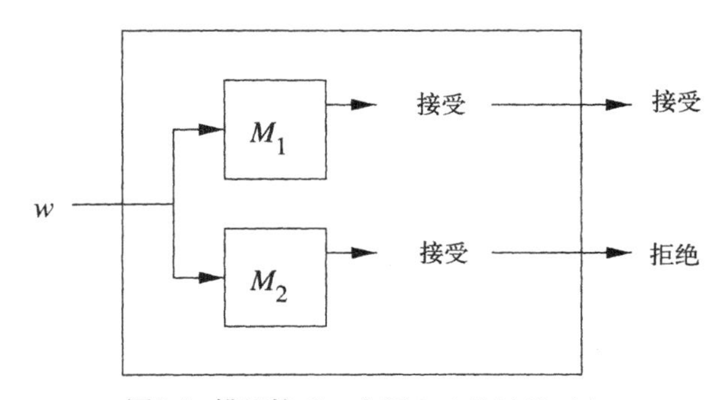

图9-4 模拟接受一个语言及其补的两个TM

如果M的输入w属于L，则M_1最终将接受。如果这样，则M接受并且停机。如果w不属于L，则w属于$\overline{L}$，所以M_2最终将接受。当M_2接受时，M停机不接受。因此，在所有输入上M都停机，$L(M)$恰好是L。因为M总是停机，且$L(M) = L$，所以结论是L是递归的。□

可以把定理9.3和定理9.4总结如下。在图9-2示意图中，语言L及其补$\overline{L}$的9种可能安排方式中，只有下列4种是可能的：

1. L和$\overline{L}$都是递归的；即两者都在内环中。
2. L和$\overline{L}$都不是RE；即两者都在外环中。
3. L是RE但不是递归的，$\overline{L}$不是RE；即一个在中环中，另一个在外环中。
4. $\overline{L}$是RE但不是递归的，L不是RE；即与(3)一样，但L和$\overline{L}$互换。

386

在上述结论的证明中，定理9.3消除了下面这种可能性：一个语言（L或$\overline{L}$）是递归的，而另一个语言属于其他两类之一。定理9.4消除了下面这种可能性：两个语言都是RE，但都不是递归的。

例9.5　作为一个例子，考虑语言L_d，已知L_d不是RE。因此，$\overline{L_d}$不可能是递归的。但是有两种可能：要么$\overline{L_d}$是非RE，要么$\overline{L_d}$是RE但不是递归的。事实上是后者。

$\overline{L_d}$是使得M_i接受w_i的串w_i的集合。这个语言类似于通用语言L_u，L_u由所有这样的(M, w)对组成，使得M接受w，将要在9.3节中证明：L_u是RE。同样的论证可以用来证明：$\overline{L_d}$是RE。□

9.2.3 通用语言

在8.6.2节中，已经非形式化地讨论过图灵机如何可以用来模拟装入了任意程序的计算机。也就是说，单个的图灵机可以用来作为“存储程序的计算机”，从一条或多条带上来获取程序和数据，输入就放在这些带上。在本节中，将要更加形式化地重复这个思想，这种形式化来自把图灵机说成是已存储的程序的表示。

定义L_u（即*通用语言*）是这样一些二进制串的集合，这些二进制串是用9.1.2节记号编码的有序对(M, w)，使得w属于$L(M)$，其中M是具有二进制输入字母表的TM，w是$(\mathbf{0} + \mathbf{1})^*$中的串。也就是说，$L_u$是表示一台TM和这台TM所接受的输入的一些串的集合。我们将要证明：存在TM U，通常称为*通用图灵机*，使得$L_u = L(U)$。因为U的输入是二进制串，所以U其实是二进制输入图灵机的列表中的某个M_j，在9.1.2节中发展了这个列表。

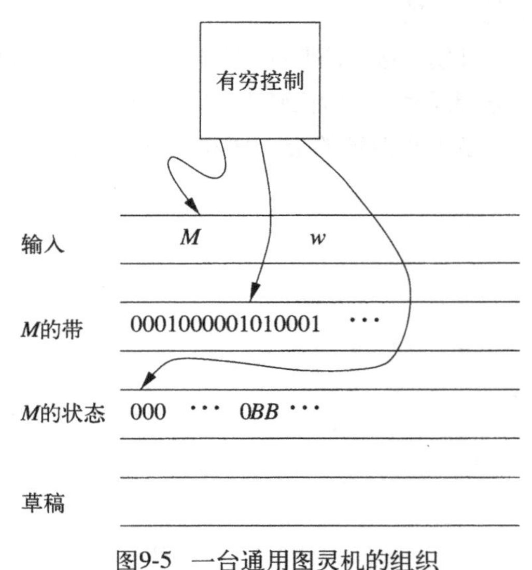

图9-5　一台通用图灵机的组织

按照图8-22的思路，把U描述成多带图灵机，这是最容易的。在U的情形中，M的转移和串w在开始时都保存在第一条带上。第二条带将用来保存所模拟的M的带，使用与M的编码相同的格式。也就是说，M的带符号X_i将表示成0^i，带符号用单个1分隔。U的第三条带保存M的状态，状态q_i表示成i个0。U的草图在图9-5中。

M的操作可以小结如下：

1. 检查输入，以确保M的编码是某个TM的合法编码。如果不是，则U停机不接受。因为假设了无效编码表示没有移动的TM，并且这样的TM不接受任何输入，所以这个动作是正确的。
2. 初始化第二条带，使之以编码的形式包含输入w。也就是说，对于w的每个0，在第二条带上写上10，对于w的每个1，在第二条带上写上100。注意，在M的被模拟带上的空格（这些空格用1000表示），其实将不出现在第二条带上；除了w使用的单元之外，所有单元都将包含U的空格。但是，U知道，假如U在寻找M的被模拟符号，并找到U自身的空格，则U必须把这个空格换成序列1000，以模拟M的空格。

387

3. 把0（M的初始状态）写在第三条带上，把U的第二条带的带头移动到第一个被模拟单元。
4. 为了模拟M的一步移动，U在自己的第一条带上查找$0^i10^j10^k10^l10^m$，使得0^i是带3上的状态，0^j是在带2上从U扫描的位置开始的M的带符号。这个转移是M下一步将进行的转移。U应该完成以下操作：
   (a) 把带3的内容改成0^k；也就是说，模拟M的状态改变。为了这样做，U首先把带3上所有0都改成空格，然后把0^k从带1复制到带3上。
   (b) 把带2上0^j换成0^l；也就是说，改变M的带符号。如果需要增减空间（即$i \neq l$），则用草稿带和8.6.2节的平移技术来调整空间。
   (c) 根据是否$m = 1$（向左移动）或$m = 2$（向右移动），把带2上带头分别向左或右移到下一个1的位置。因此，U模拟M向左或向右移动。
5. 如果M没有与所模拟的状态和带符号匹配的转移，则在(4)中将找不到转移。因此，M在所模拟格局中停机，U必须同样停机。
6. 如果M进入接受状态，则U接受。

以这样的方式，U在w上模拟M。U接受编码对(M, w)，当且仅当M接受w。

> **更有效的通用TM**
>
> U对M的一种有效的模拟（这种模拟可能不要求在带上平移符号），可以让U首先确定M使用的带符号数。如果存在从$2^{k-1}+1$到2^k之间这么多个符号，则U可以用k位二进制编码来唯一表示不同的带符号。可以用k个U的带单元来模拟M的带单元。为了让模拟变得更加容易，U可以改写M的给定转移，以便用固定长度二进制编码来代替已经介绍过的可变长度一进制编码。

9.2.4 通用语言的不可判定性

现在可以展示一个问题，这个问题是RE但不是递归的，这就是语言L_u。知道L_u是不可判定的（即不是递归语言）比先前发现L_d不是RE在许多方面都更有价值。原因在于，从L_u到一个问题P的归约，无论P是否是RE，都可以用来证明不存在解答P的算法。但是，从L_d到P的归约，只有当P不是RE时，才是可能的，所以L_d不能用来证明下面这样一些问题的不可判定性，这些问题是RE但不是递归的。另一方面，如果想要证明一个问题不是RE，则只能用L_d；L_u是没有用的，因为L_u是RE。

> **停机问题**
>
> 人们常常听说，图灵机的*停机问题*是一个与L_u类似的问题，即一个是RE但不是递归的问题。事实上，A. M. 图灵的最初的图灵机是以停机方式而不是以终结状态方式来接受的。对于TM M，可以定义$H(M)$是这样一些输入w的集合：使得在给定输入w时，无论M是否接受w，M都停机。于是，*停机问题*就是使得w属于$H(M)$的一些有序对(M, w)的集合。这个问题（或语言）是另一个是RE但不是递归的问题的例子。

定理9.6　L_u是RE但不是递归的。

证明　在9.2.3节中，证明过L_u是RE。假设L_u是递归的。于是根据定理9.3，L_u的补$\overline{L_u}$也是递归的。但是，如果有一个TM M接受$\overline{L_u}$，则可以构造一个TM来接受L_d（用下面解释的方法）。已知L_d不是RE，所以$\overline{L_u}$是递归的这个假设包含着矛盾。

假设$L(M) = \overline{L_u}$。如图9-6所示，可以把TM M修改成TM M'，M'接受L_d如下。

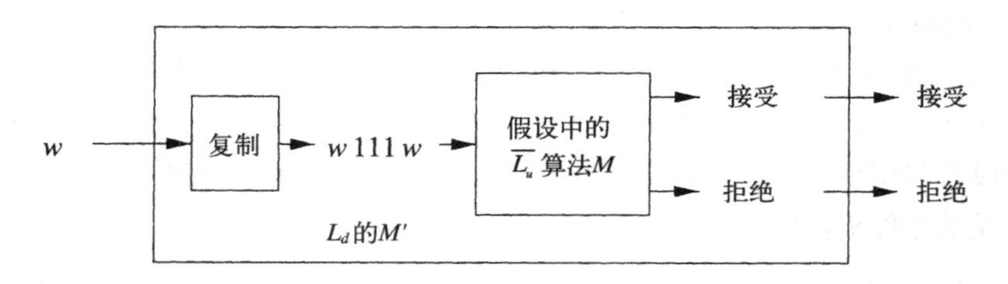

图9-6　从L_d到$\overline{L_u}$的归约

388 ~ 389

1. 给定串w作为输入，在检查了w中不含连续的三个1之后（若w含111，则立即拒绝w），M'把输入改成$w111w$。读者可以（作为练习）写一个TM程序来在单条带上完成这个步骤。不过，可以这样做的一个容易的论证是用第二条带复制w，然后把2带TM转化成1带TM。
2. M'在新的输入上模拟M。如果w是前述枚举中的w_i，则M'确定M_i是否接受w_i。M接受$\overline{L_u}$，所以M接受当且仅当M_i不接受w_i；即w_i属于L_d。

因此，M'接受w当且仅当w_i属于L_d。根据定理9.2，可以知道M'不可能存在，所以结论是：L_u不是递归的。□

9.2.5　习题

习题9.2.1　证明：停机问题是RE但不是递归的。停机问题是一些(M, w)有序对的集合，(M, w)使得当给定输入w时，M停机（无论接受或不接受）。（参看9.2.4节中关于“停机问题”的方框。）

习题9.2.2　在9.2.1节“为何用‘递归的’？”方框中提示过，存在着“递归函数”的概念，这个概念与图灵机竞争作为什么是可以计算的模型。在本题中，将要探讨递归函数记号的一个例子。一个*递归函数*就是用有穷多条规则定义的一个函数F。每条规则都为某些参数说明函数F的值；这种说明可以使用变元、非负整数常数、后继（加1）函数、函数F本身以及通过函数合成从这些对象构造出的表达式等。例如，*阿克曼函数*是由下列规则定义的： 390

1. $A(0, y) = 1$，对于任意的$y \geqslant 0$。
2. $A(1, 0) = 2$。
3. $A(x, 0) = x+2$，对于任意的$x \geqslant 2$。
4. $A(x+1, y+1) = A(A(x, y+1), y)$，对于任意的$x \geqslant 0$和$y \geqslant 0$。

回答下列问题：

* a) 求$A(2, 1)$的值。

! b) $A(x, 2)$是x的什么函数？

! c) 求$A(4, 3)$的值。

习题9.2.3 非形式化地描述枚举下列整数集合的多带图灵机，这里枚举的意思是：从一些空白带开始，在一条带上显示$10^{i_1}10^{i_2}1\cdots$，以表示集合$\{i_1, i_2, \cdots\}$。

* a) 所有完全平方数的集合$\{1, 4, 9, \cdots\}$。

b) 所有素数的集合$\{2, 3, 5, 7, 11, \cdots\}$。

!! c) 所有使得M_i接受w_i的i的集合。*提示*：不可能按照数值顺序来产生所有这些i。原因在于，这个语言（即$\overline{L_d}$）是RE但不是递归的。事实上，RE非递归语言的一种定义就是：可以枚举这些语言，但是不能按照数值顺序来枚举。枚举这些语言的根本“技巧”在于，必须在所有w_i上模拟M_i，但是不允许任何M_i死循环，因为一旦遇上某个M_i在w_i上不停机，那么对于$j \neq i$，M_i的死循环就阻止了尝试任何其他的M_j。因此，必须以分成轮的方式操作，在第i轮中只尝试有穷个M_i，并只尝试有穷多步。因此，每轮都能在有穷时间内完成。只要对于每个M_i和每个步数s都存在某一轮，使得该轮将要模拟M_i至少s步，则最终将发现接受w_i的每个M_i并枚举i。

* **习题9.2.4** 设$L_1, L_2, \cdots, L_k$是字母表Σ上语言的集合，使得：

1. 对于所有$i \neq j$，$L_i \cap L_j = \varnothing$；即没有串同时属于这两个语言。
2. $L_1 \cup L_2 \cup \cdots \cup L_k = \Sigma^*$；即每个串至少属于这些语言中的一个。
3. 对于$i = 1, 2, \cdots, k$，每个语言L_i都是递归可枚举的。

证明：这些语言中每个都是递归的。 391

*! **习题9.2.5** 设L是递归可枚举的并设$\overline{L}$是非RE。考虑语言

$$L' = \{0w \mid w\text{属于}L\} \cup \{1w \mid w\text{不属于}L\}。$$

能否肯定地说L'或其补是递归的、RE或非RE？给出答案的理由。

! **习题9.2.6** 除了在9.2.2节中对于补的讨论之外，还没有讨论过递归语言或RE语言的封闭性。区分一下递归语言或RE语言对下列运算是否封闭。可以给出非形式化的（但清楚的）构造来证明封闭。

* a) 并。

b) 交。

c) 连接。

d) 克林闭包（星号）。

* e) 同态。

f) 逆同态。

9.3 与图灵机有关的不可判定问题

现在将要使用语言L_u和L_d（已知这两个语言关于可判定性和递归可枚举性的状况）来证明其他的不可判定或非RE语言。在这些证明的每一个当中都要利用归约技术。首批不可判定问题都与图灵机有关。事实上，本节中的讨论最终归结为“莱斯定理”的证明，这个定理提出：图灵机的任何只依赖于TM所接受的语言的非平凡性质，都一定是不可判定的。9.4节将研究与图灵机和图灵机的语言无关的一些不可判定问题。

9.3.1 归约

在8.1.3节中介绍过归约的概念。一般说来，如果有一个算法把问题P_1的实例转化成问题P_2的具有相同答案的实例，则说P_1*归约到*P_2。可以使用这个证明来证明P_2至少有P_1那么难。因此，如果P_1不是递归的，则P_2不可能是递归的。如果P_1是非RE，则P_2不可能是RE。正如在8.1.3节中提到过的那样，必须小心谨慎地把已知的困难问题归约到那个想要证明至少同样困难的问题上，而不是相反。

392

如图9-7所示，一个归约必须把P_1具有“是”回答的任何实例都变成P_2具有“是”回答的实例，必须把P_1具有“否”回答的每个实例都变成P_2具有“否”回答的实例。注意，每个P_2实例都是一个或多个P_1实例的目标，这并不重要，事实上，P_2只有一小部分才是归约的目标，这是非常常见的。

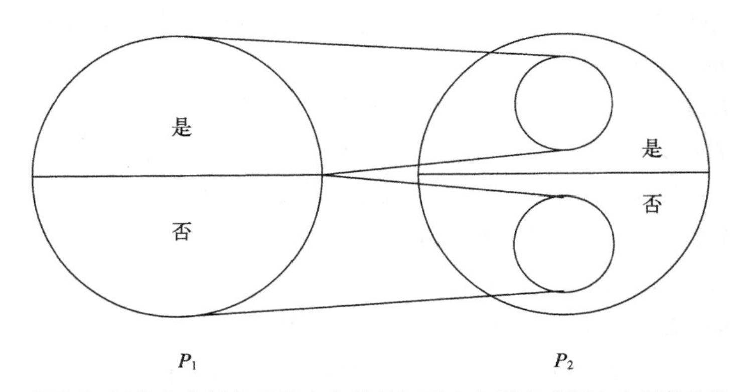

图9-7 把肯定实例变成肯定实例且把否定实例变成否定实例的归约

形式化地说，从P_1到P_2的归约是这样一台图灵机，这台图灵机把写在带上的一个P_1实例作为输入，停机时在带上有一个P_2实例。在实践中，一般将描述归约，似乎这些归约就是把一个P_1实例作为输入，产生一个P_2实例作为输出的计算机程序。图灵机与计算机程序的等价性允许采用任意一种方式来描述这个归约。下述定理强调了这些归约的重要性，我们将看到这个定理的无数应用。

定理9.7　如果存在从P_1到P_2的归约，那么：

a) 若P_1是不可判定的，则P_2也是不可判定的。

b) 若P_1是非RE，则P_2也是非RE。

证明　首先假设P_1是不可判定的。如果可以判定P_2，则可以把从P_1到P_2的归约与判定P_2的算法组合起来，构造出一个判定P_1的算法。这个思想如图8-7所示。更详细地说，假设给定P_1的一个实例w。对w使用归约算法，这个算法把w转化成P_2的一个实例x。然后对x使用对P_2所使用的算法。如果这个算法说“是”，则x属于P_2。因为可以把P_1归约到P_2，所以知道P_1对于w回答“是”；即w属于P_1。同样，如果x不属于P_2，则w不属于P_1，对于问题“x属于P_2吗？”所给出的任何回答，也是对“w属于P_1吗？”的正确回答。

393

因此就与P_1是不可判定的假设发生了矛盾。结论是：如果P_1是不可判定的，则P_2也是不可判定的。

现在考虑(b)部分。假设：P_1是非RE，而P_2是RE。现在，有一个算法把P_1归约到P_2，但是只有一个过程来识别P_2；也就是说，存在一台TM，如果这台图灵机的输入属于P_2，则说“是”，但如果输入不属于P_2，则可能不停机。如同(a)部分那样，从P_1的一个实例w开始，用归约算法把w转化成P_2的一个实例x。然后对x使用P_2的TM。如果x被接受，则接受w。

这个过程描述了一台接受的语言是P_1的TM（可能不停机）。如果w属于P_1，则x属于P_2，所以这个TM将接受w。如果w不属于P_1，则x不属于P_2。此时，这个TM既可能停机也可能不停机，但肯定不会接受w。因为假设过不存在接受P_1的TM，所以已经用归谬法证明了也不存在接受P_2的TM；即如果P_1是非RE，则P_2也是非RE。□

9.3.2　接受空语言的图灵机

作为与图灵机有关的归约的一个例子，研究两个语言，即所谓L_e和L_{ne}。每个语言都由二进制串组成。如果w是一个二进制串，则在9.1.2节的枚举中，w表示某个TM M_i。

如果$L(M_i)=\varnothing$，即M_i不接受任何输入，则w属于L_e。因此，L_e是由所有接受的语言为空的编码过的TM组成的语言。另一方面，如果$L(M_i)$不是空语言，则w属于L_{ne}。因此，L_{ne}是由所有至少接受一个输入的图灵机的编码组成的语言。

在下面的讨论中，认为一个串就是这个串所表示的图灵机，这样做是方便的。因此，可以把刚刚提到的两个语言定义为：

- $L_e=\{\,M \mid L(M)=\varnothing\}$
- $L_{ne}=\{\,M \mid L(M)\neq\varnothing\}$

注意，L_e和L_{ne}都是二进制字母表{0, 1}上的语言，并且是互补的。下面将要看到，L_{ne}是这两个语言中“较容易的”一个；L_{ne}是RE但不是递归的。另一方面，L_e是非RE。

定理9.8　L_{ne}是递归可枚举的。

证明　只需展示一个接受L_{ne}的TM。描述一个非确定型TM M，M的设计图如图9-8所示，这是最容易的。根据定理8.11，可以把M转化成确定型TM。

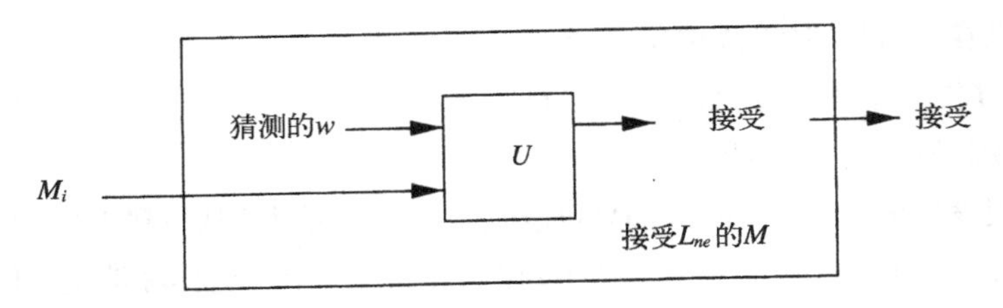

图9-8 接受L_{ne}的NTM的构造

M的操作如下：

1. M把一个TM编码M_i作为输入。

394 2. 使用非确定性能力，M猜测M_i可能接受的输入w。

3. M检查M_i是否接受w。对于这个部分，M可以模拟接受L_u的通用TM U。

4. 如果M_i接受w，则M接受自身的输入，即M_i。

通过这种方式，如果M_i接受即使一个串，则M也将猜到这个串（当然，这个串是在所有猜到的其他串当中），并接受M_i。但如果$L(M_i) = \varnothing$，则任何猜测w都不能导致M_i接受，所以M不接受M_i。因此$L(M) = L_{ne}$。 □

下一步是证明：L_{ne}不是递归的。为此，把L_u归约到L_{ne}。也就是说，将要描述一个算法，这个算法把输入(M, w)变换成输出M'，即另一个图灵机的编码，使得w属于$L(M)$当且仅当$L(M')$非空。换句话说，M接受w当且仅当M'至少接受一个输入。这个技巧就是，让M'忽略自身的输入，并且在输入w上模拟M。如果M接受，则M'接受自身的输入；因此M接受w就等于是$L(M')$非空。假如L_{ne}是递归的，那么就可能有一个算法来区分M是否接受w：构造M'并看看是否$L(M') = \varnothing$。

定理9.9 L_{ne}不是递归的。

证明 将要遵循上面给出的证明要点。必须设计一个算法，这个算法把一个输入变换成一个TM M'，这个输入是一个二进制编码有序对(M, w)，使得$L(M') \neq \varnothing$当且仅当M接受输入w。M'的构造如图9-9所示。将要看到，如果M不接受w，则M'不接受任何输入；即$L(M') = \varnothing$。但是，如果M接受w，则M'接受每个输入，因此$L(M')$肯定不是$\varnothing$。

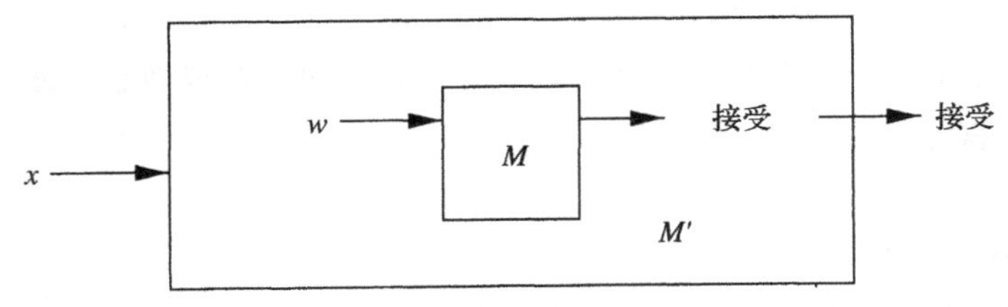

图9-9 定理9.9中从(M, w)构造的TM M'的设计图；M'接受任意输入当且仅当M接受w

395 把M'设计成如下操作：

1. M'忽略自身的输入x。更进一步，M'把自身输入换成表示TM M和输入串w的那个串。因为M'是为一个具体的有序对(M, w)而设计的，这个有序对具有某个长度n，所以可以把M'构造成具有状态序列$q_0, q_1, \cdots, q_n$，其中q_0是初始状态。

(a) 对于$i = 0, 1, \cdots, n-1$，在状态q_i中，M'写下(M, w)编码的第$i+1$位，进入状态q_{i+1}，并

向右移动。

(b) 在状态q_n中，M'向右移动，在必要时把任何非空格都换成空格（假如M'的输入x比n长，这些非空格可能是x的结尾）。

2. 当M'在q_n中到达一个空格时，M'使用类似的一组状态来把带头重新定位到带的左端。
3. 现在，利用另外的状态，M'在当前带上模拟一台通用TM U。
4. 如果U接受，则M'接受。如果U永不接受，则M'也永不接受。

上述对M'的描述应当足以使读者相信，可以设计一台图灵机，这台图灵机把M的编码和串w变换成M'的编码。也就是说，存在一个算法来完成从L_u到L_{ne}的归约。还看到了，如果M接受w，则M'接受原来在带上的任何输入x。曾忽略过x，这个事实是不相关的；TM接受性的定义说：凡是在开始操作之前放在带上的东西，就是TM接受的东西。因此，如果M接受w，则M'的编码属于L_{ne}。

反之，如果M不接受w，则无论M'的输入是什么，M'都永不接受。因此，在这种情况下，M'的编码不属于L_{ne}。通过从M和w构造M'的这个算法，已经成功地把L_u归约到L_{ne}；可以得出结论：因为L_u不是递归的，所以L_{ne}也不是递归的。这个归约的存在性足以完成本证明。但是，为了说明这个归约的影响，将要把这个论证延伸一步。假如L_{ne}是递归的，那么就可以设计L_u的一个算法如下：

1. 如上把(M, w)转化成TM M'。
2. 使用这个假设中的L_{ne}的算法来区分是否$L(M') = \varnothing$。如果是，就说明M不接受w；如果$L(M') \neq \varnothing$，就说明M的确接受w。

因为根据定理9.6可知，对于L_u不存在这样的算法，所以从L_{ne}是递归的这个假设已经得出了矛盾，结论是：L_{ne}不是递归的。 □

现在，知道了L_e的状况。假如L_e是RE，则根据定理9.4，L_e和L_{ne}都应当是递归的。根据定理9.9，L_{ne}不是递归的，所以结论是：

定理9.10 L_e不是RE。 □

396

9.3.3 莱斯定理与递归可枚举语言的性质

像L_e和L_{ne}这样的语言是不可判定的，这个事实其实是一个较一般定理的一个特例：RE语言的所有非平凡性质都是不可判定的，在这样的意义下：一台图灵机不可能识别下面这样的二进制串，这些二进制串是一些其语言具有这种非平凡的性质的TM的编码。RE语言性质的一个例子是："这个语言是上下文无关的"。作为这个一般原理（RE语言的所有非平凡性质都是不可判定的）的一个特例，给定的TM是否接受一个上下文无关语言是不可判定的。

RE语言的一个*性质*只不过是RE语言的一个集合。因此，是上下文无关的这个性质在形式化上就是所有CFL的集合。是空的这个性质就是只由空语言组成的集合{∅}。

如果一个性质是空的（即根本没有语言满足这个性质）或者这个性质是所有的RE语言，则说这个性质是*平凡的*。否则，这个性质是*非平凡的*。

• 注意，空性质（∅）与这个性质是一个空语言（{∅}）是不同的。

不能认为语言的一个集合就是这些语言本身。原因在于，典型的语言（是无穷的）不能写成一个有穷长度的可以作为TM的输入的串。更恰当的说法是，必须识别接受这些语言的图灵机；即使一个TM接受的语言是无穷的，这个TM编码本身也是有穷的。因此，如果 $\mathcal{P}$ 是RE语言的一个性质，则语言 $L_{\mathcal{P}}$ 就是图灵机 M_i 的编码的集合，使得 $L(M_i)$ 是 $\mathcal{P}$ 中的语言。当谈到一个性质 $\mathcal{P}$ 的可判定性时，意思就是语言 $L_{\mathcal{P}}$ 的可判定性。

为什么问题与其补不同？

直觉告诉我们：一个问题与这个问题的补其实是同样的问题。为了解答其中一个，可以使用另一个的算法，在最后一步把输出取补："是"代替"否"，反之亦然。只要这个问题与其补都是递归的，这种本能就完完全全是正确的。

但是，正如在9.2.2节中讨论过的那样，存在另外两种可能性。首先，这个问题与其补甚至都不是RE。于是，任何种类的TM都根本不能解答这二者，所以在某种意义上，这二者又是相似的。但是，有趣的情况（以 L_e 和 L_{ne} 为典型）是当一个是RE而另一个是非RE时。

对于是RE的这个语言，可以设计一台TM M，这个TM获得输入 w 并找出 w 属于语言的原因。因此，对于 L_{ne}，给定一台TM M 作为输入，让设计的TM寻找TM M 接受的串，一旦找到一个，就接受 M。如果 M 是一台接受空语言的TM，那么虽然永远不能肯定地知道 M 不属于 L_{ne}，但是永不接受 M，这正是这台TM的正确反应。

另一方面，对于补问题 L_e，L_e 不是RE，甚至没有办法接受 L_e 的所有串。假设给定一个串 M，M 是一台语言为空的TM。可以检验TM M 的输入，尽管也许永远找不到 M 接受的输入，但是永远也不能肯定不存在某个尚未检验的、这个TM接受的输入。因此，即使应当接受 M，也可能永不接受 M。

定理9.11　（莱斯定理）RE语言的每个非平凡性质都是不可判定的。

证明　设 $\mathcal{P}$ 是RE语言的一个非平凡性质。首先假设：∅（空语言）不属于 $\mathcal{P}$；以后将回来讨论相反的情形。因为 $\mathcal{P}$ 是非平凡的，所以一定存在某个非空语言 L 属于 $\mathcal{P}$。设 M_L 是一个接受 L 的TM。

将要把 L_u 归约到 $L_{\mathcal{P}}$，因此证明 $L_{\mathcal{P}}$ 是不可判定的，因为 L_u 是不可判定的。执行归约的这个算法用一个有序对 (M, w) 作为输入，产生一个TM M'。M' 的设计如图9-10所示；如果 M 不接受 w，则 $L(M')$ 是∅；如果 M 接受 w，则 $L(M') = L$。

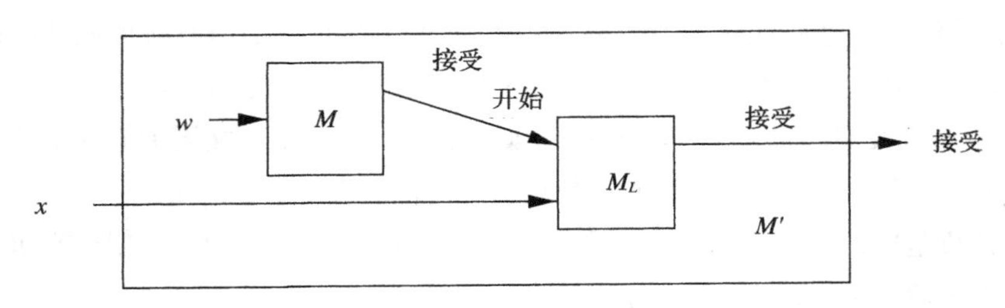

图9-10　莱斯定理的证明中 M' 的构造

M'是一个双带TM。一条带用来在w上模拟M。记住，执行归约的这个算法被给定M和w作为输入，并且在设计M'的转移时可以使用这个输入。因此，把在w上模拟M的任务“固化到”M'中；M'不必在自身的带上去读M的转移。

必要时，用M'的另一个带在输入x上模拟M_L。同样，M_L的转移为这个归约算法所知，并可“固化到”M'的转移中。构造TM M'来完成如下操作：

1. 在输入w上模拟M。注意，w不是M'的输入；事实上，如在定理9.8证明中那样，M'在一条带上写下M和w，并在这个有序对上模拟通用TM U。
2. 如果M不接受w，则M'停止操作。M'永不接受自身输入x，所以$L(M') = \varnothing$。因为假设$\varnothing$不属于性质$\mathcal{P}$，所以这就意味着M'的编码不属于$L_{\mathcal{P}}$。
3. 如果M接受w，则M'开始在自身输入x上模拟M_L。因此，M'将恰好接受语言L。因为L属于$\mathcal{P}$，所以M'的编码属于$L_{\mathcal{P}}$。

397~398

读者应当注意到了，从M和w来构造M'可以用一个算法来实现。因为这个算法把(M, w)转变成M'，使得M'属于$L_{\mathcal{P}}$当且仅当(M, w)属于L_u，所以这个算法是从L_u到$L_{\mathcal{P}}$的一个归约，而且证明性质$\mathcal{P}$是不可判定的。

还没有大功告成。需要考虑$\varnothing$属于$\mathcal{P}$的情形。如果这样，就考虑补性质$\overline{\mathcal{P}}$（不具有性质$\mathcal{P}$的RE语言的集合）。根据前述证明，$\overline{\mathcal{P}}$是不可判定的。但是，每个TM都接受RE语言，所以$\overline{L_{\mathcal{P}}}$等于$L_{\overline{\mathcal{P}}}$，$\overline{L_{\mathcal{P}}}$是不接受$\mathcal{P}$中语言的图灵机（的编码）的集合，$L_{\overline{\mathcal{P}}}$是接受$\overline{\mathcal{P}}$中语言的图灵机的集合。假设$L_{\mathcal{P}}$是可判定的。于是$L_{\overline{\mathcal{P}}}$也应当是可判定的，因为递归语言的补是递归的（定理9.3）。□

9.3.4 与图灵机说明有关的问题

根据定理9.11，所有只涉及TM接受的语言的与TM有关的问题都是不可判定的。这些问题中的有些问题本身就是有趣的。例如，下列问题都是不可判定的：

1. 一台TM接受的语言是否空（从定理9.9和定理9.3了解了这个问题）。
2. 一台TM接受的语言是否有穷。
3. 一台TM接受的语言是否是正则语言。
4. 一台TM接受的语言是否是上下文无关语言。

但是，莱斯定理并没有蕴涵与一台TM有关的每个问题都是不可判定的。例如，询问这台TM的状态，而不询问这台TM接受的语言，这样的问题就可能是可判定的。

例9.12　一台TM是否具有5个状态是可判定的。判定这个问题的算法仅仅查看这台TM的编码，并计数在任何转移中出现的状态的数量。

另一个例子是，是否存在某个输入，使得这台TM至少移动5步，这是可判定的。当回忆起，如果一台TM移动了5步，则这台TM只能看到围绕初始带头位置的9个带单元时，这个算法就是显然的。因此，可以在任意有穷多条带上把这台TM模拟5步，这些带由5个或少于5个带符号组成，前后都是空格。如果这些模拟中任何一个模拟没有到达停机状态，那么结论是：这台TM在某个输入上至少移动5步。□

399

9.3.5 习题

* 习题9.3.1　证明：接受所有是回文的输入（可能还有某些其他的输入）的TM的图灵机编码的集合是不可判定的。

习题9.3.2　毕格计算机公司决定，通过制造一种高技术版本图灵机（这种图灵机称为BWTM，装备有铃和哨）来挽救公司下滑的市场份额。BWTM基本上与普通的图灵机是一样的，不同之处在于，这种机器的每个状态都标记成要么"铃状态"要么"哨状态"。每当BWTM进入一个新状态时，就根据刚进入的状态的类型来打铃或者吹哨。证明：一台给定的BWTM M在给定的输入w上是否曾经吹哨，这是不可判定的。

习题9.3.3　证明：下面这样的TM M的编码的语言是不可判定的，当M从空白带开始时，最终在带上某处写下1。

! 习题9.3.4　根据莱斯定理可知下列问题都是不可判定的。但是，这些问题是递归可枚举的还是非RE？

a) $L(M)$含有至少两个串吗？

b) $L(M)$是有穷的吗？

c) $L(M)$是上下文无关语言吗？

* d) $L(M) = (L(M))^R$吗？

! 习题9.3.5　设L是由一对TM的编码加一个整数（即(M_1, M_2, k)）组成的语言，使得$L(M_1) \cap L(M_2)$包含至少k个串。证明：L是RE但不是递归的。

习题9.3.6　证明下列问题都是可判定的：

400

* a) 使得当M从空白带开始时，M最终在带上写下某个非空格符号的TM M的编码的集合。提示：如果M有m个状态，则考虑M的前m个转移。

! b) 永不向左移动的TM的编码的集合。

! c) 使得从输入w开始，TM M永不扫描任何带单元超过一次的有序对(M, w)的集合。

!习题9.3.7　证明下列问题都不是递归可枚举的：

* a) 使得TM M从输入w开始不停机的有序对(M, w)的集合。

b) 使得$L(M_1) \cap L(M_2) = \varnothing$的有序对$(M_1, M_2)$的集合。

c) 使得$L(M_1) = L(M_2)L(M_3)$（即第一个TM的语言是另外两个TM的语言的连接）的有序对(M_1, M_2, M_3)的集合。

!! 习题9.3.8　说出下列每个语言是否递归的、RE但不是递归的或者非RE。

* a) 所有在每个输入上都停机的TM的TM编码的集合。

b) 所有在所有输入上都不停机的TM的TM编码的集合。

c) 所有在至少一个输入上停机的TM的TM编码的集合。

* d) 所有在至少一个输入上不停机这样的TM的TM编码的集合。

9.4 波斯特对应问题

在本节，开始把与图灵机有关的不可判定问题归约到与"真实"事物有关的不可判定问题上，即归约到与图灵机这种抽象物没有关系的普通事物上。从所谓“波斯特对应问题”（PCP）开始，虽然这个问题依然抽象，但是这个问题涉及字符串而不涉及图灵机。目标是，证明这个与串有关的问题是不可判定的，然后通过把PCP归约到其他问题上，利用这个问题的不可判定性，来证明其他问题不可判定。

我们要通过把L_u归约到PCP上来证明PCP不可判定。为了便于证明，介绍一种“修改过的”PCP，把这个修改过的问题归约到原来的PCP上。然后，把L_u归约到这个修改过的PCP上。这个归约链如图9-11所示。因为已知原来的L_u是不可判定的，所以结论是PCP是不可判定的。

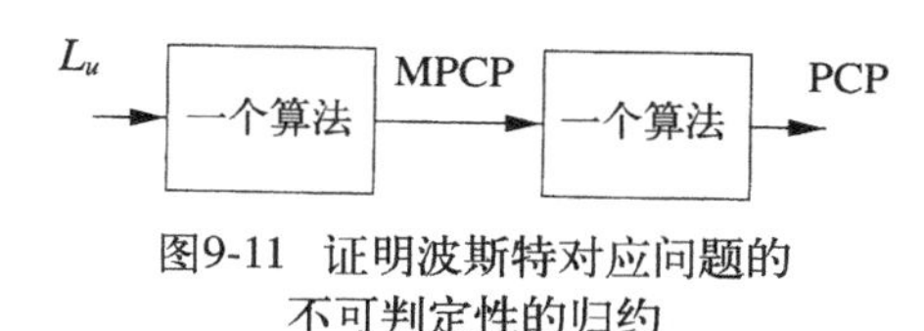

图9-11 证明波斯特对应问题的不可判定性的归约

9.4.1 波斯特对应问题的定义

波斯特对应问题（PCP）的一个实例由某个字母表Σ上串的两个表组成，这两个表一定长度相等。一般称为A表和B表，并且对于某个整数k，写成$A = w_1, w_2, \cdots, w_k$和$B = x_1, x_2, \cdots, x_k$。对于每个$i$，把有序对$(w_i, x_i)$称为对应对。

401

如果存在一个或多个整数的序列$i_1, i_2, \cdots, i_m$，当把这个序列解释成A表和B表中串的下标时产生相同的串，则说PCP问题的这个实例有解。也就是说，$w_{i_1}w_{i_2}\cdots w_{i_m} = x_{i_1}x_{i_2}\cdots x_{i_m}$。如果这样，就说这个序列$i_1, i_2, \cdots, i_m$是这个PCP实例的一个解。波斯特对应问题是：

- 给定一个PCP实例，说出这个实例是否有解。

例9.13 设$\Sigma = \{0, 1\}$，设A表和B表如图9-12所定义。在这种情形下PCP有解。例如，设$m = 4$，$i_1 = 2$，$i_2 = 1$，$i_3 = 1$，$i_4 = 3$；即这个解是表2, 1, 1, 3。通过按照两个表的顺序把对应串连接起来，可以验证这个表是一个解。也就是说，$w_2w_1w_1w_3 = x_2x_1x_1x_3 = 101111110$。注意，这个解不是唯一的。例如，2, 1, 1, 3, 2, 1, 1, 3是另一个解。 □

例9.14 下面是无解的一个例子。同样设$\Sigma = \{0, 1\}$，但是现在这个实例是图9-13中给出的两个表。

假设图9-13中的PCP实例有解（比方说$i_1, i_2, \cdots, i_m$，对于某个$m \geqslant 1$）。断言：$i_1 = 1$。因为如果$i_1 = 2$，则以$w_2 = 011$开头的串就不得不等于以$x_2 = 11$开头的串。但是这样的相等是不可能的，因为这两个串的第一个符号分别是0和1。同样，不可能$i_1 = 3$，因为这样一来，以$w_3 = 101$开头的串就必须等于以$x_3 = 011$开头的串。

	表A	表B
i	w_i	x_i
1	1	111
2	10111	10
3	10	0

图9-12 一个PCP实例

	表A	表B
i	w_i	x_i
1	10	101
2	011	11
3	101	011

图9-13 另一个PCP实例

如果$i_1 = 1$，则从表A和表B得出的两个对应串就不得不这样开头：

$$A：10\cdots$$

$$B：101\cdots$$

现在看看i_2可能是什么。

1. 如果$i_2 = 1$，则有问题，因为以$w_1w_1 = 1010$开头的串不能匹配以$x_1x_1 = 101101$开头的串；这两个串在第四个位置上一定不同。

402

2. 如果$i_2 = 2$，同样有问题，因为以$w_1w_2 = 10011$开头的串不能匹配以$x_1x_2 = 10111$开头的串；这两个串在第三个位置上一定不同。

3. 只有$i_2 = 3$是可能的。

如果选择$i_2 = 3$，则从整数表i_1, i_3所形成的对应串是：

$$A：10101\cdots$$

$$B：101011\cdots$$

关于这些串，没有理由立即说明不能把表1, 3扩展为解。但是，可以论证不可能这样做。原因在于，现在是处在与选择$i_1 = 1$之后的同样条件下。从B表得出的这个串，与从A表得出的这个串相等，除了在B表中在结尾有一个多余的1之外。因此，被迫选择$i_3 = 3$，$i_4 = 3$，依此类推，以避免产生不匹配。永远不能让A串赶上B串，因此永远不能形成一个解。 □

PCP作为语言

因为正在讨论判定一个给定的PCP实例是否有解这个问题，所以需要把这个问题表述成一个语言。由于PCP允许实例具有任意字母表，所以这个语言PCP其实是某个固定字母表上的串的集合，这些串编码那些PCP实例，非常像是在9.1.2节中编码那些具有任意的状态集合和带符号集合的图灵机。例如，如果一个PCP实例具有不超过2^k个符号的字母表，则可以用不同的k位二进制编码来表示每种符号。

因为每个PCP实例都具有有穷字母表，所以可以为每个实例找到某个k。于是可以在一个3个符号的字母表中编码所有这些实例，这个字母表由0、1和分隔串的“逗号”符号组成。编码开头是用二进制写下的k，接着写下逗号。然后写下每一对串，用逗号分隔这些串，用k位二进制编码来编码这些串的符号。

9.4.2　“修改过的”PCP

如果首先介绍一个中间版本的PCP，即所谓的*修改过的波斯特对应问题*（即MPCP），则更容易把L_u归约到PCP。在这个修改过的PCP中，对解有附加的要求：A表和B表上第一个有序对必须是解当中的第一个有序对。更形式化地说，一个MPCP实例是两个表$A = w_1, w_2, \cdots, w_k$和$B = x_1, x_2, \cdots, x_k$，一个解是零个或多个整数的表$i_1, i_2, \cdots, i_m$，使得

$$w_1w_{i_1}w_{i_2}\cdots\ w_{i_m} = x_1x_{i_1}x_{i_2}\cdots x_{i_m}$$

注意，即使在解表的前面没有提到下标1，也强迫有序对(w_1, x_1)在这两个串的开头。另外，与PCP不同（PCP解在这个解表上至少有一个整数），在MPCP中，如果$w_1 = x_1$，则空表可以是一

个解（但是这些实例没有什么意思，将不会出现在对MPCP的使用中）。

部 分 解

在例9.14中，使用了一种分析PCP实例的技术，这种技术经常出现。考虑可能的部分解是什么，也就是说，下标$i_1, i_2, \cdots, i_r$的序列，使得$w_{i_1}w_{i_2}\cdots w_{i_r}$和$x_{i_1}x_{i_2}\cdots w_{i_r}$中一个是另一个的前缀，尽管这两个串并不相等。注意，如果某个整数序列是一个解，则这个序列的每个前缀就一定是一个部分解。因此，理解了什么是部分解，就可以论证可能有什么解。

但是注意，因为PCP是不可判定的，所以没有算法来计算所有的部分解。可能存在有无穷多个部分解，更糟糕的是，关于串$w_{i_1}w_{i_2}\cdots w_{i_r}$和$x_{i_1}x_{i_2}\cdots x_{i_r}$的长度可以相差多少这方面没有任何上界，即使这个部分解导致一个解。

例9.15 可以认为，图9-12中的表是一个MPCP实例。但是，作为一个MPCP实例，这个表却无解。在证明中，注意，任何部分解一定以下标1开头，所以一个解的两个串可以这样开始：

A：1⋯

B：111⋯

403～404

下一个整数不可能是2或3，因为w_2和w_3都以10开头，所以可能在第三个位置上产生不匹配。因此，下一个下标只可能是1，结果是：

A：11⋯

B：111111⋯

可以这样不停地论证下去。只有解当中的另一个1才能避免不匹配，但是如果只能选择下标1，则B串始终是A串的三倍长度，这两个串永远不能变得相等。 □

证明PCP是不可判定的，其中一个重要步骤是，把MPCP归约到PCP。稍后，通过把L_u归约到MPCP来证明MPCP是不可判定的。到那时，将要获得PCP也是不可判定的一个证明；假如PCP是可判定的，则应当可以判定MPCP，因此应当可以判定L_u。

给定带有字母表 Σ的一个MPCP实例，构造一个PCP实例如下。首先，引入一个新符号*，在这个PCP实例中，这个符号出现在MPCP实例的串中的每个符号之间。但是，在A表的这些串中，* 跟在 Σ的符号后面，而在B表中，* 跟在 Σ的符号前面。一个例外是一个新有序对，这个有序对是基于MPCP实例的第一个有序对；这个有序对在w_1开头有一个额外的 *，所以这个 * 可用来开始这个PCP解。把一个终止有序对($, *$)加入这个PCP实例。这个有序对作为一个PCP解当中的最后一项，这个PCP解模拟这个MPCP实例的一个解。

现在把上述构造形式化。给定一个具有表$A = w_1, w_2, \cdots, w_k$和表$B = x_1, x_2, \cdots, x_k$的MPCP实例，假设 * 和$是不在这个MPCP实例的字母表 Σ中出现的符号。构造一个PCP实例$C = y_0, y_1, \cdots, y_{k+1}$和$D = z_0, z_1, \cdots, z_{k+1}$如下：

1. 对于$i = 1, 2, \cdots, k$，设y_i是在w_i每个符号后加入*之后的w_i，设z_i是在x_i每个符号前加入*之后的x_i。
2. $y_0 = * y_1$且$z_0 = z_1$。也就是说，第0个有序对类似于有序对1，除了在来自第一个表的串的开

头有一个额外的 $*$ 之外。注意，第0个有序对将是这个PCP实例中唯一有序对，这个有序对中两个串以相同符号开头，所以这个PCP实例的任何一个解都必须从下标0开始。

3. $y_{k+1} = \$$ 且 $z_{k+1} = * \$$。

例9.16 假设图9-12是一个MPCP实例。则上述步骤所构造的PCP实例如图9-14所示。 □

	表C	表D
i	y_i	z_i
0	$*1*$	$*1*1*1$
1	$1*$	$*1*1*1$
2	$1*0*1*1*1*$	$*1*0$
3	$1*0*$	$*0$
4	$\$$	$*\$$

图9-14 从一个MPCP实例构造一个PCP实例

405

定理9.17 MPCP归约到PCP。

证明 上面给出的构造是这个证明的核心。首先，假设$i_1, i_2, \cdots, i_m$是具有表A和表B的这个给定的MPCP实例的解。于是知道$w_1w_{i_1}w_{i_2}\cdots w_{i_m} = x_1x_{i_1}x_{i_2}\cdots x_{i_m}$。假如把这些$w$换成$y$并把$x$换成$z$，则应当有两个几乎相同的串：$y_1y_{i_1}y_{i_2}\cdots y_{i_m}$和$z_1z_{i_1}z_{i_2}\cdots z_{i_m}$。差别在于，第一个串可能在开头少一个$*$，而第二个串可能在结尾少一个$*$。也就是说，

$$*y_1y_{i_1}y_{i_2}\cdots y_{i_m} = z_1z_{i_1}z_{i_2}\cdots z_{i_m}*$$

但是，$y_0 = * y_1$且$z_0 = z_1$，所以通过把第一个下标换成0，就可以处理好开头这个$*$。于是就有：

$$y_0y_{i_1}y_{i_2}\cdots y_{i_m} = z_0z_{i_1}z_{i_2}\cdots z_{i_m}*$$

通过增加下标$k+1$，就能处理好最后这个$*$。因为$y_{k+1} = \$$且$z_{k+1} = * \$$，所以有

$$y_0y_{i_1}y_{i_2}\cdots y_{i_m}y_{k+1} = z_0z_{i_1}z_{i_2}\cdots z_{i_m}z_{k+1}$$

因此已经证明了$0, i_1, i_2, \cdots, i_m, k+1$是这个PCP实例的一个解。

现在，必须证明相反的方向，即如果构造的这个PCP实例有一个解，则原来这个MPCP实例也有一个解。注意，这个PCP实例的一个解，必须以下标0开头并且以下标$k+1$结尾，因为只有第0个有序对的串y_0和z_0才以相同符号开头，并且只有第$k+1$个有序对的串才以相同符号结尾。因此，这个PCP解可以写成$0, i_1, i_2, \cdots, i_m, k+1$。

断言：$i_1, i_2, \cdots, i_m$是MPCP实例的解。原因在于，如果从串$y_0y_{i_1}y_{i_2}\cdots y_{i_m}y_{k+1}$中删除$*$和结尾的$\$$，则得到串$w_1w_{i_1}w_{i_2}\cdots w_{i_m}$。而且，如果从串$z_0z_{i_1}z_{i_2}\cdots z_{i_m}z_{k+1}$中删除$*$和$\$$，则得到$x_1x_{i_1}x_{i_2}\cdots x_{i_m}$。已知

$$y_0y_{i_1}y_{i_2}\cdots y_{i_m}y_{k+1} = z_0z_{i_1}z_{i_2}\cdots z_{i_m}z_{k+1}$$

所以得出

406

$$w_1w_{i_1}w_{i_2}\cdots w_{i_m} = x_1x_{i_1}x_{i_2}\cdots x_{i_m}$$

因此，这个PCP实例的一个解蕴涵着这个MPCP实例的一个解。

现在看到，在这个定理之前描述的这个构造是一个算法，这个算法把MPCP的一个有解实例转化成PCP的一个有解实例，并且把MPCP的一个无解实例转化成PCP的一个无解实例。因此，存在着从MPCP到PCP的一个归约，这个归约证实：如果PCP是可判定的，则MPCP也是可判定的。 □

9.4.3 PCP不可判定性证明之完成

现在通过把L_u归约到MPCP来完成图9-11中的归约链。也就是说，给定一个有序对(M, w)，

构造一个MPCP实例(A, B)，使得TM M接受输入w当且仅当(A, B)有解。

本质思想是：在部分解中，MPCP实例(A, B)模拟M在w上的计算。也就是说，这些部分解将由下面这样的串组成：这些串是M的ID序列的前缀$\#\alpha_1\#\alpha_2\#\alpha_3\#\cdots$，$\alpha_1$是$M$在输入$w$上的初始ID，并且对于所有$i$，$\alpha_i \vdash \alpha_{i+1}$。来自$B$表的这个串将总是比来自$A$表的这个串提前一个ID，除非$M$进入接受状态。在那种情况下，将存在一些有序对可供使用，这些有序对允许A表“赶上”B表并最终产生一个解。但是，如果不进入接受状态，就没有办法使用这些有序对，就不存在任何解。

为了简化对一个MPCP实例的构造，将要引用定理8.12，这个定理提出，可以假设TM永不显示空格，并且永不从初始带头位置向左移动。在那种情况下，图灵机的一个ID将总是形如$\alpha q\beta$的一个串，α和β是非空格带符号的串，q是状态。但是，如果这个带头是在α右边紧接着的空格上，则允许β为空，而不在状态右边写一个空格。因此，α和β的符号将恰好对应着一些单元的内容，这些单元是包含输入的单元，以及这些单元右边的带头先前已经访问过的任何单元。

设$M = (Q, \Sigma, \Gamma, \delta, q_0, B, F)$是满足定理8.12的一台TM，设$w$属于$\Sigma^*$是一个输入串。构造一个MPCP实例如下。为了理解选择这些有序对背后的动机，要记住，目标是让第一个表比第二个表落后一个ID，除非M接受。

1. 第一个有序对是

表A	表B
#	$\#q_0w\#$

这个有序对开始了在输入w上模拟M，根据MPCP的规则，任何解都必须以这个有序对开头。注意，在开始时，B表要比A表提前一个完整的ID。

407

2. 可以把带符号和分隔符#加入这两个表。有序对

表A	表B	
X	X	（对于Γ中每个X）
#	#	

允许“复制”不涉及状态的符号。实际上，选择这些串就允许扩展A串来匹配B串，同时把前一个ID的各部分复制到B串结尾。这样做，帮助在B串结尾形成M移动序列中的下一个ID。

3. 为了模拟M的一步移动，有一些特定的有序对，这些有序对反映这些移动。对于所有$Q-F$中的q（即q是非接受状态）、Q中的p以及Γ中的X, Y, Z有

表A	表B	
qX	Yp	如果$\delta(q, X) = (p, Y, R)$
ZqX	pZY	如果$\delta(q, X) = (p, Y, L)$；Z是任意带符号
$q\#$	$Yp\#$	如果$\delta(q, B) = (p, Y, R)$
$Zq\#$	$pZY\#$	如果$\delta(q, B) = (p, Y, L)$；Z是任意带符号

类似于(2)中的有序对，通过扩展这个A串，来匹配这个B串，这些有序对帮助扩展这个B串来加入下一个ID。但是，这些有序对使用状态来确定在当前ID中的改变，这个改变是产生下一个ID所必需的。这些改变（新的状态、带符号和带头移动）都反映在这个B串结尾正在构造的ID中。

4. 如果这个B串结尾的这个ID有接受状态，则需要允许这个部分解成为完全解。通过扩展一些“ID”来这样做，这些“ID”其实不是M的ID，而是表示：如果允许接受状态消耗其

任何一边的所有带符号，则可能发生什么事情。因此，如果q是一个接受状态，则对于所有带符号X和Y，存在有序对

表A	表B
XqY	q
Xq	q
qY	q

5. 最后，一旦这个接受状态消耗了所有带符号，这个接受状态就单独作为这个B串上最后一个ID。也就是说，这两个串的剩余（即这个B串的一部分后缀，这部分后缀必须加入到这个A串以匹配这个B串）是q#。使用最后一个有序对

408

表A	表B
q##	#

来完成这个解。

在下面的讨论中，把上面产生的五种有序对称为来自规则(1)的有序对、来自规则(2)的有序对，依此类推。

例9.18　TM

$$M = (\{q_1, q_2, q_3\}, \{0, 1\}, \{0, 1, B\}, \delta, q_1, B, \{q_3\}),$$

其中δ由下列方式给出：

q_i	$\delta(q_i, 0)$	$\delta(q_i, 1)$	$\delta(q_i, B)$
q_1	$(q_2, 1, R)$	$(q_2, 0, L)$	$(q_2, 1, L)$
q_2	$(q_3, 0, L)$	$(q_1, 0, R)$	$(q_2, 0, R)$
q_3	—	—	—

把这个TM和输入串w = 01转换成一个MPCP实例。为了简化起见，注意，M永不写下空格，所以在一个ID中将永远没有B。因此，这里忽略所有涉及B的有序对。这些有序对的完整列表在图9-15中，图中还有关于每个有序对来源的解释。

注意，M通过下列移动序列接受输入01：

$$q_1 01 \vdash 1q_2 1 \vdash 10q_1 \vdash 1q_2 01 \vdash q_3 101$$

看看模拟M的这个计算的部分解的序列，并最终导致一个解。在MPCP任何解当中，都要求必须从第一个有序对开头：

A：#

B：#$q_1$01#

扩展这个部分解的唯一方式是：来自这个A表的串是剩余$q_1$01#的前缀。因此，下一步必须选择这个有序对($q_1$0, 1q_2)，这个有序对是从规则(3)得出的模拟移动的有序对当中的一个。这个部分解因此就是

A：#$q_1$0

B：#$q_1$01#1q_2

规则	表A	表B	来源于
(1)	#	$\#q_101\#$	
(2)	0	0	
	1	1	
	#	#	
(3)	q_10	$1q_2$	$\delta(q_1,0)=(q_2,1,R)$
	$0q_11$	q_200	$\delta(q_1,1)=(q_2,0,L)$
	$1q_11$	q_210	$\delta(q_1,1)=(q_2,0,L)$
	$0q_1\#$	$q_201\#$	$\delta(q_1,B)=(q_2,1,L)$
	$1q_1\#$	$q_211\#$	$\delta(q_1,B)=(q_2,1,L)$
	$0q_20$	q_300	$\delta(q_2,0)=(q_3,0,L)$
	$1q_20$	q_310	$\delta(q_2,0)=(q_3,0,L)$
	q_21	$0q_1$	$\delta(q_2,1)=(q_1,0,R)$
	$q_2\#$	$0q_2\#$	$\delta(q_2,B)=(q_2,0,R)$
(4)	$0q_30$	q_3	
	$0q_31$	q_3	
	$1q_30$	q_3	
	$1q_31$	q_3	
	$0q_3$	q_3	
	$1q_3$	q_3	
	q_30	q_3	
	q_31	q_3	
(5)	$q_3\#\#$	#	

图9-15 从例9.18的TM M构造的MPCP实例

通过使用来自规则(2)的“复制”有序对，现在可以进一步扩展这个部分解，直到到达第二个ID中的状态为止。这个部分解于是就是：

$$A：\#q_101\#1$$

$$B：\#q_101\#1q_21\#1$$

409

在这个时刻，可以使用规则(3)有序对当中的另一个来模拟移动；正确的有序对是(q_21, $0q_1$)，得出的这个部分解是：

$$A：\#q_101\#1q_21$$

$$B：\#q_101\#1q_21\#10q_1$$

现在本来可以使用规则(2)有序对来“复制”接下来的三个符号：#, 1, 0。但是，走得那样远可能是个错误，因为M的下一步移动是把带头向左移动，状态前面紧挨着的这个0是下一个规则(3)有序对中所需要的。因此，只“复制”接下来两个符号，让这个部分解是：

$$A：\#q_101\#1q_21\#1$$

$$B：\#q_101\#1q_21\#10q_1\#1$$

可以使用的正确的规则(3)有序对是($0q_1\#$, $q_201\#$)，这个有序对给出部分解：

$$A：\#q_101\#1q_21\#10q_1\#$$

$$B：\#q_101\#1q_21\#10q_1\#1q_201\#$$

410

现在可以使用另一个规则(3)有序对($1q_20$, q_310)，这个有序对导致接受：

$$A: \#q_1 01\#1q_2 1\#10q_1\#1q_2 0$$
$$B: \#q_1 01\#1q_2 1\#10q_1\#1q_2 01\#q_3 10$$

在这个时候，使用来自规则(4)的一些有序对来从ID中消耗除q_3之外的所有符号。还需要来自规则(2)的一些有序对来在必要时复制符号。下一个部分解是：

$$A: \#q_1 01\#1q_2 1\#10q_1\#1q_2 01\#q_3 101\#q_3 01\#q_3 1\#$$
$$B: \#q_1 01\#1q_2 1\#10q_1\#1q_2 01\#q_3 101\#q_3 01\#q_3 1\#q_3\#$$

在ID中只剩下q_3，可以使用来自规则(5)的有序对$(q_3\#\#, \#)$来完成这个解：

$$A: \#q_1 01\#1q_2 1\#10q_1\#1q_2 01\#q_3 101\#q_3 01\#q_3 1\#q_3\#\#$$
$$B: \#q_1 01\#1q_2 1\#10q_1\#1q_2 01\#q_3 101\#q_3 01\#q_3 1\#q_3\#\#$$

□

定理9.19　波斯特对应问题是不可判定的。

证明　几乎已经完成了如图9-11所示的归约链。从MPCP到PCP的归约如图9-17所示。本节的这个构造说明，如何把L_u归约到MPCP。因此，通过证明这个构造是正确的，就完成了PCP不可判定性的证明，也就是说，

- *M*接受*w*当且仅当构造的这个MPCP实例有解。

（仅当）例9.18给出了基本思路。如果*w*属于*L*(*M*)，那么可以从来自规则(1)的这个有序对开始，并且模拟*M*在*w*上的计算。使用来自规则(3)的一个有序对从每个ID复制状态并模拟*M*的一步移动；使用来自规则(2)的这些有序对在必要时复制带符号和标记#。如果*M*到达接受状态，那么来自规则(4)的这些有序对以及最后使用的来自规则(5)的这个有序对，允许这个*A*串赶上这个*B*串并形成一个解。

（当）需要论证：如果这个MPCP实例有解，那么只能是因为*M*接受*w*。首先，因为正在讨论MPCP，所以任何解都必须从第一个有序对开头，所以一个部分解开头是

$$A: \#$$
$$B: \#q_0 w\#$$

只要在这个部分解中没有接受状态，来自规则(4)和规则(5)的有序对就没有用处。一个ID当中的状态和状态两边的一两个带符号，只能用来自规则(3)的有序对来处理；所有其他的带符号和#，必须用来自规则(2)的有序对来处理。因此，除非*M*到达一个接受状态，否则所有部分解都具有以下形式：

411

$$A: x$$
$$B: xy$$

其中，x是*M*的一个ID序列，这个序列表示*M*在*w*上的计算，可能跟着#和下一个ID α的开头。剩余y是：α的剩余部分，另一个#，α的后继ID的开头，直到x以α自身结尾时为止。

具体地说，只要*M*不进入接受状态，这个部分解就不是一个解；*B*串就比*A*串更长。因此，如果有一个解，则*M*一定在某个时刻进入一个接受状态，即*M*接受*w*。　□

9.4.4 习题

习题9.4.1 说出下列每个PCP实例是否有解。每个实例表示成两个表A和B，对于$i = 1, 2, \cdots$，两个表上的第i个串相互对应。

* a) $A = (01, 001, 10)$；$B = (011, 10, 00)$。

b) $A = (01, 001, 10)$；$B = (011, 01, 00)$。

c) $A = (ab, a, bc, c)$；$B = (bc, ab, ca, a)$。

! 习题9.4.2 虽然已经证明了PCP是不可判定的，但是假设了字母表Σ是任意的。证明：即使限制字母表$\Sigma = \{0, 1\}$，PCP也是不可判定的，方法是把PCP归约到这种特殊情形的PCP上。

***! 习题9.4.3** 假设把PCP限制到单符号字母表上，比如说$\Sigma = \{0\}$。PCP的这个限制情形是否还是不可判定的?

! 习题9.4.4 *波斯特标记系统*由一些串的有序对集合和一个初始串组成，这些串是从某个有穷字母表Σ中选择的。如果(w, x)是一个有序对并且y是Σ上任意串，则说$wy \vdash yx$。也就是说，在一步移动中，可以删除“当前”串wy的某个前缀w，并且相应地在第二部分y的后面加入与w配对的串x。正如上下文无关文法中的推导那样，定义$\overset{*}{\vdash}$意味着零步或多步$\vdash$。证明：给定一个有序对集合P和一个初始串z，是否$z \overset{*}{\vdash} \varepsilon$是不可判定的。*提示*：对于每个TM M和输入w，设z是带输入w的M的初始ID，后面跟着分隔符#。选择这样一些有序对P，使得M的任何ID都一定最终成为其后继ID，这个后继ID是经过M的一步移动而产生的。如果M进入一个接受状态，则做出安排，最终删除当前这个串，即递归到ε。

9.5 其他不可判定问题

现在，将要考虑各式各样的其他问题，可以证明这些问题是不可判定的。主要技术是：把PCP归约到希望证明不可判定的那个问题上。

412

9.5.1 与程序有关的问题

首先注意，可以用任何常规语言来写出一个程序，这个程序以一个PCP实例作为输入，以某种系统的方式来搜索解，例如，按照候选解的*长度*（即有序对个数）顺序。因为PCP允许任意字母表，所以应当用二进制或某个其他固定字母表来编码PCP字母表的符号，如同在9.4.1节的“PCP作为语言”的方框中所讨论过的那样。

可以让这个程序去做想让它做的任何具体事情，例如，当这个程序找到解时，就停机或显示`hello, world`。否则，这个程序将永不执行这个特定动作。因此，一个程序是否显示`hello, world`，是否停机，是否调用一个特定函数，是否让控制台响铃，或者是否做任何其他非同寻常的动作等，这些都是不可判定的。事实上，对于程序，存在着与莱斯定理类似的结果：与程序做什么（而不是程序本身的词法或语法性质）有关的任何非平凡性质一定是不可判定的。

9.5.2 CFG歧义性问题

程序与图灵机足够相似，所以9.5.1节的事实并不令人惊讶。现在，将要看到，如何把PCP

归约到看起来与计算机毫无关系的一个问题：一个给定的上下文无关文法是否歧义的问题。

关键想法是考虑这样一些串：这些串以相反顺序表示下标（整数）表，以及依照PCP实例两个表之一得出的对应串。文法可以生成这些串。文法也可以生成PCP实例中另一个表的类似的串集合。如果用显而易见的方式来取这两个文法的并，那么存在由原来每个文法的产生式同时生成的一个串，当且仅当这个PCP实例存在一个解。因此，存在一个解当且仅当这个并文法中存在歧义性。

现在更精确地描述这些想法。设这个PCP实例包含表$A = w_1, w_2, \cdots, w_k$和表$B = x_1, x_2, \cdots, x_k$。对于表$A$，将要构造以$A$作为唯一变元的一个CFG。这些终结符是用于这个PCP实例的字母表Σ的所有符号，以及一组不同的下标符号$a_1, a_2, \cdots, a_k$，这些下标符号表示在这个PCP实例的一个解当中对于串有序对的选择。也就是说，下标符号a_i表示从A表选择w_i或从B表选择x_i。A表的CFG的产生式是：

$$A \to w_1Aa_1 \mid w_2Aa_2 \mid \cdots \mid w_kAa_k \mid$$
$$w_1a_1 \mid w_2a_2 \mid \cdots \mid w_ka_k$$

把这个文法及其语言称为G_A和L_A。在将来，把类似L_A的语言称为*表A的语言*。

413

注意，由G_A推导的终结串是：对于某个$m \geqslant 1$和整数表$i_1, i_2, \cdots, i_m$，每个整数是在1到k的范围内，所有形如$w_{i_1}w_{i_2}\cdots\ w_{i_m}a_{i_m}\cdots\ a_{i_2}a_{i_1}$的这些串。$G_A$的句型都在串（$w$）和下标符号（$a$）之间有单个$A$，直到使用最后一组$k$个产生式当中一个为止，这些产生式体中都没有$A$。因此，这些语法分析树类似于如图9-16所示的树。

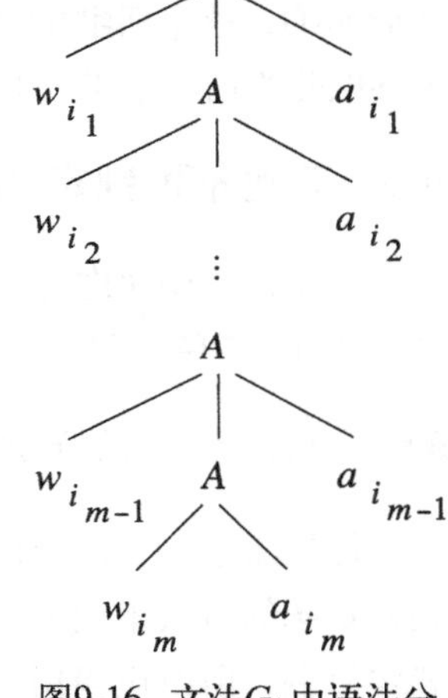

图9-16　文法G_A中语法分析树的形状

另外注意，在G_A中从A推导的任何终结串都有唯一的推导。在这个串结尾的下标符号唯一地确定了在每一步必须使用哪一个产生式。也就是说，只有两个产生式体是以给定下标符号a_i结尾的：$A \to w_iAa_i$和$A \to w_ia_i$。如果这个推导步不是最后一步，就必须使用第一个产生式，如果是最后一步，就使用第二个产生式。

现在考虑这个给定PCP实例的其他部分，即表$B = x_1, x_2, \cdots, x_k$。对于这个表，开发另一个文法$G_B$：

$$B \to x_1Ba_1 \mid x_2Ba_2 \mid \cdots \mid x_kBa_k \mid$$
$$x_1a_1 \mid x_2a_2 \mid \cdots \mid x_ka_k$$

这个文法的语言将被称为L_B。对于G_A所注意到的也适用于G_B。具体地说，L_B中一个终结串具有唯一的推导，在这个串结尾的下标符号可以确定这个推导。

最后，把这两个表的语言和文法组合起来，为整个PCP实例形成一个文法G_{AB}。G_{AB}包含：

1. 变元A, B, S；S是初始符号。

2. 产生式$S \to A \mid B$。

3. G_A的所有产生式。

414

4. G_B的所有产生式。

我们断言G_{AB}是歧义的当且仅当PCP实例(A, B)有解；这个论证是下一个定理的核心。

定理9.20 CFG是否歧义是不可判定的。

证明 已经给出了从PCP到CFG是否歧义的问题的这个归约的大半部分；这个归约证明CFG歧义性问题是不可判定的，因为PCP是不可判定的。只需要证明上面的构造是正确的；也就是说：

- G_{AB}是歧义的当且仅当PCP实例(A, B)有解。

（当）假设$i_1, i_2, \cdots, i_m$是PCP的这个实例的一个解。考虑G_{AB}中两个推导：

$$S \Rightarrow A \Rightarrow w_{i_1}Aa_{i_1} \Rightarrow w_{i_1}w_{i_2}Aa_{i_2}a_{i_1} \Rightarrow \cdots \Rightarrow$$
$$w_{i_1}w_{i_2}\cdots w_{i_{m-1}}Aa_{i_{m-1}}\cdots a_{i_2}a_{i_1} \Rightarrow w_{i_1}w_{i_2}\cdots w_{i_m}a_{i_m}\cdots a_{i_2}a_{i_1}$$
$$S \Rightarrow B \Rightarrow x_{i_1}Ba_{i_1} \Rightarrow x_{i_1}x_{i_2}Ba_{i_2}a_{i_1} \Rightarrow \cdots \Rightarrow$$
$$x_{i_1}x_{i_2}\cdots x_{i_{m-1}}Ba_{i_{m-1}}\cdots a_{i_2}a_{i_1} \Rightarrow x_{i_1}x_{i_2}\cdots x_{i_m}a_{i_m}\cdots a_{i_2}a_{i_1}$$

因为$i_1, i_2, \cdots, i_m$是一个解，所以知道$w_{i_1}w_{i_2}\cdots w_{i_m} = x_{i_1}x_{i_2}\cdots x_{i_m}$。因此这两个推导是对同一个终结串的推导。因为这两个推导本身显然是同一个终结串的两个不同最左推导，所以结论是：G_{AB}是歧义的。

（仅当）已经注意到：一个给定的终结串，在G_A中不可能有多个推导，并且在G_B中不可能有多个推导。所以一个终结串在G_{AB}中可能有两个最左推导的唯一方式是：如果其中一个推导以$S \Rightarrow A$开头并继之以G_A中的推导，另一个推导以$S \Rightarrow B$开头并继之以G_B中同一个串的推导。

对于某个$m \geqslant 1$，这个具有两个推导的串带有结尾下标$a_{i_m}\cdots a_{i_2}a_{i_1}$。这个结尾必定是这个PCP实例的一个解，原因在于，在这个双推导串结尾之前的内容既是$w_{i_1}w_{i_2}\cdots w_{i_m}$又是$x_{i_1}x_{i_2}\cdots x_{i_m}$。 □

9.5.3 表语言的补

有了类似于表A的语言L_A这样的上下文无关语言，就可以证明与CFL有关的许多问题都是不可判定的。通过考虑补语言$\overline{L_A}$可以获得CFL的更多的不可判定性事实。注意，语言$\overline{L_A}$包含字母表$\Sigma \cup \{a_1, a_2, \cdots, a_k\}$上不属于$L_A$的所有串，其中$\Sigma$是某个PCP实例的字母表，这些$a_i$是表示这个PCP实例中有序对下标的不同符号。 415

$\overline{L_A}$中有趣的成员是一些串，这些串包括Σ^*中一个前缀，这个前缀是来自A表的某些串的连接，后面跟着下标符号的一个后缀，这些下标符号不与来自A的那些串匹配。但是，$\overline{L_A}$中也存在许多串只不过是具有错误的形式：这些串不属于正则表达式$\Sigma^*(a_1 + a_2 + \cdots + a_k)^*$的语言。

我们断言$\overline{L_A}$是CFL。与L_A不同的是，虽然为$\overline{L_A}$设计一个文法不是很容易，但是可以为$\overline{L_A}$设计一个PDA，事实上是一个确定型PDA。这个构造在下一个定理中。

定理9.21 如果L_A是表A的语言，则$\overline{L_A}$是上下文无关语言。

证明 设Σ是表$A = w_1, w_2, \cdots, w_k$上串的字母表，设$I$是下标符号的集合：$I = \{a_1, a_2, \cdots, a_k\}$。设计用来接受$\overline{L_A}$的DPDA P工作如下：

1. 只要P看到Σ中的符号，就把这些符号保存在堆栈中。因为Σ^*中所有的串都属于$\overline{L_A}$，所以当P这样进行时，P接受。
2. 只要P看到I中一个下标符号，如a_i，就弹出堆栈，来看看这个栈顶符号是否构成w_i^R，即这个对应串的反转。

(a) 如果不是，则到目前为止所看到的这个输入，并且这个输入的任何延长都属于$\overline{L_A}$。因此，P进入一个接受状态，在这个状态中消耗掉所有未来的输入符号，不改变堆栈。

(b) 如果w_i^R从堆栈中弹出了，但是栈底标记还没有暴露在堆栈上，那么P接受，但是P在状态中记住P正在专门寻找I中的符号，并且可能看到L_A中的一个串（P将不接受这个串）。只要这个输入是否属于L_A的问题还没有解决，P就重复步骤(2)。

(c) 如果w_i^R从堆栈中弹出了，并且栈底标记暴露了，则P已经看到了一个L_A中的输入。P不接受这个输入。但是，因为任何输入继续都不可能属于L_A，所以P进入一个状态，在这个状态下接受所有未来的输入，保持堆栈不变。

3. 如果在看到一个或多个I的符号之后，P看到另一个Σ的符号，则这个输入不具有属于L_A的正确形式。因此，P进入一个状态，在这个状态中接受这个以及所有未来的输入，不改变堆栈。□

可以用不同的方式使用L_A、L_B及它们的补来证明与上下文无关语言有关的不可判定性结果。下一个定理总结了一些这样的事实。

定理9.22　设G_1和G_2是上下文无关文法，设R是正则表达式。则下列问题都是不可判定的：

416

a) $L(G_1) \cap L(G_2) = \varnothing$吗？

b) $L(G_1) = L(G_2)$吗？

c) $L(G_1) = L(R)$吗？

d) 对于某个字母表T，$L(G_1) = T^*$吗？

e) $L(G_1) \subseteq L(G_2)$吗？

f) $L(R) \subseteq L(G_1)$吗？

证明　这些证明中的每一个都是来自PCP的一个归约。证明如何把一个PCP实例(A, B)转化为一个与CFG和（或）正则表达式有关的问题，这个问题有答案“是”当且仅当这个PCP实例有解。在一些情况下，把PCP归约到定理中叙述的这个问题上；在另一些情况下，把PCP归约到这个问题的补。这是无关紧要的，因为如果证明一个问题的补是不可判定的，那么就不可能有这个问题本身是可判定的，因为递归语言对于补封闭（定理9.3）。

我们把这个实例的串的字母表称为Σ，把下标符号的字母表称为I。这些归约依赖于这样一个事实：L_A、L_B、$\overline{L_A}$、$\overline{L_B}$都有CFG。要么直接构造这些CFG，就像在9.5.2节中那样，要么通过为定理9.21中给出的补语言构造一个PDA，再结合使用定理6.14从PDA转化到CFG来构造这些CFG。

a) 设$L(G_1) = L_A$且$L(G_2) = L_B$。于是$L(G_1) \cap L(G_2)$是这个PCP实例的解集合。这个交为空当且仅当不存在解。注意，从技术上说，已经把PCP归约到这个CFG对的语言，这些CFG对的交非空；即已经证明了这个问题“两个CFG之交是否非空”是不可判定的。但是，正如在这个证明的介绍中指出的那样，证明一个问题的补是不可判定的，就等价于证明这个问题本身是不可判定的。

b) 因为CFG对于并封闭，故可以为$\overline{L_A} \cup \overline{L_B}$构造一个CFG G_1。因为$(\Sigma \cup I)^*$是一个正则集合，

所以肯定可以为$(\Sigma \cup I)^*$构造一个CFG G_2。现在$\overline{L_A} \cup \overline{L_B} = \overline{L_A \cap L_B}$。因此，$L(G_1)$恰恰缺少表示这个PCP实例的解的串。$L(G_2)$不缺少$(\Sigma \cup I)^*$中的任何串。因此，这两个CFG的语言相等当且仅当这个PCP实例无解。

c) 这个论证与(b)的论证相同，但是设R是正则表达式$(\Sigma \cup I)^*$。

d) (c)的论证就足够了，因为$\Sigma \cup I$是满足下列条件的唯一的字母表、$\overline{L_A} \cup \overline{L_B}$可能是这个字母表的闭包。

417

e) 设G_1是$(\Sigma \cup I)^*$的一个CFG，并设G_2是$\overline{L_A} \cup \overline{L_B}$的一个CFG。于是，$L(G_1) \subseteq L(G_2)$当且仅当$\overline{L_A} \cup \overline{L_B} = (\Sigma \cup I)^*$，即当且仅当这个PCP实例无解。

f) 这个论证与(e)的论证相同，但是设R是正则表达式$(\Sigma \cup I)^*$，并设$L(G_1)$是$\overline{L_A} \cup \overline{L_B}$。 □

9.5.4 习题

* **习题9.5.1** 设L是上下文无关文法G的（编码的）集合，使得$L(G)$包含至少一个回文。证明：L是不可判定的。*提示*：把PCP归约到L，方法是从每个PCP实例构造一个文法，这个文法的语言包含回文当且仅当这个PCP实例有解。

! **习题9.5.2** 证明：语言$\overline{L_A} \cup \overline{L_B}$是正则语言当且仅当这个语言是字母表上所有串的集合；即当且仅当这个PCP实例(A, B)无解。因此证明了：一个CFG是否产生一个正则语言是不可判定的。*提示*：假设PCP有解；比如说$\overline{L_A} \cup \overline{L_B}$缺少串$wx$，其中$w$是来自这个PCP实例的字母表的串，$x$是下标符号的对应串的反转。定义同态$h(0) = w$和$h(1) = x$。那么$h^{-1}(\overline{L_A} \cup \overline{L_B})$是什么？利用正则集合在逆同态和补之下封闭的事实，以及正则集合的泵引理，来证明$\overline{L_A} \cup \overline{L_B}$不是正则的。

!! **习题9.5.3** CFL的补是否也是CFL是不可判定的。习题9.5.2可以用来证明：CFL的补是否正则的是不可判定的，但是这两者不是同一件事情。为了证明原来的断言，需要定义一个不同的语言，这个语言表示一个PCP实例(A, B)的无解性。设L_{AB}是形如$w\#x\#y\#z$的串的集合，使得下列条件1~3都成立，条件4~7至少一个成立：

1. w和x都是这个PCP实例的字母表Σ上的串。
2. y和z都是这个实例下标字母表I上的串。
3. #是既不属于Σ也不属于I的符号。
4. $w \neq x^R$。
5. $y \neq z^R$。
6. x^R不是下标串y根据表B所产生的串。
7. w不是下标串z^R根据表A所产生的串。

418

注意，L_{AB}包含$\Sigma^*\#\Sigma^*\#I^*\#I^*$中所有的串，除非这个实例$(A, B)$有解而$L_{AB}$照样是一个CFL。证明：$\overline{L_{AB}}$是CFL当且仅当不存在解。*提示*：使用习题9.5.2的逆同态技巧，并且使用奥格登引理来强迫某些子串长度相等，如同在习题7.2.5(b)的提示中那样。

9.6 小结

- *递归语言和递归可枚举语言*：图灵机接受的语言称为递归可枚举的（RE），总是停机的

TM接受的RE语言的子集称为递归的。

- *递归语言和RE语言的补*：递归语言对于补封闭，并且如果一个语言及其补都是RE，则这两个语言其实都是递归的。因此，RE但非递归语言的补绝不可能是RE。
- *可判定性与不可判定性*：“可判定的”是“递归的”同义词，尽管倾向于把语言称为“递归的”而把问题（问题就是把语言解释为询问一个问题）称为“可判定的”。如果一个语言不是递归的，则把这个语言表示的问题称为“不可判定的”。
- *语言L_d*：这个语言是当将其解释为TM时它不属于这个TM的语言的0和1的串的集合。L_d是非RE语言的范例，即没有图灵机接受这个语言。
- *通用语言*：语言L_u由解释为一个TM并且后面跟着这个TM的一个输入的串组成。如果TM接受这个输入，则这个串属于L_u。L_u是RE但非递归的语言的范例。
- *莱斯定理*：图灵机所接受语言的任何非平凡性质都是不可判定的。例如，根据莱斯定理，语言为空的图灵机的编码的集合是不可判定的。事实上，这个语言不是RE，虽然这个语言的补（至少接受一个串的TM的编码的集合）是RE但不是递归的。
- *波斯特对应问题*：这个问题询问：给定相同个数的串的两个表，是否能从两个表挑选对应串的序列，通过连接形成相同的串。PCP是不可判定问题的重要例子。对于归约到其他问题上，并由此证明这些问题是不可判定的来说，PCP是一个好的选择。
- *不可判定的上下文无关语言问题*：通过来自PCP的归约，能够证明与CFL或其文法有关的许多问题是不可判定的。例如，CFG是否歧义的，一个CFL是否包含在另一个CFL中，两个CFL的交是否为空，这些都是不可判定的。

419

420

9.7 参考文献

通用语言的不可判定性在本质上就是图灵在文献[9]中的结果，尽管在该文中这个结果表示成算术函数的计算与停机，而不是语言和以终结状态接受。莱斯定理来自文献[8]。

波斯特对应问题的不可判定性在[7]中证明，但是这里使用的证明是R.W.Folyd在他未发表的笔记中设计的。波斯特标记系统（在习题9.4.4中定义）的不可判定性来自文献[6]。

与上下文无关语言的不可判断问题的基础性文章是[1]和[5]。但是，“CFG是否歧义”这是不可判定性是由Cantor[2]、Floyd[4]、Chomsky和Schutzenberger[3]独立地发现的。

1. Y. Bar-Hillel, M. Perles, and E. Shamir, “On formal properties of simple phrase-structure grammars,” *Z. Phonetik. Sprachwiss. Kommunikationsforsch.* **14** (1961), pp. 143–172.

2. D. C. Cantor, “On the ambiguity problem in Backus systems,” *J. ACM* **9**:4 (1962), pp. 477–479.

3. N. Chomsky and M. P. Schutzenberger, “The algebraic theory of context-free languages,” *Computer Programming and Formal Systems* (1963), North Holland, Amsterdam, pp. 118–161.

4. R. W. Floyd, “On ambiguity in phrase structure languages,” *Communications of the ACM* **5**:10 (1962), pp. 526–534.

5. S. Ginsburg and G. F. Rose, "Some recursively unsolvable problems in ALGOL-like languages," *J. ACM* **10**:1 (1963), pp. 29–47.

6. M. L. Minsky, "Recursive unsolvability of Post's problem of 'tag' and other topics in the theory of Turing machines," *Annals of Mathematics* **74**:3 (1961), pp. 437–455.

7. E. Post, "A variant of a recursively unsolvable problem," *Bulletin of the AMS* **52** (1946), pp. 264–268.

8. H. G. Rice, "Classes of recursively enumerable sets and their decision problems," *Transactions of the AMS* **89** (1953), pp. 25–59.

9. A. M. Turing, "On computable numbers with an application to the Entscheidungsproblem," *Proc. London Math. Society* **2**:42 (1936), pp. 230–265.

421 ~ 423

第10章

Introduction to Automata Theory, Languages, and Computation, Third Edition

难 解 问 题

什么能被计算或什么不能被计算的讨论，现在要归结到有效计算对无效计算的程度上来进行。只讨论可判定问题，问：在输入规模的多项式时间里运行的图灵机能计算哪些可判定问题。应当复习8.6.3节的两个要点：

- 在典型计算机上在多项式时间里能解答的问题，恰好就是在图灵机上在多项式时间里能解答的问题。
- 经验表明，在多项式时间里能解答的问题与需要指数或更长时间才能解答的问题之间的分界线是相当重要的。需要多项式时间的实际问题几乎总是在可容忍的时间内就能解答，而除了小的实例之外，需要指数时间的问题一般都不能解答。

本章介绍“难解性”理论，即证明不能在多项式时间里解答的问题的技术。首先考虑一个具体问题：布尔表达式能否被满足的问题，也就是说，从真值TRUE和FALSE到布尔表达式变元的某个赋值，能否使这个布尔表达式为真。这个问题对于难解问题所起的作用就像L_u或PCP对不可判定问题所起的作用一样。也就是说，本章从“库克定理”开始，该定理蕴涵了不能在多项式时间里判定布尔公式的可满足性。然后证明如何把这个问题归约到许多其他问题上，从而也证明这些问题是难解的。

因为正在讨论问题能否在多项式时间里解答，所以必须改变归约的概念。有一个算法把问题的实例变换成另一个问题的实例，这还不充分。这个算法本身必须至多花费多项式时间，否则，即使源问题是难解的，归约也不允许得出结论说目标问题是难解的。因此10.1节介绍“多项式时间归约”的概念。

不可判定性理论中得出的结论与难解性理论允许得出的结论之间有另一个重要区别。第9章给出的不可判定性证明都是无可争议的；这些证明只依赖于图灵机的定义和普通数学。相反，本章给出的关于难解问题的结果都依赖于一个未经证明但几乎公认的假设，通常称之为$\mathcal{P} \neq \mathcal{NP}$假设。

换句话说，假设：在多项式时间里运行的非确定型TM所能解答的问题类，至少含有在多项式时间里运行的确定型TM所不能解答的某些问题（即使允许确定型TM有更高次的多项式）。毫不夸张地说，有几千个问题似乎属于这一类，因为多项式时间NTM能轻而易举地解答这些问题，但是还不知道任何多项式时间DTM（或计算机程序，二者是同样的）能解答这些问题。而且，难解性理论的重要后果是：要么所有这些问题都有多项式时间确定型解法（人类已经求之几百年而不得），要么这些问题都没有多项式时间确定型解法；即这些问题确实需要指数时间。

10.1 $\mathcal{P}$类和$\mathcal{NP}$类

本节介绍难解性理论的基本概念：问题的$\mathcal{P}$类和$\mathcal{NP}$类（即确定型TM和非确定型TM分别在多项式时间里能解答的问题），以及多项式时间归约的技术。本节还定义“NP完全性”的概念，

即 $\mathcal{NP}$ 中某些问题所具有的性质：这些问题至少是和 $\mathcal{NP}$ 中任意问题一样难的（在时间上至多相差多项式）。

10.1.1 可在多项式时间内解答的问题

如果每当给定图灵机M长度为n的输入w时，M无论接受与否，都在至多移动$T(n)$步之后停机，则说M具有时间复杂性[⊖] $T(n)$（或具有“运行时间$T(n)$”）。这个定义适用于任意函数$T(n)$，比如$T(n) = 50n^2$或$T(n) = 3^n + 5n^4$；我们主要是对$T(n)$是n的多项式的情形感兴趣。如果存在某个多项式$T(n)$和某个具有时间复杂性$T(n)$的确定型TM M，使得$L = L(M)$，则说语言L属于$\mathcal{P}$类。

> **在多项式与指数之间有没有其他函数？**
>
> 在这个引导性的讨论中，以及后续的讨论中，常常好像所有程序要么在多项式时间（即对于某个整数k，时间$O(n^k)$）里运行，要么在指数时间（即对于某个常数c，时间$O(2^{cn})$）或更长的时间里运行。在实践中，常见问题的已知算法一般确实落入这两类之一。但是存在着介于多项式与指数之间的运行时间。在谈论指数的所有场合中，其实都意味着“大于所有多项式的任意运行时间”。
>
> 在多项式与指数之间的函数的例子是$n^{\log_2 n}$。这个函数比n的任何多项式都增长得快，因为$\log n$最终（对于大的n）变得比任何常数k都大。另一方面，$n^{\log_2 n} = 2^{(\log_2 n)^2}$；如果看不出为什么相等，就在两边取对数。对于任意$c > 0$，这个函数都比$2^{cn}$ 增长得更慢。也就是说，无论正的常数c多么小，最终cn都变得比$(\log_2 n)^2$大。

10.1.2 例子：克鲁斯卡尔算法

读者也许熟悉具有有效解法的许多问题；也许在关于数据结构和算法的课程中学过一些。这些问题一般都属于$\mathcal{P}$。本节将考虑一个这样的问题：求图的最小生成树（minimum-weight spanning tree, MWST）。

非形式化地，可把图当作如图10-1所示的示意图。存在着顶点（在本例的图中这些顶点编号为1~4），一些顶点对之间存在着边。每条边都有整数权。**生成树**是连通所有顶点而不存在回路的边的子集合。生成树的例子如图10-1所示；生成树是用粗线画出的三条边。**最小生成树**在所有生成树中具有最小可能的边权总和。

426～427

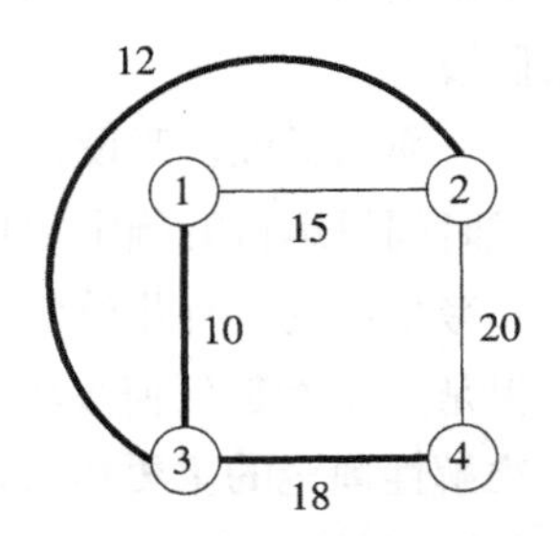

图10-1　一个图；用粗线表示最小生成树

求MWST存在着著名的“贪心”算法，即所谓**克鲁斯卡尔算法**(Kruskal's Algorithm)。[⊜] 下面是关键思想的非形式化概述：

1. 利用树中到目前为止已经选择的任何边，记录每个顶点所属的**连通分支**。开始时没有选择任何边，所以每个顶点属于由自身

⊖ 或者说“计算复杂度”。——译者注

⊜ J. B. Kruskal Jr., “On the shortest spanning subtree of a graph and the traveling salesman problem,” *Proc. AMS* **7**:1(1956), pp.48-50.

构成的连通分支。

2. 考虑还没有考虑过的权最小的边；随便地打破平局。如果这条边连接目前属于不同连通分支的两个顶点，则

   (a) 为生成树选择这条边，并且

   (b) 合并所涉及的两个连通分支，把其中一支所有顶点的分支号改成与另一支的分支号相同。

另一方面，如果所选择的边连接着同一连通分支的两个顶点，则这个边不属于生成树；这个边将产生回路。

3. 继续考虑边，直到已经考虑了所有边或者为生成树选择的边数比顶点数少一为止。注意在后一种情形下，所有顶点一定属于同一连通分支，可停止考虑边。

例10.1 在图10-1的图中，首先考虑边(1, 3)，这条边具有最小权10。1和3在开始时属于不同分支，所以接受这条边，让1和3具有相同分支号，比方说“分支1”。按照权的顺序，下一条边是(2, 3)，这条边具有权12。2和3属不同分支，所以接受这条边并把顶点2合并到“分支1”。第三条边是(1, 2)，这条边具有权15。但1和2现在属于同一连通分支，所以拒绝这条边并继续处理到第四条边(3, 4)。4不属“分支1”，所以接受这条边。现在4个顶点的图的生成树有3条边，所以可停止。 □

在m个顶点和e条边的图上，有可能在$O(m + e \log e)$时间里（用计算机而不是用图灵机）来实现这个算法。更简单且更易理解的实现分成e轮来进行。用表给出每个顶点的当前分支。在$O(e)$时间里挑选剩下的最小权边，在$O(m)$时间内找出这条边连接的两个顶点的分支。如果这两个顶点属于不同分支，就扫描顶点表，在$O(m)$时间里合并具有这两种分支号的所有顶点。这个算法花费$O(e(e + m))$ 总时间。该运行时间是输入“规模”的多项式，输入规模可非形式化地取为e与m之和。 428

把上述想法翻译到图灵机时会遇到几个问题：

- 研究算法时，遇到要求各式各样输出的“问题”，比如MWST中的边表。讨论图灵机时，只能认为问题是语言，仅有的输出为yes或no，即接受或拒绝。例如，MWST问题可用语言表达成：“给定这个图G和限制W，G是否具有权不超过W的生成树？”这个问题似乎比熟悉的MWST问题更容易回答，因为甚至不知道生成树是什么。但是在难解性理论中，一般希望论证问题是困难的而不是容易的，问题的“是-否”版本是困难的这一事实就蕴涵着（必须计算完整答案的）更标准的版本也是困难的。
- 尽管可能非形式化地认为图的“规模”是图的顶点数或边数，但TM的输入是有穷字母表上的串。因此必须适当地编码诸如顶点和边这样的问题元素。这个要求导致图灵机的输入一般比输入的直观“规模”稍长一些。但有两个理由说明为什么这个差别不重要：

  1) 图灵机输入串规模与非形式化问题输入规模之间的差别，从来不会超过一个小的因子，通常是输入规模的对数。因此，凡是采用一种度量可以在多项式时间里完成的，采用另一种度量也可以在多项式时间里完成。

  2) 表示输入的串的长度，其实更精确地度量了真实计算机为了得到输入而不得不读的字节

数。例如，如果用整数来表示顶点，则表示整数所需要的字节数就与整数规模的对数成比例，而不是“对任何顶点都用1个字节”，在输入规模的非形式化说明里可能是这样设想的。

例10.2 考虑一种候选编码，来表示可能作为MWST问题输入的图和权限制。编码有五种符号：0，1，左括号，右括号，逗号。

1. 把从1到m的整数分配给顶点。

429

2. 编码从二进制的m值和二进制的权限制W开始，用逗号分隔。
3. 如果在顶点i和j之间有权为w的边，则在编码中加入（i, j, w）。整数i, j, w都用二进制编码。在一条边之内i和j的顺序以及在编码中边的顺序都是无关紧要的。

因此对于图10-1中带有限制$W = 40$的图，一种候选编码就是

100, 101000(1, 10, 1111)(1, 11, 1010,)(10, 11, 1100)(10, 100, 10100)(11, 100, 10010) □

如果像例10.2中那样表示MWST问题的输入，则长度为n的输入至多可表示$O(n / \log n)$条边。如果只有非常少的边，则顶点数m可能是n的指数。但除非边数e至少为$m-1$，否则无论是些什么边，图都不可能连通，因此没有任何MWST。所以如果顶点数达不到至少与$n / \log n$成比例，则根本没有必要运行克鲁斯卡尔算法；只要说“否；没有带有这个权的生成树”。

因此，如果克鲁斯卡尔算法的运行时间具有作为m和e的函数的上界，比如上面得出的$O(e(m + e))$上界，就可适当地把m和e都换成n，并说运行时间作为输入长度n的函数是$O(n(n + n))$，即$O(n^2)$。事实上克鲁斯卡尔算法的更好的实现只花费$O(n \log n)$ 时间，不过这里没有必要关心这个改进。

当然，现在是用图灵机作为计算模型，而我们描述的算法本来打算用具备有用数据结构（比如数组和指针）的程序设计语言来实现。但是可以断言在多带TM上能在$O(n^2)$步之内实现上述克鲁斯卡尔算法。用附加的带做以下几项工作：

1. 能用一条带保存顶点及其当前分支号。这个表的长度为$O(n)$。
2. 能用一条带在扫描输入带上的边时，保存从尚未被标记“用过”的边中找到的当前最小权边。可能用输入带的第二个道来标记算法在过去某一轮中所选中的剩余最小权边。扫描最小权的尚未标记边，这花费$O(n)$时间，因为每条边只考虑一次，能通过线性从右向左扫描二进制数来实现权的比较。
3. 在一轮中选择一条边时，把这条边的两个端点写在带上。搜索顶点和分支表来找出这两个端点的分支。这个任务花费$O(n)$时间。

430

4. 当找到一条边连接两个过去不连通的分支时，能用一条带保存正在合并的两个分支i和j。然后扫描顶点和分支表，凡是发现属于分支i的顶点，就把这个顶点的分支号改为j。这个扫描也花费$O(n)$时间。

应当能够就此完成证明：能在多带TM上在$O(n)$时间里执行一轮。轮数e至多为n，所以结论是：在多带TM上$O(n^2)$时间就足够了。现在回忆定理8.10，该定理说：凡是多带TM在s步之内能做到的，单带TM在$O(s^2)$步之内也能做到。因此，如果多带TM花费$O(n^2)$步，则能构造单带TM

在$O((n^2)^2) = O(n^4)$步之内做同样事情。结论是：MWST问题的“是-否”版本（“图G是否具有总权不超过W的MWST”）属于$\mathcal{P}$。

10.1.3 非确定型多项式时间

难解性研究中基本的问题类是在多项式时间里运行的非确定型TM能解答的问题。形式化地说，如果存在非确定型TM M和多项式时间复杂性$T(n)$使得语言$L = L(M)$，并且当给定M长度为n的输入时，M没有移动序列超过$T(n)$步，则说L属于$\mathcal{NP}$类（非确定型多项式）。

第一个事实是：因为每台确定型TM都是从来也不选择移动的非确定型TM，所以$\mathcal{P} \subseteq \mathcal{NP}$。但$\mathcal{NP}$似乎包含了许多不属于$P$的问题。直觉的理由是在多项式时间里运行的NTM有能力猜测问题的指数个可能解，并在多项式时间里“并行地”验证每个解。无论如何：

- 是否$\mathcal{P} = \mathcal{NP}$，即是否NTM在多项式时间里能做到的每一件事情事实上DTM在多项式时间（也许更高次的多项式）里也能做到，这是数学中最深奥的未解决问题之一。

非确定型接受性的一种变化

注意，前面要求NTM无论是否接受，沿着所有分支都在多项式时间内停机。本来也可以只在那些导致接受的分支上施加多项式时间限制$T(n)$；即本来可以把$\mathcal{NP}$定义成NTM所接受的使得如果NTM接受，则对于某个多项式$T(n)$，至少有一个至多有$T(n)$步的移动序列接受的语言。

但是，假如这样做了，也还是得到同样的语言类。因为如果知道了若M从根本上说接受，则M在$T(n)$步移动之内接受，那就可以修改M，在其带上一个独立的道上计数直到$T(n)$，如果超过了计数$T(n)$还不接受就停机。这个修改过的M可能花费$O(T^2(n))$步，但是如果$T(n)$是多项式时间，则$T^2(n)$也是。

事实上本来也可以这样定义$\mathcal{P}$：对于某个多项式$T(n)$，通过在时间$T(n)$内接受的TM的接受性。这些TM如果不接受就可能不停机。但是通过与NTM同样的构造，就可以修改DTM计数直到$T(n)$，如果超过这个限度就停机。这样的DTM将在$O(T^2(n))$时间内运行。

10.1.4 $\mathcal{NP}$例子：货郎问题

为了感受$\mathcal{NP}$的能力，本节将考虑*货郎问题*（Traveling Salesman Problem, TSP），这个问题似乎属于$\mathcal{NP}$而不属于$\mathcal{P}$。TSP的输入与MWST一样，是边上带有整数权的图（如图10-1所示）和权的限制W。询问的问题是：图是否具有总权至多为W的“哈密顿回路”。**哈密顿回路**是把顶点连接成单个回路且每个顶点恰好出现一次的边的集合。注意，哈密顿回路的边数一定等于图的顶点数。

例10.3 图10-1中的图其实只有一条哈密顿回路：(1, 2, 4, 3, 1) 回路。该回路的总权为15 + 20 + 18 + 10 = 63。因此，若W是63或更大，则答案为“是”，若$W < 63$，则答案为“否”。

但4个顶点的图上的TSP简单得带有欺骗性，因为一旦考虑到同一回路可在不同顶点处开始，并考虑到周游回路的方向，就绝不会存在超过3条的不同哈密顿回路。在有m个顶点的图中，不同的回路数以$O(m!)$（m的阶乘）的速度增长，对于任何常数c，$O(m!)$最终大于2^{cm}。□

所有解答TSP的方法似乎都涉及，在本质上尝试所有回路并计算回路的总权。如果聪明的话，就能消除一些明显的坏的选择。但无论做什么，如果在考虑回路的顺序上缺乏运气，则在确认没有满足权限制W的回路或找到这样的回路之前，似乎一定要检查指数个回路。

431～432

另一方面，假如拥有非确定型计算机，就能猜测顶点排列，计算按照这个顺序排列的顶点回路的总权。假如存在非确定型真实计算机，则如果输入长度为n，就没有分支会使用超过$O(n)$步。在多带NTM上可在$O(n^2)$步之内猜测排列并在类似时间里检查总权。因此，单带NTM在至多$O(n^4)$时间里能解答TSP。结论是：TSP属于$\mathcal{NP}$。

10.1.5　多项式时间归约

证明在多项式时间里不能解答问题P_2（即P_2不属于$\mathcal{P}$）的主要方法是：把已知不属于$\mathcal{P}$的问题P_1归约到P_2上。[⊖] 这种方法已在图8-7中提过，此处复制下来作为图10-2。

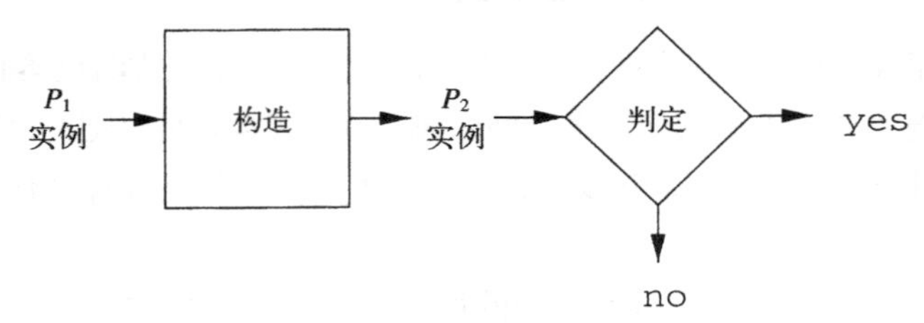

图10-2　重绘的归约图

假设想要证明命题"若P_2属于$\mathcal{P}$，则P_1属于$\mathcal{P}$"。由于断言P_1不属于$\mathcal{P}$，于是可能断言P_2也不属于$\mathcal{P}$。但仅仅存在图10-2中标记为"构造"的算法还不足以证明想要的命题。

例如，假设当给定长度为m的P_1实例时，算法产生长度为2^m的输出串，把这个串输入到假设中的多项式时间的P_2的算法中。如果这个判定算法在$O(n^k)$时间里运行，则在长度为2^m的输入上将在$O(2^{km})$时间里运行，这个时间是m的指数。因此，当给定长度为m的输入时，P_1的判定算法花费m的指数时间。这些事实完全与P_2属于$\mathcal{P}$而P_1不属于$\mathcal{P}$的情况相吻合。

即使从P_1实例构造P_2实例的算法总是产生输入规模的多项式长度的实例，仍然可能得不到想要的结论。例如，假设所构造的P_2实例与P_1实例具有相同的规模m，而构造算法本身花费m的指数时间，比方说$O(2^m)$时间。现在，P_2的判定算法在长度为n的输入上花费多项式时间$O(n^k)$，这仅蕴涵着存在P_1的判定算法在长度为m的输入上花费$O(2^m+m^k)$时间。这个运行时间界考虑了这样的事实，即必须完成到P_2的变换并解答所得到的P_2实例。还是有可能P_2属于$\mathcal{P}$而P_1不属于$\mathcal{P}$。

433

在从P_1到P_2的变换上施加的正确限制是：这个变换需要输入长度的多项式时间。注意，如果变换在长度为m的输入上花费$O(m^j)$时间，则P_2的输出实例不可能比所花费的步数还长，即这

⊖ 这句话有点不准确。在实践中，只是假设P_1不属于$\mathcal{P}$，这利用了P_1是"NP完全的"（在10.1.6节讨论这个概念）这个非常强有力的证据。然后证明P_2也是"NP完全的"，因此这就同样强烈地提示了P_2不属于$\mathcal{P}$。

个实例的长度至多是cm^j，c是某个常数。现在可以证明：若P_2属于$\mathcal{P}$，则P_1属于$\mathcal{P}$。

为了证明，假设在$O(n^k)$时间里能判定长度为n的串是否属于P_2。于是在$O(m^j + (cm^j)^k)$时间里能判定长度为m的串是否属于P_1；m^j这一项对应于做变换的时间，$(cm^j)^k$这一项对应于判定所得出的P_2实例的时间。化简这个表达式，可以看出在$O(m^j + cm^{jk})$时间里能解决P_1。由于c, j, k都是常数，所以这个时间是m的多项式，结论是：P_1属于$\mathcal{P}$。

因此，在难解性理论中将只使用多项式时间归约。如果从P_1到P_2的归约花费的时间是P_1实例长度的某个多项式，则这个归约是多项式时间的。注意，作为一个推论，P_2实例将具有P_1实例长度的多项式长度。

10.1.6 NP完全问题

下面将遇到最著名的属于$\mathcal{NP}$而不属于$\mathcal{P}$的候选问题族。设L是$\mathcal{NP}$中的一个语言（问题）。如果下列关于L的命题为真则说L是NP完全的：

1. L属于$\mathcal{NP}$。
2. 对于$\mathcal{NP}$中每个语言L'，都存在着从L'到L的多项式时间归约。

即将看到，一个NP完全问题的例子是货郎问题，货郎问题在10.1.4节中介绍过。由于似乎$\mathcal{P} \neq \mathcal{NP}$，具体地说，似乎所有NP完全问题都属于$\mathcal{NP} - \mathcal{P}$，所以通常认为，一个问题的NP完全性证明就是这个问题不属于$\mathcal{P}$的证明。

通过证明每个多项式时间NTM的语言都有到所谓SAT问题的多项式时间归约，将证明第一个NP完全问题SAT（表示布尔可满足性）。但是，一旦有了一些NP完全问题，则通过使用多项式时间归约，把某个已知NP完全问题归约到新的问题上，就能证明新的问题是NP完全的。下列定理说明为什么这样的归约证明目标问题是NP完全的。

定理10.4 若P_1是NP完全的，并且存在从P_1到P_2的多项式时间归约，并且P_2属于$\mathcal{NP}$，则P_2是NP完全的。

证明 需要证明$\mathcal{NP}$中每个语言L都多项式时间归约到P_2。已知存在从L到P_1的多项式时间归约；这个归约花费某个多项式时间$p(n)$。因此，L中长度为n的串w转换成P_1中长度至多为$p(n)$的串x。

434

还已知存在从P_1到P_2的多项式时间归约；设这个归约花费多项式时间$q(m)$。于是这个归约至多花费$q(p(n))$时间把x变换成P_2中某个串y。因此，从w到y的变换至多花费$p(n) + q(p(n))$时间，这个时间是多项式的。结论是：L可多项式时间归约到P_2。L可能是$\mathcal{NP}$中任意语言，所以已经证明$\mathcal{NP}$的所有语言都多项式时间归约到P_2；即P_2是NP完全的。 □

还要证明一个更重要的关于NP完全问题的定理：如果任何一个NP完全问题属于$\mathcal{P}$，则所有$\mathcal{NP}$问题都属于$\mathcal{P}$。由于人们深信，$\mathcal{NP}$中有许多问题不属于$\mathcal{P}$，因此就把一个问题是NP完全的这样的证明当作这个问题没有多项式时间算法，因此没有好的计算机解法的同等证明。

定理10.5 若某个NP完全问题P属于$\mathcal{P}$，则$\mathcal{P} = \mathcal{NP}$。

证明 假设P既是NP完全的又属于$\mathcal{P}$。则$\mathcal{NP}$中所有语言L都在多项式时间里归约到P。在

10.1.5节中曾讨论过，若P属于$\mathcal{P}$，则L属于$\mathcal{P}$。 □

NP难问题

有些问题L是如此困难，以至于虽然能证明NP完全性定义中条件(2)（$\mathcal{NP}$中每个语言都在多项式时间里归约到L），但不能证明条件(1)：L属于$\mathcal{NP}$。如果是这样，就称L为*NP难的*。先前已经用非形式化术语“难解的”来指似乎需要指数时间的问题。虽然在原则上，可能有一些问题需要指数时间，而在形式化意义上却不是NP难的，但是用“难解的”来表示“NP难的”，这是被普遍接受的。

证明L是NP难的，就足以证明L非常可能需要指数时间或更糟糕。但是如果L不属于$\mathcal{NP}$，则L明显的困难性并不支持论证所有$\mathcal{NP}$完全问题都是困难的。也就是说，也许事实是$\mathcal{P}=\mathcal{NP}$而L仍然需要指数时间。

其他的NP完全性概念

NP完全性研究的目标其实是定理10.5，也就是说，识别出这样的问题P，P在$\mathcal{P}$类中出现就蕴涵着$\mathcal{P}=\mathcal{NP}$。前面所用的“NP完全”的定义（通常被称为*卡普完全性*，因为R. 卡普（R. Karp）在关于本主题的奠基性论文中首次使用了这个概念）适合于描述每一个人们有理由相信它满足定理10.5的问题。但是，存在着其他更宽泛的NP完全性概念，这些概念也允许断言定理10.5。

例如，S. 库克（S. Cook）在关于本主题的创始性论文中定义了：如果给定问题P的*外部信息源*（即在一个单位时间里，能回答关于给定串是否属于P这样的任意问题的一种机制），就能在多项式时间里识别$\mathcal{NP}$中任意语言，那么问题P就是“NP完全的”。这种类型的NP完全性被称为*库克完全性*。在某种意义下，卡普完全性是只询问外部信息源一个问题的特殊情形。但是，库克完全性还允许对答案取反；比如，可能询问外部信息源一个问题，然后把外部信息源的回答的否定作为答案。库克的定义的一个后果是：NP完全问题的补问题也是NP完全的。像本书这样，采用更严格的卡普完全性的概念，就能在11.1节中，在NP完全问题（在卡普意义下）及其补问题之间做出重要的区别。

10.1.7 习题

习题10.1.1 假设对图10-1中边的权进行如下修改。得出的MWST可能是什么？

* a) 把(1, 3)边上的权10改成25。

b) 与上一问不同，把(2, 4)边上的权改成16。

习题10.1.2 如果修改图10-1中的图，在顶点1和4之间增加权为19的边，则最短哈密顿回路是什么？

*! **习题10.1.3** 假设存在一个NP完全问题，这个问题具有花费$O(n^{\log_2 n})$时间的确定型解法。注意，这个函数介于多项式与指数之间，并且不属于这两类函数。关于$\mathcal{NP}$中任意问题的运行时间，

能得出什么结论？

435~436

!! **习题10.1.4** 考虑这样的图：顶点都是边长为m的n维立方体中的格点，即顶点都是向量$(i_1, i_2, \cdots, i_n)$，每个i_j都在从1到m中的范围中。在两个顶点之间有边，当且仅当这两个顶点恰好在一个维度上相差1。例如，$n = 2$和$m = 2$的情形是正方形，$n = 3$和$m = 2$的情形是立方体，$n = 2$和$m = 3$的情形如图10-3所示。其中有些图有哈密顿回路，而有些则没有。例如，正方形显然就有，立方体也有，而这一点可能并不明显；一种可能是(0, 0, 0), (0, 0, 1), (0, 1, 1), (0, 1, 0), (1, 1, 0), (1, 1, 1), (1, 0, 1), (1, 0, 0)并返回(0, 0, 0)。图10-3没有哈密顿回路。

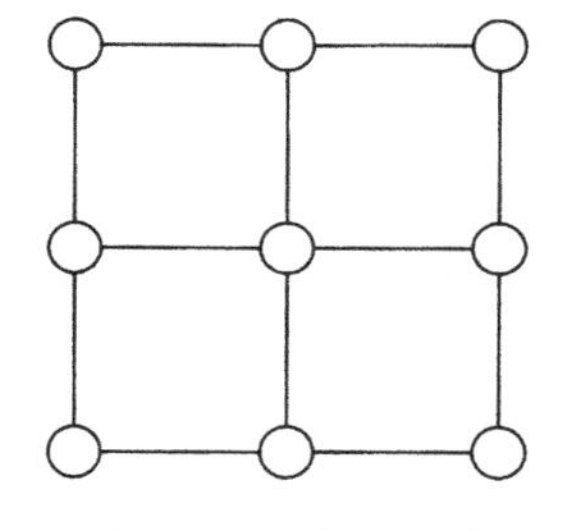

图10-3 $n = 2$和$m = 3$的图

a) 证明：图10-3没有哈密顿回路。*提示*：考虑一下，当假设的哈密顿回路通过中间的顶点时，将出现什么情况？这条回路要从何处来，又向何处去，才能不从哈密顿回路上切割下一块图来？

b) 对于哪些n和m值，存在着哈密顿回路？

! **习题10.1.5** 假设采用某个有穷字母表对上下文无关文法进行编码。考虑下面两个语言：

1. $L_1 = \{ (G, A, B) \mid G$是（经过编码的）CFG，$A$和$B$是$G$的（经过编码的）变元，且从$A$和$B$推导出的终结符号串的集合是相等的 $\}$。
2. $L_2 = \{ (G_1, G_2) \mid G_1$和$G_2$是（经过编码的）$CFG$，并且$L(G_1) = L(G_2)$ $\}$。

回答下列问题：

* a) 证明：L_1多项式时间归约到L_2。

b) 证明：L_2多项式时间归约到L_1。

* c) 关于L_1和L_2是NP完全的或者不是，从(a)和(b)能得出什么结论？

习题10.1.6 $\mathcal{P}$和$\mathcal{NP}$作为语言类都有某些封闭性。证明：$\mathcal{P}$对下面每种运算都是封闭的：

a) 反转。

* b) 并。

*! c) 连接。

! d) 闭包（星号）。

e) 逆同态。

* f) 补。

习题10.1.7 $\mathcal{NP}$对于习题10.1.6中为$\mathcal{P}$列举的每种运算也是封闭的，其中有一个（假设中的）例外：(f) 补。还不知道$\mathcal{NP}$对于补是否封闭，在11.1节要进一步讨论这个问题。证明：习题10.1.6中从(a)到(e)对于$\mathcal{NP}$成立。

437

10.2 NP完全问题

现在介绍第一个NP完全问题。通过把任意确定型多项式时间TM的语言归约到可满足性问题上，来证明这个问题（布尔表达式是否是可满足的）是NP完全的。

10.2.1 可满足性问题

布尔表达式是用下面这些元素来建立的：

1. 布尔值变元，即这些变元取值1（真）或0（假）。
2. 二元运算符$\wedge$和$\vee$，表示两个表达式的逻辑与（AND）和逻辑或（OR）。
3. 一元运算符$\neg$，表示逻辑非。
4. 给运算符和运算对象分组的括号，必要时改变运算的默认优先级：$\neg$最高，其次$\wedge$，最后$\vee$。

例10.6 布尔表达式的一个例子是$x \wedge \neg(y \vee z)$。只要变元y或变元z为真，子表达式$(y \vee z)$就为真，但只要y和z都为假，这个子表达式就为假。恰好当$y \vee z$为假，即y和z都为假时，更大的子表达式$\neg(y \vee z)$为真。如果y和z有一个为真或两个都为真，则$\neg(y \vee z)$为假。

最后考虑整个表达式。整个表达式是两个子表达式的逻辑与，所以恰好当两个子表达式都为真时，整个表达式为真。换句话说，恰好当x为真、y为假且z为假时，$x \wedge \neg(y \vee z)$为真。 □

给定的布尔表达式E的*赋值*把真或假指派给E中出现的每个变元。给定赋值T后，E的值记做$E(T)$，这是把每个变元x换成T所指派的值$T(x)$（真或假），并对E求值的结果。

如果$E(T) = 1$，则赋值T*满足*布尔表达式E；即赋值T让表达式E为真。如果至少存在一个满足布尔表达式E的赋值T，则说E是*可满足的*。

例10.7 例10.6的表达式$x \wedge \neg(y \vee z)$是可满足的。已经看出，令$T(x) = 1, T(y) = 0, T(z) = 0$，这样定义的赋值满足这个表达式，因为这个赋值让表达式的值为真(1)。还注意到，T是这个表达式的唯一可满足赋值，因为这三个变元的其余七种组合都让表达式取值为假(0)。

438

另一个例子，考虑表达式$E = x \wedge (\neg x \vee y) \wedge \neg y$。断言$E$是不可满足的。因为只有两个变元，赋值个数是$2^2 = 4$，所以容易试验所有这四种赋值，并验证对于所有这些赋值，E的值都为0。但是，还可以论证如下。仅当$\wedge$连接的三个项都为真，E才为真。这意味着x一定为真（因为第一项），y一定为假（因为最后一项）。但在这个赋值下，中间项$\neg x \vee y$为假。因此，E无法为真，事实上E是不可满足的。

已经看到，表达式恰好有一个可满足赋值的例子，以及表达式没有可满足赋值的例子。还有许多例子，其中的表达式有多于一个可满足赋值。一个简单的例子，考虑$F = x \vee \neg y$。对于下面三个赋值，F的值是1：

1. $T_1(x) = 1; T_1(y) = 1$。
2. $T_2(x) = 1; T_2(y) = 0$。
3. $T_3(x) = 0; T_3(y) = 0$。

只对于第四种赋值$x = 0$且$y = 1$，F才取值0。因此，F是可满足的。 □

*可满足性问题*是：

- 给定布尔表达式，这个表达式是可满足的吗？

一般将把可满足性问题称为SAT。作为语言来说，SAT问题是（经过编码的）可满足布尔表达式的集合。不是布尔表达式的有效编码的串以及是不可满足的布尔表达式的编码的串，都不属于SAT。

10.2.2 表示SAT实例

布尔表达式中的符号是：∧，∨，¬，左括号，右括号，以及表示变元的符号。一个表达式的可满足性不依赖于这些变元的名称，只依赖于变元的两次出现是相同的变元还是不同的变元。因此，虽然在例子中将继续采用像y或z以及x这样的变元名称，但是可以假定变元是$x_1, x_2, \cdots$。还将假定，变元经过重新命名，以采用尽可能小的变元下标。例如，除非在同一个表达式中已经用过了x_1到x_4，否则就不应当使用x_5。

因为在原则上有无穷多个符号可能出现在布尔表达式中，所以又遇到了熟悉的问题：不得不设计一种编码，用固定的有穷字母表来表示变元数任意大的表达式。只有那样，才能把SAT当作"问题"来谈论，也就是说，把SAT当作固定字母表上的语言，由可满足的布尔表达式的编码来组成。将要采用的编码如下：

1. 符号∧、∨、¬、(以及)就用其本身来表示。 439
2. 变元x_i表示成符号x后面跟着用二进制表示i 的0和1。

因此，SAT问题（语言）的字母表只有8个符号。所有的SAT实例都是这个固定的有穷字母表上的字符串。

例10.8 考虑例10.6中的表达式$x \wedge \neg(y \vee z)$。在对其编码过程中第一步是把变元换成带下标的x。因为它有三个变元，所以必须使用x_1, x_2, x_3。可自由决定把x, y, z换成哪个x_i，具体地说，设$x = x_1$，$y = x_2$，$z = x_3$。于是这个表达式变成$x_1 \wedge \neg(x_2 \vee x_3)$。这个表达式的编码是：

$$x1 \wedge \neg (x10 \vee x11)$$

□

注意，编码过的布尔表达式的长度近似地等于表达式中的位置数，每次变元出现算作1个位置。不完全相等的原因是：如果表达式有m个位置，则表达式可有$O(m)$个变元，所以给变元编码可能花费$O(\log m)$个符号。因此，长度为m个位置的表达式能有长度为$n = O(m \log m)$个符号的编码。

不过，在m与$m \log m$之间的差别确实不超过多项式。因此，如果仅仅讨论能否在输入规模的多项式时间里解答问题，就没有必要去区分表达式的编码长度与表达式的自身位置数。

10.2.3 SAT问题的NP完全性

现在证明"库克定理"，即SAT是NP完全的事实。要证明一个问题是NP完全的，首先需要证明这个问题属于$\mathcal{NP}$。然后，必须证明$\mathcal{NP}$中每一个问题都归约到所讨论的这个问题上。一般说来，第二部分证明是通过给出从某个其他NP完全问题出发的多项式时间归约，然后引用定理10.4来完成的。但此时此刻，还不知道任何NP完全问题可用来归约到SAT。因此，能采用的唯一策略就是原原本本地把$\mathcal{NP}$中每一个问题都归约到SAT上。

定理10.9 （库克定理）SAT是NP完全的。

证明 第一部分证明是证明SAT属于$\mathcal{NP}$。这个部分是容易的：

1. 利用NTM的非确定型能力来猜测给定的表达式E的赋值。如果编码过的E长度为n，则在多带NTM上$O(n)$时间就足够了。注意，这个NTM有多种移动选择，而且在猜测过程结尾，可到达多至2^n种不同的ID，每个分支表示对不同赋值的猜测。 440

2. 在赋值T下对E求值。如果$E(T) = 1$，就接受。注意，这一部分是确定型的。NTM的其他分支可能不导致接受，这个事实不影响输出，因为只要找到一个可满足赋值，这台NTM就接受。

在多带NTM上，在$O(n^2)$时间里就能轻松完成求值。因此，多带NTM对SAT的整个识别过程花费$O(n^2)$时间。转换成单带NTM可能让时间平方，所以在单带NTM上$O(n^4)$时间就足够了。

现在，必须证明困难的部分：如果L是 $\mathcal{NP}$ 中任意语言，则有从L到SAT的多项式时间归约。可假定存在单带NTM M和多项式$p(n)$，使得M在长度为n的输入上，沿着任何分支都花费不超过$p(n)$步。而且，可用同样的方式，对NTM证明定理8.12中的限制条件，已经对DTM证明过这些条件。因此，可假设M从不会写下空格，也从不会把带头移到初始带头位置的左侧。

因此，如果M接受输入w，且$|w| = n$，则存在M的移动序列，使得

1. α_0是M在输入w上的初始ID。
2. $\alpha_0 \vdash \alpha_1 \vdash \cdots \vdash \alpha_k$，其中$k \leqslant p(n)$。
3. α_k是带有接受状态的ID。
4. 每个α_i只包含非空格符（除非α_i以状态和空格结尾），并且从初始带头位置（最左输入符号）向右方延伸。

这里的策略可以小结如下：

a) 可以把每个α_i写成符号序列$X_{i0}X_{i1}\cdots X_{i,\,p(n)}$。其中一个符号是状态，其他符号都是带符号。依照惯例，假定状态和带符号是不相交的，所以能区分出哪个X_{ij}是状态，因此能区分出带头位置。注意，没有理由去表示在带上前$p(n)$个符号（这些符号加上状态就组成长度为$p(n) + 1$的ID）右边的符号，因为如果保证让M在$p(n)$步或更少步移动之后停机，则这些符号不可能影响M的移动。

b) 为了用布尔变元来描述ID序列，创造变元y_{ijA}表示命题$X_{ij} = A$。在这里，i和j都是0到$p(n)$范围内的整数，A是带符号或状态。

441

c) 把“ID序列表示接受输入w”这样的条件表示成布尔表达式，这个表达式是可满足的当且仅当M通过至多$p(n)$步的移动序列来接受w。可满足赋值将是关于这些ID“说真话”的赋值；即y_{ijA}为真当且仅当$X_{ij} = A$。为了确保从$L(M)$到SAT的多项式时间归约是正确的，把这个表达式写成是说计算：

i. *正确开始*。也就是说，初始ID是q_0w后面跟着空格。

ii. *下一步移动是正确的*（即这步移动正确地遵循TM的规则）。也就是说，每个后继ID都是从前面的ID根据M合法移动的一种可能而得出的。

iii. *正确结束*。也就是说，存在某个ID是接受状态。

在精确地构造这个布尔表达式之前，必须介绍几个细节。

- 首先，过去规定当结尾的无穷长空格开始时，ID就结束。但是，当模拟多项式时间计算时，认为所有ID都有同样的长度$p(n) + 1$，这样更加方便。因此，在ID中可能出现结尾的空格。
- 其次，假定即使早就已经接受了，所有计算也都持续恰好$p(n)$步（因此有$p(n) + 1$个ID），这样更加方便。因此允许带有接受状态的ID成为自身的后继。也就是说，如果α有接受状态，则允许“移动”$\alpha \vdash \alpha$。因此，可以假定，如果存在接受计算，则$\alpha_{p(n)}$将有接受ID，而这正是对于“正确结束”条件必须核对的全部内容。

图10-4提示了M的多项式时间计算看起来像什么。行对应于ID序列，列是在计算中能使用的带单元。注意，图10-4中的方格数是$(p(n)+1)^2$。而且，表示每个方格的变元个数是有穷的，只依赖于M；变元数是M的状态数和带符号数之和。

ID	0	1	…				…	$p(n)$
α_0	X_{00}	X_{01}						$X_{0,p(n)}$
α_1	X_{10}	X_{11}						$X_{1,p(n)}$
α_i				$X_{i,j-1}$	$X_{i,j}$	$X_{i,j+1}$		
α_{i+1}				$X_{i+1,j-1}$	$X_{i+1,j}$	$X_{i+1,j+1}$		
$\alpha_{p(n)}$	$X_{p(n),0}$	$X_{p(n),1}$						$X_{p(n),p(n)}$

图10-4 构造出单元（或ID成分）的阵列

现在给出从M和w构造布尔表达式$E_{M,w}$的一个算法。$E_{M,w}$的总体形式是$U \wedge S \wedge N \wedge F$，其中$S$, N, F是说M正确开始、正确移动和正确结束的表达式。U表示每个单元格有唯一的符号。

唯一

U是所有形如$\neg(y_{ij\alpha} \wedge y_{ij\beta})$的项的合取，其中$\alpha \neq \beta$。注意，这些项的数量是$O(p^2(n))$。

442

正确开始

X_{00}一定是M的初始状态q_0，X_{01}到X_{0n}一定是w（其中n是w的长度），其余的X_{0j}一定是空格B。也就是说，如果$w=a_1a_2\cdots a_n$，则：

$$S = y_{00q_0} \wedge y_{01a_1} \wedge y_{02a_2} \wedge \cdots \wedge y_{0na_n} \wedge y_{0,n+1,B} \wedge y_{0,n+2,B} \wedge \cdots \wedge y_{0,p(n),B}$$

的确，给定M的编码并且给定w，就能在多带TM的第二条带上在$O(p(n))$时间里写出S。

正确结束

因为假设接受ID永远重复下去，所以M接受就等于在$\alpha_{p(n)}$中找到接受状态。记住，假定M是如果接受就在$p(n)$步之内接受的NTM。因此，F是表达式F_j的逻辑或，$j=0, 1, \cdots, p(n)$，F_j说明$X_{p(n),j}$是接受状态。也就是说，F_j是$y_{p(n),j,a_1} \vee y_{p(n),j,a_2} \vee \cdots \vee y_{p(n),j,a_k}$，其中$a_1, a_2, \cdots, a_k$是$M$的全部接受状态。于是，

$$F = F_0 \vee F_1 \vee \cdots \vee F_{p(n)}$$

每个F_j使用常数个符号，这个数目依赖于M，但不依赖于M的输入w的长度n。因此，F长度为$O(n)$。更重要的是，给定M的编码和输入w，写出F的时间是n的多项式；实际上，能在多带

443　TM上在$O(p(n))$时间里写出F。

下一步移动是正确的

保证M的移动是正确的，这是目前为止最复杂的部分。表达式N将是表达式N_i的逻辑与，$i = 0, 1, \cdots, p(n)-1$，每个N_i将设计成保证ID α_{i+1}是M允许跟在α_i后面的ID之一。为了开始解释如何写出N_i，观察一下图10-4中的符号$X_{i+1,j}$。总是可以根据下列内容来确定$X_{i+1,j}$：

1. 在$X_{i+1,j}$上面的三个符号$X_{i,j-1}, X_{ij}, X_{i,j+1}$，以及

2. NTM M具体的移动选择（如果这些符号之一是α_i的状态）。

我们将把N_i写成表达式$A_{ij} \vee B_{ij}$的合取（$\wedge$），其中$j = 0, 1, \cdots, p(n)$。

• 表达式A_{ij}说：

a) α_i的状态在位置j（即X_{ij}是状态），并且

b) 存在M的移动选择（其中X_{ij}是状态，$X_{i,j+1}$是扫描的符号），使得这种移动把符号序列$X_{i,j-1}X_{ij}X_{i,j+1}$变换成$X_{i+1,j-1}X_{i+1,j}X_{i+1,j+1}$。注意，如果$X_{ij}$是接受状态，则存在根本不移动的“选择”，所以所有后继的ID都等于第一次导致接受的那个ID。

• 表达式B_{ij}说：

a) α_i的状态不在位置j（即X_{ij}不是状态），并且

b) 如果a的状态不是邻近位置j（即$X_{i,j-1}$和$X_{i,j+1}$都不在状态）时，则$X_{i+1,j} = X_{ij}$。

注意，当状态邻近位置j时，$A_{i,j-1}$或$A_{i,j+1}$都关系到位置j的正确性。

B_{ij}写起来更容易。设$q_1, q_2, \cdots, q_m$是M的状态，并设$Z_1, Z_2, \cdots, Z_r$是带符号。于是：

$$
\begin{aligned}
B_{ij} = &(y_{i,j-1,q_1} \vee y_{i,j-1,q_2} \vee \cdots \vee y_{i,j-1,q_m}) \vee \\
&(y_{i,j+1,q_1} \vee y_{i,j+1,q_2} \vee \cdots \vee y_{i,j+1,q_m}) \vee \\
&((y_{i,j,Z_1} \vee y_{i,j,Z_2} \vee \cdots \vee y_{i,j,Z_r}) \wedge \\
&((y_{i,j,Z_1} \wedge y_{i+1,j,Z_1}) \vee (y_{i,j,Z_2} \wedge y_{i+1,j,Z_2}) \vee \cdots \vee (y_{i,j,Z_r} \wedge y_{i+1,j,Z_r})))
\end{aligned}
$$

B_{ij}的头两行保证当α_i的状态与位置j相邻时，B_{ij}是真；B_{ij}的头三行一起保证α_i的状态在位置j时，444　B_{ij}为假，而且N_i的真仅依赖于A_{ij}是真，也就是移动是合法的。当状态离位置i至少两个位置距离时，后两行保证符号不变。最后一行说$X_{ij} = X_{i+1,j}$，这是通过枚举所有可能的带符号Z，并且说要么都是Z_1，要么都是Z_2，等等。

有两个重要的特殊情形：$j = 0$或$j = p(n)$。在一种情形里没有变元$y_{i,j-1,X}$，在另一种情形里没有变元$y_{i,j+1,X}$。但已知带头从不移到初始位置的左边，且已知带头没有时间移到初始位置右边超过$p(n)$个单元。因此，可从B_{i0}和$B_{i,p(n)}$中删除一些项；把这个化简留给读者来做。

现在，考虑表达式A_{ij}。这些表达式反映出在图10-4的阵列中，2×3符号矩形$X_{i,j-1}, X_{ij}, X_{i,j+1}, X_{i+1,j-1}, X_{i+1,j}, X_{i+1,j+1}$中的所有可能的关系。如果：

1. X_{ij}是状态，但$X_{i,j-1}$和$X_{i,j+1}$是带符号。

2. 存在M的一种移动，这个移动解释$X_{i,j-1}X_{ij}X_{i,j+1}$如何变成

$$X_{i+1,j-1}X_{i+1,j}X_{i+1,j+1}$$

因此只有有穷多种从符号到这六个变元的赋值是有效的。设A_{ij}是一些项的逻辑或，每项对应着构成有效赋值的一组六个变元。

例如，假设M的一种移动来自$\delta(q, A)$包含(p, C, L)这个事实。设D是M的某个带符号。于是一种有效赋值是$X_{i,j-1}X_{ij}X_{i,j+1} = DqA$和$X_{i+1,j-1}X_{i+1,j}X_{i+1,j+1} = pDC$。注意，这个赋值如何反映出由$M$如此移动所引起的ID中的变化。反映这种可能性的项是：

$$y_{i,j-1,D} \wedge y_{i,j,q} \wedge y_{i,j+1,A} \wedge y_{i+1,j-1,p} \wedge y_{i+1,j,D} \wedge y_{i+1,j+1,C}$$

如果与上面不同，$\delta(q, A)$包含(p, C, R)（即移动是同样的，但带头向右移动），于是相应的有效赋值是$X_{i,j-1}X_{ij}X_{i,j+1} = DqA$和$X_{i+1,j-1}X_{i+1,j}X_{i+1,j+1} = DCP$。则对应的有效赋值是：

$$y_{i,j-1,D} \wedge y_{i,j,q} \wedge y_{i,j+1,A} \wedge y_{i+1,j-1,D} \wedge y_{i+1,j,C} \wedge y_{i+1,j+1,p}$$

A_{ij}是所有有效项的逻辑或。在$j = 0$和$j = p(n)$的特殊情形里，必须像对B_{ij}那样进行一些修改，以反映出不存在变元y_{ijZ}，其中$j < 0$或$j > p(n)$。最后，

$$N_i = (A_{i0} \vee B_{i0}) \wedge (A_{i1} \vee B_{i1}) \wedge \cdots \wedge (A_{i,p(n)} \vee B_{i,p(n)})$$

于是

445

$$N = N_0 \wedge N_1 \wedge \cdots \wedge N_{p(n)-1}$$

虽然如果M有许多状态并且（或者）有许多带符号，则A_{ij}和B_{ij}可以非常大，但是仅就输入w的长度而言，A_{ij}和B_{ij}的规模是常数；也就是说，A_{ij}和B_{ij}的规模与w的长度n无关。因此N_i的长度是$O(p(n))$，N的长度是$O(p^2(n))$。更重要的是，可以在与N的长度成比的时间里，在多带TM的一条带上写下N，这个时间量是w的长度n的多项式。

库克定理证明的总结

虽然已经把表达式

$$E_{M,w} = U \wedge S \wedge N \wedge F$$

的构造描述成了M和w的函数，但是事实上，只有“正确开始”部分S依赖于w，而且S是以一种简单的方式来依赖的（w是在初始ID的带上）。其他部分N和F只依赖于M和n，n是w的长度。

因此，对于在某个多项式时间$p(n)$里运行的任何NTM M来说，都能设计一个算法，这个算法获得长度为n的输入w，产生出$E_{M,w}$。这个算法在多带确定型TM上的运行时间是$O(p^2(n))$，而这个多带TM可以转化成在$O(p^4(n))$时间里运行的单带TM。这个算法的输出是布尔表达式$E_{M,w}$，$E_{M,w}$是可满足的当且仅当M在$O(p(n))$步移动之内接受w。□

为了强调库克定理10.9的重要性，我们来看看定理10.5如何对库克定理起作用。假如SAT有确定型TM，它在多项式时间（比如说$q(n)$时间）里识别SAT的实例。于是对于在多项式时间$p(n)$里接受的NTM M所接受的每个语言都将被DTM在确定型多项式时间里所接受，图10-5提示这个DTM是如何操作的。M的输入w转化成布尔表达式$E_{M,w}$。把这个表达式输入到SAT的检验程序，无论这个检验程序关于$E_{M,w}$怎样回答，图10-5的算法关于w都会照样回答。

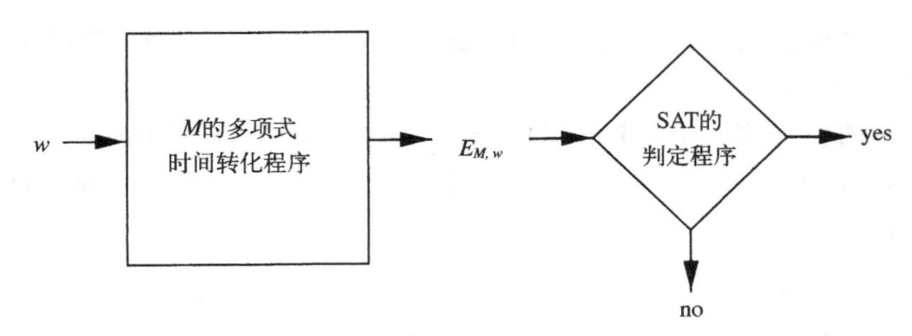

446

图10-5 如果SAT属于$\mathcal{P}$，则以这种方式设计的DTM就能证明$\mathcal{NP}$中每个语言都属于$\mathcal{P}$

10.2.4 习题

习题10.2.1 下列布尔表达式有多少种可满足赋值？哪些布尔表达式属于SAT？

* a) $x \wedge (y \vee \neg x) \wedge (z \vee \neg y)$。

b) $(x \vee y) \wedge (\neg(x \vee z) \vee (\neg z \wedge \neg y))$。

!习题10.2.2 假设G是四个顶点1, 2, 3, 4的图。设对于$1 \leqslant i < j \leqslant 4$，$x_{ij}$是命题变元，把$x_{ij}$解释成说"在顶点$i$和$j$之间存在一条边"。在这四个顶点上的任何图都能表示成赋值。例如，图10-1中的图表示成：让x_{14}为假而其他三个变元为真。能把只涉及边的存在或不存在的任何性质都表示成布尔表达式，这个布尔表达式为真当且仅当对变元的赋值描述了具有这个性质的图。写出下面这些性质的表达式：

* a) G有哈密顿回路。

b) G是连通的。

c) G包含规模为3的团，也就是说，有三个顶点，使得在其中任何两个之间有一条边（即图中的三角形）。

d) G至少包含一个孤立点，也就是说，有一个没有边的顶点。

10.3 约束可满足性问题

现在计划证明范围广泛形式多样的问题（比如在10.1.4节提到过的TSP问题）是NP完全的。在原则上，通过找出从SAT问题到所关注的每个问题的多项式时间归约来完成这个证明。但是，有一个重要的中间问题，称为"3SAT"，这个问题比SAT更容易归约到典型问题上。3SAT仍然是关于布尔表达式可满足性的问题，但这些表达式具有非常规则的形式：这些表达式是"子句"的逻辑与（AND），每个子句恰好是三个变元或否定变元的逻辑或（OR）。

本节介绍关于布尔表达式的一些重要术语。然后把任意表达式的可满足性归约到具有3SAT问题范式的表达式的可满足性。有趣的是，注意：每一个布尔表达式E都具有3SAT问题范式形式的等价表达式F，但F的规模可能是E的规模的指数。因此，从SAT到3SAT的多项式时间归约，必须比简单的布尔代数处理更加精致。需要把SAT中每个表达式E转化成3SAT范式形式的另一个表达式F。但F不一定等价于E。只能保证：F是可满足的当且仅当E是可满足的。

447

10.3.1 布尔表达式的范式

下面是三个重要的定义：

- 文字就是变元或否定变元。例如，x和$\neg y$。为了节省空间，通常用上划线$\bar{y}$来代替$\neg y$这样的文字。
- 子句就是一个或多个文字的逻辑或（OR）。例如，x，$x \vee y$和$x \vee \bar{y} \vee z$。
- 如果布尔表达式是子句的逻辑与（AND），就说这个表达式是*合取范式*[⊖]（或CNF）。

为了进一步压缩写出的表达式，将采用另一种记号，把$\vee$当作加法使用$+$运算符，把$\wedge$当作乘法。对于乘法，如同在正则表达式中对于连接那样，通常使用并置，即没有运算符。于是也自然把子句称为“文字之和”并把CNF表达式称为“子句之积”。

例10.10 采用压缩记号，表达式$(x \vee \neg y) \wedge (\neg x \vee z)$将写成$(x+\bar{y})(\bar{x}+z)$。由于该表达式是子句$(x+\bar{y})$和$(\bar{x}+z)$的逻辑与（积），所以该表示式是CNF。

表达式$(x+y\bar{z})(x+y+z)(\bar{y}+\bar{z})$不是CNF。这个表达式是三个子表达式$(x+y\bar{z})$，$(x+y+z)$和$(\bar{y}+\bar{z})$的逻辑与。最后两个子表达式是子句，但第一个子表达式不是子句；这个子表达式是一个文字与两个文字之积的和。

表达式xyz是CNF。回忆一下，子句可能只有一个文字。因此，这个表达式是三个子句(x), (y), (z)之积。 □

如果表达式是这样一些子句之积，每个子句是恰好k个不同文字之和，则说这个表达式是*k合取范式*（k-CNF）。例如，$(x+\bar{y})(y+\bar{z})(z+\bar{x})$是2-CNF，因为每个子句恰好有两个文字。

所有这些在布尔表达式上的限制，都分别导致关于带有这些限制的表达式的可满足性问题。因此，我们将要讨论下列问题：

- CSAT是这样的问题：给定具有CNF形式的布尔表达式，这个表达式是可满足的吗？
- kSAT是这样的问题：给定具有k-CNF形式的布尔表达式，这个表达式是可满足的吗？

将要看到，CSAT、3SAT以及所有k大于3的kSAT都是NP完全的。但是，1SAT和2SAT有线性时间算法。

448

处理坏输入

每个已经讨论过的问题（SAT，CSAT，3SAT，等等），都是在8个符号的固定字母表上的语言，这些语言的串有时候可以解释成布尔表达式。不解释为布尔表达式的串都不可能属于SAT语言。同样，当考虑限制形式的表达式时，那些虽然是合式布尔表达式但不是限制形式表达式的串，都不属于这些语言。因此，举例来说，如果输入的布尔表达式是可满足的但不是CNF形式的，则判定CSAT问题的算法将回答“否”。

10.3.2 把表达式转化成CNF

如果在变元的任何赋值上两个表达式都有同样的结果，则说这两个布尔表达式是*等价的*。如果两个表达式是等价的，则肯定要么都是可满足的，要么都不是可满足的。因此，把任意表达式转化为等价的CNF表达式是开发从SAT到CSAT的多项式时间归约的有希望的方法。这个归

⊖ “合取”是逻辑与（AND, $\wedge$）的奇特说法。

约可能证明CSAT是NP完全的。

但是，事情并非如此简单。虽然可以把任何表达式转化为CNF，但是这个转化可能花费超过多项式时间。具体地说，这个转化可能让表达式长度有指数增长，因此肯定要花费指数时间来产生输出。

幸运的是，把任意布尔表达式转化为具有CNF形式的表达式，对于把SAT归约到CSAT，因此证明CSAT是NP完全的来说，只是可能的方式之一。不得不做的全部事情是：输入SAT实例E，把E转化为CSAT实例F，使得F是可满足的当且仅当E是可满足的。没有必要让E和F是等价的。甚至没有必要让E和F具有同样的变元集合，事实上，在一般情况下，F的变元是E的变元的超集。

从SAT到CSAT的归约将包括两个部分。第一步，把所有的¬沿着表达式树往下推，使得否定只出现在变元前面；即布尔表达式变成文字的逻辑与和逻辑或。这个变换产生等价的表达式，花费的时间至多是表达式规模的平方。在常规计算机上，如果仔细地设计数据结构，这个变换只花费线性时间。

第二步是写出一个表达式，这个表达式作为一些子句之积，是文字的逻辑或的逻辑与；即把这个表达式写成CNF形式。通过引入一些新的变元，可以在给定表达式的规模的多项式时间里完成这个变换。在一般情况下，新的表达式F将不等价于旧的表达式E。但是，F是可满足的当且仅当E是可满足的。更具体地说，如果T是使E为真的赋值，则存在T的扩展（如S）使F为真；如果S和T把同样的值赋给每一个T赋过值的变元，则说S是T的扩展，但S还可以给T没有涉及的变元赋值。

449

第一步是把¬推到∧和∨之后。所需要的规则是：

1. $\neg(E \wedge F) \Rightarrow \neg(E) \vee \neg(F)$。这条规则（德·摩根律中的一条）允许把¬推到∧之后。注意，副作用是把∧变成∨。
2. $\neg(E \vee F) \Rightarrow \neg(E) \wedge \neg(F)$。这条规则（德·摩根律中的另一条）把¬推到∨之后。副作用是把∨变成∧。
3. $\neg(\neg(E)) \Rightarrow E$。这条双重否定律消除作用在同一个表达式上的一对¬。

例10.11　考虑表达式 $E=\neg((\neg(x+y))(\bar{x}+y))$。注意，使用了两种记号的混合，当被否定的表达式不是单个变元时，就明确地使用¬运算。图10-6说明一些步骤，在这些步骤中把表达式E中所有¬往后推，直到这些¬成为文字的一部分。

最后的表达式等价于原来的表达式并且是文字的“与或”表达式。这个表达式可进一步化简为表达式$x+y$，但是对于断言能把每个表达式改写成¬只出现在文字中来说，这个化简并不是本质上的。□

表达式	规则
$\neg\Big(\big(\neg(x+y)\big)(\overline{x}+y)\Big)$	开始
$\neg\big(\neg(x+y)\big)+\neg(\overline{x}+y)$	(1)
$x+y+\neg(\overline{x}+y)$	(3)
$x+y+\big(\neg(\overline{x})\big)\overline{y}$	(2)
$x+y+x\overline{y}$	(3)

图10-6　把¬沿表达式树往后推，使得¬只出现在文字中

定理10.12　每一个布尔表达式E都等价于一个表达式F，在F中否定只出现在文字中，即直接作用在变元上。而且，F的长度是E的符号数的线性函数，并且可以在多项式时间里从E构造出F。

证明 证明是对E中的运算（$\wedge$，$\vee$，$\neg$）个数进行归纳。证明存在一个等价表达式F，其中$\neg$只出现在文字中。另外，如果E有$n \geqslant 1$个运算符，则F有不超过$2n-1$个运算符。

F没有必要对每个运算符使用超过一对括号，表达式中的变元个数不会超过运算符数加一，由此得出F的长度是与E的长度线性地成比例的。更重要的是，将要看到F的构造非常简单，所以构造F所花费的时间与F的长度成比例，因此与E的长度成比例。

450

基础：如果E只有一个运算符，则E一定具有形式$\neg x$，$x \vee y$或$x \wedge y$，其中x和y是变元。在每种情形下E都已经具备所需要的形式，所以让$F = E$就行了。注意，E和F各自具有一个运算符，所以"F至多具有两倍于E的运算符数"的关系成立。

归纳：假设命题对于运算符比E少的所有表达式都为真。如果E的最高层运算符不是$\neg$，则E一定具有形式$E_1 \vee E_2$或$E_1 \wedge E_2$。在任何一种情形下，归纳假设都可以应用到E_1和E_2上；归纳假设说：分别存在着等价表达式F_1和F_2，其中所有的$\neg$都仅仅出现在文字中。于是$F = F_1 \vee F_2$或$F = (F_1) \wedge (F_2)$就是E的适当的等价式。设E_1和E_2分别有a和b个运算符。于是E有$a + b + 1$个运算符。根据归纳假设，F_1和F_2分别至多有$2a-1$和$2b-1$个运算。因此，F至多有$2a + 2b-1$个运算符，这个数字不超过$2(a + b + 1)-1$，或E的两倍运算符数减一。

现在考虑E形如$\neg E_1$的情形。根据E_1的最高层运算符是什么，有三种情形。注意，E_1必须有一个运算符，否则E其实就是基础情形。

1. $E_1 = \neg E_2$。于是根据双重否定律，$E_1 = \neg(\neg E_2)$等价于E_2。E_2比E运算符少，所以归纳假设起作用。可以找出与E_2等价的F，其中仅有的$\neg$都在文字里。F也等价于E。因为F的运算符数至多是E_2的两倍运算符数减一，所以F的运算符数肯定不会超过E的两倍运算符数减一。
2. $E_1 = E_2 \vee E_3$。根据德·摩根律，$E = \neg(E_2 \vee E_3)$等价于$(\neg(E_2)) \wedge (\neg(E_3))$。$\neg(E_2)$和$\neg(E_3)$都比$E$运算符少，所以根据归纳假设，$\neg(E_2)$和$\neg(E_3)$都有等价的$F_2$和$F_3$，其中只在文字里才有$\neg$。于是$F = (F_2) \wedge (F_3)$是$E$的等价式。还可以断言：$F$中运算符个数不会太多。设$E_2$和$E_3$分别有$a$个和$b$个运算符。于是$E$有$a + b + 2$个运算符。$\neg(E_2)$和$\neg(E_3)$分别有$a + 1$个和$b + 1$个运算符，而$F_2$和$F_3$是从这些表达式构造出来的，所以根据归纳假设可以知道，F_2和F_3分别至多有$2(a + 1)-1$个和$2(b + 1)-1$个运算符。因此，F至多有$2a + 2b + 3$个运算符。这个数字是E的两倍运算符数减一。
3. $E_1 = E_2 \wedge E_3$。利用第二条德·摩根律，这个论证本质上与(2)相同。 □

451

算法描述

虽然形式化地说，一个归约的运行时间就是这个归约在单带图灵机上执行所花费的时间，但是单带图灵机的算法却十分复杂且毫无意义。我们已经知道，在某个多项式时间里，在常规计算机、多带图灵机和单带图灵机上，所能解答的问题的集合都是相同的，只不过多项式的次数可能不同而已。因此，当描述某些相当复杂的算法，需要这些算法来把一个NP完全问题归约到另一个NP完全问题时，就约定：用算法在常规计算机上的有效实现来度量时间。这种理解将可以避免带操作的细节，并且允许强调重要的算法思想。

10.3.3 CSAT的NP完全性

现在，需要把一个表达式E转化成CNF，E是文字的逻辑与和逻辑或。曾经指出过，为了在多项式时间里从E产生一个表达式F（F是可满足的当且仅当E是可满足的）就必须放弃保持等价性的变换，并且给F引入一些不在E中出现的新变元。将要在CSAT是NP完全的证明中介绍这个"技巧"，然后举出这个技巧的一个例子，让这个构造更清楚。

定理10.13　CSAT是NP完全的。

证明　证明如何在多项式时间里把SAT归约到CSAT。首先，利用定理10.12的方法，把一个给定的SAT实例转化成一个表达式E，E只在文字里才有¬。然后，证明如何在多项式时间里把E转化成一个CNF表达式F，并证明F是可满足的当且仅当E是可满足的。通过对E的长度进行归纳来构造F。F具有的特殊性质比所需要的还要多一些。准确地说，通过对E的符号出现次数（"长度"）进行归纳，可以证明：

- 存在常数c，使得如果E是一个长度为n的布尔表达式，其中¬只出现在文字里，则存在一个表达式F，使得：
  a) F具有CNF形式，F至多由n个子句组成。
  b) 可以在至多$c|E|^2$时间里从E构造出F。
  c) E的真值赋值T使E为真，当且仅当存在T的扩展S使F为真。

452

基础：如果E包含一个或两个符号，则E是文字。文字是子句，所以E已经具有CNF形式。

归纳：假设每一个比E短的表达式都能转化为子句之积，并且这种转换在长度为n的表达式上至多花费cn^2时间。根据E的最高层运算，存在两种情形。

情形1：$E = E_1 \wedge E_2$。根据归纳假设，分别存在从E_1和E_2导出的具有CNF形式的表达式F_1和F_2。E_1的所有可满足赋值，并且只有可满足赋值，才可以扩展成F_1的可满足赋值，对于E_2和F_2也是同样的。不失一般性，可以假设：除了在E中出现的那些变元之外，F_1和F_2的变元是不相交的；即如果不得不给F_1和（或）F_2引入变元，那么就使用不同的变元。

设$F = F_1 \wedge F_2$。显然如果F_1和F_2是CNF，则$F_1 \wedge F_2$也是CNF。必须证明：E的可满足赋值T可以扩展为F的可满足赋值，当且仅当T满足E。

（当）假设T满足E。设T_1是T的限制，使得T_1只作用于在E_1中出现的变元上，设T_2是对于E_2的同样限制。于是根据归纳假设，可以把T_1和T_2分别扩展成满足F_1和F_2的S_1和S_2。设S与S_1和S_2在已经定义的每个变元上都是一致的。注意，F_1和F_2仅有的公共变元都是E的变元，并且S_1和S_2必须在共同定义的变元上是一致的，所以总是可以构造出S。但是S就是满足F的T的扩展。

（仅当）反之，假设T有满足F的扩展S。设T_1（或T_2）是把T限制到E_1（或E_2）的变元上。设把S限制到F_1（或F_2）的变元上是S_1（或S_2）。于是S_1是T_1的扩展，S_2是T_2的扩展。因为F是F_1和F_2的逻辑与，所以一定有S_1满足F_1且S_2满足F_2。根据归纳假设，T_1（或T_2）一定满足E_1（或E_2）。因此，T满足E。

情形2：$E = E_1 \vee E_2$。与情形1一样，利用归纳假设来断言：存在表达式F_1和F_2，具有以下性质：

1. E_1（或E_2）的真值赋值满足E_1（或E_2），当且仅当这个赋值可以扩展成F_1（或F_2）的可满足赋值。
2. 除了在E中出现的那些变元之外，F_1和F_2的变元是不相交的。
3. F_1和F_2都具有CNF形式。

不能简单地用F_1和F_2的逻辑或来构造所需要的F，原因在于，这样得出的表达式可能不具有CNF形式。但是，利用只希望保持可满足性而不是等价性这一事实的一种更复杂的构造将会行得通。假设

$$F_1 = g_1 \wedge g_2 \wedge \cdots \wedge g_p$$

453

且$F_2 = h_1 \wedge h_2 \wedge \cdots \wedge h_q$，其中$g$和$h$都是子句。引入新变元$y$，并设

$$F = (y + g_1) \wedge (y + g_2) \wedge \cdots \wedge (y + g_p) \wedge (\bar{y} + h_1) \wedge (\bar{y} + h_2) \wedge \cdots \wedge (\bar{y} + h_q)$$

必须证明：E的赋值T满足E，当且仅当T能扩展成满足F的赋值S。

（仅当）假设T满足E。像在情形1中那样，设T_1（或T_2）是把T限制到E_1（或E_2）的变元上。因为$E = E_1 \vee E_2$，所以要么T满足E_1，要么T满足E_2。假设T满足E_1。于是T_1（即把T限制到E_1的变元上）就能扩展成满足F_1的S_1。构造T的扩展S如下；S将满足上面定义的表达式F：

1. 对于F_1中所有变元x，$S(x) = S_1(x)$。
2. $S(y) = 0$。这个选择让从F_2导出的所有子句都为真。
3. 对于所有在F_2中但不在F_1中的变元x，如果$T(x)$有定义，则选项$S(x) = T(x)$，否则$S(x)$可以任意为0或1。

于是由于规则1，S让从g导出的所有子句都为真。根据规则2（对y的赋值），S让从h导出的所有子句都为真。因此，S满足F。

如果T不满足E_1但满足E_2，那么除了在规则2中$S(y) = 1$之外，证明是相同的。而且，每当$S_2(x)$有定义时，$S(x)$就一定与$S_2(x)$一致，但$S(x)$对只在S_1中出现的变元是任意的。结论是：在这种情形下S也满足F。

（当）假设把E的赋值T扩展为F的赋值S，S满足F。根据把什么真值指派给y，有两种情形。首先假设$S(y) = 0$。于是从h导出的F的所有子句都为真。但是，y无助于满足从g导出的形如$(y + g_i)$的子句，这意味着S一定让每个g_i本身为真；在本质上，S让F_1为真。

更准确地说，设S_1是把S限制到F_1的变元上。于是S_1满足F_1。根据归纳假设，T_1（即把T限制到E_1的变元上）就一定满足E_1。原因在于，S_1是T_1的扩展。T_1满足E_1，所以T必须满足E（E是$E_1 \vee E_2$）。

还必须考虑$S(y) = 1$的情形，但这种情形与刚刚看到了的情形是对称的，把证明留给读者。结论是：每当S满足F，T就满足E。

现在必须证明：从E构造F的时间，至多是E的长度n的平方。无论是哪种情形，把E分裂成E_1和E_2，以及从F_1和F_2构造F，每部分都花费E的规模的线性时间。设dn是在情形1或情形2中，从E构造E_1和E_2的时间加上从F_1和F_2构造F的时间之和的上界。于是存在$T(n)$的递推方程，$T(n)$是从长度为n的E构造F的时间；递推方程的形式是：

454

$T(1) = T(2) \leqslant e$，对于某个常数e

$$T(n) \leqslant dn + c\max_{0<i<n-1}(T(i) + T(n-1-i))，对于n \geqslant 3。$$

其中c是有待确定的常数，使得可以证明$T(n) \leqslant cn^2$。$T(1)$和$T(2)$的基础规则只是简单提出：如果E是单个符号或一对符号，则不需要递推，因为E只能是单个文字，整个过程花费某个时间e。递推规则利用下面这个事实：如果E是用$\wedge$或$\vee$连接的子表达式E_1和E_2组成的，E_1长度为i，则E_2长度为$n-i-1$。而且，从E到F的整个转换是由两个简单步骤组成的：把E变成E_1和E_2，再把F_1和F_2变成F（已知这两个步骤至多花费dn时间），以及从E_1到F_1和从E_2到F_2的两个递归转化。

需要通过对n归纳来证明：存在常数c，使得对于所有n，$T(n) \leqslant cn^2$。

基础：对于$n = 1$，只需要挑选c至少像e那样大。

归纳：假设对于小于n的长度，命题成立。于是$T(i) \leqslant ci^2$且$T(n-i-1) \leqslant c(n-i-1)^2$。因此，

$$T(i) + T(n-i-1) \leqslant n^2 - 2i(n-i) - 2(n-i) + 1 \qquad (10\text{-}1)$$

因为$n \geqslant 3$且$0 < i < n-1$，所以$2i(n-i)$至少为n，$2(n-i)$至少为2。因此，对于在允许范围内的任何i，式(10-1)的右边小于$n^2 - n$。因此在$T(n)$定义中的递推规则说$T(n) \leqslant dn + cn^2 - cn$。如果选择$c \geqslant d$，就可推出对$n$成立$T(n) \leqslant cn^2$，这样就完成了归纳。因此，从$E$构造$F$花费$O(n^2)$时间。 □

例10.14 说明如何把定理10.13的构造应用到一个简单表达式$E = x\bar{y} + \bar{x}(y+z)$上。图10-7说明这个表达式的语法分析。每个顶点所附带的CNF表达式是为该顶点所表示的表达式而构造出来的。

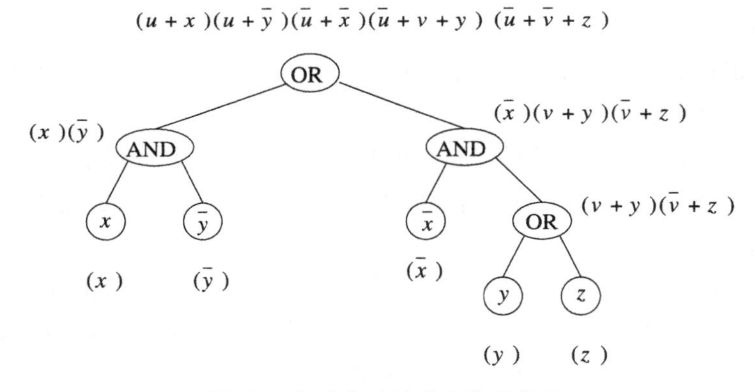

图10-7 把布尔表达式变换成CNF

树叶对应于文字，而对于每个文字，这个CNF表达式是由这个文字单独组成的一个子句。例如，可以看到，标记为$\bar{y}$的树叶带有一个相关表达式$(\bar{y})$。虽然括号不是必要的，但是我们在CNF表达式中加入这些括号，以便帮助提醒读者：现在正在讨论子句之积。

对于AND顶点，一个CNF表达式的构造就只是对于两个子表达式取所有子句之积（逻辑与）。因此，例如，子表达式$\bar{x}(y+z)$的顶点具有一个相关的CNF表达式，这个表达式是$\bar{x}$的一个子句（即$(\bar{x})$）和$y+z$的两个子句（即$(v+y)(\bar{v}+z)$）之积[⊖]。

455

⊖ 在这个特殊情形里（$y+z$已经是子句），没有必要完成关于这些表达式的OR的一般构造，本来可以产生$(y+z)$作为等价于$y+z$的子句之积。但是，在这个例子中，还是坚持了采用一般规则。

对于OR顶点，必须引入新的变元。把新变元加入左运算对象的所有子句中，把新变元的否定加入到右运算对象的所有子句中。例如，考虑图10-7的根顶点。这个顶点是表达式 $x\bar{y}$ 和 $\bar{x}(y+z)$ 的逻辑或，这两个表达式的CNF已经确定，分别是 $(x)(\bar{y})$ 和 $(\bar{x})(v+y)(\bar{v}+z)$。引入新变元$u$，把$u$未经否定加入第一组子句，$u$在第二组子句中是否定的。结果是：

$$F=(u+x)(u+\bar{y})(\bar{u}+\bar{x})(\bar{u}+v+y)(\bar{u}+\bar{v}+z)$$

定理10.13说：任何满足E的赋值都能扩展为满足F的赋值S。例如，赋值$T(x)=0$, $T(y)=1$和$T(z)=1$满足E。可以这样把T扩展为S：由T得到所必需的$S(x)=0$, $S(y)=1$, $S(z)=1$，再加入$S(u)=1$和$S(v)=0$。读者可验证S满足F。

注意，在S的选择过程中，要求选择$S(u)=1$，原因在于，T只让E的第二部分 $\bar{x}(y+z)$ 为真。因此，需要$S(u)=1$来让子句 $(u+x)(u+\bar{y})$ 为真，这个子句来自E的第一部分。但是，可以为v选择任意值，因为在子表达式$y+z$中，根据T可知，逻辑或的两边都为真。 □

10.3.4 3SAT的NP完全性

现在，证明一个甚至更小也具有NP完全的可满足性问题的布尔表达式类。回忆一下，3SAT问题是：

- 给定一个布尔表达式E，E是子句之积，每个子句是三个不同文字之和，E是可满足的吗？ [456]

虽然3-CNF表达式是CNF表达式的一小部分，但是下一个定理说明，这些表达式足够复杂，使得其可满足性检验是NP完全的。

定理10.15 3SAT是NP完全的。

证明 显然3SAT属于$\mathcal{NP}$，因为SAT属于$\mathcal{NP}$。为了证明NP完全性，将把CSAT归约到3SAT。这个归约如下。给定布尔表达式$E=e_1\wedge e_2\wedge\cdots\wedge e_k$，替换每个子句$e_i$如下，以产生新的表达式$F$。构造$F$所花费的时间是$E$的长度的线性函数，将要看到：一个赋值满足$E$，当且仅当这个赋值能扩展为$F$的可满足赋值。

1. 如果e_i是单个文字，比如说(x)[⊖]，就引入两个新变元u和v。把(x)换成四个子句 $(x+u+v)$ $(x+u+\bar{v})$ $(x+\bar{u}+v)$ $(x+\bar{u}+\bar{v})$。因为u和v以所有组合方式出现，所以满足全部四个子句的唯一方法是让x为真。因此，所有E的可满足赋值并且只有E的可满足赋值才能扩展为F的可满足赋值。
2. 假设e_i是两个文字之和$(x+y)$。引入一个新变元z，把e_i换成两个子句之积 $(x+y+z)$ $(x+y+\bar{z})$。与情形1中一样，满足这两个子句的唯一方法是满足$(x+y)$。
3. 如果e_i是三个文字之和，e_i就已经具有3-CNF所需要的形式，所以在构造的表达式F中保留e_i。
4. 假设对于某个$m\geqslant 4$，$e_i=(x_i+x_2+\cdots+x_m)$。引入新的变元$y_1, y_2, \cdots, y_{m-3}$，并把$e_i$换成下列

⊖ 为了方便，将在讨论文字时假定文字都是非否定变元（如x）。但如果部分或全部变元是否定的（如$\bar{x}$），则这个构造同样好地起作用。

子句之积

$$(x_1+x_2+y_1)(x_3+\overline{y_1}+y_2)(x_4+\overline{y_2}+y_3)\cdots$$
$$(x_{m-2}+\overline{y_{m-4}}+y_{m-3})(x_{m-1}+x_m+\overline{y_{m-3}}) \quad (10\text{-}2)$$

满足E的赋值T一定让e_i的至少一个变元为真；比如说T让x_j为真（提醒一下，x_j可能是变元或否定变元）。因此，如果让y_1, y_2, …, y_{j-2}为真，并让y_{j-1}, y_j , …, y_{m-3}为假，则满足式(10-2)的全部子句。因此，可以扩展T满足这些子句。反之，如果T让所有x都为假，则不可能扩展 T 让式(10-2)为真。原因在于，存在着$m-2$个子句，而$m-3$个y中，每个y无论是真或是假，都只能让一个子句为真。

因此已经证明：如何把CSAT的每个实例E归约为3SAT的实例F，使得F是可满足的当且仅当E是可满足的。这个构造显然需要E的长度的线性时间，原因在于，上述四种情形都不把子句伸长到超过32/3倍（32/3是情形1中符号数的比值），并且在与F需要的符号数成比例的时间里就能轻而易举地计算出这些符号。因为CSAT是NP完全的，所以得出3-SAT同样是NP完全的。 □

457

10.3.5 习题

习题10.3.1 把下面的布尔表达式化为3-CNF：

* a) $xy+\bar{x}z$ 。

b) $wxyz+u+v$。

c) $wxy+\bar{x}uv$ 。

习题10.3.2 4TA-SAT问题定义如下：给定一个布尔表达式E，E是否至少有四个可满足赋值？证明4TA-SAT是NP完全的。

习题10.3.3 在本题中将定义一族3-CNF表达式。表达式E_n有n个变元$x_1, x_2, \cdots, x_n$。对于每一组在1和n之间的三个不同整数i，j和k，E_n 有子句 $(x_i+x_j+x_k)$ 和 $(\overline{x_i}+\overline{x_j}+\overline{x_k})$ 。对于下面的值，E_n是可满足的吗？

*! a) $n=4$？

!! b) $n=5$？

! **习题10.3.4** 给出解答2SAT问题的多项式时间算法，2SAT是每个子句只有两个文字的布尔表达式的可满足性问题。提示：如果子句的两个文字中有一个为假，则另一个文字被迫为真。首先假设一个变元的真值，然后对其余变元分析所有可能的后果。

10.4 其他的NP完全问题

现在将要给出一个小型的示范过程，通过这个过程，一个NP完全问题就导致证明其他问题也是NP完全的。这个发现新的NP完全问题的过程具有两种重要作用：

- 当发现一个问题是NP完全时，这就说明，几乎不可能设计出有效的算法来解答这个问题。鼓励寻找启发式、部分解、近似或其他方法，来避免正面攻克这个问题。而且，可以具有这样的信心：不是由于“缺少技巧”才这样做的。
- 每当把一个新的NP完全问题P加入这个表中，就再次强化了这个思想：所有 NP完全问题都需要指数时间。那些毫不迟疑地投入到寻找P的多项式时间算法的努力，无意中成了证明 $\mathcal{P} = \mathcal{NP}$ 的工作。许多有很高技巧的科学家和数学家在证明等价于 $\mathcal{P} = \mathcal{NP}$ 的某些命题上的不成功尝试越积越多，最终说服大家相信：不但 $\mathcal{P} = \mathcal{NP}$ 是非常不太可能的，而且更进一步，所有 NP完全问题都需要指数时间。 458

在本节，遇到几个与图有关的NP完全问题。这些问题属于图问题之列，在解答具有实际重要性的问题时是最常用的。本节将要讨论以前在10.1.4节遇到过的货郎问题（TSP）。本节还将证明这个问题的简化但同样重要的版本（称为哈密顿回路问题（HC））是NP完全的，从而证明更具一般性的TSP是NP完全的。将要介绍与图的“覆盖”有关的其他几个问题，比如“顶点覆盖问题”，这个问题要求在每条边至少有一端属于所选择集合的意义下，找出“覆盖”所有边的最小顶点集。

10.4.1 描述NP完全问题

在介绍新的NP完全问题时，将使用下列特殊样式的定义：

1. 问题的名称，通常是缩写，比如3SAT或TSP。
2. 问题的输入：表示什么，以及如何表示。
3. 所需要的输出：在什么情况下输出应当是“是”？
4. 建立归约所利用的问题，以证明所定义的问题是NP完全的。

例10.16 下面说明，对3SAT问题的描述及其NP完全性的证明，看起来可能是：

问题：3-CNF表达式的可满足性（3SAT）。

输入：具有3-CNF形式的布尔表达式。

输出：“是”当且仅当这个表达式是可满足的。

归约来自：CSAT。 □

10.4.2 独立集问题

设G是一个无向图。如果在G的顶点子集I中任何两点都没有G的边相连，则称I是*独立集*。如果一个独立集不小于（顶点数不少于）原图的任何独立集，则这个独立集就是*最大的*。⊖ 459

例10.17 在图10-1（参见10.1.2节）中，{1, 4}是最大独立集。这是规模为2的唯一的独立集，因为任何其他顶点对之间都有边。因此没有规模为3或更大的独立集；比如{1, 2, 4}不是独立集，因为在1和2之间有边。因此{1, 4}是最大独立集。在一般情况下，一个图可以有多个最大独立集，但是事实上，{1, 4}是这个图唯一的最大独立集。另一个例子是，{1}是这个图的独立集，但不是最大的。 □

在组合优化中，通常把最大独立集问题陈述为：给定一个图，求最大独立集。但在难解问题理论中，所有问题都需要用是/否的术语来陈述。因此需要在问题的陈述中引入下界，把问题

⊖ 原文maximal指“极大的”，据上下文应是maximum，指“最大的”。——译者注

陈述为：给定的图是否具有不小于这个下界的独立集。最大独立集问题的形式化定义是：

问题：独立集（IS）。

输入：图G和下界k，k必须在1到G的顶点数之间。

输出："是"当且仅当G具有k个顶点的独立集。

归约来自：3SAT。

正如承诺过的那样，必须用来自3SAT的多项式时间归约去证明IS是NP完全的。这个归约在下一个定理中。

定理10.18 独立集问题是NP完全的。

证明 首先，容易看出：IS属于$\mathcal{NP}$。给定图G和限度k，猜测k个顶点并验证这些顶点是独立的。

现在，证明如何完成从3SAT到IS的归约。设$E = (e_1)(e_2)\cdots(e_m)$是3-CNF表达式。从$E$构造出一个有$3m$个顶点的图$G$，将要把这些顶点命名为$[i, j]$，其中$1 \leqslant i \leqslant m$并且$j = 1, 2, 3$。顶点$[i, j]$表示子句$e_i$中的第$j$个文字。图10-8是图$G$的例子，这个图是基于下面的3-CNF表达式的：

$$(x_1 + x_2 + x_3)(\overline{x_1} + x_2 + x_4)(\overline{x_2} + x_3 + x_5)(\overline{x_3} + \overline{x_4} + \overline{x_5})$$

图中的列表示子句；稍后将解释为什么边是这样的。

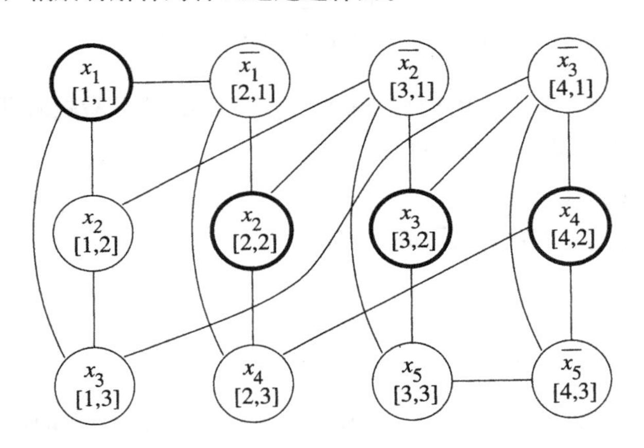

图10-8 从可满足的3-CNF布尔表达式来构造独立集

在G的构造背后的"技巧"是：利用边迫使m个顶点的任何独立集都表示满足表达式E的方式。有两个关键性的思想。

1. 希望确保只能选择一个对应于给定子句的顶点。通过在一列中所有顶点对之间都放上边，来做到这一点；即如图10-8所示，对于所有i，创造出边$([i, 1], [i, 2])$, $([i, 1], [i, 3])$, $([i, 2], [i, 3])$。

460

2. 必须防止为独立集选择表示补文字的那些顶点。因此，如果存在两个顶点$[i_1, j_1]$和$[i_2, j_2]$，使得其中一个表示变元x，另一个表示$\overline{x}$，那就在这两个顶点之间放上边。因此，不可能为同一个独立集选择这两个顶点。

对于根据这两条规则所构造的图G，限度k是m。

不难看出，如何在与E的长度成比例的时间内构造出图G和限度k，所以从E到G的转换是多项式时间归约。必须证明：这个变换把3SAT正确地归约到IS。也就是说：

• E是可满足的，当且仅当G有规模为m的独立集。

（当）首先，注意：独立集不可能包括来自同一个子句的两个顶点$[i, j_1]$和$[i, j_2]$，对于某个$j_1 \neq j_2$。原因在于，在图10-8的列中可以看到，在每对这样的顶点之间都有边。因此，如果存在规模为m的独立集，则这个独立集必须包括来自每个子句的恰好一个顶点。

而且，独立集不可能包括与变元x及其否定$\overline{x}$相对应的两个顶点。原因在于，所有这样的顶点对之间都有一条边。因此，规模为m的独立集I就产生E的一个可满足赋值如下：如果与变元x对应的顶点属于I，则让$T(x) = 1$；如果与否定变元$\overline{x}$对应的顶点属于I，则选择$T(x) = 0$。如果I中没有顶点对应于x或$\overline{x}$，则任意地选择$T(x)$。注意，上面列举的第(2)条解释了为什么不存在矛盾，即使I中的顶点既对应于x又对应于$\overline{x}$。

我们断言：T满足E。原因在于，E的每个子句都在I中有一个顶点，这个顶点对应于这个子句的一个文字，这样选择T，使得T让这个文字为真。因此，当规模为m的独立集存在时，E是可满足的。

（仅当）现在假设某个赋值（如T）让E可满足。T让E的每个子句都为真，所以能从每个子句找出一个在T下为真的文字。对于某些子句，可能有两三个文字可供选择，如果是这样，就从其中任选一个。选择与从每个子句选出的文字相对应的顶点，就构造出有m个顶点的集合I。

461

我们断言：I是独立集。来自相同子句的顶点（图10-8中的列）之间的边不可能两端都属于I，因为从每个子句只选择一个顶点。连接变元及其否定的边，不可能两端都属于I，因为只给I选择在赋值T下为真的文字所对应的顶点。当然，T将使x和$\overline{x}$其中一个为真，但绝不会两个都为真。结论是：如果E是可满足的，则G有规模为m的独立集。

因此，存在从3SAT到IS的多项式时间归约。已知3SAT是NP完全的，所以根据定理10.5，IS也是NP完全的。 □

例10.19 看看定理10.18的构造如何对下面的情形起作用，其中

$$E = (x_1 + x_2 + x_3)(\overline{x_1} + x_2 + x_4)(\overline{x_2} + x_3 + x_5)(\overline{x_3} + \overline{x_4} + \overline{x_5})$$

在图10-8中已经看到过从这个表达式得出的图。顶点处在与四个子句对应的四列中。对于每个顶点，不仅显示了这个顶点的名称（一对整数），而且显示了这个顶点对应的文字。注意，在一列中每对顶点之间如何连边，这些顶点对应着一个子句中的文字。在对应于变元及其否定的每对顶点之间也存在着边。例如，对应于$\overline{x_2}$的顶点[3, 1]与[1, 2]和[2, 2]这两个顶点之间有边，这两个顶点各自对应于x_2的一次出现。

已经用黑色轮廓选择了有四个顶点的集合I，每列选择一个顶点。这些顶点显然构成独立集。因为这些顶点的四个文字是x_1，x_2，x_3，$\overline{x_4}$，因此可以从这些顶点构造出赋值T，让$T(x_1) = 1, T(x_2) = 1, T(x_3) = 1, T(x_4) = 0$。虽然对于$x_5$也必须赋值，但是可以任意选择（比方说$T(x_5) = 0$）。现在$T$满足$E$，顶点集合$I$从每个子句中指明在$T$下为真的文字。 □

“是-否”问题更容易吗?

读者可能会担心，问题的“是-否”版本要易于优化版本。例如，可能难以求出最大独立集，但给定小的限度k可能易于验证存在规模为k的独立集。虽然这是真的，但同样为真的是：有可能给定的常数k恰好就是独立集存在的最大规模。如果是这样，则解答“是-否”版本就需要求出最大独立集。

事实上，所有普通NP完全问题的“是-否”版本与优化版本在复杂度上都是等价的，至少其差别是在多项式之内。在典型情况下（像在IS的情形中），假如有多项式时间算法求出最大独立集，则可以这样解答“是-否”问题：求出最大独立集，验证这个最大独立集是否至少不小于限度k。因为我们将要证明“是-否”版本是NP完全的，所以优化版本也一定是难解的。

换个方向也能进行比较。假设“是-否”问题IS有多项式时间算法。如果图有n个顶点，则最大独立集规模是在1到n之间。让IS跑遍在1与n之间的所有限度，就确实能在n倍于解答一遍IS所花费的时间内，求出最大独立集的规模（但不一定是最大独立集本身）。事实上，使用二分搜索，在运行时间上只需要$\log_2 n$倍数。

独立集有什么用途?

本书的目标不是详细讨论那些被证明为NP完全的问题的应用。但是，10.4节中的问题都选自R. Karp关于NP完全性的奠基性文章，在这篇文章中，Karp考察了来自运筹学领域的最重要的问题，并证明了其中许多问题都是NP完全的。因此，有充足的证据可用于说明，“真实”问题是利用这些抽象问题来解答的。

例如，可以使用求大独立集的好算法来安排期末考试。设图的顶点是课程，如果有至少一个学生同时学习两门课程，则在两个顶点之间连边，因此这两门课程的期末考试不能安排在同一时间。如果求出了最大独立集，就能安排这些课程同时进行期末考试，以确保将没有学生面临时间冲突。

10.4.3　顶点覆盖问题

462 ~ 463

另一类重要的组合优化问题都与图的“覆盖”有关。例如，*边覆盖*是边的一个集合，使得有向图中每个顶点都至少有一条有向边属于这个集合。如果一个边覆盖在原图的任意*边覆盖*中具有最少边数，则这个边覆盖集合是*最小的*。判定一个有向图是否具有k条边的边覆盖，这个问题是 NP 完全的，但在这里将不予证明。

本节将要证明*顶点覆盖*问题是NP完全的。图的顶点覆盖是使得每条边都至少有一个端点在这个集合中的顶点的一个集合。如果一个顶点覆盖在原图的任意顶点覆盖中具有最少顶点数，那么这个顶点覆盖就是*最小的*。

顶点覆盖与独立集有密切关系。事实上，独立集的补就是顶点覆盖；反之亦然。因此，如果适当地陈述顶点覆盖问题（NC）的“是－否”版本，则从IS出发的归约是非常简单的。

问题：顶点覆盖问题（NC）。

输入：图G和上界k，k必须是在从0到G的顶点数减一之间。

输出：“是”当且仅当G有不超过k个顶点的顶点覆盖。

归约来自：独立集。

定理10.20 顶点覆盖问题是NP完全的。

证明 显然NC属于$\mathcal{NP}$。猜测k个顶点的一个集合，验证G的每条边都至少有一个端点属于这个集合。

为了完成证明，将要把IS归约到NC。如图10-8所示，归约的思想是：独立集的补是顶点覆盖。例如，在图10-8中，无粗线轮廓的顶点的集合构成顶点覆盖。粗线轮廓顶点其实是最大独立集，所以其余顶点构成最小顶点覆盖。

归约如下。设G和下界k是独立集问题的一个实例。如果G有n个顶点，则把G和上界$n-k$作为造出的顶点覆盖问题实例。显然能在多项式时间内完成这个变换。断言：

- G有规模为k的独立集，当且仅当G有规模为$n-k$的顶点覆盖。

（当）设N是G的顶点集合，设C是规模为$n-k$的顶点覆盖。断言$N-C$是独立集。假设不是这样；即在$N-C$中存在顶点对v和w，在v和w之间有G中的边。于是v和w都不属于C，所以所谓的顶点覆盖C并不覆盖G中的(v, w)。用归谬法已经证明了$N-C$是独立集。显然这个集合有k个顶点，所以这个方向的证明已经完成。

（仅当）假设I是有k个顶点的独立集。断言：$N-I$是有$n-k$个顶点的顶点覆盖。同样用归谬法来进行证明。如果存在某条边(v, w)没有被$N-I$覆盖，则v和w都属于I，但v和w有边相连，这与独立集的定义相矛盾。 □ 464

10.4.4 有向哈密顿回路问题

想要证明货郎问题（TSP）是NP完全的，因为这个问题是组合学中最受关注的问题之一。这个问题的NP完全性的最著名证明其实是证明一个更简单的问题（即所谓“哈密顿回路问题”（HC））是NP完全的。哈密顿回路问题可描述如下：

问题：哈密顿回路问题。

输入：无向图G。

输出：“是”当且仅当G有哈密顿回路，即经过G每个顶点恰好一次的回路。

注意HC问题是TSP的特殊情形，在HC问题中边上所有权都是1。因此，从HC到TSP的多项式时间归约是非常简单的：仅仅给图中每条边的说明加上权1。

HC的NP完全性证明是非常困难的。本书的方法是介绍HC的更受限制的版本，其中边有方向（即边是有向边或箭弧），要求哈密顿回路沿正确方向经过箭弧。把3SAT归约到HC问题的这个有向版本上，然后把这个版本归约到HC的标准（或无向）版本上。

问题：有向哈密顿回路问题（DHC）。

输入：有向图G。

输出：“是”当且仅当G中存在有向回路经过G每个顶点恰好一次。

归约来自：3SAT。

定理10.21　有向哈密顿回路问题是NP完全的。

证明　证明DHC属于$\mathcal{NP}$，这是容易的；猜测回路并验证所需要的箭弧都在图中出现。必须把3SAT归约到DHC，这个归约需要构造复杂的图，用“小配件”（或专用子图）来表示3SAT实例中每个文字和每个子句。

为了开始从一个3-CNF布尔表达式构造一个DHC实例，设表达式是$E = e_1 \wedge e_2 \wedge \cdots \wedge e_k$，其中每个$e_i$都是子句，即三个文字之和，例如$e_i = (\alpha_{i1} + \alpha_{i2} + \alpha_{i3})$。设$x_1, x_2, \cdots, x_n$是$E$的变元。如图10-9所示，为每个子句和每个变元都构造出一个“小配件”。

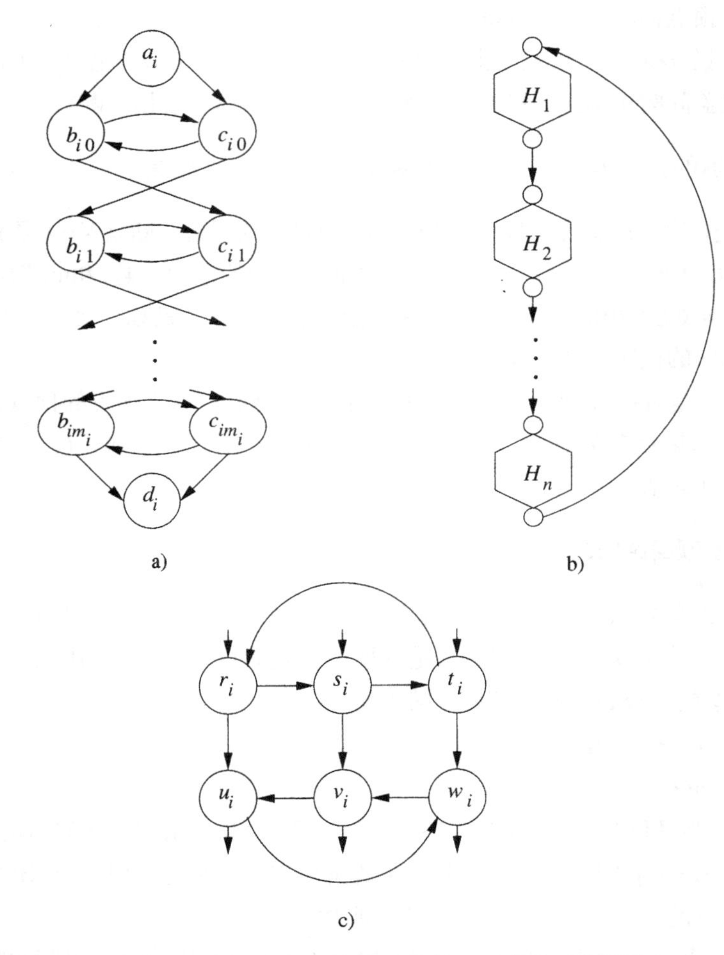

图10-9　在哈密顿回路问题是NP完全的证明中使用的构造

465
~
466

对于每个变元x_i，构造具有如图10-9a所示结构的子图H_i。这里，m_i是在E中x_i出现次数与$\overline{x_i}$出现次数之中较大者。在两列顶点b和c中，在b_{ij}和c_{ij}之间，在两个方向上都有箭弧。而且每个b都有到其下方c的箭弧；即只要$j < m_i$，就有从b_{ij}到$c_{i,j+1}$的箭弧。同样，对于$j < m_i$，从c_{ij}到$b_{i,j+1}$

有箭弧。最后，还有上端顶点a_i，a_i到b_{i0}和c_{i0}都有箭弧，以及下端脚顶点d_i，从b_{im_i}和c_{im_i}到d_i都有箭弧。

图10-9b勾画了整个图的结构。每个六边形表示一个对应于变元的小配件，这个小配件具有图10-9a的结构。一个小配件的下端顶点有到下一个小配件的上端顶点的箭弧，这些箭弧组成回路。

假设图10-9b的图具有有向哈密顿回路。还可假设回路从a_1开始。如果这条回路下一步到达b_{10}，则断言这条回路必须接着到达c_{10}，因为假如不是这样，则c_{10}永远不会在回路中出现。在证明中注意，如果这条回路从a_1到b_{10}到c_{11}，则c_{10}的两个前驱（即a_1和b_{10}）都已经在回路上了，所以这条回路永远不能包括c_{10}。

因此，如果这条回路从a_1, b_{10}开始，则这条回路必须沿着“梯子”继续向下，在两边来回交替，成为

$$a_1,\ b_{10},\ c_{10},\ b_{11},\ c_{11},\ \cdots,\ b_{1m_1},\ c_{1m_1},\ d_1$$

如果这条回路从a_1, c_{10}开始，则按照在同一层上c在b前面的顺序，沿着“梯子”向下，成为

$$a_1,\ c_{10},\ b_{10},\ c_{11},\ b_{11},\ \cdots,\ c_{1m_1},\ b_{1m_1},\ d_1$$

这个证明中的关键之处在于：可以认为第一种顺序，即从c到下一层的b，仿佛让这个小配件对应的变元为真，而从b到下一层c的顺序，对应于让这个变元为假。

在遍历了小配件H_1之后，这条回路必须到达a_2，在这里有另一次选择：下一步到达b_{20}或c_{20}。但对于H_1曾论证过，一旦做出从a_2向左还是向右的选择，则经过H_2的路径就固定了。在一般情况下，如果不打算让某个顶点不可达，即这个顶点不可能在有向哈密顿回路中出现，因为其所有前驱都已经出现了，那么当进入H_i时，就不得不选择向左还是向右，而别无其他选择。

在接下来的讨论中，可以认为：做出从a_i到b_{i0}的选择，就是让变元x_i为真，而选择从a_i到c_{i0}，就等于让变元x_i为假，这样做是有帮助的。因此，图10-9b恰好有2^n个有向哈密顿回路，对应着n个变元的2^n种赋值。

但是，图10-9b只是为3-CNF表达式E而产生的图的轮廓。如图10-9c所示，对于每个子句e_j引入另一个子图I_j。小配件I_j具有性质：如果回路从r_j进入I_j，则这条回路一定从u_j离开；如果回路从s_j进入，则一定从v_j离开；如果回路从t_j进入，则一定从w_j离开。证明如下。如果回路进入I_j后，无论怎样在I_j内穿行，但是不从进入I_j时那个顶点下方的顶点离开，则一个或多个顶点是不可达的，即这些顶点永远不出现在回路上。由于对称性，可以只考虑r_j是I_j在回路上的第一个顶点的情形。有三种情形：

467

1. 在回路上，接下来两个顶点是s_j和t_j。如果回路接着到达w_j并离开I_j，则v_j是不可达的。如果回路接着到达w_j和v_j并离开I_j，则u_j是不可达的。因此，回路一定在遍历了小配件的六个顶点之后从u_j离开I_j。
2. 在r_j之后，接下来两个顶点是s_j和v_j。如果回路不接着到达u_j，则u_j成为不可达的。如果在u_j之后，回路接着到达w_j，则t_j永远不能出现在回路上。其论证是不可达性论证的“逆”。现在，能从外面到达t_j，但如果回路在以后包含t_j，则接下来将没有顶点可以为继，因为t_j的两个后继顶点都已经出现在回路上了。因此，在这种情形下，回路也从u_j离开I_j。但是注意，剩下t_j和w_j还没有经过；这两个顶点将在以后出现在回路上，这是可能的。

3. 回路从r_j直接到达u_j。如果回路接着到达w_j，则t_j永远不能出现在回路上，因为在情形(2)中曾论证过，t_j的两个后继顶点都已经出现在回路上了。因此，在这种情形下，回路一定直接从u_j离开I_j，剩下其余四个顶点在以后加入回路上。

为了完成构造表达式E的图G，把I_j连接到H_j如下：假设在子句e_j中第一个文字是非否定变元x_j。对于在0到m_i-1范围内的p，挑选某个顶点c_{ip}，c_{ip}还没有用于连接到一个I小配件的目的。引入从c_{ip}到r_j和从u_j到$b_{i,p+1}$的箭弧。如果子句e_j的第一个文字是否定变元$\overline{x_i}$，则找出一个没有用过的b_{ip}。把b_{ip}连接到r_j并把u_j连接到$c_{i,p+1}$。

对于e_j的第二个和第三个文字，把同样的东西加入图中，但有一点例外。对于第二个文字，使用顶点s_j和v_j，对于第三个文字，使用顶点t_j和w_j。因此，每个I_j到H小配件有三个连接，分别表示子句e_j中涉及的三个文字。如果文字是非否定的，则这样的连接来自一个c顶点并返回下面的b顶点，如果文字是否定的，则这个连接来自一个b顶点并返回下面的c顶点。断言：

• 如此构造的图G具有有向哈密顿回路，当且仅当表达式E是可满足的。

（当）假设存在E的可满足赋值T。构造有向哈密顿回路如下：

1. 首先根据赋值T构造只遍历H（即图10-9b中的图）的路径。也就是说，如果$T(x_i)=1$，则回路从a_i到b_{i0}，如果$T(x_i)=0$，则回路从a_i到c_{i0}。
2. 但是，如果迄今为止所构造的回路经过从b_{ip}到$c_{i,p+1}$的箭弧，且b_{ip}发出另一条箭弧通向还没有包含在回路中的I_j，则在回路中引入“绕道”，这条绕道把I_j的六个顶点都包含在回路中，返回$c_{i,p+1}$。虽然箭弧$b_{ip}\rightarrow c_{i,p+1}$将不再在回路上，但是这条箭弧的端点都还在回路上。
3. 同样，如果回路有从c_{ip}到$b_{i,p+1}$的箭弧，且c_{ip}发出另一条箭弧通向还没有合并在回路中的I_j，则修改回路，“绕道”经过I_j的六个顶点。

468

T满足E这个事实确保了步骤(1)所构造的原始路径将包含至少一条箭弧，这条箭弧在步骤(2)或步骤(3)中允许对于每个子句e_j包含I_j。因此，所有I_j都包含在回路中，这条回路成为有向哈密顿回路。

（仅当）现在，假设图G具有有向哈密顿回路。必须证明E是可满足的。首先，从迄今为止所做的分析中回忆两个要点：

1. 如果哈密顿回路从r_j, s_j或t_j进入某个I_j，则这条回路一定相应地从u_j, v_j或w_j离开I_j。
2. 因此，如果认为哈密顿回路穿过了H小配件的回路（如图10-9b所示），则可以认为，该路线到某个I_j的行程似乎是沿着与箭弧$b_{ip}\rightarrow c_{i,p+1}$或$c_{ip}\rightarrow b_{i,p+1}$之一“平行”的箭弧的回路。

如果忽略了到I_j的行程，则哈密顿回路一定只使用H_i可能有的2^n个回路中的一个。这些选择每个都对应于对E变元的赋值。如果这些选择中的一个产生包含I_j的哈密顿回路，则这个赋值一定满足E。

原因在于，如果回路从a_i到b_{i0}，那么若第j个子句把x_i作为其三个变元之一，则回路只能走到I_j。如果回路从a_i到c_{i0}，那么若第j个子句把$\overline{x_i}$作为其三个变元之一，则回路只能走到I_j。因此，可以包含所有I_j小配件，这个事实蕴涵着，赋值让每个子句的三个文字中至少一个为真；即E是可满足的。□

例10.22　基于3-CNF表达式$E=(x_1+x_2+x_3)(\overline{x_1}+\overline{x_2}+x_3)$来给出定理10.21的构造的非常简单的例子。构造的图如图10-10所示。虽然连接H类型小配件和I类型小配件的箭弧用虚线表示，以改进可读性，但是在虚线箭弧与实线箭弧之间没有其他区别。

例如，在左上方看到x_1的小配件。因为x_1一次否定出现，一次肯定出现，“梯子”只需要一步，所以有两行b和c。在左下方看到x_3的小配件，x_3两次肯定出现，没有否定出现。因此，需要两个不同的箭弧$c_{3p}\rightarrow b_{3,p+1}$，可以用这两个箭弧连上$I_1$和$I_2$的小配件，来表示在这些子句中使用$x_3$。这就是为什么$x_3$的小配件需要三个$b-c$行。

469

考虑小配件I_2，这个小配件对应于子句$(\overline{x_1}+\overline{x_2}+x_3)$。对于第一个文字$\overline{x_1}$，把$b_{10}$连到$r_2$并把$u_2$连到$c_{11}$。对于第二个文字$\overline{x_2}$，同样连接$b_{20}$, s_2, v_2, c_{21}。第三个文字（是肯定的）连到下面的c和b；即把c_{31}连到t_2并把w_2连到b_{32}。

若干个可满足赋值中的一个是$x_1=1$, $x_2=0$, $x_3=0$。对于这个赋值，第一个子句被其第一个文字x_1所满足，而第二个子句被其第二个文字$\overline{x_2}$所满足。对于这个赋值，能设计出让箭弧$a_1\rightarrow b_{10}$, $a_2\rightarrow c_{20}$, $a_3\rightarrow c_{30}$都在上面出现的哈密顿回路。这个回路从H_1绕到I_1，以覆盖第一个子句；即这个绕道使用箭弧$c_{10}\rightarrow r_1$，行遍历I_1的所有顶点，返回b_{11}。从H_2到I_2的绕道覆盖第二个子句，从箭弧$b_{20}\rightarrow s_2$开始，行遍历I_2的所有顶点，返回c_{21}。在图10-10中，整个哈密顿回路用粗线（实线或虚线）和非常大的箭头来表示。□

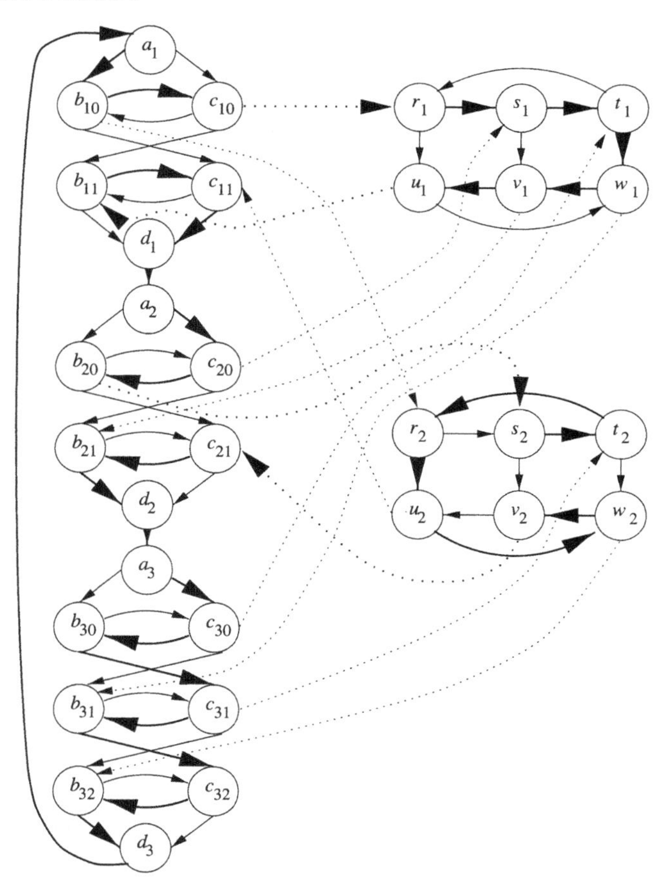

图10-10　哈密顿回路构造的例子

10.4.5 无向哈密顿回路与TSP

证明无向哈密顿回路问题和货郎问题也是NP完全的，是相当容易的。在10.1.4节已经看到TSP属于$\mathcal{NP}$。HC是TSP的特殊情形，所以HC也属于$\mathcal{NP}$。必须完成从DHC到HC和从HC到TSP的归约。

问题：无向哈密顿回路问题。

输入：无向图G。

输出："是"当且仅当G有哈密顿回路。

归约来自：DHC。

定理10.23　HC是NP完全的。

证明　把DHC归约到HC如下。假设给定有向图G_d。所构造的无向图将称为G_u。对于G_d的每一个顶点v，在G_u中存在着三个顶点$v^{(0)}, v^{(1)}, v^{(2)}$。$G_u$的边是：

1. 对于G_d的所有顶点v，在G_u中存在着边$(v^{(0)}, v^{(1)})$和$(v^{(1)}, v^{(2)})$。
2. 如果在G_d中有箭弧$v\to w$，则在G_u中有边$(v^{(2)}, w^{(0)})$。

470～471

图10-11提示边的模式，包括对应于箭弧$v\to w$的边。

显然，从G_d到G_u的构造能在多项式时间内完成。必须证明：

- G_u有哈密顿回路，当且仅当G_d有有向哈密顿回路。

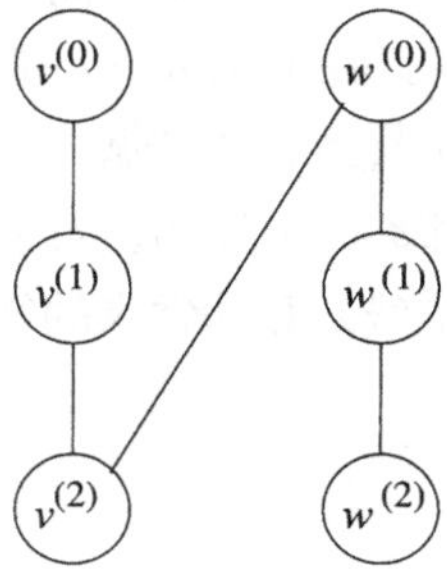

图10-11　把G_d中的箭弧换成G_u中从阶2到阶0的边

（当）假设$v_1, v_2, \cdots, v_n, v_1$是有向哈密顿回路。于是肯定

$$v_1^{(0)}, v_1^{(1)}, v_1^{(2)}, v_2^{(0)}, v_2^{(1)}, v_2^{(2)}, v_3^{(0)}, \cdots, v_n^{(0)}, v_n^{(1)}, v_n^{(2)}, v_1^{(0)}$$

是G_u中的无向哈密顿回路。也就是说，沿每列向下，然后跳到下一列顶上，就模拟G_d的一条箭弧。

（仅当）注意，G_u的每个顶点$v^{(1)}$只有两条边，因此若$v^{(1)}$在哈密顿回路中出现，则一定把$v^{(0)}$和$v^{(2)}$其中一个作为直接前驱，另一个作为直接后继。因此G_u的哈密顿回路的顶点的上标，一定在模式0, 1, 2, 0, 1, 2, …或相反的模式2, 1, 0, 2, 1, 0, …之间变化。因为这些模式对应着沿两个不同方向来遍历回路，所以也可以假设模式是0, 1, 2, 0, 1, 2, …。因此，如果考虑回路中从上标为2的顶点到上标为0的顶点之间的边，则可以知道，这些边是G_d中的箭弧，并且回路沿着箭弧所指的方向经过每一条边。因此，G_u中的无向哈密顿回路就产生G_d中的有向哈密顿回路。　□

问题：货郎问题。

输入：边带整数权的无向图G，限度k。

输出："是"当且仅当G有哈密顿回路，使得回路上边的总权不超过k。

归约来自：HC

472

定理10.24　货郎问题是NP完全的。

证明　来自HC的归约如下。给定图G，构造带权图G'，其顶点和边与G的相同，每条边权为1，限度k等于G的顶点数n。于是，G'有长度为n的哈密顿回路当且仅当G有哈密顿回路。　□

10.4.6 NP完全问题小结

图10-12标明了在本章中完成的所有归约。注意，已经揭示了从所有具体问题（比如TSP）到SAT的归约。在这之前，在定理10.19中，已经把每一个多项式时间非确定型图灵机都归约到SAT。没有明确地指出，这些图灵机中至少包括一个解答TSP的、一个解答IS的等等。因此，所有NP完全问题彼此之间都有多项式时间归约，实际上，都是同一个问题的不同“面孔”。

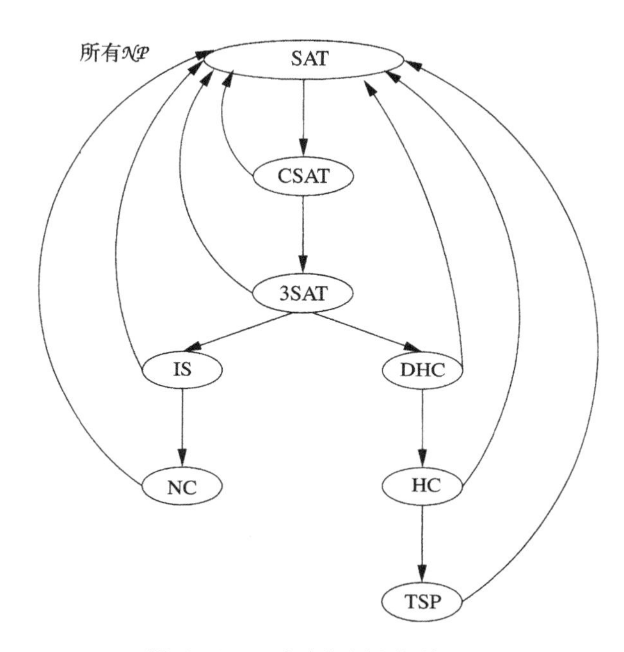

图10-12 NP完全问题之间的归约

10.4.7 习题

*** 习题10.4.1** 一个图G的k团是G的k个顶点的集合，使得这个集合中每对顶点之间都有边。因此，2团就是用边连接的2个顶点，3团就是三角形。CLIQUE问题是：给定一个图G和常数k，G有没有k团？

473

a) 对于图10-1中的图G，满足CLIQUE的最大k是多少？

b) 作为k的函数，一个k团有多少条边？

c) 通过把顶点覆盖问题归约到CLIQUE来证明：CLIQUE是NP完全的。

***! 习题10.4.2** *着色问题*是：给定一个图G和一个整数k，G是否“k可着色”；也就是说，能否给G的每个顶点分配k种颜色中的一种，使得每一条边的两个端点都有不同颜色？例如，图10-1的图是3可着色的，因为能给顶点1和4分配红色，给顶点2绿色，给顶点3蓝色。一般说来，如果一个图有k团，则这个图不能低于k可着色，但是可能需要远远超过k种颜色。

在本习题中，将给出部分构造来证明着色问题是NP完全的；剩余的构造必须由读者补上。归约来自3SAT。假设有个带n个变元的3CNF表达式。归约把这个表达式转换为图，图的一部分如图10-13所示。在左方看到$n+1$个顶点c_0, c_1, …, c_n构成$(n+1)$团。因此，必须用不同的颜色来给这些顶点中的每一个着色。将把分配给c_j的颜色当作“颜色c_j”。

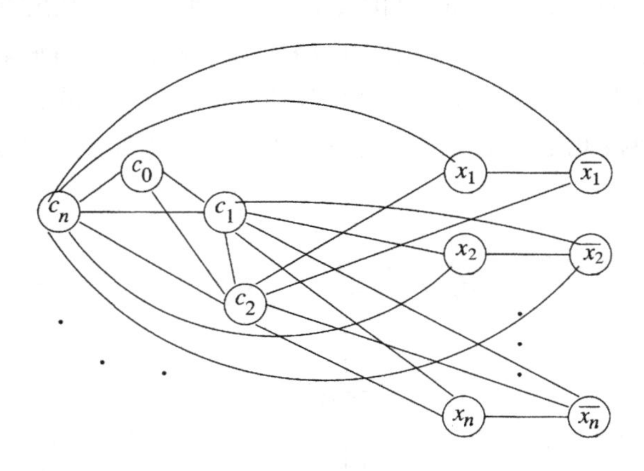

图10-13 证明着色问题是NP完全的部分构造

而且，对于每个变元x_i，都存在两个顶点，可以被分别认为是x_i和$\overline{x_i}$。这两个顶点用边连接，所以不能同色。而且，对于除0和i之外的所有j，每个x_i顶点都连接到c_j。结果就是，在x_i和中$\overline{x_i}$，必须一个着色c_0，另一个着色c_i。把着色c_0的一个当作真，另一个当作假。因此，选择的着色就对应于赋值。

474

为了完成构造，读者需要设计对应于表达式每个子句的那部分图。应当是：有可能只用c_0到c_n的颜色来完成这个图的着色，当且仅当所选择颜色对应的赋值使得每个子句都为真。因此，所构造的图是$(n+1)$可着色的，当且仅当给定的表达式是可满足的。

! 习题10.4.3 在关于一个图的NP完全的提问变成非常难以用手工来解答之前，这个图其实不必很大。考虑图10-14中的图。

* a) 这个图有哈密顿回路吗？

b) 最大独立集是什么？

c) 最小顶点覆盖是什么？

d) 最小边覆盖（参见习题10.4.4 b)）是什么？

e) 这个图是2可着色的吗？

习题10.4.4 证明下列问题是NP完全的：

a) 子图同构问题：给定图G_1和G_2，G_1是否包含G_2作为子图？也就是说，当适当选择从G_2顶点到G_1子图顶点之间的对应关系时，能否找到G_1顶点的一个子集以及这些顶点之间的G_1边，来一起构成G_2的一个精确的副本？提示：考虑来自习题10.4.1的团问题的归约。

475

! b) 反馈边问题：给定一个有向图G和一个整数k，G有没有k条有向边的集合，使得G的每个回路都至少有一条有向边属于这个集合？

! c) 整数线性规划问题：给定形如$\sum_{i=1}^{n} a_i x_i \leqslant c$或$\sum_{i=1}^{n} a_i x_i \geqslant c$的线性约束条件的集合，其中$a$和$c$都是整数常数，$x_1$, x_2, …, x_n都是变元，是否存在对于每个变元的整数赋值，使得所有约束条件都为真？

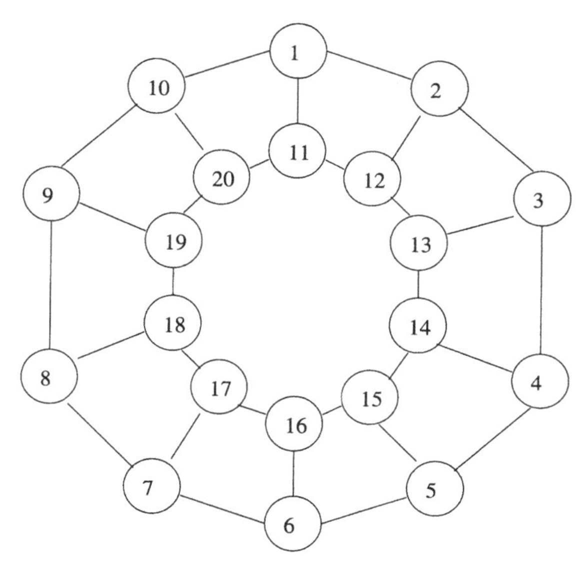

图10-14 一个图

! d) *支配集问题*：给定一个图G和一个整数k，G有没有k个顶点的子集S，使得G的每个顶点都属于S或与S中顶点相邻？

e) *消防站问题*：给定一个图G，一个距离d，以及一个“消防站数”预算f，能否选择G的f个顶点，使得G每个顶点都与某个消防站距离（必须经过的边数）不超过d？

***! f)** *半团问题*：给定一个带n个顶点的图G，G有没有由G的恰好一半顶点组成的团（参见习题10.4.1）？*提示*：把CLIQUE归约到半团问题。必须想出如何加入顶点来调节最大团的规模。

!! g) *单位执行时间调度问题*：给定k个“作业”$T_1, T_2, \cdots, T_k$，一个“处理器”数p，一个“时间限度”t，以及作业对之间形如$T_i < T_j$的“优先性约束条件”，有没有作业的一个调度，使得：

1. 每个作业都分配到1与t之间的一个时间单位；
2. 任何一个时间单位都至多分配到p个作业；并且
3. 服从优先性约束条件；也就是说，如果$T_i < T_j$是约束条件，则把T_i分配到比T_j早的时间单位？

!! h) *恰当覆盖问题*：给定一个集合S和S的子集族$S_1, S_2, \cdots, S_n$，是否存在一个集族$T \subseteq \{S_1, S_2, \cdots, S_n\}$，使得$S$的每个元素都恰好属于$T$的一个成员？

!! i) *背包问题*：给定k个整数的一个列表$i_1, i_2, \cdots, i_k$，能否将这些整数分成总和相等的两个集合？*注意*：这个问题表面上属于$\mathcal{P}$，因为可能假设整数本身都较小。的确，如果整数的值都限制为整数个数k的某个多项式，则存在多项式时间算法。但是，在总长度为n，用二进制表示的k个整数的列表中，有些整数的值可能几乎是n的指数。

476

习题10.4.5 一个图G的*哈密顿通路*是全部顶点$n_1, n_2, \cdots, n_k$的一个排列，使得对于所有$i = 1, 2, \cdots, k-1$，从n_i到n_{i+1}有边。有向图的*有向哈密顿通路*是同样定义的；但必须从n_i到n_{i+1}有箭弧。

注意，哈密顿通路的要求只稍弱于哈密顿回路的条件。如果还要求从n_k到n_1有边或箭弧，则这恰好就是哈密顿回路的条件。（有向）哈密顿通路问题是：给定（有向）图，这个图是否至少有一条（有向）哈密顿通路？

* a) 证明：有向哈密顿通路问题是NP完全的。*提示*：完成来自HDC的归约。选择任意一个顶点，将这个顶点分成两个顶点，使得这两个顶点一定是有向哈密顿通路的端点，并且存在这样的通路当且仅当原图具有有向哈密顿回路。

b) 证明：（无向）哈密顿通路问题是NP完全的。*提示*：改造定理10.23的归约。

*! c) 证明下面的问题是NP完全的：给定一个图G和一个整数k，G有没有叶顶点数不超过k的生成树？*提示*：完成来自哈密顿通路问题的归约。

! d) 证明下面的问题是NP完全的：给定一个图G和一个整数d，G有没有顶点度数都不超过d的生成树？（顶点n在生成树中的*度数*是树中以n为端点的边数。）

10.5 小结

- *$\mathcal{P}$类和$\mathcal{NP}$类*：$\mathcal{P}$由所有在某个多项式时间（作为输入长度的函数）内运行的图灵机所接受的语言或问题组成。$\mathcal{NP}$是沿着任何非确定型选择序列花费的时间都具有多项式时间界限的非确定型图灵机所接受的语言或问题的类。
- *$\mathcal{P}=\mathcal{NP}$问题*：虽然人们强烈地怀疑，存在着属于$\mathcal{NP}$但不属于$\mathcal{P}$的语言，但是还不知道，$\mathcal{P}$和$\mathcal{NP}$到底是不是相同的语言类。
- *多项式时间归约*：如果在多项式时间内，可以把一个问题的实例变换成具有相同答案（是或否）的第二个问题的实例，则说第一个问题多项式时间归约到第二个问题。
- *NP完全问题*：如果一个语言属于$\mathcal{NP}$，并且存在着从每个$\mathcal{NP}$语言到这个语言的多项式时间归约，则这个语言是NP完全的。人们坚信没有NP完全问题属于$\mathcal{P}$，至今没有人发现几千个已知NP完全问题中任何一个问题的多项式时间算法，这些事实共同加强了NP完全问题都不属于$\mathcal{P}$的证据。

477

- *NP完全的可满足性问题*：通过在多项式时间内，把所有$\mathcal{NP}$问题都归约到SAT问题，库克定理证明了第一个NP完全问题（布尔表达式是否可满足）。即使表达式限于由各自只含三个文字的子句的乘积组成（3SAT问题），这个问题仍然是NP完全的。
- *其他NP完全问题*：存在着大量已知的NP完全问题；利用从某个先前知道的NP完全问题发出的多项式时间归约，来证明其中每个问题都是NP完全的。本书给出了证明以下NP完全问题的归约：独立集，顶点覆盖，哈密顿回路问题的有向或无向版本，货郎问题。

478

10.6 参考文献

把NP完全性作为不能在多项式时间内解答问题的证据，这个概念以及SAT、CSAT和3SAT都是NP完全的证明等都来源于库克[3]。公认卡普紧随其后的论文[6]具有同等的重要性，因为这篇论文证明了，NP完全性不但不是孤立的现象，而且是适用于非常多的困难的组合问题，运筹学和其他学科的专家们多年来一直在研究这些问题。10.4节所证明的每个NP完全问题都来源于这篇论文：独立集，顶点覆盖，哈密顿回路，货郎问题。而且，在这篇论文中能找到对习题中提到的下列问题的解答：团，边覆盖，背包问题，着色，恰当覆盖。

关于哪些问题是NP完全的，以及哪些特殊情形是多项式时间的，Garey和Johnson的书[4]总结了大量的已知事实。在[5]中是关于在多项式时间内求NP完全问题近似解的文章。

应当指出对于NP完全性理论的其他几项贡献。研究用图灵机运行时间定义的语言类开始于Hartmanis和Stearns[8]。Cobham[2]从带有具体多项式（比如$O(n^2)$）运行时间的算法中，首次提炼出$\mathcal{P}$类的概念。列文[7]独立但稍晚地发现了NP完全性思想。

整数线性规划的NP完全性（习题10.4.4(c)）出现在[1]中和J. Gathen和M. Sieveking的未经发表的笔记中。单位执行时间调度的NP完全性（习题10.4.4(g)）来源于[9]。

1. I. Borosh and L. B. Treybig, "Bounds on positive integral solutions of linear Diophantine equations," *Proceedings of the AMS* **55** (1976), pp. 299–304.

2. A. Cobham, "The intrinsic computational difficulty of functions," *Proc. 1964 Congress for Logic, Mathematics, and the Philosophy of Science*, North Holland, Amsterdam, pp. 24–30.

3. S. C. Cook, "The complexity of theorem-proving procedures," *Third ACM Symposium on Theory of Computing* (1971), ACM, New York, pp. 151–158.

4. M. R. Garey and D. S. Johnson, *Computers and Intractability: a Guide to the Theory of NP-Completeness*, H. Freeman, New York, 1979.

5. D. S. Hochbaum (ed.), *Approximation Algorithms for NP-Hard Problems*, PWS Publishing Co., 1996.

6. R. M. Karp, "Reducibility among combinatorial problems," in *Complexity of Computer Computations* (R. E. Miller, ed.) , Plenum Press, New York, pp. 85–104, 1972.

7. L. A. Levin, "Universal sorting problems," *Problemi Peredachi Informatsii* **9**:3 (1973), pp. 115 –116.

8. J. Hartmanis and R. E. Stearns, "On the computational complexity of algorithms," *Transactions of the AMS* **117** (1965), pp. 285–306.

9. J. D. Ullman, "NP-complete scheduling problems," *J. Computer and System Sciences* **10**:3 (1975), pp. 384–393.

479
≀
482

第11章

Introduction to Automata Theory, Languages, and Computation, Third Edition

其他问题类

难解问题并不仅限于 $\mathcal{NP}$ 。有许多其他的问题类也是难解的，或者由于其他一些原因而使人感兴趣。例如 $\mathcal{P}=\mathcal{NP}$ 问题，有许多关于这些类的问题还没有解决。

首先看与 $\mathcal{P}$ 和 $\mathcal{NP}$ 关系密切的一个类：$\mathcal{NP}$ 语言的补的类，通常称之为 $\mathcal{NP}$ 补（co-$\mathcal{NP}$）[⊖]。如果 $\mathcal{P}=\mathcal{NP}$ ，则 co-$\mathcal{NP}$ 等于二者，因为 $\mathcal{P}$ 对于补运算是封闭的。但是co-$\mathcal{NP}$ 可能与这两者都不同，事实上 $\mathcal{NP}$ 完全问题可能都不属于co-$\mathcal{NP}$ 。

然后考虑 $\mathcal{PS}$ 类，这是所有使用输入长度的多项式长度的带的图灵机所能解决的问题。允许这些图灵机使用指数长度的时间，但只能使用限制长度的带。与多项式时间的情形不同，可以证明当限制到多项式空间时，非确定性并不增强图灵机的能力。尽管 $\mathcal{PS}$ 显然包含整个 $\mathcal{NP}$，但不知道 $\mathcal{PS}$ 是否等于 $\mathcal{NP}$，也不知道 $\mathcal{PS}$ 是否等于 $\mathcal{P}$。不过估计这两个等式都不成立，可以给出一个是 $\mathcal{PS}$ 完全的但似乎不属于 $\mathcal{NP}$ 的问题。

然后转向随机算法以及介于 $\mathcal{P}$ 与 $\mathcal{NP}$ 之间的两个语言类。一个类是由“随机多项式”语言组成的 $\mathcal{RP}$ 类。这些语言都有一种在多项式时间内运行的利用“抛硬币”或者（在实践中）随机数发生器的算法。这种算法要么证实输入是否属于语言，要么说“不知道”。而且，如果输入属于语言，则算法以大于0的概率报告成功，所以重复运行这种算法就将以趋于1的概率来证实输入的成员性。

第二个类被称为 $\mathcal{ZPP}$（零错误概率多项式），也与随机化有关。但是这类语言的算法要么说“是”（输入属于语言），要么说“否”（输入不属于语言）。这种算法的期望运行时间是多项式的。但是这种算法的有些运行却可能要花费超过任何多项式界限所允许的时间。

为了把这些概念联系在一起，考虑素数性测试的重要问题。现今的许多密码系统都建立在下面这两个条件之上：

1. 快速发现大素数的能力（为了允许以防止外人窃听的方式在机器之间通信）。
2. 一项假设：如果以二进制整数的长度n的函数来度量时间，那么整数因子分解需要指数时间。

长久以来，素数测试的复杂性一直是一个开放性问题。一方面，正如我们所看到的，素数测试既属于 $\mathcal{NP}$ 又属于co-$\mathcal{NP}$，因此它似乎不是 NP 完全的。然而迄今为止这个问题仍然没有多项式时间的算法。但是，有一个精致的实用的随机算法，因此我们下结论说素数性测试问题是属于 $\mathcal{RP}$ 的。最近，一个确定的、多项式时间的素数测试问题的算法的发现解决了这种模棱两可的局面。我们将仅给出随机的算法，这种算法在实践中效果很好且易于实现，这正是密码系统的重要的输入要求，而素数测试问题又是密码测试系统的重要组成部分。

⊖ 在下文中为了在公式中便于表述，多用co-$\mathcal{NP}$ 表示 $\mathcal{NP}$ 补。——编者注

11.1 $\mathcal{NP}$ 中的语言的补

$\mathcal{P}$ 语言类对于补封闭（参见习题10.1.6）。这可以简单证明如下。设L属于 $\mathcal{P}$，设M是接受L的图灵机。修改M以接受 $\overline{L}$ 如下：引入新的接受状态q，每当M在非接受状态下停机时，新的TM就转移到状态q；让M以前的接受状态都变成非接受状态。经过修改的图灵机接受 $\overline{L}$，而且与M的运行时间一样，有可能多一步移动。因此，若L属于 $\mathcal{P}$，则 $\overline{L}$ 也属于 $\mathcal{P}$。

不知道 $\mathcal{NP}$ 是否对于补封闭。似乎不封闭，特别是估计当语言L是NP完全的时候，L的补不属于 $\mathcal{NP}$。

11.1.1 $\mathcal{NP}$ 补语言类

$\mathcal{NP}$ 补（co-$\mathcal{NP}$）是那些其补属于 $\mathcal{NP}$ 的语言的集合。在11.1节开头曾注意到每个 $\mathcal{P}$ 中语言的补还属于 $\mathcal{P}$，因此属于 $\mathcal{NP}$。另一方面，相信没有NP完全问题的补属于 $\mathcal{NP}$，因此NP完全问题都不属于co-$\mathcal{NP}$。与之类似，相信NP完全问题的补（依照定义属于co-$\mathcal{NP}$）都不属于 $\mathcal{NP}$。图11-1给出我们相信的 $\mathcal{P}$、$\mathcal{NP}$ 以及co-$\mathcal{NP}$ 类的相关联的方式。不过应当记住，一旦证明 $\mathcal{P}$ 等于 $\mathcal{NP}$，所有这三个类其实就是同一个类。

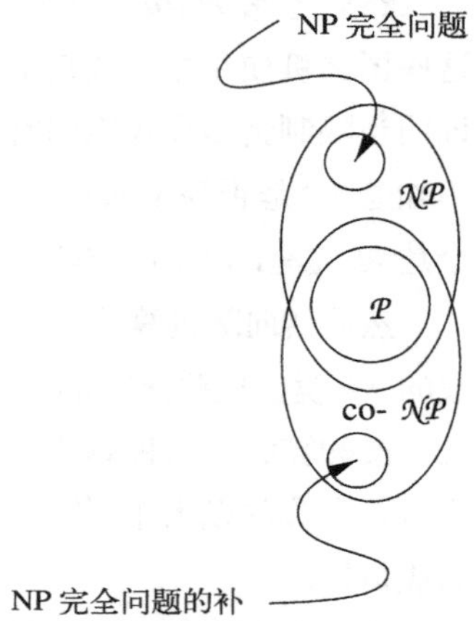

484

NP 完全问题

$\mathcal{NP}$

$\mathcal{P}$

co- $\mathcal{NP}$

NP 完全问题的补

图11-1 猜测的co- $\mathcal{NP}$ 与其他语言类之间的关系

例11.1 考虑SAT语言的补，这个补肯定属于co-$\mathcal{NP}$。称这个补为USAT（不可满足的）。USAT中的串包括所有表示不可满足的布尔表达式的串。USAT中的串也包括不表示有效布尔表达式的串，因为的确这些串都不属于SAT。我们相信USAT不属于 $\mathcal{NP}$，却没有证明。

另外一个例子被怀疑属于co-$\mathcal{NP}$ 而不属于 $\mathcal{NP}$ 的问题是TAUT，这个问题是所有那些是*重言式*（即对于每种赋值都为真）的（编码过的）布尔表达式的集合。注意，表达式E是重言式，当且仅当$\neg E$是不可满足的。因此，TAUT和USAT有这样的关系：只要布尔表达式E属于TAUT，则$\neg E$就属于USAT；反之亦然。但是USAT也包含不表示有效表达式的串，而TAUT中所有的串都是有效表达式。 □

11.1.2 NP 完全问题与 $\mathcal{NP}$ 补

假设$\mathcal{P} \neq \mathcal{NP}$。关于 $\mathcal{NP}$ 补（co-$\mathcal{NP}$）的情况仍然有可能不是恰好如图11-1所示，因为可能 $\mathcal{NP}$ 等于co-$\mathcal{NP}$ 而大于$\mathcal{P}$。也就是说，读者也许会发现：与USAT和TAUT类似的问题可以在非确定型多项式时间内解决（即这些问题属于 $\mathcal{NP}$），却不能在确定型多项式时间内解决。但是，我们甚至连一个补属于 $\mathcal{NP}$ 的 NP 完全问题都还没有发现，这个事实是 $\mathcal{NP} \neq$ co-$\mathcal{NP}$ 的强有力证据，正如在下一个定理中所证明的那样。

485

定理11.2 $\mathcal{NP}=$ co-$\mathcal{NP}$，当且仅当某个 $\mathcal{NP}$ 完全问题的补属于 $\mathcal{NP}$。

证明 （仅当）假设 $\mathcal{NP}$ 和co-$\mathcal{NP}$ 是相等的，则每个 NP 完全问题L（属于 $\mathcal{NP}$）都肯定属于co-$\mathcal{NP}$。co-$\mathcal{NP}$ 问题的补属于 $\mathcal{NP}$，所以L的补属于 $\mathcal{NP}$。

（当）假设P是NP完全问题，P的补$\overline{P}$属于$\mathcal{NP}$。则对于每个$\mathcal{NP}$中的语言L，都存在从L到P的多项式时间归约。这个归约也是从$\overline{L}$到$\overline{P}$的多项式时间归约。下面通过证明互相包含来证明$\mathcal{NP}=\text{co-}\mathcal{NP}$。

$\mathcal{NP}\subseteq\text{co-}\mathcal{NP}$：假设$L$属于$\mathcal{NP}$。则$\overline{L}$属于co-$\mathcal{NP}$。把从$\overline{L}$到$\overline{P}$的多项式时间归约与假设的$\overline{P}$的非确定型多项式时间算法结合起来，就产生$\overline{L}$的非确定型多项式时间算法。对于$\mathcal{NP}$中任意的$L$，$\overline{L}$也属于$\mathcal{NP}$。因此作为$\mathcal{NP}$中的语言的补，$L$属于co-$\mathcal{NP}$。这个事实说明$\mathcal{NP}\subseteq\text{co-}\mathcal{NP}$。

$\text{co-}\mathcal{NP}\subseteq\mathcal{NP}$：假设$L$属于co-$\mathcal{NP}$。则存在从$\overline{L}$到$P$的多项式时间归约，因为$P$是$\mathcal{NP}$完全的而且$\overline{L}$属于$\mathcal{NP}$。这个归约也是从$L$到$\overline{P}$的归约。由于$\overline{P}$属于$\mathcal{NP}$，把这个归约与$\overline{P}$的非确定型多项式时间算法结合起来，就证明$L$属于$\mathcal{NP}$。 □

11.1.3 习题

！习题11.1.1 下面是一些问题。辨别每个问题是否属于$\mathcal{NP}$以及是否属于co-$\mathcal{NP}$。描述每个问题的补。如果问题或问题的补是NP完全的，还要进行证明。

* a) TRUE-SAT问题：给定布尔表达式E，当全部变元都为真时E为真，是否存在变元不都为真的某个其他赋值使E为真？
  - b) FALSE-SAT问题：给定布尔表达式E，当全部变元都为假时E为假，是否存在变元不都为假的某个其他赋值使E为假？
  - c) DOUBLE-SAT问题：给定布尔表达式E，是否至少存在两个赋值使E为真？
  - d) NEAR-TAUT问题：给定布尔表达式E，是否至多存在一个赋值使E为假？

***！习题11.1.2** 假设存在函数f，它是从n位整数到n位整数的双射函数，使得： 486

1. $f(x)$可以在多项式时间内计算。
2. $f^{-1}(x)$不能在多项式时间内计算。

证明：由使得

$$f^{-1}(x)<y$$

这样的整数对(x, y)组成的语言应当属于$(\mathcal{NP}\cap\text{co-}\mathcal{NP})-\mathcal{P}$。

11.2 在多项式空间内可解决的问题

现在看这样一个问题类，这个类包含全部$\mathcal{NP}$，而且似乎包含更多的东西，虽然还不能确定就是这样。这个类是这样定义的：允许图灵机使用输入规模的多项式大小的空间，却不限制使用多少时间。起初将要区分带多项式空间限制的确定型图灵机与非确定型图灵机所接受的语言，但是很快将要看到这两个语言类是同一个类。

对于多项式空间存在着完全问题P，这意味着这个类中的所有问题都在多项式时间内归约到P。因此，如果P属于$\mathcal{P}$或$\mathcal{NP}$，那么带多项式空间限制的图灵机所接受的所有语言就相应地属于$\mathcal{P}$或$\mathcal{NP}$。我们将要提供一个这种问题的例子：“带量词的布尔公式”。

11.2.1 多项式空间图灵机

带多项式空间限制的图灵机如图11-2所示。存在着某个多项式$p(n)$，使得当给定长度为n的输入w时，这台图灵机从不访问超过$p(n)$个带单元。根据定理8.12，可以假设：带是半无穷的，并且图灵机在输入开始处从不向左移。

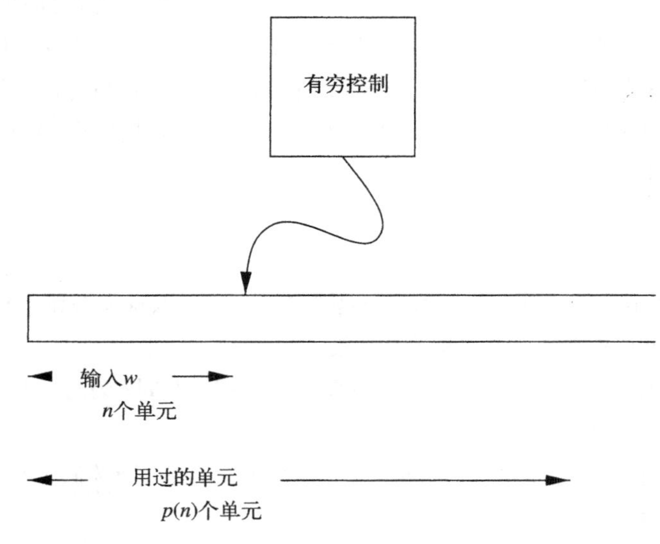

图11-2 使用多项式空间的图灵机

定义$\mathcal{PS}$（多项式空间）语言类包含且仅包含这样的语言，这些语言都是带多项式空间限制的确定型图灵机M所接受的语言$L(M)$。同样定义$\mathcal{NPS}$（非确定型多项式空间）类由下面这样的语言组成，这些语言是非确定型的带多项式空间限制的图灵机M所接受的语言$L(M)$。显然$\mathcal{PS} \subseteq \mathcal{NPS}$，因为从技术上说，每一台确定型图灵机也是非确定型的。但是，本节将要证明令人惊讶的结果：$\mathcal{PS} = \mathcal{NPS}$。[⊖]

487

11.2.2 $\mathcal{PS}$和$\mathcal{NPS}$与前面定义的类的关系

首先$\mathcal{P} \subseteq \mathcal{PS}$和$\mathcal{NP} \subseteq \mathcal{NPS}$的关系应当是显然的。原因在于，如果图灵机只移动多项式步数，那它就不会使用超过多项式个单元；具体地说，它不能访问超过了移动步数加一的单元数。一旦证明了$\mathcal{PS} = \mathcal{NPS}$，将要看到事实上这三个类形成包含链：$\mathcal{P} \subseteq \mathcal{NP} \subseteq \mathcal{PS}$。

带多项式空间限制的图灵机的一个基本性质是：这些图灵机在必须重复某个ID之前只能移动指数步数。我们需要这个事实来证明关于$\mathcal{PS}$的其他有趣事实，而且证明$\mathcal{PS}$只包含递归语言（即具有算法的语言）。注意，在$\mathcal{PS}$或$\mathcal{NPS}$的定义中，没有任何地方要求图灵机停机。图灵机可能死循环，而不离开带上一段多项式大小的区域。

定理11.3 如果M是带多项式空间限制的图灵机（确定型或非确定型），$p(n)$是多项式空间限

⊖ 在关于本专题的其他著作里也许会看到把这个类写成PSPACE。不管怎样，本书选择采用$\mathcal{PS}$记号来表示在确定型（或非确定型）多项式空间内解决的问题类，因为一旦证明$\mathcal{PS} = \mathcal{NPS}$的等价性，本书将放弃使用$\mathcal{NPS}$。

制，那么存在常数c，使得若M接受长度为n的输入w，则M就在$c^{1+p(n)}$步移动之内接受。

证明 基本思想是：M在移动超过$c^{1+p(n)}$步之前，必须重复某个ID。如果M重复某个ID然后接受，那就必定存在更短的导致接受的ID序列。也就是说，如果$\alpha \overset{*}{\vdash} \beta \overset{*}{\vdash} \beta \overset{*}{\vdash} \gamma$，其中$\alpha$是初始ID，$\beta$是重复ID，$\gamma$是接受ID，那么$\alpha \overset{*}{\vdash} \beta \overset{*}{\vdash} \gamma$就是更短的导致接受的ID序列。

c必定存在的证明利用了这样的事实：如果限制图灵机使用的空间，那么就限制了ID数。具体地说，设t是M的带符号数，设s是M的状态数。当M只使用$p(n)$个带单元时，不同ID的个数至多是$sp(n)t^{p(n)}$。也就是说，可以从s种状态中任选一种，把带头放到$p(n)$个带位置中任意一处，使用$t^{p(n)}$种带符号序列中任意一种来填充$p(n)$个单元。 488

选择$c = s + t$。考虑$(t + s)^{1+p(n)}$的二项式展开，即

$$t^{1+p(n)} + (1 + p(n))st^{p(n)} + \cdots$$

注意，第二项至少不小于$sp(n)t^{p(n)}$，这证明$c^{1+p(n)}$至少等于M的可能ID的数目。完成证明还要注意：如果M接受长度为n的w，那么M就通过无重复ID的移动序列来这样做。因此M通过长度不超过不同ID的个数（即$c^{1+p(n)}$）的移动序列来接受。 □

可以利用定理11.3来把带多项式空间限制的任何图灵机转换成等价的至多移动指数步就停机的图灵机。要点在于，由于知道图灵机在指数移动步数之内接受，所以可以计数图灵机已经移动了多少步，如果图灵机移动了足够步数还不接受，那么就促使图灵机停机。

定理11.4 如果语言L属于$\mathcal{PS}$（对应非确定型图灵机为$\mathcal{NPS}$），那么带多项式空间限制的确定型（对应$\mathcal{NPS}$为非确定型）图灵机接受L，并且对于某个多项式$q(n)$和常数$c > 1$，这台图灵机至多移动$c^{q(n)}$步之后停机。

证明 这里将对确定型图灵机证明这个命题；同样的证明适用于非确定型图灵机。已知带多项式空间限制$p(n)$的图灵机M_1接受L。根据定理11.3，如果M_1接受w，那么M_1在至多$c^{1+p(|w|)}$步之内接受。

设计有两条带的新图灵机M_2。在第一条带上M_2模拟M_1，在第二条带上M_2以c进制计数直到$c^{1+p(|w|)}$为止。如果M_2到达这个计数，那么M_2就停机不接受。因此M_2在第二条带上使用$1 + p(|w|)$个单元。假设了M_1使用不超过$p(|w|)$个带单元，所以M_2在第一条带上也使用不超过$p(|w|)$个单元。

如果把M_2转换成单带图灵机M_3，就能确信在长度为n的任何输入上M_3使用不超过$1 + p(n)$个带单元。虽然M_3可能使用M_2运行时间的平方时间，但这个时间不超过$O(c^{2p(n)})$。[⊖] 因为对于某个常数d，M_3移动不超过$dc^{2p(n)}$步，所以可选择$q(n) = 2p(n) + \log_c d$。于是M_3移动至多$c^{q(n)}$步。因为M_2必定停机，所以M_3必定停机。因为M_1接受L，所以M_2和M_3也接受L。因此M_3满足定理的命题。 □ 489

11.2.3 确定型多项式空间与非确定型多项式空间

因为在$\mathcal{P}$与$\mathcal{NP}$之间的比较显得如此困难，所以在$\mathcal{PS}$与$\mathcal{NPS}$之间的同样比较却轻而易举

⊖ 事实上，从定理8.10得出的一般规律并不是可以做出的最强断言。因为任何带都仅仅使用$1+p(n)$个单元，所以在多带合一的构造中，被模拟的各个带头相距至多$1+p(n)$个单元。因此多带图灵机M_2的$c^{1+p(n)}$步移动可以在$O(p(n)c^{p(n)})$步之内被模拟，这个步数小于上面断言的$O(c^{2p(n)})$步。

(这两个类是同一个语言类)，这就令人惊讶了。这个证明涉及用带多项式空间限制$O(p^2(n))$的确定型图灵机来模拟带多项式空间限制$(p(n))$的非确定型图灵机。

证明的核心是一个确定型的递归测试：非确定型图灵机N能否在至多m步之内从IDI移动到IDJ。一台确定型图灵机D系统地试验所有的中间IDK，以便验证I能否在$m/2$步移动内变成K，以及K能否在$m/2$步移动内变成J。也就是说，想象存在一个递归函数*reach*(I, J, m)，这个函数判定是否至多经过m步移动就有$I \vdash^* J$。

把D的带当作堆栈，在其中存放*reach*的递归调用参数。也就是说，D把$[I, J, m]$保存在一个栈帧中。*reach*执行的算法的框架如图11-3所示。

```
BOOLEAN FUNCTION reach(I, J, m)
 ID: I, J; INT: m;
 BEGIN
  IF (m = = 1) THEN /*基础*/ BEGIN
   测试是否I = = J或I可在一步移动后变成J;
   RETURN 若是，则 TRUE，若否，则FALSE;
  END;
  ELSE /*归纳部分*/ BEGIN
   FOR 每个可能的ID K DO
     IF ( reach(I, K, m/2) AND reach(K, J, m/2) ) THEN
       RETURN TRUE;
   RETURN FALSE;
  END;
 END;
```

图11-3　递归函数*reach*测试一个ID是否在指定移动步数之内变成另外一个ID

重要的是注意：虽然*reach*有两次自我调用，但这些调用是依次进行的，因此一次只有一个调用是活动的。也就是说，如果开始时有栈帧$[I_1, J_1, m]$，那么在任何时刻就只有一个调用$[I_2, J_2, m/2]$，一个调用$[I_3, J_3, m/4]$，另一个调用$[I_4, J_4, m/8]$，依此类推，直到某个时刻第三个参数变成1为止。在那个时刻，*reach*可以应用基础步骤而不再需要递归调用。基础步骤测试是否$I = J$或$I \vdash J$，如果其中有一项成立，就返回TRUE，如果两者都不成立，就返回FALSE。图11-4提示当给定初始移动计数m而且*reach*的活动调用尽量多时，确定型图灵机D的堆栈看起来是什么样子。

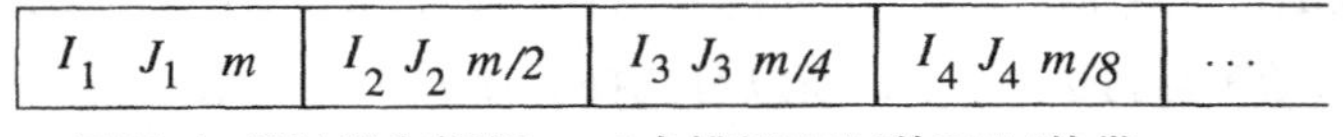

I_1 J_1 m	I_2 J_2 $m/2$	I_3 J_3 $m/4$	I_4 J_4 $m/8$	...

图11-4　通过递归调用*reach*来模拟NTM的DTM的带

490

虽然似乎有可能多次调用*reach*，图11-4中的带可能变得很长，但是将要证明不可能变得"太长"。也就是说，如果从移动计数m开始，那么任何时刻在带上就只有$\log_2 m$个栈帧。由于定理11.4保证NTM N不能移动超过$c^{p(n)}$步，所以开始时m不必比这个值更大。因此栈帧数至多是$\log_2 c^{p(n)}$，即$O(p(n))$。现在就有了下述定理证明背后的要点。

定理11.5　（萨维奇定理）$\mathcal{PS} = \mathcal{NPS}$。

证明　显然$\mathcal{PS} \subseteq \mathcal{NPS}$，因为从技术上来说，每台确定型图灵机也是非确定型图灵机。因此

只需证明 $\mathcal{NPS} \subseteq \mathcal{PS}$；也就是说，如果对于某个多项式$p(n)$，带空间限制$p(n)$的非确定型图灵机$N$接受$L$，那么对于另外某个多项式$q(n)$，带空间限制$q(n)$的确定型图灵机$D$接受$L$。事实上，下面将要证明可以选择$q(n)$为具有$p(n)$平方的阶。

首先根据定理11.3可以假设：如果N接受，那么对于某个常数c，N在$c^{1+p(n)}$步之内接受。给定长度为n的输入w，D反复地把三元组$[I_0, J, m]$保存到带上，并且以这些参数调用*reach*来发现N对输入w做什么，其中：

1. I_0是N在输入w上的初始ID。
2. J是使用至多$p(n)$个带单元的任何接受ID；使用一条草稿带，D系统地枚举出不同的J。
3. $m = c^{1+p(n)}$。

上面证明过同一时刻不会有超过$\log_2 m$个递归调用，即第三个参数为m、$m/2$、$m/4$等一直降到1为止的那些调用。因此，在堆栈中只有不超过$\log_2 m$个栈帧，这个值是$O(p(n))$。

而且这些栈帧自身占用$O(p(n))$空间。原因是写下两个ID中的每一个只需$1 + p(n)$个单元，如果用二进制写m，那就只需$\log_2 c^{1+p(n)}$个单元，即$O(p(n))$。因此整个栈帧由两个ID和一个整数组成，占用$O(p(n))$空间。

由于D至多有$O(p(n))$个栈帧，所以使用的总空间量是$O(p^2(n))$。如果$p(n)$是多项式，那么这个空间量也是多项式，所以就证明带多项式空间限制的确定型图灵机接受L。 □

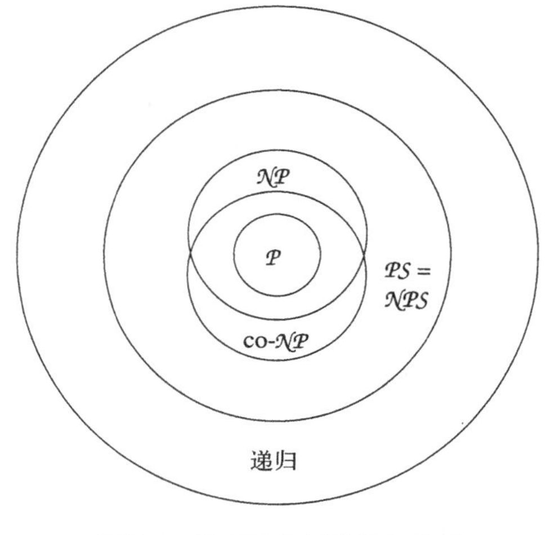

图11-5 语言类之间的已知关系

总结一下，关于复杂性类的知识可以推广到包含多项式空间类。完整的示意图如图11-5所示。

491

11.3 对 $\mathcal{PS}$ 完全的问题

本节将要介绍一个所谓“带量词的布尔公式”的问题，并证明这个问题对 $\mathcal{PS}$ 是完全的。

11.3.1 PS完全性

如果：

1. P属于 $\mathcal{PS}$。
2. 所有 $\mathcal{PS}$ 中的语言L都能在多项式时间内归约到P。

则定义问题P对 $\mathcal{PS}$ *是完全的*（PS完全的）。注意，虽然正在考虑多项式空间而非时间，但 PS 完全性的要求却类似于 NP 完全性的要求：归约必须在多项式时间内完成。原因在于需要知道：如果证明某个 PS 完全问题属于$\mathcal{P}$，那么$\mathcal{P} = \mathcal{PS}$，并且如果某个 PS 完全问题属于 $\mathcal{NP}$，那么 $\mathcal{NP} = \mathcal{PS}$。假如只要求归约属于多项式空间，那么输出规模就可能是输入规模的指数，因此将不能证明下列定理。但是，由于只限于讨论多项式时间归约，所以就得出了所需要的关系式。

定理11.6 假设P是 PS 完全问题。那么：

a) 若P属于$\mathcal{P}$，则$\mathcal{P}=\mathcal{PS}$。

492

b) 若P属于$\mathcal{NP}$，则$\mathcal{NP}=\mathcal{PS}$。

证明　证明a)。对于$\mathcal{PS}$中的任意L，已知存在从L到P的多项式时间归约。设这个归约花费时间$q(n)$。并且假设P属于$\mathcal{P}$，因此P有多项式时间算法；不妨设这个算法在$p(n)$时间内运行。

给定串w，希望测试w是否属于L，可以利用归约把w转换成串x，x属于P当且仅当w属于L。因为这个归约花费时间$q(|w|)$，所以串x不能比$q(|w|)$更长。可以在$p(|x|)$时间内测试出x是否属于P，这个时间是$p(q(|w|))$，这是$|w|$的多项式。结论是存在L的多项式时间算法。

因此$\mathcal{PS}$中的每一个语言都属于$\mathcal{P}$。由于$\mathcal{P}$属于$\mathcal{PS}$的包含关系是显然的，所以就证明了：如果P属于$\mathcal{P}$，那么$\mathcal{P}=\mathcal{PS}$。(b)的证明是非常类似的，其中P属于$\mathcal{NP}$，把这个证明留给读者。□

11.3.2　带量词的布尔公式

将要展示一个对$\mathcal{PS}$完全的问题P。但是首先需要学习一些术语，利用这些术语来定义这个所谓“带量词的布尔公式”（或QBF）的问题。

大致说来，带量词的布尔公式就是增加了$\forall$（“所有”）和$\exists$（“存在”）运算符的布尔表达式。表达式$(\forall x)(E)$的意思是：当把E中的x的所有出现都换成1（真）时E为真；并且当把x的所有出现都换成0（假）时E也为真。表达式$(\exists x)(E)$的意思是：要么把x的所有出现都换成1（真）时E为真；要么把x的所有出现都换成0（假）时E为真；要么在两种情况下E都为真。

为了简化描述，将要假设：QBF都不包含同一个变元x的两次以上量化（$\forall$或$\exists$）。这个限制不是根本性的，只大致相当于不允许一个程序中的两个不同函数使用同样的局部变量[⊖]。形式上，定义带量词的布尔公式如下：

1. 0（假）、1（真）和任何变元都是QBF。
2. 如果E和F都是QBF，那么(E)、$\neg(E)$、$(E)\wedge(F)$、$(E)\vee(F)$都是QBF，分别表示带括号的E、E的否定、E和F的AND、E和F的OR等。根据通常的优先级规则（NOT，然后AND，然后OR（最低））可以删除多余的括号。还将倾向于使用“算术”风格来表示AND和OR，其中把AND表示成并置（无运算符），把OR表示成+。也就是说，常常用$(E)(F)$代替$(E)\wedge(F)$，用$(E)+(F)$代替$(E)\vee(F)$。

493

3. 如果F是不含有变元x的量化的QBF，那么$(\forall x)(E)$和$(\exists x)(E)$都是QBF。并且说x的辖域是E。直观说来，x只在E中有定义，这非常像是程序中变量的作用域就是声明这个变量的函数。如果没有歧义，就可以删除环绕E的括号（而不是环绕量词的括号）。不管怎样，为了避免括号过分嵌套，将把连续的量词——比如

$$(\forall x)((\exists y)((\forall z)\ (E)))$$

写成只有一对括号环绕E，即$(\forall x)(\exists y)(\forall z)(E)$，而不是让其中每一个量词都有一对括号环绕着$E$。

例11.7　这里是QBF的一个例子：

⊖ 在程序内或在带量词的布尔公式内在两处不同地方使用了同一个变量名，总是可以重新命名其中一个。对于程序来说，没有理由去避免使用同一个局部名，但是在QBF里将会发现，假设没有重用，这样能带来便利。

$$(\forall x)((\exists y)(xy) + (\forall z)(\neg x + z)) \tag{11-1}$$

首先把变元x和y用AND连接起来，然后应用量词$(\exists y)$来构成子表达式$(\exists y)(xy)$。类似地，构造布尔表达式$\neg x + z$，应用量词$(\forall z)$来构成子表达式$(\forall z)(\neg x + z)$。然后用OR把这两个表达式组合起来；不需要括号，因为+（OR）的优先级最低。最后把$(\forall x)$量词应用到这个表达式上，产生上面所说的QBF。 □

11.3.3 带量词的布尔公式的求值

还没有形式化地定义什么是QBF的意义。但是，如果把∀读作“所有”，把∃读作“存在”，就可以获得直观的想法。上面的QBF断言：对于所有的x（即$x = 0$或$x = 1$），要么存在y使得x和y都为真，要么对于所有的z，$\neg x + z$为真。这个命题碰巧为真。为了弄清原因，注意，如果$x = 1$，就可选择$y = 1$来让xy为真。如果$x = 0$，则对于z的两种值，$\neg x + z$都为真。

如果变元x属于x的某个量词的辖域，就说x的使用是*约束的*。否则，x的出现是*自由的*。

例11.8　在式(11-1)的QBF中，变元的每次使用都是约束的，因为都属于该变元的量词的辖域。比如，变元y在$(\exists y)(xy)$中量化，辖域是表达式xy。因此y在那里的出现就是约束的。在xy中x的使用是约束的，量词$(\forall x)$的辖域是整个表达式。 □

不带自由变元的QBF的值，或者是0，或者是1（即分别为真或假）。对表达式长度n进行归纳，就可以计算出这样的QBF的值。

基础：如果表达式长度为1，就只能是常数0或1，因为任何变元都是自由的。这个表达式的值就是表达式本身。

494

归纳：假设给定一个表达式，这个表达式没有自由变元，长度$n > 1$，并且对于长度更短的任何表达式都可以求值，只要这些表达式没有自由变元。这样的QBF可以具有六种可能的形式：

1. 表达式形如(E)。于是E的长度为$n-2$，可以求出E的值，这个值或为0或为1。(E)的值是同样的。
2. 表达式形如$\neg E$。于是E的长度为$n-1$，可以求出E的值。若$E = 1$，则$\neg E = 0$；反之亦然。
3. 表达式形如EF。于是E和F的长度都小于n，因而都可以求值。如果E和F的值都为1，那么EF值为1；如果两者中有一个是0，那么$EF = 0$。
4. 表达式形如$E + F$。于是E和F的长度都小于n，因而都可以求值。如果E和F其中一个的值为1，那么$E + F$的值为1；如果两个都为0，那么$E + F = 0$。
5. 如果表达式形如$(\forall x)(E)$，那么就先把x的所有出现都换成0来得出表达式E_0，再把x的每次出现都换成1来得出表达式E_1。注意E_0和E_1都：
   (a) 没有自由变元，原因在于E_0或E_1中自由变元的任何一次出现都不可能是x，因此假如E_0或E_1有某个自由变元的话，那么这个变元在E中也是自由的。
   (b) 长度为$n-6$，因此长度小于n。
   对E_0和E_1求值。如果两个值都为1，那么$(\forall x)(E)$的值为1；否则$(\forall x)(E)$的值为0。注意，这条规则是如何反映了对$(\forall x)$所做的“对于所有的x”的解释。
6. 如果这个表达式形如$(\exists x)(E)$，那么就照(5)中那样进行，构造E_0和E_1并对其求值。如果E_0

或E_1中至少有一个值为1，那么$(\exists x)(E)$的值为1；否则$(\exists x)(E)$的值为0。注意，这条规则反映了对$(\exists x)$所做的“存在x”的解释。

例11.9　对式(11-1)中的QBF求值。这个QBF形如$(\forall x)(E)$，所以必须先对E_0求值，E_0是：

$$(\exists y)(0y) + (\forall z)(\neg 0 + z) \tag{11-2}$$

这个表达式的值依赖于用OR连接的两个表达式的值：$(\exists y)(0y)$和$(\forall z)(\neg 0 + z)$；如果这两个表达式其中一个值为1，那么E_0的值为1。为了对$(\exists y)(0y)$求值，必须在子表达式$0y$中代入$y = 0$和$y = 1$，并验证其中至少在一种情况下值为0。但是$0 \wedge 0$和$0 \wedge 1$都值为0，所以$(\exists y)(0y)$ 值为0。[⊖]

495

幸运的是，$(\exists z)(\neg 0 + z)$的值为1，把$z = 0$和$z = 1$分别代入就可以看出来。由于$\neg 0 = 1$，所以必须求值的两个表达式就是$1 \vee 0$和$1 \vee 1$。由于这两者的值都为1，所以知道$(\forall z)(\neg 0 + z)$的值为1。现在结论是E_0（就是式(11-2)）的值为1。

还必须验证E_1的值也为1，E_1是通过在式(11-1)中把$x = 1$代入而得到的：

$$(\exists y)(1y) + (\forall z)(\neg 1 + z) \tag{11-3}$$

表达式$(\exists y)(1y)$的值为1，可以通过把$y = 1$代入来看出来。因此E_1（即式(11-3)）的值为1。结论是整个表达式（即式(11-1)）的值为1。 □

11.3.4　QBF问题的 PS 完全性

现在可以定义*带量词的布尔公式问题*：给定一个无自由变元的QBF，其值是否为1？将要把这个问题称为QBF，同时继续用QBF作为“带量词的布尔公式”的缩写。上下文将允许避免混乱。

下面将要证明QBF问题对于 $\mathcal{PS}$ 是完全的。这个证明组合了定理10.9和定理11.5的思想。从定理10.9中借用这样的想法：用逻辑变元来表示图灵机的计算，每个变元说明在某个时刻某个单元是否具有某个值。但是，如果正在处理的是多项式时间，就像在定理10.9中那样，那么就只涉及多项式个变元。因此就能够在多项式时间内生成一个表达式，这个表达式说TM接受其输入。当处理多项式空间限界时，计算中的ID数量可能是输入规模的指数大小，所以就不能在多项式时间内写出布尔表达式来说明计算是正确的。幸运的是，给出了一种表达能力更强的语言来表达要说的内容，量词的使用使得可以写出多项式长度的QBF，这个QBF说带多项式空间限制的图灵机接受输入。

从定理11.5中借用“递归加倍”的想法，来表达一个ID可以经过许多步移动变成另外一个ID这样的想法。也就是说，为了说ID I在m步移动之内变成ID J，就说存在某个ID K，使得I在$m/2$步内变成K并且K在另外$m/2$步内变成J。带量词的布尔表达式的语言允许用多项式长度的表达式来说这些事情，即使m是输入长度的指数。

496

在给出每一个 $\mathcal{PS}$ 中的语言都多项式时间归约到QBF的证明之前，还需要证明QBF属于 $\mathcal{PS}$。即使是 PS 完全性证明中的这个部分也需要费些脑筋，所以将其分离出来作为单独的定理。

⊖　注意对AND和OR的记号的灵活使用，原因在于，不能对由0和1组成的表达式使用并置和+，否则就使得表达式看起来像是多位数或算术加法。希望读者能够接受用两种记号来代表同样的逻辑运算符。

定理11.10 QBF属于$\mathcal{PS}$。

证明 在11.3.3节中讨论过对QBF F求值的递归过程。这里可以利用一个堆栈来实现这个算法，可以把堆栈保存在图灵机的带上，就像是在定理11.5的证明中做过的那样。假设F的长度为n。于是为F创造一个长度为$O(n)$的记录，这个记录包括F本身以及关于正在处理F的哪一个子表达式的记录的空间。在F可能具有的六种形式中举两个例子，将清楚解释这个求值过程。

1. 假设$F = F_1 + F_2$。于是做下列事情：
   (a) 把F_1自身的记录放到F的记录右方的记录中。
   (b) 递归地对F_1求值。
   (c) 如果F_1的值为1，就返回值1作为F的值。
   (d) 但是如果F_1的值为0，就把F_1的记录换成F_2的记录并且递归地对F_2求值。
   (e) 把F_2返回的任何值都作为F的值返回。
2. 假设$F = (\exists x)(E)$。于是做下列事情：
   (a) 通过把x的每个出现都代入0来创造表达式E_0，并且在F的记录右方放上E_0本身的记录。
   (b) 递归地对E_0求值。
   (c) 如果E_0的值为1，就返回1作为F的值。
   (d) 但是如果E_0的值为0，就通过把E中的x代入1来创造E_1。
   (e) 把E_0的记录换成E_1的记录，并递归地对E_1求值。
   (f) 把E_1返回的任何值都作为F的值返回。

我们将把类似的步骤留给读者来完成，对于F具有另外四种可能的形式：F_1F_2、$\neg E$、(E)或$(\forall x)(E)$的情形，这些步骤将对F求值。基础情形（其中F是个常数）要求返回该常数，而不在带上创造更多的记录。

在任何情况下，注意，在长度为m的表达式的记录右方，将是长度小于m的表达式的记录。注意，即使经常必须对两个不同的子表达式求值，也是一次一个地来这样做的。因此在上面情形(1)中，F_1或F_1的任何子表达式的记录与F_2或F_2的任何子表达式的记录绝不会同时存在。对于上面情形(2)中的E_0和E_1来说，同样的事实也是真的。

497

因此，如果从长度为n的表达式开始，那么在堆栈上就绝不会存在超过n个记录。并且每个记录长度为$O(n)$。因此整条带长度绝不会超过$O(n^2)$。现在构造了接受QBF的带多项式空间限制的图灵机；其空间限制是平方的。注意，这个算法花费的典型时间是n的指数，所以这个算法不是多项式时间算法。 □

现在转向讨论从$\mathcal{PS}$中的任意语言L到这个问题QBF的归约。本来想要像定理10.9中所做过的那样，使用变元y_{ijA}来断言第i个ID中第j个位置是A。但是，因为有指数那么多个ID，所以不能选一个长度为n的输入w，并且正好在n的多项式时间之内写下这些变元。取而代之的是，利用量词的可用性，以便用同一组变元来表示许多不同的ID。这个思想出现在下面的证明中。

定理11.11 QBF问题是 PS 完全的。

证明 设L属于$\mathcal{PS}$，确定型TM M接受L，M在长度为n的输入上至多使用$p(n)$空间。根据定理11.3，可知存在常数c，使得如果M接受长度为n的输入，M就在$c^{1+p(n)}$步移动之内接受。将要描述如何在多项式时间内从长度为n的输入w构造出QBF E，E没有自由变元，并且E为真当且仅当w属于$L(M)$。

在写E的过程中，将需要引入多项式那样多个变元ID，这些变元ID是变元y_{jA}的集合，y_{jA}断言：所表示ID的第j个位置有符号A。允许j从0到$p(n)$取值。符号A是带符号或M的状态。因此，变元ID中的命题变元数是n的多项式。假设不同变元ID中的命题变元都不相同，也就是说，没有命题变元属于两个不同的变元ID。只要只有多项式个变元ID，那么命题变元的总数就是多项式的。

为方便起见，引入记号$(\exists I)$，其中I是变元ID。这个量词表示$(\exists x_1)(\exists x_2)\cdots(\exists x_m)$，其中$x_1, x_2, \cdots, x_m$是变元ID I中的所有命题变元。类似地，$(\forall I)$表示把$\forall$量词应用到I中所有的命题变元上。

从w构造出的QBF形如

$$(\exists I_0)(\exists I_f)(S \wedge N \wedge F)$$

其中：

1. I_0和I_f分别是表示初始ID和接受ID的变元ID。
2. S是说“正确开始”的表达式；即I_0确实是M的带有输入w的初始ID。
3. N是说“正确移动”的表达式；即M让I_0变为I_f。
4. F是说“正确结束”的表达式；即I_f是接受ID。

498

注意，虽然整个表达式没有自由变元，但是I_0的变元将作为自由变元出现在S中，I_f的变元将作为自由变元出现在F中，并且这两组变元都作为自由变元出现在N中。

正确开始

S是文字的逻辑AND；每个文字是I_0的变元之一。如果带有输入w的初始ID的第j个位置是A，那么S就有文字y_{jA}，如果这个位置不是A，那么S就有文字$\overline{y_{jA}}$。也就是说，如果$w = a_1a_2\cdots a_n$，那么$y_{0q_0}, y_{1a_1}, y_{2a_2}, \cdots, y_{na_n}$以及对于$j = n + 1, n + 2,\cdots, p(n)$来说的所有$y_{jB}$就都出现，并且没有否定出现，而$I_0$的所有其他变元都是否定的。在这里假设$q_0$是$M$的初始状态，$B$是$M$的空格。

正确结束

为了让I_f是接受ID，I_f必须具有接受状态。因此把F写成一些变元y_{jA}的逻辑OR，这些变元选自I_f的命题变元，其中A是接受状态。位置j是任意的。

下一步移动是正确的

以某种方式来递归地构造表达式N，使得考虑的移动步数加倍，而正在构造的表达式只增加$O(p(n))$个符号，并且（更重要的是）写出这个表达式只花费$O(p(n))$时间。为了方便，采用缩写$I = J$（其中I和J都是变元ID）来表示一些表达式的逻辑AND，这些表达式说I和J的每对对应变元相等。也就是说，如果I包括变元y_{jA}并且J包括变元z_{jA}，那么$I = J$就是表达式$(y_{jA}z_{jA} + (\overline{y_{jA}})(\overline{z_{jA}}))$的AND，其中$j$取值从0到$p(n)$，$A$是任意带符号或$M$的状态。

现在，对于$i = 1, 2, 4, 8,\cdots$来构造表达式$N_i(I, J)$，其含义是：经过不超过i步就有$I \overset{*}{\vdash} J$。在这

些表达式中，只有变元ID I和J的命题变元才是自由的；所有其他命题变元都是约束的。

基础：对于$i = 1$，$N_i(I, J)$断言：要么$I = J$，要么$I \vdash J$。上面刚刚讨论过如何表达条件$I = J$。对于条件$I \vdash J$，查阅在定理10.9的证明中“下一步移动正确”那部分中的讨论，在那里讨论的是完全一样的问题，即断言一个ID是接着前一个ID的。表达式N_1是这两个表达式的逻辑OR。注意，可以在$O(p(n))$时间之内写出N_1。

归纳：从N_i构造$N_{2i}(I, J)$。在“这样构造N_{2i}行不通”的方框中指出，用N_i的两份副本来构造N_{2i}这样的直接方法不符合所需要的时间和空间限制。写出N_{2i}的正确方法是：在表达式中使用N_i的一份副本，把参数(I, K)和(K, J)都传给同一个表达式。也就是说，$N_{2i}(I, J)$将使用一个子表达式$N_i(P, Q)$。把$N_{2i}(I, J)$写成断言：存在ID K，使得对于所有ID P和Q，要么：

499

1. $(P, Q) \neq (I, K)$并且$(P, Q) \neq (K, J)$，要么
2. $N_i(P, Q)$为真。

换句话说，$N_i(I, K)$和$N_i(K, J)$都为真，除此之外不关心$N_i(P, Q)$是否为真。下面就是$N_{2i}(I, J)$的QBF：

$$N_{2i}(I, J) = (\exists K)(\forall P)(\forall Q)(\, N_i(P, Q) \vee (\neg\, (\, I = P \wedge K = Q\,) \wedge \neg\, (\, K = P \wedge J = Q\,)\,)\,)$$

注意可以在以下时间之内写出N_{2i}：写出N_i所花费的时间，外加$O(p(n))$的其他工作时间。

为了完成构造N，必须对最小的m构造N_m，这样的m是2的幂，并且至少是$c^{1+p(n)}$，这个值是图灵机M在接受长度为n的输入之前可以移动的最大可能步数。必须应用上面的归纳步骤的次数是$\log_2(c^{1+p(n)})$，即$O(p(n))$。因为每次使用归纳步骤都花费时间$O(p(n))$，所以断定可以在$O(p^2(n))$时间之内构造N。

> **这样构造N_{2i}行不通**
>
> 关于从N_i构造N_{2i}，第一个本能反应可能是使用直截了当的分治方法：如果在不超过$2i$步之内$I \overset{*}{\vdash} J$，就必定存在ID K，使得在不超过i步之内$I \overset{*}{\vdash} K$并且$K \overset{*}{\vdash} J$。但是如果把表达这个想法的公式写下来，比如$N_{2i}(I, J) = (\exists K)(N_i(I, K) \wedge N_i(K, J))$，那么就一边加倍$i$，一边加倍公式的长度。因为$i$必须是$n$的指数才能表达$M$的所有可能的计算，所以将要花费太长时间来写下$N$，$N$将具有指数长度。

定理11.11的证明的总结

现在已经证明了如何在$|w|$的多项式时间之内把输入w变换成QBF

$$(\exists I_0)(\exists I_f)(S \wedge N \wedge F)$$

还证明了为什么表达式S, N和F中每一个为真，当且仅当这些公式的自由变元表示ID I_0和I_f，这两个ID分别是M在输入w上计算的初始ID和接受ID，并且$I_0 \overset{*}{\vdash} I_f$。也就是说，这个QBF值为1，当且仅当$M$接受$w$。 □

500

11.3.5 习题

习题11.3.1 通过处理以下情形完成定理11.10的证明：

a) $F = F_1F_2$。

b) $F = (\forall x)(E)$。

c) $F = \neg(E)$。

d) $F = (E)$。

***!! 习题11.3.2**　证明下述问题是 PS 完全的：给定正则表达式E，E是否等价于Σ^*？其中Σ是在E中出现的符号的集合。*提示*：不要试图把QBF归约到这个问题，更容易的做法是证明任意的 $\mathcal{PS}$ 中的语言都可以归约到这个问题。对于每个带多项式空间限制的图灵机，证明如何在多项式时间内从M的输入w构造出一个正则表达式，这个表达式产生所有这样的串，这些串*不是*导致接受的M的ID序列。

!! 习题11.3.3　*香农开关游戏*如下所述。给定一个带有两个终端顶点s和t的图G。有两个选手可以称为SHORT和CUT。SHORT先走，每个选手轮流选择除s和t之外的一个G顶点，这个顶点在后面的游戏中就属于这个选手。SHORT获胜是通过选择一组顶点，加上s和t就形成G中从s到t的一条路径。CUT获胜的条件是所顶点都被挑选完毕，而SHORT还没有选出从s到t的路径。证明下述问题是 PS 完全的：给定G，无论CUT做出什么选择，SHORT能否必胜？

11.4　基于随机化的语言类

现在把注意力转向用下列图灵机定义的两个语言类，这些图灵机有能力在计算中使用随机数。读者可能熟悉用普通程序设计语言编写的一些算法，这些算法为了某种有用的目的而使用随机数发生器。从技术上说，函数`rand()`或具有类似名称的函数返回似乎“随机”或不可预测的数，虽然非常难以看出所产生数序列中的“模式”，但是实际上这种函数执行了可以被模拟的特殊算法。这种函数的一个简单例子（在实际中不使用）可能是这样的过程：取出序列中的前一个整数，把这个整数平方，取出乘积中间的那些位。使用复杂的机械过程（比如这里的这个）产生的数被称为*伪随机数*。

501

在本节里将要定义为在算法中产生随机数和利用随机数而建立模型的这种类型的图灵机。然后定义两个语言类 $\mathcal{RP}$ 和 $\mathcal{ZPP}$，这两个类以不同的方式来利用随机性和多项式时间限制。有趣的是，虽然这些类似乎不包含除 $\mathcal{P}$ 以外的东西，但是这些类与 $\mathcal{P}$ 的差别是重要的。具体地，在11.5节将看到为什么关于计算机安全的某些最基本的问题，其实就是关于这些类与 $\mathcal{P}$ 和 $\mathcal{NP}$ 的关系问题。

11.4.1　快速排序：随机算法举例

读者可能熟悉所谓“快速排序”的排序算法。这个算法的基本内容如下。给定有待排序的元素表$a_1, a_2, \cdots, a_n$，挑选一个元素，比方说a_1，把表分成不小于a_1的元素和大于a_1的元素。挑选的这个元素称为*枢轴*（pivot）。如果小心地表示数据，就可以在$O(n)$时间内把长度为n的一个表分成总长度为n的两个表。而且可以独立地给低元素（不大于枢轴的）和高元素（大于枢轴的）递归地排序，结果将是所有n个元素的排序表。

如果运气好，那么事实上枢轴将是排序表中间的那个数，所以两个子表各自大约长$n/2$。如果在每个递归阶段都运气好，那么在大约$\log_2 n$层递归之后这个表的长度就是1，并且这些表已经排序。因此，总工作量将是$O(\log n)$层，每层需要$O(n)$工作量，或者总共是$O(n \log n)$。

但是可能运气不好。例如，如果开始时这个表碰巧排序过，那么挑选每个表的头一个元素，将把这个表分成：一个元素属于低子表，所有其余元素属于高子表。如果真是这样的，则快速排序的执行就非常像是选择排序，排序n个元素所花费的时间与n^2成比例。

因此快速排序的良好实现，不是机械地把表中任何特殊位置选为枢轴，而是从表中所有元素中随机地选择枢轴。也就是说，n个元素每个都有$1/n$概率被选为枢轴。虽然这里将不证明这个断言⊖，但是事实上这种随机化快速排序的期望运行时间是$O(n \log n)$。不过由于在极微小的机会下枢轴选择会选取最大或最小的那个元素，快速排序的最坏运行时间仍然是$O(n^2)$。但是快速排序仍然是许多应用中的首选方法（比如用在UNIX的排序命令中），因为与其他方法相比，甚至与在最坏情况下是$O(n \log n)$的方法相比，快速排序的期望运行时间确实相当好。 502

11.4.2 随机化的图灵机模型

为了抽象地表示图灵机做随机选择的能力，这种图灵机非常类似于一次或多次调用随机数产生器的程序，将要使用如图11-6所示的多带图灵机的变体。如同多带图灵机的惯例那样，第一条带记录输入。第二条带开头的单元中也是非空格。事实上从原则上说，整条带上都覆盖着0和1，每一个都是独立地和随机地选择的，1/2概率为0，以同样概率为1。第二条带将被称为*随机带*。第三条带和后面的带（假如用到的话）开始都是空白带，并且被图灵机在需要时用作“草稿带”。这种图灵机模型被称为*随机化图灵机*。

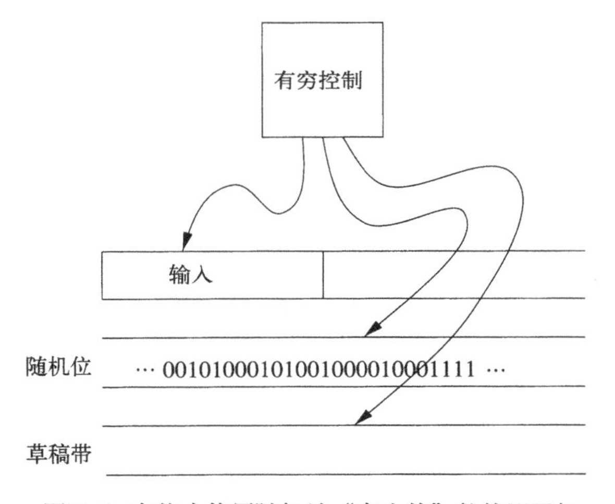

图11-6 有能力使用随机地“产生的”数的图灵机

把随机化图灵机初始化为用随机的0和1去覆盖一条无穷带，由于这样的想象可能不太现实，所以这种图灵机的等价想象图就是第二条带开始时是空白带。但是，当第二个带头正在扫描一个空格时，就发生一次内部“抛硬币”，随机化图灵机立即在扫描的带单元上写下0或1，并且永远离开那里不再改变。通过这种方式，在启动随机化图灵机之前，不存在任何工作（当然不存在无穷的工作）。但是第二条带似乎覆盖着随机的0和1，因为随机化图灵机的第二个带头实际上读到哪里，这些随机位就出现在哪里。

例11.12 可以在随机化图灵机上实现随机化版本的快速排序。重要步骤是选取子表的递归过程，假设子表是连续地存放在输入带上，在两端用标记来指明子表的范围，随机地挑选枢轴，把子表分成低的和高的子子表。随机化图灵机工作方式如下： 503

⊖ 对快速排序期望运行时间的分析和证明，可以在D.E.Knuth的《The Art of Computer Programming, Vol. III: Sorting and Searching》（Addison-Wesley，1973）一书中找到。

1. 假设待分的子表长度为m。使用第二条带上大约$O(\log m)$个新随机位来挑选一个在1与m之间的随机数；子表的第m个元素成为枢轴。注意，也许不能以绝对相等的概率来选择1到m之间的每一个数，因为m可能不是2的幂。但是如果从带2取出比方说$\lceil 2\log_2 m \rceil$位，把这些位当作在0到大约m^2范围内的一个数，取这个数除以m的余数加上一，就将以足够接近$1/m$的概率来得出在1到m之间的所有数，使得快速排序正常地工作。
2. 把枢轴写在带3上。
3. 扫描在带1上描绘的子表，把那些不大于枢轴的元素都复制到带4去。
4. 再次扫描在带1上的子表，把那些大于枢轴的元素都复制到带5去。
5. 先把带4、后把带5复制到带1的空间去，这个空间过去记录过所描绘的子表。在两个子表之间放一个记号。
6. 如果子表其中之一或两者都有多于一个元素，就用同样的算法来递归地给它们排序。

注意，即使计算装置是多带图灵机而不是常规计算机，快速排序的这个实现也花费$O(n \log n)$时间。但是这个例子的要点不是运行时间，而是在第二条带上使用随机位来促成图灵机的随机行为。□

11.4.3　随机化图灵机的语言

每一台图灵机（或者FA或PDA）都接受某个语言，即使这个语言是空集合或输入字母表上所有串的集合，对这种情形也是习以为常的。当涉及随机化图灵机时，需要更仔细地规定图灵机接受输入这意味着什么，而且有可能是随机化图灵机根本不接受任何语言。问题在于，当考虑随机化图灵机M做什么来响应输入w时，需要根据随机带上所有可能的内容来考虑M。完全有可能是M对某些随机串接受，而对其他随机串拒绝；事实上如果随机化图灵机比确定型图灵机更有效率地做任何事情，那么随机带的不同内容导致不同的行为就是关键所在。⊖

504

就像常规计算机那样，如果把随机化图灵机进入终结状态当作是接受，那么随机化图灵机的每个输入都有某个接受概率，这个接受概率就是随机带可能导致接受的内容所占的比例。由于有无穷多种可能的带内容，所以必须稍微仔细地计算这个概率。然而，任何导致接受的移动序列都只考虑随机带的有穷部分，所以如果m是随机带的单元数，这些单元都已被扫描过，而且至少影响过M的一步移动，那么在这些单元里看到的任何东西都以等于2^{-m}的有穷概率来发生。下一个例子将要解释在极端简单情形之下的这种计算。

例11.13　随机化图灵机M具有如图11-7所示的转移函数。M只用一条输入带和一条随机带。M以非常简单的方式来运行，从不改变任何带上的符号，带头只向右移（方向R）或保持静止（方向S）。虽然没有定义随机化图灵机移动的形式化概念，但是图11-7中的各项应当易于理解；每行对应于一个状态，每列对应于一对符号XY，其中X是在输入带上被扫描的符号，Y是在随机带上被扫描的符号。表中$qUVDE$项的意思是：图灵机进入状态q，在输入带上写U，在随机带上写V，输入带头沿方向D移动，随机带头沿方向E移动。

⊖ 读者应当知道，例11.12所描述的随机化图灵机不是识别语言的图灵机。更确切地说，这个图灵机在输入上完成一个变换，这个变换的运行时间（而不是输出）依赖于在随机带上曾有过什么内容。

	00	01	10	11	$B0$	$B1$
$\to q_0$	$q_1 00RS$	$q_3 01SR$	$q_2 10RS$	$q_3 11SR$		
q_1	$q_1 00RS$				$q_4 B0SS$	
q_2			$q_2 10RS$		$q_4 B0SS$	
q_3	$q_3 00RR$			$q_3 11RR$	$q_4 B0SS$	$q_4 B1SS$
$*q_4$						

图11-7 随机化图灵机的转移函数

这里总结一下在0和1组成的输入串w上M如何运行。在初始状态q_0下，M考虑第一个随机位，根据这个随机位是0还是1来完成关于w的两种测试中的一种。

如果这个随机位是0，那么M测试w是否只包含一种符号（0或1）。在这种情况下，M不考虑更多的随机位，而是保持第二个带头静止。如果w的第一位是0，那么M进入状态q_1。在q_1状态下M在0上向右移动，但看到1就死机。如果M在q_1状态下到达输入带的第一个空格，就进入q_4状态，这是接受状态。类似地，如果w的第一位是1并且第一个随机位是0，那么M进入状态q_2；在q_2状态下M验证是否w的所有其他位都是1，如果是就接受。

505

现在考虑如果第一个随机位是1，那么M做什么。M比较w和第二位以后的随机位，仅当这些位相同时才接受。因此在q_0状态下在第二条带上扫描1，M进入q_3状态。注意，当这样做时，M把随机带头向右移，所以M看到新的随机位，同时保持输入带头静止，从而所有w都将与随机位比较。在q_3状态下M匹配这两条带，把两条带头都向右移。如果M在某点发现不匹配，就死机不接受，而如果M到达输入带上的空格，就接受。

现在计算某些输入的接受概率。首先考虑均匀输入，即只包括一种符号的输入，比如0^i，对于某个$i \geqslant 1$。以1/2概率第一个随机位将是0，如果是这样，那么均匀性测试将成功，确实接受0^i。但是，同样以1/2概率，第一个随机位是1。在这种情况下接受0^i，当且仅当从第2个到第$i+1$个随机位都是0。这个事件发生的概率是2^{-i}。因此，接受0^i的总概率是

$$\frac{1}{2}+\frac{1}{2}2^{-i}=\frac{1}{2}+2^{-(i+1)}$$

现在考虑非均匀输入w，即既有0又有1的输入，比方说00101。如果第一个随机位是0，那么绝不会接受这个输入。如果第一个随机位是1，那么这个输入的接受概率是2^{-i}，其中i是输入长度。因此长度为i的非均匀输入的总接受概率是$2^{-(i+1)}$。例如，00101的接受概率是1/64。 □

结论是可以计算任何给定随机化图灵机对任何给定串的接受概率。这个串是否属于这个语言依赖于如何定义随机化图灵机语言的“成员性”。下一节将给出两种不同的接受定义；每一种定义导致一种不同的语言类。

11.4.4 $\mathcal{RP}$类

所谓$\mathcal{RP}$（表示“随机多项式”）的第一个语言类的实质是：要属于$\mathcal{RP}$，语言L必须被随机化图灵机M在下列意义下接受：

1. 如果w不属于L，那么M接受w的概率是0。
2. 如果w属于L，那么M接受w的概率至少是1/2。
3. 存在多项式$T(n)$，使得如果输入w长度为n，那么无论随机带的内容是什么，M的所有运行

都在至多$T(n)$步后停机。

非确定性与随机性

在随机化图灵机与非确定型图灵机之间存在着一些表面上的相似之处。可以设想非确定型图灵机的非确定性选择受到一条有随机位的带的控制，每一次当非确定型图灵机选择移动时，这个图灵机就咨询随机带，并以相等的概率从各种选择中挑选一种。但是，如果以这样的方式来解释非确定型图灵机，那么接受规则就与 $\mathcal{RP}$ 的规则有所不同。实际上，如果输入的接受概率是0，就拒绝这个输入，如果输入的接受概率是大于0的任意值，无论多么小，就接受这个输入。

506 注意，$\mathcal{RP}$ 的这个定义提及两个独立事项。第(1)点和第(2)点定义了特殊类型的随机化图灵机，这种图灵机有时称为*蒙特·卡罗*（Monte-Carlo）算法。也就是说，不考虑运行时间，如果要么以0概率接受，要么以至少1/2概率接受，就可以说这种图灵机是“蒙特·卡罗”的。第(3)点仅仅提及运行时间，这一点与图灵机是否是“蒙特·卡罗”的是不相关的。

例11.14　考虑例11.13中的随机化图灵机。这个图灵机确实满足条件(3)，因为无论随机带的内容是什么，其运行时间都是$O(n)$。但是在 $\mathcal{RP}$ 定义所要求的意义下，这台图灵机根本不接受任何语言。原因在于，虽然至少以1/2概率接受像000这样的均匀输入，因此满足第(2)点，但是存在其他输入（像001）是以既不是0又不是至少1/2的概率来接受的；例如以1/16概率接受001。□

例11.15　非形式化地描述一台随机化图灵机，这台图灵机既是多项式时间的又是蒙特·卡罗的，因此接受 $\mathcal{RP}$ 语言。将把输入解释成图，问题是图是否有三角形，也就是说，三个顶点中任何一对顶点有边连接。带三角形的输入都属于这个语言；其他输入都不属于。

这个蒙特·卡罗算法将反复地随机挑选一条边(x, y)，而且还随机地挑选x和y以外的顶点z。每个选择都是考虑了随机带上某些新的随机位而确定的。对于选择的每个x、y和z，这台图灵机测试输入是否带有边(x, z)和(y, z)，如果是，就宣布输入图带有三角形。

总共进行k次选择，每次选择一条边和一个顶点；这台图灵机接受，当且仅当证实其中一次是三角形，如果都没有证实，就放弃且不接受。如果这个图没有三角形，就不可能证实在这k次选择中其中一次是三角形，所以符合 $\mathcal{RP}$ 定义中的条件(1)：如果输入不属于语言，那么接受概率就是0。

507

假设这个图有n个顶点和e条边。如果这个图至少有一个三角形，那么在任何一次试验中这三个顶点将被选中的概率就是$\left(\frac{3}{e}\right)\left(\frac{1}{n-2}\right)$。也就是说，$e$条边之中有三条边属于这个三角形，如果选中这三条边之中的任何一条边，那么也选中第三个顶点的概率就是$1/(n-2)$。这个概率不大，但是试验重复了k次。这k次试验至少有一次产生三角形的概率是：

$$1-\left(1-\frac{3}{e(n-2)}\right)^{k} \tag{11-4}$$

有一种常用的近似公式说对于小的x，$(1-x)^k$近似地是e^{-kx}，其中$e = 2.718\cdots$是自然对数的底数。因此，如果选择k使得（比如）$kx = 1$，那么e^{-kx}就将明显地小于1/2，而$1 - e^{-kx}$就将明显地大于1/2，更准确地说大约是0.63。因此可以选择$k = e(n-2)/3$，以保证让带三角形的图的接受概率至少是1/2，如式(11-4)给出的那样。因此所描述的算法是蒙特·卡罗的。

现在必须考虑这台图灵机的运行时间。e和n都不大于输入长度，选择k为不大于输入长度的平方，因为k与e和n的乘积成比例。由于每次试验至多扫描输入四遍（挑选随机边和顶点，然后验证另外两条边的存在），所以每次试验的时间都是输入长度的线性函数。因此至多在输入长度的立方时间之后，这台图灵机就停机；即这台图灵机具有多项式运行时间，因此满足语言属于$\mathcal{RP}$的第三个和最后一个条件。

结论是带三角形的图的语言属于$\mathcal{RP}$类。注意，这个语言也属于$\mathcal{P}$，因为可以系统地搜索所有可能的三角形。但是正如在11.4节开头指出过的那样，实际上难以找出那些似乎属于$\mathcal{RP}-\mathcal{P}$的例子。 □

11.4.5 识别$\mathcal{RP}$语言

假设现在有一台识别语言L的多项式时间的蒙特·卡罗图灵机M。给定串w，需要知道w是否属于L。如果在w上运行M，利用抛硬币或者其他一些随机数产生装置来模拟产生随机位，就可以知道：

1. 如果w不属于L，这样的运行将肯定不导致接受w。
2. 如果w属于L，就至少有50%机会将接受w。

> **$\mathcal{RP}$定义中的分数1/2有何特殊吗？**
>
> 虽然定义$\mathcal{RP}$时要求属于L的串w的接受概率应当至少是1/2，但是也可以用适当介于0与1之间的任何常数来代替1/2去定义$\mathcal{RP}$。定理11.16说通过适当次数重复M所做的试验，就可以让接受概率要多高就有多高，一直达到但不包含1。而且通过让试验重复某常数次，与在11.4.5节用来降低属于L的串的非接受概率，相同技术将允许把随机化图灵机接受属于L的w的概率从任何大于0的值增加到1/2。
>
> 我们将继续要求把1/2作为$\mathcal{RP}$定义中的接受概率，但是应当知道任何非零的概率都足以用在$\mathcal{RP}$类的定义中。另一方面，把这个常数从1/2改成其他值，将改变具体的随机化图灵机所定义的语言。例如，在例11.14中注意到，把要求的概率降低到1/16，将如何导致串001属于在那里讨论的随机化图灵机所接受的语言。

但是，如果简单地把这样运行的输出当作是权威性的，那么当本来应当接受w时，有时将拒绝w（弃真结果），尽管当本来不应当接受w时，将绝不会拒绝w（取伪结果）。因此必须在随机化图灵机本身与用来判定w是否属于L的算法之间做出区分。虽然永远不能彻底避免弃真，但是通过多次重复试验就能把弃真的概率降低到要多小就有多小。 508

比如，如果需要让弃真概率是十亿分之一，那么可以把测试运行30次。如果w属于L，那么所有30次测试都不导致接受的机会就不超过2^{-30}，这个值小于10^{-9}，即小于十亿分之一。通常，如果需要让弃真概率小于$c(c > 0)$，就必须把测试运行$\log_2(1/c)$次。由于如果c是常数，则这个次数就是常数，并且由于随机化图灵机的一次运行花费多项式时间（因为假设L属于 $\mathcal{RP}$ ），所以知道这样的反复测试也花费多项式时间。把这些考虑的结果叙述成下面这个定理。

定理11.16　如果L属于 $\mathcal{RP}$ ，那么对于任何常数$c > 0$，无论c多么小，都存在多项式时间随机化算法判定输入w是否属于L，这个算法没有取伪错误，弃真错误的概率不大于c。 □

11.4.6 $\mathcal{ZPP}$类

与随机化有关的第二个语言类被称为零错误概率多项式（即 $\mathcal{ZPP}$）。这个类是基于一种总是停机，并且停机的期望时间是输入长度的某个多项式的随机化图灵机。如果这种图灵机进入接受状态（因此在这个时刻停机），就接受输入，而如果停机不接受，就拒绝输入。因此，$\mathcal{ZPP}$ 类的定义几乎与 $\mathcal{P}$ 的定义相同，不同之处在于， $\mathcal{ZPP}$ 允许图灵机的行为与随机性有关，并且度量的是期望运行时间而不是最坏情形运行时间。

509

总是给出正确答案但运行时间根据某些随机位的值而变化的图灵机有时称为拉斯·维加斯图灵机（Las-Vegas Turing machine）或拉斯·维加斯算法。因此可以认为 $\mathcal{ZPP}$ 是带多项式期望运行时间的拉斯·维加斯图灵机所接受的语言。

11.4.7 $\mathcal{RP}$ 与 $\mathcal{ZPP}$ 之间的关系

在已经定义的两个随机化类之间有一种简单的关系。为了叙述这个定理，首先需要考虑这些类的补。应当清楚的是，如果L属于 $\mathcal{ZPP}$，那么 $\overline{L}$ 也属于$\mathcal{ZPP}$。原因在于，如果多项式期望时间的拉斯·维加斯图灵机M接受 L，那么M的修改型就接受 $\overline{L}$ ，其中把M的接受状态改为停机不接受状态，而如果M停机不接受，就进入接受状态并停机。

但是 $\mathcal{RP}$ 对补封闭却并不是显而易见的，因为蒙特·卡罗图灵机的定义非对称地处理接受和拒绝。因此，定义$\mathcal{RP}$补（co-$\mathcal{RP}$）[⊖] 类为使得 $\overline{L}$ 属于 $\mathcal{RP}$ 的那些语言L的集合；即co-$\mathcal{RP}$ 是 $\mathcal{RP}$ 语言的补。

定理11.17　$\mathcal{ZPP} = \mathcal{RP} \cap \text{co-}\mathcal{RP}$ 。

证明　首先证明 $\mathcal{RP} \cap \text{co-}\mathcal{RP} \subseteq \mathcal{ZPP}$ 。假设L属于 $\mathcal{RP} \cap \text{co-}\mathcal{RP}$ 。也就是说，L和 $\overline{L}$ 都有蒙特·卡罗图灵机，各自都有多项式运行时间。假设$p(n)$是大到足以限制这两台机器运行时间的多项式。设计接受L的拉斯·维加斯图灵机M如下。

1. 运行L的蒙特·卡罗图灵机；如果这个图灵机接受，M就接受并停机。
2. 如果这个图灵机不接受，就运行 $\overline{L}$ 的蒙特·卡洛图灵机。如果这台图灵机接受，M就停机不接受。否则，M返回步骤(1)。

显然仅当输入w属于L时，M才接受w，并且仅当w不属于L时，M才拒绝w。一轮（步骤1和步骤2的一次执行）的期望运行时间是$2p(n)$。另外，任何一轮将解决问题的概率至少是1/2。如果w属于L，那么步骤(1)有50%机会导致M接受，而如果w不属于L，那么步骤(2)有50%机会导致M拒绝。因此M的期望运行时间不超过

510

⊖ 在下文中为了在公式中便于表述，多用co-$\mathcal{RP}$表示 $\mathcal{RP}$ 补。——编者注

$$2p(n)+\frac{1}{2}2p(n)+\frac{1}{4}2p(n)+\frac{1}{8}2p(n)+\cdots=4p(n)$$

现在，考虑逆命题：假设L属于 $\mathcal{ZPP}$ ，并证明L既属于 $\mathcal{RP}$ 又属于co-$\mathcal{RP}$ 。已知拉斯·维加斯图灵机M_1接受L，M_1的期望运行时间是某个多项式$p(n)$。构造接受L的蒙特·卡罗图灵机M_2如下。M_2模拟M_1达$2p(n)$步。如果M_1在此期间接受，M_2就接受；否则M_2就拒绝。

假设长度为n的输入w不属于L。那么M_1将肯定不接受w，因此M_2也将不接受。现在假设w属于L。虽然M_1将肯定最终接受w，但是在$2p(n)$步之内既可能接受也可能不接受。

但是可以断言M_1在$2p(n)$步之内接受w的概率至少是1/2。假设M_1在$2p(n)$时间之内接受w的概率是常数$c<1/2$。那么M_1在输入w上的期望运行时间就至少是$(1-c)2p(n)$，因为$1-c$是M_1将要花费超过$2p(n)$时间的概率。但是，如果$c<1/2$，那么$2(1-c)>1$，M_1在w上的期望运行时间就大于$p(n)$。这样就与M_1的期望运行时间至多是$p(n)$的假设发生了矛盾，因此就证明了M_2的接受概率至少是1/2。因此M_2是带多项式时间限制的蒙特·卡罗图灵机，这就证明了L属于 $\mathcal{RP}$。

对于L也属于co-$\mathcal{RP}$ 的证明，基本上使用同样的构造，但是把M_2的输出取补。也就是说，为了接受 $\overline{L}$ ，当M_1在$2p(n)$时间之内拒绝时，就让M_2接受，否则就让M_2拒绝。现在M_2就是接受 $\overline{L}$ 的带多项式时间限制的蒙特·卡罗图灵机。 □

11.4.8 与 $\mathcal{P}$ 类和 $\mathcal{NP}$ 类的关系

定理11.17说 $\mathcal{ZPP}\subseteq\mathcal{RP}$ 。通过下面的简单定理，可以把这些类置于 $\mathcal{P}$ 和 $\mathcal{NP}$ 之间。

定理11.18 $\mathcal{P}\subseteq\mathcal{ZPP}$ 。

证明 任何确定型的带多项式时间限制的图灵机也是拉斯·维加斯的带多项式时间限制的图灵机，这个图灵机碰巧不使用随机选择的能力。 □

定理11.19 $\mathcal{RP}\subseteq\mathcal{NP}$ 。

证明 假设给定一台带多项式时间限制的蒙特·卡罗图灵机M_1接受语言L。可以构造带同样时间限制的非确定型图灵机M_2也接受语言L。每当M_1首次检查一个随机位时，M_2就非确定地选择该随机位的所有可能值，并把这个值写在M_2自己的一条带上，这条带模拟M_1的随机带。每当M_1接受时，M_2就接受；否则M_2就不接受。

假设w属于L。于是由于M_1至少有50%概率接受w，所以在M_1的随机带上必须存在某个位序列，这个位序列导致M_1接受w。M_2将从其他的位序列中选择出这个位序列，从而当作出了这个选择时M_2也接受。因此w属于$L(M_2)$。但是，如果w不属于L，就没有随机位序列会使M_1接受，因此没有随机位序列会使M_2接受。因此w不属于$L(M_2)$。 □

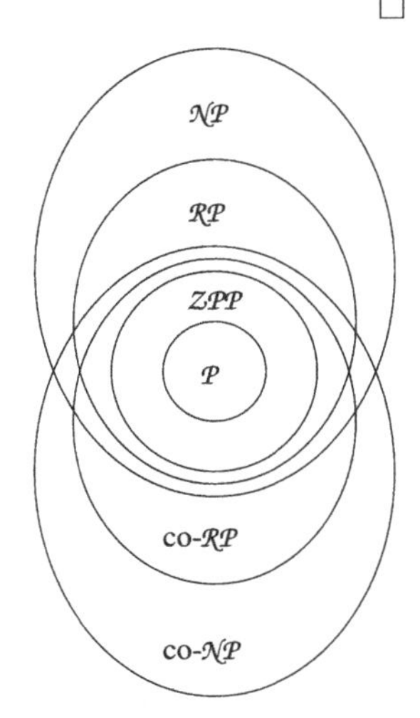

图11-8 $\mathcal{ZPP}$和$\mathcal{RP}$与其他类的关系

511

图11-8说明刚才介绍的类与其他“邻近的”类之间的关系。

11.5 素数性测试的复杂性

本节将考察一个具体问题：测试一个整数是否素数。首先讨论这样做的动机，这个动机涉及素数和素数性测试如何成为计算机安全系统中的要素。然后证明素数集合既属于 $\mathcal{NP}$ 又属于 co-$\mathcal{NP}$[⊖] 。最后讨论一个随机化算法，这个算法证明素数集合也属于 $\mathcal{RP}$ 。

11.5.1 素数性测试的重要性

如果整数p只能被1和p本身整除，就说p是*素数*。如果一个整数不是素数，就说这个整数是合数。在不考虑因子顺序的情况下，每个合数都能以唯一的方式写成素数的乘积。

例11.20 开头几个素数是2、3、5、7、11、13和17。整数504是合数，素因子分解是$2^3 \times$ 512 $3^2 \times 7$。 □

存在许多加强计算机安全性的技术，现今使用的最普通方法依赖于下面这个假设：难以把整数分解因子，也就是说，难以找出给定的合数的素因子。具体地说，基于所谓RSA密码（代表这项技术的发明者R. Rivest、A. Shamir和L. Adelman）的方案都使用一个整数（如128位），这个整数又是各自约长64位的两个整数的乘积。下面是素数起重要作用的两种方案。

11.5.1.1 公钥密码学

用户需要从网上书商那里购买一本书。书商询问用户的信用卡号码，但是把号码键入表格并在电话线或互联网上传输，这样做太冒险了。原因在于，某个人可能窃听电话线或拦截互联网上传播的数据包。

为了避免让窃听者能够读出信用卡号，书商给用户浏览器发送密钥k，这个密钥可能是两个素数的128位乘积，这是书商计算机专门为这个目的而产生的。用户浏览器使用函数$y = f_k(x)$，同时输入密钥k和需要加密的数据x。这个函数f是RSA方案的一部分，虽然这个函数可以向大众公开，包括潜在的窃听者在内，但是据信如果不知道k的因子分解，就不能在小于k的长度的指数时间之内计算出反函数f_k^{-1}，使得$x = f_k^{-1}(y)$。

因此，即使窃听者看到y并知道f如何工作，但如果不计算出k然后把k分解因子，那么这个窃听者还是不能恢复出x，在本例中x是用户信用卡号。另一方面，网上书商知道k的因子分解，因为书商最先产生了密钥k，所以可以轻而易举应用f_k^{-1}并且从y恢复出x。

11.5.1.2 公钥签名

设计RSA密码的原始方案如下。用户愿意能够给电子邮件“签名”，使得人们能够轻而易举确定电子邮件来自用户，但是没有人能“伪造”电子邮件的用户签名。例如，用户可能希望给消息x =“我承诺支付李·萨莉10美元”签名，但是用户不希望萨莉自己产生这条签名消息，也不希望第三方在用户不知情的情况下产生这条签名消息。

为了支持这些目标，用户选择一个密钥k，只有用户才知道k的素因子。用户向大众公布k，比方说在用户的网站上，使得每个人都可以对任意消息应用函数f_k。如果用户需要给上述消息x签名并将其发送给萨莉，就计算$y = f_k^{-1}(x)$并把y发送给萨莉，而不是发送x。萨莉可以从用户的

⊖ 本节后面几处提到似乎不存在测试素数的多项式时间算法，这样的说法现在当然过时了，对此就不再一一注明，请读者自己注意。——译者注

网站上获得公钥f_k，并据此计算出$x = f_k(y)$。因此她知道用户确实承诺了支付10美元。

如果用户否认发送了消息y，萨莉就可以在法官面前证明只有用户才知道函数f_k^{-1}，无论她或任何第三方都“不可能”发现这个函数。因此只有用户才可能产生y。这个系统依赖于一个似乎成立但未经证明的假设：非常难以分解两个大素数的乘积。 513

11.5.1.3 关于素数性测试的复杂性要求

据信上述两个方案都是行得通的而且都是安全的，这样说的意思是：分解两个大素数的乘积确实花费指数时间。本章和第10章研究的复杂性理论通过两种方式进入安全性和密码学研究：

1. 构造公钥要求能够快速发现大素数。数论的基本事实是：n位数成为素数的概率具有$1/n$的阶。因此，如果有多项式时间（就n而言，不是就素数本身的值而言）方法来测试一个n位数是否素数，就可以随机挑选数字，测试这些数字，当找到一个素数时停止。这将可能给出发现素数的多项式时间的拉斯 · 维加斯算法，因为在遇到一个n位素数之前必须测试的数的期望个数大约是n。例如，如果需要64位素数，那么将可能必须测试平均大约64个整数，尽管当运气不好时，可能必须多测试说不定多少个数。不幸的是，在11.5.4节将要看到似乎不存在有保证的多项式时间素数测试，尽管存在多项式时间的蒙特 · 卡罗算法。
2. 基于RSA的密码学的安全性依赖于通常不存在分解因子的多项式（就密钥位数而言）方法，特别是不存在分解明知是恰好两个大素数之积的数的方法。如果能够证明素数集合是 NP 完全语言，或者甚至合数集合是 NP 完全的，那将是一件非常令人快乐的事。因为如此一来，一个多项式的因子分解算法就将证明$\mathcal{P} = \mathcal{NP}$，因为这将产生所有这些语言的多项式时间测试。在11.5.5节将看到素数集合与合数集合都属于 $\mathcal{NP}$。因为这两个集合是互补的，所以假如有一个是 NP 完全的，就将得出 $\mathcal{NP} = \text{co}-\mathcal{NP}$，事实上我们怀疑这个等式的真实性。另外，素数集合属于 $\mathcal{RP}$ 的事实意味着，假如证明素数集合是 NP 完全的，就将断定 $\mathcal{RP} = \mathcal{NP}$，但这是另一种不太可能的情况。

11.5.2 同余算术简介

在考虑识别素数集合的算法之前，应当介绍关于同余算术的基本概念，也就是说，就是模某个整数（常常是素数）来进行的普通算术运算。设p是任意整数。模p整数是$0, 1, \cdots, p-1$。

可以定义模p加法和乘法只适用于这组p整数，方法是执行普通计算然后计算把结果除以p的余数。加法是直截了当的，因为和要么小于p（在这种情况下无须做任何其他事情），要么介于p和$2p-2$之间（在这种情况下，减去p就得出在$0, 1, \cdots, p-1$范围内的整数）。同余加法服从通常的代数定律；即它是交换的、结合的，并且具有单位元0。减法仍然是加法的逆，并且可以计算同余差$x-y$，方法是照常相减，如果结果小于0，就加上p。x的相反数（即$-x$）等于$0-x$，正如在普通算术中那样。因此，$-0=0$，并且若$x \neq 0$，则$-x$等于$p-x$。 514

例11.21 假设$p = 13$。于是$3 + 5 = 8$并且$7 + 10 = 4$。为了看出后者，注意，在普通算术中7 +

10 = 17，17不小于13。因此减去13得出正确结果4。−5模13的值是13 − 5或者8。模13的差11 − 4是7，但是差4 − 11是6。为了看出后者，在普通算术中4 − 11 = −7，所以必须加上13得出6。□

执行模p乘法，就是当作普通数相乘，然后取出结果除以p的余数。乘法也满足通常的代数定律；即它是交换的与结合的，并且1是单位元，0是零元，乘法在加法上分配。但是，除以非零值则需要灵活处置，甚至连模p整数的逆的存在性都依赖于p是否素数。一般说来，如果x是模p整数之一，也就是说$0 \leqslant x < p$，那么x^{-1}或$1/x$就是使得$xy = 1$模p的数y，假如y存在的话。

例11.22　在图11-9中可以看到模素数7的非零整数乘法表。第i行与第j列的项是模7乘积ij。注意，每个非零整数都有逆；2和4互逆，3和5也互逆，1和6都是自身的逆。也就是说，2×4、3×5、1×1、6×6都等于1。因此可以计算x除以任何非零数y的结果x/y，方法是计算y^{-1}然后做乘法$x \times y^{-1}$。例如，$3/4 = 3 \times 4^{-1} = 3 \times 2 = 6$。

将这种情况与模6乘法表（图11-10）比较一下。首先注意只有1和5 都还有逆；1和5都是自身的逆。其他数没有逆。并且存在一些非零数，这些数乘积为0，比如2和3。普通整数算术从不会发生这种情况，就连模素数的算术也不会发生这种情况。□

515

1	2	3	4	5	6
2	4	6	1	3	5
3	6	2	5	1	4
4	1	5	2	6	3
5	3	1	6	4	2
6	5	4	3	2	1

图11-9　模7 乘法

1	2	3	4	5
2	4	0	2	4
3	0	3	0	3
4	2	0	4	2
5	4	3	2	1

图11-10　模6乘法

在以素数为模和以合数为模的乘法之间存在另一个区别，这个区别对于素数测试来说非常重要。数a模p的次数是a的等于1的最小正幂次。下面是一些有用的事实，这里将不予证明。

- 如果p是素数，那么$a^{p-1} = 1$模p。这个命题被称为费马小定理[⊖]。
- a的模素数p次数总是$p - 1$的模p因子。
- 如果p是素数，那么总是存在某个a，a模p次数为$p - 1$。

例11.23　再考虑一下图11-9中的模7乘法表。2的次数是3，因为$2^2 = 4$并且$2^3 = 1$。3的次数是6，因为$3^2 = 2$，$3^3 = 6$，$3^4 = 4$，$3^5 = 5$并且$3^6 = 1$。通过类似的计算发现：4的次数是3，5的次数是6，6的次数是2，并且1的次数是1。□

11.5.3　同余算术计算的复杂性

在继续讨论把同余算术应用到素数性测试之前，还必须建立关于基本运算运行时间的某些基本事实。假设希望模某个素数p计算，并且p的二进制表示长度为n位；即p本身大约是2^n。与通常一样，计算的运行时间是就输入长度n而言，而不是就输入“值”p而言。例如，计数直到p，

⊖　不要混淆“费马小定理”与“费马大定理”，后者断言对于$n \geqslant 3$，$x^n + y^n = z^n$不存在整数解。

这样做花费$O(2^n)$时间，因此以n来度量，包含p步的任何计算都将不是多项式时间的。

但是的确可以在$O(n)$时间内在典型计算机或多带图灵机上把两个数模p相加。回忆一下，只不过是把两个二进制数相加，如果结果是p或更大，就减去p。同样地，可以在$O(n^2)$时间之内在计算机或图灵机上把两个数模p相乘。用普通方法把两个数相乘，得到至多$2n$位的结果，然后除以p取余数。 516

计算数x的幂需要灵活处置，因为这个幂可能本身是n的指数。正如将要看到的那样，一个重要步骤是计算x的$p-1$次幂。因为$p-1$大约是2^n，所以如果让x自乘$p-2$次，那么即使每次乘法只涉及n位数并且可以在$O(n^2)$时间内完成，也需要$O(2^n)$次乘法，总时间将是$O(n^2 2^n)$，这个时间不是n的多项式。

幸运的是，存在一种"递归加倍"技巧，可在n的多项式时间内计算x^{p-1}（或x的到p为止的任意其他幂次）：

1. 计算至多n个幂$x, x^2, x^4, x^8, \cdots$，直到指数超过$p-1$为止。每个值都是在$O(n^2)$时间内计算出的n位数，即把序列中前一个值平方，所以总工作量是$O(n^3)$。
2. 求出$p-1$的二进制表示，比如说$p-1 = a_{n-1}\cdots a_1 a_0$。可以写成

$$p-1 = a_0 + 2a_1 + 4a_2 + \cdots + 2^{n-1}a_{n-1}$$

其中每个a_j都是0或1。因此，

$$x^{p-1} = x^{a_0 + 2a_1 + 4a_2 + \cdots + 2^{n-1}a_{n-1}}$$

这是那些$a_j = 1$的x^{2^j}值的乘积。因为在步骤(1)中逐个计算过这些x^{2^j}，并且每个都是n位数，所以可以在$O(n^3)$时间之内计算出这n个或更少的数的乘积。

因此x^{p-1}的全部计算花费$O(n^3)$时间。

11.5.4 随机多项式素数性测试

现在，将讨论如何用随机化计算来找到大素数。更确切地说，将证明合数的语言属于$\mathcal{RP}$。实际用来产生n位素数的方法是：随机挑选一个n位数，多次（比方说50次）应用蒙特·卡罗算法来识别合数。如果所有50次都不说是合数，那么真是合数的概率就不超过2^{-50}。因此可以相当安全地说这个数是素数，并且让安全操作基于这个事实。

这里将不给出完整的算法，而是宁愿讨论除极个别情形外都起作用的思想。回忆一下，费马小定理说如果p是素数，那么x^{p-1}模p就总是等于1。还有一个事实是如果p是合数，并且存在x，使得x^{p-1}模p不等于1，那么对于1到$p-1$范围内至少一半的x，将发现$x^{p-1} \neq 1$。 517

因此，以下步骤将作为用来识别合数的蒙特·卡罗算法：

1. 在1到$p-1$范围内随机挑选x。
2. 计算x^{p-1}模p。注意，如果p是n位数，那么根据11.5.3节末尾的讨论，这个计算花费$O(n^3)$时间。
3. 如果$x^{p-1} \neq 1$模p，就接受；x是合数。否则就停机不接受。

如果p是素数，就有$x^{p-1} = 1$，所以总是停机不接受；这是蒙特·卡罗要求的一部分，即要求如果输入不属于语言，就永不接受。对于几乎所有的合数，至少一半的x值将让$x^{p-1} \neq 1$，所以在

这个算法的任何一次执行中，至少有50%机会接受；这是蒙特 · 卡罗算法的另一部分要求。

假如不是因为存在少量合数c，使得对于在1到$c-1$范围内的多数x（具体地说，就是与c没有公共素因子的那些x），有$x^{c-1}=1$模c，那么到现在为止已经描述的内容就将是合数集合属于$\mathcal{RP}$的证明。这些合数称为卡米切尔数（Carmichael number），需要用另一种更复杂的测试（这里不描述这种测试）来探测卡米切尔数是合数。最小的卡米切尔数是561。也就是说，虽然$561 = 3 \times 11 \times 17$显然是合数，但可以证明对于不能被3、11或17整除的所有x，$x^{560} = 1$模561。因此将断言下面这个定理但不给出完整证明：

定理11.24　合数集合属于$\mathcal{RP}$。□

能否在多项式时间内分解因子？

注意11.5.4节的算法可能只说一个数是合数，而不说如何分解这个合数。据信没有办法只花费多项式时间或者甚至只花费期望多项式时间来对数分解因子，即使利用随机性也不行。如果这个假设不正确，那么在11.5.1节所讨论的应用将会是不安全的和不能使用的。

11.5.5　非确定型素数性测试

518

现在继续讨论另一个关于测试素数性的有趣而重要的结果：素数语言属于$\mathcal{NP} \cap$ co-$\mathcal{NP}$。因此合数语言（即素数语言的补）也属于$\mathcal{NP} \cap$ co-$\mathcal{NP}$。这个结果的重要性在于，素数语言或合数语言是 NP 完全的，这都不太可能是真的，因为假如有一个是真的，那么将会有出人意料的等式$\mathcal{NP}=$ co-$\mathcal{NP}$。

一部分是容易的：合数语言显然属于$\mathcal{NP}$，所以素数语言属于co-$\mathcal{NP}$。首先证明这个事实。

定理11.25　合数集合属于$\mathcal{NP}$。

证明　识别合数集合的非确定型多项式时间算法如下：

1. 给定n位数p，猜测至多n位长的因子f。但是不要选$f=1$或$f=p$。这部分是非确定性的，f的所有可能值都被沿着某个选择序列猜到了。但是任何选择序列花费的时间都是$O(n)$。
2. p除以f，并且验证余数是0。若是，则接受。这部分是确定性的，可在$O(n^2)$时间内在多带图灵机上实现。

如果p是合数，那么p必须有至少一个除1和p之外的因子。因为非确定型图灵机猜测所有可能的不超过n位的数，所以它将在某个分支中猜测到f。这个分支导致接受。反过来说，非确定型图灵机接受，就蕴涵着发现了p的除1和p本身外的因子。因此所描述的这台非确定型图灵机接受由所有合数并且只有合数组成的语言。□

用非确定型图灵机来识别素数就更困难了。虽然能够猜测一个数不是素数的理由（因子），然后验证猜测正确，但是如何“猜测”一个数*是*素数的理由？非确定型多项式时间算法是基于下面这样的事实（断言但不证明）的：如果p是素数，那么在1和$p-1$之间存在数x，x的次数为$p-1$。比如在例11.23中观察到对于素数7来说，数3和5的次数都为6。

虽然利用非确定型图灵机的非确定性能力可以轻而易举猜测数x，但并不是立刻就清楚如何验证x的次数为$p-1$。原因在于，如果直接应用“次数”的定义，那么需要验证$x^2, x^3, \cdots, x^{p-2}$都等于1。这样做需要执行$p-3$次乘法，如果$p$是$n$位数，就需要至少$2^n$时间。

更好的策略是利用另一个断言而不证明的事实：x模p的次数是$p-1$的因子。因此如果知道了$p-1$的因子[⊖]，那么对$p-1$的每个素因子q验证$x^{(p-1)/q} \neq 1$就足够了。如果x的这些幂都不等于1，那么x的次数就必须是$p-1$。这些测试的个数是$O(n)$，所以可在多项式时间算法中完成。不管怎样，可以非确定性地猜测$p-1$的素因子，并且

519

a) 验证这些因子的乘积确实是$p-1$。

b) 利用目前一直正在设计的非确定型多项式时间算法来递归地验证每个都是素数。

这个算法的细节以及这个算法是非确定型多项式时间的证明，都在下面定理的证明中。

定理11.26 素数集合属于$\mathcal{NP}$。

证明 给定n位素数p，如下进行。首先如果n不大于2（即p是1，2或3），就直接回答问题；2和3都是素数而1不是。否则就：

1. 猜测因子的列表$(q_1, q_2, \cdots, q_k)$，其二进制表示总长至多$2n$位，且没有一个超过$n-1$位。允许同一个素数出现多次，因为$p-1$的因子可能是素数的大于1次幂；比如，若$p=13$，则$p-1=12$的素因子都在列表$(2, 2, 3)$里。这部分是非确定性的，但每个分支花费$O(n)$时间。
2. 把这些q_i乘到一起并验证其乘积是$p-1$。这部分花费不超过$O(n^2)$时间并且是确定性的。
3. 如果其乘积是$p-1$，就利用这里描述的算法来递归地验证每个都是素数。
4. 如果这些q_i都是素数，就猜测x的值并对任何q_j都验证$x^{(p-1)/q_j} \neq 1$。这个测试保证x模p次数是$p-1$，因为假如不是，x的次数就必须整除至少一个$(p-1)/q_j$，但刚刚验证过不是这样。注意，毫无疑问对于任何x的幂，当幂指数等于x的次数时，这个幂都必定等于1。可以用11.5.3节描述的有效方法来求幂。因此，至多有k次（确实不超过n次）求幂，每次可在$O(n^3)$时间内完成，这样就给出这个步骤的总时间$O(n^4)$。

最后，必须验证这个非确定型算法是多项式时间的。除步骤(3)以外，每个步骤沿任何非确定性分支至多花费$O(n^4)$时间。虽然这个递归是复杂的，但是可以把递归调用想象成如图11-11所示的树。根上是需要验证的n位素数p。根的子女是q_j，这些q_j是猜测的$p-1$的因子，也必须验证这些因子都是素数。每个q_j下面是猜测的q_j-1的因子，也必须验证这些因子，等等，直到开始考虑至多2位数为止，这些数是树叶。

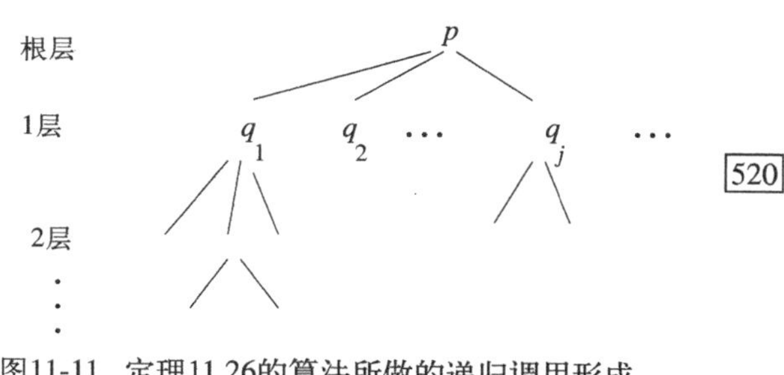

图11-11 定理11.26的算法所做的递归调用形成高和宽都至多为n的树

520

由于任何顶点的子女的乘积都小于这个顶点本身的值，所以看出在从根往下任何深度上顶点值的乘积都至多为p。在带值i的顶点上需

⊖ 注意，如果p是素数，那么除$p=3$的平凡情形外，$p-1$就绝不会是素数。原因在于，除2以外所有素数都是奇数。

要的工作量，除了在递归调用中完成的工作以外，对于某个常数a来说至多是$a(\log_2 i)^4$；原因在于，可以确定这个工作量的阶是以二进制表示该值所需要位数的四次方。

因此为了获得任意一层所需工作量的上界，必须在乘积$i_1 i_2 \cdots$至多为p的约束条件下，把和$\sum_j a(\log_2(i_j))^4$ 极大化。由于四次方函数是凸的，所以当所有的值都是i_j 其中之一时，最大值出现。如果$i_1 = p$，并且没有其他的i_j，那么这个和是$a(\log_2 p)^4$。这个值至多是an^4，因为n是p的二进制表示的位数，因此$\log_2 p$至多是n。

结论是在每个深度上需要的工作量都至多为$O(n^4)$。因为至多有n层，所以在p是否是素数的非确定型测试的任何分支中，$O(n^5)$工作量就足够了。 □

现在知道素数语言及其补都属于 $\mathcal{NP}$。假如其中一个是 NP 完全的，那么根据定理11.2，就将有 $\mathcal{NP}$ = co- $\mathcal{NP}$ 的证明。

11.5.6 习题

习题11.5.1 模13计算以下各式：

a) $11 + 9$。

* b) $9 - 11$。

c) 5×8。

521 * d) $5/8$。

e) 5^8。

习题11.5.2 在11.5.4节中我们断言：对于在1到560之间x的大多数值，$x^{560} = 1$模561。挑选x的一些值并验证这个等式。要保证先用二进制表示560，再对j的不同值模561计算x^{2^j}，以避免559次乘法，就像在11.5.3节中讨论过的那样。

习题11.5.3 说在1与$p-1$之间的整数x是模p*二次剩余*，如果存在某个在1与$p-1$之间的整数y，使得$y^2 = x$。

* a) 模7的二次剩余都是哪些？可以利用图11-9中的表来帮助回答这个问题。

b) 模13的二次剩余都是哪些？

! c) 证明：如果p是素数，那么模p二次剩余的个数是$(p-1)/2$；即恰好一半的模p非零整数是二次剩余。*提示*：检查从部分(a)和(b)得出的数据，是否看出一种模式来解释为什么每个二次剩余都是两个不同的数的平方？当p是素数时，一个整数能否是三个不同的数的平方？

11.6 小结

- *$\mathcal{NP}$ 补类*：如果一个语言的补属于 $\mathcal{NP}$，那么就说这个语言属于$\mathcal{NP}$补（co-$\mathcal{NP}$）。所有$\mathcal{P}$ 语言的确都属于co-$\mathcal{NP}$ ，但可能存在一些 $\mathcal{NP}$ 语言不属于co-$\mathcal{NP}$ ；反之亦然。具体地说，NP 完全问题似乎都不属于co-$\mathcal{NP}$ 。
- *$\mathcal{PS}$ 类*：如果一个语言被一台确定型图灵机接受，并且存在多项式$p(n)$，使得在长度为n的输入上，这台图灵机绝不使用超过$p(n)$个带单元，那么就说这个语言属于$\mathcal{PS}$（多项式空间）。

- $\mathcal{NPS}$ 类：也可以定义一台非确定型图灵机接受的语言，这台图灵机使用的带受到输入长度的多项式函数限制。把这些语言的类称为 $\mathcal{NPS}$。但是，萨维奇定理说 $\mathcal{PS}=\mathcal{NPS}$。具体地说，带空间限制$p(n)$的非确定型图灵机，可以被使用$p^2(n)$空间的确定型图灵机模拟。
- 随机化算法与随机化图灵机：许多算法卓有成效地利用随机性。在真实计算机上，用随机数发生器来模拟“抛硬币”。如果增加一条上面写有随机位序列的带，随机化图灵机就可以完成同样的工作。

522

- $\mathcal{RP}$ 类：如果存在一台多项式时间的随机化图灵机，当输入属于这一语言时，这台图灵机至少有50%机会接受；当输入不属于这一语言时，这台图灵机绝不会接受，那么这个语言就在随机多项式时间内被接受。把这样的图灵机或算法称为“蒙特 · 卡罗”的。
- $\mathcal{ZPP}$ 类：如果一台随机化图灵机总是正确判定一个语言的成员性；虽然这台TM最坏情况的运行时间可能大于任何多项式，但期望运行时间一定是多项式的，那么这台图灵机接受的语言就属于零错误概率随机多项式时间类。把这样的图灵机或算法称为“拉斯 · 维加斯”的。
- 语言类之间的关系：co-$\mathcal{RP}$ 类是 $\mathcal{RP}$ 中的语言之补的集合。已知下列包含关系：$\mathcal{P}\subseteq\mathcal{ZPP}\subseteq$（$\mathcal{RP}\cap$ co-$\mathcal{RP}$）。同样已知 $\mathcal{RP}\subseteq\mathcal{NP}$，因此co-$\mathcal{RP}\subseteq$co-$\mathcal{NP}$。
- 素数集合与 $\mathcal{NP}$：素数语言及其补（合数语言）都属于 $\mathcal{NP}$。这些事实使得素数或合数语言都不太可能是 NP 完全的。由于存在基于素数的重要密码方案，这样一个证明本来可以为这些方案的安全性提供强有力的证据。
- 素数集合与 $\mathcal{RP}$：合数集合属于 $\mathcal{RP}$。测试合数性的随机多项式时间算法常用来产生大素数，或者产生那些至少是成为合数的机会任意小的大数。

523

11.7 参考文献

文章[3]开创了通过限制图灵机所用空间来定义的语言类的研究。Karp在探索 NP 完全性的重要性的论文[5]中给出了第一个 PS 完全问题。习题11.3.2中的问题（正则表达式是否等价于 Σ^*）的 PS 完全性就来源于这篇论文。

带量词布尔公式的 PS 完全性是Stockmeyer未经发表的工作。香农开关游戏（习题11.3.2）的 PS 完全性来源于[2]。

素数集合属于 $\mathcal{NP}$ 的事实来自Pratt[10]。Rabin[11]第一个证明了合数集合存在于 $\mathcal{RP}$ 中。有趣的是，大约同时发表了一个证明[7]：倘若一个没有证明但普遍相信的假设（称为广义黎曼猜想）为真，那么素数集合实际上就属于$\mathcal{P}$。

有几本书可用来扩充本章所介绍的主题的知识。[7]覆盖了随机化算法，包括素数性测试的完整算法。[5]是同余算术算法的资料来源。[3]和[8]论述了这里没有提到的许多其他复杂性类。

1. M. Agrawal, N. Kayal, and N. Saxena, “PRIMES is in P,” *Annals of Mathematics* **160**:2 (2004) pp. 781-793.

2. S. Even and R. E. Tarjan, “A combinatorial problem which is complete for polynomial space,” *J. ACM* **23**:4 (1976), pp. 710–719.

3. J. Hartmanis, P. M. Lewis II, and R. E. Stearns, "Hierarchies of memory limited computations," *Proc. Sixth Annual IEEE Symposium on Switching Circuit Theory and Logical Design* (1965), pp. 179–190.

4. J. E. Hopcroft and J. D. Ullman, *Introduction to Automata Theory, Languages, and Computation*, Addison-Wesley, Reading MA, 1979.

5. R. M. Karp, "Reducibility among combinatorial problems," in *Complexity of Computer Computations* (R. E. Miller, ed.), Plenum Press, New York, 1972, pp. 85–104.

6. D. E. Knuth, *The Art of Computer Programming, Vol. II: Seminumerical Algorithms*, Addison-Wesley, Reading MA, 1997 (third edition).

7. G. L. Miller, "Riemann's hypothesis and tests for primality," *J. Computer and System Sciences* **13** (1976), pp. 300–317.

8. R. Motwani and P. Raghavan, *Randomized Algorithms*, Cambridge Univ. Press, 1995.

9. C. H. Papadimitriou, *Computational Complexity*, Addison-Wesley, Reading MA, 1994.

10. V. R. Pratt, "Every prime has a succinct certificate," *SIAM J. Computing* **4**:3 (1975), pp. 214–220.

11. M. O. Rabin, "Probabilistic algorithms," in *Algorithms and Complexity: Recent Results and New Directions* (J. F. Traub, ed.), pp. 21–39, Academic Press, New York, 1976.

12. R. L. Rivest, A. Shamir, and L. Adleman, "A method for obtaining digital signatures and public-key cryptosystems," *Communications of the ACM* **21** (1978), pp. 120–126.

13. W. J. Savitch, "Relationships between deterministic and nondeterministic tape complexities," *J. Computer and System Sciences* **4**:2 (1970), pp. 177–192.

524 ~ 525

索　引

索引中的页码为英文原书页码，与书中边栏页码一致。

F

G

H

I

J

K

L

M

N

O

P

Q

R

S

T

U

V

W

X

Y

Z

推荐阅读

伟大的计算原理

作者：Peter J. Denning等 ISBN：978-7-111-56726-4 定价：69.00元

通过努力，几乎每个人都可以学会编程。然而仅仅靠编写代码并不足以构建辉煌的计算世界，要完成这个目标起码需要对以下几个方面有更深入的认识：计算机是如何工作的，如何选择算法，计算系统是如何组织的，以及如何进行正确而可靠的设计。如何开始学习这些相关的知识呢？本书就是一个方法——这是一本深思熟虑地综合描述计算背后的基本概念的书。通过一系列详细且容易理解的话题，本书为正在学习如何认识计算（而不仅仅是用某种程序设计语言进行编码）的读者提供了坚实的基础。Denning和Martell确实为计算领域的学生呈现了其中的基本原理。

—— Eugene H. Spafford，普渡大学计算机科学教授

计算理论导引（原书第3版）

作者：Michael Sipser ISBN：978-7-111-49971-8 定价：69.00元

本书由计算理论领域的知名权威Michael Sipser所撰写。他以独特的视角，系统地介绍了计算理论的三个主要内容：自动机与语言、可计算性理论和计算复杂性理论。绝大部分内容是基本的，同时对可计算性和计算复杂性理论中的某些高级内容进行了重点介绍。作者以清新的笔触、生动的语言给出了宽泛的数学原理，而没有拘泥于某些低层次的细节。在证明之前，均有“证明思路”，帮助读者理解数学形式下蕴涵的概念。同样，对于算法描述，均以直观的文字而非伪代码给出，从而将注意力集中于算法本身，而不是某些模型。新版根据多年来使用本书的教师和学生的建议进行了改进，并用一节的篇幅对确定型上下文无关语言进行了直观而不失严谨的介绍。此外，对练习和问题进行了全面更新，每章末均有习题选答。

推荐阅读

计算复杂性：现代方法

作者：Sanjeev Arora 等 ISBN：978-7-111-51899-0 定价：129.00元

计算复杂性理论是理论计算机科学研究的核心。本书基本上包含了计算复杂性领域近30年来所有令人兴奋的成果，是对此领域感兴趣的读者的必读书籍。

—— 阿维·维德森（Avi Wigderson），普林斯顿大学数学学院高级研究所教授

本书综述了复杂性理论的所有重大成果，对学生和研究者来说是非常有用的资源。

—— 迈克尔·西普塞（Michael Sipser），麻省理工学院数学系教授

本书既描述了计算复杂性理论最近取得的成果，也描述了其经典结果。具体内容包括：图灵机的定义和基本的时间、空间复杂性类，概率型算法，交互式证明，密码学，量子计算，具体的计算模型的下界（判定树、通信复杂度、恒定的深度、代数和单调线路、证明复杂度），平均复杂度和难度放大，去随机化和伪随机数产生器，以及PCP定理。

计算复杂性

作者：Christos H.Papadimitriou ISBN：978-7-111-51735-1 定价：119.00元

计算复杂性理论的研究是计算机科学最重要的研究领域之一，而Chistos H. Papadimitriou是该领域最著名的专家之一。计算复杂性是计算机科学中思考为什么有些问题用计算机难以解决的领域，是理论计算机科学研究的重要内容。复杂性是计算（复杂性类）和应用（问题）之间复杂而核心的部分。

本书是一本全面阐述计算复杂性理论及其近年来进展的教科书，内容颇为深奥，重点介绍复杂性的计算、问题和逻辑。本书主要内容包含算法图灵机、可计算性等有关计算复杂性理论的基本概念；布尔逻辑、一阶逻辑、逻辑中的不可判定性等复杂性理论的基础知识；P与NP、NP完全等各复杂性类的概念及其之间的关系等复杂性理论的核心内容；随机算法、近似算法、并行算法及其复杂性理论；以及NP之外（如多项式空间等）复杂性类的介绍。每章最后一节包括相关的参考文献、注解、练习和问题，很多问题涉及更深的结论和研究。